高等学校教材

可编程序控制器

原理·应用·实验

第3版

主　编　常斗南
副主编　李全利　张学武

机　械　工　业　出　版　社

可编程序控制器（PLC）是20世纪60年代发展起来的被国外称为“先进国家三大支柱之首”的工业自动化理想控制装置，现已广泛应用于自动化的各个领域。本书以日本松下电工FP-X系列PLC为例，系统地介绍了PLC的结构、工作原理、指令系统、编程方法、应用实例及系统实验，并编有FPSOFT for Windows中文版编程软件的使用方法，是一本与TVT-90系列学习机配套的PLC教材。

本书可作为各类学校电气专业、机电一体化专业学生的教学用书，也可作为从事PLC应用开发的工程技术人员的参考书。

本书配有电子课件，欢迎选用本书作为教材的老师索取。

索取邮箱：EdmondYan@sina.com

EdmondYan@hotmail.com

图书在版编目（CIP）数据

可编程序控制器原理·应用·实验/常斗南主编 .—3版 .—北京：机械工业出版社，2008.5（2013.1重印）

高等学校教材

ISBN 978-7-111-06497-8

Ⅰ.可…　Ⅱ.常…　Ⅲ.可编程序控制器—高等学校—教材

Ⅳ.TP332.3

中国版本图书馆CIP数据核字（2008）第052452号

机械工业出版社（北京市百万庄大街22号　邮政编码100037）

责任编辑：贡克勤　版式设计：霍永明　责任校对：陈延翔

封面设计：姚　毅　责任印制：张　楠

北京中兴印刷有限公司印刷

2013年1月第3版第6次印刷

184mm×260mm · 27印张 · 666千字

标准书号：ISBN 978-7-111-06497-8

定价：48.00元

凡购本书，如有缺页、倒页、脱页，由本社发行部调换

电话服务

社服务中心：(010)88361066

销售一部：(010)68326294

销售二部：(010)88379649

读者购书热线：(010)88379203

网络服务

门户网：http://www.cmpbook.com

教材网：http://www.cmpedu.com

前　言

可编程序控制器简称PLC，是20世纪60年代以来发展极为迅速、应用面极为广泛的工业控制装置，是现代工业自动化的三大支柱之首。它采用可编程序的存储器，用来存储用户指令，通过数字或模拟的输入/输出，完成确定的逻辑、顺序、定时、计数、运算和一些确定的功能，来控制各种类型的机械设备或生产过程。

当今PLC吸取了微电子技术和计算机技术的最新成果，从单机自动化到整条生产线的自动化乃至整个工厂的生产自动化；从柔性制造系统、工业机器人到大型分散控制系统，PLC均承担着重要角色。松下FP1型PLC已不适应现代生产发展的需要，而松下电工的最新产品FP-X系列可编程序控制器具有逻辑控制功能、过程控制功能、运动控制功能、数据处理功能和联网通信功能，可以说它代表了当今世界小型PLC的发展水平。它集三电（电控、电仪、电信）于一体，具有体积小、功能强、性能价格比高等特点，适合我国国情，更适合在中小型企业中推广应用。为方便各类学校使用TVT-90系列PLC学习机进行教学，我们对《可编程序控制器原理·应用·实验》进行了修订，以FP-X系列PLC为例，阐述其结构、工作原理、指令系统、编程方法、应用实例及系统实验，编有40种以上的编程操作和PLC基本指令训练的实验内容，并配备了各种编程训练的程序清单。对于书中所介绍的实验内容，各学校可根据需要进行取舍。如果需要层次较高的培训，可将一些实验板组合使用，加大编程难度，达到强化训练的目的。

目前，全国各类学校都已将PLC技术纳入教学，并且随着教学改革的发展，PLC教学正向着更深层次发展。天津工程师范学院在研制的TVT-90系列PLC学习机的基础上，又研制开发了TVT-99系列和TVT-2000系列教学实训模型，以及TVT-3000系列和TVT-4000系列大型机电气一体化教学培训系统，为各类学校的PLC实验和实训教学、课程设计、毕业设计提供了现代教学手段。根据广大院校师生的要求，在本书第3版中编写了习题和习题解答，增加了PLC网络内容。

本书由常斗南、李全利、张学武、方强、钟平、于静、湛江、孙明旗编写。主编常斗南，副主编李全利、张学武。前言、第一章由常斗南编写，第八章由李全利编写，第四、五章由张学武编写，第三章第五～八节及第七章由方强编写，第九、十章由钟平编写，第六章及附录由于静编写，习题及习题解答由湛江编写，第二章和第三章第一～四节由孙明旗编写。

由于编写时间仓促，加之作者水平有限，书中难免有错漏之处，恳请各院校师生及广大读者批评指正。联系信箱：zhopping@126.com.

编　者

目　录

第一章　可编程序控制器的一般结构及基本工作原理

第一节　PLC 的产生和发展

一、PLC 的产生和特点

20 世纪 60 年代，由于小型计算机的出现和大规模生产及多机群控的发展，人们曾试图用小型计算机来实现工业控制，代替传统的继电接触器控制。传统的继电接触器控制采用的是固定接线方式，一旦生产过程有所变动，就得重新设计线路连线安装，不利于产品的更新换代。但采用小型计算机实现工业控制价格昂贵，输入、输出电路不匹配，编程技术复杂，因而没能得到推广和应用。

20 世纪 60 年代末期，美国汽车制造工业竞争激烈，为了适应生产工艺不断更新的需要，在 1968 年美国通用汽车公司（GM）首先公开招标，对控制系统提出的具体要求基本为①它的继电控制系统设计周期短，更改容易，接线简单，成本低；②它能把计算机的功能和继电控制系统结合起来。但编程又比计算机简单易学、操作方便；③系统通用性强。1969 年美国数字设备公司（DEC）根据上述要求，研制出世界上第一台可编程序控制器，并在 GM 公司汽车生产线上首次应用成功，实现了生产的自动控制。其后日本、德国等相继引入，可编程序控制器迅速发展起来。但这一时期它主要用于顺序控制，虽然也采用了计算机的设计思想，但当时只能进行逻辑运算，故称为可编程逻辑控制器，简称 PLC（Programmable logic Controller）。

20 世纪 70 年代后期，随着微电子技术和计算机技术的迅猛发展，可编程逻辑控制器更多地具有计算机功能，不仅用逻辑编程取代硬接线逻辑，还增加了运算、数据传送和处理等功能，真正成为一种电子计算机工业控制装置，而且做到了小型化和超小型化。这种采用微电脑技术的工业控制装置的功能远远超出逻辑控制、顺序控制的范围，故称为可编程序控制器，简称 PC（Programmable Controller）。但由于 PC 容易和个人计算机（Personal Computer）混淆，故人们仍习惯地用 PLC 作为可编程序控制器的缩写。

属于存储程序控制的可编程序控制器，其控制功能是通过存放在存储器内的程序来实现的，若要对控制功能作必要的修改，只需改变软件指令即可，使硬件软件化。可编程序控制器的优点与这个"可"字有关，从软件来讲，它的程序可编，也不难编，从硬件上讲，它的配置可变，也易变。其主要特点为：

（一）PLC 的软件简单易学、使用维护方便

1）软件简单易学。PLC 的最大特点之一，就是采用易学易懂的梯形图语言，它是以计算机软件技术构成人们惯用的继电器模型，形成一套独具风格的以继电器梯形图为基础的形象编程语言。梯形图符号和定义与常规继电器展开图完全一致，电气操作人员使用起来得心应手，不存在计算机技术和传统电气控制技术之间的专业"鸿沟"。在了解 PLC 简要工作原理和它的编程技术之后，就可结合实际需要进行应用设计，进而将 PLC 用于实际控制系统中。

2）硬件配置方便。PLC的硬件都是专门生产厂家按一定标准和规格生产的，硬件可按实际需要配置，到市场上可方便地买到。

3）安装方便。内部不需要接线和焊接，只要编写程序就可以了。

4）使用方便。接点的使用不受次数限制，内部器件可多到使用户不感到有什么限制。只需考虑输入、输出点个数，这可由各种类型的PLC来提供。

5）维护方便。PLC配备有很多监控提示信号，能检查出自身的故障，并随时显示给操作人员并能动态地监视控制程序的执行情况，为现场的调试和维护提供了方便，而且接线少，维修时只需更换插入式模块，维护方便。

（二）PLC集三电于一体

三电是指电控、电仪、电传。根据工业自动化系统分类，对于开关量的控制，即逻辑控制系统，继电接触器控制装置，即电控装置。对于慢的连续量控制，即过程控制系统，采用的是电动仪表控制，即电仪装置。对于快的连续量控制，即运动控制系统，采用的是电传装置。PLC集电控、电仪、电传于一体。在PLC的控制装置中实现三电一体化，一台控制装置中既有逻辑控制功能，又有过程控制功能，还有运动控制功能，灵活机动，三电一体集成度高，适用各种规模的自动化系统。

当然，目前PLC在装置中一级的三电一体化并不是很完善，复杂系统还欠缺一些，运动控制能力还不全面，有待于进一步开发。

（三）可靠性高、抗干扰能力强

PLC的可靠性高，抗干扰能力强，主要是因为采取了如下措施：

1）输入输出电路采用了光电耦合电路进行光电隔离。

2）PLC内部电路采用了滤波电路，有效抑制了高频干扰信号。

3）对PLC的内部电源采取了屏蔽、稳压、保护等措施。

4）设置了连锁、环境检测与诊断、Watchdog等电路。

5）利用系统软件定期进行系统状态、用户程序、工作环境和故障检测。

6）对用户程序及动态工作数据进行电池备份。

7）采用了密封、防尘、抗振的PLC外壳封装结构。

8）以集成电路为基本条件，内部处理过程不依赖于机械接点。采用循环扫描工作方式，也提高了抗干扰能力。

（四）PLC网络的性能价格比高

PLC网络经过多年的发展，已成为具有了3～4级子网的多级分布式网络。加上配强有力的工具软件，使它成为具有工艺流程显示、动态画面显示、趋势图生成显示、各类报表制作的多种功能的系统，可方便与其他网络连接。所有这一切使PLC网络成为CIMS（Computer-Integrated Manufacturing System）系统非常重要的组成部分之一。PLC网络具有较高的性能价格比，使得PLC在工厂中倍受欢迎，用量高居首位，成为现代工业自动化三大支柱之首。

二、PLC的国内外现状及发展动向

1）1969年至今，可编程序控制器已经历四代。第一代可编程序控制器大多用一位机开发，用磁心存储器存储，只具有单一的逻辑控制功能。第二代可编程序控制器采用8位微处理器及半导体存储器，使可编程序控制器产品开始系列化。第三代可编程序控制器大量应用高性能微处理器及位片式 CPU，处理速度大大提高，促使可编程序控制器向多功能及联网通信方向发展。第四代可编程序控制器全面使用 16 位、32 位高性能微处理器和高性能位片式 CPU。一台可编程序控制器配置多个微处理器，进行多道处理，内含 CPU 的智能模块，使第四代可编程序控制器具有逻辑控制、过程控制、运动控制、数据处理、联网通信等功能，使之成为多功能控制器。

2）目前我国每年引进 PLC 产品价值约 5500 万美元，其中美国产品 2000 万美元，西门子 2500 万美元，日本产品 1000 万美元。世界 400 多种 PLC 产品，令人目不暇接，眼花缭乱，这给广大用户在选择、开发、使用及学习 PLC 时造成许多困难。以美国 A-B 公司为代表的 PLC－5 系列产品与欧洲流派德国西门子 S5 系列为代表的 PLC 产品，它们的梯形图在形式、含义、功能及用法上相差很大。日本的小型 PLC 具有硬件配置齐全，软件功能强，具有丰富的指令系统，而欧美的小型 PLC 产品的指令系统较弱。日本小型机应用极其广泛，在世界市场的占有率达 70%。

3）随着 PLC 的发展，至今可编程序控制器已形成三大流派，自 1969 年美国 DEC 公司生产世界第一台 PLC 至今已发展成具有 100 多生产厂家，200 多种 PLC 产品。

日本日立公司于 1971 年生产日本第一台 PLC 至今已发展成具有 60～70 多家生产厂家，生产 200 余种 PLC 产品。

德国西门子公司于 1973 年生产欧洲第一台 PLC 至今，欧洲现已具有几十个生产厂家，生产几十种 PLC 产品。

4）综上所述，企图学通一种 PLC，就一通百通，显然这是不可能的。在学习时应注意学习上述三大 PLC 流派的代表作品，以后遇到其他产品容易举一反三触类旁通。

第二节 PLC 的一般结构和基本工作原理

一、PLC 的一般结构

用可编程序控制器实施控制，其实质是按一定算法进行输入输出变换，并将这个变换予以物理实现。入出变换、物理实现可以说是 PLC 实施控制的两个基本点。而入出变换实际上就是信息处理，信息处理当今最常用的是微处理机技术。PLC 也是用它，并使其专用化，应用于工业现场。至于物理实现，正是它与普通微机相区别之点，普通微机大多只考虑信息本身，别的不多考虑，而 PLC 要考虑实际的控制需要。物理实现要求 PLC 的输入应当排除干扰信号适应于工业现场。输出应放大到工业控制的水平，能为实际控制系统方便使用。这就要求 I/O 电路专门设计。根据 PLC 实施控制的基本点的分析，PLC 采用了典型的计算机结构，主要是由 CPU、RAM、ROM 和专门设计的输入输出接口电路等组成，如图 1-1 和图 1-2 所示。

（一）中央处理机

中央处理机是 PLC 的大脑，它由中央处理器（CPU）和存储器等组成。

1．中央处理器（CPU） 中央处理器（CPU）一般由控制电路、运算器和寄存器组成，这些电路一般都集成在一芯片上。CPU 通过地址总线、数据总线和控制总线与存储单元、输入输出（I/O）接口电路相连接。

不同型号的 PLC 可能使用不同的 CPU 部件，制造厂家使用 CPU 部件的指令系统编写

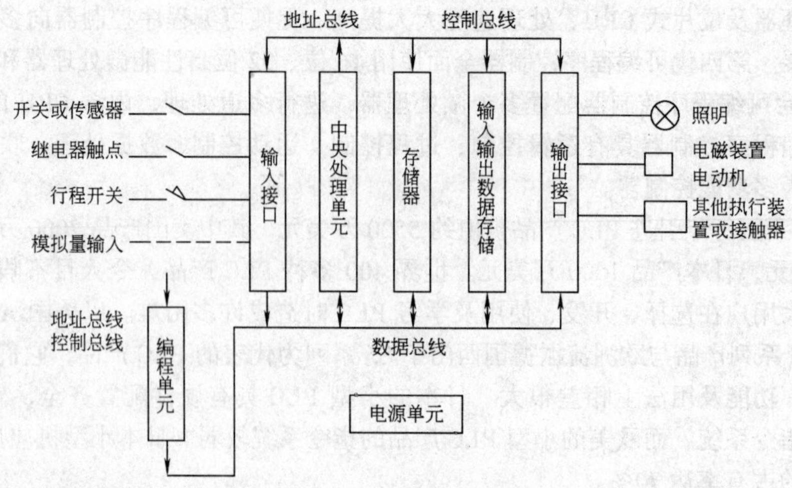

图 1-1　PLC 结构示意图

系统程序，并固化到只读存储器 ROM 中。CPU 按系统程序赋予的功能，接收编程器键入的用户程序和数据，存入随机存储器 RAM 中，CPU 按扫描方式工作，从 0000 首址存放的第一条用户程序开始，到用户程序的最后一个地址，不停地周期性扫描，每扫描一次，用户程序就执行一次。

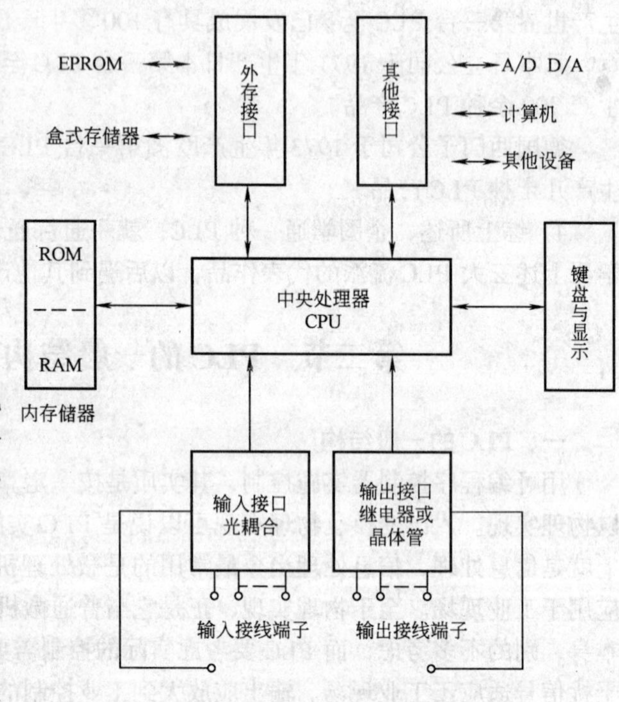

图 1-2　PLC 逻辑结构示意图

CPU 的主要功能为：

1）从存储器中读取指令。CPU 从地址总线上给出存储地址，从控制总线上给出读命令，从数据总线上得到读出的指令，并存入 CPU 内的指令寄存器中。

2）执行指令。对存放在指令寄存器中的指令操作码进行译码，执行指令规定的操作，如读取输入信号，取操作数、进行逻辑运算或算术运算，将结果输出给有关部分。

3）准备取下一条指令。CPU 执行完一条指令后，能根据条件产生下一条指令的地址，以便取出和执行下一条指令，在 CPU 的控制下，程序的指令既可以顺序执行，也可以分支或跳转。

4）处理中断。CPU 除顺序执行程序外，还能接收输入输出接口发来的中断请求，并进行中断处理，中断处理完后，再返回原址，继续顺序执行。

2．存储器　存储器是具有记忆功能的半导体电路，用来存放系统程序、用户程序、逻辑变量和其他一些信息。

系统程序是用来控制和完成 PLC 各种功能的程序，这些程序是由 PLC 制造厂家用相应

CPU 的指令系统编写的，并固化到 ROM 中。

用户程序存储器用来存放由编程器或计算机输入的用户程序。用户程序是指使用者根据工程现场的生产过程和工艺要求编写的控制程序，可通过编程器或计算机修改或增删。

在 PLC 中使用的两种类型存储器为 ROM 和 RAM，现说明如下：

1）只读存储器 ROM。ROM 中的内容是由 PLC 的制造厂家写入的系统程序，并且永远驻留（PLC 去电后再加电，ROM 内容不变）。系统程序一般包括下列几部分：

① 检查程序。PLC 加电后，首先由程序检查 PLC 各部件操作是否正常，并将检查的结果显示给操作人员。

② 翻译程序。将用户键入的控制程序变换成由微电脑指令组成的程序，然后再执行，还可以对用户程序进行语法检查。

③ 监控程序。相当于总控程序。根据用户的需要调用相应的内部程序，例如用编程器选择 PROGRAM 程序工作方式，则总控程序就调用“键盘输入处理程序”，将用户键入的程序送到 RAM 中。若用编程器选择 RUN 运行工作方式，则总控程序将启动程序。

2）随机存储器 RAM。RAM 是可读可写存储器，读出时，RAM 中的内容不被破坏；写入时，刚写入的信息就会消除原来的信息。RAM 中一般存放以下内容：

① 用户程序。选择 PROGRAM 编程工作方式时，用编程器或计算机键盘键入的程序经过预处理后，存放在 RAM 的低地址区。

② 逻辑变量。在 RAM 中若干个存储单元用来存放逻辑变量，用 PLC 的术语来说这些逻辑变量就是指输入、输出继电器、内部辅助继电器、保持继电器、定时器、移位继电器等。

③ 供内部程序使用的工作单元。不同型号的 PLC 存储器的容量是不相同的，在技术说明书中，一般都给出与用户编程和使用有关的指标，如输入、输出继电器的数量；保持继电器数量；内辅继电器数量；定时器和计数器的数量；允许用户程序的最大长度（一般给出允许的最多指令字）等。这些指标都间接地反映了 RAM 的容量，而 ROM 的容量与 PLC 的复杂程度有关。

（二）电源部件

电源部件将交流电源转换成供 PLC 的中央处理器、存储器等电子电路工作所需要的直流电源，使 PLC 能正常工作，PLC 内部电路使用的电源是整体的能源供给中心，它的好坏直接影响 PLC 的功能和可靠性，因此目前大部分 PLC 采用开关式稳压电源供电。

（三）输入、输出部分

这是 PLC 与被控设备相连接的接口电路。用户设备需输入 PLC 的各种控制信号，如限位开关、操作按钮、选择开关、行程开关以及其他一些传感器输出的开关量或模拟量（要通过模数变换进入机内）等，通过输入接口电路将这些信号转换成中央处理器能够接收和处理的信号。输出接口电路将中央处理器送出的弱电控制信号转换成现场需要的强电信号输出，以驱动电磁阀、接触器、电动机等被控设备的执行元件。

1．输入接口电路 现场输入接口电路一般由光电耦合电路和微电脑输入接口电路组成。

1）光电耦合电路。采用光电耦合电路与现场输入信号相连是为了防止现场的强电干扰进入 PLC。光电耦合电路的关键器件是光电耦合器，一般由发光二极管和光敏晶体管组成。

光电耦合器的信号传感原理：在光电耦合器的输入端加上变化的电信号，发光二极管就产生与输入信号变化规律相同的光信号。光敏晶体管在光信号的照射下导通，导通程度与光信号的强弱有关。在光电耦合器的线性工作区，输出信号与输入信号有线性关系。

光电耦合器的抗干扰性能：由于输入和输出端是靠光信号耦合的，在电气上是完全隔离的，因此输出端的信号不会反馈到输入端，也不会产生地线干扰或其他串扰。

由于发光二极管的正向阻抗值较低，而外界干扰源的内阻一般较高，根据分压原理可知，干扰源能馈送到输入端的干扰噪声很小。正是由于 PLC 在现场信号的输入环节采用了光电耦合，因而增强了抗干扰能力。

2）微电脑的输入接口电路。它一般由数据输入寄存器、选通电路和中断请求逻辑电路构成，这些电路集成在一个芯片上。现场的输入信号通过光电耦合送到输入数据寄存器，然后通过数据总线送给 CPU。

输入接口电路是采用由发光二极管和光敏晶体管组成光电耦合电路，将限位开关、手动开关、编码器等现场输入设备的控制信号转换成 CPU 所能接受和处理的数字信号。

2．输出接口电路　它一般由微电脑输出接口电路和功率放大电路组成。

微电脑输出接口电路一般由输出数据寄存器、选通电路和中断请求电路集成而成。CPU 通过数据总线将要输出的信号放到输出数据寄存器中。功率放大电路是为了适应工业控制的要求，将微电脑输出的信号加以放大。PLC 一般采用继电器输出，也有的采用晶闸管或晶体管输出。继电器输出型为有接点输出方式，用于接通或断开开关频率较低的直流负载或交流负载。

晶闸管输出型为无接点输出方式，用于接通或断开开关频率较高的交流电源负载。

晶体管输出型为无接点输出方式，用于接通或断开开关频率较高的直流电源负载。

除了上面介绍的这几个主要部分外，PLC 上还配有和各种外围设备的接口，均用插座引出到外壳上，可配接编程器、计算机、打印机、录音机以及 A/D、D/A、串行通信模块等，可以十分方便地用电缆进行连接。

二、PLC 的基本工作原理

PLC 虽具有微机的许多特点，但它的工作方式却与微机有很大不同。微机一般采用等待命令的工作方式。如常见的键盘扫描方式或 I/O 扫描方式，有键按下或 I/O 动作则转入相应的子程序，无键按下则继续扫描。PLC 则采用循环扫描工作方式，在 PLC 中，用户程序按先后顺序存放，如：

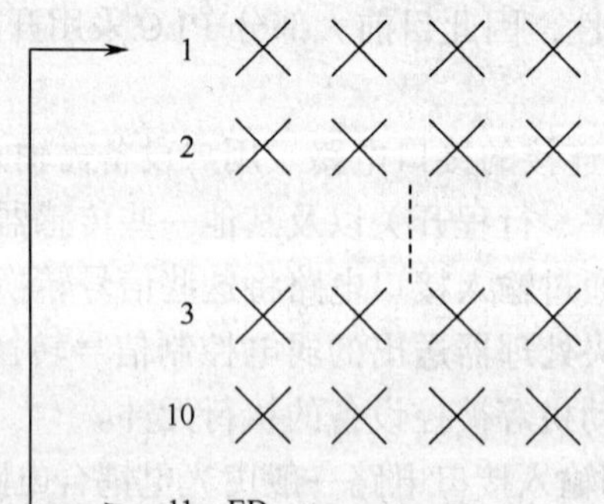

CPU 从第一条指令开始执行程序，直至遇到结束符后又返回第一条。如此周而复始不断循环。这种工作方式是在系统软件控制下，顺次扫描各输入点的状态，按用户程序进行运算处理，然后顺序向输出点发出相应的控制信号。整个工作过程可分为 5 个阶段：自诊断，

与编程器、计算机等的通信，输入采样，用户程序执行，输出结果，其 PLC 工作过程框图如图 1-3 所示。

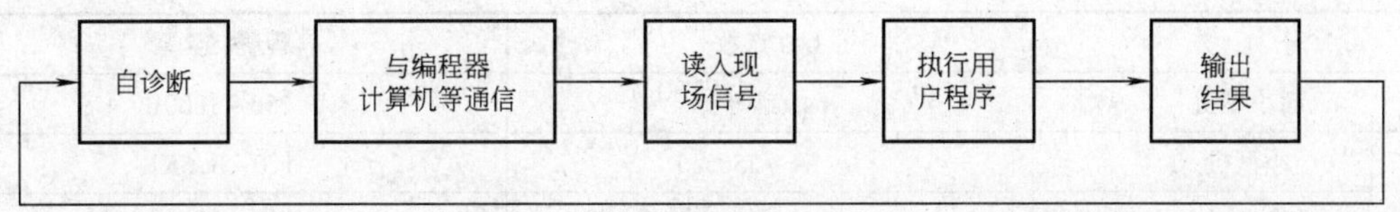

图 1-3　PLC 工作过程框图

1）每次扫描用户程序之前，都先执行故障自诊断程序。自诊断内容为 I/O 部分、存储器、CPU 等，发现异常停机显示出错。若自诊断正常，继续向下扫描。

2）PLC 检查是否有与编程器和计算机的通信请求，若有则进行相应处理，如接收由编程器送来的程序、命令和各种数据，并把要显示的状态、数据、出错信息等发送给编程器进行显示。如果有与计算机等的通信请求，也在这段时间完成数据的接受和发送任务。

3）PLC 的中央处理器对各个输入端进行扫描，将输入端的状态送到输入状态寄存器中，这就是输入采样阶段。

4）中央处理器 CPU 将指令逐条调出并执行，以对输入和原输出状态（这些状态统称为数据）进行“处理”，即按程序对数据进行逻辑、算术运算，再将正确的结果送到输出状态寄存器中，这就是程序执行阶段。

5）当所有的指令执行完毕时，集中把输出状态寄存器的状态通过输出部件转换成被控设备所能接受的电压或电流信号，以驱动被控设备，这就是输出刷新阶段。

PLC 经过这 5 个阶段的工作过程，称为一个扫描周期，完成一个周期后，又重新执行上述过程，扫描周而复始地进行。扫描周期是 PLC 的重要指标之一，在不考虑第二个因素（与编程器、计算机等的通信）时，扫描周期 T 为：

T =（读入一点时间 × 输入点数）+（运算速度 × 程序步数）+（输出一点时间 × 输出点数）+ 故障诊断时间

显然扫描时间主要取决于程序的长短，一般每秒钟可扫描数十次以上，这对于工业设备通常没有什么影响。但对控制时间要求较严格，响应速度要求快的系统，就应该精确的计算响应时间，细心编排程序，合理安排指令的顺序，以尽可能减少扫描周期造成的响应延时等不良影响。

PLC 与继电接触器控制的重要区别之一就是工作方式不同。继电接触器控制是按“并行”方式工作的，也就是说是按同时执行的方式工作的，只要形成电流通路，就可能有几个继电器同时动作。而 PLC 是以反复扫描的方式工作的，它是循环地连续逐条执行程序，任一时刻它只能执行一条指令，这就是说 PLC 是以“串行”方式工作的。这种串行工作方式可以避免继电接触器控制的接点竞争和时序失配问题。

总之，采用循环扫描的工作方式也是 PLC 区别于微机的最大特点，使用者应特别注意。

第三节　PLC 的分类、技术性能指标及应用场合

一、PLC 的分类

（一）按 I/O 点数和程序容量分类

按 PLC 的 I/O 点数和程序容量分类如表 1-1 所示。

表 1-1 PLC 的 I/O 点数和程序容量分类

分 类	I/O 点数	程序容量
超小型机	64 点以内	256 ~ 1000B
小型机	64 ~ 256	1.0 ~ 3.6KB
中型机	256 ~ 2048	3.6 ~ 13KB
大型机	2048 以上	13KB 以上

（二）按结构形式和功能分类

按结构形式分类，PLC 可分为整体式和机架模块式两种。

整体式结构的 PLC 是将中央处理机、电源部件、输入和输出部件集中配置在一起，结构紧凑，体积小，重量轻和价格低，小型机一般采用这种结构，适用于工业现场的单机控制。

机架模块式 PLC，是将各部分用模块分开，如 CPU 模块、电源模块、输入/输出模块等。使用时将这些模块分别插入机架底板的插座上，配置灵活方便，便于扩展。一般大、中型 PLC 均采用这种结构，目前一些小型机也采用这种模式，例如 FP0 和 FP∑都采用这种结构。

按功能分类可分为低档机、中档机和高档机。根据不同的场合的需要进行选配。

二、PLC 的技术性能指标和应用场合

（一）PLC 的技术性能指标

（1）输入/输出点数（即 I/O 点数） 即指 PLC 外部输入、输出端子数。这是最重要的一项技术指标。

（2）扫描速度 一般以执行 1000 步指令所需时间来衡量，故单位为 ms/千步。也有时以执行 1 步指令的时间计，单位为 μs/步。

（3）内存容量 一般以 PLC 所能存放用户程序多少衡量。在 PLC 中程序指令是按“步”存放的（1 条指令往往不止 1“步”），1“步”占用 1 个地址单元，1 个地址单元一般占用 2 个字节。如一个内存容量为 1000 步的 PLC，其内存为 2KB。

（4）指令条数 这是衡量 PLC 软件功能强弱的主要指标。PLC 具有的指令种类越多，说明其软件功能越强。

（5）内部寄存器 PLC 内部有许多寄存器用以存放变量状态、中间结果、数据等。还有许多辅助寄存器可供用户使用，这些辅助寄存器常可以给用户提供许多特殊功能或简化整体系统设计。因此寄存器的配置情况常是衡量 PLC 硬件功能的一个指标。

（6）高级功能模块 PLC 除了主控模块外还可以配接各种高级功能模块。主控模块实现基本控制功能，高级功能模块则可实现某一种特殊的专门功能。高级功能模块的多少，功能强弱常是衡量 PLC 产品水平高低的一个重要标志。故各厂家都在开发高级功能模块上狠下功夫，近年来高级功能模块发展很快，种类日益增多，功能也越来越强。目前已开发出的常用高级功能模块如下：

A/D 模块、D/A 模块、高速计数模块、速度控制模块、位置控制模块、轴定位模块、温度控制模块、远程通信模块、高级语言编辑以及各种物理量转换模块等。

这些高级功能模块使 PLC 不但能进行开关量顺序控制，而且能进行模拟量控制，可进行精确的定位和速度控制，可以和计算机进行通信，还可以直接用高级语言进行编程，给用户提供了强有力的工具。

（二）关于 PLC 的内存分配及 I/O 点数

前面介绍了 PLC 中的 RAM 除存放调试中的用户程序外，还可存放各种数据及逻辑变量等。PLC 内部寄存器分配如下：

I/O 区
内部辅助寄存器
特殊寄存器区
数据区
系统寄存器区

（1）I/O 继电器区　I/O 区的寄存器可直接与 PLC 外部的输入、输出端子传递信息，具有“继电器”的功能，有自己的“线圈”和“接点”。故常称“I/O 继电器区”。

（2）内部辅助寄存器区　只能在 PLC 内部使用，其作用与中间继电器相似，在程序控制中可存放中间变量。

（3）特殊寄存器区　被系统内部占用，专门用于某些特殊目的，一般不能由用户任意占用。

（4）数据寄存器区　只能按字使用，不能按位使用。一般用来存放各种数据。

（5）系统寄存器区　用来存放各种重要信息和参数。通过用户程序不能读取和修改系统寄存器的内容。

（三）PLC 的应用场合

（1）逻辑控制　可取代传统的继电接触器控制系统和顺序控制器，如各种机床、电梯、装配生产线、电镀流水线、运输与检测等方面的控制。

（2）运动控制　可用于精密金属切削机床、机械手、机器人等设备的控制。

（3）过程控制　通过配用 A/D、D/A 转换模块和智能模块 PID 实现对生产过程中的温度、压力、液位、流量等连续变化的模拟量进行闭环调节控制。

（4）数据处理　PLC 具有数学运算（含逻辑运算、函数运算、矩阵运算等）、数据传输、转换、排序、检索和移位以及数制转换、位操作、编码、译码等功能，可完成数据采集、分析和处理任务。一般应用于大中型控制系统，如数控机床、柔性制造系统、机器人控制系统。

（5）多级控制　利用 PLC 的网络通信功能模块及远程 I/O 控制模块实现多台 PLC 之间、PLC 与上位计算机的链接，以完成分布式多级控制的复杂系统，实现工厂自动化网络。

第四节　PLC 的应用设计步骤

PLC 控制系统是以程序形式来体现其控制功能的，大量的工作时间将用在软件设计，也就是程序设计上。程序设计对于初学者通常采用继电器系统设计方法中的逐渐探索法，以步为核心，一步一步设计下去，一步一步修改调试，直到完成整个程序的设计。由于 PLC 内部继电器数量大，其接点在内存允许的情况下可重复使用，具有存储数量大、执行快等特点，故对于初学者采用此法设计可缩短设计周期。PLC 程序设计可遵循以下 6 步进行：

1）确定被控系统必须完成的动作及完成这些动作的顺序。

2）分配输入输出设备，即确定哪些外围设备是送信号到 PLC，哪些外围设备是接收来自 PLC 信号的。并将 PLC 的输入、输出口与之对应进行分配。

3）设计 PLC 程序画出梯形图。梯形图体现了按照正确的顺序所要求的全部功能及其相互关系。

4）实现用计算机对 PLC 的梯形图直接编程。

5）对程序进行调试（模拟和现场）。

6）保存已完成的程序。

显然，在建立一个 PLC 控制系统时，必须首先把系统需要的输入、输出数量确定下来，然后按需要确定各种控制动作的顺序和各个控制装置彼此之间的相互关系。确定控制上的相互关系之后，就可进行编程的第二步分配输入输出设备，在分配了 PLC 的输入输出点、内部辅助继电器、定时器、计数器之后，就可以设计 PLC 程序画出梯形图。在画梯形图时要注意每个从左边母线开始的逻辑行必须终止于一个继电器线圈或定时器、计数器，与实际的电路图不一样。梯形图画好后，使用编程软件直接把梯形图输入计算机并下装到 PLC 进行模拟调试、修改，下装直至符合控制要求。这便是程序设计的整个过程。

第五节 可编程序控制器应用程序的设计方法

可编程序控制器应用程序的设计就是梯形图设计（相当于继电器控制系统中的原理图），即编制程序。由于 PLC 所有功能都是以程序的形式体现的，大量的工作将用在程序设计上。其设计方法通常采用继电器系统设计方法，如经验法、解析法、图解法、翻译法、状态转移法、模块分析法等。下面简要介绍常用的几种应用程序设计方法。

(1) 解析法　PLC 的逻辑控制，实际是逻辑综合问题。解析法是根据组合逻辑或时序逻辑的理论，运用逻辑代数求解输入信号、输出信号的逻辑关系并化简，再根据求解的结果，编制梯形图程序的一种方法。这种方法编程十分简便，逻辑关系一目了然，适用于初学者。

在继电器控制电路中，电路的接通与断开，都是通过按钮控制继电器的接点来实现的，这些接点只有接通、断开两种状态，和逻辑代数中的“1”和“0”两种状态对应。梯形图设计的最基本原则也是“与”、“非”、“或”的逻辑组合，规律完全符合逻辑运算基本规律。

(2) 图解法　图解法是靠绘图进行 PLC 程序设计。常见的绘图有三种方法，即梯形图法、时序图法和流程图法。

梯形图法是依据上述的各种程序设计方法把 PLC 程序绘制成梯形图，它是最基本的常用方法。

时序图法特别适用于时间控制电路，例如交通信号灯控制电路。对应的时序图画出后，再依时间用逻辑关系组合，就可以很方便地把电路设计出来。

流程图法是用流程框图表示 PLC 程序执行过程以及输入与输出之间的关系。若使用步进指令进行程序设计是非常方便的。

(3) 翻译法　所谓翻译法是将继电器的控制逻辑原理图直接翻译成梯形图。对于系统的工业技术改造通常选用这种翻译法。对于原有的继电器控制系统，其控制逻辑原理图在长期的运行中运行可靠，实践已证明该系统设计合理。在这种情况下可采用翻译法直接把该系统的继电器控制逻辑原理图翻译成 PLC 控制的梯形图。翻译法的具体操作步骤如下：

1) 将检测元件（如行程开关)、按钮等合理安排，且接入输入口。

2) 将被控的执行元件（如电磁阀等）接入输出口。

3) 将原继电器控制逻辑原理图中的单向二极管用接点或内部继电器来替代。

4) 和继电器系统一一对应选择 PLC 软件中功能相同的器件。

5) 按接点和器件相应关系画梯形图。

6) 简化和修改梯形图，使其符合 PLC 的特殊规定和要求，在修改中可适当增加器件或接点。

对于熟悉机电控制的人员来说很容易学会翻译法，将继电器控制的逻辑原理图直接翻译成梯形图。

(4) PLC 的状态转移法　在设计较为复杂的程序时，为保证程序逻辑的正确以及程序的易读性，可以将一个控制过程分成若干个阶段，每一个阶段均设一个控制标志，每当执行完一个阶段程序，就可启动下一个阶段程序的控制标志，并将本阶段控制标志清除。例如十字路口交通信号灯控制，可将整个控制过程分为两个分支（东西方向控制和南北方向控制)，每个分支分为三个阶段，分别为绿灯亮阶段，黄灯亮阶段，红灯亮阶段。对应东西方向三个阶段，可设立三个状态标志，选取内部继电器 R0、R1 和 R2，南北方向的三个状态标志可选取内部继电器 R10、R11 和 R12。

所谓状态是指特定的功能，因此状态转移实际上就是控制系统的功能转移。在机电控制系统中，机械的自动工作循环过程就是电气控制系统的状态自动、有序、逐步转移的过程。这种功能流程图完整地表现了控制系统的控制过程、各状态的功能、状态转移顺序和条件，它是 PLC 程序设计的好方法。采用状态流程图进行 PLC 程序设计时，应按以下几个步骤进行。

1) 画状态流程图。按照机械运动或工艺过程的工作内容、步骤、顺序和控制要求绘出状态功能流程图。

2) 确定状态转移条件。用 PLC 的输入点或 PLC 的其他元件来定义状态转移条件，当某转移条件的实际内容不止一个时，每个具体内容定义一个 PLC 的元件编号，并以逻辑组合形式表现为有效的转移条件。

3) 明确电气执行元件功能。确定实现各状态或动作控制功能的电气执行元件，并以对应的 PLC 输出点编号来定义这些电气执行元件。

(5) PLC 的模块法编程　在编制一些大型系统程序时可采用模块法编程，就是把一个控制程序分为以下几个控制部分进行编程。

1) 系统初始化程序段。此段程序段的目的是使系统达到某一种可知状态，或是装入系统原始参数和运行参数，或是恢复数据。

由于意外停电等原因，有可能 PLC 控制系统会停止在某一种随机状态。那么在下一次系统上电时，就需要确定系统的状态。

初始化程序段主要使用的是特殊内部继电器 R9013（PLC 上电时继电器 R9013 闭合一个扫描周期）。

2）系统手动控制程序段。手动控制程序段是实现手动控制功能的。在一些自动控制系统中，为方便系统的调试而增加了手动控制。在启动手动控制程序时一定要注意的是必须防止自动程序被启动。

3）系统自动控制程序段。自动控制程序段是系统的主要控制部分，是系统控制的核心。在设计自动控制程序段时，一定要充分地考虑系统中的各种逻辑互锁关系、顺序控制关系，确保系统按控制要求正常稳定运行。

4）系统意外情况处理程序段。意外情况处理程序段是系统在运行过程中发生不可预知情况下应进行的调整过程，最好的处理方法是让系统过渡到某一种状态，然后自动恢复正常控制。如果不可能实现，就需要报警，停止系统运行，等待人工干预。

5）系统演示控制程序段。该程序段是为了演示系统中的某些功能而设定的，一般可以用定时器，实现系统每隔一段固定时间系统循环演示一遍。为了使系统在演示过程中可以立即进行正常工作，需要随时检测输入端状态。一旦发现输入端状态有变化，就需要立即进入正常运行状态。

6）系统功能程序段。功能程序段是一种特殊程序段，主要是为了实现某一种特殊的功能，如联网、打印、通信等。

第二章 FP-X 系列 PLC 的规格及功能

第一节 概 述

日本松下电工株式会社从 1982 年开始生产第一代可编程序控制器以来，至今已有 20 多年历史，目前在我国销售的 FP 系列可编程序控制器是 20 世纪 90 年代以来开发的第三代产品，可以说它代表了当今世界 PLC 的发展水平。

FP 系列可编程序控制器可分为整体式机型、模块式机型和板式机型三大类产品。

一、整体式机型 FP-X 及其特点

FP0、FP1 、FP-e、FP∑、FP-X 等是日本松下电工生产的整体式机型的小型 PLC 产品。它们集 CPU、I/O、通信等诸多功能模块为一体，具有体积小，功能强、性能价格比高等特点。它适用于单机、小规模控制，在机床、纺机、电梯控制等领域得到了广泛的应用，特别适合在我国中小企业中推广应用。采用 FP-X 实现 PLC 控制的主要特点为：

(1) FX-X 具有超高速处理和充裕的大容量 浮点数 PID 运算只有 32μs，基本指令只需 0.32μs，可进行快速扫描。

充裕的程序容量可达到 32k 步（C14R：16k 步，C30R、C60R：32k 步）。随着设备的扩展，其应用范围更加广泛。

(2) 广泛的扩展性 FP-X 具有丰富的扩展功能，有 5 种类型的功能插卡和 4 种通信插卡。对于用户的逐步扩展的要求，可通过扩展插件，轻松地提供性能。另外，通过扩展 FP0 适配器，最多可连接三台现有的 FP0 扩展单元。

(3) FP-X 配备 USB 端口 通过普通 USB 电缆（AB 型），可与计算机实现简单连接（C14R 除外），可实现二种通信功能。

(4) 可靠的程序安全性 可通过工具软件 FPWIN 禁止上载程序，可完全禁止从 PLC 主机读取程序，从而保护用户的重要程序资源。这样就可以防止不正当的复制。程序保护可选择 4 位密码或者 8 位密码或者禁止上载模式。

(5) FP-X 具有丰富的通信网络功能 利用 FP-X 上的标准编程口（RS232C）可以与显示面板或计算机通信。另外 FP-X 还备有作为 RS232C 端口及 RS485 端口通信用的通信插卡选件。在 FP-X 安装 RS232C2 通道型通信插卡后，可以连接 2 台 RS232C 设备。还配备了 1:N 通信（最多 99 站）、PLC 之间链接（最多 16 站）等丰富的通信功能实现上位机监控。监控功能很强，具有多种监控方式可实现梯形图监控、列表继电器监控、动态时序图监控等。

(6) 指令软件丰富 FP-X 具有基本指令 93 条，高级指令 216 条。除能进行基本逻辑运算外，还可进行 +、-、×、÷等四则运算。除能处理 8 位、16 位数字外，还可以处理 32 位数字，并能进行多种码制变换。除一般小型 PLC 中常用的指令外，还有中断和子程序调用、高速计数、字符打印以及步进指令等特殊功能指令。由于具有丰富的基本指令和高级指令，使编程更为简捷、容易，故给用户提供大的方便。

(7) 具有完善的高级功能 FP-X通过使用脉冲输入输出插卡，可使用高速计数器和脉冲输出功能。高速计数单相最大频率为80kHz，2相最大频率为30kHz。脉冲输出频率最大可达100kHz。因此不仅能应用于步进电动机的位置控制，还可应用于伺服电动机的位置控制。FP-X具有14个中断源和中断优先权管理，输入脉冲捕捉功能可捕捉最小0.5ms的输入脉冲。通过转动可调电位器，特殊数据寄存器DT90040~DT90043的值在K0~K1000的范围内变化，可应用于模拟定时器。还有强制置位/复位控制功能、注释保存功能、时钟/日历控制功能等，实现了对各种控制对象的控制。

FP-X产品型号和规格一览表如表2-1~表2-6所示。

表2-1 FP-X控制单元

名　称	规　格	型　号
FP-X C14R	AC通用电源（100~240V）、DC24V输入8点、2A继电器输出6点，程序容量16k步、可调电位器输入2点	AFPX-C14R
FP-X C30R	AC通用电源（100~240V）、DC24V输入16点、2A继电器输出14点，程序容量32k步、可调电位器输入2点，配USB端口	AFPX-C30R
FP-X C60R	AC通用电源（100~240V）、DC24V输入32点、2A继电器输出28点，程序容量32k步、可调电位器输入4点，配USB端口	AFPX-C60R
FP-X L14R	AC通用电源（100~240V）、DC24V输入8点、2A继电器输出6点，程序容量16k步	AFPX-L14R
FP-X L30R	AC通用电源（100~240V）、DC24V输入14点、2A继电器输出14点，程序容量32k步	AFPX-L30R
FP-X L60R	AC通用电源（100~240V）、DC24V输入32点、2A继电器输出28点，程序容量32k步	AFPX-L60R
FP-X C14TD	DC电源 晶体管输出（NPN型）输入8点、输出6点	AFPX-C14TD
FP-X C14T	AC电源 晶体管输出（NPN型）输入8点、输出6点	AFPX-C14T
FP-X C14PD	DC电源 晶体管输出（PNP型）输入8点、输出6点	AFPX-C14PD
FP-X C14P	AC电源 晶体管输出（PNP型）输入8点、输出6点	AFPX-C14P
FP-X C30TD	DC电源 晶体管输出（NPN型）输入16点、输出14点	AFPX-C30TD
FP-X C30T	AC电源 晶体管输出（NPN型）输入16点、输出14点	AFPX-C30T
FP-X C30PD	DC电源 晶体管输出（PNP型）输入16点、输出14点	AFPX-C30PD
FP-X C30P	AC电源 晶体管输出（PNP型）输入16点、输出14点	AFPX-C30P
FP-X C60TD	DC电源 晶体管输出（NPN型）输入32点、输出28点	AFPX-C60TD
FP-X C60T	AC电源 晶体管输出（NPN型）输入32点、输出28点	AFPX-C60T
FP-X C60PD	DC电源 晶体管输出（PNP型）输入32点、输出28点	AFPX-C60PD
FP-X C60P	AC电源 晶体管输出（PNP型）输入32点、输出28点	AFPX-C60P

表 2-2　FP-X扩展插件和扩展单元

名　称	规　格	型　号
FP-X COM1 通信插件	RS232C/1CH RS、CS 有控制信号（非绝缘）	AFPX-COM1
FP-X COM2 通信插件	RS232C/2CH（非绝缘）	AFPX-COM2
FP-X COM3 通信插件	RS485 或 RS422 转换型/1CH（绝缘）	AFPX-COM3
FP-X COM4 通信插件	RS232C/1CH（非绝缘）+ RS485 /1CH（绝缘）	AFPX-COM4
FP-X 输入插件	DC 24V 输入 8 点	AFPX-IN8
FP-X 输出插件	NPN 0.3A 输出 8 点	AFPX-TR8
FP-X 模拟量输入插件	2 点 12 位 非绝缘 0～10V/0～20mA	AFPX-AD2
FP-X 脉冲输入输出插件	高速计数器：单相 2CH 各 80kHz 或 2 相 1CH 30kHz 脉冲输出：1 轴 100kHz/CH（安装 2 台时，有规格限制）	AFPX-PLS
FP-X 带日历时钟的主存储器	主存储器：共 32k 步、全部诠释、FPWIN-Pro 源文 日历时钟：年、月、日、时、分、秒、星期（需电池选件）	AFPX-MRTC
FP-X E16R 扩展 I/O 单元	DC 24V 输入 8 点、2A 继电器输出 6 点（无内置电源电路，不可连续连接 2 台）	AFPX-E16R
FP-X E16T 扩展 I/O 单元	晶体管输出（NPN 型）输入 8 点、输出 8 点	AFPX-E16T
FP-X E16P 扩展 I/O 单元	晶体管输出（PNP 型）输入 8 点、输出 8 点	AFPX-E16P
FP-X E30R 扩展 I/O 单元	DC 24V 输入 16 点、2A 继电器输出 14 点（含 E16R、EFP0 最多可扩展 8 台）	AFPX-E30R
FP-X E30TD 扩展 I/O 单元	DC 电源 晶体管输出（NPN 型）输入 16 点、输出 14 点	AFPX-E30TD
FP-X E30T 扩展 I/O 单元	AC 电源 晶体管输出（NPN 型）输入 16 点、输出 14 点	AFPX-E30T
FP-X E30PD 扩展 I/O 单元	DC 电源 晶体管输出（PNP 型）输入 16 点、输出 14 点	AFPX-E30PD
FP-X E30P 扩展 I/O 单元	AC 电源 晶体管输出（PNP 型）输入 16 点、输出 14 点	AFPX-E30P
FP0 扩展单元连接适配器	嵌入适配器后，最多可将 3 台 FP0 扩展单元连接到 FP-X 上	AFPX-EFP0

表 2-3　FP0 扩展单元

名　称	规　格						型　号
	I/O 点数		电源电压	输入规格	输出规格	端子形状	
FP0-E8 扩展单元	8	输入 8 点	—	DC 24V ± 公共端	—	MIL 连接器	AFP03003
	8	输入 4 点 输出 4 点	DC 24V	DC 24V ± 公共端	继电器输出 2A	端子台	AFP03023
						Molex 连接器	AFP03013
	8	输出 8 点	DC 24V	—	继电器输出 2A	端子台	AFP03020
	8	输出 8 点	—	—	晶体管输出 NPN 型 0.1A	MIL 连接器	AFP03040

（续）

名　称	规　格						型　号
	I/O 点数		电源电压	输入规格	输出规格	端子形状	
FP0-E16 扩展单元	16	输入 16 点	—	DC 24V ± 公共端	—	MIL 连接器	AFP03303
	16	输入 8 点 输出 8 点	DC 24V	DC 24V ± 公共端	继电器输出 2A	端子台	AFP03323
						Molex 连接器	AFP03313
	16	输入 8 点 输出 8 点	—	DC 24V ± 公共端	晶体管输出 NPN 型 0.1A	MIL 连接器	AFP03343
	16	输出 16 点	—	—	晶体管输出 NPN 型 0.1A	MIL 连接器	AFP03340
FP0-E32 扩展单元	32	输入 16 点 输出 16 点	—	DC 24V ± 公共端	晶体管输出 NPN 型 0.1A	MIL 连接器	AFP03543

表 2-4　FP0 智能单元和链接单元

名　称	规　格	型　号
FP0 热电偶单元	K，J，T，R 热电偶、分辨率 0.1℃	AFP0420
	K，J，T，R 热电偶、分辨率 0.1℃	AFP0421
FP0 模拟量 I/O 单元	〈输入规格〉通道数：2 通道 输入量程：电压 0～5V，－10～＋10V（分辨率 1/4000）电流 0～20mA（分辨率 1/4000）	AFP0480
	〈输出规格〉通道数：1 通道 输出量程：电压－10～＋10V（分辨率 1/4000）电流 0～20mA（分辨率 1/4000）	AFP0401
FP0 A/D 转换单元	〈输入规格〉通道数：8 通道 输入量程：电压 0～5V，－10～＋10V，－100～100mV（分辨率 1/4000）电流 0～20mA（分辨率 1/4000）	AFP04121
FP0 D/A 转换单元	〈输出规格〉通道数：4 通道 输出量程：（电压输出型）－10～＋10V（分辨率 1/4000）（电流输出型）4～20mA（分辨率 1/4000）	AFP04123
FP0 CC-Link 从站单元	使 FP0 作为 CC-Link 的从站发挥作用的单元。FP0 扩展槽的最右端只能连接 1 台（DC 24V）	AFP07943
FP0 I/O 链接单元	使 FP0 作为 MEWNET-F（远程 I/O 系统）的从站发挥作用的链接单元（DC 24V）	AFP0732

表 2-5　FP-X一般规格

项　目	规　格
额定电压	AC 100～240V
电压允许范围	AC 85～264V
突入电流	40A以下（C14R）、45A以下（C30R、C60R）25℃
允许瞬时断电时间	10ms以上
使用环境温度	0～55℃
保存环境温度	－40～＋70℃
使用环境湿度	10%～95%RH（25℃不结露）
保存环境湿度	10%～95%RH（25℃不结露）
耐电压	全部输入端子、输出端子、电源端子、功能接地端 AC 2300V 1min
	输入端子、输出端子 AC 2300V 1min
	切断电流 5mA
	上述各端子—扩展插件输入输出端子间值相同
绝缘电阻	全部输入端子、输出端子—全部电源端子、功能接地端 100MΩ以上（DC 500V 绝缘阻抗计）
	输入端子—输出端子 100MΩ以上（DC 500V 绝缘电阻计）
	电源端子—接地端子 100MΩ以上（DC 500V 绝缘电阻计）
	上述各端子—扩充插件输入输出端子间值相同
耐振动	5～9Hz 单振幅 3.5mm/9～150Hz 定加速度 9.8m/s²、1次循环/1min、XYZ各方向10次扫描
耐冲击	147m/s²、正弦半波脉冲
耐噪声性	1500V［U_{P-P}＝1500V］脉宽 50ns，1μs（根据噪声模拟法）（电源端子）
使用环境	无腐蚀性气体、无过量尘埃
适用规格	EN61131-2标准
污染度	2
过电压级别	Ⅱ

表 2-6　FP-X控制规格

项　目	规　格
编程方式	梯形图方式
控制方式	循环运算方式
程序内存	内置 Flash-ROM（无需备份电池）
程序容量	16k步（C14R）、32k步（C30R、C60R）
运算处理速度	基本指令 0.32μs/步
基本指令	93条
高级指令	216条
外部输入（X）	1760点
外部输出（Y）	1760点

（续）

项　目		规　格
内部继电器（R）		4096 点
特殊内部继电器（R）		192 点
链接继电器（L）		2048 点
定时器·计数器（T/C）		1024 点：定时器（1ms，10ms，100ms，1s 为单位）×32767 范围内计时 计数器可以在 1～32767 范围内计数
数据寄存器（DT）		12285 字（C14R）、32765 字（C30R、C60R）
链接数据寄存器（LD）		256 字
特殊数据寄存器（DT）		374 字
索引寄存器（I0～ID）		14 字
主控继电器（MCR）		256 点
标号（LOOP）数		256 标号
微分点数		程序容量大小
步进程序数		1000 段
子程序数		500 子程序
中断程序数		15 个程序（外部 14 点、定时 1 个程序）
高速计数器		控制单元内置：单相 8CH 时（10kHz）、2 相 4CH 时（5kHz）脉冲输入输出插件（AFPX-PLS）：单相 2CH 时（8kHz）、2 相 1CH 时（30kHz）
脉冲输出		脉冲输入输出插件（AFPX-PLS）：安装 1 台时（1 轴）100kHz、安装 2 台时（2 轴）80kHz
脉冲捕捉输入/中断输入		合计 14 点（含高速计数器）
定时中断		0.5ms～30s
可调电位器输入		2 点（0～1000）（C14R，C30R）4 点（0～1000）（C60R）
固定时间扫描		可以
日历始终		有（但，仅限 AFPX-MRTC 安装状态下可使用）
Flash ROM 备份	通过 F12，P13 指令备份	数据寄存器（32765 字）
	电源断开时的自动备份	计数器 16 点（1008～1023）内部继电器 128 点（R2470～R255F）数据寄存器 55 字
备份电池		通过系统寄存器设定在保持区域内的存储器（仅在电池安装状态下可使用）
电池寿命（完全不通电时的值）		AFPX-MRTC 未安装时 C14R：1230 日（实际使用值 10 年，25℃） C30R，C60R：990 日（实际使用值 10 年，25℃） AFPX-MRTC 安装时 C14R：780 日（实际使用值 10 年，25℃） C30R，C60R：680 日（实际使用值 10 年，25℃） （C30R，C0R 可安装 2 台以上电池。在这种情况下，电池寿命为电池安装台数的倍数）
密码		可以（可选择 4 位或 8 位）
自诊断功能		看门狗定时器、程序语法的检查等
注释保存		可以（328KB）（无需备份电池）
PLC 链接功能		最多 16 台、链接继电器 1024 点、链接寄存器 128 字（不能进行数据传送、远程编程）
RUN 过程中改写		可以

二、模块式机型及其特点

采用模块式机型有FP2、FP3、FP10、FP10S、FP10SH。模块化产品以其组合灵活，功能强大，模块丰富等特点，广泛应用于机械、包装、食品、冶金、化工等中大规模的控制。

各种模块可大致分为以下几类：

1）CPU单元：FP2、FP3、FP10、FP10S等多种单元。

2）电源单元：直流24V、交流220V、电流输出2A、4A、6A等。

3）母板：3槽、5槽、8槽等。

4）输入/输出单元：8点、16点、32点、64点输入等，16点、32点、64点输出等。

5）模拟量控制单元：4路、8路A/D模块，2路、4路D/A模块，4路热电阻输入模块，4路热电偶输入模块，PID模块等。

6）位置控制单元：1路、2路高速计数模块，脉冲输出模块，单轴、双轴位置控制模块，双轴、三轴联动位置控制模块等。

7）数据处理单元。

8）网络单元：C-NET、MEWNET-H、MEWNET-P、MEWNET-W网络模块等。

三、板式机型及其特点

单板式PLC产品有FP-M和FP-C两大系列。FP-M是在FP1型PLC基础上改进设计的产品，其性能与前面介绍的FP1基本相同，其最大I/O点数可达192点，采用堆叠式的扩展方法，由主控板、扩展板、模拟I/O板、网络板组成。FP-C是在FP3型PLC基础上改进设计的产品，其性能基本同FP3。

单板式PLC在编程上完全与整体式或模块式的PLC相同，只是结构更加紧凑，体积更加小巧，价格也相对便宜，是松下电工功能完备比较独特的产品。它适用于安装空间很小或对成本要求很严的场合，如大批量生产的轻工机械等产品。

上面简单介绍了FP系列的产品分类及其特点，由于本书篇幅所限，不可能一一详细介绍，只能重点介绍FP-X系列PLC，以期读者举一反三，触类旁通。

第二节 FP-X系列PLC的构成及特性

FP-X系列继电器输出型的PLC有C14R、C30R、C60R、L14R、L30R、L60R等型号，它们的硬件结构、指令系统、性能指标、编程方法基本相同，下面就来介绍FP-X系列PLC的构成及其特性。

一、控制单元

（一）控制单元各部分名称和功能

控制单元设有输入输出显示LED，有与编程器、计算机连接的编程口和USB端口，有与I/O扩展单元相连的扩展口，具有种类丰富的扩展功能，输入输出端子，电源输入和输出端子等。AFPX-C14R控制单元提供输入点8个，输出点6个，可调电位器输入2点，如图2-1所示。AFPX-C30R控制单元提供输入点16个，输出点14个，可调电位器输入2点，配有USB通信端口，如图2-2所示。AFPX-C60R控制单元提供输入点32个，输出点28个，可调电位器输入4点，配有USB通信端口，如图2-3所示。

（1）状态显示LED　图2-1～图2-3中的标示①是状态显示LED，显示PLC的运行/停止、错误/报警等动作状态。PLC的动作状态如表2-7所示。

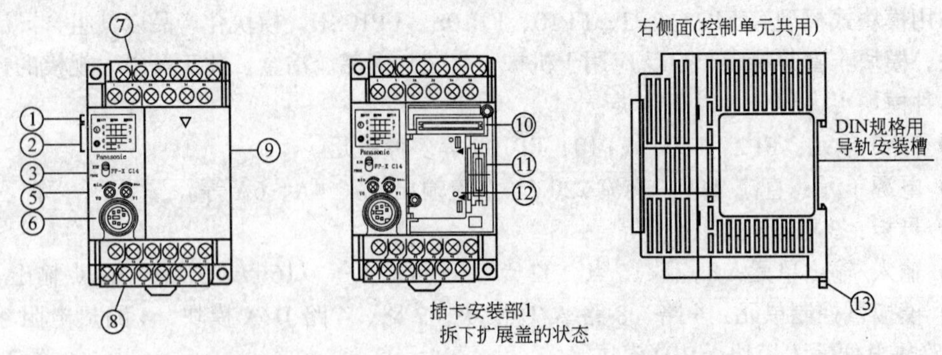

图 2-1　AFPX-C14R 控制单元

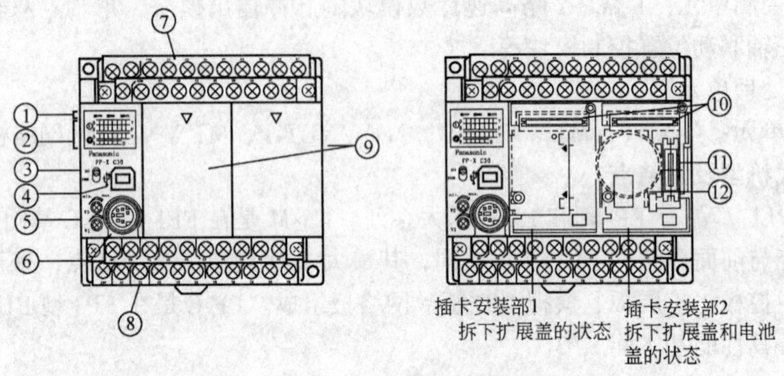

图 2-2　AFPX-C30R 控制单元

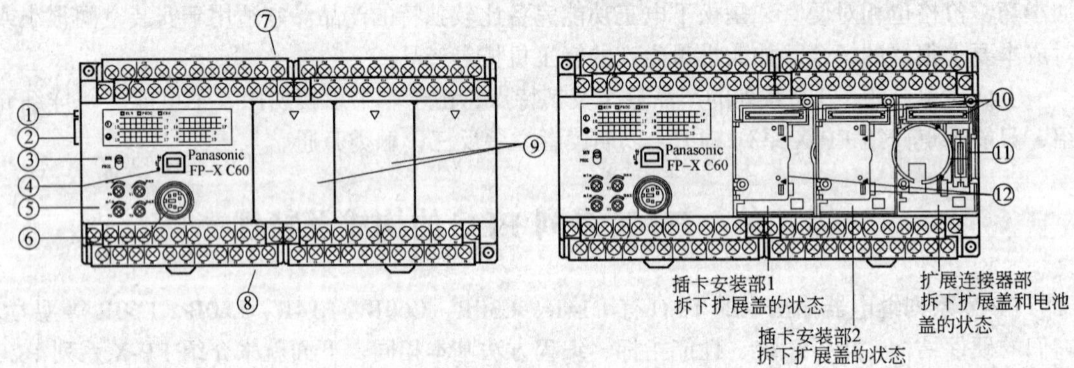

图 2-3　AFPX-C60R 控制单元

表 2-7　PLC 的动作状态

LED			LED的状态和动作状态
RUN	RUN	绿	灯亮：RUN模式—程序执行中
			闪烁：在RUN模式强制输入、输出执行中（RUN、PROG.LED交替闪烁）
PROG.	PROG.	绿	灯亮：PROG.模式—运行停止中，在PROG.模式强制输入、输出执行中
			闪烁：在RUN模式强制输入、输出执行中（RUN、PROG.LED交替闪烁）
ERR.	ERROR/ALARM	红	闪烁：自诊断查出错误（ERROR）
			灯亮：硬件异常或程序运算停滞、监控（watchdog timer）动作中（ALARM）

(2) 输入输出显示 LED　图 2-1 ~ 图 2-3 中的标示②是输入输出显示 LED，即显示 PLC I/O 的 ON/OFF 状态。

(3) RUN/PROG 模式切换开关　图 2-1 ~ 图 2-3 中的标示③是 RUN/PROG 模式切换开关，即 PLC 运行模式的切换开关。PLC 动作模式如表 2-8 所示。

表 2-8　PLC 动作模式

开　关	动作模式
RUM（位置·上）	RUN 模式：执行程序，开始运行
PROG.（位置·下）	PROG. 模式：运行停止中

可以从编程工具通过远程操作切换运行/停止模式，为避免差错，必须通过状态显示 LED 确认实际的动作模式。

(4) USB 连接器（B 型）　图 2-2 和图 2-3 中标示的④是 USB 端口，USB 为通信端口，USB 连接器用于与编程工具的连接，可以使用 USB 电缆（AB 型），使用 USB 时固定速率为 115.2kbit/s。

(5) 模拟电位器　图 2-1 ~ 图 2-3 中标示的⑤是模拟电位器。通过调节可调电位器，特殊数据寄存器 DT90040 ~ DT90043 的值在 K0 ~ K1000 的范围内变化。

(6) 编程口（RS232）　图 2-1 ~ 图 2-3 中标示的⑥是编程口，是连接编程工具的连接器。其编程口示意图如图 2-4 所示，使用微型 5 针 DIN 连接器，各针号用途如表 2-9 所示。

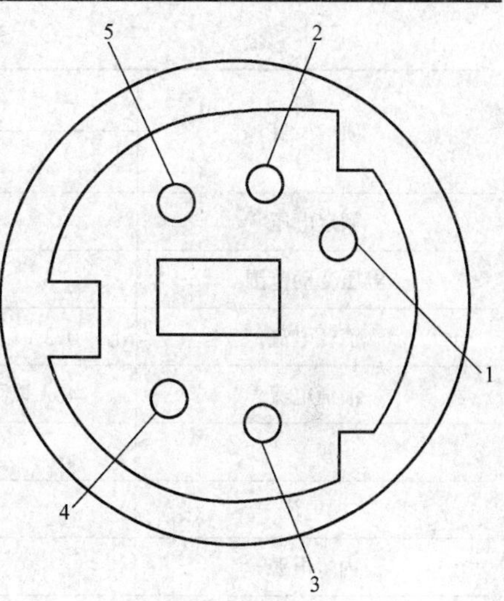

图 2-4　编程口示意图

表 2-9　各针号用途

针　号	名　称	简　称	信号方向
1	信号用接地	SG	—
2	传送数据	SD	单元→外围设备
3	接收数据	RD	单元←外围设备
4	（未使用）	—	—
5	+5V	+5V	单元→外围设备

(7) 电源和 PLC 输入端子排　图 2-1 ~ 图 2-3 中标示的⑦是电源和 PLC 输入配线端子排。端子使用 M3 的端子螺钉，C14R 不能装卸，C30R/C60R 中使用的端子排是用螺钉固定的，可以进行装卸。

(8) 输入用通用电源和输出端子排　图 2-1 ~ 图 2-3 中标示的⑧是一种输入用的通用电源和输出的配线端子。C14R 不能装卸，C30R/C60R 可以装卸。

(9) 扩展盖　图 2-1 ~ 图 1-3 中标示的⑨是扩展盖。扩展电缆和电池安装后，应装上盖。

(10) 扩展插卡连接端子　图 2-1 ~ 图 2-3 中标示的⑩是扩展插卡连接端子，扩展插卡要使用附带的螺钉在控制单元上固定。必须在切断电源的状态下进行安装。

（11）扩展 I/O 单元、扩展 FP0 适配器连接用　图 2-1 ~ 图 2-3 中标示的⑪是扩展 I/O 单元、扩展 FP0 适配器连接用，可插入专用的扩展电缆。

（12）电池盖　图 2-1 ~ 图 2-3 中标示的⑫是电池盖。当使用备份电池时，拆下该盖后进行安装。利用备份电池对实时时钟或者数据寄存器可进行备份。

（13）DIN 导轨安装推杆（左右挂钩）　图 2-1 中标示的⑬是 DIN 导轨安装推杆，可以轻松一按即可安装在导轨上了。

（二）电源规格

（1）AC 电源　AC 电源的规格如表 2-10 所示。

表 2-10　AC 电源的规格

项　目	规　格	
	C14R	C30R/C60R
额定电压	AC 100 ~ 240V	
电压变动范围	AC 85 ~ 264V	
消耗电流	0.3A 以下（使用 AC 100V 时）	0.7A 以下（使用 AC 100V 时）
浪涌电流	40A 以下（AC 240V、25℃时）	45A 以下（AC 240V、25℃时）
频率	50/60Hz（47 ~ 63 Hz）	
漏电流	输入 ~ 保护接地端子间 0.75mA 以下	
内置电源	20000h（在 55℃）	
熔丝	内置（不可替换）	
端子螺钉	M3	

（2）输入用通用电源（输出）　输入用通用电源规格如表 2-11 所示。

表 2-11　输入用通用电源规格

项　目	规　格	
	C14R	C30R/C60R
额定输出电压	DC 24V	
电压变动范围	DC 21.6 ~ 26.4V	
额定输出电流	0.15A	0.4A
瞬时停电时间	10ms 以上	
过电流保护功能	有	
端子螺钉	M3	

（三）PLC 输入输出规格

1. 输入规格　控制单元输入规格（C14R/C30R/C60R 控制单元）如表 2-12 所示。

2. 输出规格　继电器输出规格（C14R/C30R/C60R 控制单元）如表 2-13 所示。

表 2-12　控制单元输入规格

项　　目		规　　格
绝缘方式		光电耦合器绝缘
额定输入电压		DC 24V
使用电压范围		DC 21.6～26.4V
额定输入电流		约 4.7mA（控制单元 X0～X7） 约 4.3mA（控制单元 小于 X8）
共用方式		8 点/公共端（C14R） 16 点/公共端（C30R/C60R） （输入电源的极性 +/– 均可）
最小 ON 电压/最小 ON 电流		DC 19.2V /3mA
最大 OFF 电压/最大 OFF 电流		DC 2.4V /1mA
输入电阻		约 5.1kΩ（控制单元 X0～X7） 约 5.6kΩ（控制单元 小于 X8）
响应时间	OFF→ON	控制单元 X0～X7 0.6ms 以下：一般输入时 50μs 以下：高速计数、脉冲扫描、中断输入设定时 控制单元　小于 X8 0.6ms 以下
	ON→OFF	同上
工作显示		LED 显示
适用型		EN61131—2 TYPE 3 基准（但是，要按照上述规格）

表 2-13　继电器输出规格（C14R/C30R/C60R 控制单元）

项　　目		规　　格
绝缘方式		继电器绝缘
输出形式		1A 输出（继电器不可更换）
额定控制容量		2A/点 AC 250 V、2A/点 DC 30 V（8A 以下/公共端）
共用方式		1 点/公共端、2 点/公共端、3 点/公共端、4 点/公共端
响应时间	OFF→ON	约 10ms
	ON→OFF	约 8ms
寿命	机械方面	2000 万次以上（通断频率 180 次/min）
	电气方面	10 万次以上（以额定控制容量，通断频率 20 次/min）
浪涌抑制器		无
工作显示		LED 显示

3. 端子排列图

（1）C14R 控制单元　C14RI/O 端子排列图如图 2-5 所示。

（2）C30R 控制单元　C30R I/O 端子排列图如图 2-6 所示。

（3）C60R 控制单元　C60R I/O 端子排列图如图 2-7 所示。

L14R、L30R、L60R 端子排列图分别与 C14R、C30R、C60R 相同，这里不再赘述。

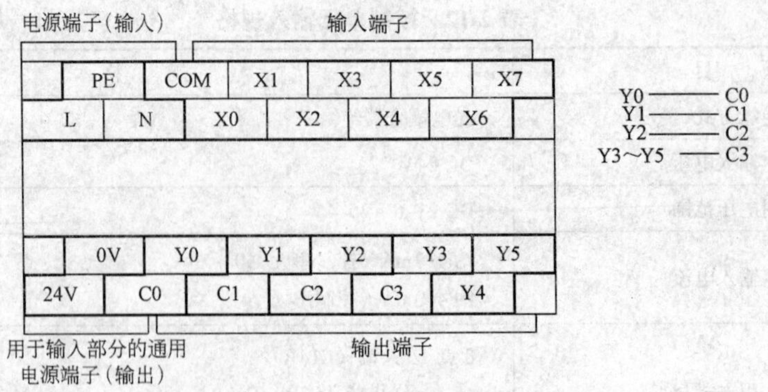

图 2-5　C14R I/O 端子排列图

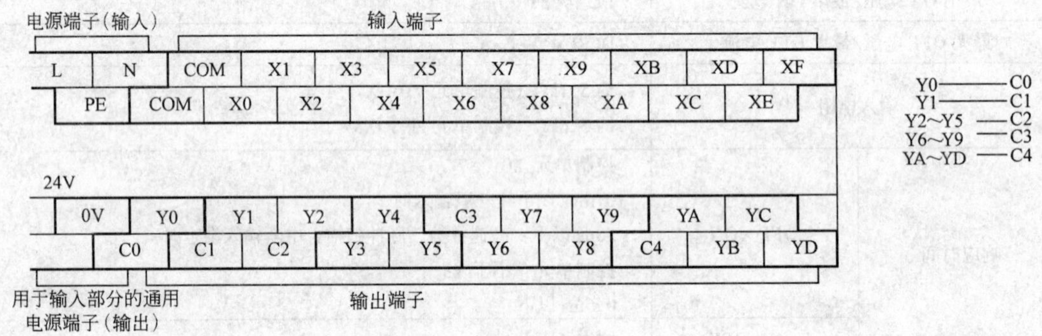

图 2-6　C30R I/O 端子排列图

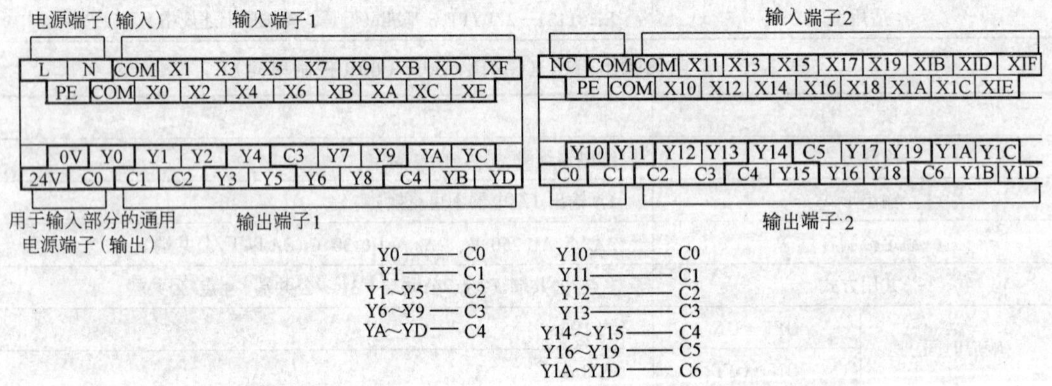

图 2-7　C60R I/O 端子排列图

二、扩展单元/扩展插卡的规格

（一）扩展的方法

在 FP-X 中，有两种扩展方法。

方法 1　通过扩展电缆，可安装 FP-X 扩展单元或者 FP0 扩展单元（扩展 FP0 适配器）。

方法 2　在 FP-X 控制单元的插卡安装部安装扩展插卡。

(1) 关于使用扩展电缆的扩展　在 FP-X 中，可以通过专用的扩展电缆使用 FP-X 扩展单元，如图 2-8 所示。FP0 扩展单元（需要使用扩展 FP0 适配器 AFPX-EFP0)，如图 2-9

所示。

应该注意的是：在控制单元和扩展 FP0 适配器之间也可以安装 FP-X 扩展单元。扩展 FP0 适配器只能在扩展的最后部分安装 1 台。

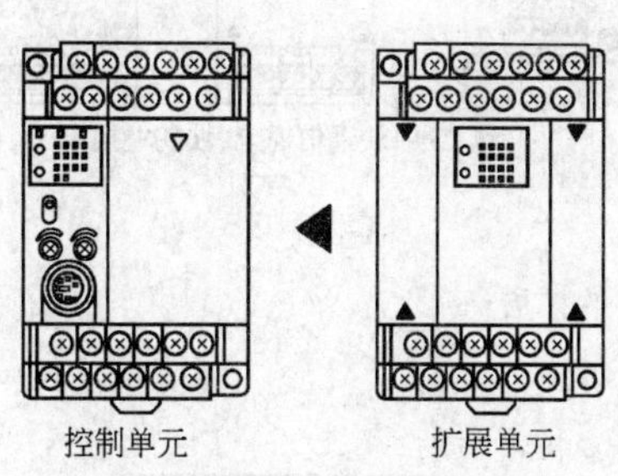

图 2-8　使用 FP-X 扩展单元

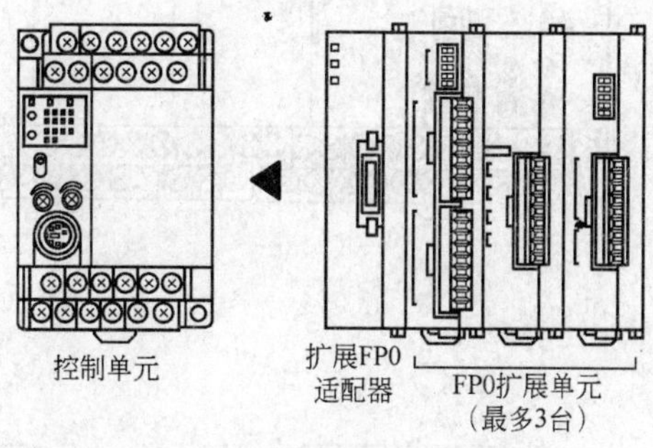

图 2-9　FP0 扩展单元

（2）关于扩展插卡的扩展　在 FP-X 中，可以将扩展插卡（功能插卡、通信插卡）安装到 FP-X 控制单元上。

控制单元的类型不同，可扩展的个数也不同。分别如图 2-10 ~ 图 2-12 所示。

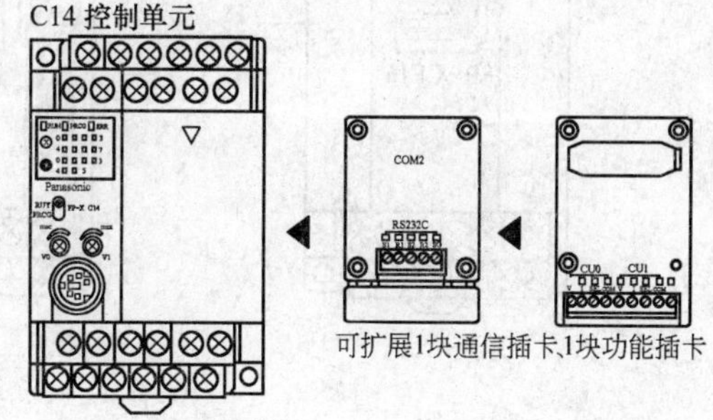

图 2-10　C14 用扩展插卡的扩展

（二）FP-X 扩展单元

（1）各部分的名称和功能　FP-X E16 扩展 I/O 单元（AFPX-E16R）如图 2-13 所示。

图 2-13 中的各标号的名称及作用介绍如下：

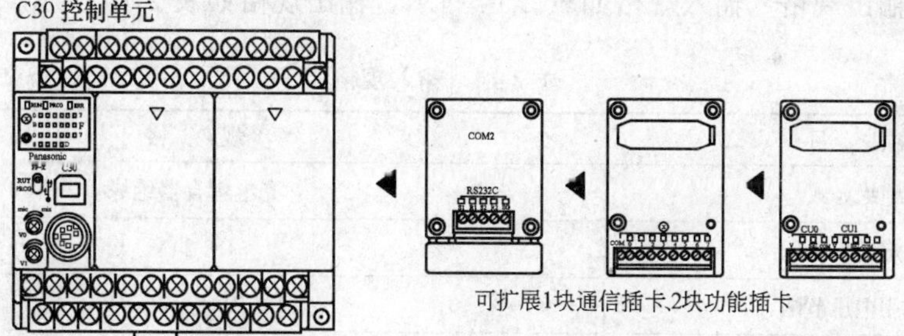

图 2-11　C30 用扩展插卡的扩展

① 输入输出显示 LED：显示输入输出的 ON/OFF 状态。

② 输入端子台：为输入端子。可以使用 M3 的压接端子。

③ 输出端子台：为输出端子。可以使用 M3 的压接端子。

④ 扩展连接器：使用专用的扩展电缆，与控制单元、扩展 FP0 适配器进行连接。

⑤ 扩展盖：扩展电缆安装后，应加装上护盖再使用。

⑥ DIN 导轨安装推杆（左右挂钩）：可以轻松一按即可安装在导轨上了。

另外装在安装板窄长 30 型（AFP0811）上时也可使用。

⑦ DIP 开关：在 FP-X 扩展的最后部分的 E16 扩展 I/O 单元中，全部开关均置 ON。

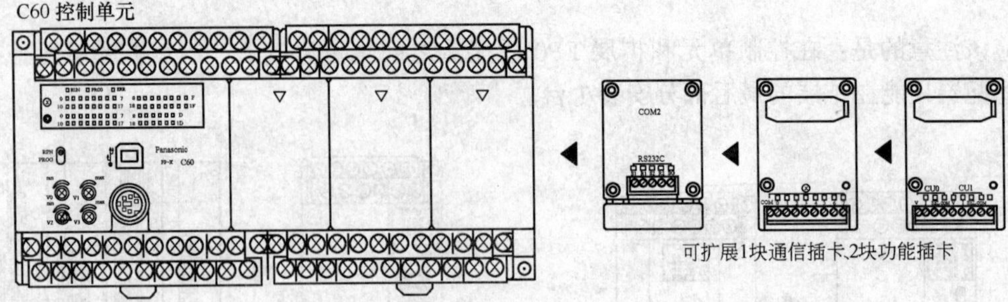

图 2-12　C60 用扩展插卡的扩展

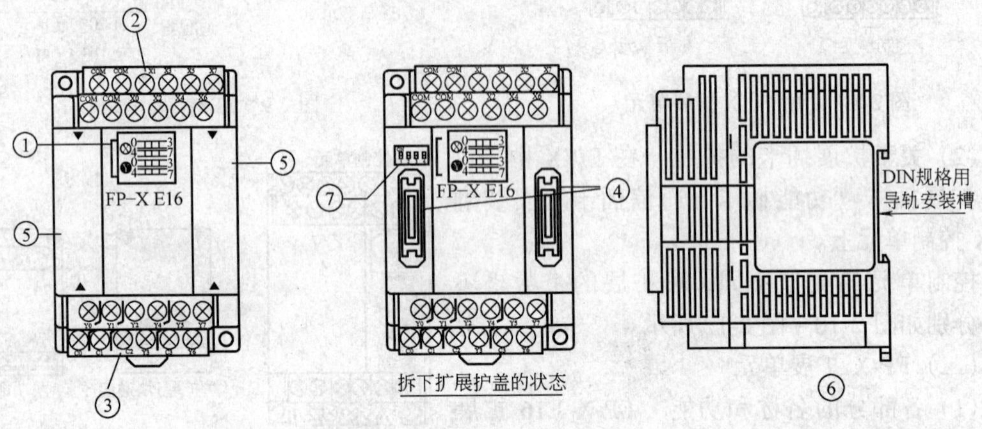

图 2-13　FP-X E16 扩展 I/O 单元

（2）输入输出规格　输入规格如表 2-14 所示。输出规格如表 2-15 所示。

表 2-14　输入规格

项　目		规　格
绝缘方式		光电耦合器绝缘
额定输入电压		DC 24V
使用电压范围		DC 21.6～26.4V
额定输入电流		约 4.3mA
共用方式		8 点/公共端（输入电源的极性 +/- 均可）
最小 ON 电压/最小 ON 电流		DC 19.2V/3mA
最大 OFF 电压/最大 OFF 电流		DC 2.4V/1mA
输入电阻		约 5.6kΩ
响应时间	OFF→ON	0.6ms 以下
	ON→OFF	0.6ms 以下
工作显示		LED 显示
适用型		EN61131—2 TYPE3 基准（但是，要按照上述规格）

表 2-15 输出规格

项目		规格
绝缘方式		继电器绝缘
输出形式		1A 输出（继电器不可更换）
额定控制容量		AC 2A 250V、DC 2A 30V（6A 以下/公共端），指的是电阻负载
共用方式		1 点/公共端、3 点/公共端
响应时间	OFF → ON	约 10ms
	ON → OFF	约 8ms
寿命	机械方面	2000 万次以上（通断频率 180 次/min）
	电气方面	10 万次以上（以额定控制容量，通断频率 20 次/min）
浪涌抑制器		无
工作显示		LED 显示

（3）端子排列图 E16 端子排列图如图 2-14 所示。

输入端子：同一端子台内的各 COM 端子已经在单元内部进行连接。

输出端子：各 COM 端子（C0，C1，…）为独立形式。应在用粗框所围的范围内使用。

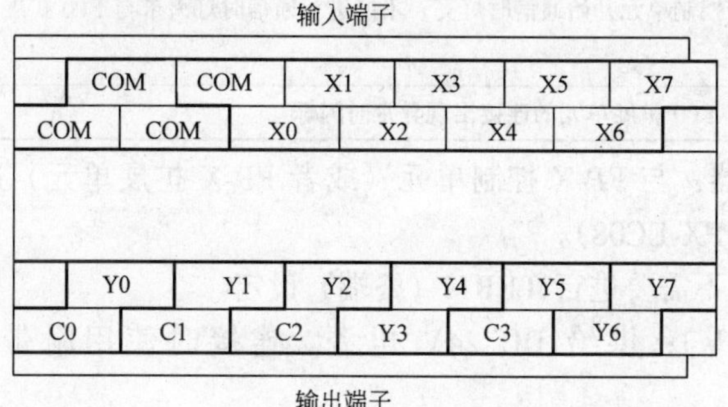

图 2-14 E16 端子排列图

（三）FP-X 扩展 FP0 适配器

（1）概述 在 FP-X 中，通过扩展 FP0 适配器，最多可使用 3 台 FP0 扩展单元（扩展 I/O 单元、高功能单元），如图 2-15 所示。

DC 输入单元、晶休管输出单元、继电器输出单元、模拟输入输出单元、热电偶单元、网络单元等可以使用全部的 FP0 扩展单元。

应该注意的是扩展 FP0 适配器在单独情形下不动作，应务必连接 FP0 扩展单元。

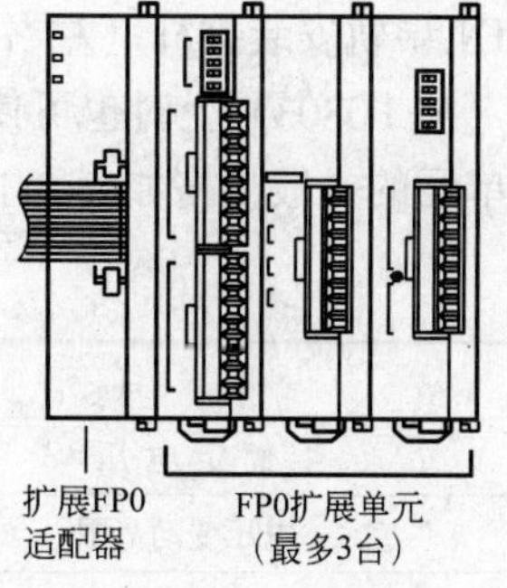

图 2-15 使用 FP0 适配器进行扩展

（2）各部分的名称和功能 FP-X 扩展应用 FP0 适配器（AFPX-EFP0）如图 2-16 所示。图中各标号的名称及功能介绍如下：

① 状态显示 LED：状态显示 LED 如表 2-16 所示。

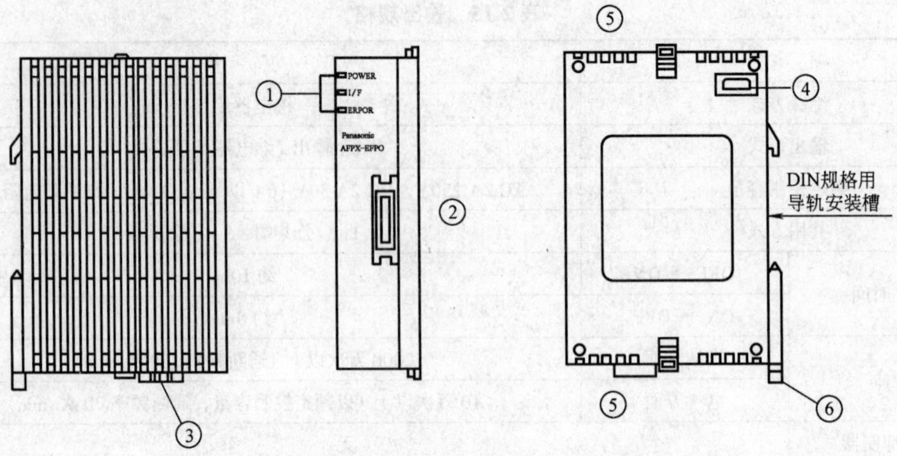

图 2-16 FP-X 扩展应用 FP0 适配器（AFPX-EFP0）

表 2-16 状态显示 LED

LED		LED 的状态和动作状态
POWER	绿	供给 DC 24V，当与控制单元开始通信时灯亮，不能进行通信时灯灭
I/F	绿	当与控制单元开始通信时灯亮，不能进行通信时灯灭未与 FP0 扩展单元进行连接时闪烁
ERROR	红	当与 FP0 扩展单元的连接出现异常时闪烁

② FP-X 扩展用公共连接器：与 FP-X 控制单元（或者 FP-X 扩展单元）进行连接。连接时使用附带的扩展电缆（AFPX-EC08）。

使用扩展 FP0 适配器时，不需要进行 TERM（终端）设定。

③ 电源连接器（DC 24V）：供给 DC 24V 电源。连接时使用附带的电源电缆（AFP0581）。

④ FP0 扩展用连接器：连接 FP0 扩展单元。

⑤ 扩展用挂钩：用于与 FP0 扩展单元的固定。

⑥ DIN 导轨安装推杆（左右挂钩）：可以轻松一按即可安装在导轨上了。另外装在安装板窄长型（AFP0803）上时也可使用。

扩展单元的一般规格如表 2-17 所示。

表 2-17 一般规格

项 目	规 格
额 定 电 压	DC 24V
电压变动范围	DC 21.6～26.4V
浪涌电流	20A 以下
熔丝	内置（不可替换）
电源连接器	3pin 连接器（附带电源电缆 AFP0581）

（四）扩展插卡的种类

（1）通信插卡 通信插卡如表 2-18 所示。

表 2-18　通信插卡

	名　称	规　格	I/O 编号	型　号
	FP-X 通信插卡	RS232C 5 线式 1 通道	—	AFPX-COM1
	FP-X 通信插卡	RS232C 3 线式 2 通道	—	AFPX-COM2
	FP-X 通信插卡	RS485/RS422（绝缘） 1 通道	—	AFPX-COM3
	FP-X 通信插卡	RS485（绝缘）1 通道 RS232C 3 线式 1 通道	—	AFPX-COM4

（2）功能插卡　功能插卡如表 2-19 所示。

表 2-19 功能插卡

	名称	规格	I/O 编号	型号
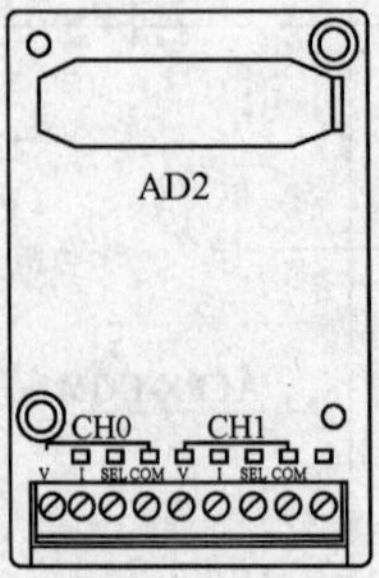 AD2	FP-X 模拟输入插卡	模拟输入（非绝缘） 2 通道	X100 ~ X200 ~	AFPX-AD2
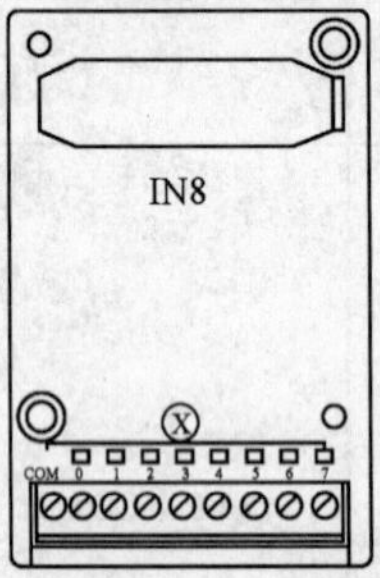 IN8	FP-X 输入插卡	8 点 DC 输入	X100 ~ X200 ~	AFPX-IN8
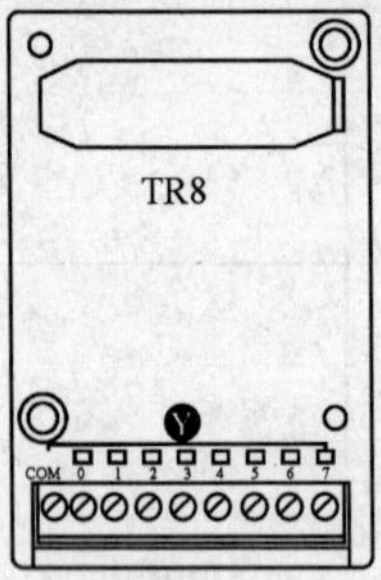 TR8	FP-X 输出插卡	8 点 晶体管输出（NPN 型）	Y100 ~ Y200 ~	AFPX-TR8
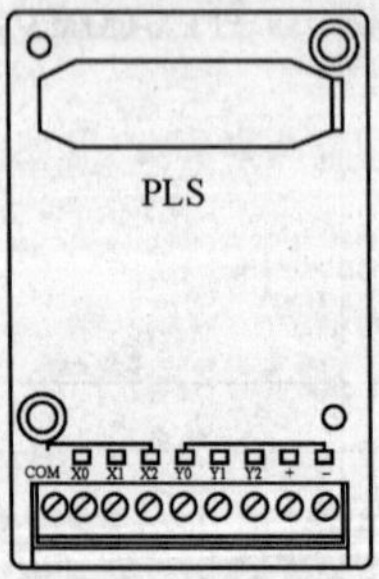 PLS	FP-X 脉冲输入输出插卡	高速计数器 2 通道 +脉冲输出 1 通道	X100 ~ Y100 ~ X200 ~ Y200 ~	AFPX-PLS
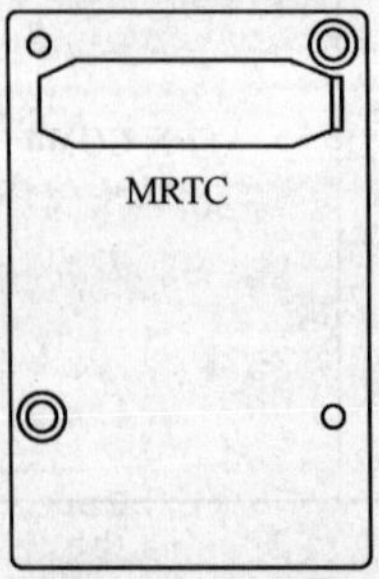 MRTC	FP-X 主存储器插卡	主存储器+实时时钟	—	AFPX-MRTC

注：I/O 编号为插卡安装部 1（X100 ~ 、Y100 ~ ）和插卡安装部 2（X200 ~ 、Y200 ~ ）。

（五）通信插卡的种类

通信插卡根据用途不同分为以下 4 种类型。

（1）RS232C 1 通道型（型号：AFPX-COM1）　非绝缘 RS232C 端口配备 1 个通道的通信插卡。对应 1:1 的计算机链接、通用串行通信、2 台 PC（PLC）链接、1:1 的 MODBUS RTU。可进行 RS/CS 控制。LED 显示/端子排列示意图如图 2-17 所示。各针名称及作用如表2-20所示。

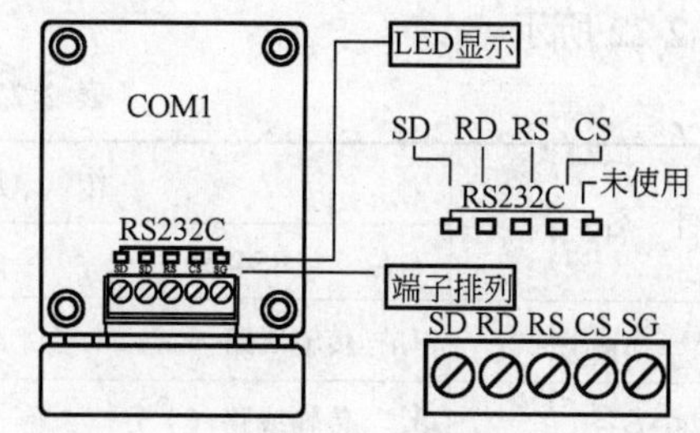

图 2-17　LED 显示/端子排列示意图

表 2-20　各针名称及作用

针名称	作用	信号的方向	端口
SD	传送数据	FP-X→外围设备	COM1 端口
RD	接收数据	FP-X←外围设备	
RS	传送要求	FP-X→外围设备	
CS	可传送	FP-X←外围设备	
SG	信号用接地	—	

注：1. RS（传送要求）可以用 SYS1 指令控制。
2. 不进入 CS（可传送）则无法传送。使用 3 线式时，RS 和 CS 短路。

（2）RS232C 2 通道型（AFPX-COM2）　非绝缘 3 线式 RS232C 端口配备 2 个通道的通信插卡。对应 1:1 的计算机链接、通用串行通信、2 台 PC（PLC）链接（仅限于通道 1）、1:1 的 MODBUS RTU。可与 2 台外围设备通信。LED 显示/端子排列示意图如图 2-18 所示。各针名称及作用如表 2-21 所示。

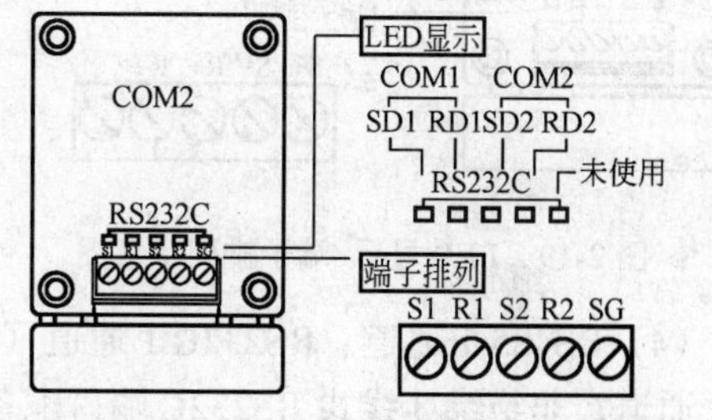

图 2-18　LED 显示/端子排列示意图

表 2-21　各针名称及作用

针名称	作用	信号的方向	端口
S1	传送数据 1	FP-X→外围设备	COM1 端口
R1	接收数据 1	FP-X←外围设备	
S2	传送数据 1	FP-X→外围设备	COM2 端口
R2	接收数据 1	FP-X←外围设备	
SG	信号用接地	—	—

（3）RS485/RS422 1 通道型（AFPX-COM3）　绝缘式的 2 线式 RS485 端口/4 线式 RS422 端口配备 1 个通道的通信插卡。对应 1:1 或 1:N 的计算机链接、通用串行通信、PC

(PLC) 链接、MODBUS RTU。LED 显示/端子排列示意图如图 2-19 所示。各针名称及作用如表 2-22 所示。

表 2-22 各针名称及作用

针 名 称	作 用		信号的方向	端 口
	RS485	RS422		
S+	传输线路（+）	传送数据（+）	–	COM1 端口
S–	传输线路（–）	传送数据（–）	–	
R+	–	接收数据（+）	–	
R–	–	接收数据（–）	–	
	–	–	–	

插卡背面的开关接线示意图如图 2-20 所示，插卡背面开关的状态所对应 RS485 端口和 RS422 端口的状态，如图 2-21 所示。应根据通信的状态对插卡背面的开关进行切换。

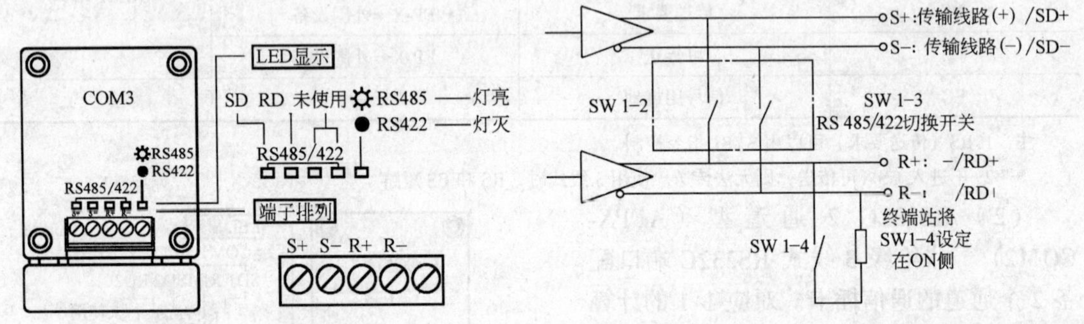

图 2-19 LED 显示/端子排列示意图　　图 2-20 插卡背面开关接线示意图

(4) RS485 1 通道、RS232C 1 通道（AFPX-COM4） 绝缘式的 2 线式 RS485 端口配备 1 个通道，非绝缘 3 线式 RS232C 端口配备 1 个通道的通信插卡。RS485 端口对应 1∶N 的计算机链接、通用串行通信、PC（PLC）链接、MODBUS RTU；RS232C 端口对应 1∶1 的计算机链接、通用串行通信、MODOBUS RTU。LED 显示/端子排列示意图如图 2-22 所示。各针名称及作用如表 2-23 所示。

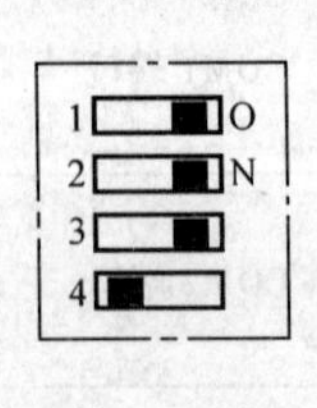

SW1	RS485	RS422
1 2 3	ON	OFF
4	终端站时ON	

图 2-21 插卡背面开关的切换

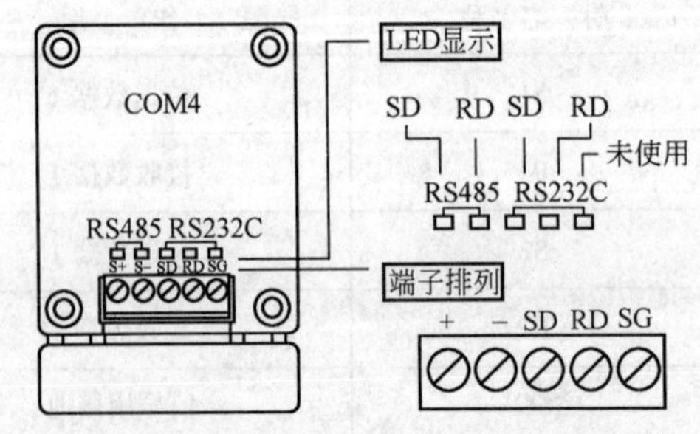

图 2-22 LED 显示/端子排列示意图

表 2-23　各针名称及作用

针　名　称	作　　用	信号的方向	端　　口
+	传输线路（+）	—	RS485（COM1 端口）
−	传输线路（−）	—	
SD	传送数据	FP-X→外围设备	RS232C（COM2 端口）
RD	接收数据	FP-X←外围设备	
SG	信号用接地	—	

（5）连接实例

1）AFPX-COM1：RS232C 5 线式 1 通道通信连线图如图 2-23 所示。应注意的是若连接地址为 3 线式时，应将 COM1 的 RS 与 CS 连接。

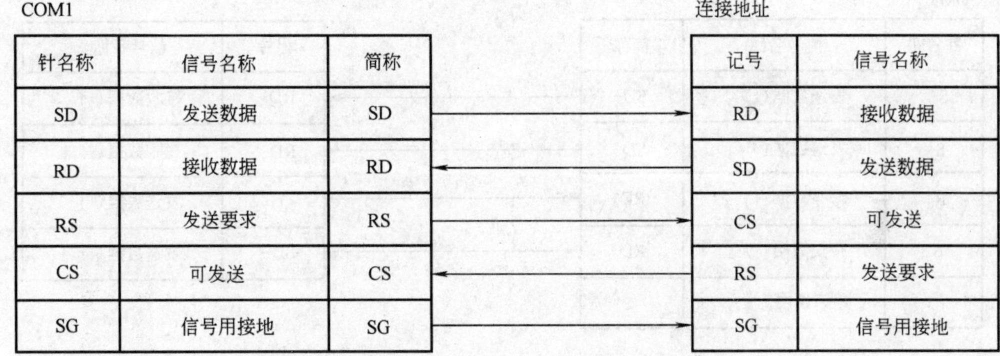

图 2-23　RS232C 5 线式 1 通道通信连线图

2）AFPX-COM2：RS232C 3 线式 2 通道通信连线图如图 2-24 所示。

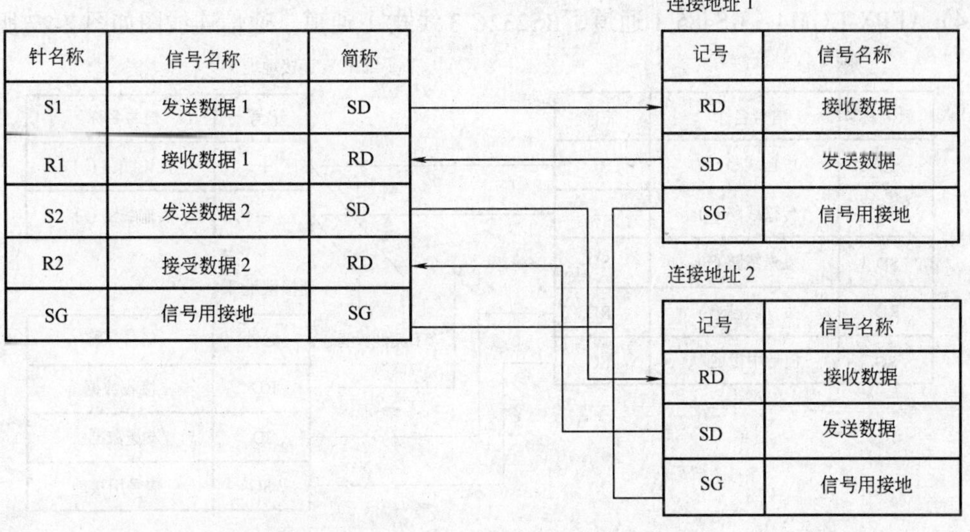

图 2-24　RS232C 3 线式 2 通道通信连线图

3）AFPX-COM3：RS485/RS422 1 通道。RS485 时的通信连线图如图 2-25 所示。RS422 时的通信连线图如图 2-26 所示。

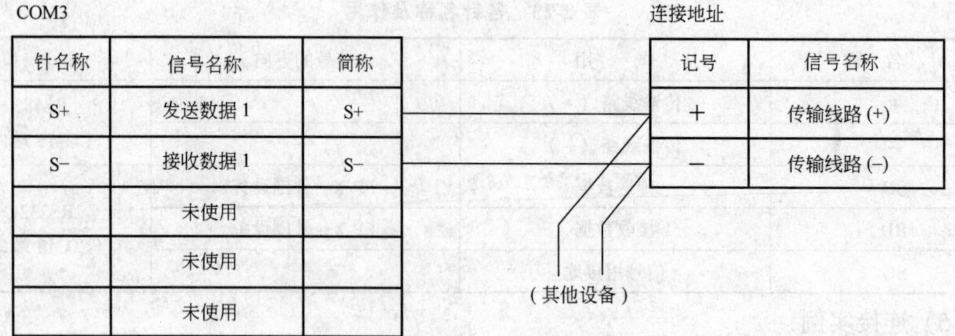

图 2-25 RS485 时的通信连线图

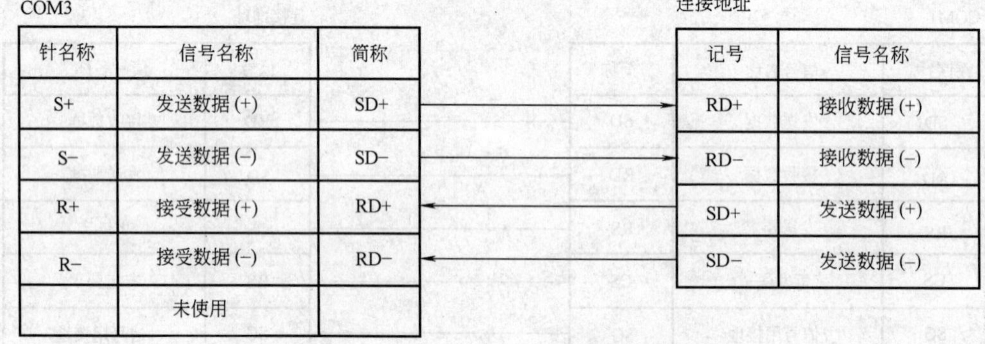

图 2-26 RS422 时的通信连线图

应注意的是对于 RS422 的信号名称有若干种不同叫法。因此，应依据各设备的说明书进行确认。

4）AFPX-COM4：RS485 1 通道、RS232C 3 线式 1 通道。通信连线图如图 2-27 所示。

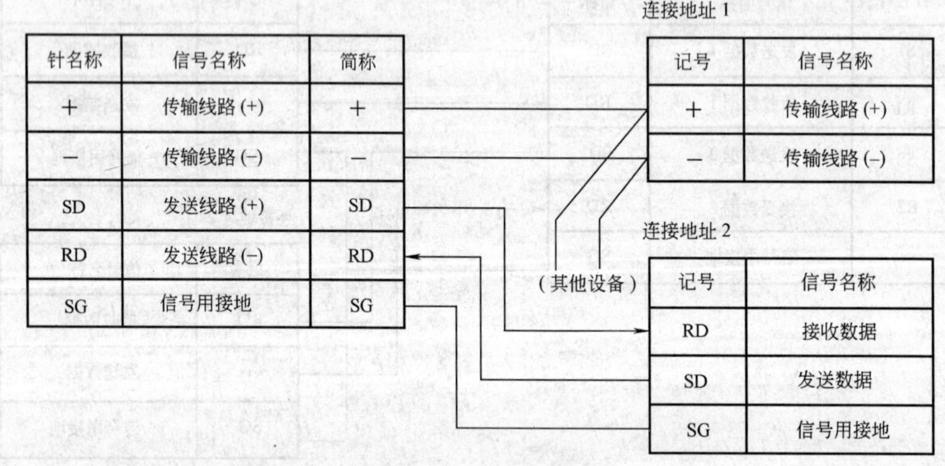

图 2-27 通信连接图

（六）扩展插卡

1. FP-X 模拟输入插卡

（1）AFPX-AD2 型号　模拟量输入插卡规格如表 2-24 所示。

表 2-24　模拟量输入插卡规格

项　目		规　格
输入点数		2 通道/插卡
输入范围	电压	0~10V
	电流	0~20mA
数字转换值		K0~K4000
分辨率		1/4000（12bit）
转换速度		1ms/通道（自动扫描方式）
综合精度		±1%F.S. 以下（0~55℃）
输入电阻	电压	40kΩ
	电流	125Ω
绝对最大额定值	电压	-0.3~+15V
	电流	-2~+30mA
输入保护		二极管
输入输出接点占用数		输入 32 点

注：当模拟输入值超过上、下限时，将保持上·下限值。分辨率为 12bit，因此，输入接点的高位 4bit 固定为 0。

（2）端子排列　端子排列示意图如图 2-28 所示。

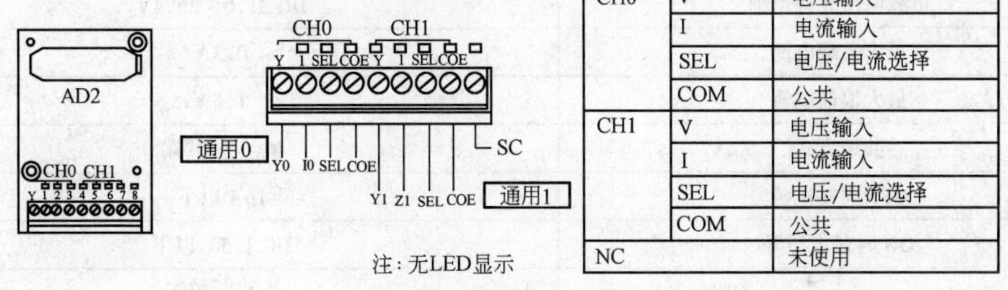

图 2-28　端子排列示意图

2．FP-X 输入插卡

（1）AFPX-IN8 型号　AFPX-IN8 规格如表 2-25 所示。

表 2-25　AFPX-IN8 规格

项　目		规　格
绝缘方式		光电耦合器绝缘
额定输入电压		DC 24V
使用电压范围		DC 21.6~26.4V
额定输入电流		约 3.5mA
共用方式		8 点/公共端（输入电源的极性+/-均可）
最小 ON 电压/最小 ON 电流		DC 19.2V/3mA
最大 OFF 电压/最大 OFF 电流		DC 2.4V/1mA
输入电阻		约 6.8kΩ
响应时间	OFF→ON	1.0ms 以下
	ON→OFF	1.0ms 以下
工作显示		LED 显示

（2）LED 显示/端子排列图　LED 显示/端子排列示意图如图 2-29 所示。

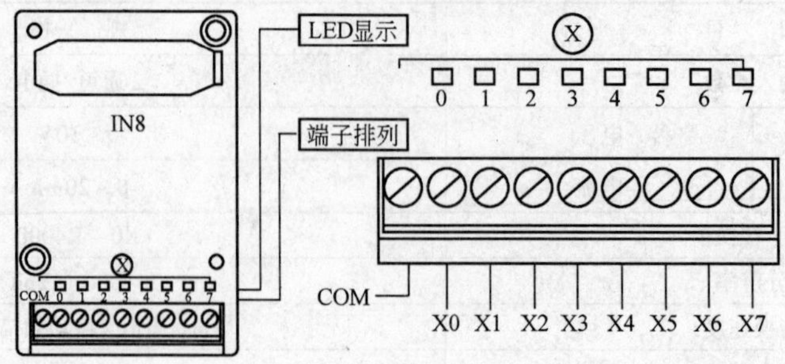

图 2-29　LED 显示/端子排列示意图

3．FP-X 输出插卡

（1）AFPX-TR8 型号　AFPX-TR8 规格如表 2-26 所示。

表 2-26　AFPX-TR8 规格

项　目		规　格
绝缘方式		光电耦合器绝缘
输出形式		开路集电极（NPN 型）
额定负载电压		DC 24V
负载电压允许范围		DC 21.6～26.4V
最大负载电流		0.3A
最大浪涌电流		1.5A
共用方式		8 点/公共端
OFF 时漏电流		1μA 以下
ON 时最大压降		DC 1.5V 以下
响应时间	OFF→ON	0.1ms 以下
	ON→OFF	0.8ms 以下
浪涌抑制器		齐纳二极管
工作显示		LED 显示

（2）LED 显示/端子排列图　LED 显示/端子排列图如图 2-30 所示。

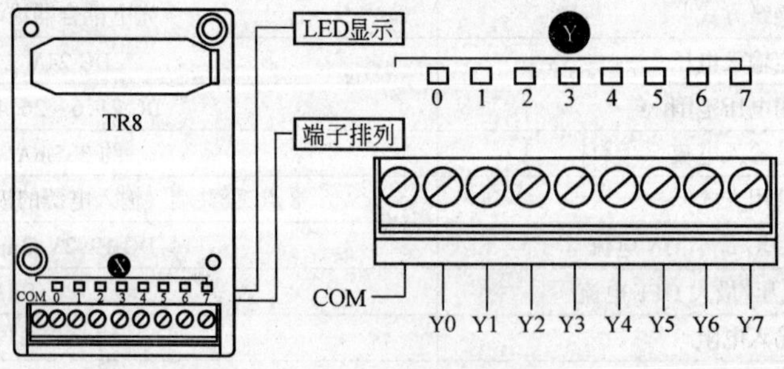

图 2-30　LED 显示/端子排列图示意图

4．FP-X 脉冲输入输出插卡

(1) AFPX-PLS型号　脉冲输入输出插卡的输入是用于高速计数器的输入，高速计数器规格如表2-27所示。脉冲输出规格如表2-28所示。

表2-27 高速计数器规格

<table>
<tr><th colspan="2">项　目</th><th>规　格</th></tr>
<tr><td rowspan="3">输入点数</td><td>高速计数器时</td><td>单相2CH、2相1CH</td></tr>
<tr><td>脉冲捕捉时</td><td>3点</td></tr>
<tr><td>中断输入时</td><td>3点</td></tr>
<tr><td colspan="2">额定输入电压</td><td>DC 24V</td></tr>
<tr><td colspan="2">使用电压范围</td><td>DC 21.6~26.4V</td></tr>
<tr><td colspan="2">额定输入电流</td><td>约8mA</td></tr>
<tr><td colspan="2">共用方式</td><td>3点/公共端</td></tr>
<tr><td colspan="2">最小ON电压/最小ON电流</td><td>DC 19.2V/6mA</td></tr>
<tr><td colspan="2">最大OFF电压/最大OFF电流</td><td>DC 2.4V/1.3mA</td></tr>
<tr><td colspan="2">输入电阻</td><td>约3kΩ</td></tr>
<tr><td rowspan="2">响应时间</td><td>OFF→ON</td><td>5μs以下</td></tr>
<tr><td>ON→OFF</td><td>5μs以下</td></tr>
<tr><td colspan="2">工作显示</td><td>LED显示</td></tr>
</table>

表2-28 脉冲输出规格

<table>
<tr><th colspan="3">项　目</th><th>规　格</th></tr>
<tr><td colspan="3">输出形式</td><td>开路集电极（NPN）</td></tr>
<tr><td colspan="3">额定负载电压</td><td>DC 5~24V</td></tr>
<tr><td colspan="3">负载电压允许范围</td><td>DC 4.75~26.4V</td></tr>
<tr><td colspan="3">最大负载电流</td><td>0.3A</td></tr>
<tr><td colspan="3">最大浪涌电流</td><td>1.5A</td></tr>
<tr><td colspan="3">共用方式</td><td>3点/公共端</td></tr>
<tr><td colspan="3">OFF时漏电流</td><td>1μA以下</td></tr>
<tr><td colspan="3">ON时最大压降</td><td>DC 0.2V以下</td></tr>
<tr><td rowspan="4">响应时间</td><td rowspan="2">Y0
Y1</td><td>OFF→ON</td><td>2μs以下（负载电流15mA以上时）</td></tr>
<tr><td>ON→OFF</td><td>5μs以下（负载电流15mA以上时）</td></tr>
<tr><td rowspan="2">Y2</td><td>OFF→ON</td><td>1ms以下</td></tr>
<tr><td>ON→OFF</td><td>1ms以下</td></tr>
<tr><td colspan="3">外部供给电源（+、-端子）</td><td>DC 21.6~26.4V</td></tr>
<tr><td colspan="3">浪涌抑制器</td><td>齐纳二极管</td></tr>
<tr><td colspan="3">工作显示</td><td>LED表示</td></tr>
</table>

(2) LED显示/端子排列　LED显示/端子排列示意图如图2-31所示。

5. FP-X主存储器插卡

(1) AFPX-MRTC型号　AFPX-MRTC的规格如表2-29所示。

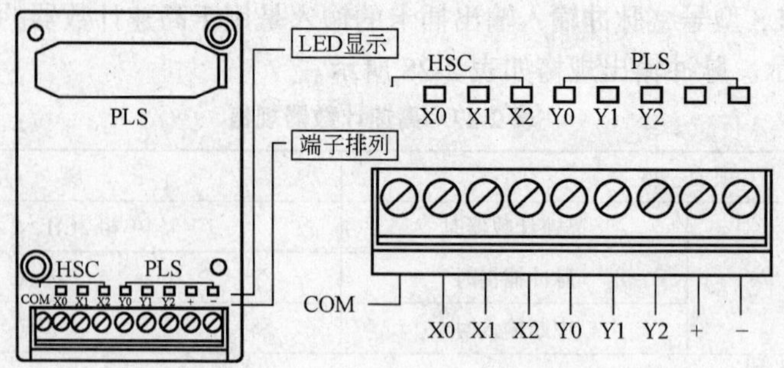

图 2-31 LED 显示/端子排列示意图

表 2-29 AFPX-MRTC 的规格

项　目		规　格
实时时钟	设定项目	年（公历下 2 位）·月·日（24h 表示）·时·分·秒·星期
	精度	0℃：月差 104s 以下 25℃：月差 51s 以下 55℃：月差 155s 以下
主存储器功能	存储器容量	Flash ROM（512KB）
	可存储数据	系统寄存器
		梯形程序
		注释数据（328KB）
		F—ROM 数据区域
		安全功能

应该注意的是：要想使用实时时钟功能，应在控制单元内安装电池。如果不安装电池则实时时钟不能工作。

（2）功能切换开关（实时时钟，主存储器）　实时时钟和主存储器功能应使用背面的开关进行切换，如图 2-32 所示。

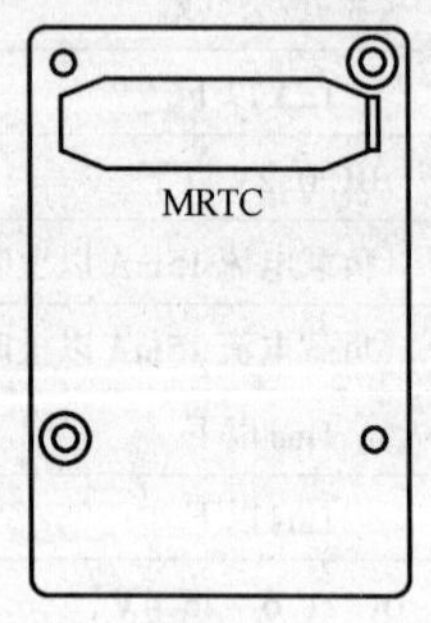

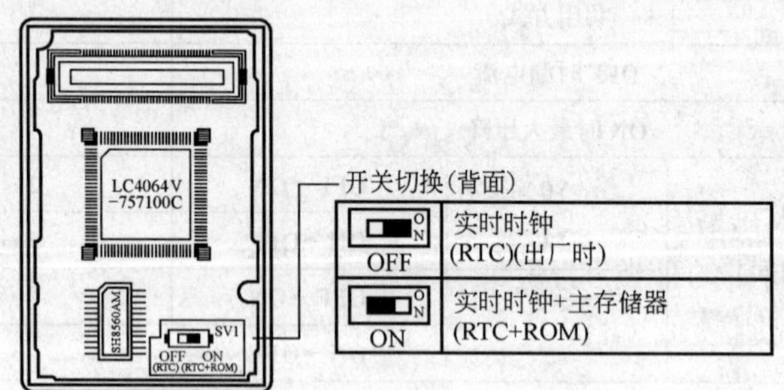

图 2-32 功能切换开关示意图

三、编程工具

（一）编程需要的工具

1. 编程软件

1）FP 系列 PLC 通用。

2）在 FP-X 中，使用 Windows 版软件「FPWINGR Ver.2」或「FPWIN Pro Ver.5」。

应注意，不能使用以往 FPWIN GR Ver.1x、DOS 版的 NPST—GR、FP 编程器。

2. 计算机连接用电缆

1）备有 DOS/V 机用电缆。

2）在 C30/C60 控制单元中，可以通过 USB 电缆进行连接。编程工具示意图如图 2-33 所示。

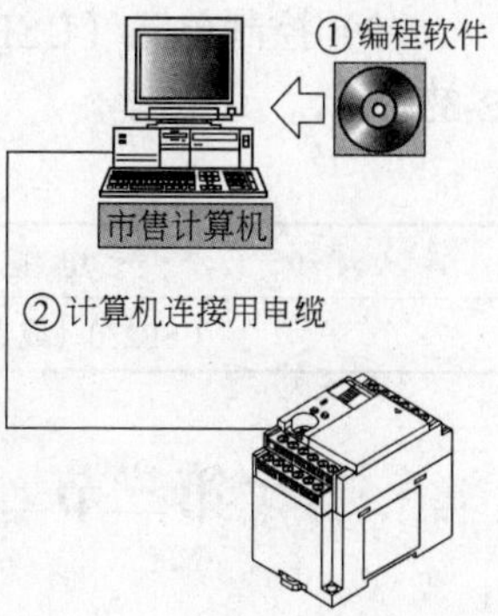

①编程软件
市售计算机
②计算机连接用电缆

图 2-33　编程工具示意图

（二）软件使用环境以及适用电缆

1. 标准梯形图编程软件 FPWIN GR Ver.2　标准梯形图编程软件 FPWIN GR Ver.2 如表 2-30 所示。

表 2-30　标准梯形图编程软件 FPWIN GR Ver.2

软件的种类		所要求的 OS	硬盘容量	编　号
FPWIN GR Ver.2 中文菜单	完整型	Windows95（OSR2 以上）/98/Me /NT（Ver.4.0 以上）/2000/XP	40MB 以上	AFPS10820
	版本升级版			AFPS10820R

应注意的是：版本升级版在不安装 Ver1.1 的情况下不能进行安装。在 OS 是使用 Windows95 的情况下，不能通过 USB 电缆进行连接。

2.IEC61131—3 基准编程工具软件 FPWIN Pro Ver.5　基准编程工具软件如表 2-31 所示。

表 2-31　基准编程工具软件

软件的种类		所要求的 OS	硬盘容量	编　号
FPWIN Pro Ver.5 英语菜单	完整型	Windows95（高于 OSR2）/98/Me /NT（高 Ver.4.0）/2000/XP	100MB 以上	AFPS50550
	小型			AFPS51550
	版本升级版			AFPS50550R

应注意的是：小型 PLC 只能在 FP-e、FP∑、FP0、FP-X、FP1、FP-M 各系列中使用。版本升级版在不安装 Ver4 的情况下不能进行安装。

3. 计算机的种类和适用电缆

（1）控制单元（RS232C）⇔ 计算机（RS232C）的情况　D—Sub 连接器使用规格如表 2-32 所示。

表 2-32　D—Sub 连接器使用规格

计算机的种类	计算机端连接器	PLC 端连接器	规格	编号
DOS/V	D—sub 9 针	微型 DIN 圆 5 针	L 形（3m）	AFC8503
		微型 DIN 圆 5 针	直通型（3m）	AFC8503S

应注意的是：在将无串行端口的计算机通过计算机连接电缆进行连接的情况下，需要使用 USB/RS232C 转换电缆。

(2) 控制单元（USB）⇔计算机（USB）的情况 USB电缆（仅限于C30、C60）如表2-33所示。

表2-33 USB电缆

电缆种类	长 度
USB2.0（或者1.1）AB型	最长5m

第三节 FP-X的I/O分配和内部继电器与寄存器

一、FP-X I/O分配

(一) I/O分配

在使用PLC之前最重要是先了解PLC的内部寄存器及I/O配置情况。

FP-X的控制单元可进行8级扩展，如图2-34所示。其I/O分配如表2-34所示。

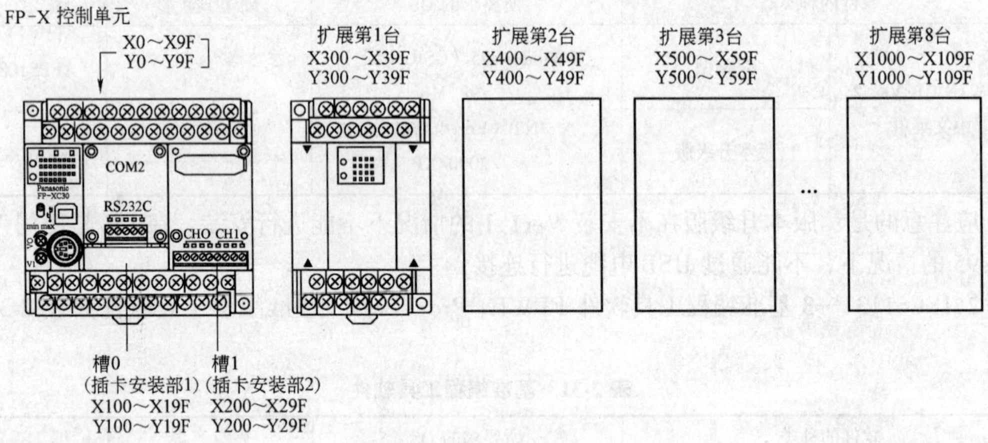

图2-34 FP-X的8级扩展

表2-34 FP-X的8级扩展的I/O分配

	输 入	输 出
控制单元	X0~X9F（WX0~WX9）	Y0~Y9F（WY0~WY9）
插卡安装部1（槽0）	X100~X19F（WX10~WX19）	Y100~Y19F（WY10~WY19）
插卡安装部2（槽1）	X200~X29F（WX20~WX29）	Y200~Y29F（WY20~WY29）
扩展第1台	X300~X39F（WX30~WX39）	Y300~Y39F（WY30~WY39）
扩展第2台	X400~X49F（WX40~WX49）	Y400~Y49F（WY40~WY49）
扩展第3台	X500~X59F（WX50~WX59）	Y500~Y59F（WY50~WY59）
扩展第4台	X600~X69F（WX60~WX69）	Y600~Y69F（WY60~WY69）
扩展第5台	X700~X79F（WX70~WX79）	Y700~Y79F（WY70~WY79）
扩展第6台	X800~X89F（WX80~WX89）	Y800~Y89F（WY80~WY89）
扩展第7台	X900~X99F（WX90~WX99）	Y900~Y99F（WY90~WY99）
扩展第8台	X1000~X109F（WX100~WX109）	Y1000~Y109F（WY100~WY109）

应该注意的是：I/O编号实际可使用的范围因插卡及单元而异。

关于I/O的编号：输入X和输出Y的编号如图2-35所示，用十进制和十六进制的组合表示。

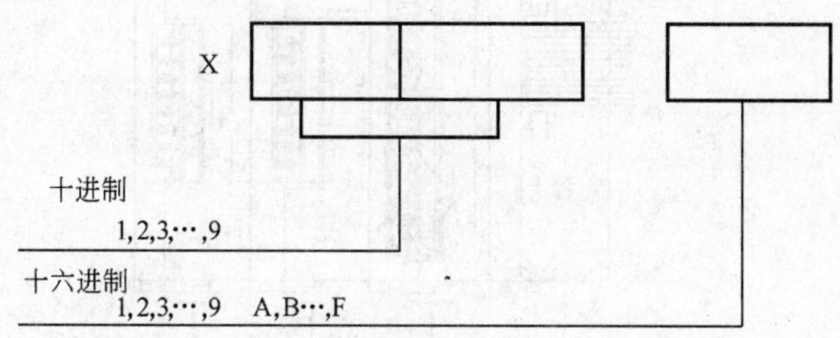

图2-35 输入X和输出Y的编号

关于槽No.：槽No.指使用扩展插卡进行程序编制的情形下，表示插卡的安装位置的编号。

(二) FP-X控制单元的I/O分配

FP-X控制单元的I/O分配是固定的，其编号如表2-35所示。

表2-35 FP-X控制单元的I/O编号

控制单元名称		分配点数	I/O编号
FP-X C14控制单元	AFPX-C14R	输入（8点）	X0～X7
		输出（6点）	Y0～Y5
FP-X C30控制单元	AFPX-C30R	输入（16点）	X0～XF
		输出（14点）	Y0～YD
FP-X C60控制单元	AFPX-C60R	输入（32点）	X0～XF X10～X1F
		输出（28点）	Y0～YD Y10～Y1D

(三) FP-X扩展单元的I/O的分配

FP-X扩展单元是安装在FP-X控制单元的右侧，E16R扩展单元的I/O编号如表2-36所示。应注意的是，不能在E16R的右侧连接E16R。

表2-36 E16R扩展单元的I/O编号

扩展单元的名称		分配点数	I/O编号
FP-X E16扩展I/O单元	AFPX-E16R	输入（8点）	X300～X307
		输出（8点）	Y300～Y307

(四) FP0扩展单元的分配

1. I/O的分配　FP0扩展单元仅安装在FP0扩展适配器的右侧，如图2-36所示。I/O编号从靠近控制单元的地方开始，数字依次从小到大分配。

2. 扩展台数和I/O的分配　扩展FP0适配器只能在FP-X扩展的最后部分连接1台，I/O的分配会因扩展FP0适配器的安装为扩展的第几台而不同。FP-X 8级扩展的I/O分配

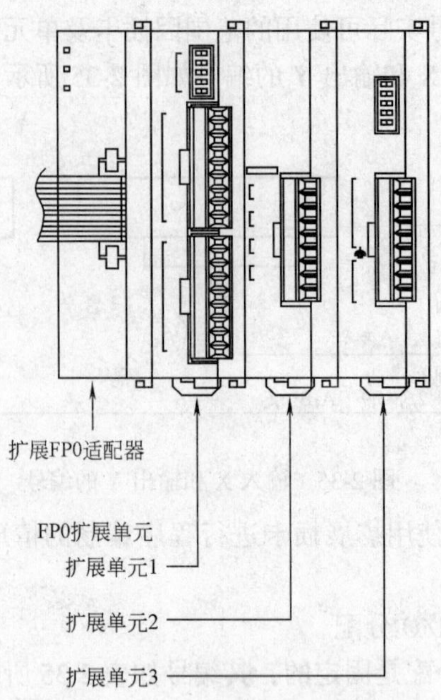

图 2-36 FP0 3 级扩展

如表 2-37 所示。应该注意的是，I/O 编号实际可使用的范围因单元而异。

表 2-37 FP-X8 级扩展的 I/O 分配

扩展位置	扩展单元 1	扩展单元 2	扩展单元 3
扩展第 1 台	X300 ~ X31F	X320 ~ X33F	X340 ~ X35F
	Y300 ~ Y31F	Y320 ~ Y33F	Y340 ~ Y35F
扩展第 2 台	X400 ~ X41F	X420 ~ X43F	X440 ~ X45F
	Y400 ~ Y41F	Y420 ~ Y43F	Y440 ~ Y45F
扩展第 3 台	X500 ~ X51F	X520 ~ X53F	X540 ~ X55F
	Y500 ~ Y51F	Y520 ~ Y53F	Y540 ~ Y55F
扩展第 4 台	X600 ~ X61F	X620 ~ X63F	X640 ~ X65F
	Y600 ~ Y61F	Y620 ~ Y63F	Y640 ~ Y65F
扩展第 5 台	X700 ~ X71F	X720 ~ X73F	X740 ~ X75F
	Y700 ~ Y71F	Y720 ~ Y73F	Y740 ~ Y75F
扩展第 6 台	X800 ~ X81F	X820 ~ X83F	X840 ~ X85F
	Y800 ~ Y81F	Y820 ~ Y83F	Y840 ~ Y85F
扩展第 7 台	X900 ~ X91F	X920 ~ X93F	X940 ~ X95F
	Y900 ~ Y91F	Y920 ~ Y93F	Y940 ~ Y95F
扩展第 8 台	X1000 ~ X101F	X1020 ~ X103F	X1040 ~ X105F
	Y1000 ~ Y101F	Y1020 ~ Y103F	Y1040 ~ Y105F

3．FP0 扩展单元的 I/O 分配　I/O 是在进行扩展时自动分配的，因此不必进行设定。

扩展单元的 I/O 分配由连接位置决定，如表 2-38 所示。

表 2-38　FP0 扩展单元的 I/O 分配

单元的种类		分 配 点 数	扩展单元 1	扩展单元 2	扩展单元 3
FP0 扩展单元	FP0-E8X	输入（8 点）	X300 ~ X307	X320 ~ X327	X340 ~ X347
	FP0-E8R	输入（4 点）	X300 ~ X303	X320 ~ X323	X340 ~ X343
		输出（4 点）	Y300 ~ Y303	Y320 ~ Y323	Y340 ~ Y343
	FP0-E8YT/P FP0-E8YR	输出（8 点）	Y300 ~ Y307	Y320 ~ Y327	Y340 ~ Y347
	FP0-E16X	输入（16 点）	X300 ~ X30F	X320 ~ X32F	X340 ~ X34F
	FP0-E16R FP0-E16T/P	输入（8 点）	X300 ~ X307	X320 ~ X327	X340 ~ X347
		输出（8 点）	Y300 ~ Y307	Y320 ~ Y327	Y340 ~ Y347
	FP0-E16YT/P	输出（16 点）	Y300 ~ Y30F	Y320 ~ Y32F	Y340 ~ Y34F
	FP0-E32T/P	输入（16 点）	X300 ~ X30F	X320 ~ X32F	X340 ~ X34F
		输出（16 点）	Y300 ~ Y30F	Y320 ~ Y32F	Y340 ~ Y34F
FP0 模拟 I/O 单元	FP0-A21	输入（16 点） CH0	WX30 （X300 ~ X30F）	WX32 （X320 ~ X32F）	WX34 （X340 ~ X34F）
		输入（16 点） CH1	WX31 （X310 ~ X31F）	WX33 （X330 ~ X33F）	WX35 （X350 ~ X35F）
		输出（16 点）	WY30 （Y300 ~ Y30F）	WY32 （Y320 ~ Y32F）	WY34 （Y340 ~ Y34F）
FP0 A/D 转换 单元 FP0 热电 偶单元	FP0-A80 FP0-TC4 FP0-TC8	输入（16 点） CH0、2、4、6	WX30 （X300 ~ X30F）	WX32 （X320 ~ X32F）	WX34 （X340 ~ X34F）
		输入（16 点） CH1、3、5、7	WX31 （X310 ~ X31F）	WX33 （X330 ~ X33F）	WX35 （X350 ~ X35F）
FP0 D/A 转换 单元	FP0-A04V FP0-A04I	输入（16 点） 输出（16 点） CH0、2	WX30（X300 ~ X30F） WY30（Y300 ~ Y30F）	WX32（X320 ~ X32F） WY32（Y320 ~ Y32F）	WX34（X340 ~ X34F） WY34（Y340 ~ Y34F）
		输出（16 点） CH1、3	WY31（Y310 ~ Y31F）	WY33（Y330 ~ Y33F）	WY35（Y350 ~ Y35F）
FP0 I/O 链接单元	FP0-IOL	输入 32 点	X300 ~ X31F	X320 ~ X33F	X340 ~ X35F
		输出 32 点	Y300 ~ Y31F	Y320 ~ Y33F	Y340 ~ Y35F

注意：FP0 A/D 转换单元（FP0-A80）、FP0 热电偶单元（FP0-TC4/FP0-TC8）、FP0 D/A 转换单元（FP0-A04V/FP0-A04I）各个通道的数据可以用包括转换数据切换标志在内的用户程序切换读取或写入。

对于 FP0 CC—Link 从属单元，应使用专用手册予以确认（必需改写起始地址）。

（五）FP-X 扩展插卡的 I/O 分配

FP-X 扩展插卡安装在 FP-X 控制单元中。其 I/O 编号如表 2-39 所示。

表 2-39 I/O 编号

控制单元的种类			I/O 编号	
			插卡安装部 1 槽 0	插卡安装部 2 槽 1
通信插卡	FP-X 通信插卡	AFPX-COM1	—	—
	FP-X 通信插卡	AFPX-COM2	—	—
	FP-X 通信插卡	AFPX-COM3	—	—
	FP-X 通信插卡	AFPX-COM4	—	—
功能插卡	FP-X 模拟输入插卡	AFPX-AD2	CH0 WX10 CH1 WX11	CH0 WX20 CH1 WX21
	FP-X 输入插卡	AFPX-IN8	X100 ~	X200 ~
	FP-X 输出插卡	AFPX-TR8	Y100 ~	Y200 ~
	FP-X 脉冲输入输出插卡	AFPX-PLS	X100 ~ X200 ~	Y100 ~ Y200 ~
	FP-X 主存储器插卡	AFPX-MRTC	—	—

注：通信插卡、主存储器插卡中没有 I/O。数字换算值为 K0 ~ 4000。分辨率 12bit，因此，最高位的 4bit 固定为 0。

二、FP-X 的内部继电器和寄存器

（一）概述

FP-X 的内部软继电器有输入/输出继电器、内部继电器、链接继电器、定时器、计数器和特殊内部继电器。

寄存器有输入/输出字继电器、内部字继电器、链接字继电器、数据寄存器、链接数据寄存器、定时器和计数器的预置值寄存器和经过值寄存器、特殊数据寄存器、索引寄存器。FP-X 还设有存储十进制常数和十六进制常数的继电器，如表 2-40 所示。

表 2-40 继电器·存储器区域·常数一览表

名称			可使用存储器区域的点数·范围		功能
			C14	C30 C60	
继电器	外部输入	X	1760 点（X0 ~ X109F）		通过外部的输入，进行 ON/OFF 转换
	外部输出	Y	1760 点（Y0 ~ Y109F）		向外部输出 ON/OFF
	内部继电器	R	4096 点（R0 ~ R255F）		只有在程序中进行 ON/OFF 转换的继电器
	链接继电器	L	2048 点（L0 ~ L127F）		PLC 之间链接时，共有使用的继电器
	定时器	T	1024 点 （T0 ~ T1007/C1008 ~ C1023）		定时器设定时间到达时，为 ON。接点号与定时器的编号相对应
	计数器	C			计数器计数结束时，为 ON。接点号与计数器的编号相对应

（续）

名称			可使用存储器区域的点数·范围 C14	C30 C60	功能
存储器区域	特殊内部继电器	R	192 点（R9000 ~ R911F）		以特定条件进行 ON/OFF，作为标志等使用的继电器
	外部输入	WX	110 字（WX0 ~ WX109）		对外部输入，以 16 位作为 1 个字为单位来表示
	外部输出	WY	110 字（WY0 ~ WY109）		对外部输出，以 16 位作为 1 个字为单位来表示
	内部继电器	WR	256 字（WR0 ~ WR255）		对内部继电器，以 16 位作为 1 个字为单位来表示
	链接继电器	WL	128 字（WL0 ~ WL127）		对链接继电器，以 16 位作为 1 个字为单位来表示
	数据寄存器	DT	12285 字（DT0 ~ DT12284）	32765 字（DT0 ~ DT32764）	为程序中使用的数据存储器。以 16 位（1 字）为单位进行处理
	链接寄存器	LD	256 字（LD0 ~ LD255）		PLC 之间链接时共有使用的数据存储器。用 16 位（1 个字）为单位使用
	定时器/计数器设定值区域	SV	1024 字（SV0 ~ SV1023）		为存储定时器的目标值和计数器的设定值的数据存储器。与定时器/计数器的编号相对应
	定时器/计数器经过值区域	EV	1024 字（EV0 ~ EV1023）		为存储定时器和计数器工作时的经过值的数据存储器。与定时器/计数器的编号相对应
	特殊数据寄存器	DT	374 字（DT90000 ~ DT90373）		存储特定内容的数据存储器。存储各种设定或错误代码
	变址寄存器	I	14 字（I0 ~ ID）		存储器区域的地址及用常数修订寄存器
常数	十进制常数（整数型）	K	K − 32768 ~ K32767		（16 位运算时）
			K − 2147483648 ~ K2147483647		（32 位运算时）
	十六进制常数	H	H0 ~ HFFFF		（16 位运算时）
			H0 ~ HFFFFFFFF		（32 位运算时）
	十进制常数（浮点数型）	F	F − 1.175494×10^{-38} ~ F − 3.402823×10^{38}		
			F 1.175494×10^{-38} ~ F 3.402823×10^{38}		

注意：记载的点数是运算存储的点数，因此实际可以使用的点数根据硬件的组合决定。若无电池时，只能支持固定区域（计数器 16 点 C1008 ~ C1023、内部继电器 128 点 R2470 ~ R255F、数据寄存器 55 字 C14：DT12230 ~ DT12284、C30/C60：DT32710 ~ DT32764）。可以写入的次数为 1 万次以内。

使用电池选件时，可以支持全部区域。可以用系统寄存器设置保持和非保持区域。在未安装电池时，设定在保持区域内的数据，在通电时不会被清零，但数据值会不稳定。电池用完时，保持区域的数据值不稳定。

定时器/计数器的点数可以通过系统寄存器 No.5 的设定进行变更。表中的编号为系统寄存器 No.5 进行默认设定时的编号。

（二）FP-X 特殊内部继电器

FP-X 特殊内部继电器 WR900 ~ WR911 在特殊条件下接通或断开，其开/关状态不输出到外部，不能利用编程工具或指令改变其状态，如表 2-41 所示。

表 2-41　FP-X 特殊内部继电器一览表

继电器编号	名　称	内　容
R9000	自诊断错误标志	当自诊断错误发生时置 ON →自检结果存储于 DT90000
R9001	未使用	
R9002	未使用	
R9003	未使用	
R9004	I/O 校验异常标志	当检测到 I/O 校验异常时置 ON
R9005	备份电池异常标志（当前型）	当检测到电池异常时置 ON
R9006	备份电池异常标志（保持型）	当检测到电池异常时置 ON 只要检测到电池异常，即使恢复正常后也将保持 ON →若切断电源或进行初始化操作后则变为 OFF
R9007	运算错误标志（保持型）（ER 标志）	开始运行后，若发生运算错误则置 ON，运行期间被保持 →发生错误的地址被存储在 DT90017 中。（显示最初发生的运算错误）
R9008	运算错误标志（最新型）（ER 标志）	每当发生运算错误时置 ON →在 DT90018 中，存储着发生运算错误的地址 每次发生新的错误，内容将被刷新
R9009	进位标志（CY 标志）	发生运算结果上溢或下溢时，或执行移位系统指令的结果，该标志被置位
R900A	>标志	执行比较指令，若比较结果大，则置 ON
R900B	=标志	执行比较指令，若比较结果相等，则置 ON 执行比较指令，若运算结果为 0，则置 ON
R900C	<标志	执行比较指令，若比较结果小，则置 ON
R900D	辅助定时器指令标志	执行辅助定时器指令（F137/F183），到达所设定的时间时，置 ON。若执行条件变为 OFF，则该标志置 OFF
R900E	工具端口通信异常	使用工具端口时，若检测到通信异常，则置 ON
R900F	固定扫描异常标志	在执行固定扫描时，若扫描时间超过设定定时器（系统寄存器 No.34），则置 ON 在系统寄存器 No.34 中，当设定 0 时也会置 ON

（续）

继电器编号	名 称	内 容
R9010	常开继电器	始终处于 ON 状态
R9011	常闭继电器	始终处于 OFF 状态
R9012	扫描脉冲继电器	每个扫描周期交替 ON/OFF 动作
R9013	初始脉冲继电器（ON）	运行（RUN）开始后的第一个扫描周期为 ON，从第 2 个扫描周期开始变为 OFF
R9014	初始脉冲继电器（OFF）	运行（RUN）开始后的第一个扫描周期为 OFF，从第二个扫描周期开始变为 ON
R9015	步进程序 初始脉冲继电器（ON）	进行步进梯形图控制时，仅在一个工程启动后的第一个扫描周期为 ON
R9016	未使用	
R9017	未使用	
R9018	0.01s 时钟脉冲继电器	以 0.01s 为周期的时钟脉冲 0.01s
R9019	0.02s 时钟脉冲继电器	以 0.02s 为周期的时钟脉冲 0.02s
R901A	0.1s 时钟脉冲继电器	以 0.1s 为周期的时钟脉冲 0.1s
R901B	0.2s 时钟脉冲继电器	以 0.2s 为周期的时钟脉冲 0.2s
R901C	1s 时钟脉冲继电器	以 1s 为周期的时钟脉冲 1s
R901D	2s 时钟脉冲继电器	以 2s 为周期的时钟脉冲 2s
R901E	1min 时钟脉冲继电器	以 1min 为周期的时钟脉冲 1min
R901F	未使用	
R9020	RUN 模式标志	若转换到 PROG. 模式，则置 OFF。若转换到 RUN 模式，则置 ON
R9021	未使用	

（续）

继电器编号	名　称	内　容
R9022	未使用	
R9023	未使用	
R9024	未使用	
R9025	未使用	
R9026	有信息标志	若执行信息显示指令（F149），则置 ON
R9027	未使用	
R9028	未使用	
R9029	强制中标志	正在对输入输出继电器、定时器/计数器接点等进行强制 ON/OFF 时，置 ON
R902A	中断中标志	当外部中断被许可时，置 ON
R902B	中断异常标志	当发生中断异常时，置 ON
R902C	未使用	
R902D	未使用	
R902E	未使用	
R902F	未使用	
R9030	未使用	
R9031	未使用	
R9032	COM1 端口通信模式标志	使用通用通信功能时置 ON。使用通用通信以外的功能时置 OFF
R9033	打印指令执行中标志	OFF：未执行 ON：执行中
R9034	RUN 中改写结束标志	只在 RUN 中，改写结束后，最初的第一个扫描周期中，置 ON 的特殊内部继电器
R9035	未使用	
R9036	未使用	
R9037	COM1 端口通信异常标志	在进行数据通信时，若发生传送错误，则置 ON。在执行 F159（MTRN）指令时，若要求发送，则置 OFF
R9038	COM1 端口通用通信时的接收完成标志	在进行通用通信时，若接收到终端代码，则置 ON
R9039	COM1 端口通用通信时的发送完成标志	在进行通用通信时，若结束发送，则置 ON。在进行通用通信时，若要求发送，则置 OFF
R903A	未使用	
R903B	未使用	
R903C	未使用	
R903D	未使用	

（续）

继电器编号	名　称	内　容
R903E	TOOL端口通用通信时的接收完成标志	在进行通用通信时，若接收到终端代码，则置ON
R903F	TOOL端口通用通信时的发送完成标志	在进行通用通信时，若结束发送，则置ON。在进行通用通信时，若要求发送，则置OFF
R9040	未使用	
R9041	COM1端口PC（PLC）链接标志	PC（PLC）链接功能使用时，则置ON
R9042	COM2端口通信模式标志	使用通用通信功能时为ON。使用通用通信功能以外其他功能时为OFF
R9043	未使用	
R9044	COM1端口 可执行SEND/RECV指令标志	表示可执行/不能执行相对于COM1端口的F145（SEND）或F146（RECV）指令 OFF：不可执行（指令执行中） ON：可执行
R9045	COM1端口 SEND/RECV指令执行完成标志	表示执行相对于COM1端口的F145（SEND）或F146（RECV）指令的状态 OFF：正常结束 ON：异常结束（发生通信错误） 错误代码被存储在DT90124
R9046	未使用	
R9047	COM2端口通信异常标志	在进行数据通信时，若发生传送错误，则置ON 在执行F159（MTRN）指令时，若要求发送，则置OFF
R9048	COM2端口通用通信时的接收完成标志	在进行通用通信时，若接收到终端代码，则置ON
R9049	COM2端口通用通信时的发送完成标志	在进行通用通信时，若结束发送，则置ON。在进行通用通信时，若要求发送，则置OFF
R904A	COM2端口 可执行SEND/RECV指令标志	表示可以执行/不能执行相对于COM2端口的F145（SEND）或F146（RECV）指令 OFF：不可执行（指令执行中） ON：可执行
R904B	COM2端口 SEND/RECV指令执行完成标志	表示执行相对于COM2端口的F145（SEND）或F146（RECV）指令的状态 OFF：正常结束 ON：异常结束（发生通信错误） 错误代码被存储在DT90125
R904C～R904F	未使用	

（续）

继电器编号	名　称		内　容
R9050	MEWNET—W0 PC（PLC）链接传送异常标志		MEWNET—W0 使用时 在 PC（PLC）链接发生传送异常时，则置 ON 在 PC（PLC）链接区域设定异常时，则置 ON
R9051 ~ R905F	未使用		
R9060	MEWNET—W0PC（PLC）链接 0 用传送保证继电器	单元 No.1	单元 No.1 在 PC（PLC）链接模式下正常通信时，则置 ON 在停止状态、发生异常或 PC（PLC）之间未链接时，则置 OFF
R9061		单元 No.2	单元 No.2 在 PC（PLC）链接模式下正常通信时，则置 ON 在停止状态、发生异常或 PC（PLC）之间未链接时，则置 OFF
R9062		单元 No.3	单元 No.3 在 PC（PLC）链接模式下正常通信时，则置 ON 在停止状态、发生异常或 PC（PLC）之间未链接时，则置 OFF
R9063		单元 No.4	单元 No.4 在 PC（PLC）链接模式下正常通信时，则置 ON 在停止状态、发生异常或 PC（PLC）之间未链接时，则置 OFF
R9064		单元 No.5	单元 No.5 在 PC（PLC）链接模式下正常通信时，则置 ON 在停止状态、发生异常或 PC（PLC）之间未链接时，则置 OFF
R9065		单元 No.6	单元 No.6 在 PC（PLC）链接模式下正常通信时，则置 ON 在停止状态、发生异常或 PC（PLC）之间未链接时，则置 OFF
R9066		单元 No.7	单元 No.7 在 PC（PLC）链接模式下正常通信时，则置 ON 在停止状态、发生异常或 PC（PLC）之间未链接时，则置 OFF
R9067		单元 No.8	单元 No.8 在 PC（PLC）链接模式下正常通信时，则置 ON 在停止状态、发生异常或 PC（PLC）之间未链接时，则置 OFF
R9068		单元 No.9	单元 No.9 在 PC（PLC）链接模式下正常通信时，则置 ON 在停止状态、发生异常或 PC（PLC）之间未链接时，则置 OFF
R9069		单元 No.10	单元 No.10 在 PC（PLC）链接模式下正常通信时，则置 ON 在停止状态、发生异常或 PC（PLC）之间未链接时，则置 OFF
R906A		单元 No.11	单元 No.11 在 PC（PLC）链接模式下正常通信时，则置 ON 在停止状态、发生异常或 PC（PLC）之间未链接时，则置 OFF

（续）

继电器编号	名称		内容
R906B	MEWNET—W0PC（PLC）链接0用传送保证继电器	单元No.12	单元No.12 在PC（PLC）链接模式下正常通信时，则置ON 在停止状态、发生异常或PC（PLC）之间未链接时，则置OFF
R906C		单元No.13	单元No.13 在PC（PLC）链接模式下正常通信时，则置ON 在停止状态、发生异常或PC（PLC）之间未链接时，则置OFF
R906D		单元No.14	单元No.14 在PC（PLC）链接模式下正常通信时，则置ON 在停止状态、发生异常或PC（PLC）之间未链接时，则置OFF
R906E		单元No.15	单元No.15 在PC（PLC）链接模式下正常通信时，则置ON 在停止状态、发生异常或PC（PLC）之间未链接时，则置OFF
R906F		单元No.16	单元No.16 在PC（PLC）链接模式下正常通信时，则置ON 在停止状态、发生异常或PC（PLC）之间未链接时，则置OFF
R9070	MEWNET—W0PC（PLC）链接0用动作模式继电器	单元No.1	单元No.1在RUN模式时，则置ON 在PROG.模式时，则置OFF
R9071		单元No.2	单元No.2在RUN模式时，则置ON 在PROG.模式时，则置OFF
R9072		单元No.3	单元No.3在RUN模式时，则置ON 在PROG.模式时，则置OFF
R9073		单元No.4	单元No.4在RUN模式时，则置ON 在PROG.模式时，则置OFF
R9074		单元No.5	单元No.5在RUN模式时，则置ON 在PROG.模式时，则置OFF
R9075		单元No.6	单元No.6在RUN模式时，则置ON 在PROG.模式时，则置OFF
R9076		单元No.7	单元No.7在RUN模式时，则置ON 在PROG.模式时，则置OFF
R9077		单元No.8	单元No.8在RUN模式时，则置ON 在PROG.模式时，则置OFF
R9078		单元No.9	单元No.9在RUN模式时，则置ON 在PROG.模式时，则置OFF
R9079		单元No.10	单元No.10在RUN模式时，则置ON 在PROG.模式时，则置OFF

（续）

继电器编号	名称		内容
R907A	MEWNET—W0PC（PLC）链接 0 用动作模式继电器	单元 No.11	单元 No.11 在 RUN 模式时，则置 ON 在 PROG. 模式时，则置 OFF
R907B		单元 No.12	单元 No.12 在 RUN 模式时，则置 ON 在 PROG. 模式时，则置 OFF
R907C		单元 No.13	单元 No.13 在 RUN 模式时，则置 ON 在 PROG. 模式时，则置 OFF
R907D		单元 No.14	单元 No.14 在 RUN 模式时，则置 ON 在 PROG. 模式时，则置 OFF
R907E		单元 No.15	单元 No.15 在 RUN 模式时，则置 ON 在 PROG. 模式时，则置 OFF
R907F		单元 No.16	单元 No.16 在 RUN 模式时，则置 ON 在 PROG. 模式时，则置 OFF
R9080	MEWNET—W0PC（PLC）链接 1 用传送保证继电器	单元 No.1	在 PC（PLC）链接模式下正常通信时，则置 ON 在停止状态、发生异常或 PC（PLC）之间未链接时，则置 OFF
R9081		单元 No.2	单元 No.2 在 PC（PLC）链接模式下正常通信时，则置 ON 在停止状态、发生异常或 PC（PLC）之间未链接时，则置 OFF
R9082		单元 No.3	单元 No.3 在 PC（PLC）链接模式下正常通信时，则置 ON 在停止状态、发生异常或 PC（PLC）之间未链接时，则置 OFF
R9083		单元 No.4	单元 No.4 在 PC（PLC）链接模式下正常通信时，则置 ON 在停止状态、发生异常或 PC（PLC）之间未链接时，则置 OFF
R9084		单元 No.5	单元 No.5 在 PC（PLC）链接模式下正常通信时，则置 ON 在停止状态、发生异常或 PC（PLC）之间未链接时，则置 OFF
R9085		单元 No.6	单元 No.6 在 PC（PLC）链接模式下正常通信时，则置 ON 在停止状态、发生异常或 PC（PLC）之间未链接时，则置 OFF
R9086		单元 No.7	单元 No.7 在 PC（PLC）链接模式下正常通信时，则置 ON 在停止状态、发生异常或 PC（PLC）之间未链接时，则置 OFF
R9087		单元 No.8	单元 No.8 在 PC（PLC）链接模式下正常通信时，则置 ON 在停止状态、发生异常或 PC（PLC）之间未链接时，则置 OFF

（续）

继电器编号	名　称		内　容
R9088	MEWNET—W0PC（PLC）链接1用传送保证继电器	单元 No.9	单元 No.9 在 PC（PLC）链接模式下正常通信时，则置 ON 在停止状态、发生异常或 PC（PLC）之间未链接时，则置 OFF
R9089		单元 No.10	单元 No.10 在 PC（PLC）链接模式下正常通信时，则置 ON 在停止状态、发生异常或 PC（PLC）之间未链接时，则置 OFF
R908A		单元 No.11	单元 No.11 在 PC（PLC）链接模式下正常通信时，则置 ON 在停止状态、发生异常或 PC（PLC）之间未链接时，则置 OFF
R908B		单元 No.12	单元 No.12 在 PC（PLC）链接模式下正常通信时，则置 ON 在停止状态、发生异常或 PC（PLC）之间未链接时，则置 OFF
R908C		单元 No.13	单元 No.13 在 PC（PLC）链接模式下正常通信时，则置 ON 在停止状态、发生异常或 PC（PLC）之间未链接时，则置 OFF
R908D		单元 No.14	单元 No.14 在 PC（PLC）链接模式下正常通信时，则置 ON 在停止状态、发生异常或 PC（PLC）之间未链接时，则置 OFF
R908E		单元 No.15	单元 No.15 在 PC（PLC）链接模式下正常通信时，则置 ON 在停止状态、发生异常或 PC（PLC）之间未链接时，则置 OFF
R908F		单元 No.16	单元 No.16 在 PC（PLC）链接模式下正常通信时，则置 ON 在停止状态、发生异常或 PC（PLC）之间未链接时，则置 OFF
R9090	MEWNET—W0PC（PLC）链接1用动作模式继电器	单元 No.1	单元 No.1 在 RUN 模式时，则置 ON 在 PROG. 模式时，则置 OFF
R9091		单元 No.2	单元 No.2 在 RUN 模式时，则置 ON 在 PROG. 模式时，则置 OFF
R9092		单元 No.3	单元 No.3 在 RUN 模式时，则置 ON 在 PROG. 模式时，则置 OFF
R9093		单元 No.4	单元 No.4 在 RUN 模式时，则置 ON 在 PROG. 模式时，则置 OFF
R9094		单元 No.5	单元 No.5 在 RUN 模式时，则置 ON 在 PROG. 模式时，则置 OFF
R9095		单元 No.6	单元 No.6 在 RUN 模式时，则置 ON 在 PROG. 模式时，则置 OFF

（续）

继电器编号	名　称		内　容
R9096	MEWNET—W0PC（PLC）链接 1 用动作模式继电器	单元 No.7	单元 No.7 在 RUN 模式时，则置 ON 在 PROG. 模式时，则置 OFF
R9097		单元 No.8	单元 No.8 在 RUN 模式时，则置 ON 在 PROG. 模式时，则置 OFF
R9098		单元 No.9	单元 No.9 在 RUN 模式时，则置 ON 在 PROG. 模式时，则置 OFF
R9099		单元 No.10	单元 No.10 在 RUN 模式时，则置 ON 在 PROG. 模式时，则置 OFF
R909A		单元 No.11	单元 No.11 在 RUN 模式时，则置 ON 在 PROG. 模式时，则置 OFF
R909B		单元 No.12	单元 No.12 在 RUN 模式时，则置 ON 在 PROG. 模式时，则置 OFF
R909C		单元 No.13	单元 No.13 在 RUN 模式时，则置 ON 在 PROG. 模式时，则置 OFF
R909D		单元 No.14	单元 No.14 在 RUN 模式时，则置 ON 在 PROG. 模式时，则置 OFF
R909E		单元 No.15	单元 No.15 在 RUN 模式时，则置 ON 在 PROG. 模式时，则置 OFF
R909F		单元 No.16	单元 No.16 在 RUN 模式时，则置 ON 在 PROG. 模式时，则置 OFF
R9100 ~ R910F	未使用		
R9110	控制中标志	HSC—CH0	在执行 F166（HC1S）、F167（HC1R）指令中置 ON，F166（HC1S）、F167（HC1R）动作完成时置 OFF
R9111		HSC—CH1	
R9112		HSC—CH2	
R9113		HSC—CH3	
R9114		HSC—CH4	
R9115		HSC—CH5	
R9116		HSC—CH6	
R9117		HSC—CH7	
R9118		HSC—CH8	
R9119		HSC—CH9	
R911A		HSC—CHA	
R911B		HSC—CHB	
R911C		PLC—CH0	用 F171（SPDH）、F172（PLSH）、F173（PWMH）、F174（SP0H）指令进行脉冲输出时置 ON
R911D		PLC—CH1	
R911E	未使用		
R911F	未使用		

注：R9030 ~ R903F、R9040 ~ R904F 即使在一个扫描周期过程中也会发生变化。

（三）FP-X 特殊数据寄存器

FP-X 特殊数据寄存器是储存特殊信息的单字（16 位）存储区域。除了在“描述”栏中标识出“写入”的寄存器，一般寄存器是不能被写入的，如表 2-42 所示。

表 2-42 FP-X 特殊数据寄存器一览表

寄存器编号	名 称	内 容	读取	写入
DT90000	自诊断错误代码	当发生自诊断错误时，存储错误代码	○	×
DT90001	未使用		×	×
DT90002	功能扩展插卡 I/O 错误发生位置	当功能扩展插卡的 I/O 板发生异常时，与该板相对应的位置 ON 17 11 7 3 2 1 0 (位 No.) 2 1 (扩展 No.) ON（1）：异常 OFF（0）：正常	○	×
DT90003	未使用		×	×
DT90004	未使用		×	×
DT90005	未使用		×	×
DT90006	功能扩展插卡异常的发生位置	当功能扩展插卡的高功能板发生异常时，与该板相对应的位置 ON 15 11 7 3 2 1 0 (位 No.) 2 1 (扩展 No.) ON（1）：异常 OFF（0）：正常	○	×
DT90007	未使用		×	×
DT90008	未使用			
DT90009	COM2 通信异常标志	保存使用 COM2 端口时的异常内容	○	×
DT90010	FP-X 扩展 I/O 校对异常单元的位置	FP-X 扩展 I/O 单元的安装状态，在电源 ON 状态下发生变化时，对应安装单元 No. 的位置 ON（1） 用 BIN 显示监控 15 11 7 6 5 4 3 2 1 0 (位 No.) 7 6 5 4 3 2 1 0 (单位 No.) ON（1）：异常 OFF（0）：正常	○	×
DT90011	功能扩展插卡校对异常单元的位置	FP-X 功能扩展插卡的安装状态，在电源 ON 状态下发生变化时，对应安装单元 No. 的位置 ON（1） 用 BIN 显示监控 15 11 7 3 2 1 0 (位 No.) 2 1 (扩展 No.) ON（1）：异常 OFF（0）：正常	○	×

（续）

寄存器编号	名　　称	内　　容	读取	写入
DT90012	未使用		×	×
DT90013	未使用			
DT90014	数据移位指令的运算辅助寄存器	对数据移位指令 F105（BSR）或者 F106（BSL）执行后，被移出的 1digit 存放到位 0～位 3 中执行 F0（MV）指令，可进行值的读取与写入	○	○
DT90015	除法指令的运算辅助寄存器	在执行 16 位除法运算指令 F32（%）、F52（B%）时，余数 16 位被存储到 DT90015	○	○
DT90016		在执行 32 位除法运算指令 F33（D%）、F53（DB%）时，余数 32 位被存储到 DT90015～DT90016 中执行 F0（MV）指令，可读取或写入其值	○	○
DT90017	运算错误发生地址（保持型）	开始运算后，最初发生运算错误的地址被存储。请以十进制显示进行监控	○	×
DT90018	运算错误发生地址（最新型）	发生运算错误的地址被存储。每次发生错误时都会更新。在扫描开始处为 0。请以十进制显示进行监控	○	×
DT90019	2.5ms 环形计数器	所存储的值每 2.5ms 被加 1（H0～HFFFF） 2 点值之差（绝对值）×2.5ms＝2 点间的经过时间	○	×
DT90020	10μs 环形计数器	所存储的值每 10.24μs 被加 1（H0～HFFFF）。2 点值之差（绝对值）×10.24μs＝2 点间的经过时间正确数据为 10.24μs	○	×
DT90021	未使用		×	×
DT90022	扫描时间（当前值）	扫描时间的当前值被存储 ［存储值（十进制）］×0.1ms （例）当 K50 时，表示 5ms 以内	○	×
DT90023	扫描时间（最小值）	扫描时间的最小值被存储。 ［存储值（十进制）］×0.1ms （例）当 K50 时，表示 5ms 以内	○	×
DT90024	扫描时间（最大值）	扫描时间的最大值被存储 ［存储值（十进制）］×0.1ms （例）当 K125 时，表示 12.5ms 以内	○	×
DT90025	中断允许（屏蔽）状态（INT0～13）	由 ICTL 指令设定的内容被存储请用 BIN 显示进行监控 15　13 11　7　3　0（位 No.） 13 11　7　3　0（INT No.） 1：允许 0：禁止	○	×
DT90026	未使用		×	×
DT90027	定时中断的间隔（INT24）	由 ICTL 指令设定的内容被存储 K0：不使用定时中断 K1～K3000：0.5ms～1.5s 或者 10ms～30s	○	×

（续）

寄存器编号	名　称	内　容	读取	写入
DT90028	未使用		×	×
DT90029	未使用			
DT90030	信息 0	存储在信息显示指令（F149）中设定的内容（字符）	○	×
DT90031	信息 1			
DT90032	信息 2			
DT90033	信息 3			
DT90034	信息 4			
DT90035	信息 5			
DT90036	未使用		×	×
DT90037	查找指令用运算辅助寄存器	在执行 F96（SRC）指令时，与查找数据一致的个数被存储	○	×
DT90038	查找指令用运算辅助寄存器	在执行 F96（SRC）指令时，第一个一致的相对位置被存储	○	×
DT90039	未使用		×	×
DT90040	可调电位器输入 V0	可调电位器的值（K0～K1000）被存储采用用户程序从数据寄存器中读取，可以应用于模拟定时器等 V0→DT90040 V1→DT90041	○	×
DT90041	可调电位器输入 V1			
DT90042	可调电位器输入 V2	仅限 C60： 可调电位器的值（K0～K1000）被存储 采用用户程序从数据寄存器中读取，可以应用于模拟定时器等 V2→DT90042 V3→DT90043	○	×
DT90043	可调电位器输入 V3		○	×
DT90044	系统使用	在系统中使用	○	×
DT90045	未使用		×	×
DT90046	未使用		×	×
DT90047	未使用		×	×
DT90048	未使用		×	×
DT90049	未使用		×	×
DT90050	未使用		×	×
DT90051	未使用		×	×

（续）

寄存器编号	名　称	内　容	读取	写入
DT90052	高速计数器脉冲输出·控制标志	通过 MV 指令（F0）写入数值，可进行高速计数器的复位、计数的禁止、高速计数器指令的继续及清除控制代码的指定 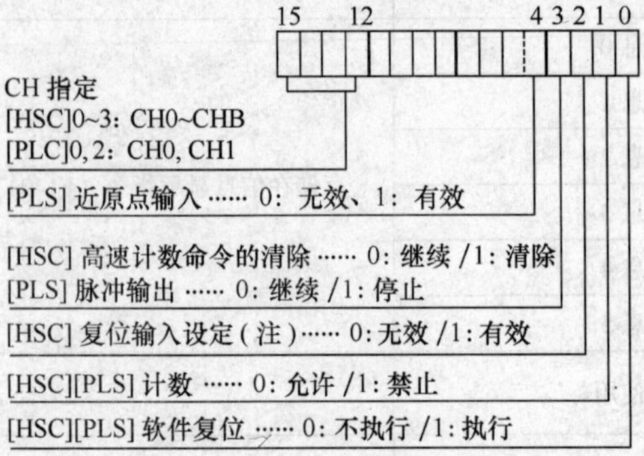 15 12 4 3 2 1 0 CH 指定 [HSC]0~3：CH0~CHB [PLC]0, 2：CH0, CH1 [PLS] 近原点输入 …… 0：无效、1：有效 [HSC] 高速计数命令的清除 …… 0：继续 /1：清除 [PLS] 脉冲输出 …… 0：继续 /1：停止 [HSC] 复位输入设定（注）…… 0：无效 /1：有效 [HSC][PLS] 计数 …… 0：允许 /1：禁止 [HSC][PLS] 软件复位 …… 0：不执行 /1：执行	×	○
DT90053	日历时钟监控（时·分）	存放日历时钟的时·分数据，只能读出，不能写入 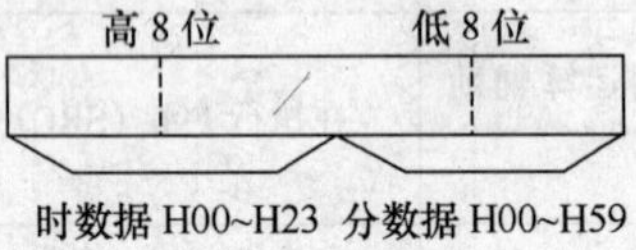 高 8 位 低 8 位 时数据 H00~H23 分数据 H00~H59	○	×
DT90054	日历时钟（分·秒）	存放日历时钟的年·月·日·时·分·秒·星期数据内置日历时钟可对应 2099 年，同时对应闰年 通过使用编程工具或者使用传送指令（F0）的程序对日历时钟进行设定（调整时间） 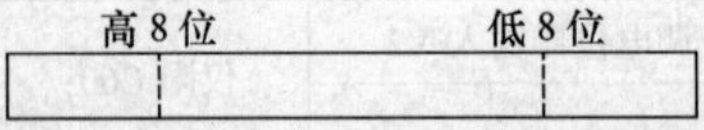 高 8 位 低 8 位 （见下表）	○	○
DT90055	日历时钟（日·时）			
DT90056	日历时钟（年·月）			
DT90057	日历时钟（星期）			
DT90058	日历时钟时间设定及 30s 修正寄存器	用于内置日历时钟的时间调整 在程序中进行时间的调整 若将 DT90058 的最高位置 1 后，则转到由 F0 指令写入 DT90054～DT90057 的时间。执行时间调整后，DT90058 被清除为 0。（不能执行 F0 以外的指令） ＜例＞X0：ON 时，将时间调整为 5 日 12 h0min0s X0 ─┤├─<DF>─[F0MV,H 0,DT90054] 设定 0 分 0 秒 [F0MV,H512,DT90055] 设定 5 日 12 时 [F0MV,H8000,DT90058] 时间调整	○	○

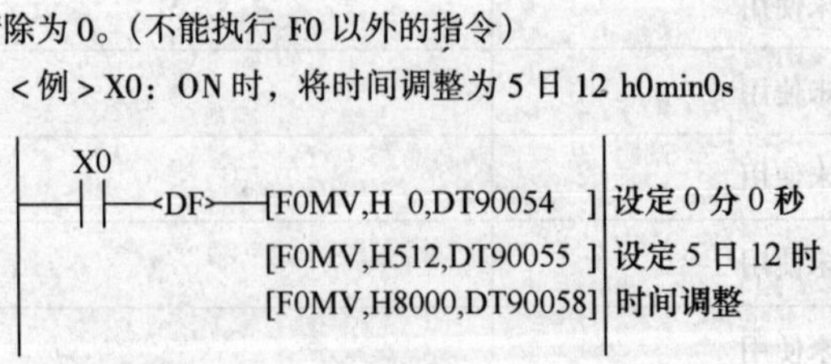

DT90054	分数据 (H00~H59)	秒数据 (H00~H59)
DT90055	日数据 (H01~H31)	时数据 (H01~H23)
DT90056	年数据 (H00~H99)	月数据 (H01~H12)
DT90057	—	星期数据 (H00~H06)

（续）

寄存器编号	名　称	内　容	读取	写入
DT90058	日历时钟时间设定及 30s 修正寄存器	注）当使用编程工具改写了 DT90054 ~ DT90057 的值时，则调整为当时写入的时间，因此，不要对 DT90058 进行写入 修正 30s 以内的偏差 如果将 DT90058 的最低位置 1 后，向前或向后调整使时间恰好为 0s 执行修正之后，DT90058 被清除为 0 <例> X0：ON 时，修正为 0s  X0 ─┤├─<DF>──[F0 MV,H 1,DT90058] 修正为 0 秒 在执行时，当为 0s ~ 29s 时则调慢，30s ~ 59s 时则调快 在上例中，如果是 5min29s，就变成 5min0s 如果是 5min35s，变成 6min0s	○	○
DT90059	串行通信异常代码	发生通信错误时，保存异常代码。	×	×
DT90060	步进程序过程(0 ~ 15)	表示步进程序过程的启动状态。过程启动后，与其过程 No. 对应的位被置 ON 用 BIN 显示进行监控 〈例〉 DT90060 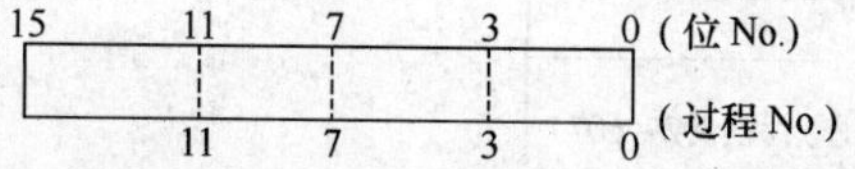 15　11　7　3　0（位 No.） 11　7　3　0（过程 No.） 可使用编程工具写入数据	○	○
DT90061	步进程序过程(16 ~ 31)			
DT90062	步进程序过程(32 ~ 47)			
DT90063	步进程序过程(48 ~ 63)			
DT90064	步进程序过程(64 ~ 79)			
DT90065	步进程序过程(80 ~ 95)			
DT90066	步进程序过程(96 ~ 111)			
DT90067	步进程序过程(112 ~ 127)			
DT90068	步进程序过程(128 ~ 143)			
DT90069	步进程序过程(144 ~ 159)			
DT90070	步进程序过程(160 ~ 175)			
DT90071	步进程序过程(176 ~ 191)			
DT90072	步进程序过程(192 ~ 207)			
DT90073	步进程序过程(208 ~ 223)			
DT90074	步进程序过程(224 ~ 239)			
DT90075	步进程序过程(240 ~ 255)			
DT90076	步进程序过程(256 ~ 271)			
DT90077	步进程序过程(272 ~ 287)			
DT90078	步进程序过程(288 ~ 303)			
DT90079	步进程序过程(304 ~ 319)			
DT90080	步进程序过程(320 ~ 335)			
DT90081	步进程序过程(336 ~ 351)			
DT90082	步进程序过程(352 ~ 367)			

（续）

<table>
<tr><th>寄存器编号</th><th>名　　称</th><th>内　　容</th><th>读取</th><th>写入</th></tr>
<tr><td>DT90083</td><td>步进程序过程(368～383)</td><td rowspan="15">表示步进程序过程的启动状态。过程启动后，与其过程No. 对应的位被置 ON
用 BIN 显示进行监控
〈例〉
DT90060
15　11　7　3　0（位 No.）
11　7　3　0（过程 No.）
可使用编程工具写入数据</td><td rowspan="15">○</td><td rowspan="15">○</td></tr>
<tr><td>DT90084</td><td>步进程序过程(384～399)</td></tr>
<tr><td>DT90085</td><td>步进程序过程(400～415)</td></tr>
<tr><td>DT90086</td><td>步进程序过程(416～431)</td></tr>
<tr><td>DT90087</td><td>步进程序过程(432～447)</td></tr>
<tr><td>DT90088</td><td>步进程序过程(448～463)</td></tr>
<tr><td>DT90089</td><td>步进程序过程(464～479)</td></tr>
<tr><td>DT90090</td><td>步进程序过程(480～495)</td></tr>
<tr><td>DT90091</td><td>步进程序过程(496～511)</td></tr>
<tr><td>DT90092</td><td>步进程序过程(512～527)</td></tr>
<tr><td>DT90093</td><td>步进程序过程(528～543)</td></tr>
<tr><td>DT90094</td><td>步进程序过程(544～559)</td></tr>
<tr><td>DT90095</td><td>步进程序过程(560～575)</td></tr>
<tr><td>DT90096</td><td>步进程序过程(576～591)</td></tr>
<tr><td>DT90097</td><td>步进程序过程(592～607)</td></tr>
<tr><td>DT90098</td><td>步进程序过程(608～623)</td><td rowspan="5">表示步进程序过程的启动状态。过程启动后，与其过程No. 对应的位被置 ON
用 BIN 显示进行监控
〈例〉
DT90060
DT90100　15　11　7　3　0（位 No.）
655　651　647　643　640（过程 No.）
1：启动中　0：停止中
可使用编程工具写入数据</td><td rowspan="5">○</td><td rowspan="5">○</td></tr>
<tr><td>DT90099</td><td>步进程序过程(624～639)</td></tr>
<tr><td>DT90100</td><td>步进程序过程(640～655)</td></tr>
<tr><td>DT90101</td><td>步进程序过程(656～671)</td></tr>
<tr><td>DT90102</td><td>步进程序过程(672～687)</td></tr>
</table>

（续）

寄存器编号	名　称	内　容	读取	写入
DT90103	步进程序过程(688～703)	表示步进程序过程的启动状态。过程启动后，与其过程No.对应的位被置ON 用BIN显示进行监控 〈例〉 DT90060 DT90100 15 11 7 3 0（位No.） 655 651 647 643 640（过程No.） 1：启动中　0：停止中 可使用编程工具写入数据	○	○
DT90104	步进程序过程(704～719)			
DT90105	步进程序过程(720～735)			
DT90106	步进程序过程(736～751)			
DT90107	步进程序过程(752～767)			
DT90108	步进程序过程(768～783)			
DT90109	步进程序过程(784～799)			
DT90110	步进程序过程(800～815)			
DT90111	步进程序过程(816～831)			
DT90112	步进程序过程(832～847)			
DT90113	步进程序过程(848～863)			
DT90114	步进程序过程(864～879)			
DT90115	步进程序过程(880～895)			
DT90116	步进程序过程(896～911)			
DT90117	步进程序过程(912～927)			
DT90118	步进程序过程(928～943)			
DT90119	步进程序过程(944～959)			
DT90120	步进程序过程(960～975)			
DT90121	步进程序过程(976～991)			
DT90122	步进程序过程(992～999)(高位字节未使用)			
DT90123	未使用		×	×
DT90124	COM1用SEND/RECV结束代码	有关详细情况，参照指令语手册（F145，F146）		
DT90125	COM2用SEND/RECV结束代码	有关详细情况，参照指令语手册（F145，F146）		
DT90126	强制输入输出单元No.	在系统中使用		
DT90127～DT90139	未使用			

（续）

寄存器编号	名　称	内　容	读取	写入
DT90140	MEWNET—W0 PC（PLC）链接状态	PC（PLC）链接的接收次数	○	×
DT90141		PC（PLC）链接的接收间隔（当前值）（×2.5ms）		
DT90142		PC（PLC）链接的接收间隔（最小值）（×2.5ms）		
DT90143		PC（PLC）链接的接收间隔（最大值）（×2.5ms）		
DT90144		PC（PLC）链接的发送次数		
DT90145		PC（PLC）链接的发送间隔（当前值）（×2.5ms）		
DT90146		PC（PLC）链接的发送间隔（最小值）（×2.5ms）		
DT90147		PC（PLC）链接的发送间隔（最大值）（×2.5ms）		
DT90148	MEWNET—W0 PC（PLC）链接 S1 状态	PC（PLC）链接 S1 的接收次数	○	×
DT90149		PC（PLC）链接 S1 的接收间隔（当前值）（×2.5ms）		
DT90150		PC（PLC）链接 S1 的接收间隔（最小值）（×2.5ms）		
DT90151		PC（PLC）链接 S1 的接收间隔（最大值）（×2.5ms）		
DT90152		PC（PLC）链接 S1 的发送次数		
DT90153		PC（PLC）链接 S1 的发送间隔（当前值）（×2.5ms）		
DT90154		PC（PLC）链接 S1 的发送间隔（最小值）（×2.5ms）		
DT90155		PC（PLC）链接 S1 的发送间隔（最大值）（×2.5ms）		
DT90156	MEWNET—W0 PC（PLC）链接状态	PC（PLC）链接接收间隔测定用工作	○	×
DT90157		PC（PLC）链接发送间隔测定用工作		
DT90158	MEWNET—W0 PC(PLC)链接 S1 状态	PC（PLC）链接 S1 接收间隔测定用工作	○	×
DT90159		PC（PLC）链接 S1 发送间隔测定用工作		
DT90160	MEWNET—W0 PC(PLC)链接单元 No.	保存 PC（PLC）链接的单元 No.	○	×
DT90161	MEWNET—W0 PC（PLC）链接异常标志	保存 PC（PLC）链接的异常内容	○	×
DT90162～DT90169	未使用			
DT90170	MEWNET—W0 PC（PLC）链接状态	PC（PLC）链接地址的重复目标	○	×
DT90171		令牌丢失次数		
DT90172		检测到多重令牌的次数		
DT90173		信号丢失次数		
DT90174		接收到未定义指令的次数		
DT90175		接收过程中总检查错误的次数		
DT90176		接收过程中数据格式错误的次数		
DT90177		发生传送异常的次数		
DT90178		发生处理程序错误的次数		
DT90179		发生主站重叠的次数		

（续）

<table>
<tr><th>寄存器编号</th><th colspan="2">名　称</th><th>内　容</th><th>读取</th><th>写入</th></tr>
<tr><td>DT90180～DT90189</td><td colspan="2">未使用</td><td></td><td>×</td><td>×</td></tr>
<tr><td>DT90190</td><td colspan="2">未使用</td><td></td><td>×</td><td>×</td></tr>
<tr><td>DT90191</td><td colspan="2">未使用</td><td></td><td>×</td><td>×</td></tr>
<tr><td>DT90192</td><td colspan="2">未使用</td><td></td><td>×</td><td>×</td></tr>
<tr><td>DT90193</td><td colspan="2">未使用</td><td></td><td>×</td><td>×</td></tr>
<tr><td>DT90194～DT90218</td><td colspan="2">未使用</td><td></td><td>×</td><td>×</td></tr>
<tr><td>DT90219</td><td colspan="2">DT90220～DT90247的站号切换</td><td>0：站号1～8、1：站号9～16</td><td>○</td><td>×</td></tr>
<tr><td>DT90220</td><td rowspan="4">PC（PLC）链接站号1或9</td><td>系统寄存器40和41</td><td rowspan="12">各站号的PC（PLC）链接功能的相关系统寄存器的设置内容保存如下：
<例>
DT90219为0时
DT90220～DT90223（站号1）
高位字节　低位字节
系统寄存器40、42、44、46的设定内容
系统寄存器41、43、45、47的设定内容</td><td rowspan="4">○</td><td rowspan="4">×</td></tr>
<tr><td>DT90221</td><td>系统寄存器42和43</td></tr>
<tr><td>DT90222</td><td>系统寄存器44和45</td></tr>
<tr><td>DT90223</td><td>系统寄存器46和47</td></tr>
<tr><td>DT90224</td><td rowspan="4">PC（PLC）链接站号2或10</td><td>系统寄存器40和41</td><td rowspan="4">○</td><td rowspan="4">×</td></tr>
<tr><td>DT90225</td><td>系统寄存器42和43</td></tr>
<tr><td>DT90226</td><td>系统寄存器44和45</td></tr>
<tr><td>DT90227</td><td>系统寄存器46和47</td></tr>
<tr><td>DT90228</td><td rowspan="4">PC（PLC）链接站号3或11</td><td>系统寄存器40和41</td><td rowspan="4">○</td><td rowspan="4">×</td></tr>
<tr><td>DT90229</td><td>系统寄存器42和43</td></tr>
<tr><td>DT90230</td><td>系统寄存器44和45</td></tr>
<tr><td>DT90231</td><td>系统寄存器46和47</td></tr>
</table>

（续）

<table>
<tr><th>寄存器编号</th><th colspan="2">名　称</th><th>内　容</th><th>读取</th><th>写入</th></tr>
<tr><td>DT90232</td><td rowspan="4">PC（PLC）链接站号4或12</td><td>系统寄存器40和41</td><td rowspan="16">本站的系统寄存器46为标准设定的情况下，左述46，47将复制本站的值
本站的系统寄存器46为反转设定的情况下，相当于左述本站的部分40～45、47被设定为50～55、57，而46保持不变
另外，相当于其他站的部分40～45为对接收值进行校正后的值，而46、47则被设定为本站的46和57</td><td rowspan="16">○</td><td rowspan="16">×</td></tr>
<tr><td>DT90233</td><td>系统寄存器42和43</td></tr>
<tr><td>DT90234</td><td>系统寄存器44和45</td></tr>
<tr><td>DT90235</td><td>系统寄存器46和47</td></tr>
<tr><td>DT90236</td><td rowspan="4">PC（PLC）链接站号5或13</td><td>系统寄存器40和41</td></tr>
<tr><td>DT90237</td><td>系统寄存器42和43</td></tr>
<tr><td>DT90238</td><td>系统寄存器44和45</td></tr>
<tr><td>DT90239</td><td>系统寄存器46和47</td></tr>
<tr><td>DT90240</td><td rowspan="4">PC（PLC）链接站号6或14</td><td>系统寄存器40和41</td></tr>
<tr><td>DT90241</td><td>系统寄存器42和43</td></tr>
<tr><td>DT90242</td><td>系统寄存器44和45</td></tr>
<tr><td>DT90243</td><td>系统寄存器46和47</td></tr>
<tr><td>DT90244</td><td rowspan="4">PC（PLC）链接站号7或15</td><td>系统寄存器40和41</td></tr>
<tr><td>DT90245</td><td>系统寄存器42和43</td></tr>
<tr><td>DT90246</td><td>系统寄存器44和45</td></tr>
<tr><td>DT90247</td><td>系统寄存器46和47</td></tr>
<tr><td>DT90248</td><td rowspan="4">PC（PLC）链接站号8或16</td><td>系统寄存器40和41</td><td></td><td></td><td></td></tr>
<tr><td>DT90249</td><td>系统寄存器42和43</td><td></td><td></td><td></td></tr>
<tr><td>DT90250</td><td>系统寄存器44和45</td><td></td><td></td><td></td></tr>
<tr><td>DT90251</td><td>系统寄存器46和47</td><td></td><td></td><td></td></tr>
</table>

（续）

寄存器编号	名称			内容	读取	写入
DT90252	未使用					
DT90253	未使用					
DT90254	未使用				×	×
DT90255	未使用					
DT90256	未使用				×	×
DT90300	经过值区域	低位字	HSC（CH0）	为主机输入（X0）或（X0、X1）的计数区域	○	○
DT90301		高位字			○	○
DT90302	目标值区域	低位字		执行 F166（HC1S）、F167（HC1R）指令时，设定目标值	○	○
DT90303		高位字			○	○
DT90304	经过值区域	低位字	HSC（CH1）	为主机输入（X1）的计数区域	○	○
DT90305		高位字			○	○
DT90306	目标值区域	低位字		执行 F166（HC1S）、F167（HC1R）指令时，设定目标值	○	○
DT90307		高位字			○	○
DT90308	经过值区域	低位字	HSC（CH2）	为主机输入（X2）或（X2、X3）的计数区域	○	○
DT90309		高位字			○	○
DT90310	目标值区域	低位字	HSC（CH2）	执行 F166（HC1S）、F167（HC1R）指令时，设定目标值	○	○
DT90311		高位字			○	○
DT90312	经过值区域	低位字	HSC（CH3）	为主机输入（X3）的计数区域	○	○
DT90313		高位字			○	○
DT90314	目标值区域	低位字	HSC（CH3）	执行 F166（HC1S）、F167（HC1R）指令时，设定目标值	○	○
DT90315		高位字			○	○
DT90316	经过值区域	低位字	HSC（CH4）	为主机输入（X4）或（X4、X5）的计数区域	○	○
DT90317		高位字			○	○
DT90318	目标值区域	低位字		执行 F166（HC1S）、F167（HC1R）指令时，设定目标值	○	○
DT90319		高位字			○	○
DT90320	经过值区域	低位字	HSC（CH5）	为主机输入（X5）的计数区域	○	○
DT90321		高位字			○	○
DT90322	目标值区域	低位字		执行 F166（HC1S）、F167（HC1R）指令时，设定目标值	○	○
DT90323		高位字			○	○
DT90324	经过值区域	低位字	HSC（CH6）	为主机输入（X6）或（X6、X7）的计数区域	○	○
DT90325		高位字			○	○
DT90326	目标值区域	低位字		执行 F166（HC1S）、F167（HC1R）指令时，设定目标值	○	○
DT90327		高位字			○	○
DT90328	经过值区域	低位字	HSC（CH7）	为主机输入（X7）的计数区域	○	○
DT90329		高位字			○	○
DT90330	目标值区域	低位字		执行 F166（HC1S）、F167（HC1R）指令时，设定目标值	○	○

（续）

寄存器编号	名称			内容	读取	写入
DT90331	目标值区域	高位字	HSC（CH7）	执行 F166（HC1S）、F167（HC1R）指令时，设定目标值	○	○
DT90332	经过值区域	低位字	HSC（CH8）	脉冲输入输出插卡输入（X0）或（X0、X1）的计数区域	○	○
DT90333		高位字			○	○
DT90334	目标值区域	低位字	HSC（CH8）	执行 F166（HC1S）、F167（HC1R）指令时，设定目标值	○	○
DT90335		高位字			○	○
DT90336	经过值区域	低位字	HSC（CH9）	脉冲输入输出插卡输入（X1）的计数区域	○	○
DT90337		高位字			○	○
DT90338	目标值区域	低位字		执行 F166（HC1S）、F167（HC1R）指令时，设定目标值	○	○
DT90339		高位字			○	○
DT90340	经过值区域	低位字	HSC（CHA）	脉冲输入输出插卡输入（X3）或（X3、X4）的计数区域	○	○
DT90341		高位字			○	○
DT90342	目标值区域	低位字		执行 F166（HC1S）、F167（HC1R）指令时，设定目标值	○	○
DT90343		高位字			○	○
DT90344	经过值区域	低位字	HSC（CHB）	脉冲输入输出插卡输入（X4）的计数区域	○	○
DT90345		高位字			○	○
DT90346	目标值区域	低位字		执行 F166（HC1S）、F167（HC1R）指令时，设定目标值	○	○
DT90347		高位字			○	○
DT90348	经过值区域	低位字	PLS（CH0）	脉冲输入输出插卡输出（Y0、Y1）的计数区域	○	○
DT90349		高位字			○	○
DT90350	目标值区域	低位字		执行 F171（SPDH）、F172（PLSH）、F174（SP0H）、F175（SPSH）等的指令时，设定目标值	○	○
DT90351	目标值区域	高位字	PLS（CH0）	执行 F171（SPDH）、F172（PLSH）、F174（SP0H）、F175（SPSH）等的指令时，设定目标值	○	○
DT90352	经过值区域	低位字	PLS（CH1）	脉冲输入输出插卡输出（Y3、Y4）的计数区域	○	○
DT90353		高位字			○	○
DT90354	目标值区域	低位字		执行 F171（SPDH）、F172（PLSH）、F174（SP0H）、F175（SPSH）等的指令时，设定目标值	○	○
DT90355		高位字			○	○
DT90356	未使用				×	×
DT90357	未使用				×	×
DT90358	未使用				×	×
DT90359	未使用				×	×
DT90360	控制中标志监控区域	HSC（CH0）		在利用 F0（MV）S，DT90052 指令进行 HSC 控制的情况下，写入到目标 CH 的设定值分别保存在各自的 CH 中	○	×
DT90361		HSC（CH1）			○	×
DT90362		HSC（CH2）			○	×
DT90363		HSC（CH3）			○	×

（续）

寄存器编号	名　称		内　容	读取	写入
DT90364	控制中标志监控区域	HSC（CH4）	在利用 F0（MV）S，DT90052 指令进行 HSC 控制的情况下，写入到目标 CH 的设定值分别保存在各自的 CH 中	○	×
DT90365		HSC（CH5）		○	×
DT90366		HSC（CH6）		○	×
DT90367		HSC（CH7）		○	×
DT90368		HSC（CH8）		○	×
DT90369		HSC（CH9）		○	×
DT90370		HSC（CHA）		○	×
DT90371		HSC（CHB）		○	×
DT90372		PLS（CH0）		○	×
DT90373		PLS（CH1）		○	×

注意：扫描时间显示只有在 RUN 方式时，显示运行循环时间。在 PROG. 方式时，不显示运算的扫描时间。最大值、最小值在进行 RUN 方式和 PROG. 方式切换时，暂时被清除。一次扫描中，在开头部分被更新一次。DT90020 在执行 F0（MV）、DT90020、D 指令时也被更新，因此，可以用于区间时间测定。只能用 F1（DMV）指令写入到经过值区域。只能用 F166（HC1S）、F167（HC1R）指令写入到目标值区域。只能用 F1（DMV）指令写入到经过值区域。只能用 F166（HC1S）、F167（HC1R）指令写入到目标值区域。只能用 F171（SPDH）、F172（PLSH）、F174（SP0H）、F175（SPSH）指令写入到目标值区域。

（四）FP-X 系统内部寄存器

1. 系统寄存器　系统寄存器是对工作范围、使用功能的确定值（参数）进行设定的寄存器。应根据其用途或者程序的要求对其值进行设定。

若不使用与此相对应的功能时，则没有必要特意对系统寄存器进行设定。

2. 系统寄存器的种类

（1）保持型/非保持型的设定（No.5～No.8、No.10、No.12、No.14）　通过系统寄存器 No.5 指定计数器的起始编号，对定时器和计数器的数量进行设定。

系统寄存器 No.6～No.14，在使用电池选件时，能指定保持区域

（2）异常时运行模式的设定（No.4、No.20、No.23、No.26）　对电池异常、双重输出、I/O 校验错误及运算错误时的运行模式进行设定。

（3）时间设定（No.31、No.32、No.34）　对用于超时错误检测的处理等待时间或常数扫描时间进行设定。

（4）MEWNET—W0 PC（PLC）链接的设定（No.40～No.45、No.47、No.50～No.55、No.57）　为了将链接继电器及链接寄存器用于 MEWNET—W0 的 PC（PLC）链接通信时进行的设定。

初始值设定为不进行 PC（PLC）链接通信。

（5）输入设定（No.400～No.406）　在使用高速计数器功能、脉冲捕捉功能和中断功能时，对动作模式或作为专用输入使用的输入点进行设定。

（6）工具端口、COM 端口的通信设置（No.410～No.421）　用各工具端口、COM1、

COM2 端口进行计算机链接、通用通信、PC（PLC）链接及调制解调器通信时进行设定。

初始值设定为不进行计算机链接。

3. 系统寄存器设置值的确认与变更

1）应将控制单元设定为［PROG.］模式。

2）应在菜单操作中选择［选项（O）］→［PLC 系统寄存器设置…］。

3）若选择 PLC 系统寄存器设置对话框中设定的功能，则显示所选定的系统寄存器的值或设定状况。当变更设定值或设定状况时，请写入新的值或者选择设定状况。

4）当登录这些设定时，请按［OK］钮。

4. 系统寄存器设置时的注意点

(1) 系统寄存器的设置内容从设定完成时开始有效　但是，应从［PROG. 模式］→［RUN 模式］后，才有效。

对于调制解调器连接的设定，在重新接通电源时或者当从 PROG. 模式→RUN 模式时，由控制器向调制解调器发送指令时，调制解调器成为可接收的状态。

(2) 进行初始化操作时所有的值（参数）均变成初始值　系统寄存器主要功能如表2-43所示。

表 2-43　系统寄存器主要功能

	编号	名　称	初始值	设定值范围·说明	
保持/非保持 1	5	计数器的开始 No.	1008	0 ~ 1024 字	
	6	定时器/计数器保持型区域的开始 No.	1008	0 ~ 1024 字	
	7	内部继电器保持型区域的开始 No.	248	0 ~ 256 字	只在装入电池可选件时数据才能得到保持。 在未装入电池的情况下，请保留使用初始值。如果要变更设定则保持/非保持的动作将会不稳定
	8	数据寄存器保持型区域的开始 No.	C14：12230 C30、C60：32710	0 ~ 32765 字	
	14	步进程序的保持/非保持的选择	非保持	保持/非保持	
	4	检测出 MC 中的微分上升沿执行指令，保持前次值	保持	保持/非保持	
保持/非保持 2	10	PC（PLC）链接 W0—0 用链接继电器保持型区域的开始字 No.	64	0 ~ 64 字	
	11	PC（PLC）链接 W0—1 用链接继电器保持型区域的开始字 No.	128	64 ~ 128 字	
	12	PC（PLC）链接 W0—0 用链接寄存器保持型区域的开始字 No.	128	0 ~ 128 字	
	13	PC（PLC）链接 W0—1 用链接寄存器保持型区域的开始字 No.	25	128 ~ 256 字	

（续）

	编号	名　称	初　始　值	设定值范围·说明
异常时运行	20	双重输出（禁止/允许）的选择	禁止	禁止/许可
	23	I/O校对异常时的运行模式（停止/运行）的选择	停止	停止/运行
	26	发生运算错误时的运行模式（停止/运行）的选择	停止	停止/运行
	4	电池异常时的动作选择	不工作	不工作：电池异常时，不报自诊断错误，ERROR/ALARM LED不闪烁 工作：电池异常时，报自诊断错误，ERROR/ALARM LED闪烁
时间设定	31	多帧处理等待时间	6500.0ms	10～81900ms
	32	SEND/RECV，RMRD/RMWT指令的超出时间	10000.0ms	10～81900ms
	34	固定扫描时间	通常的扫描	0：通常的扫描 0～350ms：每隔指定的时间扫描一次
	36	扩展单元识别时间（待机时间无）	0	0～10s（0.1s为单位）
PC（PLC）W0—0设定	40	链接继电器的使用范围	0	0～64字
	41	链接寄存器的使用范围	0	0～128字
	42	链接继电器的发送开始No.	0	0～63字
	43	链接继电器的发送容量	0	0～64字
	44	链接寄存器的发送开始No.	0	0～127字
	45	链接寄存器的发送容量	0	0～127字
	46	PC（PLC）链接切换标志	标准	标准/反转
	47	MEWNET—W0 PC（PLC）链接最大站号的指定	16	1～16字
PC（PLC）W0—1设定	50	链接继电器的使用范围	0	0～64字
	51	链接寄存器的使用范围	0	0～128字
	52	链接继电器的发送开始No.	64	64～127字
	53	链接继电器的发送容量	0	0～64字
	54	链接寄存器的发送开始No.	128	128～255字
	55	链接寄存器的发送容量	0	0～127字
	57	MEWNET—W0 PC（PLC）链接最大站号的指定	16	1～16字

（续）

	编号	名　称	初　始　值	设定值范围·说明	
脉冲输入输出插卡（AFPX—PLS）	400	高速计数器动作模式设定（X0 ~ X2）	CH8： X0 不作为高速计数器来设定	CH8	X0 不作为高速计数器来设定 2 相输入（X0、X1） 2 相输入（X0、X1）复位输入（X2） 加法输入（X0） 加法输入（X0）复位输入（X2） 减法输入（X0） 减法输入（X0）复位输入（X2） 单独输入（X0、X1） 单独输入（X0、X1）复位输入（X2） 方向判别（X0、X1） 方向判别（X0、X1）复位输入（X2）
			CH9： X1 不作为高速计数器来设定	CH9	X1 不作为高速计数器来设定 加法输入（X1） 加法输入（X1）复位输入（X2） 减法输入（X1） 减法输入（X1）复位输入（X2）
		脉冲输出动作模式	CH0： 将输出作为通常输出使用	CH0	将输出作为通常输出使用将输出 Y0 ~ Y2 作为脉冲输出使用 将输出 Y0 作为 PWM 输出使用
	401	高速计数器动作模式设定（X3 ~ X5）	CHA： X3 不作为高速计数器来设定	CHA	X3 不作为高速计数器来设定 2 相输入（X3、X4） 2 相输入（X3、X4）复位输入（X5） 加法输入（X3） 加法输入（X3）复位输入（X5）
			CHB： X4 不作为 高速计数器来设定	CHB	减法输入（X3） 减法输入（X3）复位输入（X5） 单独输入（X3、X4） 单独输入（X3、X4）复位输入（X5） 方向判别（X3、X4） 方向判别（X3、X4）复位输入（X5） X4 不作为高速计数器来设定 加法输入（X4） 加法输入（X4）复位输入（X5） 减法输入（X4） 减法输入（X4）复位输入（X5）
		脉冲输出动作模式	CH1： 将输出作为通常输出使用	CH1	将输出作为通常输出使用 将输出 Y3 ~ Y5 作为脉冲输出使用 将输出 Y3 作为 PWM 输出使用

（续）

	编号	名　称	初　始　值	设定值范围·说明	
内置高速计数器	402	高速计数器动作模式设定	CH0： X0 不作为高速计数器来设定	CH0	X0 不作为高速计数器来设定 加法输入（X0） 减法输入（X0） 2 相输入（X0，X1）
			CH1： X1 不作为高速计数器来设定	CH1	X1 不作为高速计数器来设定 加法输入（X1） 减法输入（X1） 2 相输入（X0，X1）
			CH2： X2 不作为高速计数器来设定	CH2	X2 不作为高速计数器来设定 加法输入（X2） 减法输入（X2） 2 相输入（X2，X3）
			CH3： X3 不作为高速计数器来设定	CH3	X3 不作为高速计数器来设定 加法输入（X3） 减法输入（X3） 2 相输入（X2，X3）
			CH4： X4 不作为高速计数器来设定	CH4	X4 不作为高速计数器来设定 加法输入（X4） 减法输入（X4） 2 相输入（X4，X5）
			CH5 X5 不作为高速计数器来设定	CH5	X5 不作为高速计数器来设定 加法输入（X5） 减法输入（X5） 2 相输入（X4，X5）
			CH6： X6 不作为高速计数器来设定	CH6	X6 不作为高速计数器来设定 加法输入（X6） 减法输入（X6） 2 相输入（X6，X7）
			CH7： X7 不作为高速计数器来设定	CH7	X7 不作为高速计数器来设定 加法输入（X7） 减法输入（X7） 2 相输入（X6，X7）

（续）

	编号	名　称	初　始　值	设定值范围·说明
特殊输入1	403	脉冲捕捉输入的设定	不设定	内置输入 X0 X1 X2 X3 X4 X5 X6 X7 脉冲输入输出插卡 X0 X1 X2 X3 X4 被指定的接点设定为脉冲捕捉输入
特殊输入1	404	中断输入的设定	不设定	内置输入 X0 X1 X2 X3 X4 X5 X6 X7 脉冲输入输出插卡 X0 X1 X2 X3 X4 被指定的接点设定为中断输入
特殊输入2	405	内置输入的中断有效脉冲沿设定	脉冲上升沿	脉冲上升沿 X0 X1 X2 X3 X4 X5 X6 X7 脉冲下降沿 X0 X1 X2 X3 X4 X5 X6 X7 被指定的接点设定为上升或下降沿
特殊输入2	406	脉冲输入输出插卡输入的中断有效脉冲沿设定	脉冲上升沿	脉冲上升沿 X0 X1 X2 X3 X4 X5 脉冲下降沿 X0 X1 X2 X3 X4 X5 指定的接点设定为上升或下降沿
工具端口设定	410	单元 No. 的设定	1	1～99
工具端口设定	412	通信模式的设定	计算机链接	计算机链接 通用通信
工具端口设定	412	调制解调器连接的选择	不连	连接/不连接
工具端口设定	413	传送格式的设定	数据长：8 位	设定各项： 数据长：7 位/8 位 奇偶校验：无/奇数/偶数 停止位：1/2
工具端口设定	413	传送格式的设定	奇偶校验： 奇数 停止位： 1 位	只有将系统寄存器 No.412 的通信模式设定为「通用通信」时，下列的设定有效 终端代码：CR/CR + LF/无 始端代码：STX 无/STX 有

（续）

	编号	名　称	初 始 值	设定值范围·说明
工具端口设定	415	速率的设定	9600bit/s	2400bit/s 4800bit/s 9600bit/s 19200bit/s 38400bit/s 57600bit/s 115200bit/s
工具端口设定	420	通用通信时接收缓冲区起始地址	4096	0~32764
工具端口设定	421	通用通信时接收缓冲区容量	2048	0~2048
COM1端口设定	410	单元 No. 的设定	1	1~99
COM1端口设定	412	通信模式的设定	计算机链接	计算机链接 通用通信 PC（PLC）链接 MODBUS RTU
COM1端口设定	412	调制解调器连接的选择	不连	连接/不连接
COM2端口设定	411	单元 No. 的设定	1	1~99
COM2端口设定	412	通信模式的设定	计算机链接	计算机链接 通用通信 MODBUS RTU
COM2端口设定	412	调制解调器连接的选择	不连	连接/不连接
COM2端口设定	412	端口选择	内置 USB	内置 USB 通信插卡
COM2端口设定	414	传送格式的设定	数据长： 8 位 奇偶校验： 奇数	设定各项： 数据长：7 位/8 位 奇偶校验：无/奇数/偶数 停止位：1/2 ＊只有将系统寄存器 No.412 的通信模式设定为「通用通信」时，下列的设定有效
COM2端口设定	414	传送格式的设定	停止位：1 位	终端代码：CR/CR + LF/无 始端代码：STX 无/STX 有
COM2端口设定	415	速率的设定	9600bit/s	2400bit/s 4800bit/s 9600bit/s 19200bit/s 38400bit/s 57600bit/s 115200bit/s
COM2端口设定	418	通用通信时接收缓冲区起始地址	2048	0~32764
COM2端口设定	419	通用通信时接收缓冲区容量	2048	0~2048

（3）应注意的问题

1）将动作模式设定为 2 相、单独、方向判别其中之一时，系统寄存器 No.400 中，CH9 的设定无效，No.401 中，CHB 的设定无效。

2）当复位输入的设定重复时，系统寄存器 No.400 中，CH9 的设定优先，No.401 中，CHB 的设定优先。

3）No.401 的 CHA、CHB、CH1 输入信号为当功能扩展插卡安装部 2 安装了脉冲输入输出插卡（AFPX-PLS）时的信号。

4）如果对脉冲输出 CH0 和 CH1 的动作模式进行设定，则不能作为通常输出来使用。将脉冲输出 CH0 动作模式设定为 1 时，高速计数器 CH8、CH9 的复位输入指定将无效。将脉冲输出 CH1 动作模式设定为 1 时，高速计数器 CHA、CHB 的复位输入指定将无效。

5）在对 2 相输入进行计数的情况下，只能使用 CH0、CH2、CH4、CH6。在指定 CH0、CH2、CH4、CH6 为 2 相输入的情况下，将分别忽略对与 CH 编号相对应的 CH1、CH3、CH5、CH7 的设定，请进行相同的设定。

6）对 No.403 和 404 进行设定时，应在画面上对每个接点进行设定。

7）对相同的输入接点同时设定 No.400 ~ No.404 时，请按高速计数器→脉冲捕捉→中断输入的顺序优先执行。

例如，当以加法输入方式使用高速计数器时，即使将 X0 指定为中断输入或者脉冲捕捉输入，其指定也是无效的，X0 作为高速计数器的计数器输入而工作。

8）PC（PLC）链接使用时的传送格式为数据长 8 位、奇偶校验为奇数、停止位固定为 1。同样速率固定为 115200bit/s。

9）PC（PLC）链接使用时的传送格式为数据长 8 位、奇偶校验为奇数、停止位固定为 1。同样速率固定为 115200bit/s。

10）C30，C60 的 USB 端口可以通过系统寄存器的设置进行选择。C30、C60 的 COM2 由默认值选择 USB 端口。USB 端口的 No.415 速率与设定无关，为 115.2kbit/s。要想使用通信插卡的 COM2 端口，请将 No.412 的设定切换成通信插卡。不能同时使用 USB 端口和通信插卡的 COM2 端口。

第三章　指令系统

可编程序控制器是按照用户的控制要求编写程序来进行工作的。程序的编制就是用一定的编程语言把一个控制任务描述出来。尽管国内外 PLC 生产厂家采用的编程语言不尽相同，但程序的表达方式基本有 4 种：梯形图、指令表、逻辑功能图和高级语言。绝大部分 PLC 是使用梯形图和指令表编程，在详细介绍指令系统之前先将这两种表达方式加以简要说明。

梯形图是一种图形语言，它沿用了传统的继电接触器接点、线圈、串并联等术语和图形符号，而且还加进了许多功能强而又使用灵活的指令，将微机的特点结合进去，使得编程容易。梯形图比较形象、直观，对于熟悉继电接触器控制系统的人来说，也容易接受，世界上上百个生产厂家的 PLC 都把梯形图作为第一用户编程语言。

所谓指令就是用英文名称的缩写字母来表达 PLC 各种功能的助记符号。常用的助记符语言类似于微机中的汇编语言。由指令构成的能完成控制任务的指令组合就是指令表，每一条指令一般由指令助记符和作用器件编号两部分组成。图 3-1 给出用 PLC 实现三相异步电动机起动/停止控制的两种编程语言的表示方法。虽然不同型号的 PLC，其梯形图、指令表都有些差异，使用的符号不一，但编程的方法和原理是一致的。本书先以 FP1 型 PLC 介绍其基本指令和高级指令，FP-X 型 PLC 兼容 FP1 指令，然后再介绍 FP-X 指令的专用内容。

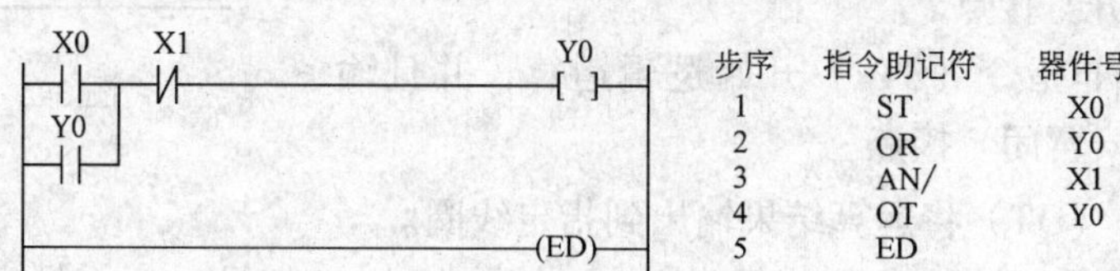

步序	指令助记符	器件号
1	ST	X0
2	OR	Y0
3	AN/	X1
4	OT	Y0
5	ED	

图 3-1　两种编程方式

第一节　基本顺序指令

一、ST、ST/和 OT 指令

（一）指令功能

ST：常开接点与母线连接，开始一逻辑运算。

ST/：常闭接点与母线连接，开始一逻辑运算。

OT：线圈驱动指令，将运算结果输出到指定继电器。

（二）程序举例

梯形图及指令表如表 3-1 所示。操作数如表 3-2 所示。时序图如图 3-2 所示。

表 3-1　梯形图及指令表

梯形图	布尔非梯形图		FP 编程器Ⅱ键盘操作
	地址	指令	
0 ─┤X0├─ 初始加载 ─ Out ─[Y0]	0	ST　X　0	ST X.WX　ST X.WX　0　WRT
	1	OT　Y　0	OT L.WL　AN Y.WY　0　WRT
2 ─┤X1 /├─ 初始加载非 ─ Out ─[Y1]	2	ST/　X　1	ST X.WX　NOT DT/Ld　ST X.WX　1　WRT
	3	OT　Y　1	OT L.WL　AN Y.WY　1　WRT

表 3-2　操作数

指　令	继　电　器			定时器/计数器接点	
	X	Y	R	T	C
ST　ST/	A	A	A	A	A
OT	N/A	A	A	N/A	N/A

程序说明：

1）当 X0 接通时，Y0 接通。

2）当 X1 断开时，Y1 接通。

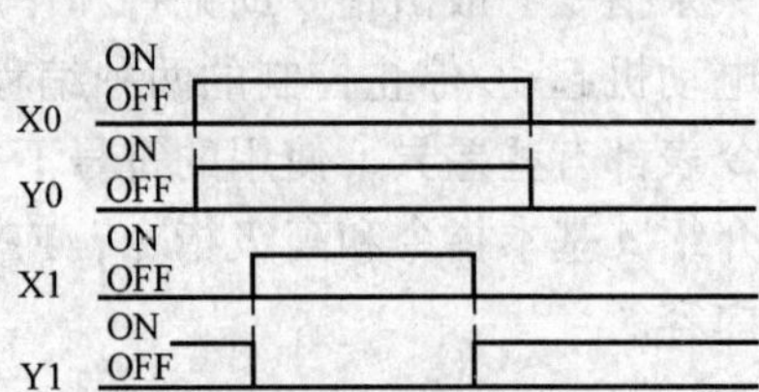

图 3-2　时序图

（三）指令使用说明

1）初始加载指令（ST）开始逻辑运算，并且输入的接点为 A 类（常开）接点。

2）初始加载非指令（ST/）开始逻辑运算，并且输入的接点为 B 类（常闭）接点。

3）输出指令（OT）将运算结果输出到指定线圈。

二、“/”非指令

指令“/”的功能：将该指令处的运算结果取反。

梯形图及指令表如表 3-3 所示，时序图如图 3-3 所示。

表 3-3　梯形图及指令表

梯形图	布尔非梯形图		FP 编程器Ⅱ键盘操作
	地址	指令	
0 ─┤X0├─┤X1├─┬──[Y0]	0	ST　X　0	ST X.WX　ST X.WX　0　WRT
	1	AN　X　1	AN Y.WY　ST X.WX　1　WRT
└─ / ─ 非 ─[Y1]	2	OT　Y　0	OT L.WL　AN Y.WY　0　WRT
	3	/	NOT DT/Ld　WRT
	4	OT　Y　1	OT L.WL　AN Y.WY　1　WRT

程序说明：

1）当 X0 和 X1 都接通时，Y0 接通。

2）当 X0 或 X1 断开时，Y1 接通。

指令使用说明：“非”指令（/）将该指令处的运算结果求反。

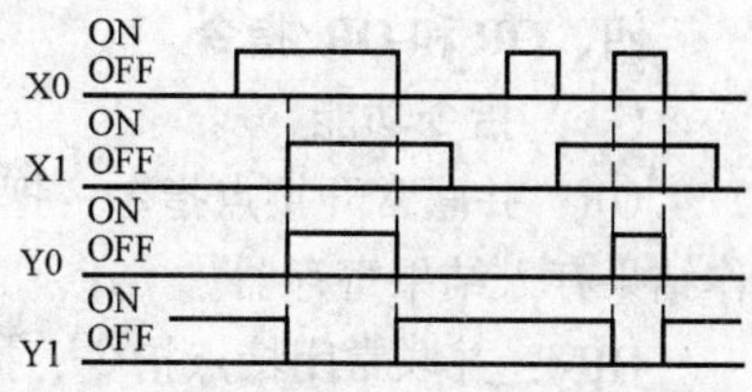

图 3-3　时序图

三、AN 和 AN/指令

（一）指令功能

AN：串联常开接点指令，把原来保存在结果寄存器中的逻辑操作结果与指定的继电器内容相“与”，并把这一逻辑操作结果存入结果寄存器。

AN/：串联常闭接点指令，把原来被指定的继电器内容取反，然后与结果寄存器的内容进行逻辑“与”，操作结果存入结果寄存器。

（二）程序举例

梯形图及指令表如表 3-4 所示，操作数如表 3-5 所示，时序图如图 3-4 所示。

表 3-4　梯形图及指令表

梯　形　图	布尔非梯形图		FP 编程器 Ⅱ 键盘操作
	地址	指令	
0　X0　X1　X2　Y0（与、与非）	0 1 2 3	ST　X　0 AN　X　1 AN/　X　2 OT　Y　0	ST X.WX　ST X.WX　0　WRT OR R.WR　ST X.WX　1　WRT OR Y.WY　NOT DT/Ld　ST X.WX　2　WRT OT L.WL　AN Y.WY　0　WRT

表 3-5　操作数

指　　令	继　电　器			定时器/计数器接点	
	X	Y	R	T	C
AN　AN/	A	A	A	A	A

程序说明：当 X0、X1 都接通且 X2 断开时，Y0 接通。

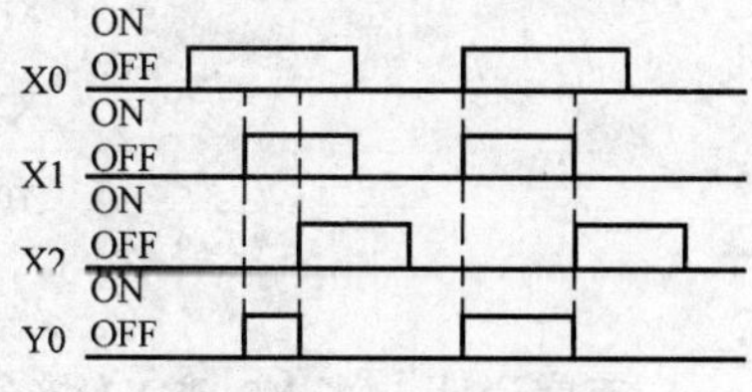

图 3-4　时序图

（三）指令使用说明

1．AN 和 AN/指令的使用　当串联常开接点（A 类接点）时，使用 AN 指令，当串联常闭接点（B 类接点）时，使用 AN/指令，参看图 3-5。

2．AN 和 AN/指令的连续使用　AN 和 AN/指令可连续使用，参看图 3-6。

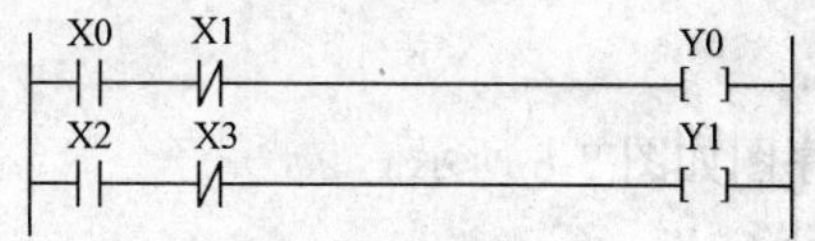

图 3-5　梯形图

X0　X1　X2　X3　Y0

图 3-6　梯形图

四、OR 和 OR/指令

(一) 指令功能

OR：并联常开接点指令，把结果寄存器的内容与指定继电器的内容进行逻辑“或”，操作结果存入结果寄存器。

OR/：并联常闭接点指令，把指定继电器内容取反，然后与结果寄存器的内容进行逻辑“或”，操作结果存入结果寄存器。

(二) 程序举例

梯形图及指令表如表 3-6 所示，操作数如表 3-7 所示，时序图如图 3-7 所示。

表 3-6 梯形图及指令表

梯 形 图	布尔非梯形图		FP 编程器Ⅱ键盘操作
	地址	指令	
0 X0 Y0 1 X1 或 2 X2 或非	0 1 2 3	ST X 0 OR X 1 OR/ X 2 OT Y 0	ST X.WX, ST X.WX, 0, WRT OR R.WR, ST X.WX, 1, WRT OR Y.WY, NOT DT/Ld, ST X.WX, 2, WRT OT L.WL, AN Y.WY, 0, WRT

表 3-7 操作数

指 令	继 电 器			定时器/计数器接点	
	X	Y	R	T	C
OR OR/	A	A	A	A	A

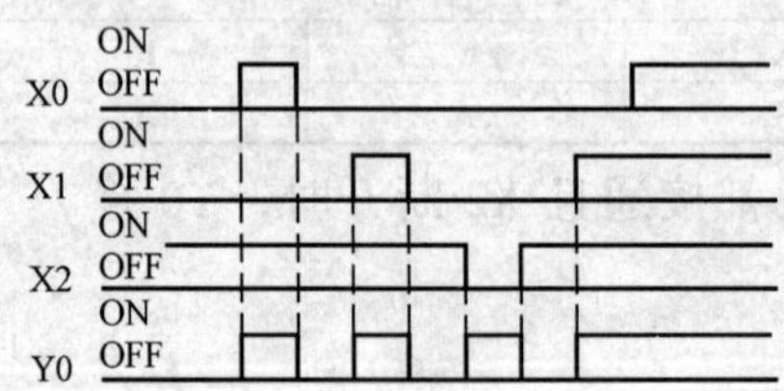

图 3-7 时序图

程序说明：当 X0 或 X1 接通或 X2 断开时，Y0 接通。

(三) 指令使用说明

将接点并联进行“或”运算。

五、ANS 指令

指令 ANS 功能：实现多个指令块的“与”运算。

程序举例的梯形图及指令表如表 3-8 所示，时序图如图 3-8 所示。

表 3-8 程序举例的梯形图及指令表

梯形图	布尔非梯形图		FP编程器Ⅱ键盘操作
	地址	指令	
X0 X2 X1 X3 Y0 指令块	0	ST X 0	ST X.WX, ST X.WX, 0, WRT
	1	OR X 1	OR R.WR, ST X.WX, 1, WRT
	2	ST X 2	ST X.WX, ST X.WX, 2, WRT
	3	OR X 3	OR R.WR, ST X.WX, 3, WRT
	4	ANS	AN Y.WY, STK 1X/1Y, WRT
	5	OT Y 0	OT L.WL, AN Y.WY, 0, WRT

程序说明：当 X0 或 X1 且 X2 或 X3 接通时，Y0 接通。

指令使用说明：

组与指令（ANS）用来串联指令块，如图 3-9 所示。

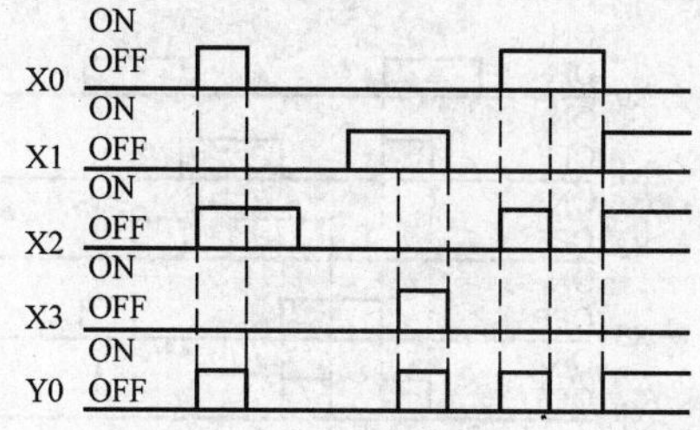

图 3-8 时序图

图 3-9 串联指令块

每一指令块以初始加载指令（ST）开始。当两个或多个指令块串联时，编程如图 3-10 所示。

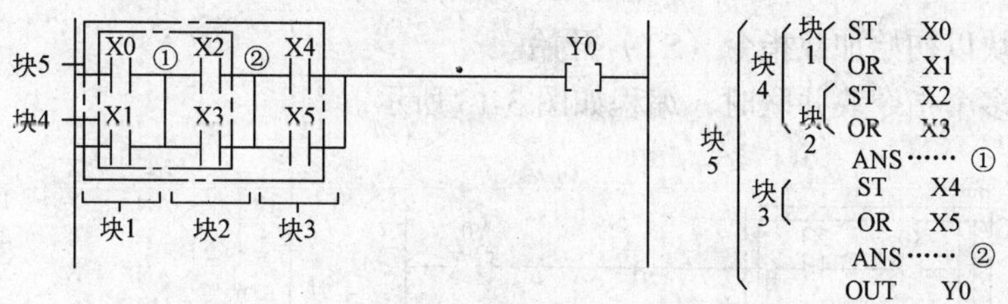

图 3-10 多个指令块串联的编程

六、ORS 指令

指令 ORS 功能：实现多个指令块的“或”运算。

程序举例的梯形图及指令表如表 3-9 所示，时序图如图 3-11 所示。

表 3-9　程序举例的梯形图及指令表

梯　形　图	布尔非梯形图		FP 编程器Ⅱ键盘操作			
	地址	指令				
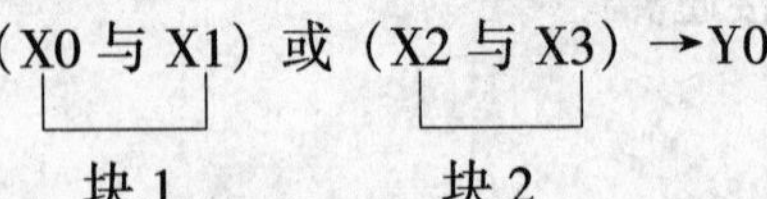	0	ST　X　0	ST X.WX	ST X.WX	0	WRT
	1	AN　X　1	AN Y.WY	ST X.WX	1	WRT
	2	ST　X　2	ST X.WX	ST X.WX	2	WRT
	3	AN　X　3	AN Y.WY	ST X.WX	3	WRT
	4	ORS	OR R.WR	STK 1X/1Y	WRT	
	5	OT　Y　0	OT L.WL	AN Y.WY	0	WRT

程序说明：当 X0 和 X1 都接通或者 X2 和 X3 都接通时，Y0 接通。

（X0 与 X1）或（X2 与 X3）→Y0

块 1　　　　块 2

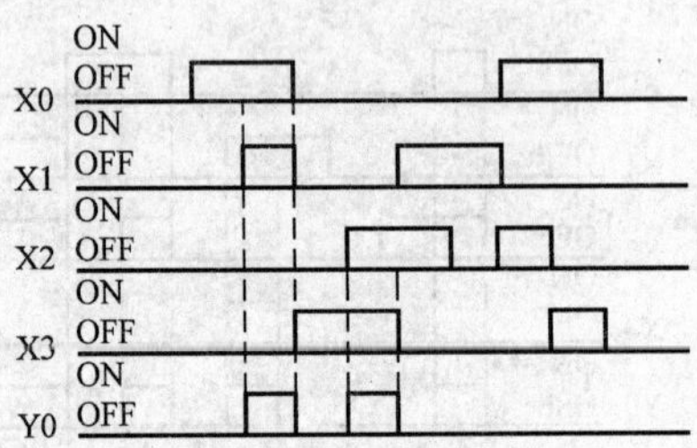

图 3-11　时序图

指令使用说明：

组或指令用来并联指令块，如图 3-12 所示。

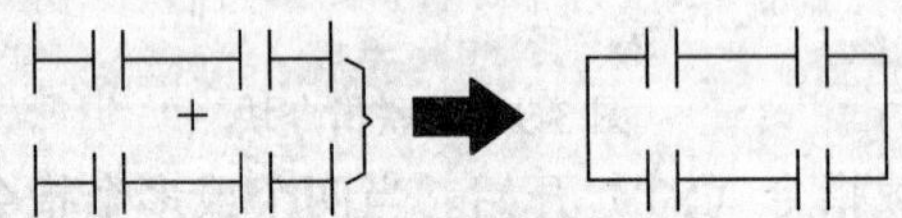

图 3-12　并联指令块

每一指令块以初始加载指令（ST）开始。

当两个或多个指令块并联时，编程如图 3-13 所示。

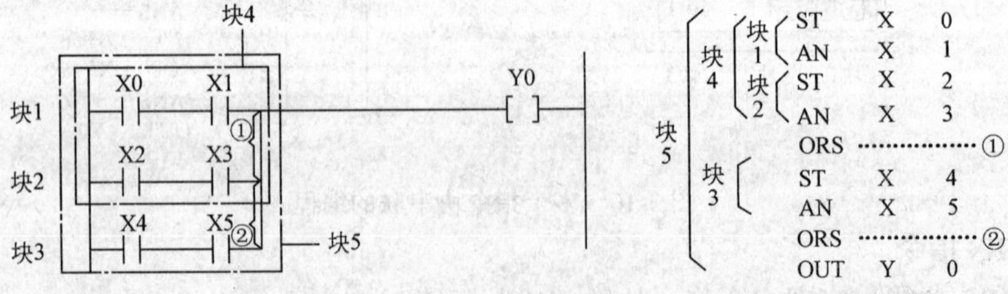

图 3-13　当两个或多个指令块并联编程

七、PSHS、RDS、POPS 指令

（一）指令功能

PSHS：存储该指令处的运算结果（推入堆栈）。

RDS：读出由 PSHS 指令存储的运算结果（读出堆栈）。

POPS：读出并清除由 PSHS 指令存储的运算结果（弹出堆栈）。

（二）程序举例

梯形图及指令表如表 3-10 所示，时序图如图 3-14 所示。

表 3-10 梯形图及指令表

梯形图	布尔非梯形图		FP 编程器Ⅱ键盘操作
	地址	指令	
0 X0 X1 Y0 推入堆栈 X2 Y1 读出堆栈 X3 Y2 弹出堆栈	0 1 2 3 4 5 6 7 8 9	ST X 0 PSHS AN X 1 OT Y 0 RDS AN X 2 OT Y 1 POPS AN/ X 3 OT Y 2	ST X.WX, ST X.WX, 0, WRT SHIFT SC, 9, SHIFT SC, WRT AN Y.WY, ST X.WX, 1, WRT OT L.WL, AN Y.WY, 0, WRT SHIFT SC, A, SHIFT SC, WRT AN Y.WY, ST X.WX, 2, WRT OT L.WL, AN Y.WY, 1, WRT SHIFT SC, B, SHIFT SC, WRT AN Y.WY, NOT OT/Ld, ST X.WX, 3, WRT OT L.WL, AN Y.WY, 2, WRT

程序说明：当 X0 接通时，则有：

1）储 PSHS 指令处的运算结果，当 X1 接通时，Y0 输出（为 ON）。

2）由 RDS 指令读出存储结果，当 X2 接通时，Y1 输出（为 ON）。

3）由 POPS 指令读出存储结果，当 X3 断开时，Y2 输出（为 ON）。且 PSHS 指令存储的结果被清除。

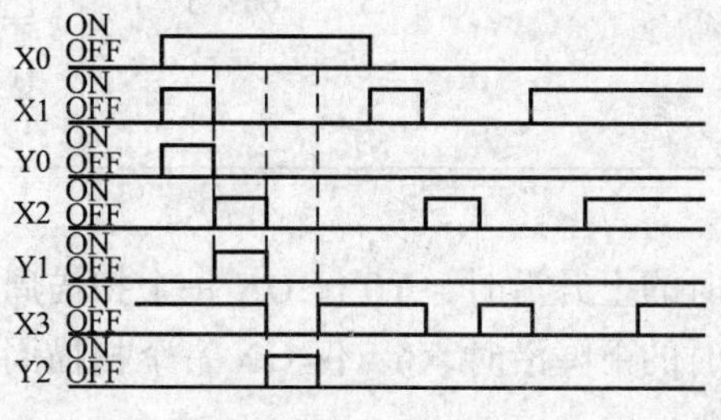

图 3-14 时序图

（三）指令使用说明

1）PSHS：存储该指令处的运算结果并执行下一步指令。

2）RDS：读出由 PSHS 指令存储的结果，并利用该内容，继续执行下一步指令。

3）POPS：读出由 PSHS 指令存储的运算结果，并利用该内容，继续执行下一步指令。且 PSHS 指令存储的运算结果被清除。

4）重复使用 RDS 指令，可多次使用同一运算结果，当使用完毕时，一定要用 POPS 指令，如图 3-15 所示。

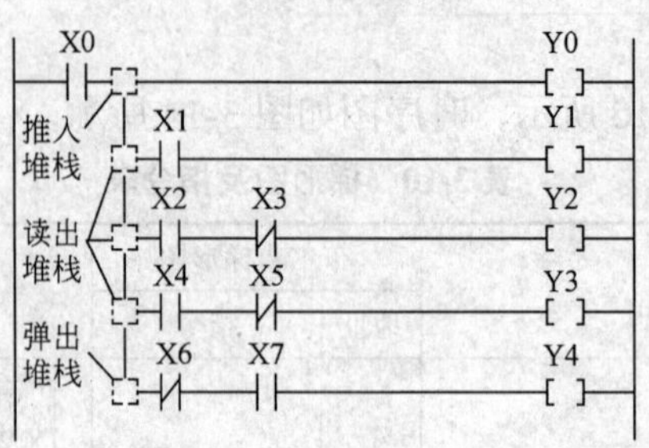

图 3-15　梯形图

八、DF 和 DF/指令

(一）指令功能

DF：前沿微分指令，输入脉冲前沿使指定继电器接通一个扫描周期，然后复位。

DF/：后沿微分指令，输入脉冲后沿使指定继电器接通一个扫描周期，然后又复位。

(二）程序举例图

梯形图及指令表如表 3-11 所示，时序图如图 3-16 所示。

表 3-11　梯形图及指令表

梯　形　图	布尔非梯形图		FP 编程器Ⅱ键盘操作
	地址	指令	
0 X0 (DF) Y0 [ ]	0	ST X 0	ST X.WX / ST X.WX / 0 / WRT
	1	DF	SHIFT SC / 0 / SHIFT SC / WRT
	2	OT Y 0	OT L.WL / AN Y.WY / 0 / WRT
3 X1 (DF/) Y1 [ ]	3	ST X 1	ST X.WX / ST X.WX / 1 / WRT
	4	DF/	SHIFT SC / 0 / SHIFT SC / NOT DT/Ld / WRT
	5	OT Y 1	OT L.WL / AN Y.WY / 1 / WRT

程序说明：

1）当检测到 X0 接通时的上升沿时，Y0 仅 ON 一个扫描周期。

2）当检测到 X1 断开时的下降沿时，Y1 仅 ON 一个扫描周期。

(三）指令使用说明

1）当触发信号由 OFF→ON 时，执行 DF 指令，并将输出接通一个扫描周期。

2）当触发信号由 ON→OFF 时，执行 DF/指令，并将输出接通一个扫描周期。

DF 和 DF/指令无使用次数限制。

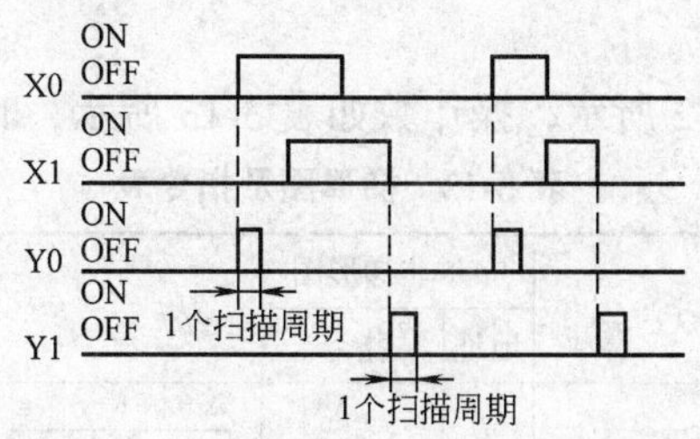

图 3-16 时序图

(四) 应用举例

例 1 输出由一持续时间较长的输入信号控制时，则自保持电路如图 3-17 所示。

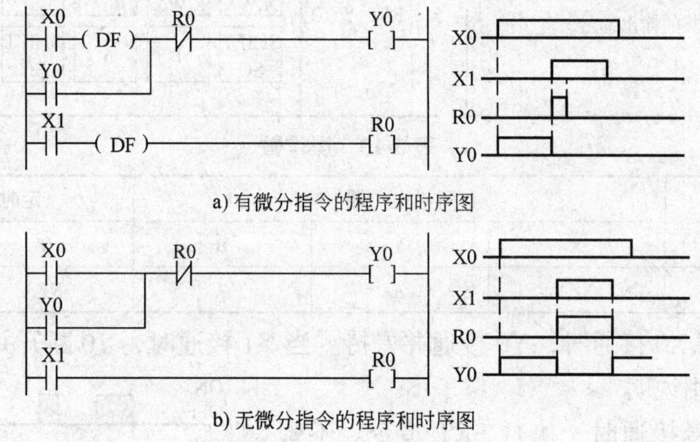

图 3-17 自保持电路

例 2 用一个信号来控制电路的输出，使之在保持和释放之间交替变化，如图 3-18 所示。

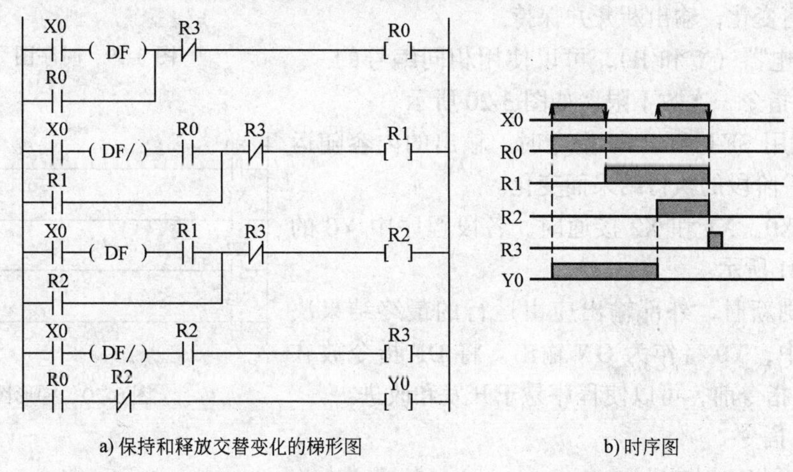

图 3-18 保持和释放之间交替变化的梯形图和时序图

九、SET、RST 指令

(一) 指令功能

SET：置 1 指令（置位指令），强制接点接通。

RST：置 0 指令（复位指令），强制接点断开。

（二）程序举例

梯形图及指令表如表 3-12 所示，操作数如表 3-13 所示，时序图如图 3-19 所示。

表 3-12　梯形图及指令表

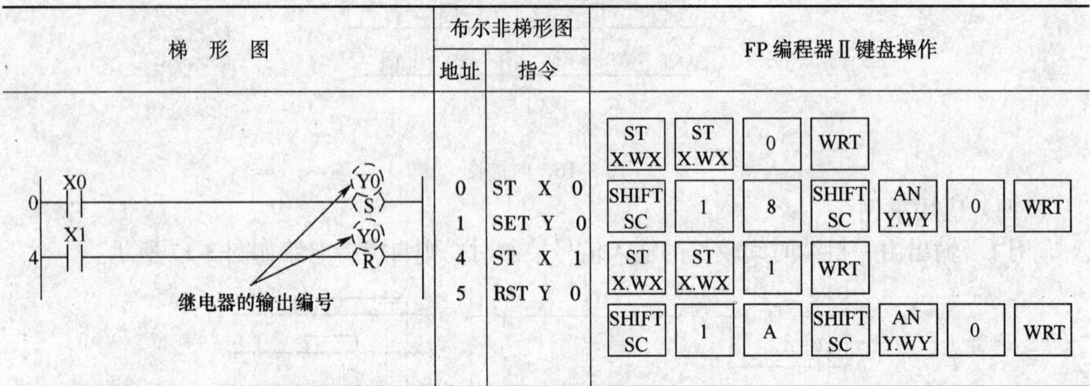

梯形图	布尔非梯形图 地址	指令	FP 编程器Ⅱ键盘操作
	0	ST X 0	ST X.WX, ST X.WX, 0, WRT
	1	SET Y 0	SHIFT SC, 1, 8, SHIFT SC, AN Y.WY, 0, WRT
	4	ST X 1	ST X.WX, ST X.WX, 1, WRT
	5	RST Y 0	SHIFT SC, 1, A, SHIFT SC, AN Y.WY, 0, WRT

表 3-13　操作数

指令	继电器			定时器/计数器接点	
	X	Y	R	T	C
SET　RST/	N/A	A	A	N/A	N/A

程序说明：当 X0 接通时，Y0 接通并保持。当 X1 接通时，Y0 断开并保持。

（三）指令使用说明

1）当触发信号接通时，执行 SET 指令。不管触发信号如何变化，输出接通并保持。

2）当触发信号接通时，执行 RST 指令。不管触发信号如何变化，输出断开并保持。

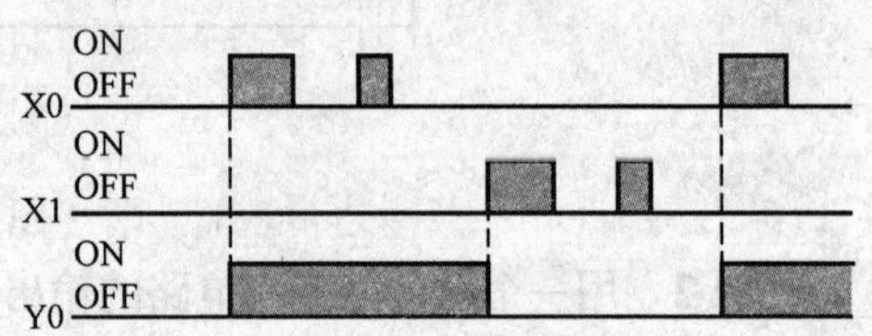

图 3-19　时序图

3）对继电器（Y 和 R），可以使用相同编号的 SET 和 RST 指令，次数不限，如图 3-20 所示。

4）当使用 SET 和 RST 指令时，输出的内容随运行过程中每一阶段的执行结果而变化。

例　当 X0、X1 和 X2 接通时，各段程序中 Y0 的状态如图 3-21 所示。

当 I/O 刷新时，外部输出应由运行的最终结果决定。如上例中，Y0 将作为 ON 输出。将 DF 指令放在 SET 和 RST 指令前，可以使程序易于开发和改进。

图 3-20　梯形图

十、KP 指令

（一）指令 KP 功能

相当于一个锁存继电器，当置位输入为 ON 时，使输出接通（ON）并保持。

（二）程序举例

梯形图及指令表如表 3-14 所示，操作数如表 3-15 所示，时序图如图 3-22 所示。

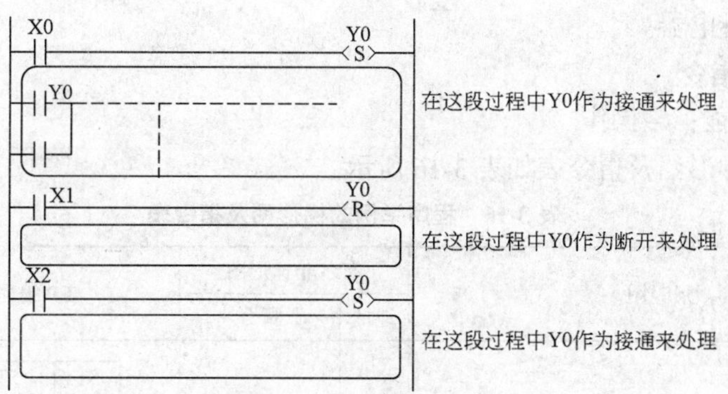

图 3-21　梯形图

表 3-14　梯形图及指令表

<table>
<tr><th rowspan="2">梯　形　图</th><th colspan="2">布尔非梯形图</th><th rowspan="2">FP 编程器Ⅱ键盘操作</th></tr>
<tr><th>地址</th><th>指令</th></tr>
<tr><td>0 X0 KP Y0
4 X1</td><td>0
1
2</td><td>ST　X　0
SR　X　1
KP　Y　0</td><td>ST X.WX　ST X.WX　0　WRT
SHIFT SC　1　8　SHIFT SC　AN Y.WY　0　WRT
ST X.WX　ST X.WX　1　WRT
SHIFT SC　1　A　SHIFT SC　AN Y.WY　0　WRT</td></tr>
</table>

表 3-15　操作数

指　令	继　电　器			定时器/计数器接点	
	X	Y	R	T	C
KP	N/A	A	A	N/A	N/A

程序说明：当 X0 接通（ON）时，继电器 Y0 接通（ON）并保持。当 X1 接通（ON）时，继电器 Y0 断开（OFF）。

（三）指令使用说明

1）当置位触发信号接通（ON）时，指定的继电器输出接通（ON）并保持。

2）当复位触发信号接通（ON）时，指定的继电器输出断开（OFF）。

X0 ON OFF
X1 ON OFF
Y0 ON OFF

图 3-22　时序图

3）一旦置位信号将指定的继电器接通，则无论置位触发信号是接通（ON）状态还是断开（OFF）状态，指定的继电器输出保持为 ON，直到复位触发信号接通（ON）。

4）如果置位、复位触发信号同时接通（ON），则复位触发优先。

5）即使在 MC 指令运行期间，指定的继电器仍可保持其状态。

6）当工作方式选择开关从“RUN”切换到“PROG”方式，或当切断电源时，KP 指令的状态不再保持。若要在从“RUN”切换到“PROG”方式或切断电源时保持输出状态，则使用保持型内部继电器。

十一、NOP 指令

指令 NOP 功能：空操作。

程序举例的梯形图及指令表如表 3-16 所示。

表 3-16　程序举例的梯形图及指令表

梯　形　图	布尔非梯形图		FP 编程器Ⅱ键盘操作
	地址	指令	
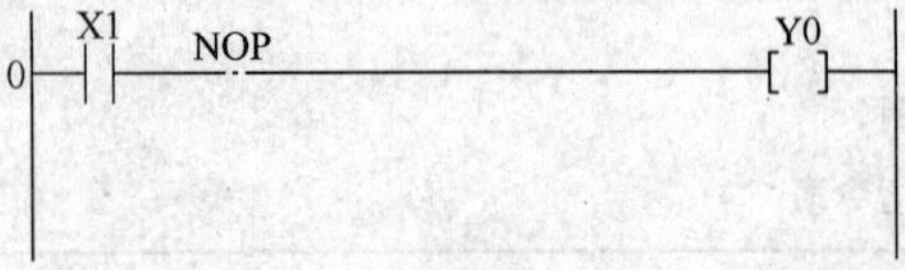 0 X1 NOP Y0 [ ]	0 1 2	ST X 1 NOP OT Y 0	ST X.WX　ST X.WX　1　WRT SHIFT SC　1　SHIFT SC　DELF 1NST OT L.WL　AN Y.WY　0　WRT

程序说明：当 X1 接通时，Y0 输出为 ON。

指令使用说明：

1）NOP 指令可用来使程序在检查或修改时易读。

2）当插入 NOP 指令时，程序的容量稍稍增加，但对算术运算结果无影响。

第二节　基本功能指令

一、TMR、TMX 和 TMY 指令（定时器）

（一）指令功能

TMR：以 0.01s 为单位设置延时 ON 定时器。

TMX：以 0.1s 为单位设置延时 ON 定时器。

TNY：以 1s 为单位设置延时 ON 定时器。

（二）程序举例

梯形图及指令表如表 3-17 所示，操作数如表 3-18 所示，时序图如图 3-23 所示。

表 3-17　梯形图及指令表

梯　形　图	布尔非梯形图		FP 编程器Ⅱ键盘操作
	地址	指令	
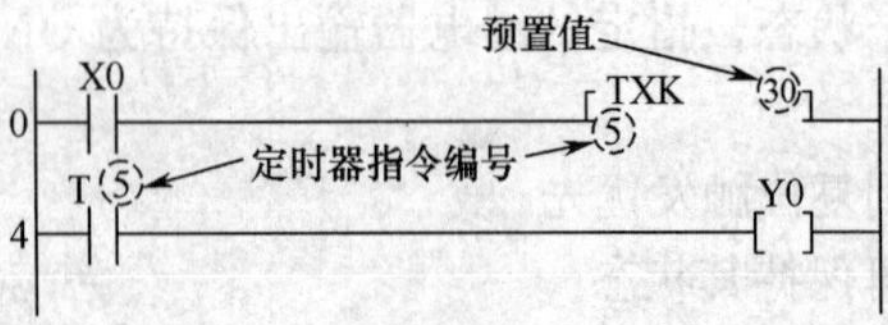 0 X0 TXK ⑤ 预置值 ㉚ 定时器指令编号 4 T⑤ Y0 [ ]	0 1 4 5	ST X 0 TM X 5 K30 ST T 5 OT Y 0	ST X.WX　ST X.WX　0　WRT TM T.SV　ST X.WX　5　ENT (BIN) K/H　3　0　WRT ST X.WX　TM T.SV　5　WRT OT L.WL　AN Y.WY　0　WRT

（续）

梯形图	布尔非梯形图		FP编程器Ⅱ键盘操作
	地址	指令	
定时器指令编号	FP1 的 C14 和 C16 系列：可达 128 个 所有 FP1 和 FP-M 的 C24，C40，C56 和 C72 系列：可达 144 个 定时器的个数与计数器分享。通过系统寄存器调整计数器的起始编号。定时器、计数器的默认值为： FP1 的 C14 和 C16 系列： 定时器：0～99 计数器：100～127 所有 FP1 和 FP-M 的 C24，C40，C56 和 C72 系列： 定时器：0～99 计数器：100～143		
预置值	范围：K0～K32767 定时器预置值区（SVn）的编号与定时器的编号应相同，且都为十进制常数 仅当控制单元为 2.7 或 2.7 以上版本时，“SVn”可被指定		

表 3-18　操作数

指令	继电器			定时器/计数器		寄存器	索引寄存器		常数		索引修正值
	WX	WY	WR	SV	EV	DT	IX	IY	K	H	
预置值	N/A	N/A	N/A	A	N/A	N/A	N/A	N/A	A	N/A	N/A

程序说明：X0 接通（ON）3s 后，定时器接点（T5）接通（ON）。这时“Y0”接通。

（三）指令使用说明

1）TM 指令是一减计数型预置定时器。

2）如果定时器的个数不够用，则可通过改变系统寄存器 No.5 的设置来增加其个数。

3）定时器的预置时间为：单位 × 预置值例如：TMX5 K30（0.1s × 30 = 3s）

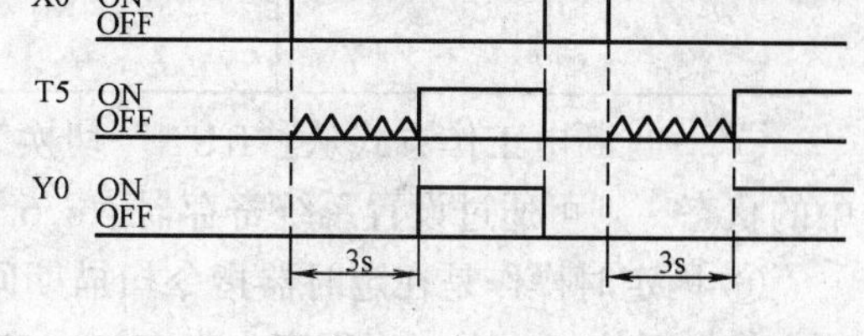

图 3-23　时序图

4）当预置值用十进制常数设定时的步骤为

① 当 PLC 的工作式设置为“RUN”，则十进制常数“K30”传送到预置值区“SV5”。

② 当检测到“X0”上升沿（OFF→ON）时，预置值 K30 由“SV5”传送到经过值区“EV5”。

③ 当“X0”为接通（ON）状态时，每次扫描，经过的时间从“EV5”中减去。

④ 当经过值区“EV5”的数据为 0 时，定时器接点（T5）接通（ON），随后“Y0”接通（ON），如图 3-24 所示。

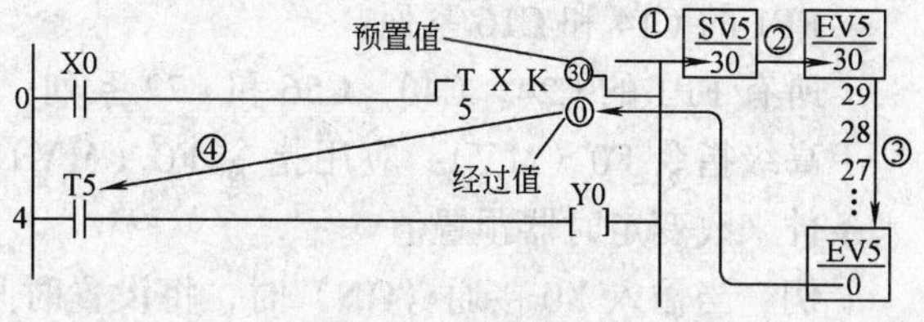

图 3-24　梯形图

5）当预置值用“SVn”设置时的步骤为：

① 当检测到“X0”上升沿（OFF→ON）时，预置值 K30 由“SV5”传送到经过值区“EV5”。

② 当“X0”为接通（ON）状态时，每次扫描，过去的时间从“EV5”中减去。

③ 当经过值区“EV5”的数据为0时，定时器接点（T5）接通（ON），随后“Y0”接通（ON），如图3-25所示。

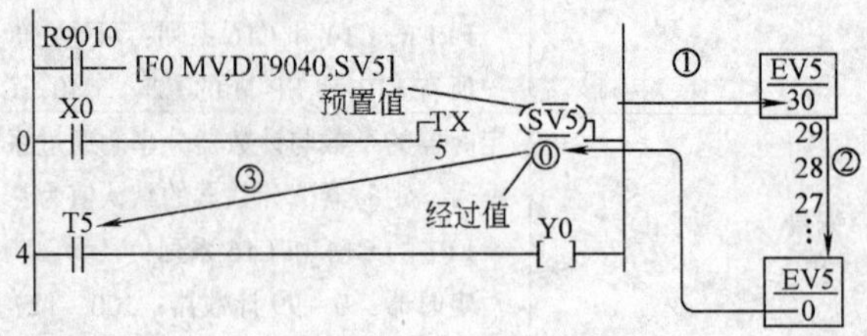

图3-25 梯形图

6）使用TM指令时还应注意

① 如果在定时器工作期间断开定时器触发信号（X0），则其运行中断，且已经过的时间被复位为0。

② 定时器的预置值区（SV）是定时器预制时间的存储器区。

③ 当定时器的经过值区（EV）的值变0时，定时器的接点动作，且定时器经过值区（EV）的值在复位条件下，也变为0。

④ 每个SV、EV为一个字，即16位存储器区。对每个定时器号，对应有一组SV、EV，如表3-19所示。

表3-19 对应定时器的SV及EV值

定时器指令号	预置值“SV”	经过值区“EV”
T0	SV0	EV0
⋮	⋮	⋮

⑤ 一旦断电工作方式从“RUN”切换为“PROG”，则定时器被复位。若想保持其运行中的状态，则可通过设置系统寄存器No.6来实现。

⑥ 因定时操作是在定时器指令扫描期间执行，故用定时器指令编程时，应使TM指令每次扫描只执行一次（当程序中有INT、JP、LOOP和某些其他这类指令时，应确保TM指令每次扫描只执行一次）。

7）改变预置值区（SV）的值。利用F0（MV）指令或编程工具（FP编程器NPST.GR），均可改变所有的控制单元预置值区（SV）的值，甚至在“RUN”方式下亦可。预置值区中，SV编号规定的取值范围为：

FP1的C14和C16系列： SV0～SV127

所有FP1的C24，C40，C56和C72系列： SV0～SV143

高级指令F0（MV）：应用指令F0（MV），根据输入条件来改变定时器预置值。

例 当输入X0接通（ON）时，将设置时间由5s改为2s。关于高级指令F0（MV）详见高级指令介绍。梯形图如图3-26所示。

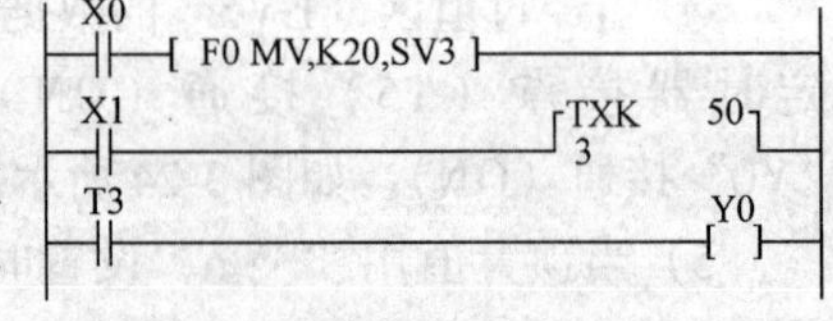

图3-26 梯形图

（四）应用举例

当用两个定时器指令时，程序举例1如图3-27所示，程序举例2如图3-28所示。

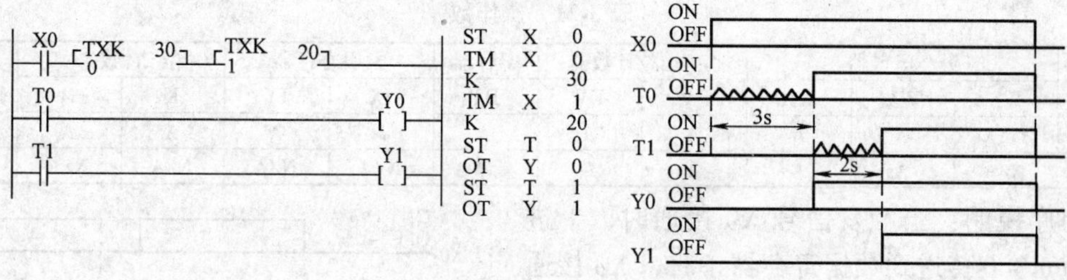

图 3-27 程序举例 1

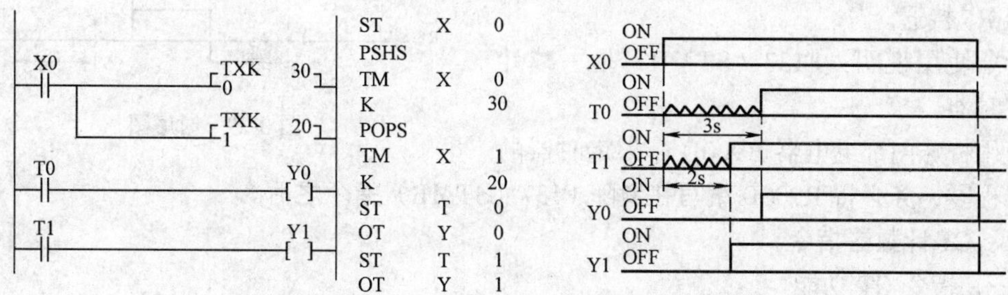

图 3-28 程序举例 2

二、STMR（F137）辅助定时器指令

指令 STMR 功能：以 0.01s 为单位设置延时 ON 定时器（0.01～327.67s），仅适于 FP1-C56、C72 使用。

程序举例的梯形图及指令表如表 3-20 所示，操作数如表 3-21 所示，时序图如图 3-29 所示。

表 3-20 程序举例的梯形图及指令表

梯形图	布尔非梯形图		FP 编程器Ⅱ键盘操作
	地址	指令	
10 X0 [F137 STMR, K300, DT5]（S：K300，D：DT5） 16 R900D [R5]			ST X.WX | ST X.WX | 0 | WRT
	10	ST X 0	FN/P FL | 1 | 3 | 7 | ENT
	11	F137（STMR）	(BIN) K/H | 3 | 0 | 0 | ENT
		K 300	NOT DT/Ld | 5 | WRT
		DT 5	ST X.WX | OR R.WR | 9 | 0 | 0 | D D | ENT
	16	ST R900D	OT L.WL | OR R.WR | 5 | WRT
	17	OT R 5	
S	设定定时器预置值的 16 位等值常数或 16 位数据区		
D	设定定时器经过值的 16 位数据区		

表 3-21 操作数

操作数	继电器			定时器/计数器		寄存器	索引寄存器		常数		索引
	WX	WY	WR	SV	EV	DT	IX	IY	K	H	修正值
S	A	A	A	A	A	A	A	A	A	A	N/A
D	N/A	A	A	A	A	A	N/A	N/A	N/A	N/A	A

程序说明：当触发信号 X0 接通时，十进制常数 K300 传送到数据寄存器 DT5。X0 接通 3s 后，特殊内部继电器 R900D 接通，随之内部继电器 R5 接通。

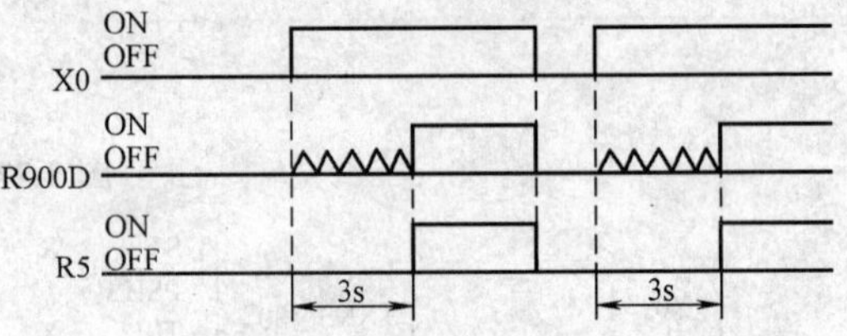

图 3-29 时序图

指令使用说明：F137（STMR）是一减计数型定时器。

使用特殊内部继电器 R900D 作为定时器的接点编程时，务必将 R900D 编写在紧随 F137（STMR）指令之后。

三、CT 计数器指令

（一）指令 CT 功能

为预置计数器，完成减计数操作，当计数输入端信号从 OFF 变为 ON 时，计数值减 1，当计数值减为零时，计数器为 ON，使其常开接点闭合，常闭接点打开。

（二）程序举例

程序举例的梯形图及指令表如表 3-22 所示，操作数如表 3-23 所示，时序图如图 3-30 所示。

表 3-22 程序举例的梯形图及指令表

梯形图	布尔非梯形图 地址	指令	FP 编程器Ⅱ键盘操作
0 X0 计数触发信号；预置值 CTK 10；1 X1 复位触发信号；计数器指令编号 100；5 C100 Y0	0	ST X 0	ST X.WX, ST X.WX, 0, WRT
	1	ST X 1	ST X.WX, ST X.WX, 1, WRT
	2	CT 100	CT C.EV, 1, 0, 0, ENT
		K 10	(BIN) K/H, 1, 0, WRT
		ST C 100	ST X.WX, CT C.EV, 1, 0, 0, WRT
	5	OT Y 0	OT L.WL, AN Y.WY, 0, WRT
	6		
计数器个数	FP1 的 C14 和 C16 系列：最多 128 个 所有 FP1 和 FP-M 的 C24，C40，C56 和 C72 系列：最多 144 个 计数器的个数与定时器分享，通过设置系统寄存器可改变计数器起始编号 FP1 的 C14 和 C16 系列 定时器：0～99 计数器：100～127 所有 FP1 和 FP-M 的 C24，C40，C56 和 C72 系列 定时器：0～99 计数器：100～143		

（续）

梯 形 图	布尔非梯形图		FP 编程器Ⅱ键盘操作
	地址	指令	
预置值	所有系列：K0～K32767 定时器预置值区（SVn）的编号与定时器的编号应相同，且都为十进制常数，仅当控制单元为2.7或2.7以上版本时，“SVn”可被指定		

表3-23 操作数

指令	继 电 器			定时器/计数器		寄存器	索引寄存器		常 数		索引修正值
	WX	WY	WR	SV	EV	DT	IX	IY	K	H	
预置值	N/A	N/A	N/A	A	N/A	N/A	N/A	N/A	A	N/A	N/A

程序说明：当“X0”的上升沿检测到10次时，计数器接点“C100”接通，随后Y0接通。当“X1”接通时，经过值“EV100”复位。若要使计数器恢复计数，则需将复位触发信号接通后，再断开。

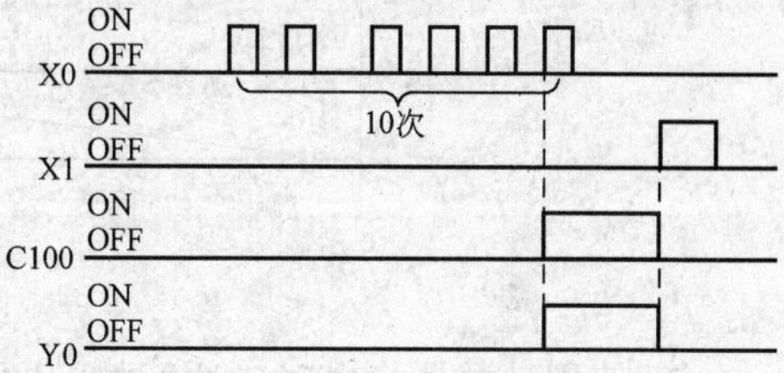

图3-30 时序图

（三）指令使用说明

1）CT指令是一减计数型预置计数器。

2）如果CT个数不够，可通过改变系统寄存器No.5的设置来增加其个数。

3）当用CT指令编程时，一定要编入计数和复位信号。

4）计数触发信号：每检测到一次上升沿时，则从经过值区“EV”减1（例题中X0为计数触发信号）。

5）复位触发信号：当该触发信号“ON”时，计数器复位（例题中X1为复位触发信号）。

（四）计数器运行

1. 预定值用十进制常数设定

1）当PLC的工作方式设置为“RUN”时，十进制常数“K10”被送到预置值区“SV100”。如果这时复位触发信号“X1”为“OFF”，则预置区“SV100”中的“K10”被传送到经过值区“EV100”。

2）每次检测到计数触发信号“X0”的上升沿，经过值区“EV100”的值减1。

3）当经过值区“EV”变为0时，计数器接点“C100”接通，随后Y0接通。

4）当复位触发信号“X1”接通（ON）时，经过值区“EV100”复位。当检测到X1的下降沿时，“SV100”中的值再次送到“EV100”，如图3-31所示。

2. 预置值用“SVn”设定

1）当PLC的工作方式设置为“RUN”，且复位触发信号“X1”为OFF时，预置值区“SV100”中的“K10”被传送到经过值区“EV100”中。

2）每次检测到计数触发信号“X0”的上升沿，经过值区“EV100”的值减1。

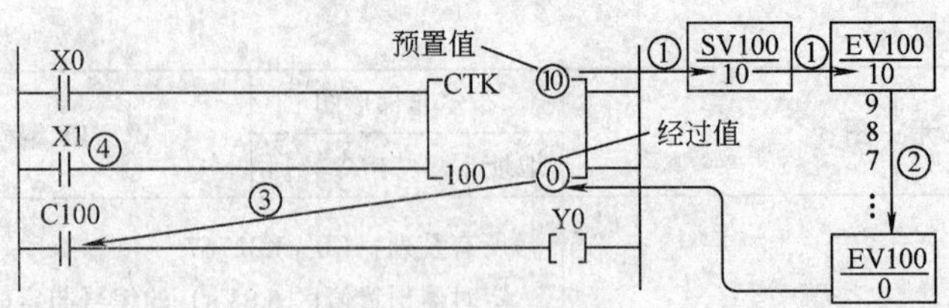

图 3-31　梯形图

3）当经过值“EV”变为 0 时，计数器接点“C100”接通，随后 Y0 接通。

4）当复位触发信号“X1”接通（ON）时，经过值区“EV100”复位。当检测到 X1 的下降沿时，“SV100”中的值再次送到“EV100”，如图 3-32 所示。

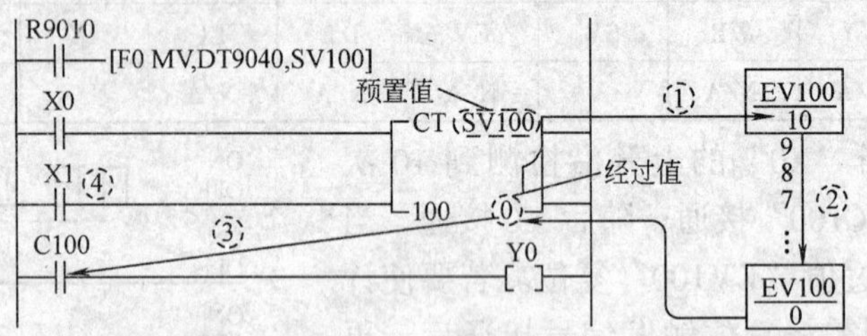

图 3-32　梯形图

3. 使用计数器指令时应注意的问题

1）如果在用 FP 编程器Ⅱ的 OP-0（全清）功能或 NPST-GR 的（程序清除）功能进行程序清除之后使用计数器，且当开关切换到“RUN”且复位输入（X1）由 ON→OFF 时，其值自动传送到经过值寄存器（EV）。

2）计数器的预置值区（SV）是计数器预置值的存储区。

3）当计数器的经过值区（EV）的值变为 0 时，计数器的接点动作。且计数器经过值区（EV）的值在复位条件下，也变为 0。

4）每个 SV、EV 为一个字，即 16 位存储器区。对每个计数器号，对应有一组 SV、EV，见下表。

计数器指令号	预置值“SV”	经过值区“EV”
C100 ⋮	SV100 ⋮	EV100 ⋮

5）即使断电或工作方式由“RUN”切换到“PROG”，计数器也不复位。如果需要将计数器设置为非保持型，则可设置系统寄存器 No.6，关于系统寄存器详见书后附录系统寄存器表。

6）当同时检测到计数触发信号和复位触发信号时，复位信号优先。

（五）改变预置值区（SV）的值

利用 F0（MV）指令或编程工具（FP 编程器Ⅱ，或 NPST-GR），所有的控制单元均可改变预置值区（SV）的值，甚至在 RUN 方式亦可。预置值区中，SV 编号规定的范围为：

C14 和 C16 系列：　　　　　　　SV0 ~ SV127

C24、C40、C56 和 C72 系列：　　SV0 ~ SV143

高级指令 F0（MV）：应用指令 F0（MV），根据输入条件改变计数器预置值。

例　当输入 X0 接通时，将预置由 K50 改为 K20，其梯形图如图 3-33 所示。

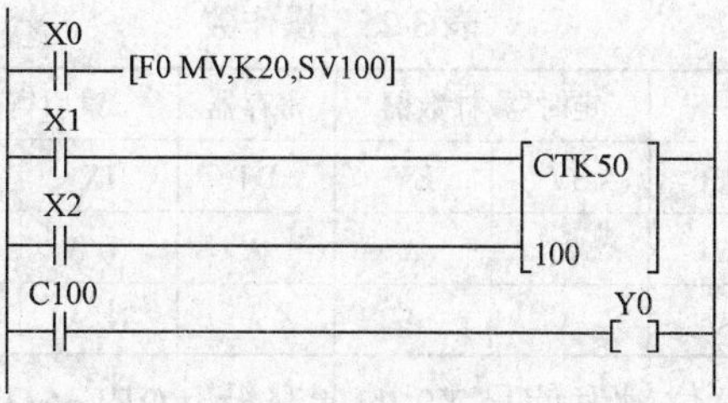

图 3-33 梯形图

四、UDC（F118）加/减计数器指令

（一）指令 UDC 功能

作为加/减计数器使用。当加/减触发信号输入为 OFF 时，在计数触发信号的上升沿到来时作减 1 计数。当加/减触发信号输入为 ON 时，在计数触发信号的上升沿到来时作加 1 计数。

当复位触发信号到来时（OFF→ON）计数器复位（计数器经过值区 D 变为零）。当复位触发信号由 ON→OFF 时，预置区 S 中的值传送给 D。

（二）程序举例

程序举例的梯形图及指令表如表 3-24 所示，操作数如表 3-25 所示，时序图如图 3-34 所示。

表 3-24 程序举例的梯形图及指令表

<table>
<tr><th rowspan="2">梯形图</th><th colspan="2">布尔非梯形图</th><th rowspan="2">FP 编程器Ⅱ键盘操作</th></tr>
<tr><th>地址</th><th>指令</th></tr>
<tr><td rowspan="16"> 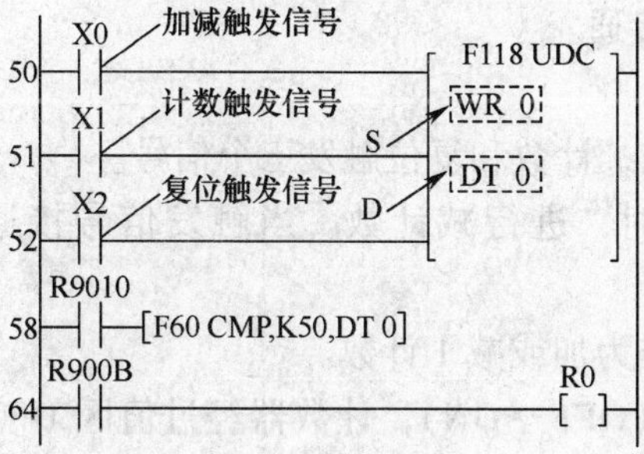X0 加减触发信号
50 F118 UDC
X1 计数触发信号
51 S WR 0
X2 复位触发信号
52 D DT 0
R9010
58 [F60 CMP,K50,DT 0]
R900B
64 R0</td><td>50</td><td>ST X 0</td><td>ST X.WX ｜ ST X.WX ｜ 0 ｜ WRT</td></tr>
<tr><td>51</td><td>ST X 1</td><td>ST X.WX ｜ ST X.WX ｜ 1 ｜ WRT</td></tr>
<tr><td>52</td><td>ST X 2</td><td>ST X.WX ｜ ST X.WX ｜ 2 ｜ WRT</td></tr>
<tr><td>53</td><td>F118 （UDC）</td><td>FN/P FL ｜ 1 ｜ 1 ｜ 8 ｜ ENT</td></tr>
<tr><td></td><td>WR 0</td><td>OR R.WR ｜ 0 ｜ ENT</td></tr>
<tr><td></td><td>DT 0</td><td>NOT DT/Ld ｜ 0 ｜ WRT</td></tr>
<tr><td>58</td><td>ST R9010</td><td>ST X.WX ｜ OR R.WR ｜ 9 ｜ 0 ｜ 1 ｜ 0 ｜ WRT</td></tr>
<tr><td>59</td><td>F60 （CMP）</td><td>FN/P FL ｜ 6 ｜ 0 ｜ ENT</td></tr>
<tr><td></td><td>K 50</td><td>(BIN) K/H ｜ 5 ｜ 0 ｜ ENT</td></tr>
<tr><td></td><td>DT 0</td><td>NOT DT/Ld ｜ 0 ｜ WRT</td></tr>
<tr><td>64</td><td>ST R900B</td><td>ST X.WX ｜ OR R.WR ｜ 9 ｜ 0 ｜ 0 ｜ 8 ｜ ENT</td></tr>
<tr><td>65</td><td>OT R 0</td><td>OT L.WL ｜ OR R.WR ｜ 0 ｜ WRT</td></tr>
<tr><td>S</td><td colspan="3">16 位等值常数或 16 位计数器预置值区</td></tr>
<tr><td>D</td><td colspan="3">16 位计数器经过值区</td></tr>
</table>

表 3-25 操作数

操作数	继电器			定时器/计数器		寄存器	索引寄存器		常数		索引修正值
	WX	WY	WR	SV	EV	DT	IX	IY	K	H	
S	A	A	A	A	A	A	N/A	N/A	A	A	N/A
D	N/A	A	A	A	A	A	N/A	N/A	N/A	N/A	N/A

程序说明：当检测到复位触发信号 X2 的上升沿（OFF→ON）时，“0”传送到数据寄存器 DT0。若此时检测到 X2 的下降沿（ON→OFF），内部字继电器 WR0 中的数据传送到 DT0。

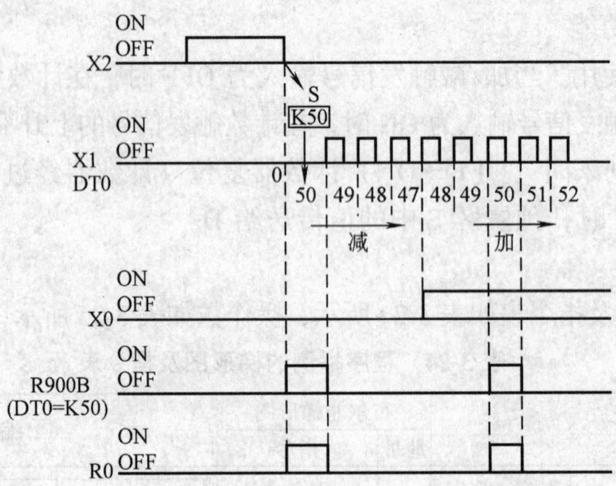

图 3-34 时序图

在加/减触发信号 X0 处于 ON 状态下，当检测到计数触发信号 X1 的上升沿时，DT0 加 1。

在 X0 处于 OFF 状态下，当检测到 X1 的上升沿时，DT0 减 1。

使用 F60（CMP）指令，将 DT0 中的数据与 K50 进行比较。如果 DT0 = K50，特殊内部继电器 R900B（=标志）接通，随之内部继电器 R0 接通。

（三）指令使用说明

1）使用 F118（UDC）指令编程时，一定要有加/减，计数和复位触发三个信号。

2）加/减触发信号：当触发信号未接通（OFF）时，进行减计数。当触发信号接通（ON）时，进行加计数。

3）计数触发信号：在该触发信号上升沿到来时，作为加或减 1 计数。

4）复位触发信号：当该触发信号上升沿被检出时（OFF→ON），计数器经过值区 D 变为 0。当该触发信号下降沿被检出时（ON→OFF），S 中的值传送到 D。

5）预置值范围：K－32768～K32767。

（四）标志的状态

1．标志（R900B） 当辨认出计算结果为“0”时，立即接通。

2．进位标志（R9009） 当计算结果超出 16 位数的范围（上溢或下溢）时，立即接通。16 位数据的范围：K－32768～K32767（H8000～H7FFF）。

3．应注意的问题

1）使用特殊数据继电器 R900B 和 R9009 作为这条指令的标志时，切记将特殊继电器紧跟在指令后面编程。

2）只有当复位触发信号的上升沿被检出时，S 中的值才被传送到 D。在电源接通时，如果需要将计数器复位，可用特殊内部继电器 R9013 编写一个程序（当可编程控制器的工作方式置为 RUN 或者当 PLC 处于 RUN 方式下，将电源接通时，R9013 只接通一个扫描周期）。

3）当复位触发信号的下降沿和计数触发信号的上升沿同时被检测到时，复位触发信号优先。

五、SR 左移寄存器指令

（一）指令 SR 功能

相当于一个串行输入移位寄存器。移位寄存器必须按数据输入，移位脉冲输入，复位输入和 SR 指令的顺序编程。数据在移位脉冲输入的上升沿逐位向高位移位一次，最高位溢出，当复位信号输入到来时，参与移位的内容全部复位（变为“0”）。该指令的功能只能为内部字继电器 WR 的 16 位数据左移 1 位。

（二）程序举例

程序举例的梯形图及指令表如表 3-26 所示，操作数如表 3-27 所示，时序图如图 3-35 所示。

表 3-26　程序举例的梯形图及指令表

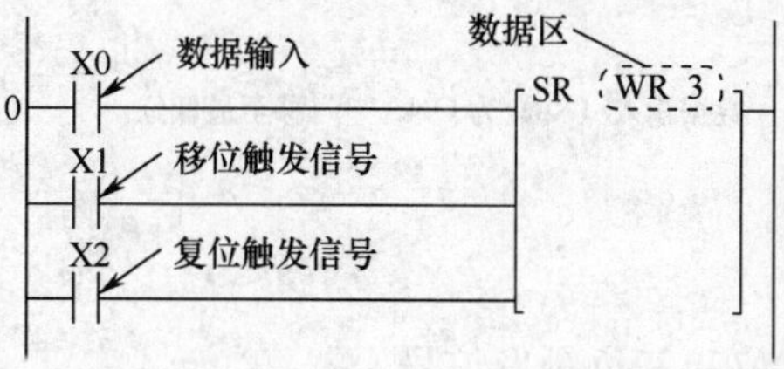

梯　形　图	布尔非梯形图		FP 编程器Ⅱ键盘操作
	地址	指令	
0　X0 数据输入 X1 移位触发信号 X2 复位触发信号 数据区　SR　WR 3	0 1 2 3	ST　X　0 ST　X　1 ST　X　2 SR　WR　3	ST X.WX　ST X.WX　0　WRT ST X.WX　ST X.WX　1　WRT ST X.WX　ST X.WX　2　WRT SHIFT SC　3　SHIFT SC　OR R.WR　3　WRT
数据区	16 位数据区（WR）左移 1 位		

表 3-27　操作数

指令	继电器			定时器/计数器		寄存器	索引寄存器		常　数		索引修正值
	WX	WY	WR	SV	EV	DT	IX	IY	K	H	
SR	N/A	N/A	A	N/A	N/A	N/A	N/A	N/A	N/A	N/A	N/A

程序说明：如果当 X2 为 OFF 状态时移位输入（X1）接通（ON），内部继电器 WR3（即内部继电器 R30～R3F）的内容，向左移动 1 位。

如果数据输入（X0）为 ON，则左移 1 位后，R30 置为 1，如果数据输入（X0）为 OFF，则左移 1 位后，R30 置为 0。

如果复位输入 X2 接通（上升沿）则 WR3 的内容被清除（WR3 的所有位变为“0”）。

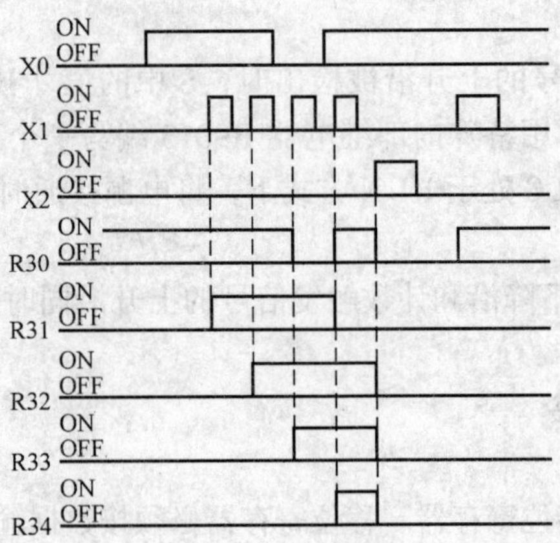

图 3-35 时序图

(三) 指令使用说明

1) 指定的数据区左移 1 位 (移到高位)。

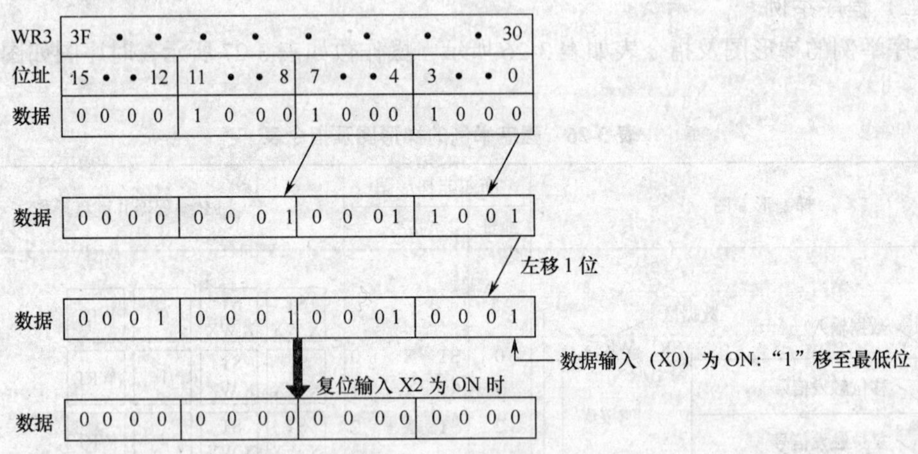

2) 在用 SR 指令编程时，一定要有数据输入、移位和复位触发信号。

3) 数据输入信号：当输入为 ON 时，新移进数据为 1。当输入为 OFF 时，新移进数据为 0。

4) 移位触发信号：在该触发信号上升沿时数据左移 1 位。

5) 复位信号：在该触发信号为 ON 时，数据区所有位变为 "0"。

6) 该指令只限用于内部字继电器 (WR)。

内部字继电器 (WR) 编号范围：

FP1C14 和 C16 系列： WR0 ~ WR15

所有 FP1 的 C24、C40、C56 和 C72 系列：WR0 ~ WR62

六、LRSR (F119) 左/右移位寄存器指令

(一) 指令 LRSR 功能

可指定数据在某一个寄存器区 (16 位数据区) 进行左右移位。

(二) 程序举例

程序举例的梯形图及指令表如表 3-28 所示，操作数如表 3-29 所示。

表 3-28 程序举例的梯形图及指令表

梯形图	布尔非梯形图		FP 编程器Ⅱ键盘操作
	地址	指令	
50 X0 左/右移触发信号 51 X1 数据输入 52 X2 移位触发信号 53 X3 复位触发信号 F119 LRSR D1 DT 0 D2 DT 9		ST X 0	ST X.WX · ST X.WX · 0 · WRT
	50	ST X 1	ST X.WX · ST X.WX · 1 · WRT
	51	ST X 2	ST X.WX · ST X.WX · 2 · WRT
	52	ST X 3	ST X.WX · ST X.WX · 3 · WRT
	53	F119（LRSR）	FN/P FL · 1 · 1 · 9 · ENT
	54	DT 0	NOT DT/Ld · 0 · WRT
		DT 9	NOT DT/Ld · 9 · WRT
D1	向左或向右移 1 位的 16 位区首地址		
D2	向左或向右移 1 位的 16 位区末地址		

表 3-29 操作数

操作数	继电器			定时器/计数器		寄存器	索引寄存器		常数		索引修正值
	WX	WY	WR	SV	EV	DT	IX	IY	K	H	
D1	N/A	A	A	A	A	A	N/A	N/A	N/A	N/A	N/A
D2	N/A	A	A	A	A	A	N/A	N/A	N/A	N/A	N/A

程序说明：当检测到移位触发信号 X2 的上升沿（OFF→ON），左/右移触发信号 X0 处于接通状态时，数据区从 DT0 向 DT9 左移 1 位。

当检测到移位触发信号 X2 的上升沿（OFF→ON），左/右移触发信号 X0 处于断开状态时，数据区从 DT9 向 DT0 右移 1 位。

当 X1 处于接通状态，“1”被移到数据区的最低有效位（LSB）或最高有效位（MSB），若 X1 处于断开状态，“0”被移到数据区的最低有效位（LSB）或最高有效位（MSB）。

移出位传送到特殊内部继电器 R9009（进位标志）

当检测到复位触发信号 X3 的上升沿（OFF→ON）时，从 DT0～DT9 数据区的所有位均变为“0”。

左移运行如图 3-36 所示，右移运行如图 3-37 所示。

（三）指令使用说明

1）用 F119（LRSR）编程时，一定要有左/右移触发信号，数据输入，移位和复位触发 4 个信号。

2）左/右移触发信号：规定移动方向。ON：向左移，OFF：向右移。

3）数据输入：规定新移入的数据。新移入的数据“1”：当数据输入信号接通时。“0”：当数据输入信号断开时。

4）移位触发信号：当该触发信号的上升沿被检出（OFF→ON）时，向左或向右移 1 位。

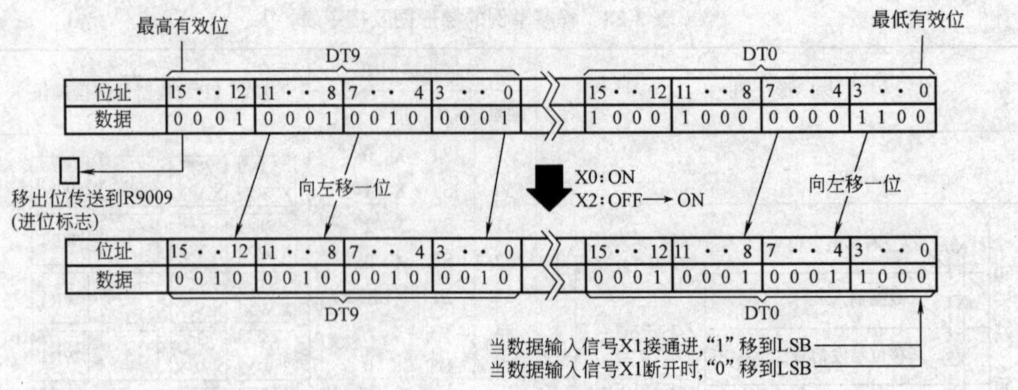

图 3-36 左移运行

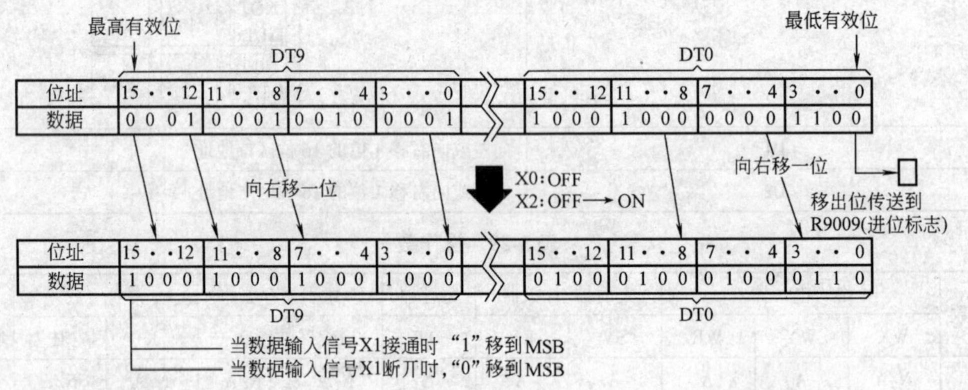

图 3-37 右移运行

5）复位触发信号：当该触发信号接通时，数据区规定 D1 和 D2 的所有位均变为“0”。

（四）标志的状态

1. 错误状态（R9007） 当被指定的 16 位区首地址（D1）大于被指定的 16 位区末地址（D2）（即 D1 > D2）时，R9007 接通并保持接通状态。错误地址传送到 DT9017 并保持。

2. 错误状态（R9008） 当被指定的 16 位区首地址（D1）大于被指定的 16 位区末地址（D2）（即 D1 > D2）时，R9008 接通一瞬间。错误地址传送到 DT9018。

3. 进位标志（R9009） 当位移出识别为“1”时，立即接通。

4. 应注意的问题

1）特殊数据寄存器 DT9017 和 DT9018 可用于：CPU 为 2.7 或 2.7 以上版本的 FP1 型机（所有型号后带“B”的 FP1 型机均具有此功能）。

2）当使用特殊内部继电器 R9008 和 R9009 作为该指令的标志时，务必将标志地址紧挨指令之后。

3）规定 D1 和 D2 在同类数据区，且数据区地址务必满足 D1≤D2。

4）如果指定区设置为保持型，当工作方式置为 RUN 状态时，数据区中的数据不复位。

如果需要所有数据复位，可用特殊内部继电器 R9013 作为复位触发信号。当可编程序控制器置为 RUN 工作方式时，R9013 只接通一个扫描周期的时间。

第三节　控制指令

一、MC（主控继电器）和 MCE（主控继电器结束）指令

（一）指令 MC 与 MCE 的功能

当预置触发信号接通时，执行 MC 至 MCE 之间的指令。

（二）程序举例

程序举例的梯形图及指令表如表 3-30 所示，时序图如图 3-38 所示。

表 3-30　程序举例的梯形图及指令表

梯　形　图	布尔非梯形图		FP 编程器Ⅱ键盘操作
	地址	指令	
预置触发信号　MC 指令编号 0　X0　(MC 0)	0	ST　X　0	ST X.WX　ST X.WX　0　WRT
	1	MC　　0	SHIFT SC　4　SHIFT SC　0　WRT
3　X1　Y0 [ ]	2	ST　X　1	ST X.WX　ST X.WX　1　WRT
	3	OT　Y　0	OT L.WL　AN Y.WY　0　WRT
5　X2（常闭）　Y1 [ ]	4	ST/　X　2	ST X.WX　NOT DT/Ld　ST X.WX　2　WRT
	5	OT　Y　1	OT L.WL　AN Y.WY　1　WRT
7　(MCE 0)	6	MCE　　0	SHIFT SC　5　SHIFT SC　0　WRT
	7		
MC 指令个数	FP1 的 C14 和 C16 系列：0～15（16 点） 所有 FP1 和 FP-M 的 C24，C40，C56 和 C72 系列：0～31（32 点）		

程序说明：当预置触发（X0）接通时，执行 MC 指令至 MCE 指令之间的指令。

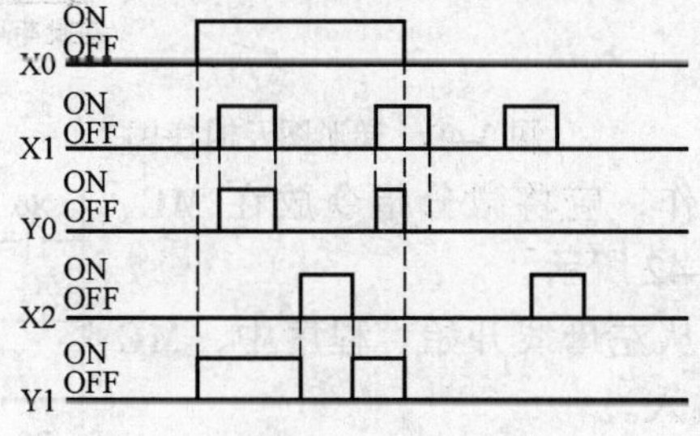

图 3-38　时序图

（三）指令使用说明

1）当预置触发接通时，执行 MC 至 MCE 间的程序。

2）当预置触发为 OFF 时，MC 和 MCE 之间的指令操作如表 3-31 中所示。

3）如图 3-39 所示，在一对主控指令（MC、MCE）之间可以有另一对主控指令。这种结构称为“嵌套”。

表 3-31　MC 和 MCE 之间的指令操作

指　　令	I/O 状态
OT	全 OFF
KP	在触发信号 OFF 之前，保持状态
SET	
RST	
TM 和 F137（STMR）	复位
CT 和 F118（UDC）	在触发信号 OFF 之前，经过值保持
SR 和 F119（LRSR）	
其他指令	不执行

4）在主控指令对之间应用 DF、DF/指令时：当主控指令对为 OFF 状态时，微分指令存储并保持其在 MC 指令触发信号断开之前的状态（ON 或 OFF）。在用微分指令编程时，还要注意以下几点：

① 当 MC 指令执行条件为 OFF 时，则在 MC、MCE 指令之间的微分指令无效，如图 3-40 所示。

② 如果在上例中，图 3-40 中的 A 点需要微分输出，则应将微分指令放在 MC、MCE 指令对之外，如图 3-41 所示。

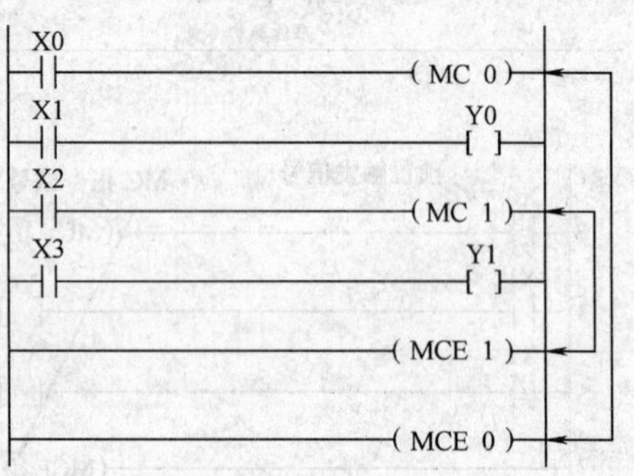

图 3-39　梯形图

③ 如果 MC 和微分指令为同一触发信号，则输出不动作。若需要输出动作，应将微分指令放在 MC、MCE 指令对之外，如图 3-42 所示。

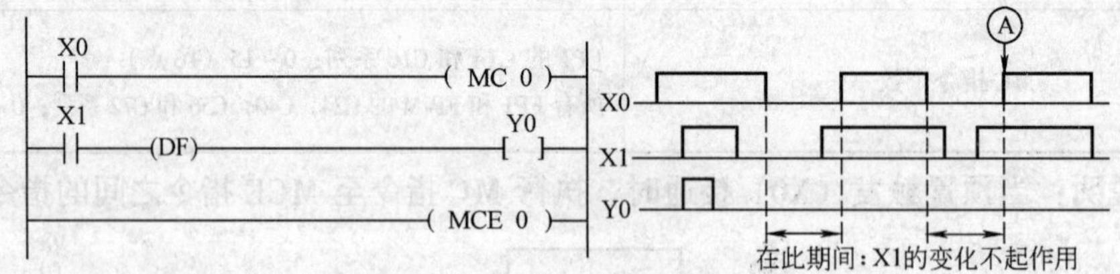

图 3-40　梯形图及时序图

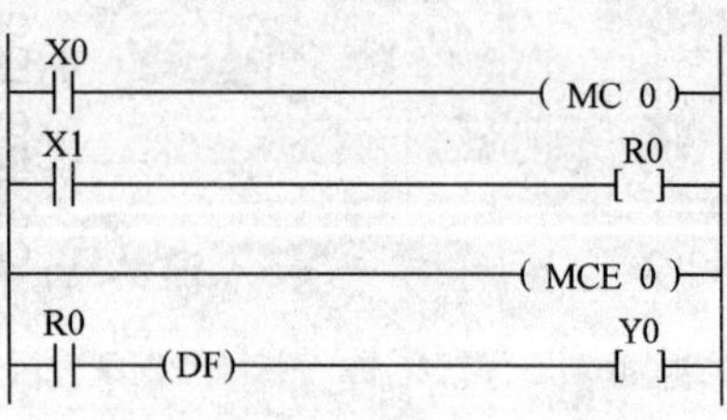

图 3-41　梯形图

5）MC 指令不能直接从左母线开始。程序中，MC 指令之前一定要有一接点输入。

6）在下列条件下，程序不能执行：

MC 指令无触发信号：

有两个或多个同号的主控指令对；MC 和 MCE 指令的顺序颠倒，如图 3-43 所示。

二、JP（跳转）和 LBL（标号）指令

指令 JP 和 LBL 的功能：当预置触发信号接通时，跳转到与 JP 指令编号相同的 LBL 指令。

程序举例的梯形图及指令表如表 3-32 所示。

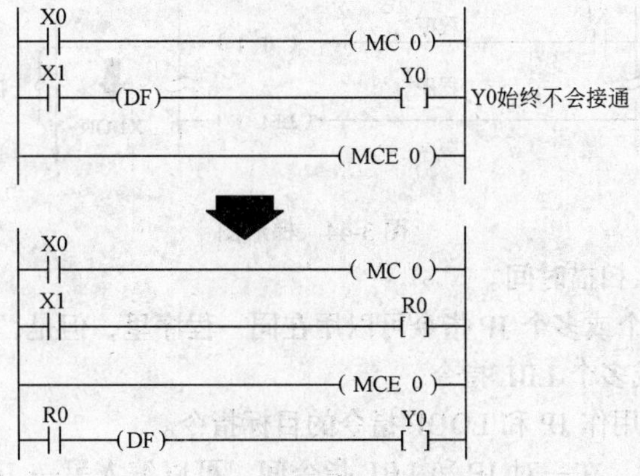

图 3-42　梯形图

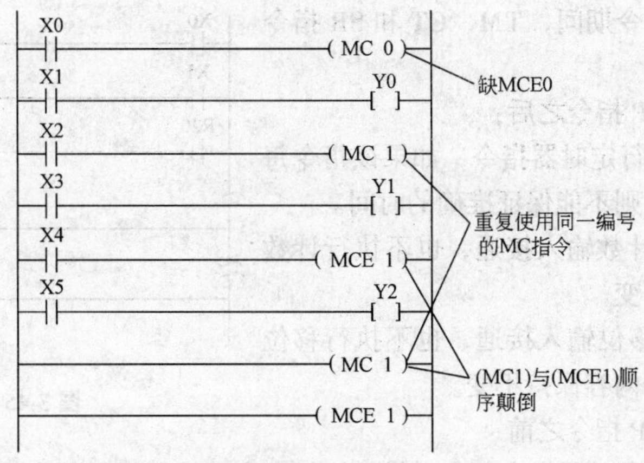

图 3-43　梯形图

表 3-32　程序举例的梯形图及指令表

梯　形　图	布尔非梯形图		FP 编程器Ⅱ键盘操作
	地址	指令	
X1 预置触发信号 10 —‖— (JP ①) JP 指令编号 20 —— (LBL ①)	10 11 ⋮ 20	ST　X　1 JP　　1 ⋮ LBL　　1	ST X.WX, ST X.WX, 1, WRT SHIFT SC, 6, SHIFT SC, 1, WRT ⋮ SHIFT SC, 7, SHIFT SC, 1, WRT
JP1 指令个数	FP1 的 C14 和 C16 系列：0～31（32 点） 所有 FP1 的 C24，C40，C56 和 C72 系列：0～63（64 点）		

程序说明：当触发信号 X1 接通时，程序由 JP1 跳转到 LBL1，如图 3-44 所示。

指令使用说明：

1）JP 指令跳过位于 JP 和编号相同的 LBL 指令间的所有指令。当执行 JP 指令时，跳转

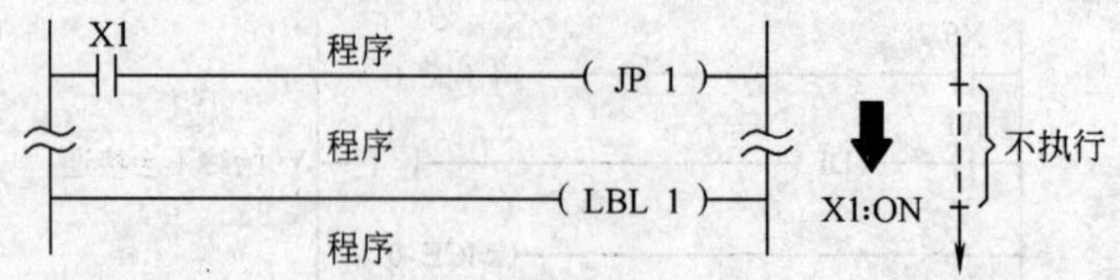

图 3-44　梯形图

指令执行的时间不计入扫描时间。

2）编号相同的两个或多个 JP 指令可以用在同一程序里，但是，在同一程序中，不可能使用相同编号的两个或多个 LBL 指令。

3）LBL 指令专门用作 JP 和 LOOP 指令的目标指令。

4）如图 3-45 所示，在一对 JP 和 LBL 指令间，可以编入另一 JP 和 LBL 指令对。该图示结构称为“嵌套”。

5）在执行 JP 指令期间，TM、CT 和 SR 指令的运行说明：

LBL 指令位于 JP 指令之后：

TM 指令：不执行定时器指令，如果该指令每次扫描都没被执行，则不能保证准确的时间。

CT 指令：即使计数输入接通，也不执行计数操作。经过值保持不变。

SR 指令：即使移位输入接通，也不执行移位操作。特殊寄存器的内容保持不变。

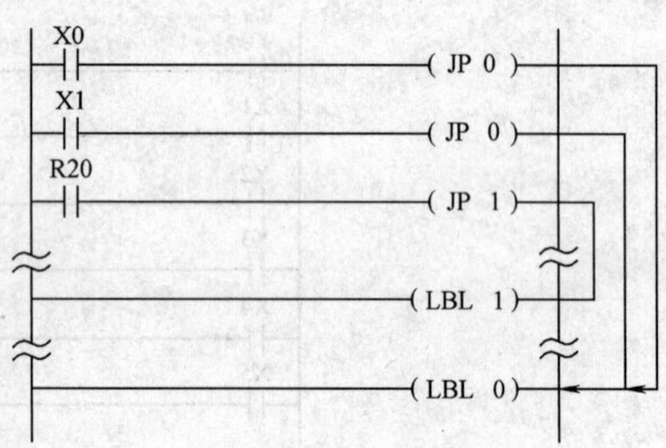

图 3-45　梯形图

LBL 指令位于 JP 指令之前：

TM 指令：由于定时器指令每次扫描都执行多次，故不能保证准确的时间。

CT 指令：在扫描期间，如果计数输入的状态不改变，则计数操作照常运行。

SR 指令：在扫描期间，如果移位输入的状态没有变化，则移位操作照常进行。如图 3-46所示。

6）在 JP 和 LBL 指令间使用 DF 或 DF/指令，说明如下：

当 JP 的触发信号“ON”时，触发 JP 和 LBL 间的 DF 或 DF/指令无效，如图 3-47 所示。

7）如果 JP 和 DF 或 DF/指令使用同一触发信号，将不会有输出。若需要输出，应将 DF 或 DF/指令放在 JP 和 LBL 指令对外面，如图 3-48 所示。

应该注意的问题是：若 LBL 指令的地址放在 JP 指令地址之前，扫描不会终止，会发生运行瓶颈错误。

以下几种情况，程序不能执行：

JP 指令的触发信号被遗漏；存在两个或多个相同编号的 LBL 指令；遗漏 JP 和 LBL 指令对中的一个指令；从主程序区跳转到 ED 指令之后的一个地址；从步进程序区之外跳转到步进程序区；从子程序或中断程序区跳转到子程序或中断

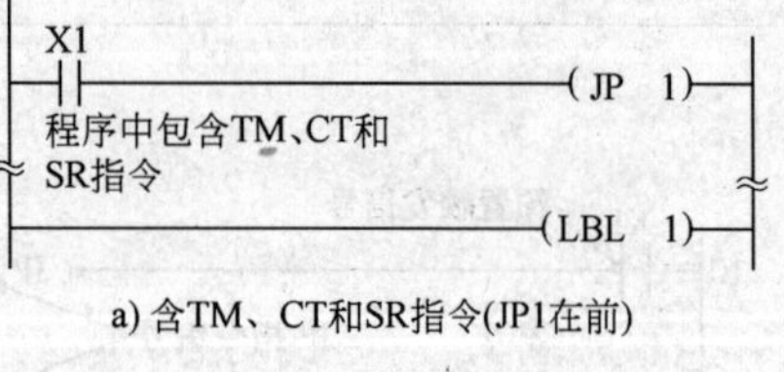

a) 含TM、CT和SR指令(JP1在前)

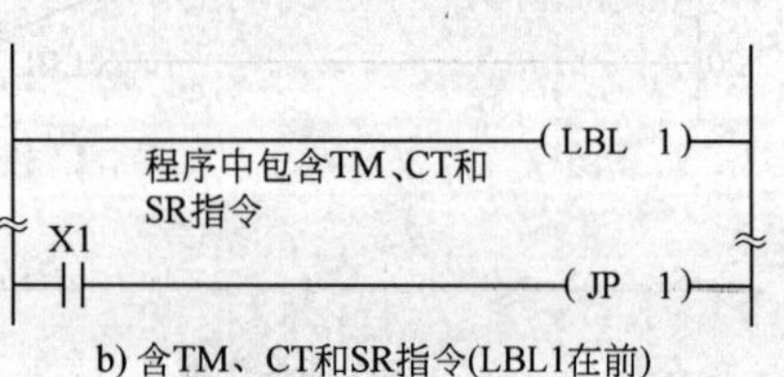

b) 含TM、CT和SR指令(LBL1在前)

图 3-46　梯形图

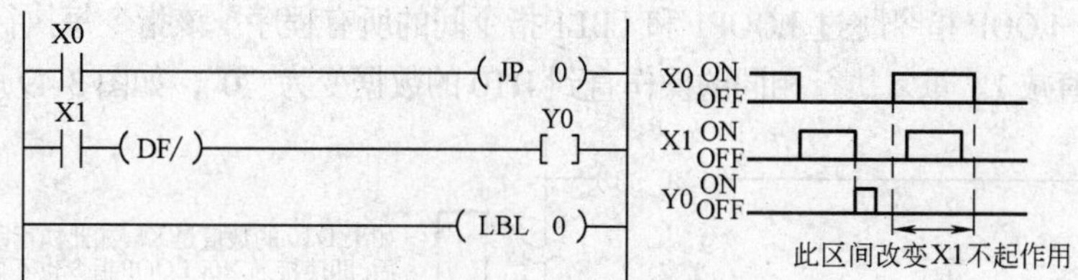

图 3-47 梯形图及时序图

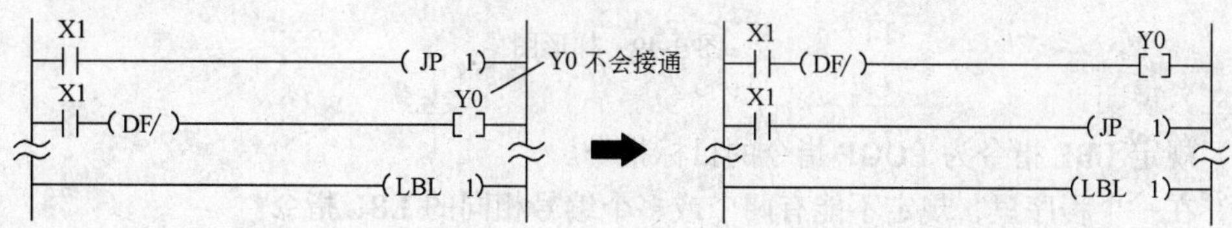

图 3-48 梯形图

程序区之外。

三、LOOP（循环）和 LBL（标号）指令

（一）指令功能

跳转到与 LOOP 指令相同编号的 LBL 指令，并反复执行 LBL 指令之后的程序，直到规定的操作数变为“0”。

（二）程序举例

程序举例的梯形图及指令表如表 3-33 所示，操作数如表 3-34 所示。

表 3-33 程序举例的梯形图及指令表

梯形图	布尔非梯形图 地址	布尔非梯形图 指令	FP 编程器Ⅱ键盘操作
20 (LBL 1) 预置触发信号 LBL 指令编号 X1 30 [LOOP 1 DT 0] S	⋮	⋮	⋮
	20	LBL 1	SHIFT SC, 7, SHIFT SC, 1, WRT
	⋮	⋮	⋮
	30	ST X 1	ST X.WX, ST X.WX, 1, WRT
	31	LOOP 1	SHIFT SC, 8, SHIFT SC, 1, ENT
		DT 0	NOT DT/Ld, 0, WRT
S	预置循环次数的 16 位区		
LBL 指令个数	FP1 的 C14 和 C16 系列：0～31（32 点） 所有 FP1 的 C24，C40，C56 和 C72 系列：0～63（64 点）		

表 3-34 操作数

操作数	继电器			定时器/计数器		寄存器	索引寄存器		常数		索引修正值
	WX	WY	WR	SV	EV	DT	IX	IY	K	H	
S	N/A	A	A	A	A	A	A	A	N/A	N/A	N/A

程序说明：LOOP 指令跳过 LOOP1 和 LBL1 指令间的所有程序。该指令每执行一次，数据寄存器 DT0 预置值减 1。重复执行相同的操作直到 DT0 的数据变为“0”，如图 3-49 所示。

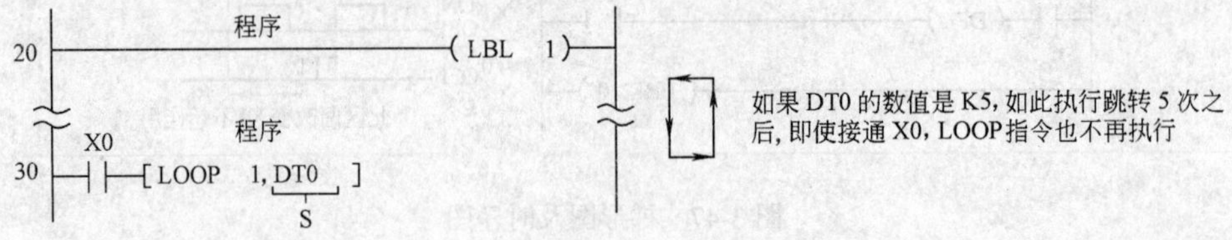

图 3-49 梯形图

（三）说明

1）规定 LBL 指令为 LOOP 指令的目标指令。

2）在一个程序里，规定不能有两个或多个编号相同的 LBL 指令。

3）如果从一开始，数据区的预置值就为 0，LOOP 指令不执行（无效）。

（四）标志的状态

1）错误状态（R9007）：当数据区的指定值小于“0”时（即当指定数据区的 MSB 变为“1”时），R9007 接通并保持接通状态。错误地址传送到 DT9017 并保持。

2）错误状态（R9008）：当数据区的指定值小于“0”时（即当指定数据区的 MSB 变为“1”时），R9008 接通一瞬间。错误地址传送到 DT9018。

3）特殊数据寄存器 DT9017 和 DT9018：用于 CPU 版本为 2.7 或更高的 FP1 系列（型号后带有“B”的所有 FP1 型机均有该功能）。

4）使用特殊内部继电器 R9008 作为该指令的标志时，务必将特殊继电器紧跟在指令后面编程。

（五）执行 LOOP 指令期间 TM/CT 和 SR 指令的运行说明

1. LBL 指令位于 LOOP 指令之后

1）TM 指令：不执行定时器指令，如果该指令每次扫描都没被执行，则不能保证准确的时间。

2）CT 指令：即使计数输入接通，也不执行计数操作。经过值保持不变。

3）SR 指令：即使移位输入接通，也不执行移位操作。特殊寄存器的内部保持不变。

2. LBL 指令位于 LOOP 指令之前

1）TM 指令：由于定时器指令每次扫描执行多次，故不能保证准确的时间。

2）CT 指令：在扫描期间，如果计数输入的状态不改变，则计数操作照常运行。

3）SR 指令：在扫描期间，如果移位输入的状态没有变化，则移位操作照常运行。

其梯形图如图 3-50 和图 3-51 所示。

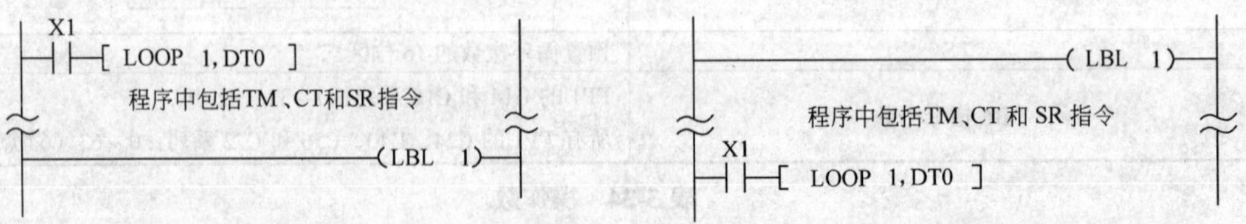

图 3-50 梯形图

图 3-51 梯形图

（六）在 LOOP 和 LBL 指令间使用 DF 或 DF/指令

1）当 LOOP 指令的触发信号“ON”时，触发 LOOP 和 LBL 间的 DF 或 DF/指令无效，如图 3-52 所示。

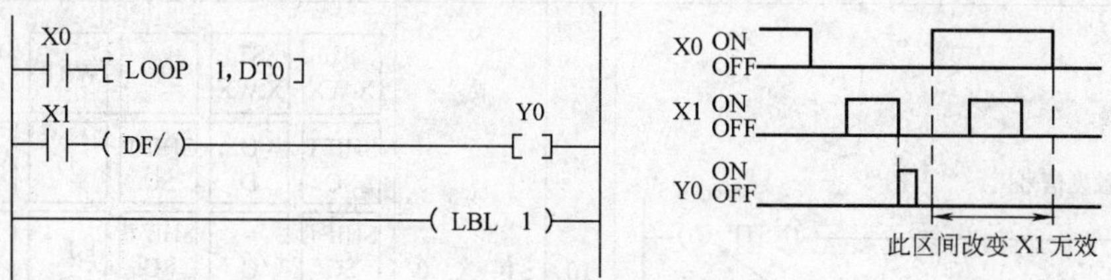

图 3-52 梯形图和时序图

2）如果 LOOP 和 DF 或 DF/指令使用同一触发信号，将不会有输出。若需要输出，应将 DF 或 DF/指令放在 LOOP 和 LBL 指令对之外，如图 3-53 所示。

图 3-53 梯形图

四、ED（结束）和 CNDE（条件终结）指令

指令 ED 和 CNDE 功能：二者均为程序结束的标志，但使用的条件不同。

程序举例：如图 3-54 所示。

程序说明：当 X0 断开时，CPU 执行完程序Ⅰ后并不结束，仍继续执行程序Ⅱ，直到程序Ⅱ执行完后才结束全部程序，并返回起始位址。此时 CNDE 不起作用，只有 ED 起作用。

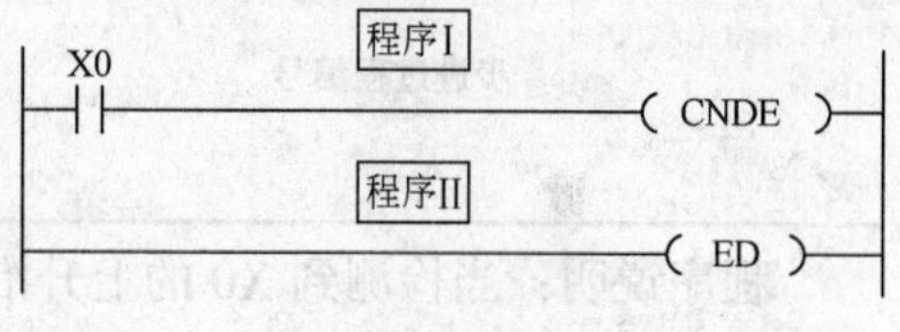

图 3-54 梯形图

当 X0 接通时，CPU 执行完程序Ⅰ后，遇到 CNDE 指令不再继续向下执行，而是返回起始位址，重新执行程序Ⅰ。CNDE 指令仅适于在主程序中使用。

五、SSTP、NSTP、NSTL、CSTP 和 STPE 指令

（一）指令功能

SSTP：表示进入步进程序。

NSTP：当检测到该触发信号的上升沿时，执行 NSTP 指令。即开始执行步进过程（脉冲执行方式），并将包括该指令本身在内的整个步进过程复位。

NSTL：若该指令的触发信号接通，则每次扫描均执行 NSTL 指令。开始执行步进过程（扫描执行方式），并将包括该指令本身在内的整个步进过程复位。

CSTP：复位指定的步进过程。

STPE：关闭步进程序区，并返回一般梯形图程序。

（二）程序举例

程序举例的梯形图及指令表如表 3-35 所示。

表 3-35 程序举例的梯形图及指令表

梯形图	布尔非梯形图 地址	指令	FP 编程器Ⅱ键盘操作
10 X0（触发信号）—(NSTP ①)	10	ST X 0	ST X.WX, ST X.WX, 0, WRT
步进过程编号	11	NSTP 1	SHIFT SC, D D, SHIFT SC, 1, WRT
14 —(SSTP ①)（步进过程编号）	14	SSTP 1	SHIFT SC, = C, SHIFT SC, 1, WRT
17 —[Y0]	17	OT Y 0	OT L.WL, AN Y.WY, 0, WRT
18 X1（触发信号）—(NSTL ②)	18	ST X 1	ST X.WX, ST X.WX, 1, WRT
步进过程编号	19	NSTL 2	SHIFT SC, 1, 8, SHIFT SC, 2, WRT
22 —(SSTP ②)（步进过程编号）	22	SSTP 2	SHIFT SC, = C, SHIFT SC, 2, WRT
100 X3（触发信号）—(CSTP 50)（步进过程编号）	100	ST X 3	ST X.WX, ST X.WX, 3, WRT
	101	CSTP 50	SHIFT SC, < E, SHIFT SC, 5, 0, WRT
104 —(STPE)	104	STPE	SHIFT SC, > F, SHIFT SC, WRT
步进过程编号	可用步进程序个数 FP1 的 C14 和 C16 系列： 64 个（过程 0～63） 所有 FP1 的 C24，C40，C56 和 C72 系列： 128 个（过程 0～127）		

程序说明：当检测到 X0 的上升沿时，执行过程 1（从 SSTP1～SSTP2）。当 X1 接通时，清除过程 1，并执行过程 2（由 SSTP2 开始）。当 X3 接通时，清除过程 50，步进程序执行完毕。

（三）指令使用说明

在步进程序中，识别一个过程是从一个 SSTP 指令开始到下一个 SSTP 指令，或一个 SSTP 指令到 STPE 指令，如图 3-55 所示。

1）NSTP/NSTL：在一般梯形图程序区，执行 NSTP 或 NSTL 时，步进过程从与 NSTP 或 NSTL 指令编号相同的过程开始。在步进过程中，当执行 NSTP 或 NSTL 时，先将由 NSTP（NSTL）编程的那个过程清除，再将与 NSTP（NSTL）指令相同的过程打开。NSTP 指令只有在检测出该触发信号上升沿时，方可执行。

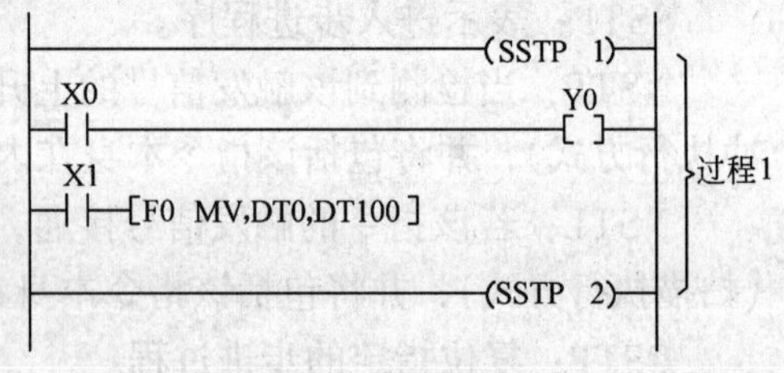

图 3-55 梯形图

NSTL 指令在该触发信号接通的状态下，每次扫描均执行。

2）SSTP：表示进入步进程序。当有一个与 NSTP 或 NSTL 指令编号相同的步进过程被检出时，这个过程开始。

3）CSTP：清除与该指令编号相同的过程。

4）STPE：表示步进过程结束。

（四）标志的状态

R9015：在刚刚打开一个步进过程的第一扫描期间，R9015 只接通一瞬间。

在使用特殊内部继电器 R9015 作为该指令的标志时，一定将标志编写在步进过程的开头。

（五）应用举例

1. 顺序控制　该程序重复相同的过程直到指定的工作过程完结，这个工作过程一完成，就切换到下一个过程。

在每个过程中，使用一个 NSTL 指令触发下一过程。执行 NSTL 指令时，下一过程被激活，当前正执行的过程被清除。

顺序控制可不必按过程编号的顺序执行。在影响当前的状态时，也可用 NSTL 指令触发前一个过程。

程序举例的梯形图和流程图分别如图 3-56 和图 3-57 所示。

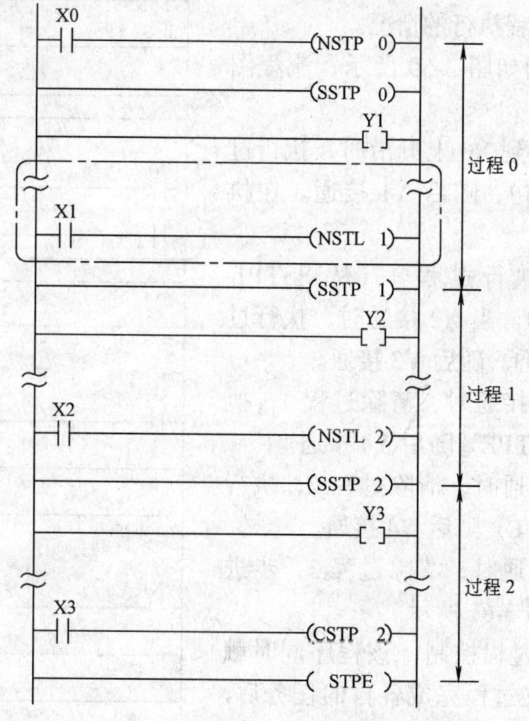

图 3-56　梯形图

程序说明：当检测到 X0 上升沿时，执行过程 0（从 SSTP0 ~ SSTP1）。随后 Y1 接通。当过程 0 中的 X1 接通时，复位过程 0 并执行过程 1（从 SSTP1 ~ SSTP2）。随后 Y2 接通。

当过程 1 中的 X2 接通时，复位过程 1 并执行过程 2（从 SSTP2 ~ STPE）。随后 Y3 接通。

当过程 2 中的 X3 接通时，过程 2 复位步进过程结束。时序图如图 3-58 所示。

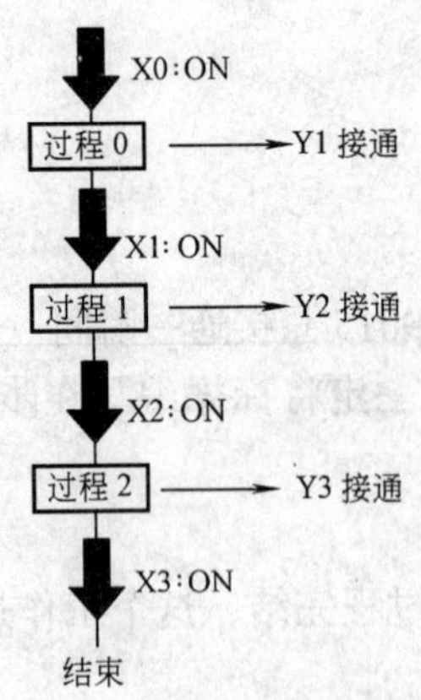

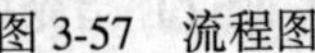

图 3-57 流程图

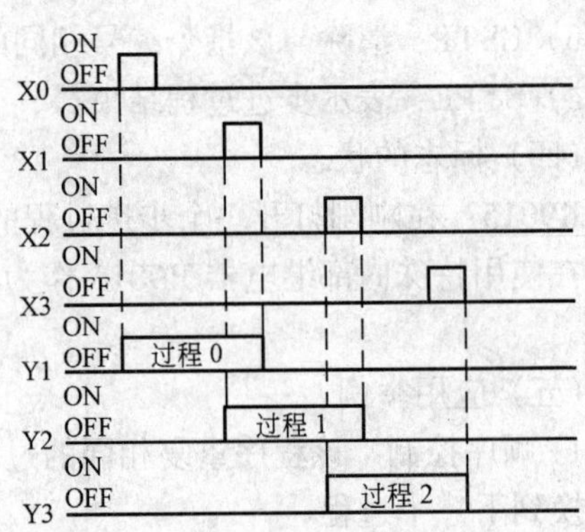

图 3-58 时序图

2. 选择分支过程控制　根据特定过程的运行结果和动作选择并切换到下一个过程，每个过程循环执行直到工作任务完成。

在一个过程进行时，可用两个或多个 NSTL 指令触发下一个过程，下一个过程是否被选择，触发和转移，取决于过程执行的情况。

程序举例的梯形图如图 3-59 所示，流程图如图 3-60 所示。

程序说明：当检测到 X0 上升沿时，执行过程 0（从 SSTP0-SSTP1），随后 Y1 接通。在执行过程 0 中：

当 X1 接通时，执行过程 1（从 SSTP1-SSTP2），随后 Y2 接通。当 X2 接通时，执行过程 2（从 SSTP2-SSTP3）。随后 Y3 接通。

当过程 1 中的 X3 接通时，清除过程 1，执行过程 3（从 SSTP3-STPE）随后 Y4 接通。

当过程 2 的 X4 接通时，清除过程 2，执行过程 3（从 SSTP3-STPE）随后 Y4 接通。

当过程 3 的 X5 接通时，清除过程 3，步进过程结束。时序图如图 3-61 所示。

3. 并行分支合并过程控制　该程序同时触发多个过程。每个分支过程完成各自的任务后，在转换到下一个过程之前，又重新合并在一起。

在一个过程中，多个 NSTL 指令可使用一个触发信号。

多个过程合并，包括那些在转移到下一个过程时，指示各过程的标志。梯形图如图 3-62 所示，流程图如图 3-63 所示。

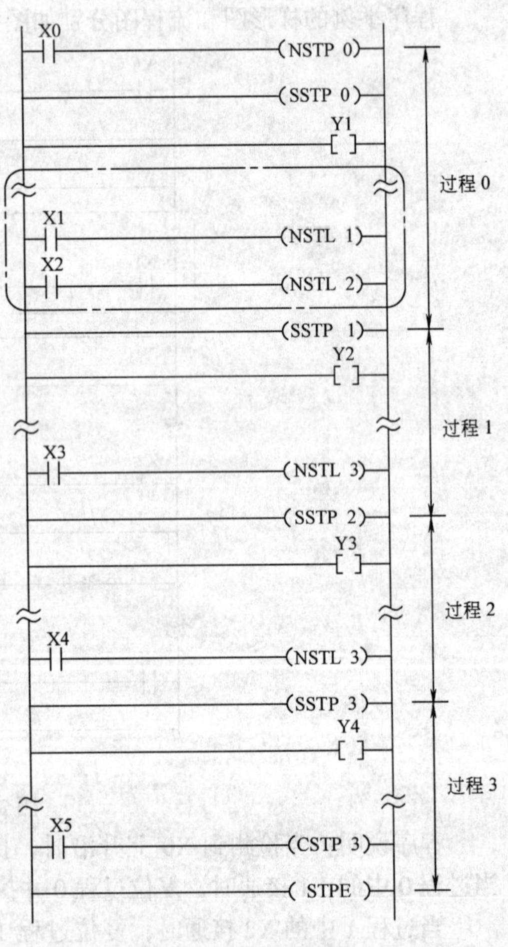

图 3-59 梯形图

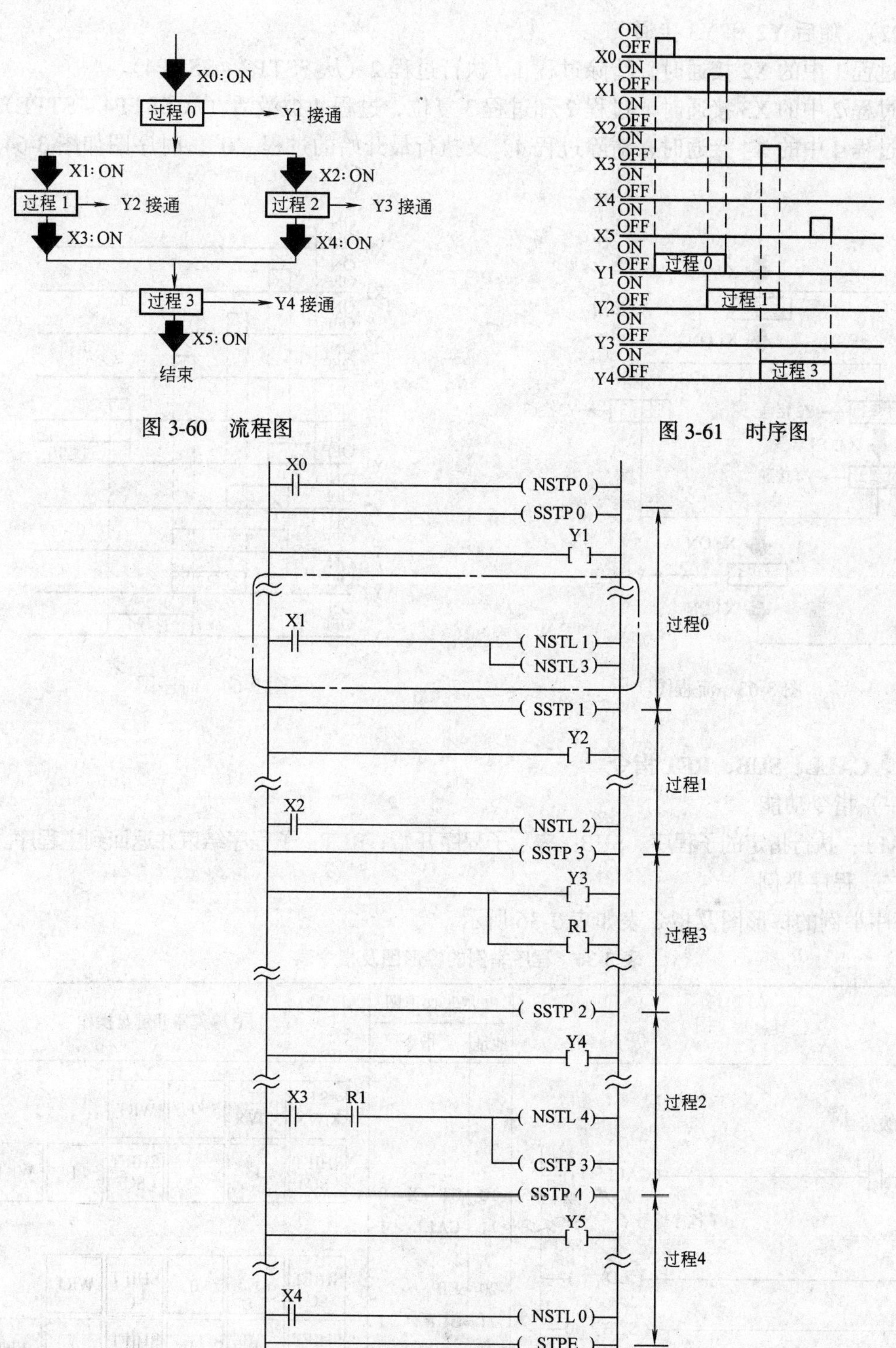

图 3-60　流程图

图 3-61　时序图

图 3-62　梯形图

程序说明：当检测到 X0 的上升沿时，执行过程 0（从 SSTP0 ~ SSTP1），随后 Y1 接通。当 X1 接通时，过程 0 复位并同时执行过程 1（从 SSTP1 ~ SSTP3）和过程 3（从 SSTP3

~SSTP2)，随后 Y2 和 Y3 接通。

当过程 1 中的 X2 接通时，清除过程 1，执行过程 2（从 SSTP2~SSTP4）。

当过程 2 中的 X3 接通时，过程 2 和过程 3 复位，过程 4 被激活（从 SSTP4~STPE）。

当过程 4 中的 X4 接通时，清除过程 4，又执行最开始的过程“0”。时序图如图 3-64 所示。

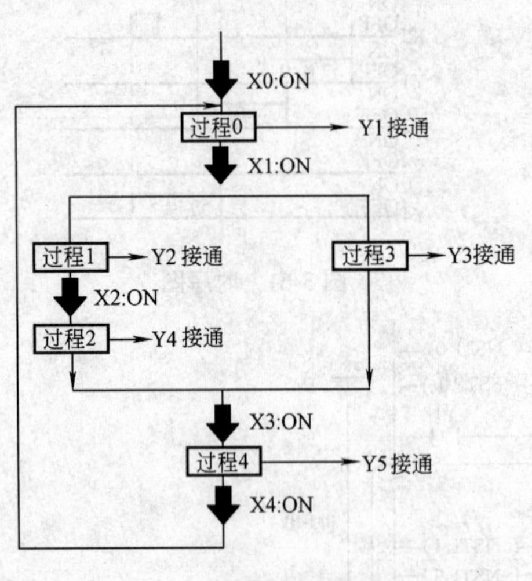

图 3-63 流程图

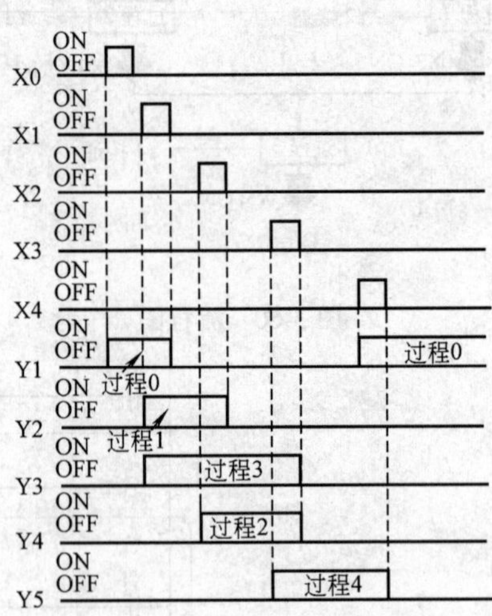

图 3-64 时序图

六、CALL、SUB、RET 指令

（一）指令功能

CALL：执行指定的子程序。SUB：表示子程序开始。RET：子程序结束并返回到主程序。

（二）程序举例

程序举例的梯形图及指令表如表 3-36 所示。

表 3-36 程序举例的梯形图及指令表

梯形图	布尔非梯形图 地址	指令	FP 编程器Ⅱ键盘操作
触发信号 X0			ST X.WX · ST X.WX · 0 · WRT
10 ─┤X0├──(CALL 1)	10	ST X 0	SHIFT SC · 1 · 2 · SHIFT SC · 1 · WRT
子程序编号	11	CALL 1	⋮
≈	⋮	⋮	
20 ───(ED)	20	ED	SHIFT SC · 1 · 0 · SHIFT SC · WRT
21 ───(SUB 1)	21	SUB 1	SHIFT SC · 1 · 3 · SHIFT SC · 1 · WRT
≈	⋮	⋮	⋮
30 ───(RET)	30	RET	SHIFT SC · 1 · 4 · SHIFT SC · WRT

（续）

梯形图	布尔非梯形图		FP 编程器Ⅱ键盘操作
	地址	指令	
子程序个数	子程序的可用数目 FP1 的 C14 和 C16 系列： 8 个子程序（0~7） 所有 FP1 和 FP-M 的 C24，C40，C56 和 C72 系列： 16 个子程序（0~15）		

程序说明：当预置触发信号 X0 接通时，执行 SUB-RET 指令间的子程序。

执行完子程序后，返回执行 CALL 指令后面的程序。运行过程如图 3-65 所示。

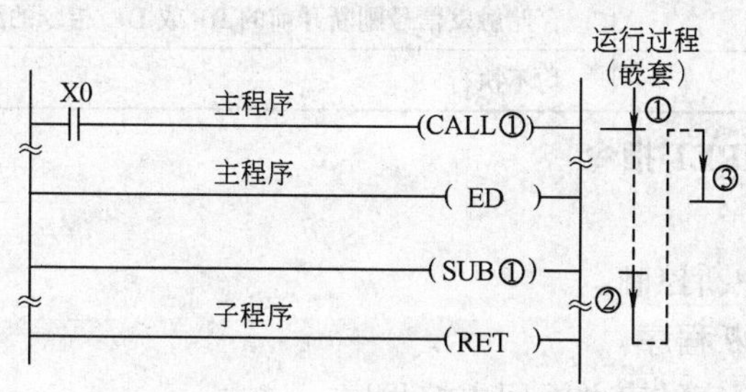

图 3-65 运行过程

（三）指令使用说明

1）CALL 指令：可用在主程序区、中断程序区和子程序区。两个或多个相同标号的 CALL 指令可用于同一程序。

2）SUB 指令：不能使用相同标号的两个或多个 SUB 指令。必须将 SUB 和 RET 指令放在 ED 指令的后面。

3）RET 指令：执行该指令时，结束子程序，并返回执行 CALL 地址后面的下一条指令。使用同一条 RET 指令，可以控制多个子程序。

如下所示在一个子程序中，最多可以调用 4 个子程序。

该结构叫做“嵌套”（从第一层嵌套～第四层嵌套）。

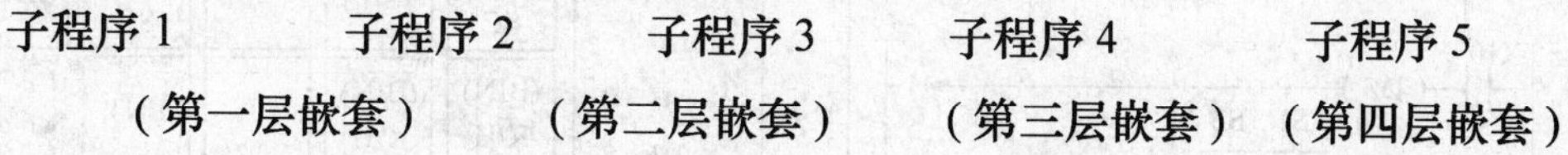

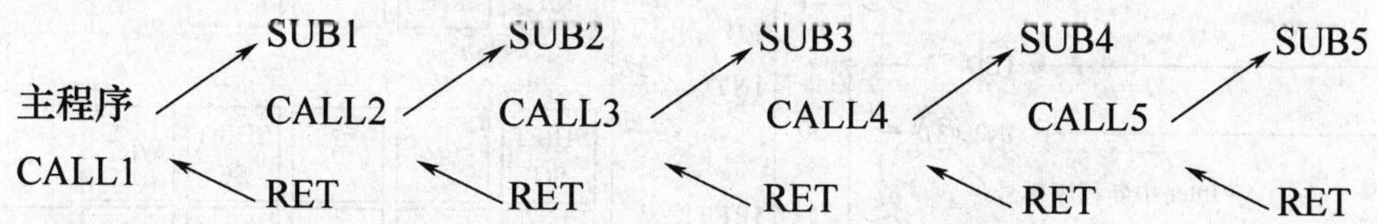

如果 CALL 指令的触发信号处于断开状态，则不执行子程序。

当 CALL 指令的触发信号处于断开状态，SUB 和 RET 间的各指令运行状态，如表 3-37 所示。

表 3-37　SUB 和 RET 间的各指令运行状态

指　　令	各指令运行状态
OT	保持触发信号刚断开前的状态
KP	
SET	
RST	
TM 和 F137（STMR）	不执行任何计时操作。如果每一次扫描都不执行计时，不能保证准确时间
CT 和 F118（UDC）	保持触发信号刚断开前的经过值
SR 和 F119（LRSR）	
DF 和 DF/	存储触发信号刚断开前的 DF 或 DF/指令的触发状态
其他指令	均不执行

七、ICTL、INT、IRET 指令

（一）指令功能

ICTL 指令：设置中断控制。

INT 指令：启动中断程序。

IRET 指令：中断程序结束并返回主控程序。

（二）程序举例

程序举例的梯形图及指令表如表 3-38 所示，操作数如表 3-39 所示。

表 3-38　程序举例的梯形图及指令表

梯　形　图	布尔非梯形图 地址	指令	FP 编程器Ⅱ键盘操作
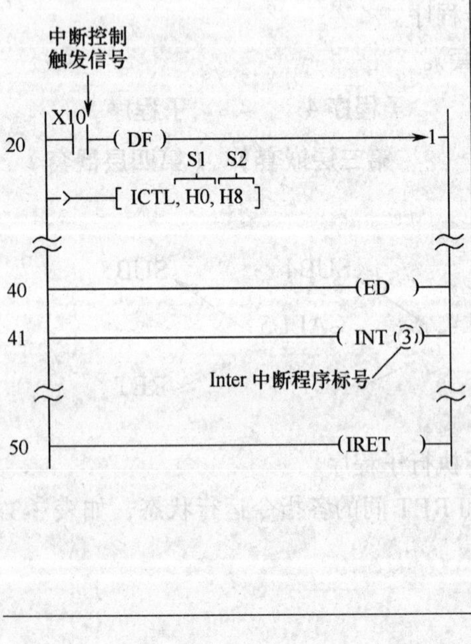 中断控制触发信号 20 X10 —(DF)— 1 S1 S2 —[ICTL, H0, H8] 40 —(ED)— 41 —(INT 3)— Inter 中断程序标号 50 —(IRET)—			ST X.WX, ST X.WX, 1, 0, WRT
			SHIFT SC, 0, SHIFT SC, WRT
	20	ST X 10	
	21	DF	SHIFT SC, 1, 5, SHIFT SC, ENT
	22	ICTL	
	⋮	H 0	(BIN) K/H, (BIN) K/H, 0, ENT
		H 8	
	40	⋮	(BIN) K/H, (BIN) K/H, 8, WRT
	41	ED	⋮
	⋮	INT 3	
	50	⋮	SHIFT SC, 1, 0, SHIFT SC, WRT
		IRET	SHIFT SC, 1, 6, SHIFT SC, 3, WRT
			⋮
			SHIFT SC, 1, 7, SHIFT SC, WRT

（续）

梯形图	布尔非梯形图		FP编程器Ⅱ键盘操作
	地址	指令	
S1	设定中断控制的16位等值常数或16位数据区		
S2	设定中断触发状态的16位等值常数或16位数据区		
子程序个数	中断程序可用数目： FP1的C14和C16系列：无中断功能 所有FP-M和FP1的C24，C40，C56和C72系列：9个程序		

表3-39　操作数

操作数	继电器			定时器/计数器		寄存器	索引寄存器		常数		索引修正值
	WX	WY	WR	SV	EV	DT	IX	IY	K	H	
S1	A	A	A	A	A	A	A	A	A	A	A
S2	A	A	A	A	A	A	A	A	A	A	A

程序说明：当检测到中断控制脉冲X10的上升沿时，中断源X3使能，其他中断源禁止。在X3的上升沿处正在执行的程序立即停止，转而执行INT3和IRET指令之间的中断程序。中断程序执行完毕后，返回到ICTL指令处，按顺序执行ICTL指令下面的程序。运行过程如图3-66所示。

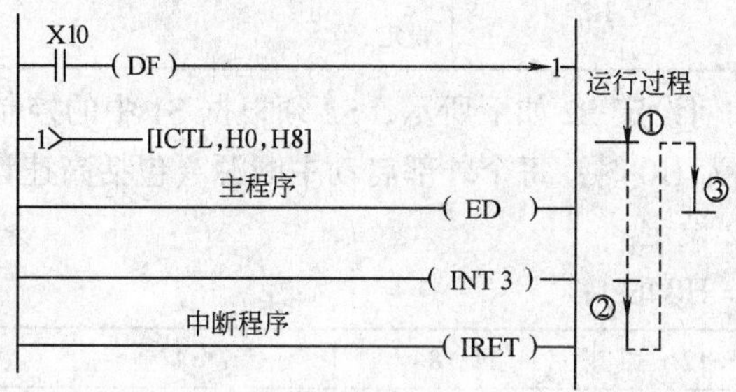

图3 66　运行过程

（三）指令使用说明

1. ICTL指令　ICTL指令可设定所有中断源使能/不使能。

每次执行ICTL指令后，中断的类型以及中断源是否使能的设定即已完成，这一设定由S1和S2确定。

为确保中断控制信号的上升沿到来时，只执行一次ICTL，指令ICTL应与DF指令连用。如右图所示，两个或多个ICTL指令可使用一个中断触发信号。

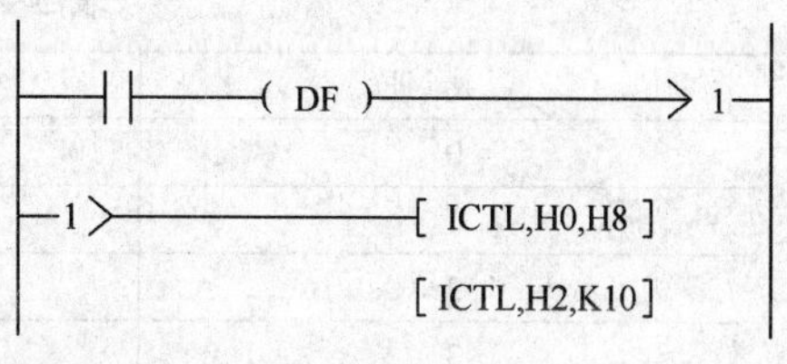

特殊数据寄存器DT9025用于监控每一个外部启动中断源的当前使能/不使能状态。

有关DT9025的使用，参见书后附录特殊数据寄存器表。

特殊数据寄存器DT9027用于监控定时启动中断的当前中断时间间隔的设定。有关DT9027的使用，参见书后附录特殊数据寄存器表。

（1）S1的设定　S1设定中断的控制操作如下所示。

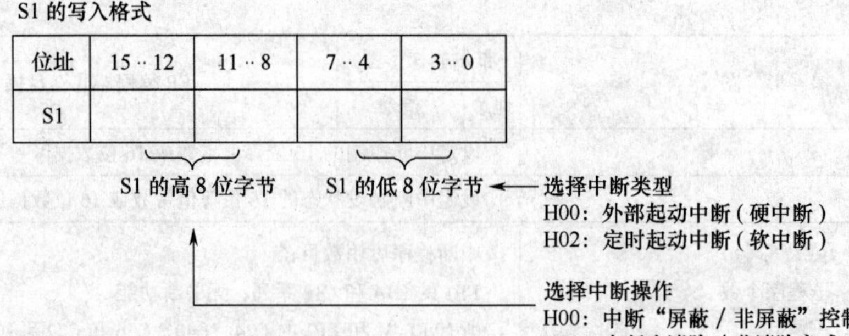

S1 设定中断类型如表 3-40 所示。

表 3-40 S1 设定中断类型

中断类型	S1 中的设定值	内容
外部启动中断（包括高速计数器启动中断）	H0	当 S1 的设定值为 H0 时，所有的外部中断源（包括高速计数器启动中断）为屏蔽/非屏蔽状态，每一个中断源是否为屏蔽状态，由 S2 设定
	H100	当 S1 的设定值为 H100 时，表示已执行的中断触发源可以清除选择清除哪些中断源，由 S2 设定
定时启动中断	H2	当 S1 设定值为 H2 时，为定时启动中断方式中断时间间隔由 S2 设定

（2）S2 的设定　如何设定 S2 如下所示，S2 须根据 S1 中的控制字来设定中断状态。

1）当 S1 的设定值为 H0 时：每个外部启动中断源（包括高速计数器启动中断）为屏蔽还是非屏蔽状态，由 S2 设定。

S2 的格式（当 S1 = H0 时）：

位址	15‥12	11‥8	7‥4	3‥0	
相对应的输出源	—	—	7 6 5 4	3 2 1 0	0：禁止（屏蔽） 1：允许（非屏蔽）

当与 INT 各自标号相对应的位设定是“1”时，相应的中断源有效。

采用外部启动中断时，一定要先设置系统寄存器 No.403 的控制字。

位址与中断程序间的关系如表 3-41 所示。

表 3-41 位址与中断程序间的关系

位址	中断程序	中断源
0	INT0	X0 或高速计数器
1	INT1	X1
2	INT2	X2
3	INT3	X3
4	INT4	X4
5	INT5	X5
6	INT6	X6
7	INT7	X7

2）当 S1 的设定值为 H100 时：S2 设定外部启动中断触发源为清除状态。

S2 的格式（当 S1 = H100 时）：

位址	15··12	11··8	7··4	3··0	
相对应的输出源	—	—	X7 X6 X5 X4	X3 X2 X1 X0	0：复位 1：保持有效

当与各自中断源相对应的位，设置是“0”时，清除相应的中断源。

当 INT0 指令用于高速计数器启动中断时，如果“0”号位位址置为“0”时，中断源同样被清除。

3）当 S1 的设定值为 H2 时：S2 设定定时启动中断的中断时间间隔。

定时－启动中断的时间间隔可作如下设定：S2 设定范围：K0～K3000，实际间隔时间可利用公式计算：间隔时间 = S2 × 10ms。

S2 设定值与间隔时间如表 3-42 所示。

表 3-42 S2 设定值与间隔时间表

S2 的设定值	间隔时间
K0	不执行定时启动中断
K1	10ms 间隔
K2	20ms 间隔
⋮	⋮
K100	1000ms（1s）间隔
⋮	⋮
K3000	30000ms（30s）间隔

由于中断源（包括检测为屏蔽状态的中断源）直到执行完特定的中断程序后不能复位，因此要根据自己的需要利用 ICTL 指令设定每个中断源是否为复位状态。

在可编程控制器的工作方式由 PROG 转换到 RUN 时，所有的中断程序均不使能。因此，在使用之前，应根据需要利用 ICTL 指令设置中断的使能/不使能（非屏蔽/屏蔽）状态。

如果 INT 和 IRET 指令对没有与程序中的中断源相对应，即使中断源已被系统寄存器 No. 403 和 ICTL 指令设定为使能，中断程序也不能执行。

中断控制信号后，一定要有 DF 指令。

在程序中可以有多个 ICTL 指令，且 ICTL 指令可以编程在一个中断程序中间（INT 和 IRET 指令之间）。

2．INT 和 IRET 指令　当检测到相应中断脉冲的上升沿时，执行 INT 和 IRET 指令间的程序。IRET 指令结束中断程序，并返回执行主程序。

应将 INT 和 IRET 指令对放在 ED 指令之后。

若在 INT 和 IRET 指令对间没有安排任何程序，会发生操作错误。

两个 INT 指令不能使用相同的标号。

INT 指令的地址标号应比相应的 IRET 指令地址标号小。

最多可使用9个中断程序。INT指令对应的中断源如表3-43所示。

表3-43 INT指令对应的中断源

中断类型	中断程序	中断源
外部启动中断（包括高速计数器启动中断）	INT0	X0或高速计数器
	INT1	X1
	INT2	X2
	INT3	X3
	INT4	X4
	INT5	X5
	INT6	X6
	INT7	X7
定时启动中断	INT24	在特定的时间内执行（由ICTL指令设定）

中断程序的运行：

1）当“0”号中断源（X0）ON时，执行与其标号相对应的中断程序（INT0）。时序图如图3-67所示。

2）如果中断设为屏蔽方式，即使“0”图3-68时序图号中断源（X0）接通，中断程序（INT0）也不执行。在中断执行到由ICTL设定为非屏蔽方式处，开始执行（INT0）中断程序。时序图如图3-68所示。

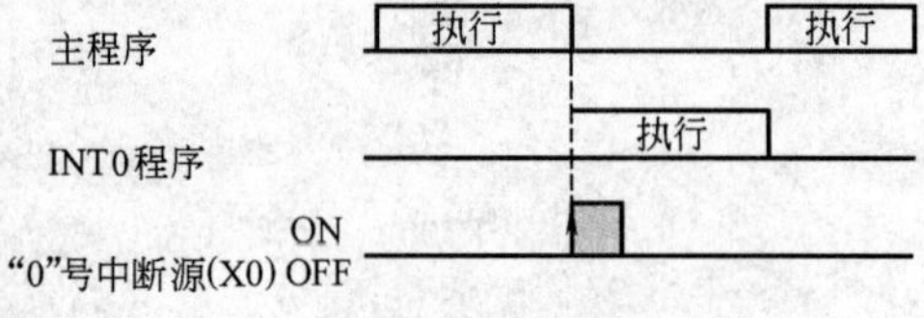

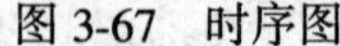
图3-67 时序图

3）在执行中断程序INT0期间，如果另一中断源“1”(X1)接通，将继续执行中断程序（INT0）直到执行完毕，才开始执行中断程序（INT1）。时序图如图3-69所示。

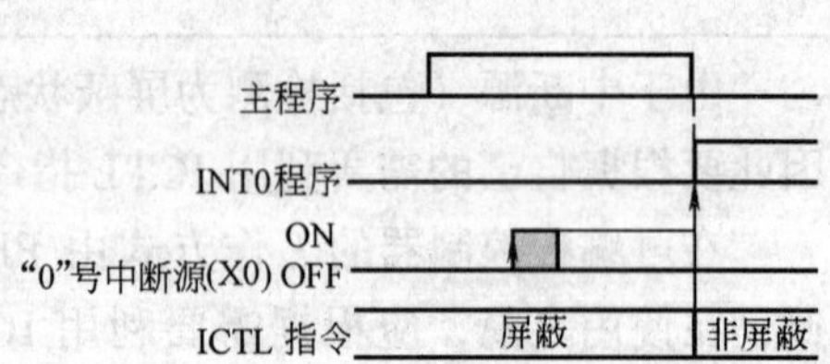

图3-68 时序图

4）如果多路中断源［中断源“0”（X0），“1”（X1）和“2”（X2）］同时接通，中断程序按程序的标号顺序执行，先从标号最低的开始执行。其他程序（标号较高的程序）保持等待状态。时序图如图3-70所示。

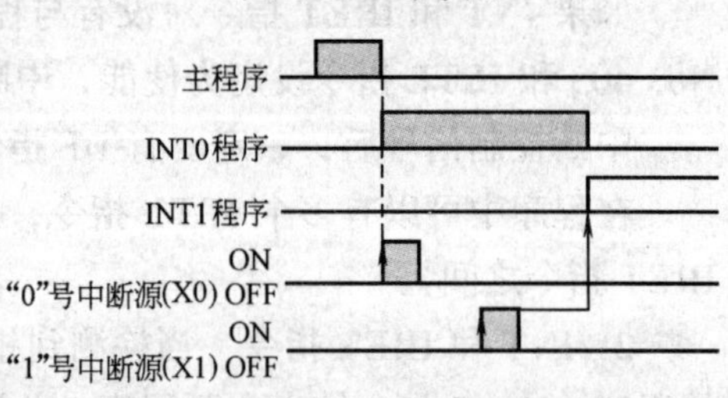

图3-69 时序图

5）在执行中断程序INT3期间，如果又有多路中断源“1”（X1）和“2”（X2）接通，继续执行INT3，执行INT3完毕后，才开始执行新的中断程序。执行完INT3中断程序后，等待中的中断程序按程序标号的顺序执行，先从标号最低的开始执行。在此情况下，先执行INT1，然后执行INT2。时序图如图3-71所示。

6）在INT2等待上一程序执行且另一中断信号接通并执行相应的中断程序期间，可能会使 INT2 延迟。如果不希望再执行延迟的 INT2 指令，可利用 ICTL 指令使 INT2 程序复位。时序图如图 3-72 所示。

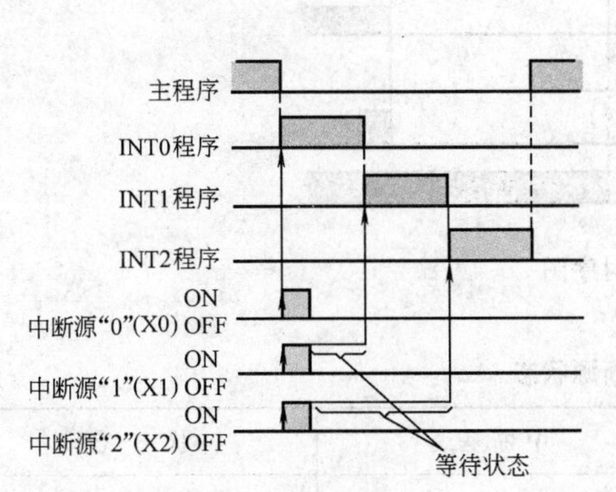

图 3-70　时序图

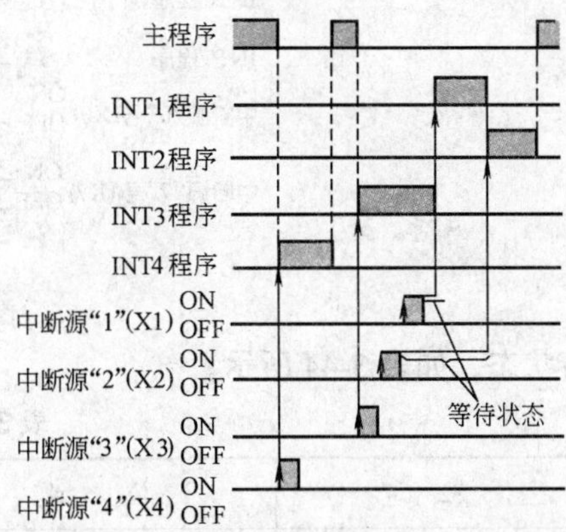

图 3-71　时序图

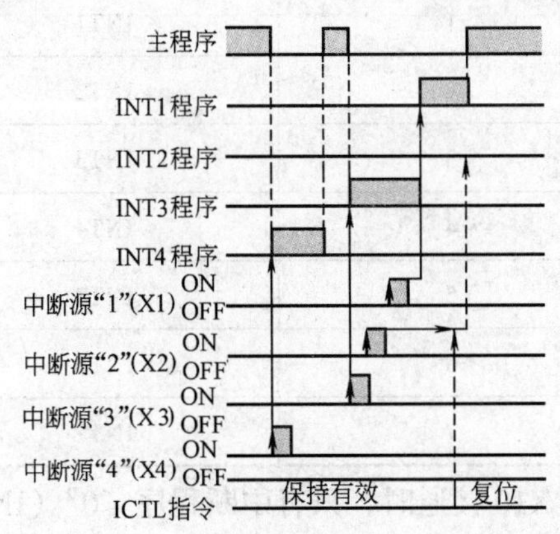

图 3-72　时序图

（四）应用举例

例 1　当中断控制信号 X10 接通时，执行中断程序“0”（INT0）和中断程序“7”（INT7），梯形图如图3-73 所示，时序图如图 3-74 所示。

```
 X10
─┤├──(DF)──────────────────→1─
─1〉───[ICTL  H0.H81]
```

图 3-73　梯形图

S1：H0，如下表所示。

当设定控制字为 H0 时，所有外部启动中断为屏蔽/非屏蔽方式。

位　址	15··12	11··8	7··4	3··0
S1	0000	0000	0000	0000

S2：H81，如下表所示。

位　址	15··12	11··8	7··4	3··0
对应的输入信号	—	—	X7 X6 X5 X4	X3 X2 X1 X0
S2	0000	0000	1000	0001

当 S1 控制字为 H0，S2 规定中断程序（INT0 和 INT7）为非屏蔽状态，其他中断源为

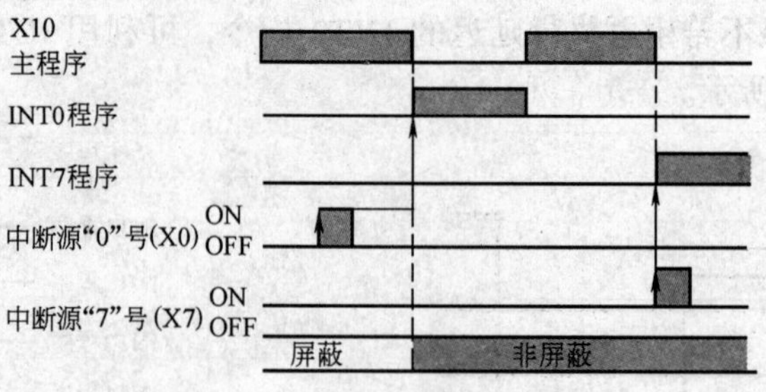

图 3-74 时序图

屏蔽状态，如表 3-44 所示。

表 3-44 中断源状态

S2	位址	中断程序	状态
1	0	INT0	非屏蔽
0	1	INT1	屏蔽
	2	INT2	
	3	INT3	
	4	INT4	
	5	INT5	
	6	INT6	
1	7	INT7	非屏蔽

例 2 当中断控制信号 X10 接通时，只有中断程序“0”（INT0）复位。梯形图如图3-75所示，时序图如图 3-76 所示。

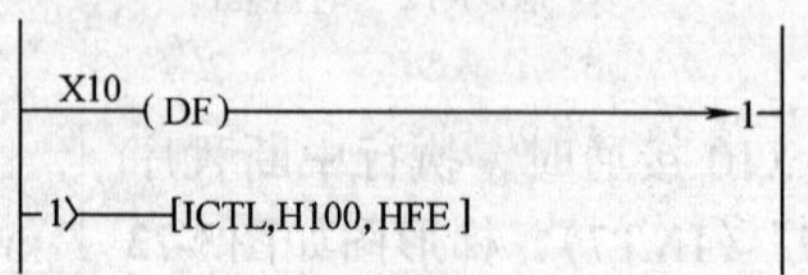

图 3-75 梯形图

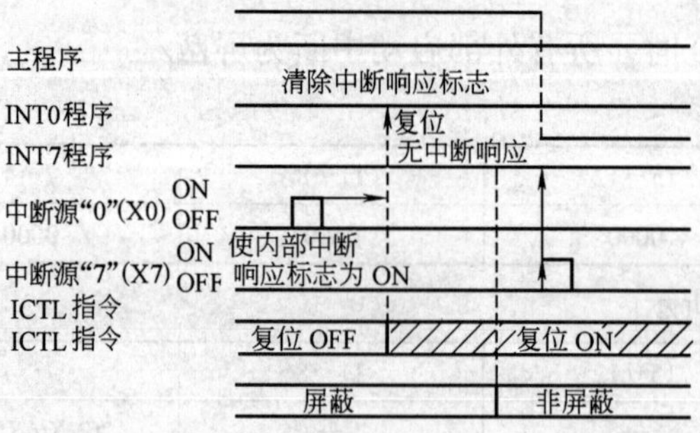

图 3-76 时序图

S1：H100，如下表所示。

当控制字为 H100 时，S2 设定外部启动中断源为清除状态。

位　址	15··12	11··8	7··4	3··0
S1	0000	0000	0000	0000

S2：HFE，如下表所示。

当“1”号位址（X0）设定为“0”时，对相应的中断程序执行复位。

位　址	15··12	11··8	7··4	3··0
对应的输入信号	—	—	X7 X6 X5 X4	X3 X2 X1 X0
S2	0000	0000	1111	1110

在图 3-76 中，因为 INT 程序已复位，即使由 ICTL 指令使程序执行使能，INT0 也不执行。而 INT7 程序由于没有复位，因此，当程序执行使能后，INT7 立即开始执行。

例 3　当中断控制信号 X10 接通时，中断程序 24（INT24）每隔 15s 执行一次。梯形图如图 3-77 所示，时序图如图 3-78 所示。

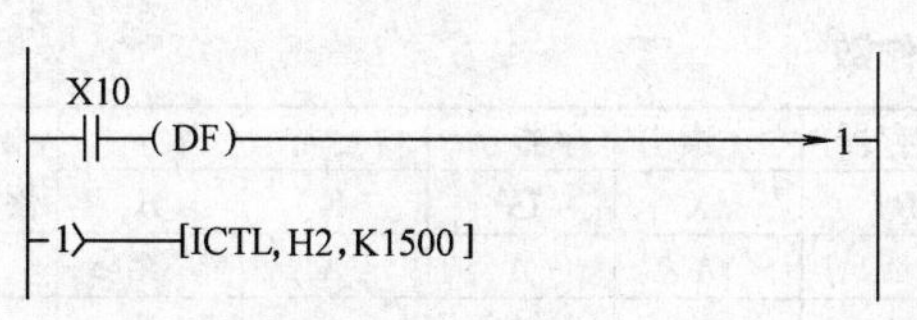

图 3-77　梯形图

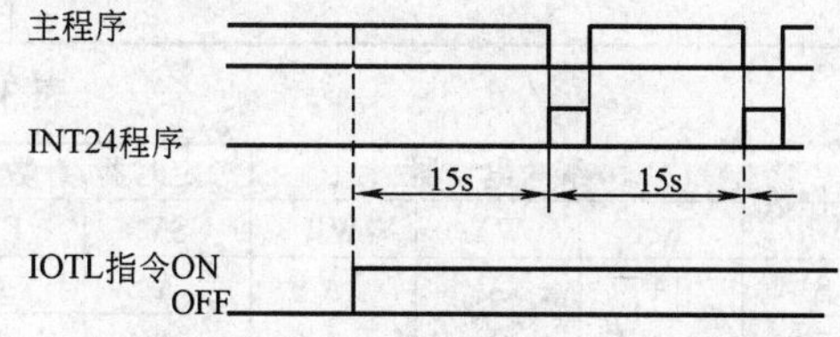

图 3-78　时序图

S1：当设定值为 H2 时，规定为“定时启动中断”。

S2：设定中断间隔。

“定时启动中断”设定中断间隔时间如下：

间隔时间 = K1500 × 10ms = 15s

例 4　当中断控制信号 X10 接通时，“定时启动中断”程序停止执行。梯形图如图 3-79 所示。

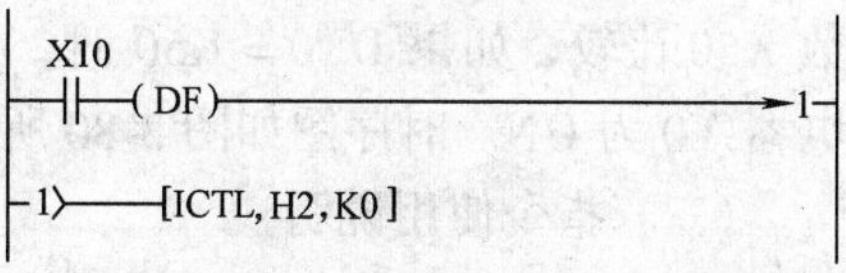

X10
(DF)
1
1
[ICTL, H2, K0]

图 3-79　梯形图

第四节　基本比较指令

一、ST =、ST < >、ST >、ST > =、ST <、ST < = 字比较指令

（一）指令功能

在比较条件下通过比较两个字数据来执行初始加载操作。继电器的 ON/OFF 取决于比较结果。

ST =：相等时加载。

ST < >：不等时加载。

ST >：大于时加载。

ST > =：大于等于（不小于）时加载。

ST <：小于时加载。

ST < =：小于等于（不大于）时加载。

（二）程序举例

程序举例的梯形图及指令表如表 3-45 所示，操作数如表 3-46 所示。

表 3-45 程序举例的梯形图及指令表

梯形图	布尔非梯形图 地址	布尔非梯形图 指令	FP 编程器Ⅱ键盘操作
0 ┤[<, DT0, K70]─[<>, DT1, K50]─[Y0] S1 S2	0 5	ST DT 0 K 50 OT Y 0	ST X.WX | = C | ENT NOT DT/Ld | 0 | ENT (BIN) K/H | 5 | 0 | WRT OT L.WL | AN Y.WY | 0 | WRT
S1	被比较的 16 位常数或存放 16 位常数的 16 位区		
S2	被比较的 16 位常数或存放 16 位常数的 16 位区		

表 3-46 操作数

操作数	继电器 WX	继电器 WY	继电器 WR	定时器/计数器 SV	定时器/计数器 EV	寄存器 DT	索引寄存器 IX	索引寄存器 IY	常数 K	常数 H	索引修正值
S1	A	A	A	A	A	A	A	A	A	A	A
S2	A	A	A	A	A	A	A	A	A	A	A

程序说明：将数据寄存器 DT0 的内容与常数 K50 比较，如果 DT0 = K50 时，外部输出继电器 Y0 为 ON。时序图如图 3-80 所示。

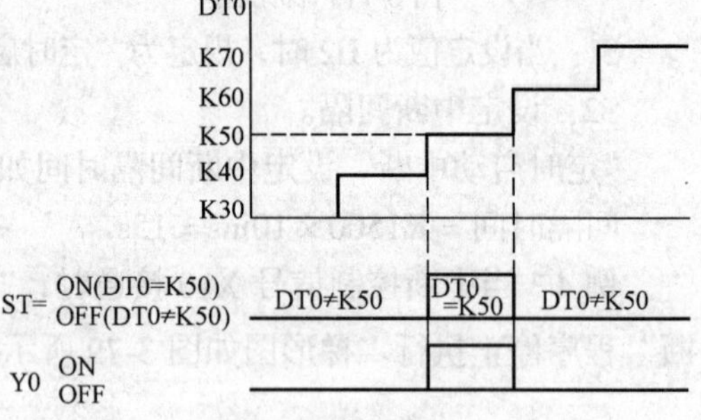

图 3-80 时序图

（三）指令使用说明

1）上述字比较指令从母线开始编程。

2）根据比较条件，将 S1 规定的单字数据与 S2 规定的单字数据进行比较，继电器的通断取决于比较结果。比较运算结果如图 3-81 所示。

3）当由索引修正值所指定的区域越限时，R9007 接通并保持此状态，错误地址传送到 DT9017 并保持。当索引修正值所指定的区域越限时，R9008 接通一瞬间，错误地址传送到 DT9018。

比较指令	比较条件	接点状态
ST=	S1=S2	ON
	S1≠S2	OFF
ST<>	S1≠S2	ON
	S1=S2	OFF
ST>	S1>S2	ON
	S1≤S2	OFF
ST>=	S1≥S2	ON
	S1<S2	OFF
ST<	S1<S2	ON
	S1≥S2	OFF
ST<=	S1≤S2	ON
	S1>S2	OFF

条件 S1<S2 S1=S2 S1>S2
ST= ON OFF
ST<> ON OFF
ST> ON OFF
ST>= ON OFF
ST< ON OFF
ST<= ON OFF

图 3-81 比较运算结果

二、AN=、AN< >、AN>、AN>=、AN<、AN<=字比较指令

(一) 指令功能

在比较条件下，通过比较两个单字数据来执行 AND（与）运算。接点的 ON/OFF 取决于比较的结果。

AN=：相等时与运算。

AN< >：不等时与运算。

AN>：大于时与运算。

AN>=：不小于（大于等于）时进行与运算。

AN<：小于时进行与运算。

AN<=：不大于（小于等于）时进行与运算。

(二) 程序举例

程序举例的梯形图及指令表如表 3-47 所示，操作数如表 3-48 所示。

表 3-47 程序举例的程序举例的梯形图及指令表

梯 形 图	布尔非梯形图		FP 编程器Ⅱ键盘操作
	地址	指令	
0 [<, DT0, K70] [<>, DT1, K50] [Y0] S1 S2	0	ST<	ST X.WX, ' < E, ENT
		DT 0	NOT DT/Ld, 0, ENT
		K 70	(BIN) K/H, 7, 0, WRT
	5	AN< >	AN Y.WY, < E, > F, ENT
		DT 1	NOT DT/Ld, 1, ENT
		K 50	(BIN) K/H, 5, 0, WRT
	10	OT Y 0	OT L.WL, AN Y.WY, 0, WRT
S1	被比较的 16 位常数或存放常数的 16 位区		
S2	被比较的 16 位常数或存放常数的 16 位区		

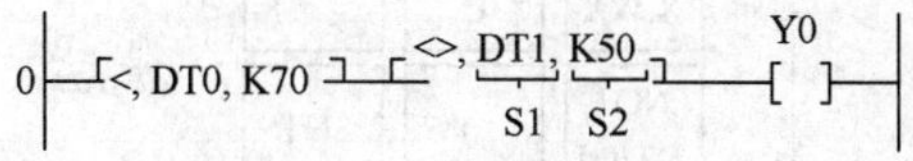

表 3-48 操作数

操作数	继电器			定时器/计数器		寄存器	索引寄存器		常数		索引修正值
	WX	WY	WR	SV	EV	DT	IX	IY	K	H	
S1	A	A	A	A	A	A	A	A	A	A	A
S2	A	A	A	A	A	A	A	A	A	A	A

程序说明：将数据寄存器 DT0 的内容与常数 K70 比较，数据寄存器 DT1 的内容与常数 K50 比较。如果 DT0 < K70。且 DT1 ≠ K50，则外部输出继电器 Y0 接通。

(三) 指令使用说明

1）在程序中可连续使用多个 AN 比较指令。该指令中接点为串联。

2）当索引修正值所指定的区域越限时，特殊内部继电器 R9007 为 ON 并保持该状态。

错误地址传送到 DT9017 并保持。

当索引修正值所指定的区域越限时，R9008 接通一瞬间，错误地址被传送到 DT9018（在编程时标志一定要紧跟在指令之后）。

三、OR=、OR< >、OR>、OR> =、OR<、OR< =字比较指令

（一）指令功能

在比较条件下，通过比较两个单字数据来执行 OR（或）运算。继电器接点的 ON/OFF 取决于比较结果。该指令功能使继电器接点并联。

OR=：相等时进行或运算。

OR< >：不等时进行或运算。

OR>：大于时进行或运算。

OR> =：不小于时进行或运算。

OR<：小于时进行或运算。

OR< =：不大于时进行或运算。

（二）程序举例

程序举例的梯形图及指令表如表 3-49 所示，操作数如表 3-50 所示。

表 3-49 程序举例的梯形图及指令表

梯 形 图	布尔非梯形图 地址	指令		FP 编程器Ⅱ键盘操作			
0 [=, DT0, K50] —— Y0 [ ] 5 [>, DT1, K40] (S1 S2)	0	ST =		ST X.WX	= C	ENT	
		DT	0	NOT DT/Ld	0	ENT	
		K	50	(BIN) K/H	5	0	WRT
	5	OR >		OR R.WR	> F	ENT	
		DT	1	NOT DT/Ld	1	ENT	
		K	40	(BLN) K/H	4	0	WRT
	10	OT Y	0	OT L.WL	AN Y.WY	0	WRT
S1	被比较的 16 位常数或存放常数的 16 位区						
S2	被比较的 16 位常数或存放常数的 16 位区						

表 3-50 操作数

操作数	继电器			定时器/计数器		寄存器	索引寄存器		常数		索引
	WX	WY	WR	SV	EV	DT	IX	IY	K	H	修正值
S1	A	A	A	A	A	A	A	A	A	A	A
S2	A	A	A	A	A	A	A	A	A	A	A

程序说明：将数据寄存器 DT0 的内容与常数 K50 比较，数据寄存器 DT1 的内容与常数 K40 比较。如果 DT0 = K50 或 DT1 > K40，则外部输出继电器 Y0 接通。时序图如图 3-84 所示。

（三）指令使用说明

1）OR 比较指令从母线开始编程，在一个程序中可连续使用多个 OR 比较指令。

2）接点的 ON/OFF 取决于比较结果。

3）错误状态（R9007）和错误状态（R9008）与 AN（与）比较指令中的情况相同。

四、STD =、STD < >、STD >、STD > =、STD <、STD < = 双字比较指令

（一）指令功能

在比较条件下，通过比较两个双字数据来执行初始加载运算。继电器接点的 ON/OFF 取决于比较结果。

STD =：双字比较，相等时加载。

STD < >：双字比较，不相等时加载。

STD >：双字比较，大于时加载。

STD > =：双字比较，不小于时加载。

STD <：双字比较，小于时加载。

STD < =：双字比较，不大于时加载。

（二）程序举例

程序举例的梯形图及指令表如表 3-51 所示，操作数如表 3-52 所示。

表 3-51 程序举例的梯形图及指令表

梯形图	布尔非梯形图		FP 编程器Ⅱ键盘操作
	地址	指令	
0 [D=, DT0, K50] Y0 [ ] S1 S2	0	SDT =	ST X.WX, D D, = C, ENT
		DT 0	NOT DT/Ld, 0, ENT
		K 50	(BIN) K/H, 5, 0, WRT
	9	OT Y 0	OT L.WL, AN Y.WY, 0, WRT
S1	被比较的 32 位常数或存放 32 位常数的低 16 位区		
S2	被比较的 32 位常数或存放 32 位常数的低 16 位区		

表 3-52 操作数

操作数	继电器			定时器/计数器		寄存器	索引寄存器		常数		索引修正值
	WX	WY	WR	SV	EV	DT	IX	IY	K	H	
S1	A	A	A	A	A	A	A	A	A	A	A
S2	A	A	A	A	A	A	A	A	A	A	A

程序说明：将数据寄存器（DT1，DT0）的内容与常数 K50 比较，如果（DT1，DT0）= K50，则外部输出继电器 Y0 接通。

（三）指令使用说明

1）该指令在处理 32 位数据时，如果已指定低 16 位区（S1、S2），则高 16 位区自动指定为（S1+1，S2+1）。

2）根据字数据与 S2、S2+1 规定的双字数据进行比较，接点的通/断取决于比较结果。

3）错误状态（R9007）和错误状态（R9008）同前所述。

五、AND=、AND< >、AND>、AND>=、AND<、AND<=双字比较指令

（一）指令功能

在比较条件下，通过比较两个双字数据来执行 AND（与）运算。接点的 ON/OFF 取决于比较结果。该指令接点为串联。

AND=：双字比较，相等时进行与运算。

AND< >：双字比较，不相等时进行与运算。

AND>：双字比较，大于时进行与运算。

AND>=：双字比较，不小于时进行与运算。

AND<：双字比较，小于时进行与运算。

AND<=：双字比较，不大于时进行与运算。

（二）程序举例

程序举例的梯形图及指令表如表 3-53 所示，操作数如表 3-54 所示。

表 3-53 程序举例的梯形图及指令表

梯 形 图	布尔非梯形图		FP 编程器Ⅱ键盘操作
	地址	指令	
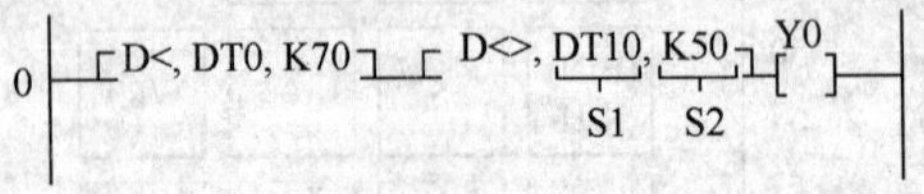 0 ┤[D<, DT0, K70]─[D<>, DT10 (S1), K50 (S2)]─[ ]─ Y0	0	STD<	ST X.WX | D D | < E | ENT
		DT 0	NOT DT/Ld | 0 | ENT
		K 70	(BIN) K/H | 7 | 0 | WRT
	9	AND< >	AN Y.WY | D D | < E | > F | ENT
		DT 10	NOT DT/Ld | 1 | 0 | ENT
		K 50	(BIN) K/H | 5 | 0 | WRT
	18	OT Y 0	OT L.WL | AN Y.WY | 0 | WRT
S1	被比较的 32 位的 32 位常数或存放 32 位常数的低 16 位区		
S2	被比较的 32 位的 32 位常数或存放 32 位常数的低 16 位区		

表 3-54 操作数

操作数	继电器			定时器/计数器		寄存器	索引寄存器		常数		索引修正值
	WX	WY	WR	SV	EV	DT	IX	IY	K	H	
S1	A	A	A	A	A	A	A	N/A	A	A	A
S2	A	A	A	A	A	A	A	N/A	A	A	A

程序说明：将数据寄存器（DT1，DT0）的内容与常数 K70 比较，（DT11，DT10）的内容与常数 K50 进行比较。如果（DT1，DT0）< K70 且（DT11，DT10）≠ K50，则外部输出继电器 Y0 接通。

（三）指令使用说明

1）在程序中可连续使用多个 AND 比较指令。在处理 32 位数如果指定低 16 位区为（S1，S2），则高 16 位区自动指定为（S1 + 1，S2 + 1）。

2）根据比较条件，将（S1 + 1，S1）规定的双字数据与（S2 + 1，S2）规定的双字数据进行比较，接点的通/断取决于比较结果。

3）错误状态（R9007）、（R9008）与前述相同。

六、ORD=、ORD< >、ORD>、ORD>=、ORD<、ORD<=双字比较指令

（一）指令功能

在比较条件下，通过比较两个双字数据来执行 OR（或）运算。接点的 ON/OFF 取决于比较结果。该指令接点为并联。

ORD=：双字比较，相等时进行或运算。

ORD< >：双字比较，不相等时进行或运算。

ORD>：双字比较，大于时进行或运算。

ORD>=：双字比较，不小于时进行或运算。

ORD<：双字比较，小于时进行或运算。

ORD<=：双字比较，不大于时进行或运算。

（二）程序举例

程序举例的梯形图及指令表如表 3-55 所示，操作数如表 3-56 所示。

表 3-55　程序举例的梯形图及指令表

梯形图	布尔非梯形图		FP 编程器Ⅱ键盘操作			
	地址	指令				
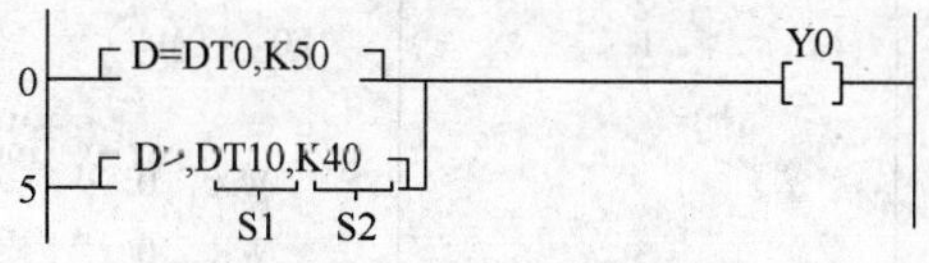 0 [D=DT0,K50] Y0 5 [D>,DT10,K40] S1 S2	0	STD=	ST X.WX	D D	= C	ENT
		DT 0	NOT DT/Ld	0	ENT	
		K 50	(BIN) K/H	5	0	WRT
	9	ORD>	OR R.WR	D D	> F	ENT
		DT 10	NOT DT/Ld	1	0	ENT
		K 40	(BIN) K/H	4	0	WRT
	18	OT Y 0	OT L.WL	AN Y.WY	0	WRT
S1	被比较的 32 位的 32 位常数或存放 32 位常数的低 16 位区					
S2	被比较的 32 位的 32 位常数或存放 32 位常数的低 16 位区					

表 3-56 操作数

操作数	继电器			定时器/计数器		寄存器	索引寄存器		常数		索引修正值
	WX	WY	WR	SV	EV	DT	IX	IY	K	H	
S1	A	A	A	A	A	A	A	N/A	A	A	A
S2	A	A	A	A	A	A	A	N/A	A	A	A

程序说明：将数据寄存器（DT1，DT0）的内容与常数 K50 进行比较，将（DT11，DT10）的内容与常数 K40 进行比较。如果（DT1，DT0）= K50 或（DT11，DT10）> K40，则外部输出继电器 Y0 接通。

（三）指令使用说明

1）在程序中可连续使用多个 ORD 比较指令。在处理 32 位数据时，如果已指定低 16 位区为（S1，S2），则高 16 位区自动指定为（S1+1，S2+1）。

2）根据比较条件，将（S1+1，S1）规定的双字数据与（S2+1，S2）规定的双字数据进行比较，接点的通/断取决于比较结果。

3）错误状态（R9007）、（R9008）与前述相同。

第五节 高级指令

高级指令由高级指令功能号（F0～F165）、助记符和操作数三部分组成。下面开始介绍部分常用的高级指令。

一、F0（MV）16 位数据传输指令

（一）指令功能

将 16 位（bit）数据从一个 16 位（bit）区传送到另一个 16 位（bit）区。

（二）程序举例

程序举例的梯形图及指令表如表 3-57 所示，操作数如表 3-58 所示。

表 3-57 程序举例的梯形图及指令表

梯形图	布尔非梯形图 地址	指令
触发信号 X0 0 ─┤├─ [F0 MV, WX0 (S), WR0 (D)]	0 1	ST X 0 F0 (MV) WX 0 WR 0
S	16 位常数或存放常数的 16 位区（源区）	
D	16 位区（目的区）	

表 3-58 操作数

操作数	继电器			定时器/计数器		寄存器	索引寄存器		常数		索引修正值
	WX	WY	WR	SV	EV	DT	IX	IY	K	H	
S	A	A	A	A	A	A	A	A	A	A	A
D	N/A	A	A	A	A	A	A	A	N/A	N/A	A

程序说明：当触发信号 X0 接通后，外部输入字继电器 WX0 的内容传送到内部字继电器 WR0 中，如图 3-82 所示。

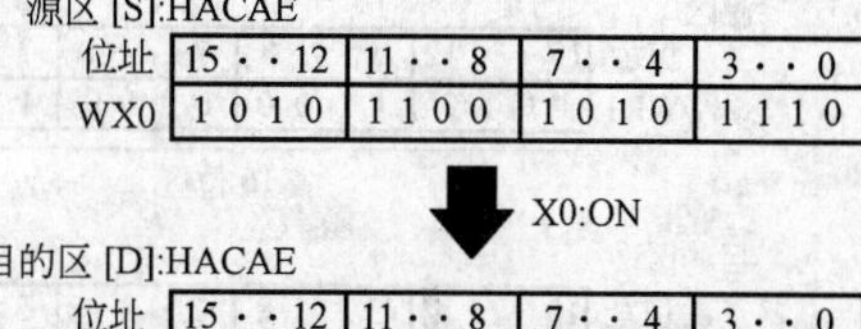

图 3-82　数据传送

（三）应用举例

例 1　将拨盘设置寄存器的内容传输到定时器的预置值区，如图 3-83 所示。

例 2　当 X2 接通时，将定时器经过值区 EV0 的内容传输到数据寄存器 DT0，如图 3-84 所示。

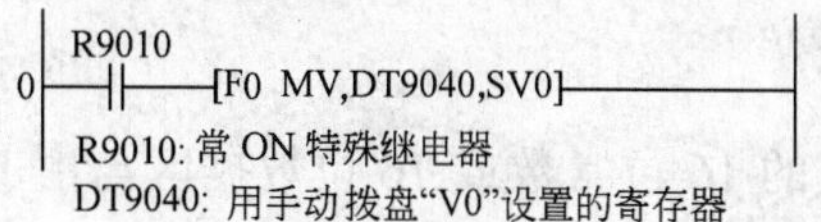

图 3-83　梯形图

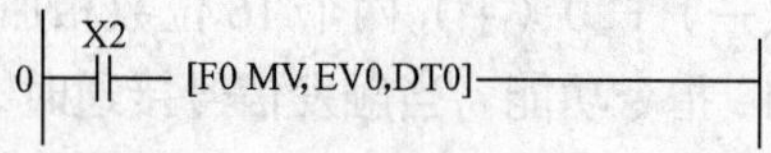

图 3-84　梯形图

有关标志的状态，在讨论基本指令时已作过介绍，其用法基本相同，后面就不再一一介绍了。

二、F1（DMV）32 位数据传输指令

（一）指令功能

将 32 位数据从一个 32 位区传送到另一个 32 位区。

（二）程序举例

程序举例的梯形图及指令表如表 3-59 所示，操作数如表 3-60 所示。

表 3-59　程序举例的梯形图及指令表

梯　形　图	布尔非梯形图 地址	布尔非梯形图 指令
触发信号 X0 0 —‖— [F1 DMV, WR0 (S), DT0 (D)]	0 1	ST X 0 F1 (DMV) WR 0 DT 0
S	32 位常数或存放 32 位数据的低 16 位区（源区）	
D	32 位数据的低 16 位区（目的区）	

表 3-60　操作数

操作数	继电器 WX	继电器 WY	继电器 WR	定时器/计数器 SV	定时器/计数器 EV	寄存器 DT	索引寄存器 IX	索引寄存器 IY	常数 K	常数 H	索引修正值
S	A	A	A	A	A	A	A	N/A	A	A	A
D	N/A	A	A	A	A	A	A	N/A	N/A	N/A	A

程序说明：当触发信号 X0 接通时，内部字继电器 WR1、WR0 的内容传送到内部数据存储继电器 DT1、DT0 中，如图 3-85 所示。如果低 16 位区指定为（S、D），则高位自动指定为（S+1，D+1）。

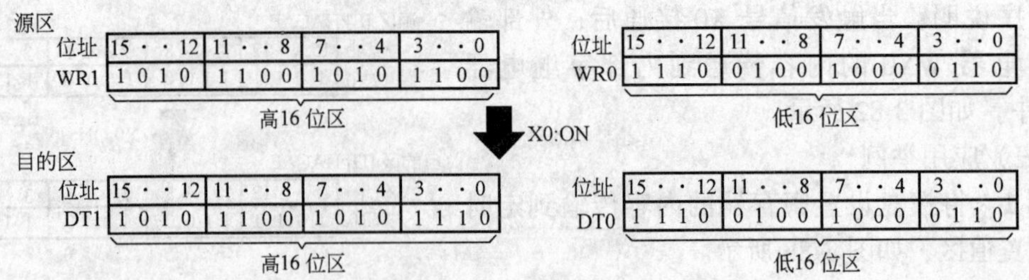

图 3-85 32 位数据传送

三、BIN（二进制）算术运算指令

（一）F20（+）两个 16 位数相加指令

1. 指令功能 当触发信号接通时，将由 S 指定的 16 位常数或 16 位数据区与由 D 指定的 16 位数据区内容相加，结果存在 D 数据区中。

$$D（被加数）+S（加数）\xrightarrow{触发信号接通} D（结果）$$

2. 程序举例 程序举例的梯形图及指令表如表 3-61 所示，操作数如表 3-62 所示。

表 3-61 程序举例的梯形图及指令表

梯形图	布尔非梯形图	
	地址	指令
触发信号 X0 10 ─┤├─[F20+, DT1 (S), WR0 (D)]	10 11	ST X 0 F20 （+） DT 1 WR 0
S	16 位常数或 16 位数据区（加数）	
D	16 位区（被加数和结果）	

表 3-62 操作数

操作数	继电器			定时器/计数器		寄存器	索引寄存器		常数		索引修正值
	WX	WY	WR	SV	EV	DT	IX	IY	K	H	
S	A	A	A	A	A	A	A	A	A	A	A
D	N/A	A	A	A	A	A	A	A	N/A	N/A	A

程序说明：当触发信号 X0 接通时，内部字继电器 WR0 和数据寄存器 DT1 的内容相加，结果存入内部字继电器 WR0 中（被加数区 D 被累加结果覆盖），如图 3-86 所示。16 位数据区范围：K－32768～K32767（H8000～H7FFF），当计算结果超过 16 位数据区时，进位标志（R9009）接通一瞬间。

（二）F21（D+）两个 32 位数据相加指令

1. 指令功能 当触发信号接通时，将由 S 指定的 32 位常数或 32 位数据区（S 为低 16 位，S+1 为高 16 位）与由 D 指定的 32 位数据（D 为低 16 位，D+1 为高 16 位）区内容相加，结果存在 D 和 D+1 数据区中。

$$（D+1，D）+（S+1，S）\xrightarrow{触发信号接通}（D+1，D）$$

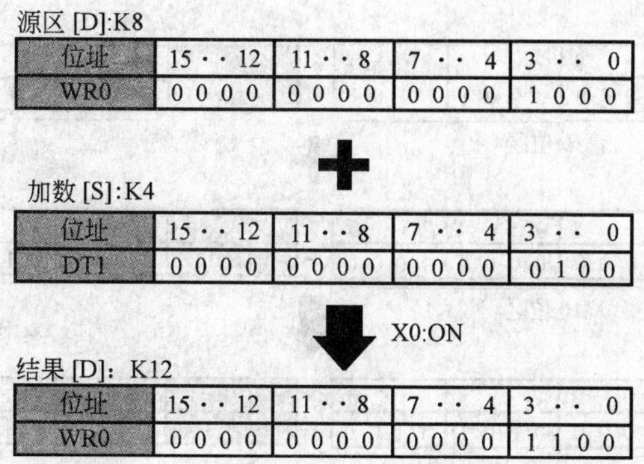

图 3-86　16 位数据相加

32 位数据区范围，K－2147483648～K2147483647（H80000000～H7FFFFFFF），当计算结果超过 32 位数据区时，进位标志（R9009）接通一瞬间，当计算结果为零时，R900B 接通一瞬间。

2. 程序举例　程序举例的梯形图及指令表如表 3-63 所示，操作数如表 3-64 所示。

表 3-63　程序举例的梯形图及指令表

梯形图	布尔非梯形图	
	地址	指令
触发信号 X0 10 ─┤├─[F21 D+, DT0, WR0] S　D	10 11	ST　X　0 F21　（D＋） DT　0 WR　0
S	32 位常数或 32 位数据区低 16 位（存放加数）	
D	32 位数据的低 16 位数据区（存放被加数和结果）	

表 3-64　操作数

操作数	继电器			定时器/计数器		寄存器	索引寄存器		常数		索引修正值
	WX	WY	WR	SV	EV	DT	IX	IY	K	H	
S	A	A	A	A	A	A	A	N/A	A	A	A
D	N/A	A	A	A	A	A	A	N/A	N/A	N/A	A

程序说明：当触发信号 X0 接通时，内部字继电器 WR1 和 WR0 的内容与数据寄存器 DT1 和 DT0 的内容相加，结果存放在内部字继电器 WR1 和 WR0 中。本例中 S（低位）＝DT0，S＋1（高位）＝DT1，D（低位）＝WR0，D＋1（高位）＝WR1，如果低 16 位区已经指定为（D，S），则高位自动指定为（D＋1，S＋1），如图 3-87 所示。

（三）F22（＋）16 位数据相加存放在指定区指令

1. 指令功能　当触发信号接通时，将由“S1，S2”指定的 16 位常数或 16 位区的内容相加，相加结果存储在指定的“D”中。

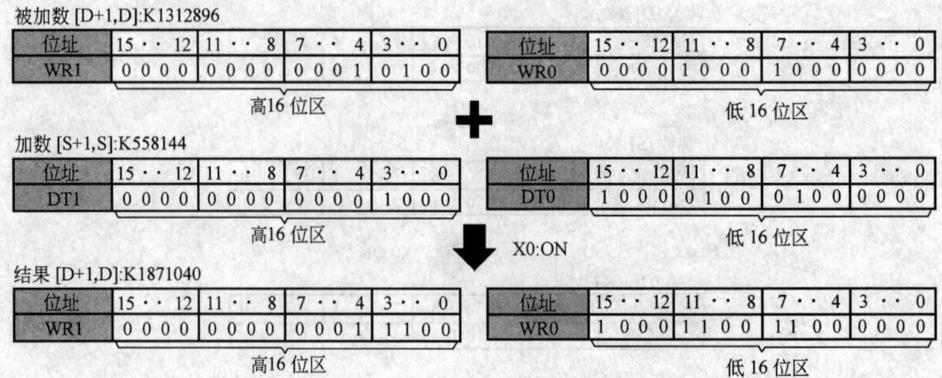

图 3-87 两个 32 位数据相加

S1（被加数）+ S2（加数）$\xrightarrow{\text{触发信号接通}}$ D（结果）

2. 程序举例 程序举例的梯形图及指令表如表 3-65 所示，操作数如表 3-66 所示。

表 3-65 程序举例的梯形图及指令表

梯 形 图	布尔非梯形图	
	地址	指令
触发信号 X0 10 ─┤├─[F22+ DT0, DT1, WY0] S1 S2 D	10 11	ST X 0 F22 （+） DT 0 DT 1 WY 0
S1	16 位常数或存放数据的 16 位区（被加数）	
S2	16 位常数或存放数据的 16 位区（加数）	
D	16 位区（存放运算结果）	

表 3-66 操作数

操作数	继电器			定时器/计数器		寄存器	索引寄存器		常数		索引修正值
	WX	WY	WR	SV	EV	DT	IX	IY	K	H	
S1	A	A	A	A	A	A	A	A	A	A	A
S2	A	A	A	A	A	A	A	A	A	A	A
D	N/A	A	A	A	A	A	A	A	N/A	N/A	A

程序说明：当触发信号 X0 接通时，数据寄存器 DT0 和 DT1 的内容相加，相加结果存放在外部输出字继电器 WY0 中，如图 3-88 所示。

（四）F23（D+）32 位数据相加存入在指定区指令

1. 指令功能 当触发信号接通时，将由 S1 和 S2 指定的两个 32 位数据或 32 位常数相加，相加的结果存储在指定的（D+1，D）中。

2. 程序举例 程序举例的梯形图及指令表如表 3-67 所示，操作数如表 3-68 所示。

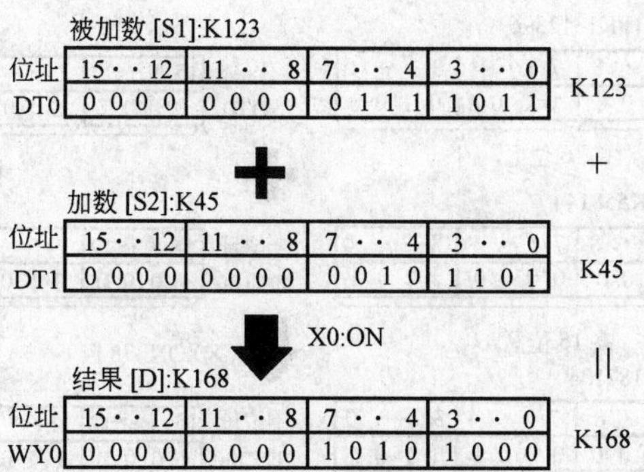

图 3-88　16 位数据相加

表 3-67　程序举例的梯形图及指令表

梯形图	布尔非梯形图 地址	布尔非梯形图 指令
触发信号 X0 20 ─┤├─[F23 D+, DT0 (S1), DT100 (S2), DT200 (D)]	20 21	ST X 0 F23 (D+) DT 0 DT 100 DT 200

S1	32 位常数或存放 32 位数据的低 16 位区（被加数）
S2	32 位常数或存放 32 位数据的低 16 位区（加数）
D	32 位数据的低 16 位区（存放结果）

表 3-68　操作数

操作数	继电器			定时器/计数器		寄存器	索引寄存器		常数		索引修正值
	WX	WY	WR	SV	EV	DT	IX	IY	K	H	
S1	A	A	A	A	A	A	A	N/A	A	A	A
S2	A	A	A	A	A	A	A	N/A	A	A	A
D	N/A	A	A	A	A	A	A	N/A	N/A	N/A	A

程序说明：当触发信号 X0 接通时，将数据寄存器（DT1，DT0）的内容与（DT101，DT100）的内容相加，结果存储在数据寄存器（DT201，DT200）中，如图 3-89 所示。

（五）F25（－）16 位数据相减指令

1. 指令功能　从由“D”指定的 16 位数据区中减去由“S”指定的 16 位常数或 16 位数据，结果存放在“D”的 16 位数据区中。

$$D（被减数）-S（减数）\xrightarrow{触发信号接通}D（结果）$$

16 位数据区范围：K-32768 ~ K32767（H8000 ~ H7FFF），当计算结果有溢出时，进位标志（R9009）接通一瞬间。

2. 程序举例　程序举例的梯形图及指令表如表 3-69 所示，操作数如表 3-70 所示。

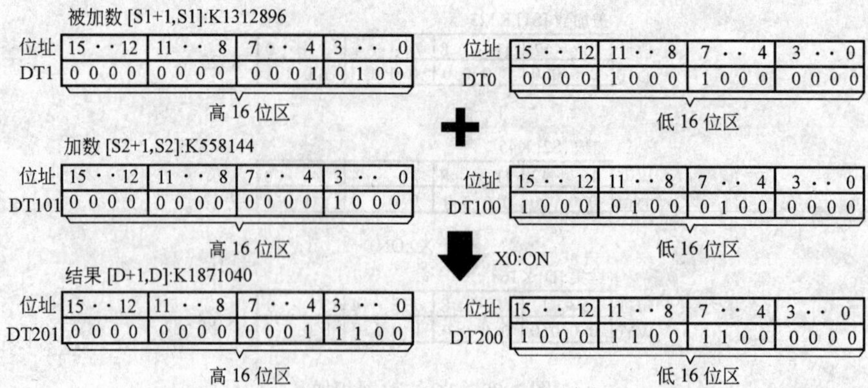

图 3-89 32 位数据相加

表 3-69 程序举例的梯形图及指令表

梯形图	布尔非梯形图	
	地址	指令
触发信号 X0 10 ─┤├─[F25−, DT0 (S), DT2 (D)]	10 11	ST X 0 F25 (−) DT 0 DT 2

S	16 位常数或 16 位数据区（减数）
D	16 位数据区（存放被减数和结果）

表 3-70 操作数

操作数	继电器			定时器/计数器		寄存器	索引寄存器		常数		索引修正值
	WX	WY	WR	SV	EV	DT	IX	IY	K	H	
S	A	A	A	A	A	A	A	A	A	A	A
D	N/A	A	A	A	A	A	A	A	N/A	N/A	A

程序说明：当触发信号 X0 接通时，把数据寄存器 DT2 中的内容减去数据寄存器 DT0 的内容，相减的结果存储在数据寄存器 DT2 中，如图 3-90 所示。

被减数 [D]:K893

位址	15 · · 12	11 · · 8	7 · · 4	3 · · 0
DT2	0000	0011	0111	1101

−

减数 [S]:K452

位址	15 · · 12	11 · · 8	7 · · 4	3 · · 0
DT0	0000	0001	1100	0100

X0:ON

结果 [D]:K441

位址	15 · · 12	11 · · 8	7 · · 4	3 · · 0
DT2	0000	0001	1011	1001

图 3-90 16 位数据相减

（六）F26（D−）32 位数据减法指令

1. 指令功能 当触发信号接通后，从由“D”指定的 32 位数据区中减去由“S”指定的 32 位常数或 32 位数据区，相减的结果存储在“D+1”和“D”中。

$$(D+1,D)-(S+1,S)\xrightarrow{\text{触发信号接通}}(D+1,D)$$

32 位数据区范围：K−2147483648 ~ K2147483647（H80000000 ~ H7FFFFFFF），当计

算结果超过 32 位数据范围时，进位标志（R9009）接通一瞬间。

2. 程序举例　程序举例的梯形图及指令表如表 3-71 所示，操作数如表 3-72 所示。

表 3-71　程序举例的梯形图及指令表

梯　形　图	布尔非梯形图	
	地址	指令
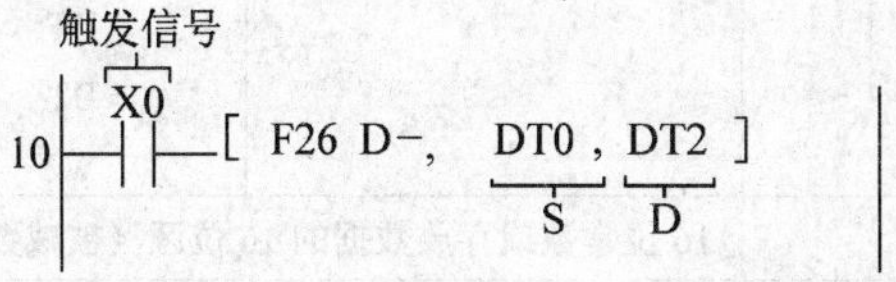 触发信号 X0 10 ─┤├─[F26 D−, DT0 , DT2] S　D	10 11	ST X 0 F26 (D－) DT 0 DT 2
S	32 位常数或 32 位区域的低 16 位区（减数）	
D	32 位数的低 16 位区（存放被减数和结果）	

表 3-72　操作数

操作数	继　电　器			定时器/计数器		寄存器	索引寄存器		常　数		索引修正值
	WX	WY	WR	SV	EV	DT	IX	IY	K	H	
S	A	A	A	A	A	A	A	N/A	A	A	A
D	N/A	A	A	A	A	A	A	N/A	N/A	N/A	A

程序说明：当触发信号 X0 接通时，把数据寄存器 DT3 和 DT2 中的内容减去数据寄存器 DT1 和 DT0 的内容，相减的结果存储在数据寄存器 DT3 和 DT2 中，如图 3-91 所示。

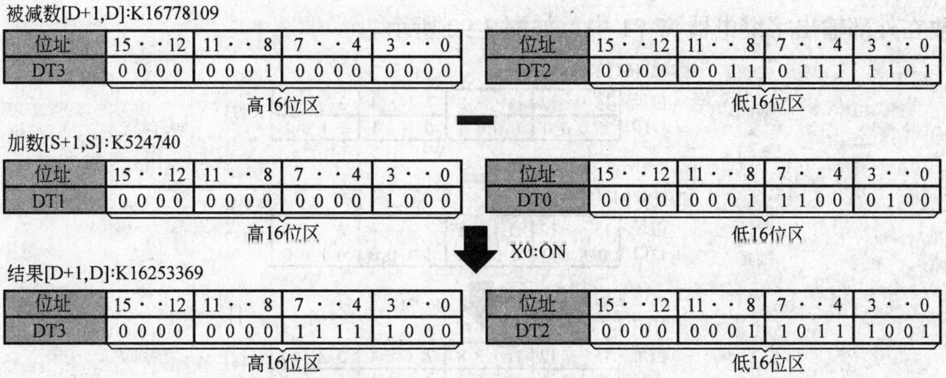

被减数[D+1,D]:K16778109

位址	15 · ·12	11 · · 8	7 · · 4	3 · · 0	位址	15 · ·12	11 · · 8	7 · · 4	3 · · 0
DT3	0 0 0 0	0 0 0 1	0 0 0 0	0 0 0 0	DT2	0 0 0 0	0 0 1 1	0 1 1 1	1 1 0 1

高16位区　低16位区

－

加数[S+1,S]:K524740

位址	15 · ·12	11 · · 8	7 · · 4	3 · · 0	位址	15 · ·12	11 · · 8	7 · · 4	3 · · 0
DT1	0 0 0 0	0 0 0 0	0 0 0 0	1 0 0 0	DT0	0 0 0 0	0 0 0 1	1 1 0 0	0 1 0 0

高16位区　低16位区

X0:ON

结果[D+1,D]:K16253369

位址	15 · ·12	11 · · 8	7 · · 4	3 · · 0	位址	15 · ·12	11 · · 8	7 · · 4	3 · · 0
DT3	0 0 0 0	0 0 0 0	1 1 1 1	1 0 0 0	DT2	0 0 0 0	0 0 0 1	1 0 1 1	1 0 0 1

高16位区　低16位区

图 3-91　32 位数据减法

（七）F27（－）16 位数据相减存在指定区指令

1. 指令功能　当触发信号接通时，将由“S1”指定的 16 位数据减去“S2”指定的 16 位数据，相减的结果存储在指定的“D”中。

S1（被减数）－S2（减数）$\xrightarrow{\text{触发信号接通}}$D（结果）

如果计算结果出现上溢或下溢（特殊内部继电器 R9009 接通），可使用 F28（D－）指令（32 位数据减法），当使用 F28（D－）指令替代 F27（－）指令时，一定要先用 F89（EXT）指令将 16 位的被减数和减数转换为 32 位数据。

2. 程序举例　程序举例的梯形图及指令表如表 3-73 所示，操作数如表 3-74 所示。

表 3-73 程序举例的梯形图及指令表

梯 形 图	布尔非梯形图	
	地址	指令
触发信号 X0 10 ─┤├─[F27-, DT0 , DT2, WY1] S1 S2 D	10 11	ST X 0 F27 (-) DT 0 DT 2 WY 1
S1	16 位常数或存放数据的 16 位区（被减数）	
S2	16 位常数或存放数据 16 位区（减数）	
D	16 位区（存放结果）	

表 3-74 操作数

操作数	继 电 器			定时器/计数器		寄存器	索引寄存器		常 数		索引修正值
	WX	WY	WR	SV	EV	DT	IX	IY	K	H	
S1	A	A	A	A	A	A	A	N/A	A	A	A
S2	A	A	A	A	A	A	A	N/A	A	A	A
D	N/A	A	A	A	A	A	A	N/A	N/A	N/A	A

程序说明：当触发信号 X0 接通时，数据寄存器 DT0 的内容减去 DT2 的内容，计算结果存放在外部输出字继电器 WY1 中，如图 3-92 所示。

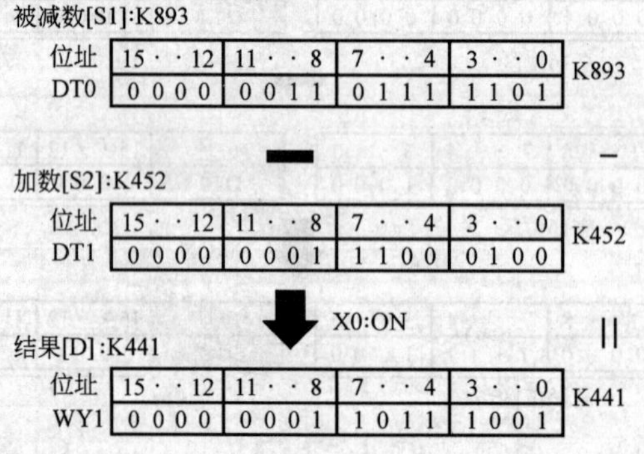

图 3-92 16 位数据减法

（八）F28（D－）32 位数据相减存在指定区指令

1. 指令功能 当触发信号接通时，将“S1”指定的 32 位数据减去“S2”指定的 32 位数据，相减的结果存储在指定的（D+1，D）中。

$$(S1+1,\ S1)-(S2+1,\ S2)\xrightarrow{\text{触发信号接通}}(D+1,\ D)$$

注意当使用内部特殊继电器 R9008，R9009 和 R900B 作为该指令的标志时，在编程时一定要将标志紧跟在该指令之后。

2. 程序举例 程序举例的梯形图及指令表如表 3-75 所示，操作数如表 3-76 所示。

表 3-75 程序举例的梯形图及指令表

梯形图	布尔非梯形图 地址	布尔非梯形图 指令
触发信号 X0 20 ─┤├─[F28 D-, DT100 (S1), DT200 (S2), DT0 (D)]	20 21	ST X 0 F28 (D-) DT 100 DT 200 DT 0

S1	32 位常数或存放 32 位数据的低 16 位区（被减数）
S2	32 位常数或存放 32 位数据的低 16 位区（减数）
D	32 位数据的低 16 位区（存放计算结果）

表 3-76 操作数

操作数	继电器			定时器/计数器		寄存器	索引寄存器		常数		索引修正值
	WX	WY	WR	SV	EV	DT	IX	IY	K	H	
S1	A	A	A	A	A	A	A	N/A	A	A	A
S2	A	A	A	A	A	A	A	N/A	A	A	A
D	N/A	A	A	A	A	A	A	N/A	N/A	N/A	A

程序说明：当触发信号 X0 接通时，数据寄存器（DT101，DT100）的内容减去（DT201，DT200）的内容。相减后的结果存放在数据寄存器（DT1，DT0）中，如图 3-93 所示。

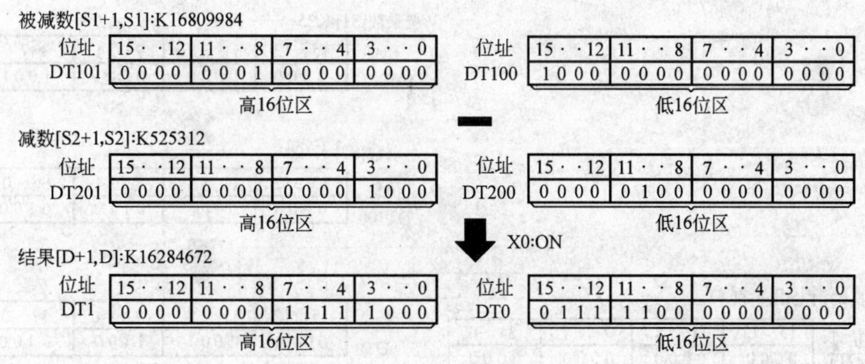

图 3-93 32 位数据减法

（九）F30（*）16 位数据乘法指令

1. 指令功能 当触发信号接通后，将由“S1”指定的 16 位数据与“S2”指定的 16 位数据相乘，相乘的结果存储在（D+1，D）中（32 位区）。

S1（被乘数）×S2（乘数）$\xrightarrow{\text{触发信号接通}}$（D+1，D）

当指定低 16 位区（D）后，则高 16 位区自动定为（D+1）。

2. 程序举例 程序举例的梯形图及指令表如表 3-77 所示，操作数如表 3-78 所示。

表 3-77 程序举例的梯形图及指令表

梯形图	布尔非梯形图	
	地址	指令
触发信号 X0 20 ─┤├─[F30 *, WX0(S1), K100(S2), DT0(D)]	20 21	ST X 0 F30 (×) WX 0 K 100 DT 0

S1	16 位常数或存放数据的 16 位区（被乘数）
S2	16 位常数或存放数据的 16 位区（乘数）
D	32 位数据的低 16 位区（存放结果）

表 3-78 操作数

操作数	继电器			定时器/计数器		寄存器	索引寄存器		常数		索引修正值
	WX	WY	WR	SV	EV	DT	IX	IY	K	H	
S1	A	A	A	A	A	A	A	A	A	A	A
S2	A	A	A	A	A	A	A	A	A	A	A
D	N/A	A	A	A	A	A	A	N/A	N/A	N/A	A

程序说明：当触发信号 X0 接通时，将外部输入字继电器 WX0 的内容（K25）与数据寄存器 DT100 的内容（K100）相乘，相乘后的结果存放在数据寄存器（DT1，DT0）中，如图 3-94 所示。

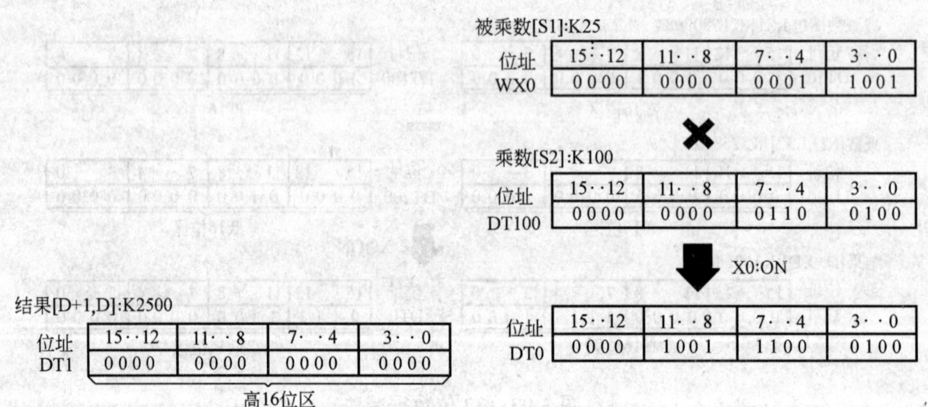

图 3-94 16 位数据乘法

（十）F31（D*）32 位数据乘法指令

1. 指令功能 当触发信号接通时，将“S1”指定的 32 位数据与“S2”指定的 32 位数据相乘，结果存储在（D+3，D+2，D+1，D）中（64 位区）。

（S1+1，S1）×（S2+1，S2）$\xrightarrow{\text{触发信号接通}}$（D+3，D+2，D+1，D）

2. 程序举例 程序举例的梯形图和指令表如表 3-79 所示，操作数如表 3-80 所示。

表 3-79 程序举例的梯形图及指令表

<table>
<tr><td rowspan="2">梯形图</td><td colspan="2">布尔非梯形图</td></tr>
<tr><td>地址</td><td>指令</td></tr>
<tr><td>触发信号
X0
10 ─┤ ├─[F31 D*, DT0 , DT100, DT200]
S1 S2 D</td><td>10
11</td><td>ST X 0
F31 (D×)
DT 0
DT 100
DT 200</td></tr>
</table>

S1	32 位常数或存放 32 位数据的低 16 位区（被乘数）
S2	32 位常数或存放 32 位数据的低 16 位区（乘数）
D	64 位区的低 16 位区（存放结果）

表 3-80 操作数

操作数	继电器			定时器/计数器		寄存器	索引寄存器		常数		索引修正值
	WX	WY	WR	SV	EV	DT	IX	IY	K	H	
S1	A	A	A	A	A	A	A	N/A	A	A	A
S2	A	A	A	A	A	A	A	N/A	A	A	A
D	N/A	A	A	A	A	A	A	N/A	N/A	N/A	A

程序说明：当触发信号 X0 接通时，数据寄存器（DT1，DT0）的内容与（DT101，DT100）的内容相乘。相乘的结果存放在数据寄存器 DT203、DT202，DT201 和 DT200 中，如图 3-95 所示。

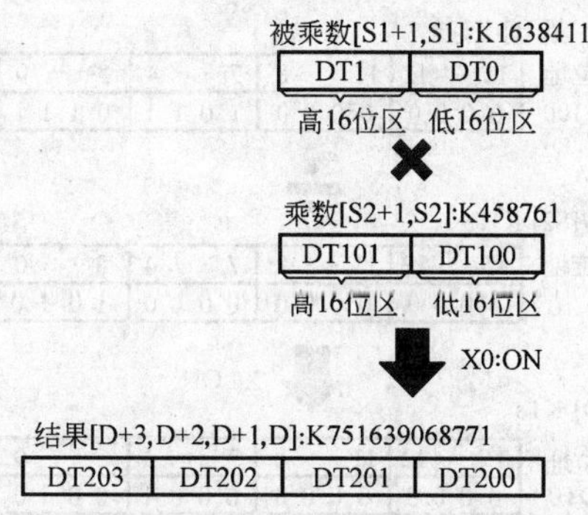

图 3-95 32 位数据乘法

（十一）F32（%）16 位数据除法指令

1. 指令功能 当触发信号接通时，“S1”指定的 16 位数据被“S2”指定的 16 位数据除，商存放在“D”中，余数存入在特殊数据寄存器 DT9015 中。

S1（被除数）÷ S2（除数）$\xrightarrow{\text{触发信号接通}}$ D…（DT9015）

如果计算结果出现溢出现象（特殊内部继电器 R9009 接通），可使用 F33（D%）指令（32 位数据除法）。当使用 F33（D%）指令替代 F32（%）指令时，一定要先使用 F89（EXT）指令将 16 位的被除数和除数转换为 32 位数。

2. 程序举例 程序举例的梯形图和指令表如表 3-81 所示，操作数如表 3-82 所示。

表 3-81 程序举例的梯形图及指令表

梯形图	布尔非梯形图 地址	布尔非梯形图 指令
触发信号 X0 20 ─┤├─[F32 %, DT100(S1), K10(S2), DT0(D)]	20 21	ST X 0 F32 (%) DT 100 K 10 DT 0

S1	16 位常数或存放数据的 16 位区（被除数）
S2	16 位常数或存放数据的 16 位区（除数）
D	16 位区（存放商）（余数存放在特殊数据寄存器 DT9015 中）

表 3-82 操作数

操作数	继电器 WX	继电器 WY	继电器 WR	定时器/计数器 SV	定时器/计数器 EV	寄存器 DT	索引寄存器 IX	索引寄存器 IY	常数 K	常数 H	索引修正值
S1	A	A	A	A	A	A	A	A	A	A	A
S2	A	A	A	A	A	A	A	A	A	A	A
D	N/A	A	A	A	A	A	A	A	N/A	N/A	A

程序说明：当触发信号 X0 接通时，数据寄存器 DT100 的内容（K183）除以 S2 的内容（K10），商存放在“D”中，即存放在数据寄存器 DT0 中的内容为 K18，余数 K3 存放在特殊数据寄存器 DT9015 中，如图 3-96 所示。

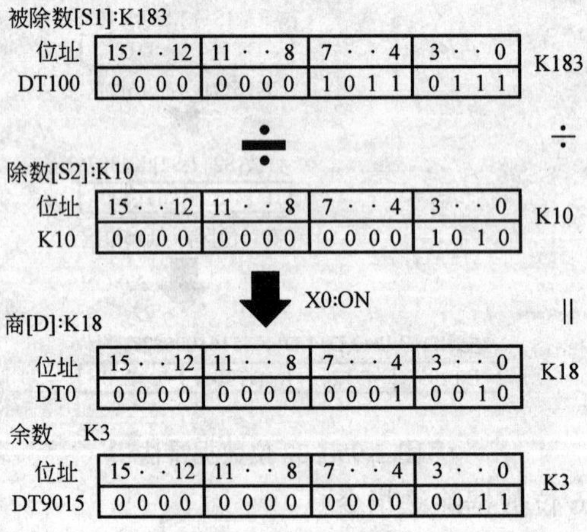

图 3-96 16 位数据除法

四、BCD 码算术运算指令

（一）F40（B+）4 位 BCD 数据相加指令

1. 指令功能　当触发信号接通时，由 S 指定的 4 位 BCD 常数或 16 位二进制数与由 D 指定的 4 位 BCD 数据相加，相加的结果存放在 D 中。

D（被加数）+ S（加数）$\xrightarrow{\text{触发信号接通}}$ D（结果）

当计算结果为零时，特殊内部继电器 R900B 接通一瞬间。当计算结果超过 4 位数字 BCD 数据时（溢出），R9009 接通一瞬间。4 位 BCD H 码范围为 H0 ~ H9999（BCD）。

2．程序举例 程序举例的梯形图及指令表如表 3-83 所示，操作数如表 3-84 所示。

表 3-83 程序举例的梯形图及指令表

梯形图	布尔非梯形图	
	地址	指令
触发信号 X0 10 ─┤├─[F40 B+, DT1, WR0] S D	10 11	ST X 0 F40 (B+) DT 1 WR 0
S	4 位 BCD 常数或 4 位 BCD 数据的 16 位区（加数）	
D	4 位 BCD 数的 16 位数（被加数和结果）	

表 3-84 操作数

操作数	继电器			定时器/计数器		寄存器	索引寄存器		常数		索引修正值
	WX	WY	WR	SV	EV	DT	IX	IY	K	H	
S	A	A	A	A	A	A	A	A	A①	A②	A
D	N/A	A	A	A	A	A	A	A	N/A	N/A	A

① 这里常数 K 的可用范围为 K0 ~ K9999。

② 这里所指的数据 H 应当表示成 4 位十进制形式的 BCD 码，范围从 H0（BCD）~ H9999（BCD）。

程序说明：当触发信号 X0 接通时，内部字继电器 WR0 和数据寄存器 DT1 中的内容相加，相加的结果存放在内部字继电器 WR0 中，如图 3-97 所示。

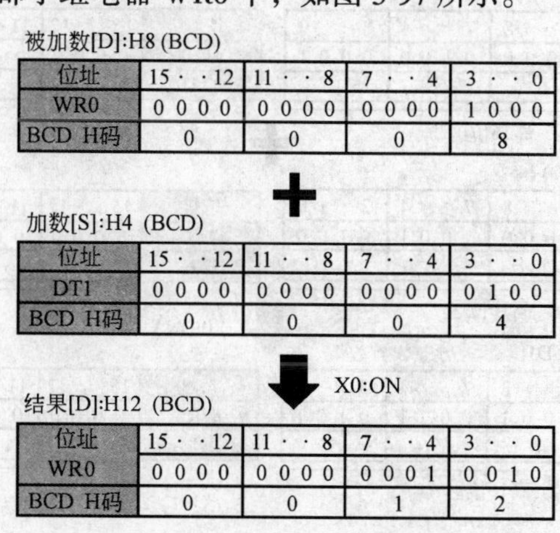

图 3-97 4 位 BCD 数据相加

（二）F41（DB+）8 位 BCD 数据相加指令

1．指令功能 当触发信号接通时，由“S”指定的 8 位 BCD 常数或 8 位 BCD 数据与由“D”指定的 8 位 BCD 数据相加，结果存放在（D+1）和 D 中。

被加数		加数		结果
D:低4位数字	+	S:低4位数字	触发信号接通→	D:低4位数字
D+1:高4位数字		S+1:高4位数字		D+1:高4位数字

2. 程序举例　程序举例的梯形图和指令表如表3-85所示，操作数如表3-86所示。

表3-85　程序举例的梯形图及指令

梯形图	布尔非梯形图 地址	布尔非梯形图 指令
触发信号 X0 10 ─┤├─[F41 DB+, DT1, WR0] S: DT1　D: WR0	10 11	ST X 0 F41 (DB+) DT 1 WR 0

S	8位BCD常数或8位BCD数据的16位区（加数）
D	8位BCD数的低16位数（被加数和结果）

表3-86　操作数

操作数	继电器 WX	继电器 WY	继电器 WR	定时器/计数器 SV	定时器/计数器 EV	寄存器 DT	索引寄存器 IX	索引寄存器 IY	常数 K	常数 H	索引修正值
S	A	A	A	A	A	A	A	N/A	A①	A②	A
D	N/A	A	A	A	A	A	A	N/A	N/A	N/A	A

① 这里的常数K的范围为K0～K99999999。

② 这里所指的数据H应当表示成8位形式的BCD H码，范围为H0（BCD）～H99999999（BCD）。

程序说明：当触发信号X0接通时，内部字继电器WR1和WR0中的内容与数据寄存器DT2和DT1中的内容相加，相加的结果存放在内部字继电器WR1和WR0中，如图3-98所示。

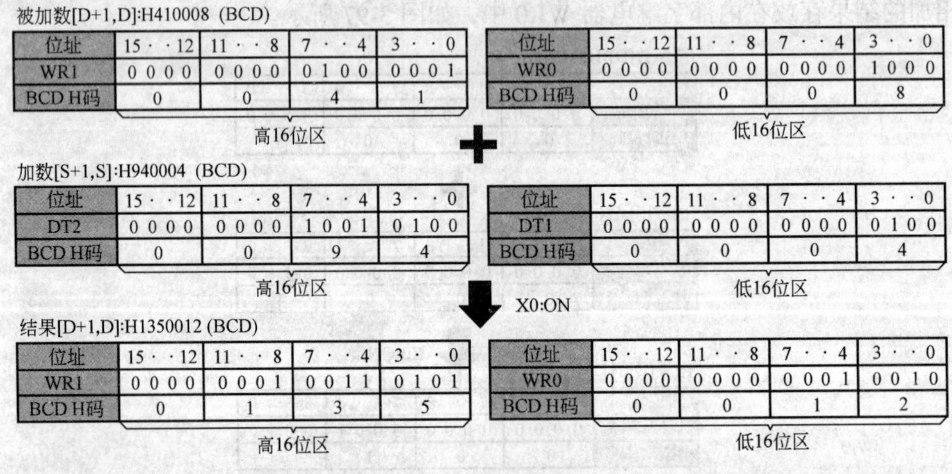

图3-98　8位BCD数据相加

（三）F50（B＊）4位BCD数据相乘指令

1. 指令功能　当触发信号接通时，由“S1”和“S2”指定的4位BCD常数或4位BCD数据的16位区相乘，相乘的结果存储在指定的D+1和D中，即S1×S2→（D+1，D）。

2. 程序举例 程序举例的梯形图及指令表如表 3-87 所示，操作数如表 3-88 所示。

表 3-87 程序举例的梯形图及指令表

梯形图	布尔非梯形图	
	地址	指令
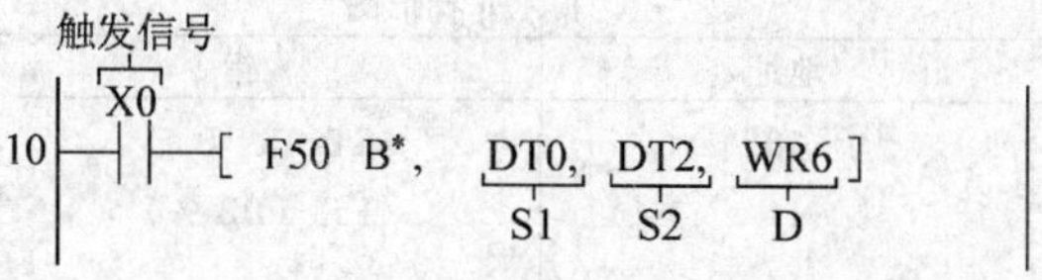 触发信号 X0 10 ─┤├─[F50 B*, DT0, DT2, WR6] S1 S2 D	10 11	ST X 0 F50 (B*) DT 0 DT 2 WR 6

S1	4 位数字 BCD 常数或 4 位数字 BCD 数据的 16 位区（被乘数）
S2	4 位数字 BCD 常数或 4 位数字 BCD 数据的 16 位区（乘数）
D	8 位数字 BCD 数据的低 16 位区（存储结果）

表 3-88 操作数

操作数	继电器			定时器/计数器		寄存器	索引寄存器		常数		索引
	WX	WY	WR	SV	EV	DT	IX	IY	K	H	修正值
S1	A	A	A	A	A	A	A	A	A①	A②	A
S2	A	A	A	A	A	A	A	A	A①	A②	A
D	N/A	A	A	A	A	A	A	N/A	N/A	N/A	A

① 这里可用的常数 K 的范围是 K0 ~ K9999。

② 这里所指的数据 H 应当是表示成 4 位 BCD H 码形式，范围从 H0（BCD）~ H9999（BCD）。

程序说明：当触发信号 X0 接通时，数据寄存器 DT0 和 DT2 中的内容相乘，乘得的结果存储在内部字继电器 WR7 和 WR6 中，如图 3-99 所示。

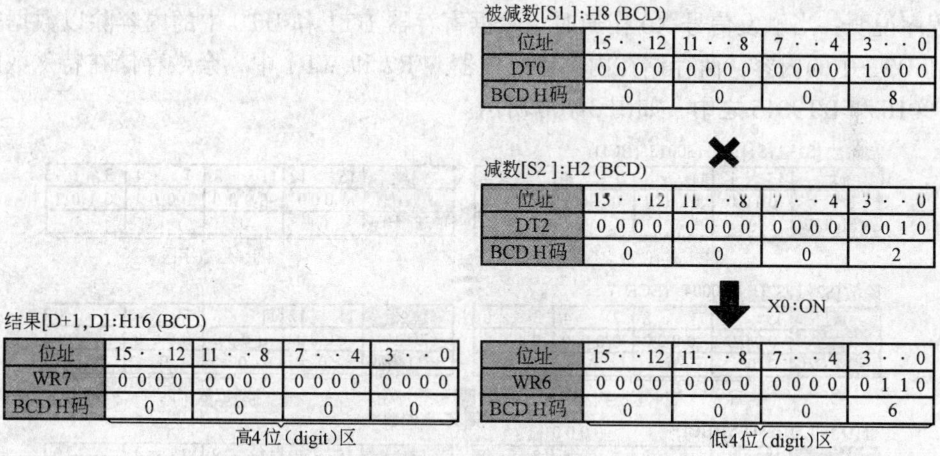

被减数[S1]:H8 (BCD)

位址	15 · · 12	11 · · 8	7 · · 4	3 · · 0
DT0	0 0 0 0	0 0 0 0	0 0 0 0	1 0 0 0
BCD H码	0	0	0	8

✖

减数[S2]:H2 (BCD)

位址	15 · · 12	11 · · 8	7 · · 4	3 · · 0
DT2	0 0 0 0	0 0 0 0	0 0 0 0	0 0 1 0
BCD H码	0	0	0	2

X0:ON

结果[D+1,D]:H16 (BCD)

位址	15 · · 12	11 · · 8	7 · · 4	3 · · 0
WR7	0 0 0 0	0 0 0 0	0 0 0 0	0 0 0 0
BCD H码	0	0	0	0

高4位(digit)区

位址	15 · · 12	11 · · 8	7 · · 4	3 · · 0
WR6	0 0 0 0	0 0 0 0	0 0 0 0	0 1 1 0
BCD H码	0	0	0	6

低4位(digit)区

图 3-99 4 位 BCD 数据相乘

（四）F53（DB%）8 位 BCD 数据除法

1. 指令功能 当触发信号接通时，由“S1”指定的 8 位 BCD 数据或 8 位 BCD 常数除以由“S2”指定的 8 位 BCD 数据或 8 位 BCD 常数，商存储在指定的 D + 1 和 D 中，余数存在特殊数据寄存器 DT9016 和 DT9015 中，即为（S1 + 1，S1）/（S2 + 1，S2）→（D + 1，D）……（DT9016，DT9015）。

在处理 8 位 BCD 数据时，如果低 16 位数据已被指定为（S1，S2，D），则高 16 位数据自动被指定为（S1+1，S2+2，D+1）。

2. 程序举例　程序举例的梯形图及指令表如表 3-89 所示，操作数如表 3-90 所示。

表 3-89　程序举例的梯形图及指令表

梯形图	布尔非梯形图 地址	指令
触发信号 X0 10 ─┤├─[F53 DB%, DT0, DT2, WR1] S1 S2 D	10 11	ST X 0 F53（DB %） DT 0 DT 2 WR 1

S1	8 位数字 BCD 常数或 8 位数字 BCD 数据的 16 位区（被除数）
S2	8 位数字 BCD 常数或 8 位数字 BCD 数据的 16 位区（除数）
D	8 位数字 BCD 数据的 16 位区（存储商）（余数存储在特殊数据寄存器 DT9016 和 DT9015 中）

表 3-90　操作数

操作数	继电器			定时器/计数器		寄存器	索引寄存器		常数		索引修正值
	WX	WY	WR	SV	EV	DT	IX	IY	K	H	
S1	A	A	A	A	A	A	A	N/A	A①	A②	A
S2	A	A	A	A	A	A	A	N/A	A①	A②	A
D	N/A	A	A	A	A	A	A	N/A	N/A	N/A	A

① 这里可用的常数 K 的范围是 K0～K99999999。

② 这里所指的数据 H 应当表示成 8 位 BCD H 码形式，范围从 H0（BCD）～H99999999（BCD）。

程序说明：当触发信号 X0 接通时，数据寄存器 DT1 和 DT0 中的内容除以数据寄存器 DT3 和 DT2 中的内容，商存储在内部字继电器 WR2 和 WR1 中，余数存储在特殊数据寄存器 DT9016 和 DT9015 之中，如图 3-100 所示。

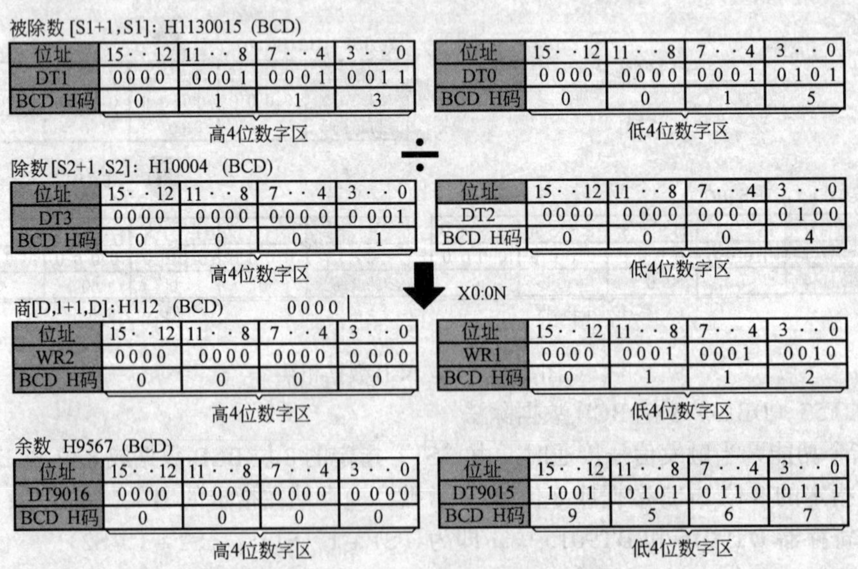

图 3-100　8 位 BCD 数据除法

五、F60（CMP）16 位数据比较指令

（一）指令功能

当触发信号接通时，将“S1”指定的 16 位数据与“S2”指定的 16 位数据进行比较，比较的结果存储在特殊继电器 R9009、R900A ~ R900C 中，表 3-91 列出了由比较 S1 和 S2 的大小决定的 R9009 ~ R900C 的状态输出。如果使用特殊继电器 R9010（常 ON）来作 F60（CMP）指令的触发信号时，则比较结果标志（R9009 ~ R900C）前的触发信号 R9010 可省略。

表 3-91　R9009 ~ R900C 状态输出

比较 S1 和 S2	标志			
	R900A （> flag）	R900B （= flag）	R900C （< flag = ）	R9009 （carry flag）
S1 < S2	OFF	OFF	ON	↕
S1 = S2	OFF	ON	OFF	OFF
S1 > S2	ON	OFF	OFF	↕

注：“↕”表示根据条件通/断。

当比较特殊数据时，如 BCD 或无符号的二进制数，特殊继电器 R9009 ~ R900C 状态变化如表 3-92 所示。

表 3-92　R9009 ~ R900C 状态变化

比较 S1 和 S2	标志			
	R900A （> flag）	R900B （= flag）	R900C （< flag = ）	R9009 （carry flag）
S1 < S2	↕	OFF	↕	ON
S1 = S2	OFF	ON	OFF	OFF
S1 > S2	↕	OFF	↕	OFF

（二）程序举例

程序举例的梯形图和指令表如表 3-93 所示，操作数如表 3-94 所示。

表 3-93　程序举例的梯形图及指令表

梯形图	布尔非梯形图	
	地址	指令
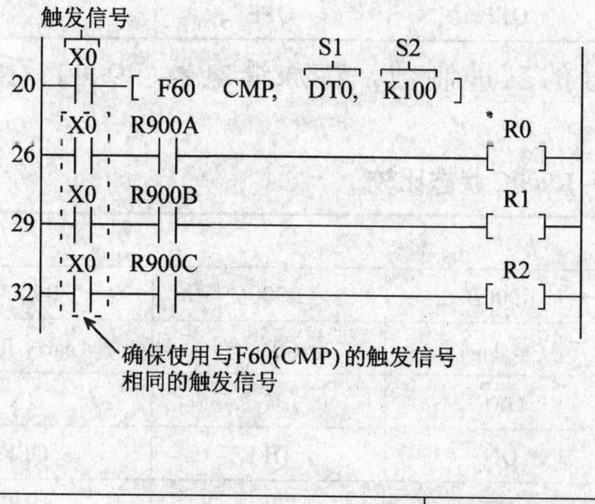 触发信号	20	ST X 0
20 X0 [F60 CMP, S1 DT0, S2 K100]	21	F60 (CMP)
		DT 0
		K 100
26 X0 R900A [R0]	26	ST X 0
	27	AN R 900A
	28	OT R 0
29 X0 R900B [R1]	29	ST X 0
	30	AN R 900B
	31	OT R 1
32 X0 R900C [R2]	32	ST X 0
	33	AN R 900C
确保使用与F60(CMP)的触发信号相同的触发信号	34	OT R 2

S1	被比较的 16 位常数或存放数据的 16 位区
S2	被比较的 16 位常数或存放数据的 16 位区

表 3-94 操作数

操作数	继电器			定时器/计数器		寄存器	索引寄存器		常数		索引修正值
	WX	WY	WR	SV	EV	DT	IX	IY	K	H	
S1	A	A	A	A	A	A	A	A	A	A	A
S2	A	A	A	A	A	A	A	A	A	A	A

程序说明：当触发信号 X0 接通时，将数据寄存器 DT0 的内容与十进制常数（K100）进行比较，当 DT0 > K100 时，R900A 为 ON，内部继电器 R0 接通。当 DT0 = K100 时，R900B 为 ON，R1 接通。当 DT0 < K100 时，R900C 为 ON，R2 接通。

本例的程序也可通过 PSHS、RDS、POPS 指令来编制。

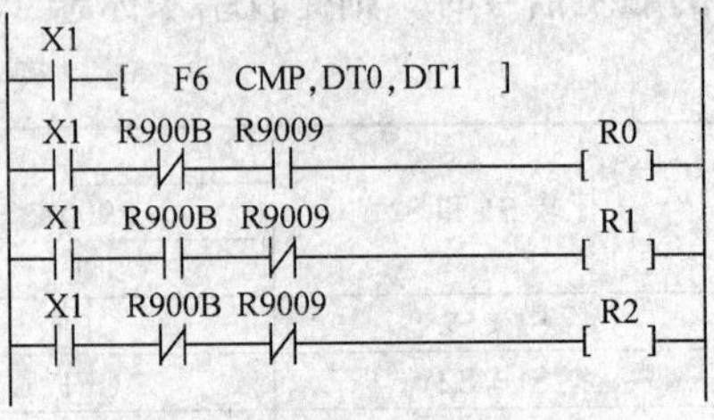

```
 X1
─┤ ├──[ F6  CMP,DT0,DT1 ]
 X1    R900B  R9009                  R0
─┤ ├───┤/├────┤ ├──────────────────[ ]─
 X1    R900B  R9009                  R1
─┤ ├───┤ ├────┤/├──────────────────[ ]─
 X1    R900B  R9009                  R2
─┤ ├───┤/├────┤/├──────────────────[ ]─
```

图 3-101 梯形图

如果比较特殊数据时，可采用图 3-101 所示的梯形图来进行编程。比较 DT0 与 DT1 中的两个 BCD 数据，当 DT0 < DT1 时，R0 为 ON。当 DT0 = DT1 时，R1 为 ON。当 DT0 > DT1 时，R2 为 ON。

六、F61（DCMP）32 位数据比较指令

（一）指令功能

当触发信号接通时，将“S1”指定的 32 位常数或 32 位区的内容与“S2”指定的 32 位常数或 32 位区的内容进行比较，结果存入在特殊继电器 R9009 ~ R900C 中。在处理 32 位数据时，若已指定低 16 位区为（S1，S2），则高 16 位区自动指定为（S1 + 1，S2 + 1）。表3-95 列出了由比较（S1 + 1，S1）和（S2 + 1，S2）大小决定的 R9009 ~ R900C 的输出。

表 3-95 R9009 ~ R900C 状态比较

比较 (S1 + 1、S1)与(S2 + 1、S2)	标志			
	R900A (> flag)	R900B (= flag)	R900C (< flag =)	R9009 (carry flag)
(S1 + 1、S1) < (S2 + 1、S2)	OFF	OFF	ON	↕
(S1 + 1、S1) = (S2 + 1、S2)	OFF	ON	OFF	OFF
(S1 + 1、S1) > (S2 + 1、S2)	ON	OFF	OFF	↕

当比较特殊数据时，如 BCD 或无符号的二进制数，特殊继电器 R9009、R900A、R900B、R900C 的状态比较如表 3-96 所示。

表 3-96 R9009 ~ R900C 状态比较

比较 (S1 + 1、S1)与(S2 + 1、S2)	标志			
	R900A (> flag)	R900B (= flag)	R900C (< flag =)	R9009 (carry flag)
(S1 + 1、S1) < (S2 + 1、S2)	↕	OFF	↕	ON
(S1 + 1、S1) = (S2 + 1、S2)	OFF	ON	OFF	OFF
(S1 + 1、S1) > (S2 + 1、S2)	↕	OFF	↕	OFF

（二）程序举例

程序举例的梯形图和指令表如表 3-97 所示，操作数如表 3-98 所示。

表 3-97　程序举例的梯形图及指令表

<table>
<tr><th rowspan="2">梯 形 图</th><th colspan="2">布尔非梯形图</th></tr>
<tr><th>地址</th><th>指令</th></tr>
<tr><td rowspan="13">触发信号
X0
30 ─┤├─[F61 DCMP, S1 DT0, S2 DT100]
X0 R900A
40 ─┤├──┤├─────[Y0]
X0 R900B
43 ─┤├──┤├─────[Y1]
X0 R900C
46 ─┤├──┤├─────[Y2]
确保使用与F61(DCMP)的触发信号
相同的触发信号</td><td>30</td><td>ST　X　0</td></tr>
<tr><td>31</td><td>F61（DCMP）</td></tr>
<tr><td></td><td>DT　0</td></tr>
<tr><td></td><td>DT　100</td></tr>
<tr><td>40</td><td>ST　X　0</td></tr>
<tr><td>41</td><td>AN　R　900A</td></tr>
<tr><td>42</td><td>OT　Y　0</td></tr>
<tr><td>43</td><td>ST　X　0</td></tr>
<tr><td>44</td><td>AN　R　900B</td></tr>
<tr><td>45</td><td>OT　Y　1</td></tr>
<tr><td>46</td><td>ST　X　0</td></tr>
<tr><td>47</td><td>AN　R　900C</td></tr>
<tr><td>48</td><td>OT　Y　2</td></tr>
<tr><td>S1</td><td colspan="2">被比较的 32 位常数或存放 32 位常数的低 16 位区</td></tr>
<tr><td>S2</td><td colspan="2">被比较的 32 位常数或存放 32 位常数的低 16 位区</td></tr>
</table>

表 3-98　操作数

操作数	继 电 器			定时器/计数器		寄存器	索引寄存器		常 数		索引修正值
	WX	WY	WR	SV	EV	DT	IX	IY	K	H	
S1	A	A	A	A	A	A	A	N/A	A	A	A
S2	A	A	A	A	A	A	A	N/A	A	A	A

程序说明：当触发信号 X0 接通时，将数据寄存器（DT101，DT100）的内容与（DT1，DT0）的内容进行比较。当（DT1，DT0）>（DT101，DT100）时 R900A 为 ON，外部输出继电器 Y0 接通。当（DT1，DT0）=（DT101，DT100）时，R900B 为 ON，外部输出继电器 Y1 接通。当（DT1，DT0）<（DT101，DT100）时，R900C 为 ON，则 Y2 接通。

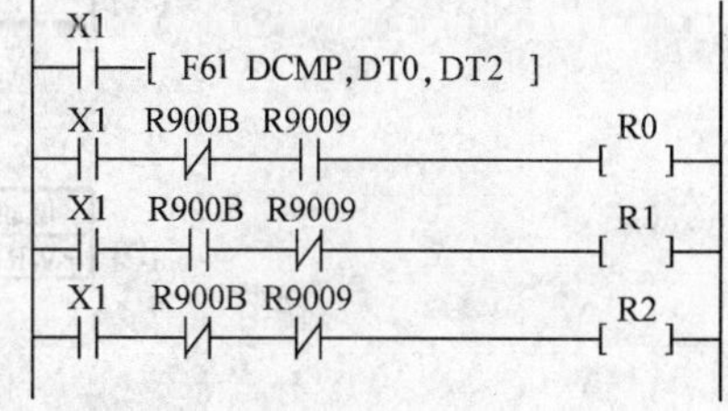

图 3-102　梯形图

当比较特殊数据时，例如比较（DT1，DT0）和（DT3，DT2）中的两个 BCD 数据，可按图 3-102 所示梯形图的编程方法编制程序。当（DT1，DT0）<（DT3，DT2）时，内部继电器 R0 接通。当（DT1，DT0）=（DT3，DT2）时，R1 接通。当（DT1，DT0）>（DT3，DT2）时，R2 接通。

七、F65（WAN）16 位数据与运算指令

（一）指令功能

当触发信号接通时，将“S1”和“S2”指定的 16 位常数或 16 位数据进行与（AND）运算，运算的结果存储在由“D”指定的 16 位区中。当“S1”和“S2”指定的是 16 位常数

时，与（AND）运算将它转换为16位二进制形式。

（二）程序举例

程序举例的梯形图和指令表如表3-99所示，操作数如表3-100所示。

表3-99　程序举例的梯形图及指令表

梯形图	布尔非梯形图 地址	指令
触发信号 X0 10 ─┤├─[F65 WAN, DT0(S1), DT2(S2), WR1(D)]	10	ST X 0
	11	F65 （WAN）
		DT 0
		DT 2
		WR 1

S1	16位常数或16位区
S2	16位常数或16位区
D	存储与（AND）操作结果的16位区

表3-100　操作数

操作数	继电器			定时器/计数器		寄存器	索引寄存器		常数		索引修正值
	WX	WY	WR	SV	EV	DT	IX	IY	K	H	
S1	A	A	A	A	A	A	A	A	A	A	A
S2	A	A	A	A	A	A	A	A	A	A	A
D	N/A	A	A	A	A	A	A	A	N/A	N/A	A

程序说明：当触发信号X0接通时，数据寄存器DT0和DT2的每一位进行逻辑与，与运算的结果存储在内部字继电器WR1中，如图3-103所示。

	位址	15··12	11··8	7··4	3··0
[S1]	DT0	0100	1101	1011	1001

	位址	15··12	11··8	7··4	3··0
[S2]	DT2	0000	0000	1111	1111

X0:ON

	位址	15··12	11··8	7··4	3··0
[D]	WR1	0000	0000	1011	1001

图3-103　逻辑与运算

八、F66（WOR）16位数据或运算指令

（一）指令功能

当触发信号接通时，将“S1”或“S2”指定的16位常数或16位数据进行或（OR）运算，运算的结果存储在由“D”指定的16位区中。当“S1”和“S2”指定的是16位常数时，或（OR）运算将它转换为16位二进制形式。

（二）程序举例

程序举例的梯形图及指令表如表3-101所示，操作数如表3-102所示。

表 3-101 程序举例的梯形图及指令表

梯形图	布尔非梯形图	
	地址	指令
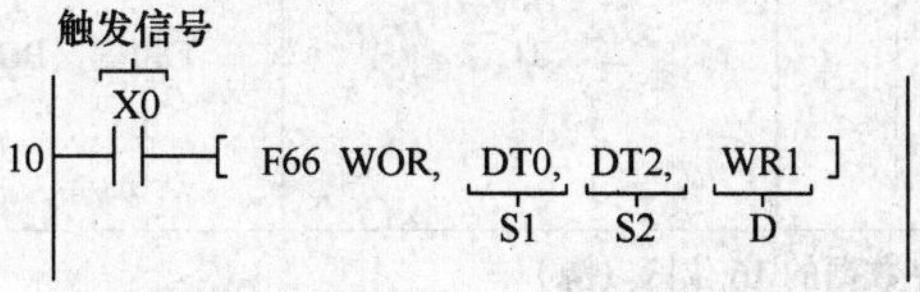 触发信号 X0 10 ─┤├─[F66 WOR, DT0(S1), DT2(S2), WR1(D)]	10 11	ST X 0 F66 (WOR) DT 0 DT 2 WR 1

S1	16 位常数或 16 位区
S2	16 位常数或 16 位区
D	存储或（OR）操作结果的 16 位区

表 3-102 操作数

操作数	继电器			定时器/计数器		寄存器	索引寄存器		常数		索引修正值
	WX	WY	WR	SV	EV	DT	IX	IY	K	H	
S1	A	A	A	A	A	A	A	A	A	A	A
S2	A	A	A	A	A	A	A	A	A	A	A
D	N/A	A	A	A	A	A	A	A	N/A	N/A	A

程序说明：当触发信号 X0 接通时，数据寄存器 DT0 和 DT2 中的每一位进行逻辑或，或运算结果存储在内部字继电器 WR1 中，如图 3-104 所示。

	位址	15··12	11··8	7··4	3··0
[S1]	DT0	0100	1101	1011	1001
	位址	15··12	11··8	7··4	3··0
[S2]	DT2	0000	0000	1111	1111

X0:ON

	位址	15··12	11··8	7··4	3··0
[D]	WR1	0100	1101	1111	1111

图 3-104 逻辑或运算

九、F80（BCD）16 位二进制数据转换为 4 位 BCD 码指令

（一）指令功能

当触发信号接通时，将 S 指定的 16 位二进制数据转换为 BCD 码表示的十进制数据，转换结果存储于目的区 D 中。被转换的数据需在 K0（H0）~ K9999（H270F）范围内。

（二）程序举例

程序举例的梯形图和指令表如表 3-103 所示，操作数如表 3-104 所示。

表 3-103　程序举例的梯形图及指令表

梯　形　图	布尔非梯形图	
	地址	指令
触发信号 X0 30 ─┤├─[F80 BCD, EV0, WY0] S　D	30 31	ST　X　0 F80　(BCD) EV　0 WY　0
S	16 位常数或存数据的 16 位区（源）	
D	存放 BCD 码的 4 位区（目的）	

表 3-104　操作数

操作数	继电器			定时器/计数器		寄存器	索引寄存器		常　数		索引
	WX	WY	WR	SV	EV	DT	IX	IY	K	H	修正值
S	A	A	A	A	A	A	A	A	A	A	A
D	N/A	A	A	A	A	A	A	A	N/A	N/A	A

程序说明：当触发信号 X0 接通时，将定时器/计数器经过值区 EV0 的内容转换为 4 位 BCD 码数据。结果存放在外部输出继电器 WY0 中，如图 3-105 所示。

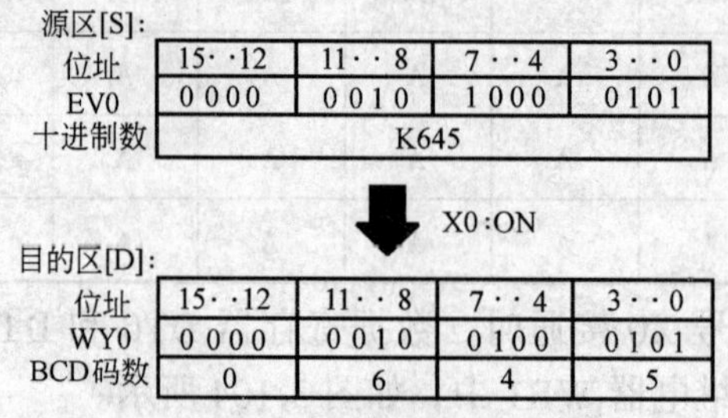

图 3-105　16 位二进制数转换为 4 位 BCD 码

十、F81（BIN）4 位 BCD 码转换为 16 位二进制数据指令

（一）指令功能

当触发信号接通时，将源区 S 指定的用 BCD 码表示的 4 位十进制数据转换为 16 位二进制数据，转换结果存储在目的区 D 中。

（二）程序举例

程序举例的梯形图及指令表如表 3-105 所示，操作数如表 3-106 所示。

表 3-105　程序举例的梯形图及指令表

梯　形　图	布尔非梯形图	
	地址	指令
触发信号 X0 20 ─┤├─[F81 BIN, WX0, DT0] S　D	20 21	ST　X　0 F81　(BIN) WX　0 DT　0
S	4 位 BCD 码常数或存放 BCD 码数据的 4 位区（源）	
D	16 位区（目的）	

表 3-106 操作数

操作数	继电器			定时器/计数器		寄存器	索引寄存器		常数		索引修正值
	WX	WY	WR	SV	EV	DT	IX	IY	K	H	
S	A	A	A	A	A	A	A	A	A	A	A
D	N/A	A	A	A	A	A	A	A	N/A	N/A	A

程序说明：当触发信号 X0 接通时，将外部输入字继电器 WX0 的内容（BCD）转换为16位二进制数，转换的数据存放在数据寄存器 DT0 中，如图 3-106 所示。

源区[S]:H15(BCD)

位址	15· ·12	11· · 8	7· · 4	3· · 0
WX0	0000	0000	0001	0101
BCD码数	0	0	1	5

X0:ON

目地区[D]:K15

位址	15· ·12	11· · 8	7· · 4	3· · 0
DT0	0000	0000	0000	1111
BCD码数	K15			

图 3-106 BCD 码转换为 16 位二进制数

第六节 FP-X 的专用指令

从本节开始介绍可编程控制器 FP-X 的专用指令，现总结了新追加的或在 FP1 已有指令中追加了 FP-X 专用的内容。

一、关于 FP-X 新追加指令

新追加了 FP-X 的专用命令，在上述的指令中没有记载，如表 3-107 所示。

表 3-107 FP-X 的专用指令

指令类型	指令助记符	名称
高级指令	F250	二进制 → ASCII 转换
	F251	ASCII → 二进制转换

二、现有指令中追加了 FP-X 的内容

在以前的指令中追加了 FP-X 专用的内容，参看表 3-108 中的内容，在 FP-X 中不要使用以前的相关内容。

表 3-108 FP-X 新增指令内容

	No.	名称
基本指令	ICTL	中断控制
	SYS1	设定通信条件
		密码设置
		中断设置
		PC-link 时间设置
		MEWTOCOL-COM 响应控制
	SYS2	系统寄存器（No.40 ~ No.47）

（续）

	No.	名 称
高级指令	F0（MV）	高速计数器控制
	F0（MV）	脉冲输出控制
	F1（DMV）	高速计数器/脉冲输出经过值
	F145	数据的发送
	F146	数据的接收
	F159（MTRN）	串行数据通信
	F166（HC1S）	目标值一致 ON（带通道指定）
	F167（HC1R）	目标值一致 OFF（带通道指定）
	F171（SPDH）	脉冲输出（带通道指定）（梯形控制）
	F171（SPDH）	脉冲输出（带通道指定）（原点返回）
	F172（PLSH）	脉冲输出（带通道指定）（JOG 控制）
	F173（PWMH）	PWM 输出（带通道指定）
	F174（SP0H）	脉冲输出（带通道指定）
	F175（SPSH）	脉冲输出（直线插补）

第七节 FP-X 基本指令的专用内容

一、ICTL 中断控制指令

（一）指令功能

中断控制指令 适用于 FP0/FPΣ/FP-X/FP1/FP-M，其功能是进行中断的禁止、允许和清除控制。

1. 程序举例　程序举例的梯形图及指令表如表 3-109 所示，操作数如表 3-110 所示。

表 3-109　程序举例的梯形图及指令表

梯形图程序	布尔形式		
0 ─┤X0├─(DF)─[ICTL, H0 H1]（H0 为 S1，H1 为 S2）	地址	指令	
	0	ST	X　0
	1	DF	
	2	ICTL	
		H	0
		H	1

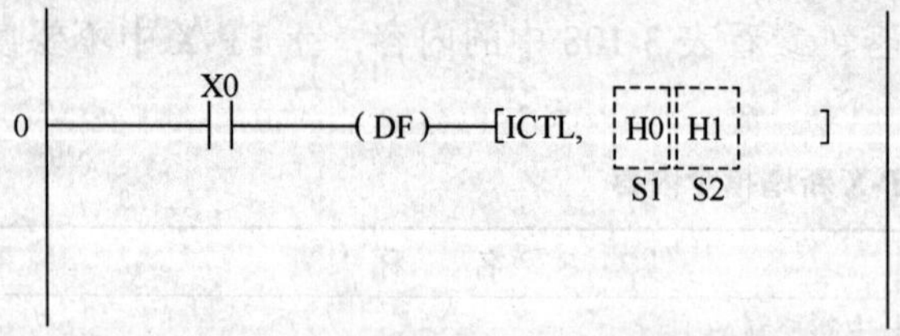

表 3-110　操作数

操作数	继电器和寄存器	WX	WY	WR	SV	EV	DT	IX	IY	常数 K	常数 H	常数索引变址
S1	保存控制数据的区域或常数数据	A	A	A	A	A	A	A	A	A	A	A
S2	保存控制数据的区域或常数数据	A	A	A	A	A	A	A	A	A	A	A

2. 指令使用说明

1）当执行［ICTL］指令时，根据［S1］和［S2］中的设置来执行。①设定中断程序的允许/禁止；②设定清除中断。

2）应该使用［DF］指令，在执行条件的上升沿被执行一次。

3）两个或两个以上的［ICTL］指令可以有相同的执行条件。

在执行中断程序之前，必须执行指定允许执行中断程序。

3. 运行中改写程序时的注意事项（FP0/FPΣ）

若在 RUN 模式下当正在使用中断功能时改写程序，则中断程序将被禁止执行。

ICTL 指令应被再次用于允许执行中断程序。

例如，设置定时中断，从运行开始每 10ms 执行中断程序。（RUN 中改写程序后，再次允许中断。）

R9013
[ICTL, H2, K1]
R9034
每10ms
执行一次
INT24

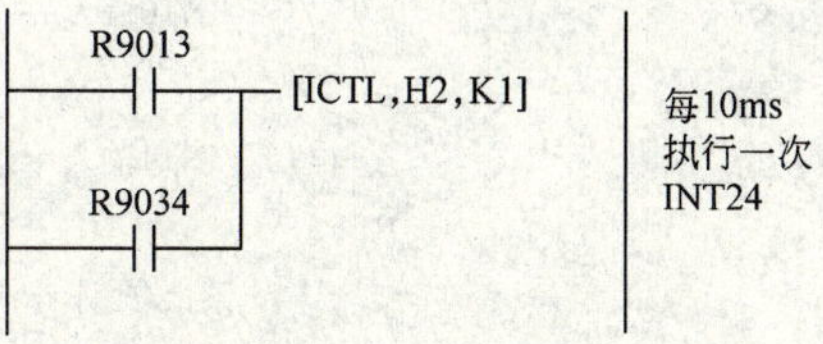

图 3-107　梯形图程序

梯形图程序如图 3-107 所示。

（二）指令应用

例 1　设置定时中断，从运行开始每 10ms 执行中断程序。定时中断程序如图 3-108 所示。

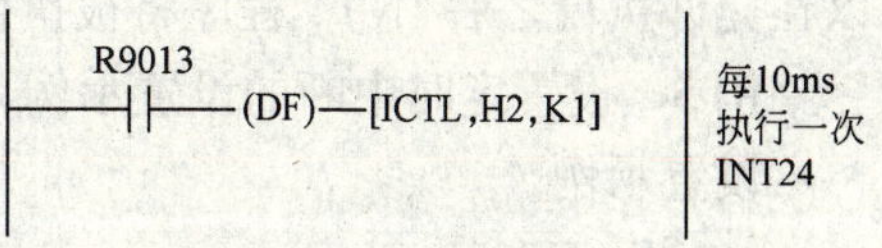

R9013
(DF)—[ICTL, H2, K1]
每10ms
执行一次
INT24

图 3-108　定时中断程序

R9013（初始脉冲继电器）仅在开始运行后的第一个扫描周期内为 ON。

例 2　当 X0 出现上升沿时，允许执行 INT0 ~ INT3。应用 DF 指令程序如图 3-109 所示。

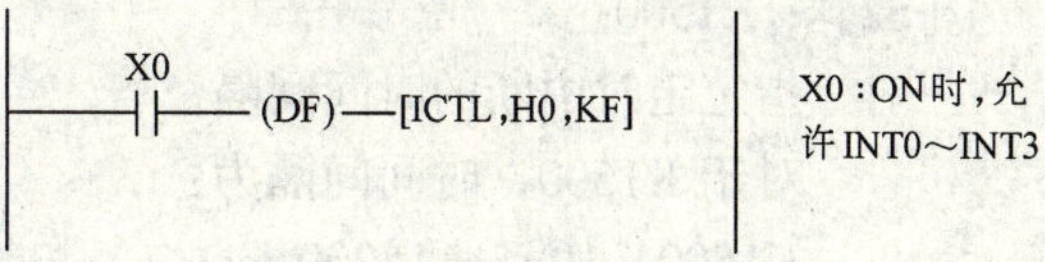

X0
(DF)—[ICTL, H0, KF]
X0：ON时，允许 INT0～INT3

图 3-109　应用 DF 指令程序

例 3　在 INT0 程序执行结束以后清除 INT0 以外的中断。清除 INT0 以外的中断程序如图 3-110 所示。

例 4　清除中断程序示例的设置清除中断程序如图 3-111 所示。

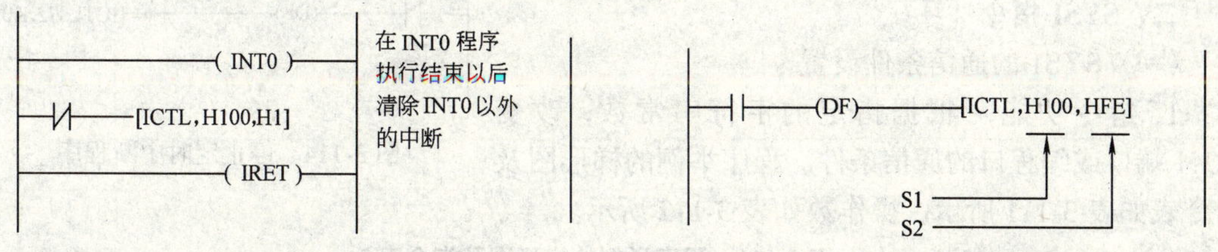

图 3-110　清除 INT0 以外的中断程序　　　　图 3-111　清除中断程序

［S1］：H0100

清除对应于外部输入或到达目标值时产生的中断。

［S2］：HFE

清除中断 INT0（将 bit0 置为“0”），不清除全部其他中断。

设定值与中断输入接点之间的关系，请参阅［执行允许/禁止］的示例。

当中断程序被禁止时，即使发生 INT0 中断输入，也可以使用 ICTL 指令清除 INT0 中断。时序图如 3-112 所示。

由于 INT0 被清除，INT0 程序即使在被允许后也不被执行。因为 INT1 未被清除，所

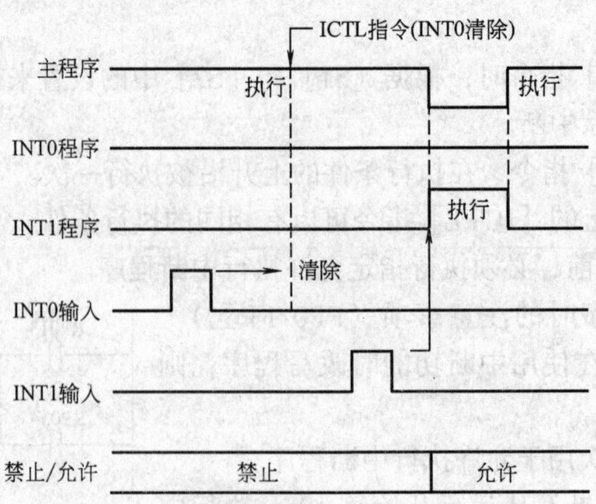

图 3-112　时序图

以在允许执行之后 INT1 程序将被执行。

例 5　设置定时中断的设置示例，示例程序梯形图如图 3-113 所示。

设置示例

［S1］：H0002

指定定时中断

［S2］：K1500

指定定时中断的时间间隔，

对于 K1500，时间间隔为：

K1500 × 10ms = 15000 ms

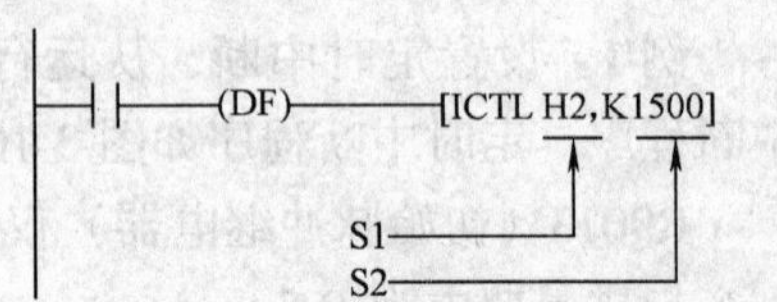

图 3-113　定时中断的设置示例

在执行［ICTL］指令之后，每隔 15s 产生一次定时中断。此时，将执行 INT24 中断程序。

停止定时中断的程序如图 3-114 所示。

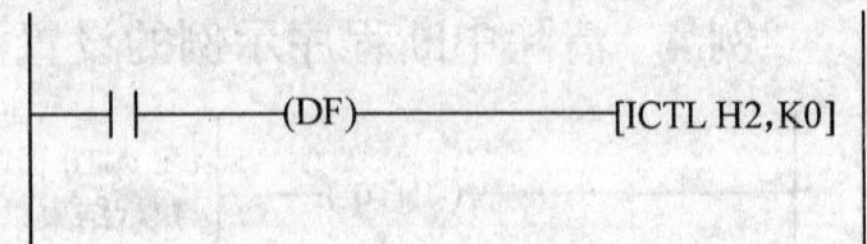

图 3-114　停止定时中断程序

二、SYS1 指令

（一）SYS1 的通信条件设置

1. 指令功能　根据指定的字符串常数，改变 COM 端口或编程口的通信条件。程序举例的梯形图及指令表如表 3-111 所示，操作数如表 3-112 所示。

表 3-111　程序举例的梯形图及指令表

梯形图程序	布尔形式		
10 ─┤R0├─(DF)─[SYS1, M COM1,B8POS1] (S)	地址	指令	
[SYS1, M COM1,19200] (S；No.1 关键字 No.2 关键字)	10 ST	R	0
	11 DF		
	12 SYS1		
	M	COM1，B8POS1	
	25 SYS1		
	M	COM1，19200	

表 3-112 操作数

操作数 \ 继电器和寄存器		WX	WY	WR	WL	SV	EV	DT	LD	FL	I	常数			索引变址
												K	H	M	
S	字符串常数	N/A	N/A	N/A	N/A	N/A	N/A	N/A	N/A	N/A	N/A	N/A	N/A	A	N/A

对于 No.1 关键字指定的通信端口，将其通信条件变更为 No.2 关键字指定的内容。

可以改变的内容如下：

1）通信格式。

2）波特率。

3）站号（单元 No.）。

4）起始符和结束符。

5）RS（Request to Send 发送请求）控制。

当触发器 R0 变为 ON 时，COM.1 端口的数据传输格式和速率设置如下：

数据位：8bit

校验：奇校验

停止位：1bit

波特率：19200 bit/s

标志状态如表 3-113 所示。

表 3-113 标志状态

R9007	指定了关键字以外的字符
	No.1 关键字与 No.2 关键字之间没有使用逗号
	指定关键字时使用了小写字母（指定站号时的 No. 除外）
	设置 COM1 或 COM2 时没有安装通信插卡
	当设置 COM1 或 COM2 并改变站号时，站号设置用开关处于 0 以外的位置
	利用指令进行站号指定时使用了 1～99 以外的数值
	在 COM1 端口作为 PC-link 模式使用的情况下，改变 COM1 的传输速率、格式等
	在编程口、COM1 端口或 COM2 端口被初始化为 modem 连接情况下，改变该端口的传输速率、格式等
	在设置了起始符和结束符的情况下，将通信模式改为通用通信以外的模式
	在安装了 1 通道型 RS232C 之外的插卡的情况下，使用 RS 控制
	在 COM.1 端口作为 PC-link 使用时，指定的站号大于系统寄存器中设置的最大站号

2. 关键字的设置

（1）通信格式（TOOL 编程口、COM.1 和 COM.2 端口共用） 通信格式设置如图3-115所示。

（2）波特率（TOOL 编程口、COM.1 和 COM.2 端口共用） 波特率设置如图 3-116 所示。

（3）站号（TOOL 编程口、COM.1 和 COM.2 端口共用） 站号设置如图 3-117 所示。

（4）起始符和结束符（COM.1 和 COM.2 端口共用） 起始符和结束符设置如图 3-118 所示。

（5）RS（Request to Send 发送请求）控制（只用于 COM.1） RS 控制的设置如图3-119所示。

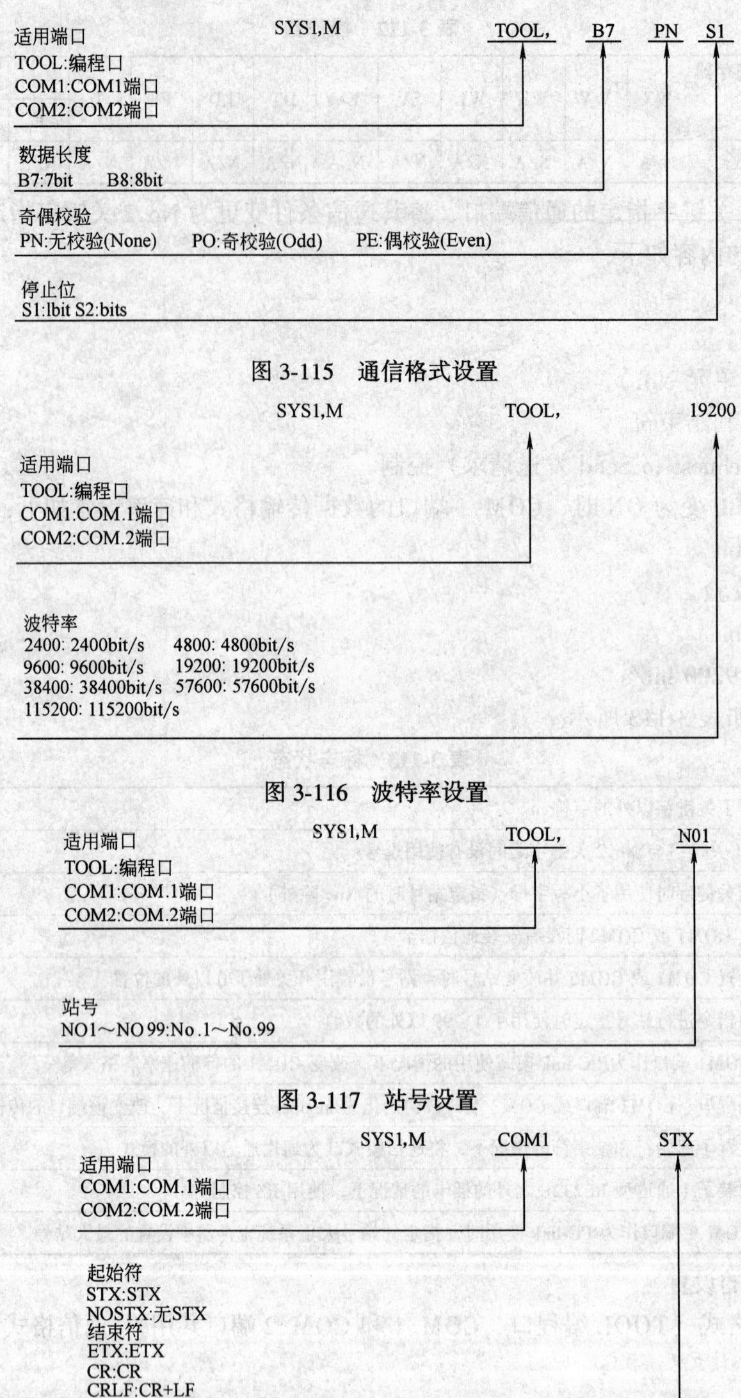

图 3-115 通信格式设置

图 3-116 波特率设置

图 3-117 站号设置

图 3-118 起始符和结束符设置

3. 编程时的注意事项

1）执行本指令时，并不将改变的内容重新写入控制单元的系统 ROM 中。因此，当断开电源并重新通电后，这些内容将按系统寄存器中指定的数据进行重写。

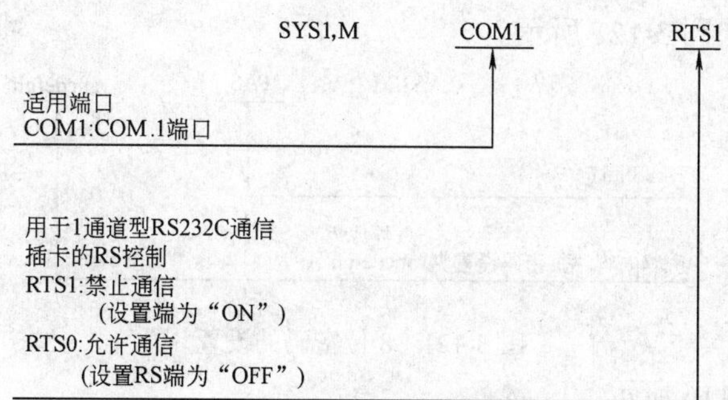

图 3-119　RS 控制的设置

2）建议在调用本指令时使用微分（DF）指令。

3）由于系统寄存器的设置被改变，如果利用工具软件进行校验，在某些情况下可以产生校验错误。

4）区分 No.1 关键字与 No.2 关键字时，应使用逗号“,”而非空格。

（二）SYS1 的密码设置

1. 指令功能　根据指定的字符串常数，改变由控制器指定的密码。程序举例的梯形图及指令表如表 3-114 所示，操作数如表 3-115 所示。

表 3-114　程序举例的梯形图及指令表

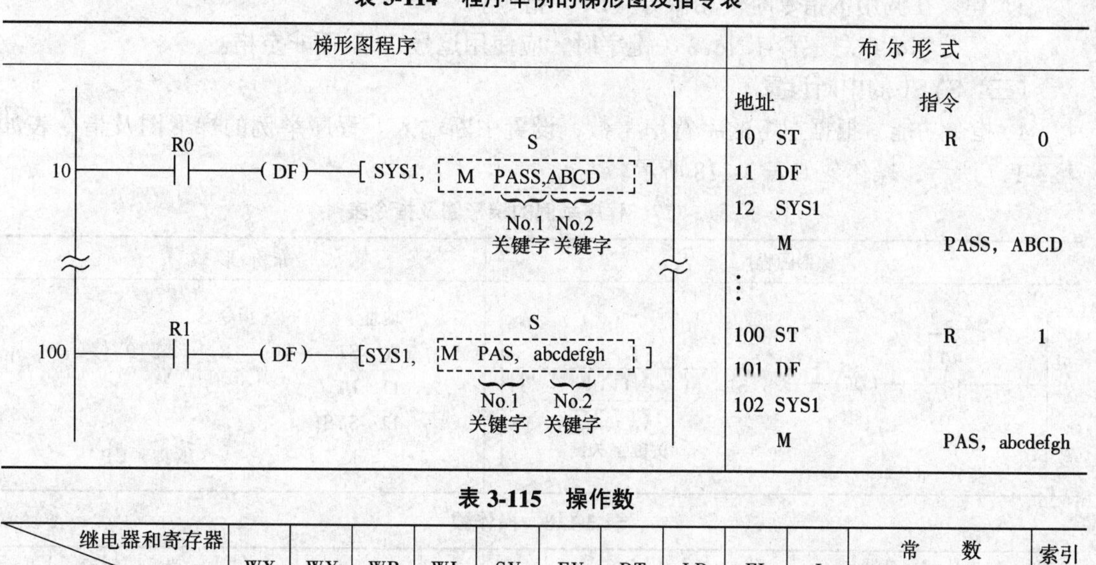

地址	指令		
10	ST	R	0
11	DF		
12	SYS1		
	M	PASS，ABCD	
⋮			
100	ST	R	1
101	DF		
102	SYS1		
	M	PAS，abcdefgh	

表 3-115　操作数

操作数 \ 继电器和寄存器		WX	WY	WR	WL	SV	EV	DT	LD	FL	I	常数 K	常数 H	常数 M	索引变址
S	字符串常数	N/A	N/A	N/A	N/A	N/A	N/A	N/A	N/A	N/A	N/A	N/A	N/A	A	N/A

根据控制器的指定，将密码变更为 No.2 关键字指定的内容。

当触发器 R0 变为 ON 时，密码变更为“ABCD”。

2. 关键字设置　4 位密码的设置如图 3-120 所示。

SYS1,M　　PASS　　ABCD

适用端口
COM1:COM.1端口

图 3-120　4 位密码的设置

8 位密码的设置如图 3-121 所示。

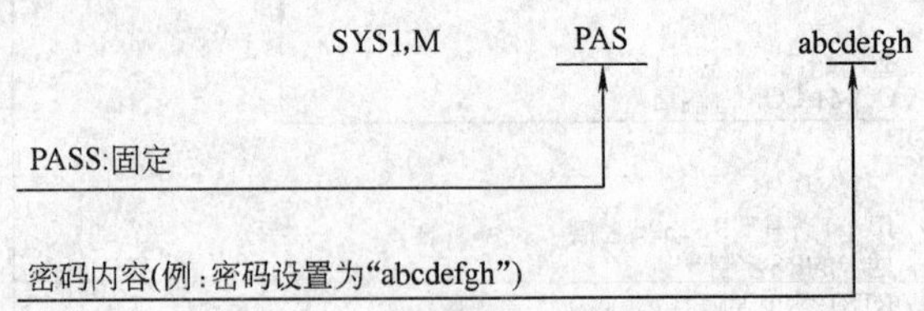

图 3-121　8 位密码的设置

错误状态如表 3-116 所示。

表 3-116　错误状态

错误状态	指定了关键字以外的字符
	No.1 关键字与 No.2 关键字之间没有使用逗号
	指定关键字时使用了小写字母（4 位时）
	设置密码时，指定的字符串中使用了 0～9 和 A～F 以外的字符，或数据常数超出 4 位（4 位时）

3. 编程时的注意事项

1）执行本指令时，向内部 F-ROM 写入数据需要约 100ms 的时间。

2）如果指定的密码与原有的密码相同，则密码不写入 F-ROM。

3）建议在调用本指令时使用微分（DF）指令。

4）区分 No.1 关键字与 No.2 关键字时，应使用逗号“,”而非空格。

（三）SYS1 的中断设置

1. 指令功能　根据指定的字符串常数，设置中断输入。程序举例的梯形图及指令表如表 3-117 所示，操作数如表 3-118 所示。

表 3-117　程序举例的梯形图及指令表

梯形图程序	布尔形式			
10 ─┤R0├─(DF)─[SYS1, M INT1,UP] S = M INT1,UP；M: No.1 关键字；INT1,UP: No.2 关键字	地址		指令	
	10	ST	R	0
	11	DF		
	12	SYS1		
		M		INT1，UP

表 3-118　操作数

操作数 \ 继电器和寄存器		WX	WY	WR	WL	SV	EV	DT	LD	FL	I	常数 K	常数 H	常数 M	索引变址
S	字符串常数	N/A	N/A	N/A	N/A	N/A	N/A	N/A	N/A	N/A	N/A	N/A	N/A	A	N/A

将 No.1 关键字指定的输入设置为中断，输入条件由 No.2 关键字的内容指定。

当触发器 R0 变为 ON 时，输入 X1 被设置为上升沿有效的中断。

2. 关键字设置　关键字设置如图 3-122 所示。

错误状态如表 3-119 所示。

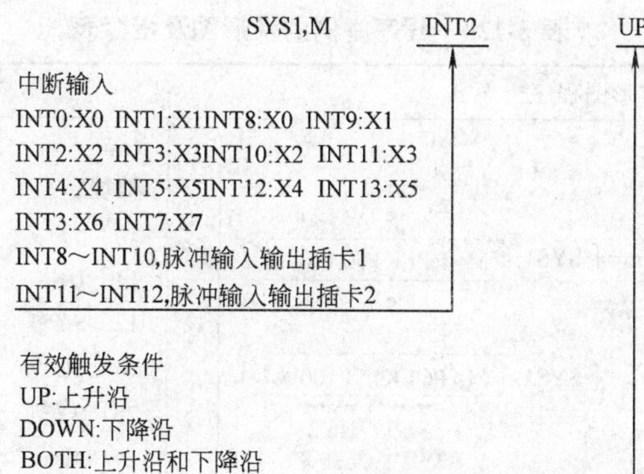

图 3-122　关键字设置

表 3-119　错误状态

R9007 R9008	指定了关键字以外的字符
	No.1 关键字与 No.2 关键字之间没有使用逗号
	指定关键字时使用了小写字母

3. 编程时的注意事项

1）执行本指令时，并不将改变的内容重新写入控制单元的系统 ROM 中。因此，当断开电源并重新通电后，这些内容将按系统寄存器中指定的数据进行重写。

2）建议在调用本指令时使用微分（DF）指令。

3）当指定 UP 或 DOWN 时，系统寄存器中的设置内容会同时相应改变，因此如果利用工具软件进行程序校验，可能产生校验错误。当指定 BOTH 时，不改变系统寄存器的内容。

4）区分 No.1 关键字与 No.2 关键字时，应使用逗号“,”而非空格。

（四）SYS1 的 PC-link 时间设置

1. 指令功能　根据指定的字符串常数，设定使用 PC-link 时的系统设置时间。程序举例的梯形图及指令表如表 3-120 所示，操作数如表 3-121 所示。

将 No.1 关键字指定的条件，设置为由 No.2 关键字指定的时间。

在某些站没有加入 PC-link 的情况下，如果传输周期被缩短，则链接进入等待时间被设置。

某站没有加入 PC-link：该站没有连接到 No.1 站到最大站之间，或该站没有接通电源。

如果某一站断电和另一站的传输确认继电器变为 OFF 之间的时间变短，则传输确认继电器的错误检测时间被设置。

在使用 PC-link 的情况下，当触发器 R9014 变为 ON 时，链接进入等待时间和用于传输确认继电器的错误检测时间被设置如下：

链接进入等待时间：100ms

传输确认继电器的错误检测时间：100ms

2. 关键字设置

（1）链接进入等待时间　链接进入等待时间的设置如图 3-123 所示。

表 3-120 程序举例的梯形图及指令表

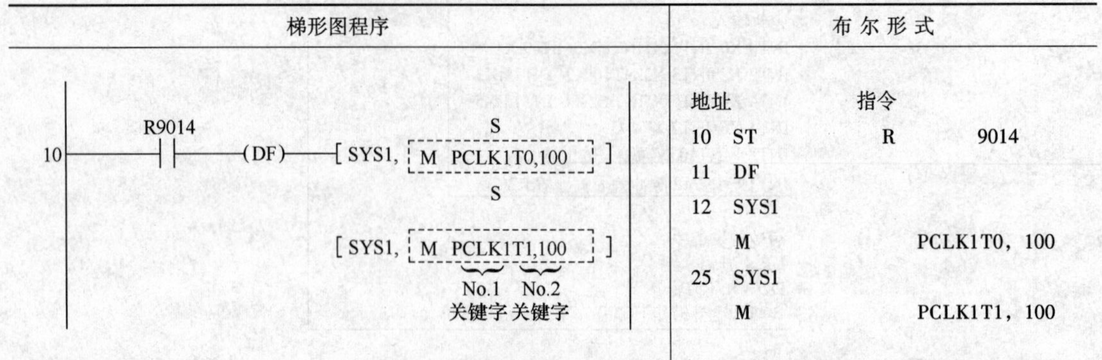

布尔形式

地址		指令	
10	ST	R	9014
11	DF		
12	SYS1		
	M		PCLK1T0，100
25	SYS1		
	M		PCLK1T1，100

表 3-121 操作数

操作数 \ 继电器和寄存器		WX	WY	WR	WL	SV	EV	DT	LD	FL	I	常数 K	常数 H	常数 M	索引变址
S	字符串常数	N/A	N/A	N/A	N/A	N/A	N/A	N/A	N/A	N/A	N/A	N/A	N/A	A	N/A

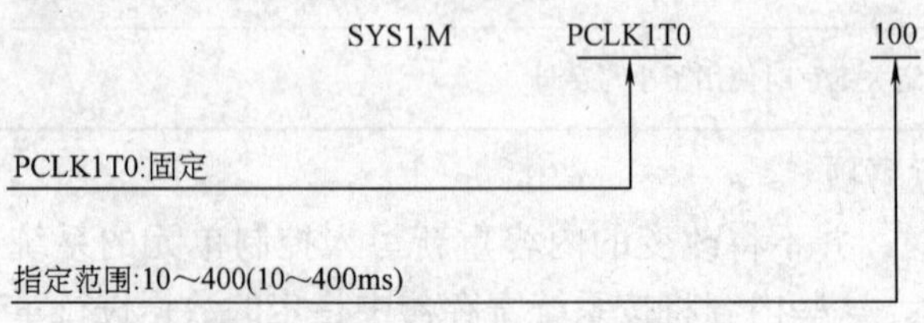

图 3-123 链接进入等待时间的设置

（2）传输确认继电器的错误检测时间 传输确认继电器的错误检测时间的设置如图3-124所示。

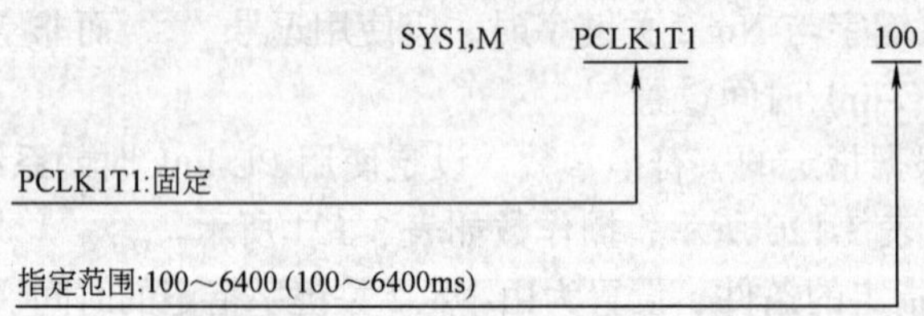

图 3-124 错误检测时间的设置

错误状态如表 3-122 所示。

表 3-122 错误状态

R9007 R9008 （ER）	指定了关键字以外的字符
	No.1 关键字与 No.2 关键字之间没有使用逗号
	指定关键字时使用了小写字母
	指定的数值超出允许设置范围

3．注意事项

（1）编程时的注意事项

1）程序应该放置在所有 PLC 被链接之前，并且应指定相同的数值。

2）本指令应以特殊内部继电器 R9014 的微分作为执行条件。

3）系统寄存器中的设置内容不受本指令的影响。

4）区分 No.1 关键字与 No.2 关键字时，应使用逗号“，”而非空格。

（2）设置链接进入等待时间时的注意事项

1）设置的数值应至少是在所有 PLC 被链接情况下的最大扫描周期的 2 倍。

2）如果设置的时间过短，则某些 PLC 即使在接通电源的情况下也不能加入链接系统。

3）如果某一站没有加入链接系统，则即使链接传输周期较大，也不能改变设置内容（默认值为 400ms）。

（3）设置传输确认继电器的错误检测时间时的注意事项

1）设置的数值应至少是在所有 PLC 被链接情况下的最大传输周期的 2 倍。

2）如果设置的时间过短，有可能使传输确认继电器故障。

3）即使传输确认继电器检测时间较大，也不能改变设置内容（默认值为 6400ms）。

（五）SYS1 的 MEWTOCOL-COM 响应控制

1. 指令功能　根据指定的字符串常数，设定 COM. 端口或编程口的 MEWTOCOL-COM 的响应等待时间。程序举例的梯形图及指令表如表 3-123 所示，操作数如表 3-124 所示。

表 3-123　程序举例的梯形图及指令表

梯形图程序	布尔形式
10 ─┤ R0 ├─（DF）─[SYS1, M COM1, WAIT2] S：M COM1, WAIT2 No.1 关键字：COM1　No.2 关键字：WAIT2	地址　指令 10 ST R 0 11 DF 12 SYS1 M COM1，WAIT2

表 3-124　操作数

操作数	继电器和寄存器	WX	WY	WR	WL	SV	EV	DT	LD	FL	I	常数 K	常数 H	常数 M	索引变址
S	字符串常数	N/A	N/A	N/A	N/A	N/A	N/A	N/A	N/A	N/A	N/A	N/A	N/A	A	N/A

将 No.1 关键字指定的端口的 MEWTOCOL-COM 响应延迟时间，设置为由 No.2 关键字指定的时间。

本指令用于延迟 PLC 侧的、达到外围设备可以发送指令和可以接收到来自 PLC 应答的状态延迟时间。

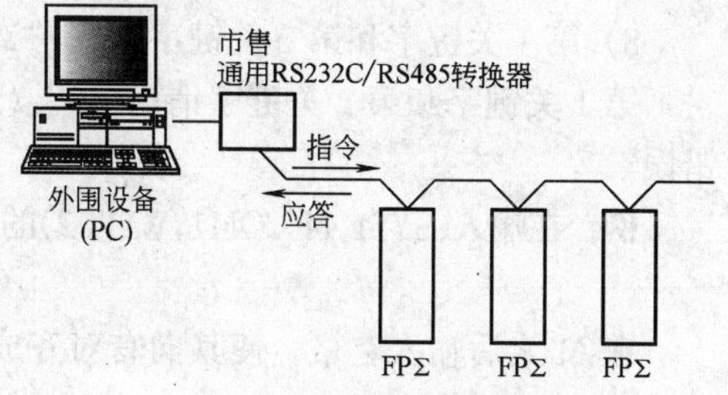

图 3-125　通信示意图

使用一个通常的市售 RS232C/RS485 转换器用于个人计算机与 FPΣ 之间的通信时，本指令用于在转换器侧的允许信号切换完成后返回 PLC 的应答。其通信示意图如图 3-125 所示。

2. 关键字设置　关键字设置如图 3-126 所示。

如果通信模式设置为计算机链接或 MODBUS RTU 方式，则设置的时间等于扫描时间 × n（n：0～999）。

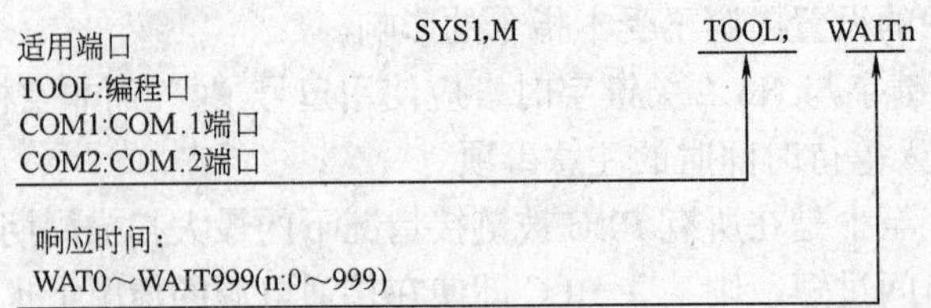

图 3-126 关键字设置

如果通信模式设置为 PC-link，则设置的时间等于 $n\mu s$（n：0～999）。

如果 $n=0$，则由本指令所设置的延迟时间被设为“无”。

错误状态如表 3-125 所示。

表 3-125 错误状态

R9007 R9008 （ER）	指定了关键字以外的字符
	No.1 关键字与 No.2 关键字之间没有使用逗号
	指定关键字时使用了小写字母
	在设置了 COM1 或 COM2 端口的情况下，没有安装通信插卡

3. 编程时的注意事项 因 PLC 间链接会变得不稳定起来，在无特别障碍的情况下，请不要变更设定。

1）本指令只在控制侧被设置为计算机链接模式或 PC-Link 模式时有效。

2）请对所链接的全部 PLC 设定成同一值，使程序的起始位置在 R9014 上升沿时开始执行。

3）执行本指令不会改变系统寄存器中的设置内容。

4）设定变更时设定 2 倍程度以上。

5）建议在使用本指令时使用微分。

6）当断开 PLC 的电源时，由本指令设置的数值将被清除。

(设定值变为 0.）但如果在执行本指令后将 PLC 模式切换到 PROG. 模式，此设置将被保留。

7）如果在 PC-link 模式下使用普通市售的 RS232C/RS485 转换器，则应将本指令编制所有链接的 PLC 站中。

8）第 1 关键字和第 2 关键字请在“M”之后，向右对齐输入 12 个字符。

第 1 关键字和第 2 关键字请用“,”（逗号）加以分隔，不要输入空格。否则会造成运算错误。

例 在输入(SYS1,M COM1,WAIT2)的情况下输入’M _ _ C O M 1 ,W A I T 2 则为
1 2 3 4 5 6 7 8 9 10 11 12

在 M 之后输入空格，使其向右对齐成 12 字符。

三、SYS2 指令

1. 指令功能 该指令用于修改系统寄存器（No.40～No.47、No.50～57）

根据指定的数据，改变系统寄存器中关于 PC-link 的设置。程序举例的梯形图及指令表如表 3-126 所示，操作数如表 3-127 所示。

表 3-126 程序举例的梯形图及指令表

梯形图程序	布尔形式			
	地址		指令	
10 ─┤R0├─(DF)─[SYS1, DT0, K40, K47] (S: DT0; D1: K40; D2: K47)	10	ST	R	0
	11	SYS2		
		DT		0
		K		40
		K		47

表 3-127 操作数

操作数 \ 继电器和寄存器		WX	WY	WR	WL	SV	EV	DT	LD	FL	I	常数 K	常数 H	常数 M	索引变址
S	16bit 数据存放区起始地址	N/A	N/A	N/A	N/A	N/A	N/A	A	N/A	N/A	N/A	N/A	N/A	N/A	N/A
D1	指令系统寄存器的起始编号（K40～K47）	N/A	N/A	N/A	N/A	N/A	N/A	N/A	N/A	N/A	N/A	A	N/A	N/A	N/A
D2	指令系统寄存器的起始编号（K40～K47）	N/A	N/A	N/A	N/A	N/A	N/A	N/A	N/A	N/A	N/A	A	N/A	N/A	N/A

将［D1］～［D2］指定的系统寄存器中的内容改为从［S］指定的数据区开始的数值。FP-X 可修改 No50～No57。

系统寄存器 No.40～47，50～57 的设定值及范围如表 3-128 所示。

表 3-128 系统寄存器的设定值及范围

	No.	名称	设定值及范围
PC（PLC）W0I0 设定	40	使用链接继电器范围	0～64 字
	41	使用链接数据寄存器范围	0～128 字
	42	链接继电器传输开始编号	0～63
	43	链接继电器传输区容量 0	0～64 字
	44	链接数据寄存器传输开始编号	0～127
	45	链接数据寄存器传输区容量	0～127 字
	46	PC（PLC）链接切换标志	标准/反转
	47	MEWNET-W0 PC（PLC）-link 最大站号	1～16
PC（PLC）W0I1 设定	50	使用链接继电器范围	0～64 字
	51	使用链接数据寄存器范围	0～128 字
	52	链接继电器传输开始编号	64～127
	53	链接继电器传输区容量 0	0～64 字
	54	链接数据寄存器传输开始编号	128～255
	55	链接数据寄存器传输区容量	0～127 字
	57	MEWNET-W0 PC（PLC）-link 最大站号	1～16

错误状态如下：

R9007 R9008 （ER）	D1 > D2 指定的数值超出各个寄存器的允许设置范围

2. 编程应用举例　编程应用举例的梯形图如图 3-127 所示。

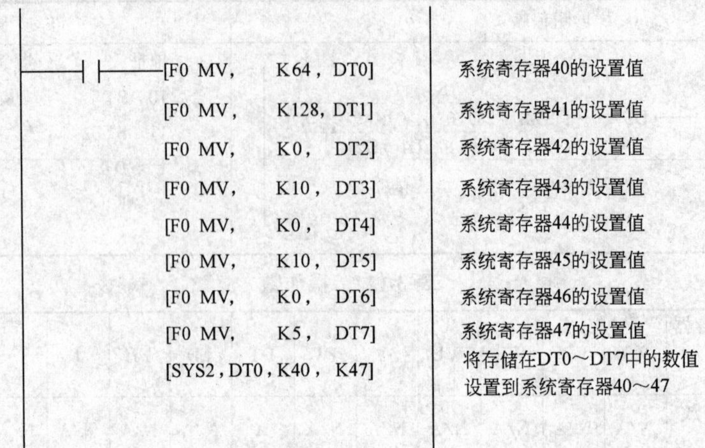

图 3-127　编程应用举例的梯形图

3. 编程时的注意事项

1）执行本指令时，并不将改变的内容重新写入控制单元的系统 ROM 中。因此，当断开电源并重新通电后，这些内容将按系统寄存器中指定的数据进行重写。

2）［D1］和［D2］的指定范围是 K40～K47，并且应满足 D1≤D2。

3）因为系统寄存器的内容被改变，所以进行程序核对时会产生错误。

第八节　FP-X 的高级专用指令

有关高速计数和脉冲输出指令功能将在第八章中介绍，本章不再赘述。

一、F145（SEND）·P145（PSEND）指令

（一）指令功能

数据发送（MODBUS 主模式的场合）。从单元的串行通信口将指定的数据发送到其他 PLC 或者计算机。程序举例的梯形图及指令表如表 3-129 所示，操作数如表 3-130 所示。

表 3-129　程序举例的梯形图及指令表

梯形图程序	布尔形式		
10 —┤R0├—[F145 SEND DT10, DT20, DT0, K100] S1 S2 D N	地址	指令	
	10	ST	R 0
	11	F145	
		DT	(SEND)
		DT	10
		DT	20
		DT	0
		K	100

表 3-130 操作数

操作数 \ 继电器和寄存器		WX	WY	WR	WL	SV	EV	DT	LD	LN（※1）	SWR	SDT	常数 K	常数 H	索引变址
S1	存储控制数据的区域的起始地址	A	A	A	A	A	A	A	A	N/A	A	A	N/A	N/A	A
S2	主站的指定：存储发送数据的区域	A	A	A	A	A	A	A	A	N/A	A	A	N/A	N/A	A
D	从站的指定：发送地址的区域（设备编号指定为 0）	N/A	A	A	N/A	N/A	N/A	A	N/A	N/A	N/A	N/A	N/A	N/A	N/A
N	从站的指定：发送地址的起始地址	N/A	N/A	N/A	N/A	N/A	N/A	N/A	N/A	N/A	N/A	N/A	A	A	N/A

注：※1 表示 I0 ~ ID。

1. 程序说明

1）在所指定的单元的串行通信口（COM1 或者 COM2）连接可接收 MODBUS 命令的装置，并在 MODBUS 模式进行命令发送的情况下使用。

2）根据存储在［S1］指定区域起始位置的控制数据（2 字）的设定，在从站［D］和［N］所指定的区域中写入由主站［S2］所指定的数据。

2. 各项目的指定　由［S1］［S1 + 1］指定的控制数据如图 3-128 所示。

1）传送单位和传送方法的指定［S1]：在以字为单位发送的情形下，指定数据的个数；在以位为单位发送的情形下，指定目标位的位置。

在以“字”为单位的情形下，数据的发送范围在 254B 以内，因此，127（7Fh）字为 MAX。

2）从站的指定［S1 + 1]：以单元 No. 指定从站。在 H00 的情形下为全局传送。(无响应)

向从站进行发送的地址的端口由 COM1 或 COM2 指定。路径由 No. 指定 H0（固定）。

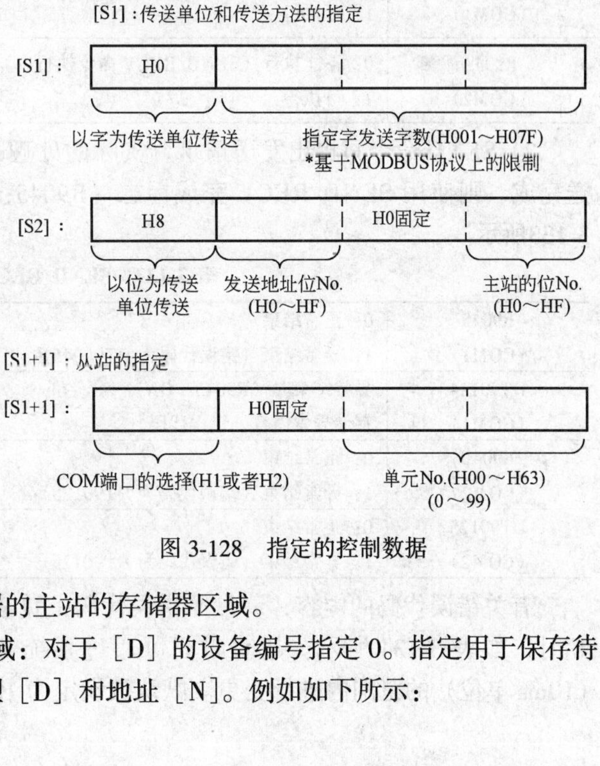

3）由［S2］指定存储有主站所发送的数据的区域：指定存储有发送的数据的主站的存储器区域。

[S1]：传送单位和传送方法的指定
[S1]：H0
以字为传送单位传送
指定字发送字数(H001～H07F)
*基于MODBUS协议上的限制
[S2]：H8　H0固定
以位为传送单位传送
发送地址位No.(H0～HF)
主站的位No.(H0～HF)
[S1+1]：从站的指定
[S1+1]：H0固定
COM端口的选择(H1或者H2)
单元No.(H00～H63)(0～99)

图 3-128 指定的控制数据

4）由［D］［N］指定从站的存储区域：对于［D］的设备编号指定 0。指定用于保存待传输数据的从站的存储区。配合指定类型［D］和地址［N］。例如如下所示：

［D］：DT0，［N］：K100

↓

DT100

按照［S1］［S1+1］，［S2］，［D］，［N］指定的操作数编制 MODBUS 命令。

以“字”为单位传送时：命令 06（DT1 字写入）、命令 15（Y 和 R 多点写入）、命令 16（DT 多字写入）可发送。

以“位”为单位传送时：命令 05（Y 和 R 单点写入）可发送。

MODBUS 命令编制完成后，对终端附加 2 字节的 CRC 进行发送。

3．标志状态　错误状态如表 3-131 所示。

表 3-131　错误状态

R9007 R9008 （ER）	［S1］，［S1+1］的控制数据为指定范围外的值时，为 ON
	以字为单位传送时，如果取由［S1］指定的字数，超过了［S2］或［D］的区域时，为 ON
	如果［D］+［N］超过［D］的区域，为 ON
	如果由［S1+1］指定的控制数据的 COM，端口为非 MODBUS 模式，则 ON
	以位为单位传送时，在［D］的区域为 DT 时，则 ON
	如果［D］的设备编号为非 0 时，则 ON

（二）编程时注意事项

在编程时应注意如下几个问题：

1）编制程序时，应使其不能对同一通信端口同时执行多个 SEND 命令（F145）或者 RECV 命令（F146）。当 SEND/RECV 可执行标志（R9044：COM1/R904A：COM2）为 ON 时，能够执行，如表 3-132 所示。

表 3-132　SEND/RECV 执行标志

R9044 （COM1）	0：不能执行（SEND/RECV 命令执行中） 1：可执行
R904A （COM2）	0：不能执行（SEND/RECV 命令执行中） 1：可执行

2）SEND 命令只提出发送请求，实际的处理是在执行 ED 命令时进行的。对于是否发送完成，则使用 SEND/RECV 完成标志（R9045：COM1/R904B：COM2）加以确认，如表 3-133所示。

表 3-133　SEND/RECV 完成标志

R9045 （COM1）	0：正常结束 1：异常结束（错误代码为 DT90045）
DT90124 （COM1）	异常结束时（R9045：ON）， 存储异常内容（错误代码）
R904B （COM2）	0：正常结束 1：异常结束（错误代码为 DT90125）
DT90125 （COM2）	0：正常结束 1：异常结束（错误代码为 DT90125）

有关错误代码的内容，请参照错误代码一览表。当错误代码为 H73 时，表示响应等待超时，如表 3-134 所示。超时时间可通过系统寄存器 No.32 的设定，在 10.0ms～81.9s（10ms 单位）的范围内进行变更。默认被设定为 10s。

表 3-134　错误代码

代码（HEX）	异常内容
73	响应等待超时错误

3）编制程序时，应使其在全局传送（对单元 No. 指定为 H00 进行的发送）时，即使发送完成以后仍需等到最大扫描时间过后才进行发送。

4）不能对特殊内部继电器（R9000 ~ ）及特殊数据寄存器（DT90000）执行 F145、F146。

（三）指令说明

1. 指令 05（Y 和 R 单点写入）发送应用　例如，通过 COM1 向从站的站号 7 中 WY1 的第 1 位传送 WR3 中第 0 位的值时的指令为：

［ F145（SEND），DT10，WR3，WY0，K1 ］，［S1］的内容如图 3-129 所示。

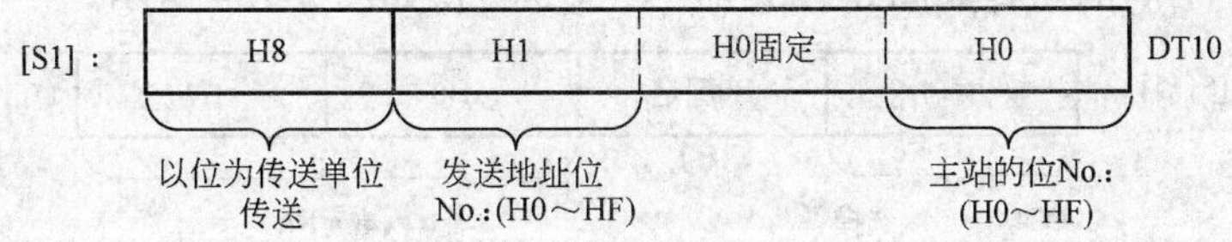

图 3-129　［S1］的内容

在发送命令 05 时，请将［S1］的传送方法的指定变为位单位（H8）。［S1 + 1］内容如图 3-130 所示。指令转换如图 3-131 所示。

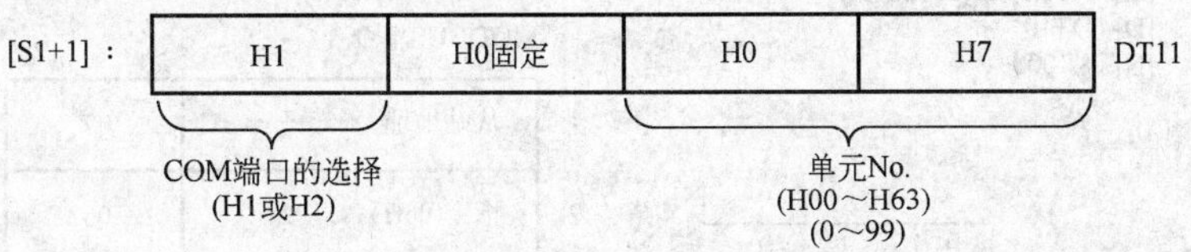

图 3-130　［S1 + 1］的内容

[S1]:DT10(DT10=8100H、DT11=1007H)
[S2]:WR3(WR3=0007H)
[D]：WY0
[N]：K1

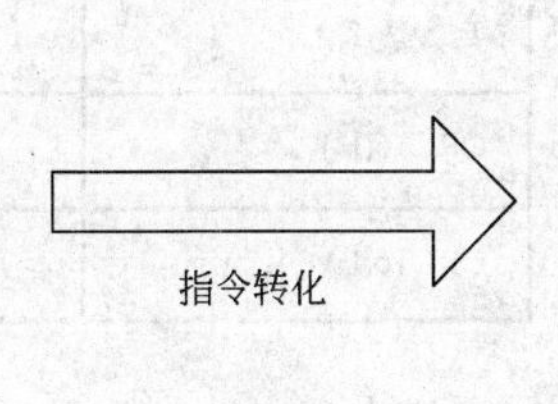

MODBUS指令

1	从站地址	07
2	指令(05H)	05
3	线圈编号(H)	00
4	线圈编号(L)	11
5	设定状态(H)	FF
6	设定状态(L)	00
7	CRC16(H)	DC
8	CRC16(L)	59

图 3-131　指令转换

读出 WR3 的第 0 位的值，通过 ON 或 OFF 来对设定状态进行设置。写入地址的线圈编号，指定 Y11（从站）设定 ON = FF00、设定 OFF = 0000

2. 指令 06（DT1 字写入）发送　例如，从 COM1 将 WR3 的 1 字的数据传送到从站的站号 7 的 DT1000 时的指令为：

［F145（SEND），DT10，WR3，DT0，K1000］，［S1］的内容如图 3-132 所示。

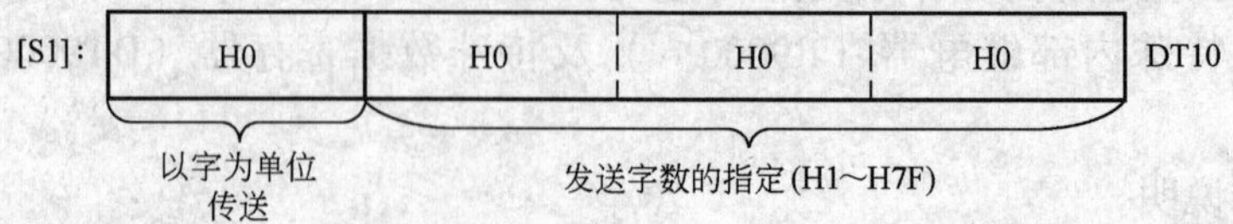

图 3-132 ［S1］的内容

当发送指令 06 时，在字单位（H0）中设定［S1］的传送方法，在字单位（H1）中设定发送字数。［S1 + 1］的内容如图 3-133 所示。指令转换如图 3-134 所示。

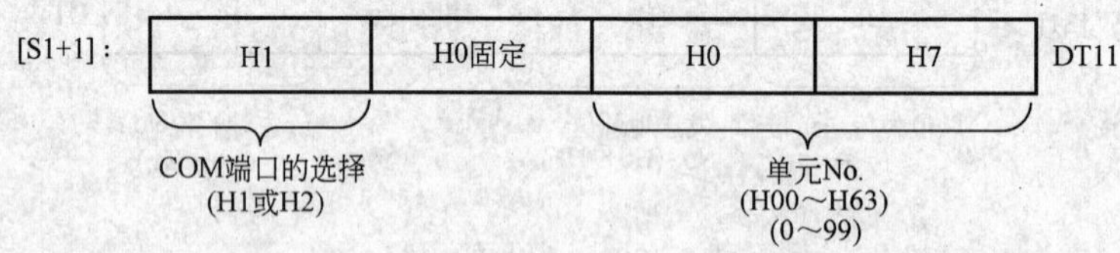

图 3-133 ［S1 + 1］的内容

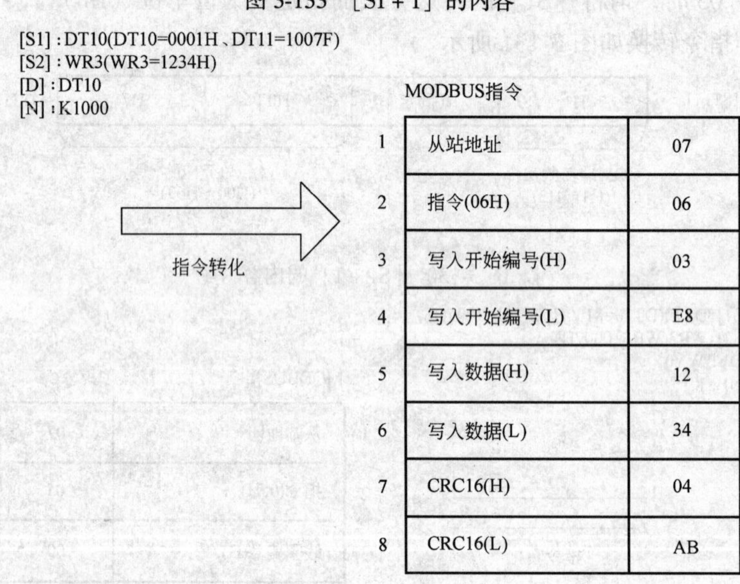

1	从站地址	07
2	指令(06H)	06
3	写入开始编号(H)	03
4	写入开始编号(L)	E8
5	写入数据(H)	12
6	写入数据(L)	34
7	CRC16(H)	04
8	CRC16(L)	AB

图 3-134 指令转换

读出 WR3 的字数据，设置为写入数据。

3. 指令 15（Y 和 R 多点写入）发送　例如，通过 COM1 将 WR3 的第 0 位 ~ WR6 的第 F 位的 64 位数据传送到从站站号 7 的 Y0 ~ Y3F 时。指令为：［F145（SEND），DT10，WR3，WY0，K0］，［S1］的内容如图 3-135 所示。

当发送指令 15 时，在字单位（H0）中设定［S1］的传送方法。［S1 + 1］的内容如图 3-136所示。指令转换如图 3-137 所示。

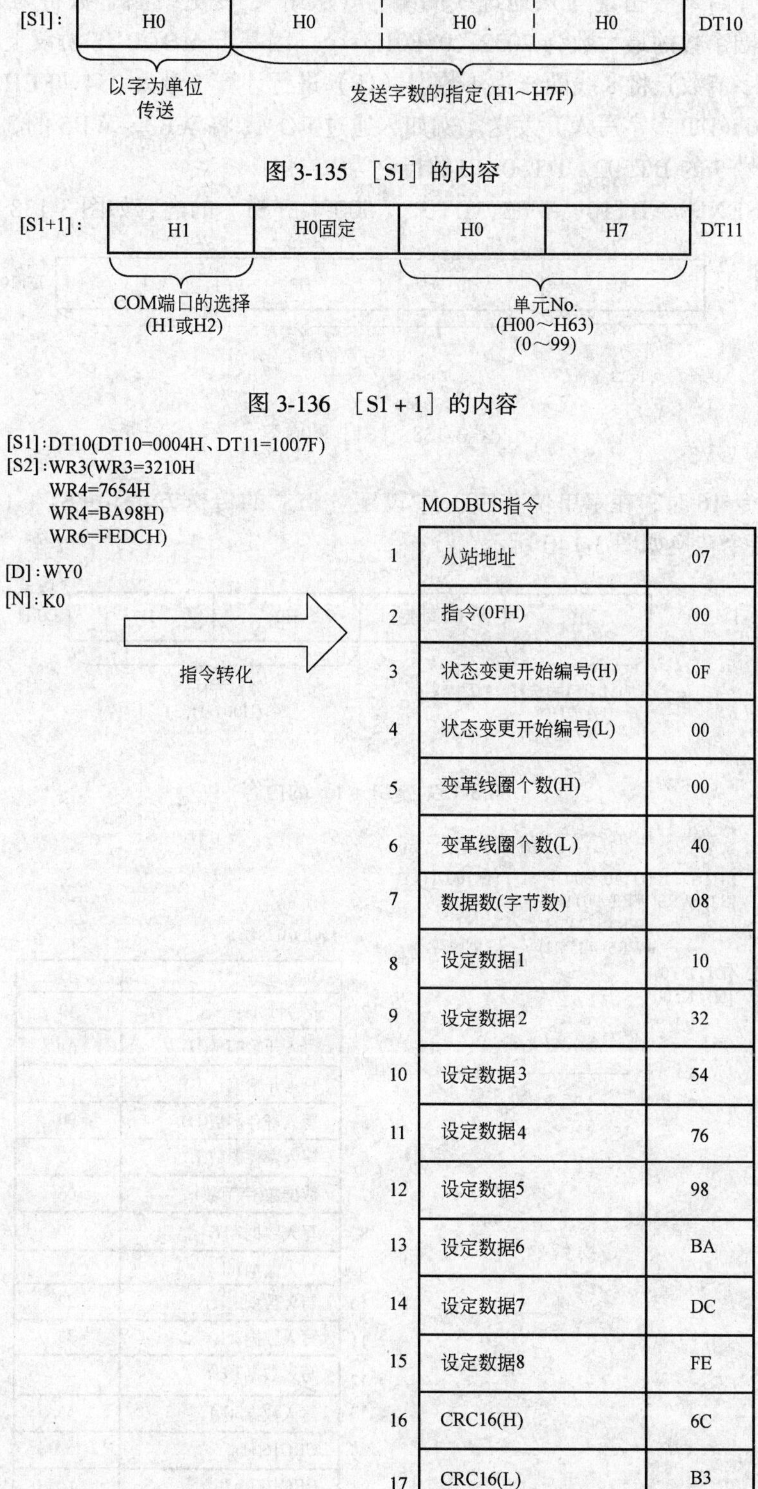

图 3-135 ［S1］的内容

图 3-136 ［S1+1］的内容

	MODBUS指令	
1	从站地址	07
2	指令(0FH)	00
3	状态变更开始编号(H)	0F
4	状态变更开始编号(L)	00
5	变革线圈个数(H)	00
6	变革线圈个数(L)	40
7	数据数(字节数)	08
8	设定数据1	10
9	设定数据2	32
10	设定数据3	54
11	设定数据4	76
12	设定数据5	98
13	设定数据6	BA
14	设定数据7	DC
15	设定数据8	FE
16	CRC16(H)	6C
17	CRC16(L)	B3

图 3-137 指令转换

状态变更开始编号指定写入地址线圈编号（从站），变更线圈个数将写入位数变更为HEX，变更线圈个数的最大数为2032（07F0H）个（因基于MODBUS协议上的限制）。

数据数（字节数）将8线圈作为1数据（1B）进行计算（最大254（FEH）B）。

4. 指令16（DT多字写入）发送　例如，通过COM1将WR3～WR5的3字的数据，发送到从站的站号7的DT500～DT502时的指令为：

［F145（SEND），DT10，WR3，DT0，K500］，［S1］的内容如图3-138所示。

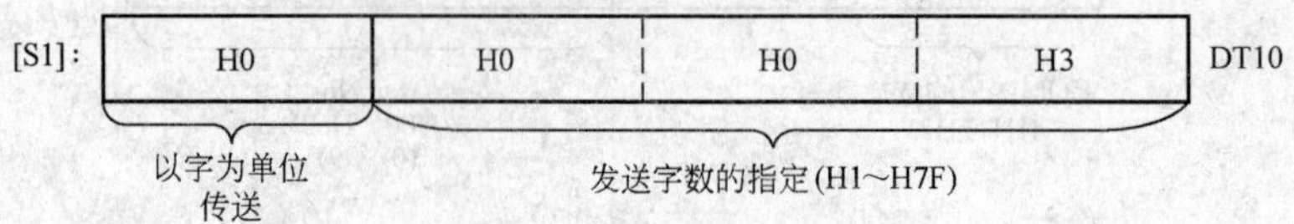

图3-138 ［S1］的内容

当发送指令16时，在字单位（H0）中设定［S1］的传送方法。［S1+1］的内容如图3-139所示。指令转换如图3-140所示。

[S1+1]:	H1	H0固定	H0	H7	DT11

COM端口的选择(H1或H2)

单元No.(H00～H63)(0～99)

图3-139 ［S1+1］的内容

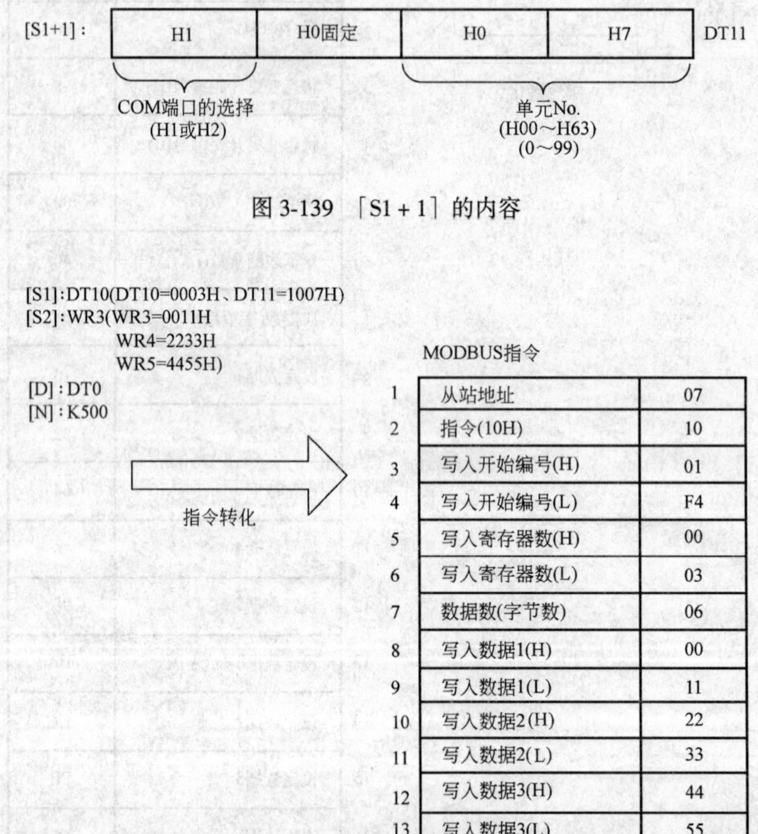

	MODBUS指令	
1	从站地址	07
2	指令(10H)	10
3	写入开始编号(H)	01
4	写入开始编号(L)	F4
5	写入寄存器数(H)	00
6	写入寄存器数(L)	03
7	数据数(字节数)	06
8	写入数据1(H)	00
9	写入数据1(L)	11
10	写入数据2(H)	22
11	写入数据2(L)	33
12	写入数据3(H)	44
13	写入数据3(L)	55
14	CRC16(H)	5A
15	CRC16(L)	E7

图3-140 指令转换

写入寄存器最多为 127（7FH）个（基于 MODBUS 协议上的限制）。

写入寄存器的数据数（字节数）以 2 字节来进行计算（最多 254（FEH）字节）。

二、F146（RECV）

（一）指令功能

数据的接收（MODBUS 主模式时）：从其他的 PLC 或者计算机的串行通信口接收指定的数据。程序举例的梯形图及指令表如表 3-135 所示，操作数如表 3-136 所示。

表 3-135 程序举例的梯形图及指令表

梯形图程序	布尔形式		
10 ─┤R0├─[F146 RECV, DT 10, DT 0, K100, DT50] S1 S2 D N	地址	指令	
	10	ST R	0
	11	F146	(RECV)
		DT	10
		DT	0
		K	100
		DT	50

表 3-136 操作数

操作数 \ 继电器和寄存器			WX	WY	WR	WL	SV	EV	DT	LD	LN	SWR	SDT	常数 K	常数 H	索引变址
S1	存储控制数据的区域的起始地址		A	A	A	A	A	A	A	A	N/A	A	A	N/A	N/A	A
S2	从站的指定	接收地址的区域（设备编号指定为 0）	A	A	A	A	N/A	N/A	A	A	N/A	N/A	N/A	N/A	N/A	N/A
N	从站的指定	接收地址的起始地址	N/A	N/A	N/A	N/A	N/A	N/A	N/A	N/A	N/A	N/A	N/A	A	A	A
D	主站的指定	存储接收数据的区域	N/A	A	A	A	A	A	A	A	N/A	N/A	N/A	N/A	N/A	A

1. 程序说明

1）在所指定的单元的串行通信口（COM1 或者 COM2）连接可接收 MODBUS 命令的装置，并在 MODBUS 模式进行命令发送的情况下使用。（MODBUS 命令 05，06，15，16）

2）根据存储在［S1］指定区域起始位置的控制数据（2 字）的设定，在从站［D］和［N］所指定的区域中写入由主站［S2］所指定的数据。

2. 各项目的指定　对于由［S1］、［S1 + 1］指定的控制数据如图 3-141 所示。

1）传送单位和传送方法的指定［S1］：在以“字”为单位发送的情形下，指定数据的个数；在以“位”为单位发送的情形下，指定目标位的位置。在以“字”为单位的情形下，数据的发送范围在 254B 以内，因此，127（7Fh）字为 MAX。

2）从站的指定［S1 + 1］：以单元 No. 指定从站。向从站进行发送的地址的端口由

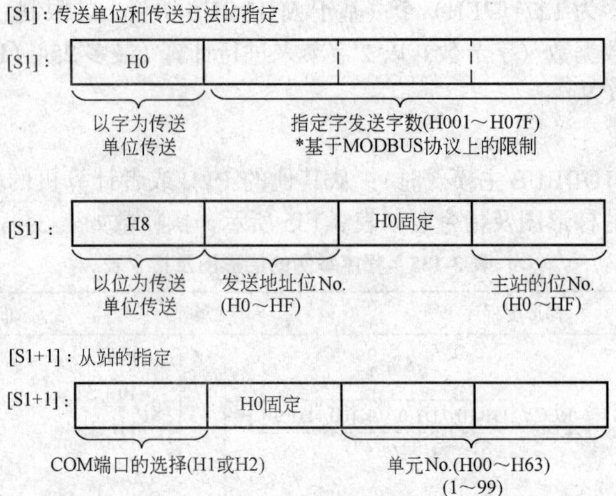

图 3-141 ［S1］、［S1＋1］指定的控制数据

COM1 或 COM2 指定。路径由 No. 指定 H0（固定）。

3）由［S2］［N］指定要接收得从站的区域。对于［S2］的设备编号指定 0。指定用于保存待传输数据的从站的存储区。配合指定类型［D］和地址［N］。

例 ［S2］：DT0，［N］：K100

↓

DT100

4）指定由［D］指定的主站所接收数据的存储区域。指定存储有接收数据的主站的存储器区域。按照［S1］［S1＋1］，［D］，［N］指定的操作数编制 MODBUS 指令。以字为单位传送时：指令 01（Y 和 R 线圈读出）、指令 02（X 接点读出）、指令 03（DT 读出）和指令 04（WL·LD 读出）可发送。

以“位”为单位传送时：指令 01（Y 和 R 线圈读出）、指令 02（X 接点读出）可发送。MODBUS 指令编制完成后，对终端附加 2 字节的 CRC 进行发送。

3．标志状态 错误状态如表 3-137 所示。

表 3-137 错误状态

R9007 R9008 （ER）	［S1］、［S1＋1］的控制数据超出指定范围时，则 ON
	以字为单位传送时，由［S1］指定的字数，超过了［S2］或［D］的区域时，则 ON
	［S2］＋［N］超过［S2］的区域，则 ON
	由［S1＋1］指定的控制数据的 COM 端口为非 MODBUS 模式，则 ON
	以位为单位传送时，［S2］的区域为 DT、WL、LD 时，则 ON
	［S2］的设备编号为非 0 时，则 ON

（二）编程时注意事项

在编程时应注意如下几个问题：

1）编制程序时，应使其不能对同一通信端口同时执行多个 SEND 命令（F145）或者 RECV 命令（F146）。当 SEND/RECV 可执行标志（R9044：COM1/R904A：COM2）为 ON 时，能够执行，如表 3-138 所示。

表 3-138　执行标志

R9044 （COM1）	0：不能执行（SEND/RECV 指令执行中） 1：可执行
R904A （COM2）	0：不能执行（SEND/RECV 指令执行中） 1：可执行

2）SEND 命令只提出发送请求，实际的处理是在执行 ED 命令时进行的。对于是否发送完成，则使用 SEND/RECV 完成标志（R9045：COM1/R904B：COM2）加以确认，如表3-139所示。

表 3-139　完成标志

R9045 （COM1）	0：正常结束 1：异常结束（错误代码为 DT90045）
DT90124 （COM1）	异常结束时（R9045：ON） 存储异常内容（错误代码）
R904B （COM2）	0：正常结束 1：异常结束（错误代码为 DT90125）
DT90125 （COM2）	0：正常结束 1：异常结束（错误代码为 DT90125）

有关错误代码的内容，参照错误代码一览表。当错误代码为 H73 时，表示响应等待超时，如表 3-140 所示。超时时间可通过系统寄存器 No.32 的设定，在 10.0ms~81.9s（10ms 单位）的范围内进行变更。默认值被设定为 10s。

表 3-140　错误代码

代码（HEX）	异常内容
73	响应等待超时错误

3）不能对特殊内部继电器及特殊数据寄存器执行 F145、F146 指令。

（三）指令说明

1. 指令 01（Y 和 R 线圈读出）发送　例如，从站的站号 17 中，读出 Y17 的 1bit 数据，通过 COM1 将已读出的位数据传送到主站 DT100 种第 5bit 的指令时，［F146（RECV），DT10，WY0，K1，DT100］时，［S1］的内容如图 3-142 所示。

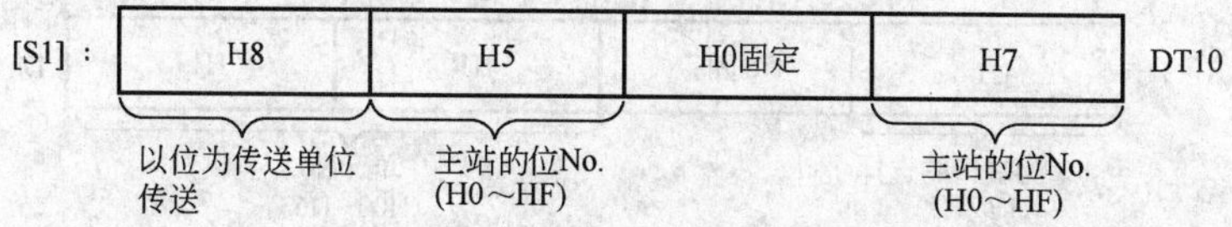

图 3-142　［S1］的内容

用指令 01 读出 1 位时，请将［S1］的传送方法指定为位单位（H8）。［S1+1］的内容如图 3-143 所示。指令转换如图 3-144 所示。

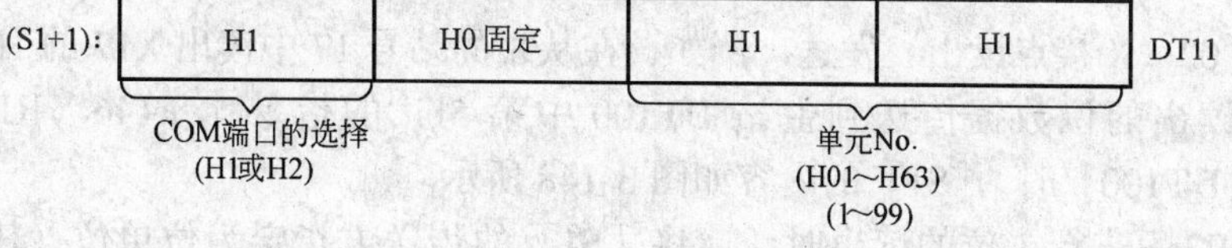

图 3-143　［S1+1］的内容

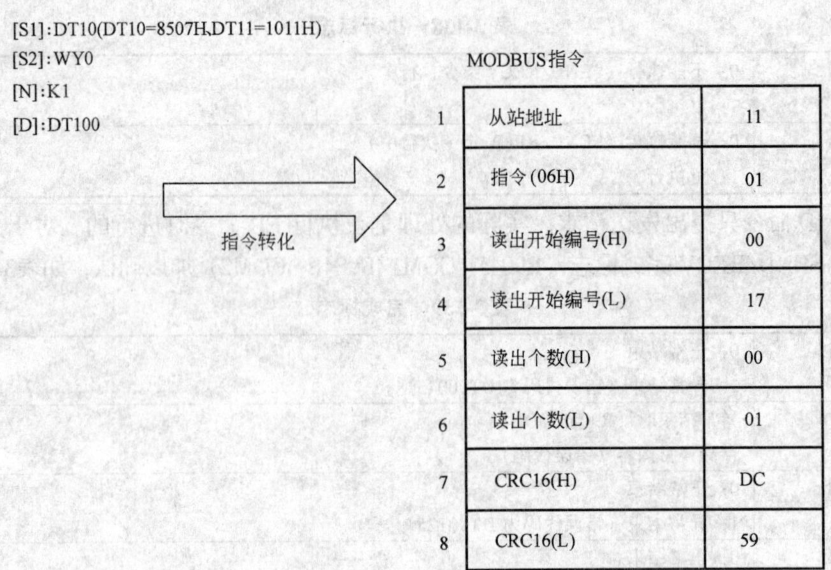

图 3-144 指令转换

读出开始编号指定读出地址线圈编号。(从站：Y17) 读出个数为 1。

又如，在从站的站号 17 中读出 Y10 ~ Y4F 的 64bit（4 字），通过 COM1 将已读出的数据传送到主站中以 DT100 为起始地址的指令［F146（RECV），DT10，WY0，K1，DT100］时，［S1］的内容如图 3-145 所示。

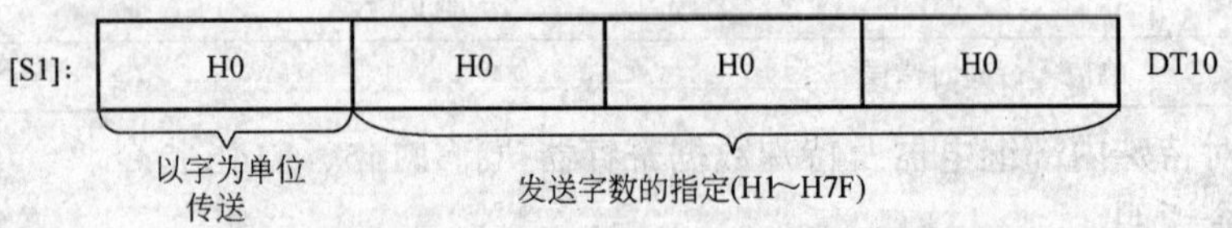

图 3-145 ［S1］的内容

用指令 01 进行字单位的读出时，请将［S1］的传送方指定为位单位（H0）。［S1 + 1］的内容如图 3-146 所示。指令转换如图 3-147 所示。

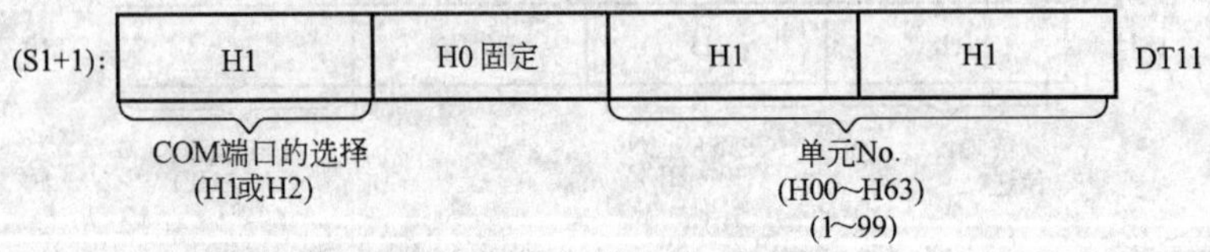

图 3-146 ［S1 + 1］的内容

读出开始编号指定读出地址线圈编号。(从站：Y10) 读出个数为指定字数 × 16（64 位读出）

2. 指令 02（X 接点读出）发送　例如，在从站的站号 17 中读出 X17 的 1bit 数据，通过 COM1 将已读出的位数据传送到主站 DT100 中第 5bit 的指令［F146（RECV），DT10，WX0，K1，DT100］时，［S1］的内容如图 3-148 所示。

用指令 02 只进行 1 位的读出时，请将［S1］的传送方指定为位单位（H8）。［S1 + 1］的内容如图 3-149 所示。指令转换如图 3-150 所示。

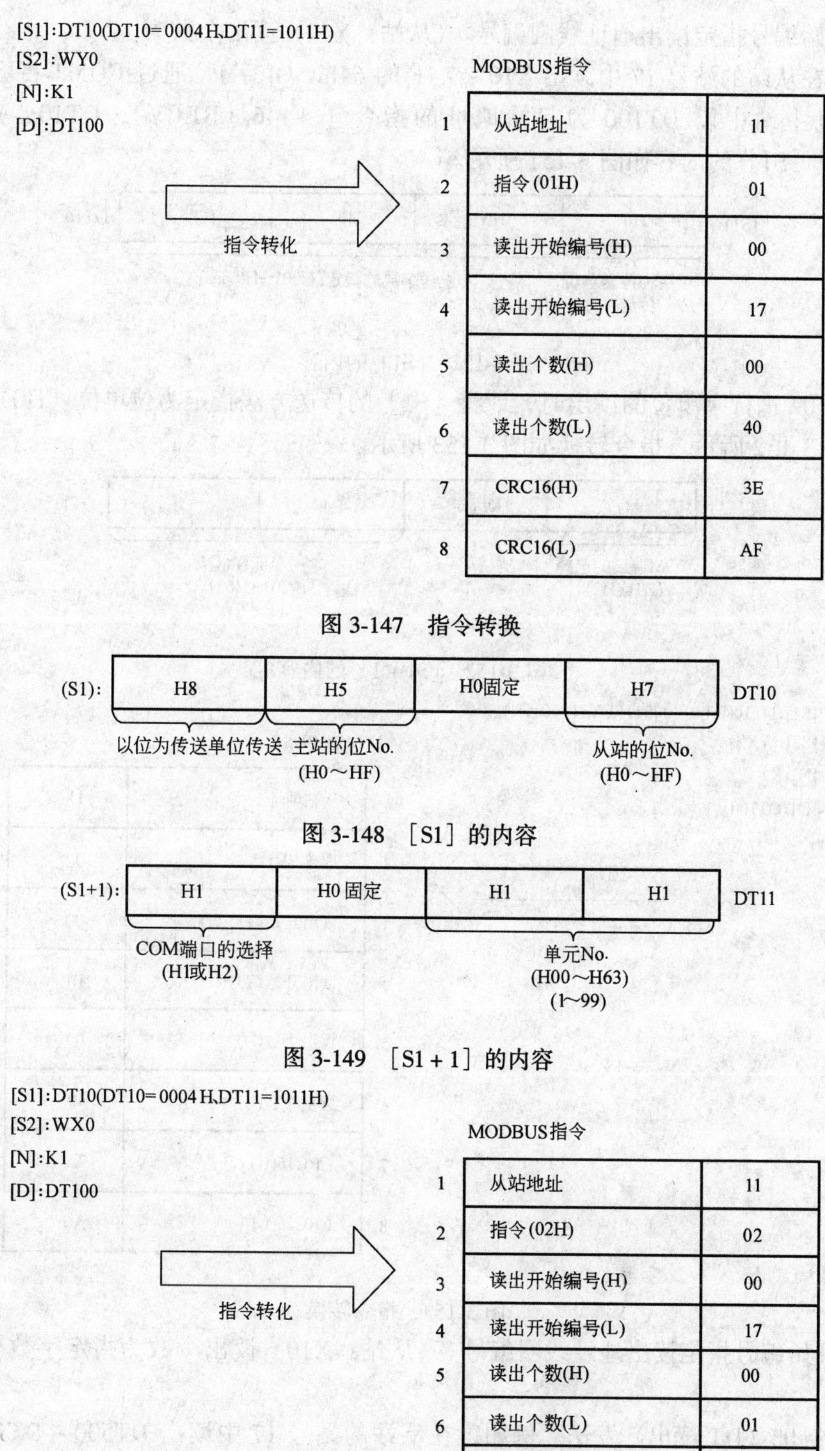

图 3-147 指令转换

图 3-148 ［S1］的内容

图 3-149 ［S1＋1］的内容

[S1]:DT10(DT10=0004H,DT11=1011H)
[S2]:WX0
[N]:K1
[D]:DT100

指令转化

MODBUS指令

1	从站地址	11
2	指令(02H)	02
3	读出开始编号(H)	00
4	读出开始编号(L)	17
5	读出个数(H)	00
6	读出个数(L)	01
7	CRC16(H)	0B
8	CRC16(L)	5E

图 3-150 指令转换

读出开始编号指定读出地址线圈编号。(从站：X17）读出个数为 1。

又如，在从站的站号 17 中读出 X10 ~ X4F 的 64bit（4 字），通过 COM1 将已读出的数据传送到以主站中以 DT100 为起始地址的指令［F146（RECV），DT10，WX0，K1，DT100］时，［S1］的内容如图 3-151 所示。

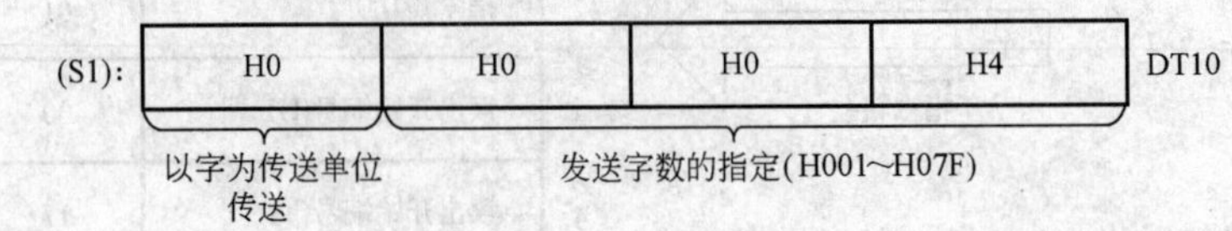

图 3-151 ［S1］的内容

用指令 02 进行字单位的读出时，请将［S1］的传送方法指定为位单位（H0)。［S1 + 1］的内容如图 3-152 所示。指令转换如图 3-153 所示。

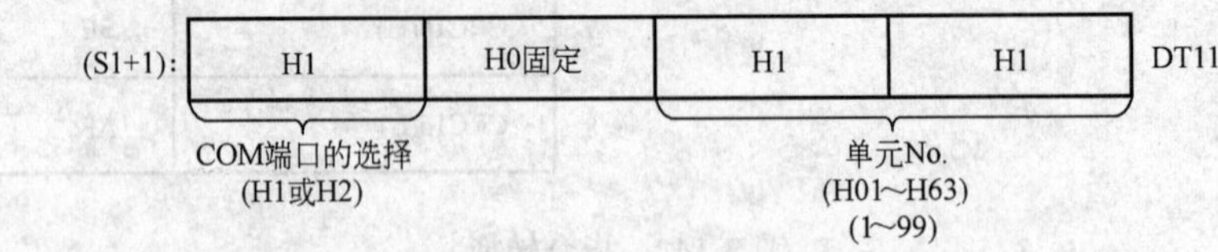

图 3-152 ［S1 + 1］的内容

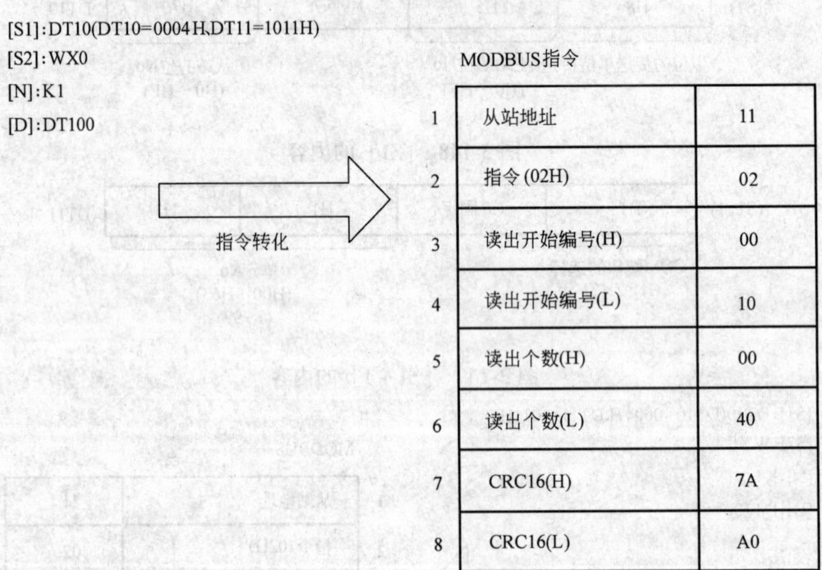

	MODBUS指令	
1	从站地址	11
2	指令 (02H)	02
3	读出开始编号(H)	00
4	读出开始编号(L)	10
5	读出个数(H)	00
6	读出个数(L)	40
7	CRC16(H)	7A
8	CRC16(L)	A0

图 3-153 指令转换

读出开始编号指定读出地址线圈编号。(从站：X10）读出个数为指定字数 × 16（64 位读出）。

3. 指令 03（DT 读出）发送 例如，在从站的站号 17 中读出 DT500 ~ DT505 的 6 字，通过 COM1 将已读出的数据传送到主站中以 DT100 为起始地址的指令［F146（RECV），DT10，DT0，K500，DT100］时，［S1］的内容如图 3-154 所示。

用指令 03 进行字单位的读出时，请将［S1］的传送方法指定为字单位（H0)。［S1 + 1］的内容如图 3-155 所示。指令转换如图 3-156 所示。

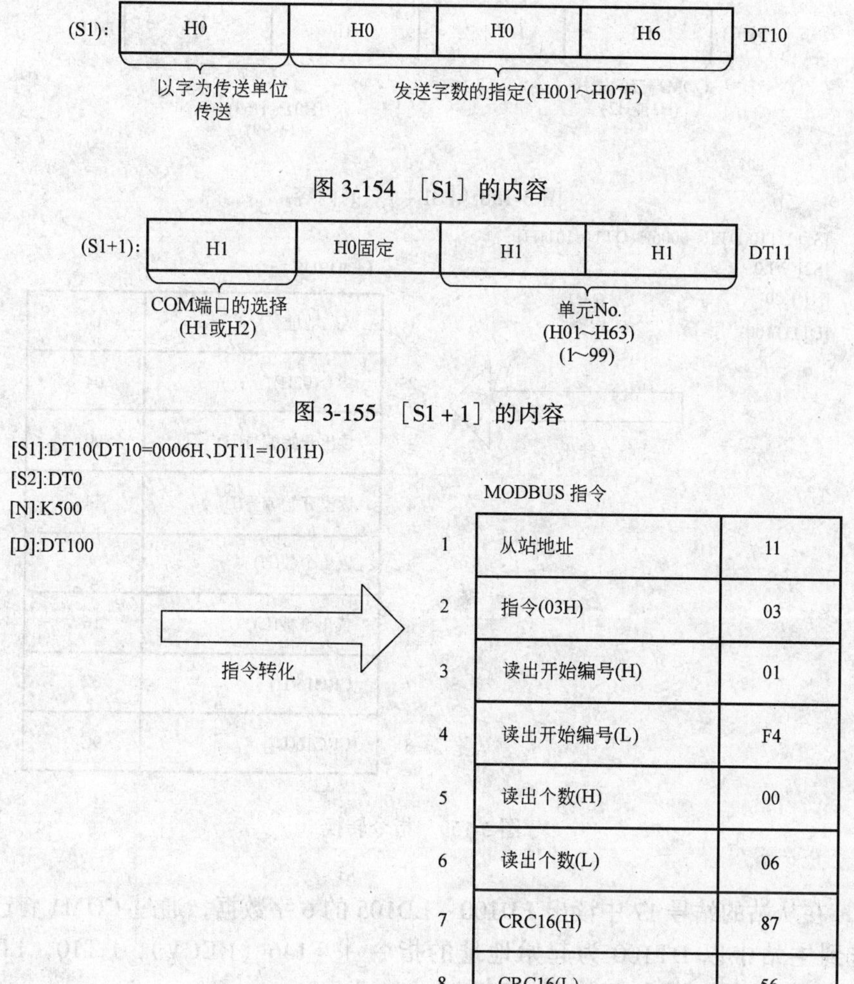

图 3-154 ［S1］的内容

图 3-155 ［S1+1］的内容

图 3-156 指令转换

读出开始编号指定读出地址数据编号。（从站：DT500）读出个数为指定字数（6 字读出）

4．指令 04（WL、LD 读出）发送 例如，在从站的站号 17 中读出 WL20～WL25 的 6 字，通过 COM1 将已读出的数据传送到主站中以 DT100 为起始地址的指令［F146（RECV），DT10，WL0，K20，DT100］时，［S1］的内容如图 3-157 所示。

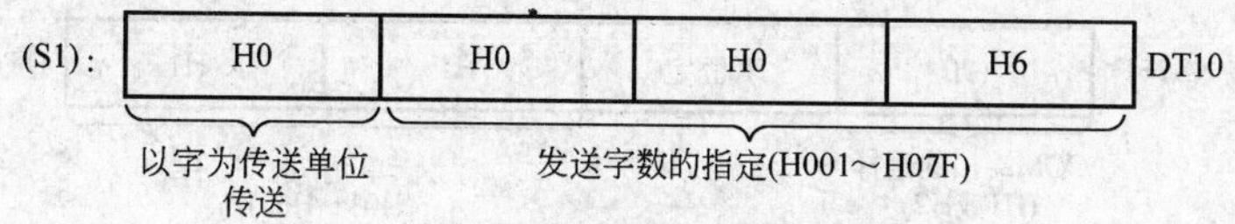

图 3-157 ［S1］的内容

用指令 04 进行字单位的读出时，请将［S1］的传送方法指定为字单位（H0）。［S1+1］的内容如图 3-158 所示。指令转换如图 3-159 所示。

读出开始编号指定读出地址数据编号。（从站：WL20）读出个数为指定字数（6 字读

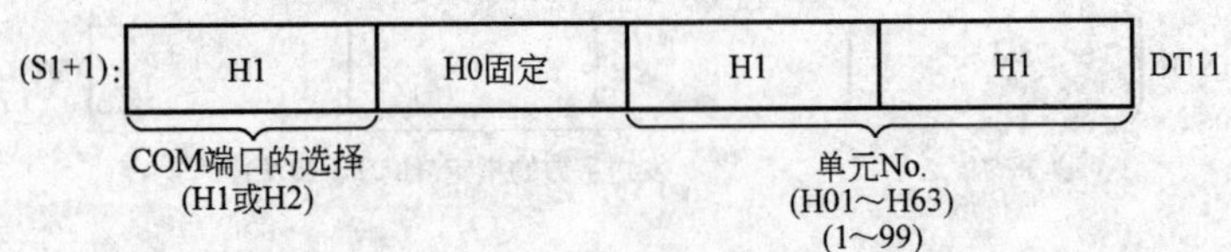

图 3-158 ［S1＋1］的内容

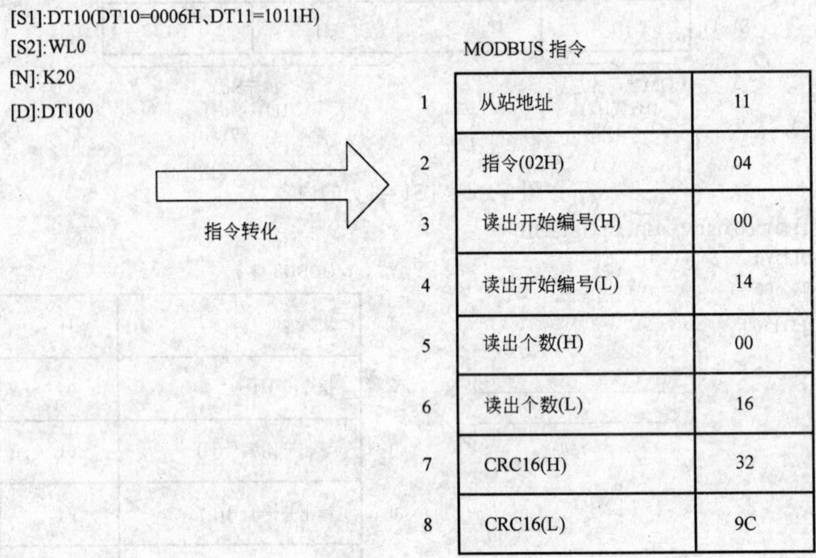

图 3-159 指令转换

出）。

又如，在从站的站号 17 中读出 LD100 ~ LD105 的 6 字数据，通过 COM1 将已读出的位数据传送到主站中以 DT100 为起始地址的指令［F146（RECV），DT10，LD0，K100，DT100］时，［S1］的内容如图 3-160 所示。

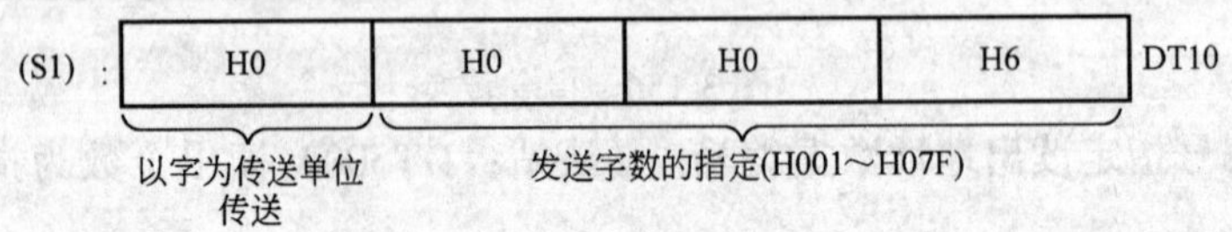

图 3-160 ［S1］的内容

用指令 04 进行字单位的读出时，请将［S1］的传送方法指定为字单位（H0）。［S1＋1］的内容如图 3-161 所示。指令转换如图 3-162 所示。

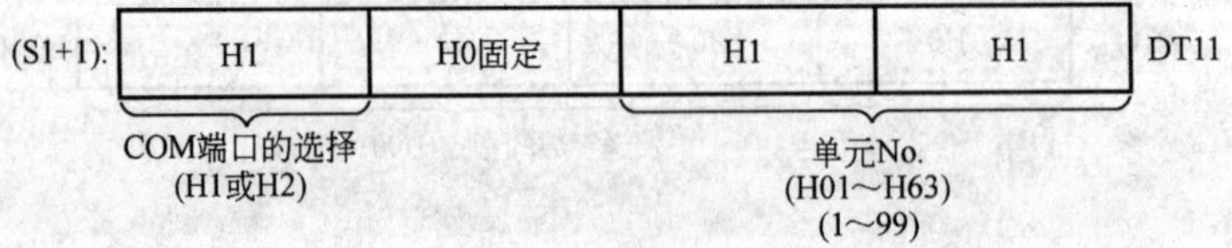

图 3-161 ［S1＋1］的内容

读出开始编号指定读出地址数据编号（从站：LD100）读出个数为指定字数（6 字读出），在 LD 指定时为 07D0H。

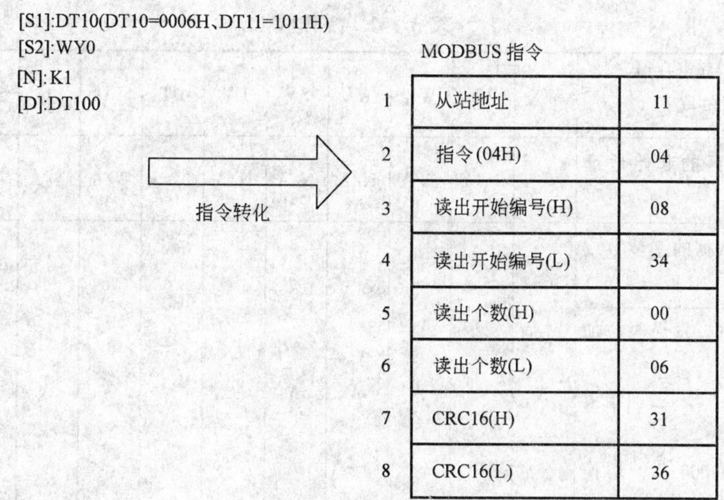

图 3-162 指令转换

三、F159（MTRN）指令

(一) 指令功能

串行数据通信：用于通过 RS232 或 RS485 串行通信口向外围设备发送数据或者接收外围数据。程序举例的梯形图及指令表如表 3-141 所示，操作数如表 3-142 所示。

表 3-141 程序举例的梯形图及指令表

梯形图程序	布尔形式
10 ─┤R0├─(DF)→ 1 1→[F159 MTRN, DT100, K8, K1] S n D	地址 指令 10 ST R 0 11 DF 12 F159 (MTRN) DT 100 K 8 K 1

程序说明：当外围设备（计算机、测量仪表、条码识阅读器等）与 RS232C 或 RS485 串行通信端口连接以后，使用本指令发送和接收数据。

(1) 发送 发送存储在数据表中从“S”地址开始的“n”个字节的数据，由“D”中指定与外围设备相连接的通信端口。

能够自动添加和发送起始符和结束符。可以发送的最大字节数是 2048。

(2) 接收 接收是由接收完成标志位（R9038/R9048）的 ON/OFF 控制的。当接收完成标志变为 OFF 时，开始从 RS232 或 RS485 端口接收数据，并且自动存储在由系统寄存器 No.416 到 No.419 中指定的数据寄存器中。

F159（MTRN）指令可以用来关闭接收完成标志位（R9038/R9048）（允许接收）。可以接收的最大字节数是 4096。

表 3-142　操作数

操作数 \ 继电器和寄存器		WX	WY	WR	WL	SV	EV	DT	LD	I	常数 K	常数 H	索引变址
S	参数表存储区的起始地址（数据寄存器）	N/A	N/A	N/A	N/A	N/A	N/A	A	N/A	N/A	N/A	N/A	A
n	存放被发送数据的字节数或常数。 当数值为正时，发送时添加结束符。 当数值为负时，不添加结束符。 当数值为 H8000 时，切换 RS232C（RS485）通信端口的传输模式。	A	A	A	A	A	A	A	A	A	A	A	A
D	发送数据端口（K0，K1，K2）	N/A	N/A	N/A	N/A	N/A	N/A	N/A	N/A	N/A	A	N/A	A

(3) 改变 RS232C（RS485）端口的传送方式　执行 F159 指令可以切换“通用通信方式”和“计算机链接方式”。使用时，在“*n*”（传送的字节总数）中指定“H8000”并且执行该指令。

R9032 或 R9042 为通信端口模式选择标志。

在选择为“通用通信方式”的情况下，该标志为 ON。

应注意的是，当电源导通的时候，在系统寄存器 No.412 中被选择的方式生效。

用 FP-X 的编程口，PROG 模式时，一定要变成计算机链接方式。

（二）发送过程的编程和操作

为了执行数据发送，应将被传送的数据写进数据表内并使用 F159（MTRN）指令。

作为被发送的数据，从“S”指定的数据寄存器开始，如图 3-163 所示。

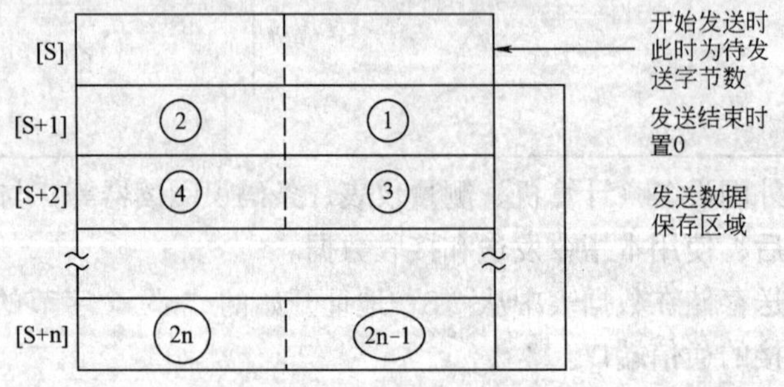

图 3-163　传送的数据

使用 FO（MV）或者 F95（ASC）指令将被发送的数据写入由“S”指定的数据区。应注意的是

1）在被传送的数据中不包括结束符。结束符是自动添加的。

2）在系统寄存器 No.413 或者 No.414 中的选择“有起始符”，则在被传送的数据中不包括起始符。起始符是自动添加的。

3）可传送的最大字节数“n”是2048。

若传送8个字符A，B，C，D，E，F，G，H（8个字节的数据）使用DT100～DT104作为数据表，如图3-164所示。

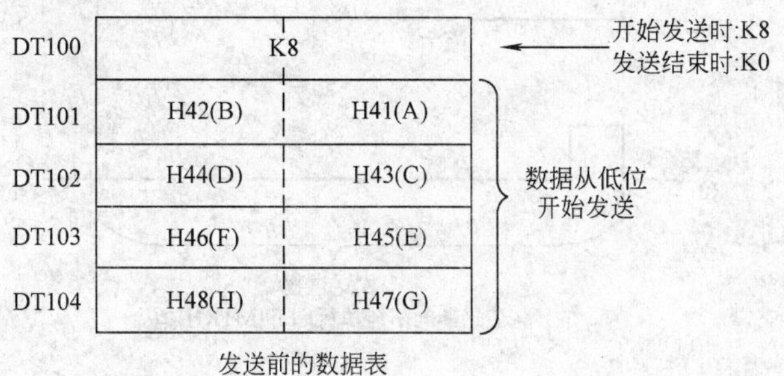

图3-164 DT100～DT104

当使用一通道型的RS232C端口插卡时，只有CS（清除发送）为ON的时候才能发送。如果不连接其他设备，则要将CS与RS（发送请求）连接。

在“S”中指定发送数据表的首地址，在“n”中是被传送数据的字节总数。其梯形图程序如图3-165所示。

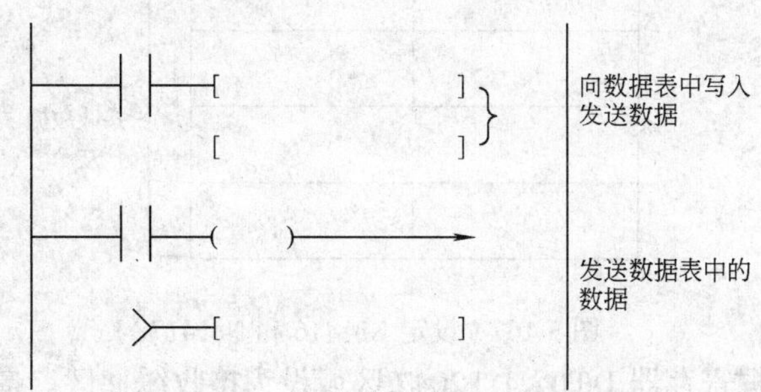

图3-165 梯形图程序

当F159（MTRN）指令的执行条件变ON，并且当传送标志位（R9039/R9049）为ON时，执行如下操作：

1）“n”被预置在“S”中。接收完成标志位（R9038/R9048）变为OFF，同时接收数据的总数被清零。

2）从数据表的“S+1”中的低字节开始顺序地发送数据。

在传送过程中，传送完成标志位（R9039/R9049）保持OFF。

如果在系统寄存器No.413或者No.414设置了使用STX起始符，则起始符自动添加在数据开始处。

在系统寄存器No.413或者No.414中指定的结束符被自动添加在数据末尾，如图3-166所示。

3）所有的指定的数据被发送后，“S”中的数值被清零，并且发送完成标志位（R9039/R9049）变成ON。

当不需要添加传送结束符，可使用的方法为：使用负数作为被传送的字节数。

如果不需要添加结束符，设置系统寄存器No.413或者No.414为“无结束符”。

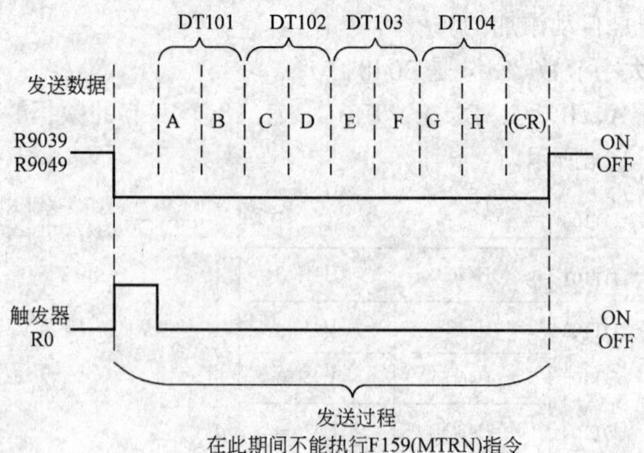

图 3-166 数据发送

（三）数据接收过程的准备

COM1 端口用接收缓冲区的设定 No.416，No.417，如图 3-167 所示。

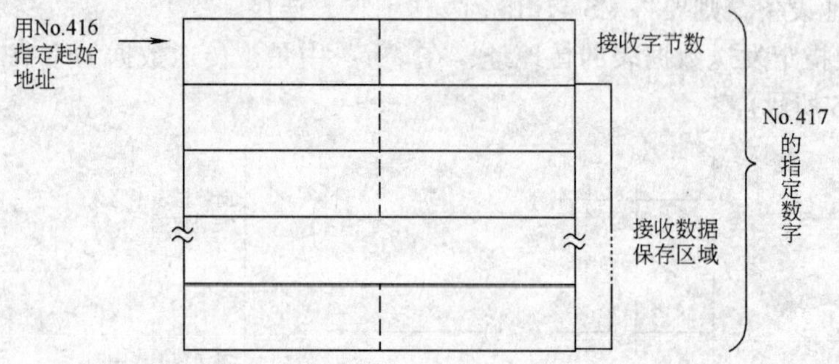

图 3-167 设定 No.416 和 No.417

初始设定中将数据寄存器 DT0 ~ DT2047 区域设为接收缓冲区。最大可接收 4094B。

COM2 端口用接收缓冲区的设定 No.418、No.419，如图 3-168 所示。

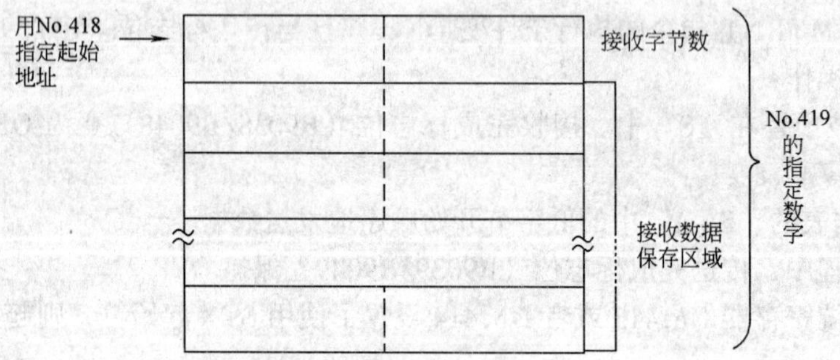

图 3-168 设定 No.418 和 No.419

初始设定中将数据寄存器 DT2048 ~ DT4095 区域设为接收缓冲区。最大可接收 4094B。

TOOL 端口用接收缓冲区的设定 No.420，No.421，如图 3-169 所示。

初始设定中将数据寄存器 DT4096 ~ DT6143 区域设为接收缓冲区。最大可接收 4094B。

(四) 数据接收过程的编程和操作

数据从 RS232 连结的外部设备传送进来，存储在作为接收缓冲区的数据寄存器中。

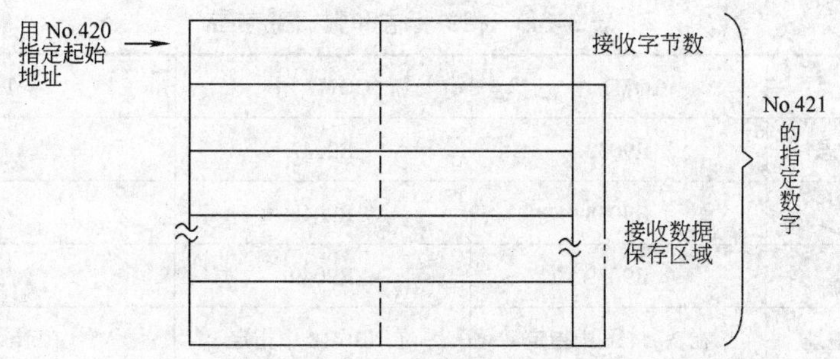

图 3-169 设定 No.420 和 No.421

数据寄存器被用作接收缓冲区。缓冲区在系统寄存器 No.416～No.419 中指定接收数据的字节数。

存储在接收缓冲区的起始字中。该初始值是“0”。

接收到的数据从低位字节开始顺序地存储在接收数据区中。接收缓冲区使用数据寄存器如图 3-170 所示。

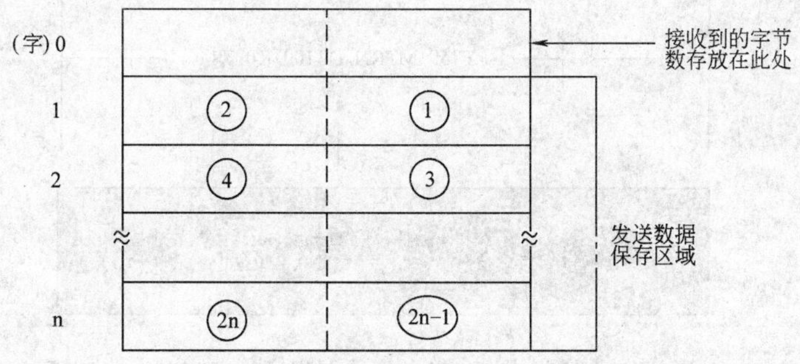

图 3-170 接收缓冲区使用数据寄存器

若从外围设备通过 COM1 端口接收 A，B，C，D，E，F，G，H，8 个字节的数据，使用 DT200 到 DT204 作为接收缓冲区，如图 3-171 所示。

系统寄存器的设置如下：

No.416：K200

No.417：K5

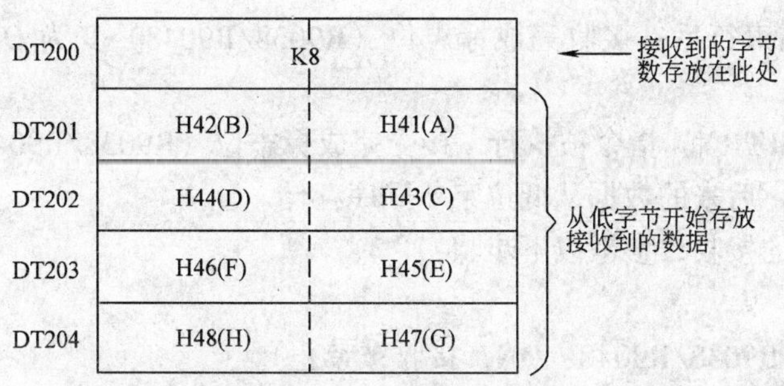

图 3-171 接收结束后的接收缓冲区内容示意图

相关标志和数据寄存器如表 3-143 所示。

表 3-143　相关标志和数据寄存器

项　目	COM1 用	COM2 用	TOOL 用
端口传输模式标志	R9032	R9042	R9040
接收完成标志	R9038	R9048	R903E
发送完成标志	R9039	R9049	R903F
接收缓冲区起始地址	在 No.416 中指定	在 No.418 中指定	在 No.420 中指定
接收缓冲区容量	在 No.417 中指定	在 No.419 中指定	在 No.421 中指定

当从外部通信设备接收数据完成时，接收完成标志（R9038/R9048）变为 ON。之后的数据不再接收。

为了接收后来的数据，必须执行 F159（MTRN）指令使接收完成标志位（R9038/R9048）变为 OFF，同时将接收字节总数清零。梯形图程序如图 3-172 所示。

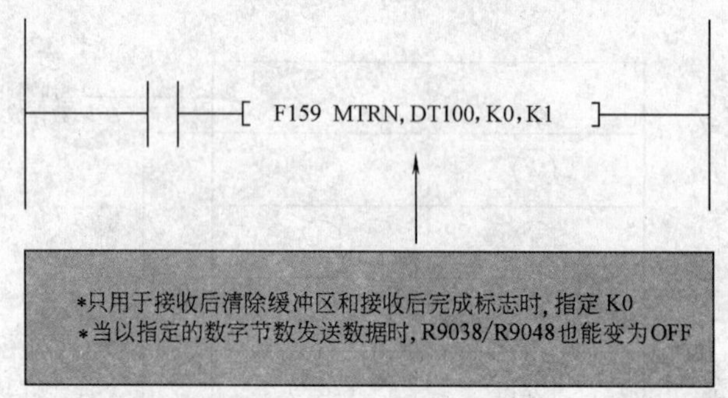

图 3-172　梯形图程序

接收完成标志位（R9038/R9048）为 OFF 的状态下，从外围设备发送数据时进行以下操作。

(在 RUN 运行后第一个扫描周期内 R9038/R9048 变为 OFF，“0”被设置在由系统寄存器中指定的接收缓冲区的起始字中)

1）接收到的数据被顺序地从接收缓冲区的第二个字的低位字节开始存放。起始符和结束符不被存储，如图 3-173 所示。

2）当接收到结束符后，接收完成标志位（R9038/R9048）变为 ON。禁止接收后来的数据。

3）当 F159（MTRN）指令被执行，接受完成标志位（R9038/R9048）变为 OFF，接收的字节总数被清零，后来的数据从低位字节顺序存储。

为了确认数据的接收，参考以下步骤：

① 接收数据。

② 接收完成（R9038/R9048：ON，接收被禁止）。

③ 处理接收到的数据。

④ 执行 F159（MTRN）指令（R9038/R9048：OFF，允许继续接收）。

⑤ 接收后续的数据。

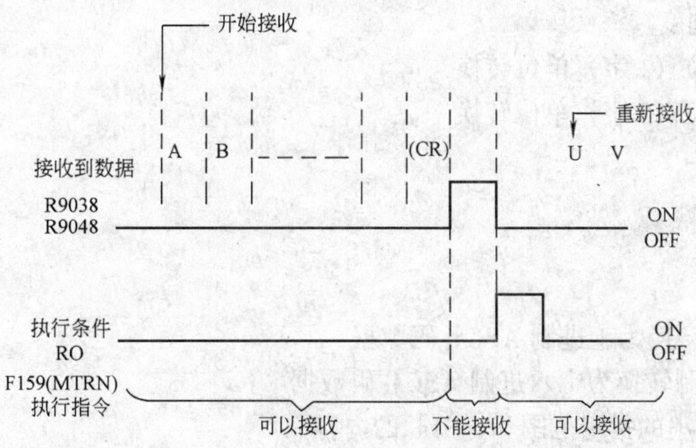

图 3-173　接收数据示意图

四、F250（BTOA）指令

（一）指令功能

二进制→ASCⅡ码转换：16 位/32 位二进制数据转换为 ASCⅡ。程序举例的梯形图及指令表如表 3-144 所示，操作数如表 3-145 所示。

表 3-144　程序举例的梯形图及指令表

梯形图程序	布尔形式		
	地址	指令	
10 R10 [F250 BTOA, M16–D, DT 10, DT20, DT10 0]	10	ST	R　0
S1　S2　N　D	11	F250	(BTOA)
		M	16 – D
		DT	10
		DT	20
		DT	100

表 3-145　操作数

操作数 \ 继电器和寄存器		WX	WY	WR	WL	SV	EV	DT	LD	IX	IY	常数 K	常数 H	M	索引变址
S1	控制字符串	○	○	○	○	○	○	○	○	○	○	—	—	○	○
S2	存放二进制的区域的起始地址	○	○	○	○	○	○	○	○	○	○	—	—	—	○
N	转换方式	○	○	○	○	○	○	○	○	○	○	○	○	—	○
D	保存转换结果的ASCⅡ码的区域的起始地址	—	○	○	○	○	○	○	○	○	○	—	—	—	○

1. 程序说明　根据 S1 指定的 4 字符的控制字符，把 S2 指定区域保存的二进制数据，用 N 的转换方法，转换为 ASCⅡ码，存放在由 D 指定的区域。

2. 各项目的设定

（1）关于控制字符串的指定［S1］

① 转换数据刻度

“16”：用16位（1字）单位转换

“32”：用32位（2字）单位转换

② 转换方向

“+”：正方向

“-”：反方向

③ 转换格式

“D”：十进制转换为十进制ASCⅡ码数据

“H”：十六进制转换为十六进制ASCⅡ码数据

(2) 控制字符串的指定范围和［S1］的内容

M＿16-D　16位数据转换为十进制ASCⅡ数据

M＿32-D　32位数据转换为十进制ASCⅡ数据

M＿16-H　16位数据转换为十六进制ASCⅡ数据

M＿32-H　32位数据转换为十六进制ASCⅡ数据

M＿16+H　16位数据转换为十六进制ASCⅡ数据

M＿32+H　32位数据转换为十六进制ASCⅡ数据

(3) 指定［N］转换方法

① 转换数据数：H0~HFF（0~255）

② 保存开始位置：用D开始的位（位置）指定H0~HF（0~15）

③ ASCⅡ码保存区域的大小（用位数指定）

H1~H4：用S1指定16位十六进制，H1~H8：用S1指定32位十六进制，H1~HF：用S1指定十进制。

转换为十六进制ASCⅡ数码：

16位数据时：

① 指定从1开始的任意4字符。

② 小于4B时，从低位开始③的位数转换后保存。

32位数据时：

① 指定从1开始的任意8字符。

② 小于8B时，从低位开始③的位数转换后保存。

转换为十进制ASCⅡ代码时，已转换的数据（16位/32位）按带符号的二进制数据进行处理。如果数据是一个负数数值，则负号在最高位数字之前输出。

③ 如果保存ASCⅡ码的区域大小大于转换结果的字符串，则空格（H20）被保存到较小的附加地址内。

错误状态如表3-146所示。

（二）转换实例

1. 将十六进制的16位数据按正方向变换成4数据长度

S1：DT0　　“16+H”

S2：DT10　　H1234，H5678，HA9BC，HDE0F

N：DT20　　H0424

表 3-146 错误状态

R9007 R9008 （ER）	用 S1 指定的控制字符串有异常
	用 S1 指定的转换格式是十进制时，转换方向为正方向
	用 S1 指定的转换格式是十六进制时，用 N 指定的 ASCⅡ码存储区域的大小超过规定值（16 位时的规定值：4，32 位时的规定值：8）
	用 N 指定的转换数据数为 0
	转换结果超过用 N 指定的 ASCⅡ码存储区域的大小
	转换结果超过区域
	索引变址时超过区域

D：DT100

↓ 转换结果

DT100 Hxxxx DT101 H3433
DT102 H3231 DT103 H3837
DT104 H3635 DT105 H4342
DT106 H3941 DT107 H4630
DT108 H4544

2. 将十进制的 16 位数据按反方向变换成 4 数据长度

S1：DT0 "16 - D"
S2：DT10 K1234，K - 5678，K - 32768，K3
N：DT20 H0416
D：DT100

↓ 转换结果

DT100 H20xx DT101 H3120
DT102 H3332 DT103 H2034
DT104 H352D DT105 H3736
DT106 H2D38 DT107 H3233
DT108 H3637 DT109 H2038
DT110 H2020 DT111 H2020
DT112 Hxx33

3. 将十六进制的 32 位数据按反方向变换成 3 数据长度

S1：DT0 "32 - H"
S2：DT10 H1234，H5678，HA9BC，HDE0F，H00F1，
H0000
N：DT20 H0308
D：DT100

↓ 转换结果

DT100 H3635 DT101 H3837
DT102 H3231 DT103 H3433

DT104 H4544 DT105 H4630
DT106 H3941 DT107 H4342
DT108 H3030 DT109 H3030
DT110 H3030 DT111 H3146

4. 将十进制的32位数据按反方向变换成2数据长度

S1：DT0 "32 - D"
S2：DT10 H0000，H8000，H0001，H0000
N：DT20 H023C
D：DT100

↓ 转换结果

DT100 Hxxxx DT101 H20xx
DT102 H322D DT103 H3431
DT104 H3437 DT105 H3338
DT106 H3436 DT107 H2038
DT108 H2020 DT109 H2020
DT110 H2020 DT111 H2020
DT112 H2020 DT113 Hxx31

五、F251（ATOB）指令

（一）指令功能

ASCⅡ码的字符串转换为16位/32位二进制数据。程序举例的梯形图及指令表如表3-147所示，操作数如表3-148所示。

表 3-147 程序举例的梯形图及指令表

梯形图程序	布尔形式		
10 —R0— [F251 BTOA, M 16–D (S1) DT 10, (S2) DT20 (N) DT10 0 (D)]	地址	指令	
	10	ST	R 0
	12	F251	(ATOB)
		M	D – 16
		DT	10
		DT	20
		DT	100

表 3-148 操作数

操作数 \ 继电器和寄存器		WX	WY	WR	WL	SV	EV	DT	LD	IX	IY	常数 K	常数 H	M	索引变址
S1	控制字符串	A	A	A	A	A	A	A	A	A	A	N/A	N/A	A	A
S2	存放ASCⅡ码的区域的起始地址	A	A	A	A	A	A	A	A	A	A	N/A	N/A	N/A	A
N	转换方法	A	A	A	A	A	A	A	A	A	A	A	A	N/A	A
D	保存转换结果的二进制数据的区域的起始地址	N/A	A	A	A	A	A	A	A	A	A	N/A	N/A	N/A	A

1. 程序说明 根据 S1 指定的 4 字符的控制字符，把 S2 指定区域保存的 ASCⅡ码，用 N 的转换方法，转换为二进制数据，存放在由 D 指定的区域。

2. 各项目的设定

(1) 关于控制字符串的指定 [S1]

1) 转换格式

"D"：十进制转换源数据时十进制 ASCⅡ码

"H"：十六进制转换源数据时十六进制 ASCⅡ码

2) 转换方向

"+"：正方向

"-"：反方向

3) 转换数据刻度

"16"：用 16 位（1 字）单位转换

"32"：用 32 位（2 字）单位转换

(2) 控制字符串的指定范围和 [S1] 的内容

M _ D-16 十进制转换为 16 位数据

M _ D-32 十进制转换为 32 位数据

M _ H-16 十六进制转换为 16 位数据

M _ H-32 十六进制转换为 32 位数据

M _ H+16 十六进制转换为 16 位数据

M _ H+32 十六进制转换为 32 位数据

(3) 指定 [N] 转换方法

1) 转换块数：H0～HFF（0～255）。

2) 读出开始位置：用 S2 开始的位（位置）指定 H0～HF（0～15）。

3) ASCⅡ码保存区域的大小（用位数指定）：

H1～H4：用 S1 指定 16 位十六进制，H1～H8：用 S1 指定 32 位 ASCⅡ码，H1～HF：用 S1 指定 10 进制。

转换为十六进制 ASCⅡ数码：

16 位数据时：指定从 1 开始的任意 4 字符。

32 位数据时：指定从 1 开始的任意 8 字符。

如果指定字符串内有一逗号“,”，不管保存 ASCⅡ码的区域的指定大小是多大，逗号被视为是数据的一个断点。如果有一句号“。”，则意味着跳过（但仅限十进制时）。

错误状态如表 3-149 所示。

(二) 转换实例

1. 将 7 块的 ASCⅡ码按正方向变换成十六进制的 16 位二进制数据

S1：DT0 "H+16"

S2：DT10 Hxxxx，H4342，H3941，H4630，
H4544，H2C37，

N：DT20 H0722

D：DT100

表 3-149 错误状态

R9007 R9008 （ER）	用 S1 指定的控制字符串有异常
	用 S1 指定的转换格式是十进制时，转换方向为正方向
	用 S1 指定的转换格式是十六进制时，用 N 指定的 ASCⅡ码存储区域的大小超过规定值（16 位时的规定值：4，32 位时的规定值：8）
	用 S2 指定的 ASCⅡ码包含 0 ~ F、符号、空格、逗号、句号以外的代码
	用 N 指定的 ASCⅡ码存储区域大小为 0
	用 N 指定的转换块数为 0 的场合
	转换的 ASCⅡ码超出区域
	转换结果超过区域
	转换结果为超过用 N 指定的转换数据方法的数据
	索引变址时超过区域

↓ 转换结果

DT100 H00BC DT101 H00A9

DT102 H000F DT103 H00DE

DT104 H0007 DT105 H002E

DT106 H00F1

2. 将 4 块的 ASCⅡ码按反方向变换成十六进制的 16 位二进制数据

S1：DT0 “H－16”

S2：DT10 Hxxxx，H42xx，H4143，H3039，H4446，
Hxx45

N：DT20 H0432

D：DT100

↓ 转换结果

DT100 H00BC DT101 H00A9

DT102 H000F DT103 H00DE

3. 将 2 块的 ASCⅡ码按正方向变换成十六进制的 32 位二进制数据

S1：DT0 “H＋32”

S2：DT10 H4342，H3941，H4630，H4544

N：DT20 H0204

D：DT100

↓ 转换结果

DT100 HA9BC DT101 H0000

DT102 HDE0F DT103 H0000

4. 将 2 块的 ASCⅡ码按反方向变换成十六进制的 32 位二进制数据

S1：DT0 “H－32”

S2：DT10 H4342，H3941，H4630，H4544，H4532，H3146，H3443，H4433

N：DT20 H0208

D：DT100

↓ 转换结果

DT100　H0FDE　DT101　HBCA9

DT102　HC43D　DT103　H2EF1

5. 将 5 块的 ASCⅡ码按反方向变换成十进制的 16 位二进制数据

S1：DT0　"D－16"

S2：DT10　H2020，H3231，H3433，H2D20，H3635，H3837，H2D2C，H3233，H3637，H2038，H2E31，H2C36，H332B，H3732，H3736

N：DT20　H0506

D：DT100

↓ 转换结果

DT100　K1234　DT101　K－5678

DT102　K－32768　DT103　K16

DT104　K32767

6. 将 2 块的 ASCⅡ码按反方向变换成十进制的 32 位二进制数据

S1：DT0　"D－32"

S2：DT10　H2D20，H3132，H3734，H3834，H3633，H3834，H2020，H2020，H2020，H2020，H2020，H3120

N：DT20　H020C

D：DT100

↓ 转换结果

DT100　H0000　DT101　H8000

DT102　H0001　DT103　H0000

第四章　编 程 指 导

第一节　PLC 的编程方法

学习了 PLC 的指令系统之后，就可以根据实际系统的控制要求编制程序，下面进一步说明编写程序的基本原则和方法。

一、编程的基本原则

PLC 编程应该遵循以下基本原则：

1）外部输入/输出继电器、内部继电器、定时器、计数器等器件的接点可多次重复使用，无需用复杂的程序结构来减少接点的使用次数。

2）梯形图每一行都是从左母线开始，线圈接在最右边。接点不能放在线圈的右边，在继电器控制的原理图中，热继电器的接点可以加在线圈的右边，而 PLC 的梯形图是不允许的，如图 4-1 所示。

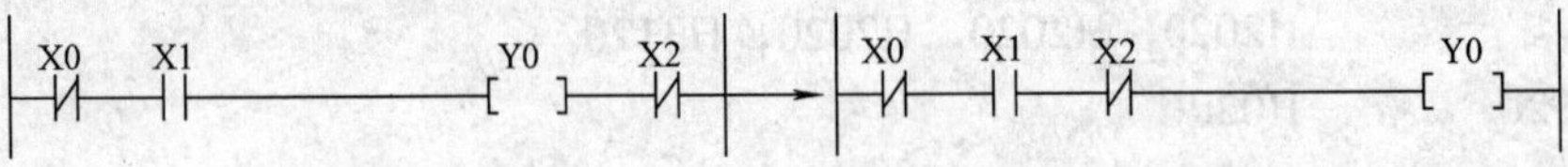

X0
X1
Y0
X2
X0
X1
X2
Y0

a) 不正确的电路　　b) 正确的电路

图 4-1　规则 2 的说明

3）线圈不能直接与左母线相连。如果需要，可以通过一个没有使用的内部继电器的常闭接点或者特殊内部继电器 R9010（常 ON）的常开接点来连接，如图 4-2 所示。

TIM1
Y1
R9010
TIM1
X1
Y1

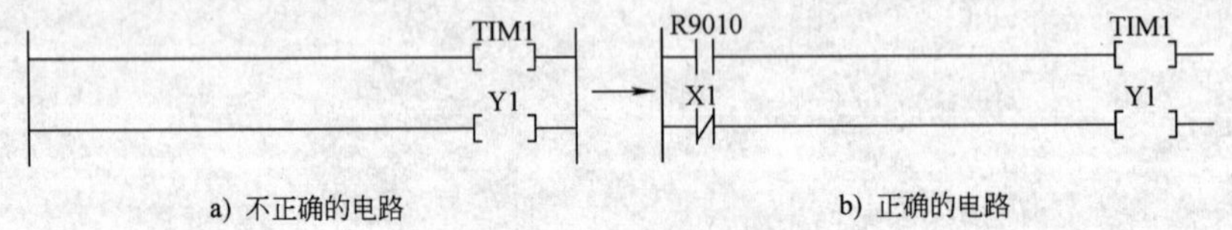

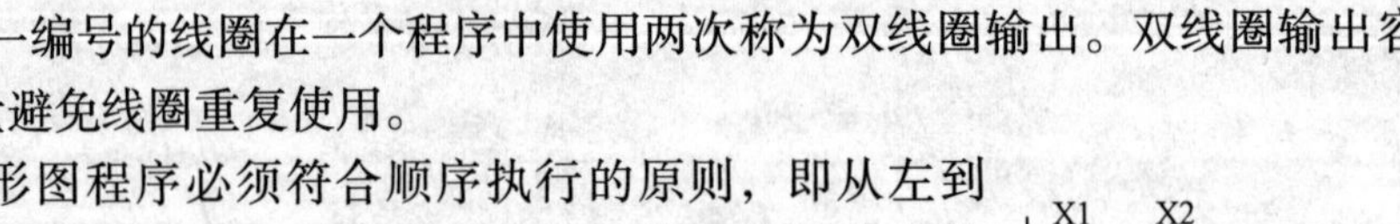

a) 不正确的电路　　b) 正确的电路

图 4-2　规则 3 的说明

4）同一编号的线圈在一个程序中使用两次称为双线圈输出。双线圈输出容易引起误操作，应尽量避免线圈重复使用。

5）梯形图程序必须符合顺序执行的原则，即从左到右，从上到下地执行，如不符合顺序执行的电路不能直接编程，例如图 4-3 所示的桥式电路就不能直接编程。

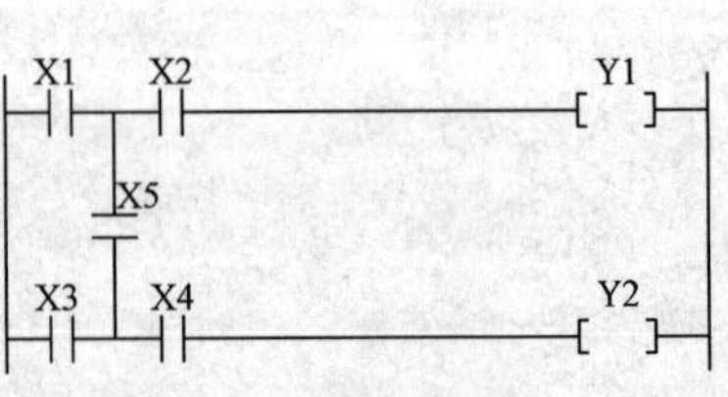

6）在梯形图中串联接点使用的次数没有限制，可无限次地使用，如图 4-4 所示。

7）两个或两个以上的线圈可以并联输出，如图 4-5 所示。

X1
X2
Y1
X5
X3
X4
Y2

图 4-3　桥式电路

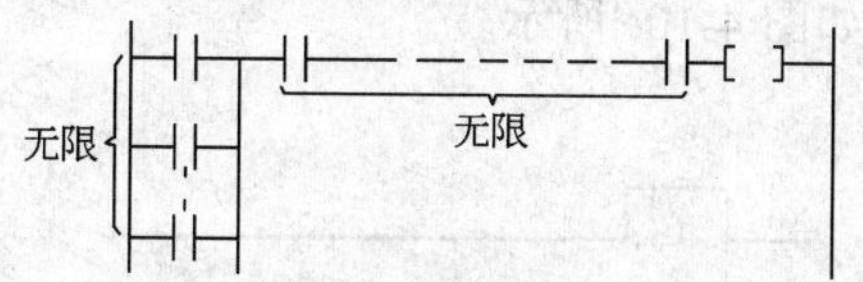

图 4-4　规则 6 说明

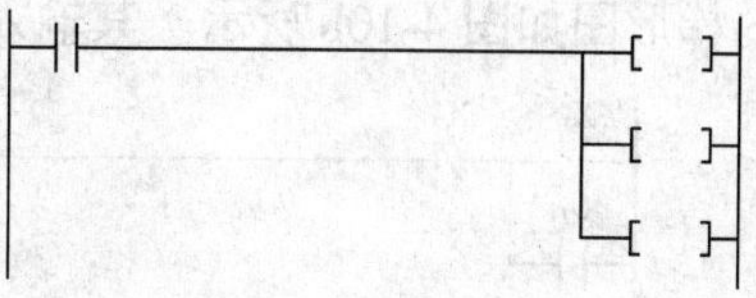

图 4-5　规则 7 说明

二、编程技巧

在编写 PLC 梯形图程序时应掌握如下的编程技巧：

1）把串联接点较多的电路编在梯形图上方，如图 4-6 所示。

a) 电路安排不当　　b) 电路安排得当

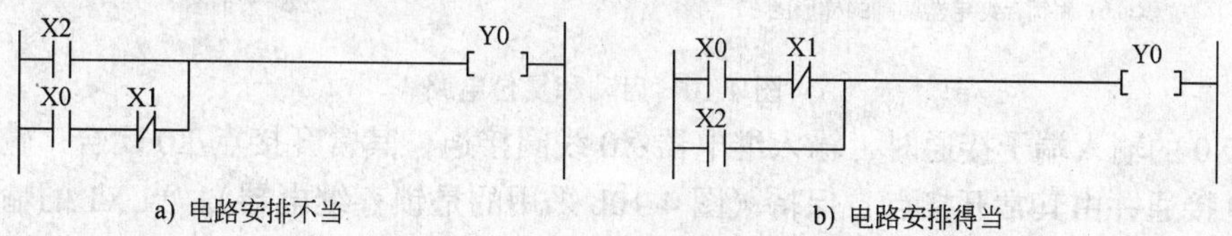

图 4-6　梯形图程序

2）并联接点多的电路应放在左边，如图 4-7 所示。图 4-7b 省去了 ORS 和 ANS 指令。若有几个并联电路相串联时，应将接点最多的并联电路放在最左边。

a) 电路安排不当　　b) 电路安排得当

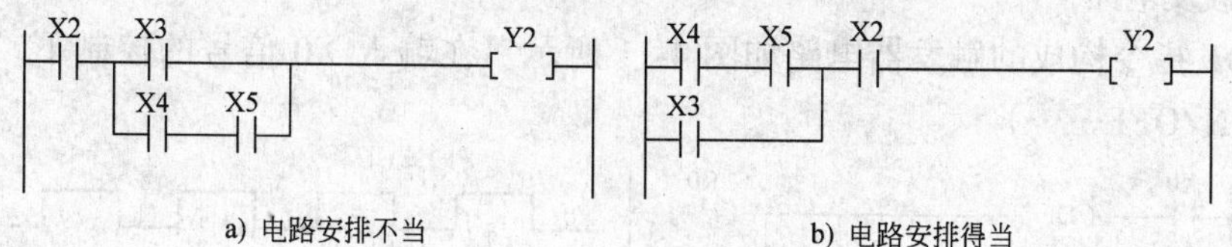

图 4-7　梯形图

3）桥式电路编程。图 4-3 所示的梯形图是一个桥式电路，不能直接对它编程，必须重画为图 4-8 所示的电路才可进行编程。

图 4-8　梯形图程序

4）复杂电路的处理。如果梯形图构成的电路结构比较复杂，用 ANS、ORS 等指令难以解决，可重复使用一些接点画出它的等效电路，然后再进行编程就比较容易了，如图 4-9 所示。如果使用 NPST-GR 软件也可直接编程。

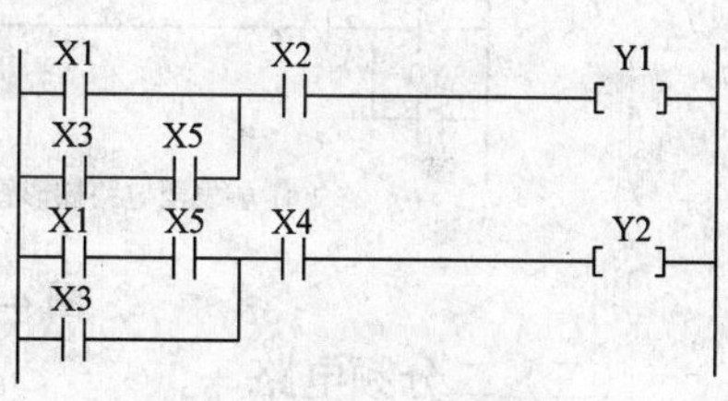

a) 复杂电路　　b) 重新排列电路

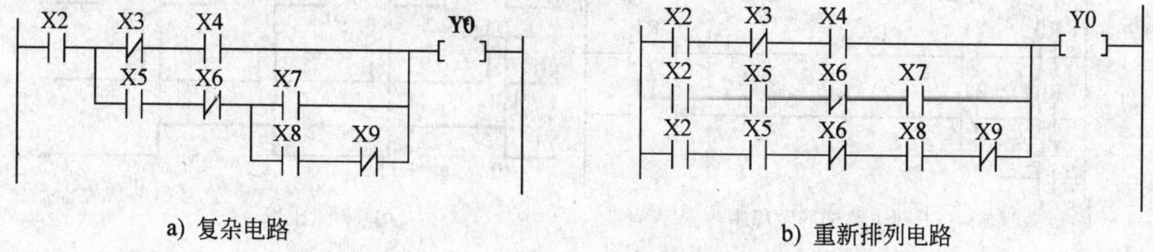

图 4-9　梯形图程序

三、基本电路的编程

(一) 启动和复位电路

在 PLC 的程序设计中，启动和复位电路是构成梯形图的最基本的常用电路。

用输入继电器和输出继电器编制的梯形图如图 4-10a 所示。用输入继电器和锁存继电器编制的梯形图如图 4-10b 所示。其输入输出波形图如图 4-10c 所示。

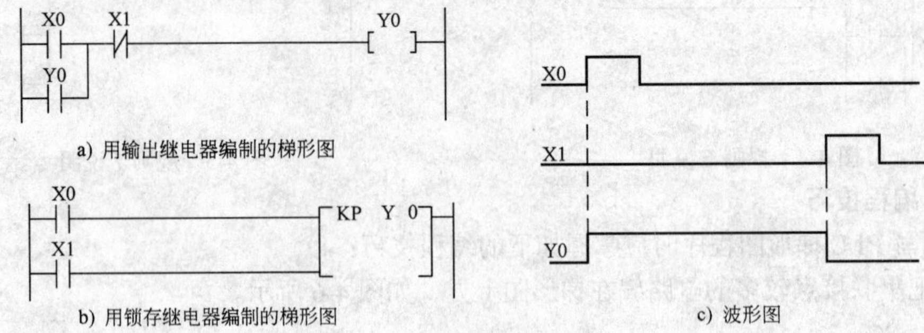

a) 用输出继电器编制的梯形图

b) 用锁存继电器编制的梯形图

c) 波形图

图 4-10 启动和复位电路

当 X0 的输入端子接通时，输入继电器 X0 线圈接通，其常开接点 X0 闭合，输出继电器线圈 Y0 接通并由其常开接点自保持（图 4-10b 采用的是锁存继电器）。当 X1 的输入端接通时，输入继电器 X1 的常闭接点打开（见图 4-10a)，常开接点 X1 闭合，锁存继电器 KP 复位，使输出 Y0 为 OFF。其电路功能为输入 X0 为 ON，输出 Y0 为 ON；输入 X1 为 ON 时，输出 Y0 为 OFF。

（二）触发电路

采用 DF 指令构成的触发器电路如图 4-11 所示。在输入 X0 信号的控制下，输出 Y0 不断翻转（ON/OFF……）

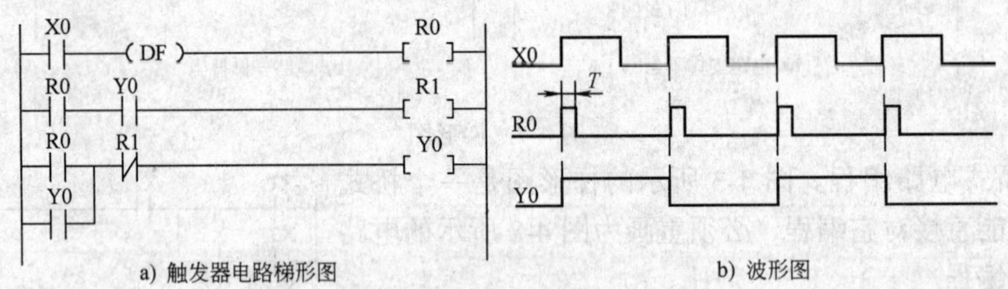

a) 触发器电路梯形图

b) 波形图

图 4-11 采用 DF 指令构成触发器电路

（三）二分频电路

采用 DF 指令构成的二分频电路如图 4-12 所示。

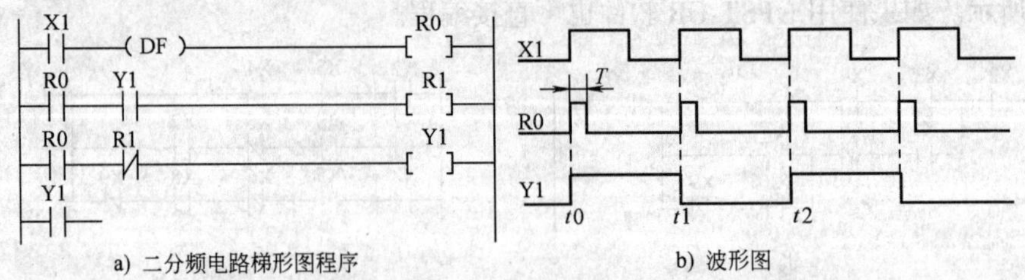

a) 二分频电路梯形图程序

b) 波形图

图 4-12 采用 DF 指令构成的二分频电路

在 $t0$ 时刻输入 X1 接通前沿，内部继电器 R0 接通一个扫描周期 T，输出 Y1 接通，常开接点 Y1 闭合。当输入 X1 的第二个脉冲到来时，内部继电器 R1 接通，其常闭接点 R1 打开使 Y1 断开。从图 4-12 的波形图中可以看出，输出 Y1 波形的频率为输入 X1 波形频率的一半。

（四）延时接通电路

PLC 中的定时器 TIM 与其他器件组合可构成各种时间控制电路。FP1 系列 PLC 中的定时器是通电延时型定时器，定时器输入信号一经接通，定时器的设定值不断减 1，当设定值减为零时，定时器才有输出，此时定时器的常开接点闭合，常闭接点打开。当定时器输入断开时，定时器复位，由当前值恢复到设定值，其输出的常开接点断开，常闭接点闭合。

输入端 X0 接不带自锁按钮，延时接通电路如图 4-13 所示。当输入 X0 端的输入接通时，输入继电器的线圈 X0 接通，其常开接点 X0 闭合，内部继电器 R0 接通，其常开接点 R0 闭合，接通定时器 T0，T0 的设定值 K50 开始递减，减为零时，T0 的常开接点闭合，输出继电器 Y0 延迟 5s 后接通。当输入端 X1 接通后，内部继电器 R0 断电，其常开接点 R0 断开，定时器 T0 复位，其输出的常开接点 T0 断开，使输出 Y0 为 OFF。

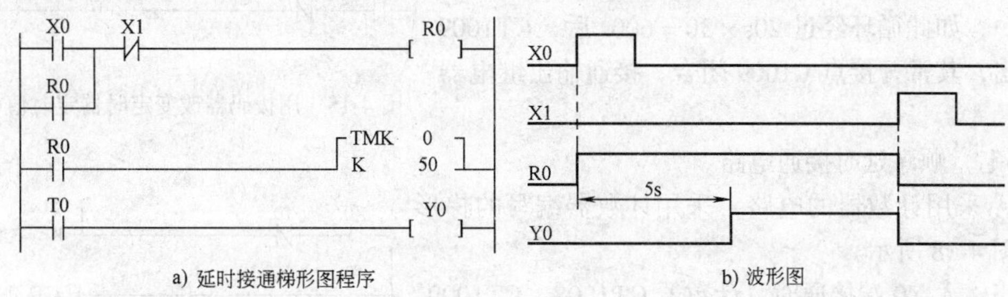

a) 延时接通梯形图程序　　b) 波形图

图 4-13　延时接通电路

（五）延时断开电路

1. 输入 X0 端接不带自锁按钮电路　图 4-14 是输入 X0 端接不带自锁按钮的延时断开电路。当输入 X0 端接通，内部继电器 R0 线圈接通，其常开接点 R0 闭合，输出 Y0 接通，同时定时器 T0 开始计时，延时 5s 后，T0 常闭接点打开，输出 Y0 线圈断开。

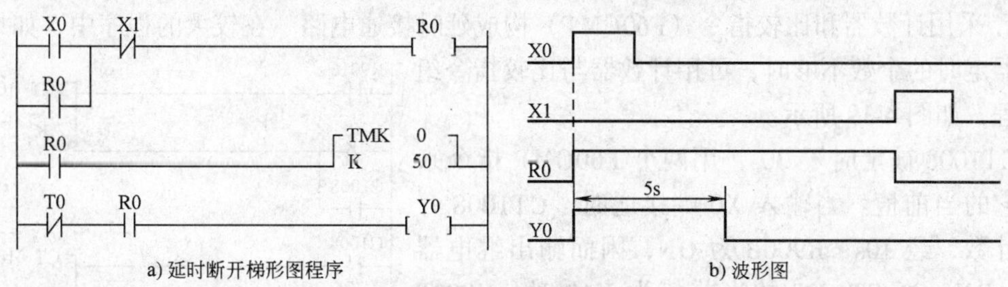

a) 延时断开梯形图程序　　b) 波形图

图 4-14　延时断开电路

2. 用拨码器改变定时器的定时值电路　用拨码器改变定时器的定时值电路如图 4-15 所示。利用改变拨码器的数值，使其 X0 ~ X3 处于不同的状态（ON 或 OFF），使内部字继电器 WR0 中的 R0 ~ R3 位具有不同的数据内容，采用 F81（BIN）4 位 BCD 码转换为 16 位二进制数据指令将 WR0 中内容存放在 SV0 中，从而达到改变定时器 T0 的定时值的目的。当 X4 接通时 Y0 接通，经过 T0 的设定时间，T0 有输出，其常闭接点 T0 打开，输出继电器 Y0 断开。

（六）长时间延时电路

1. 采用定时器和计数器组成的电路　当输入 X0 端接通，T0 开始计时，经过 10s 后，其常开接点 T0 闭合，计数器 CT1008 开始递减计数，与此同时 T0 的常闭接点打开，T0 线圈断电，常开接点 T0 打开，计数器 CT1008 仅计数一次，而后 T0 开始重新计时，如此循环……。当 CT1008 计数器经过 10s × 20 = 200s 后，计数器 CT1008 有输出，其常开接点 C1008 闭合，输出 Y0 接通。显然，输入 X0 端接通后，延时 10 × 20s 后输出 Y0 接通，如图 4-16 所示。

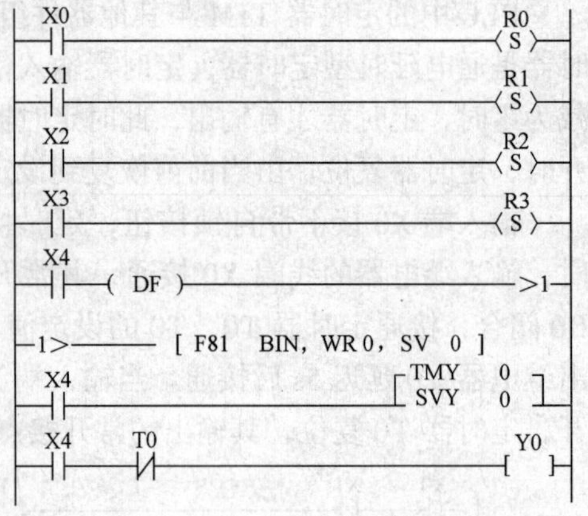

图 4-15 用拨码器改变定时器定时值电路

2. 采用两个或两个以上计数器组成的电路 图 4-17 是由两个计数器组成的延时电路。输入 X0 端接通后，CT1008 开始计数，经过 20s，CT1008 有输出，其常开接点闭合，CT1009 计数一次，CT1008 复位，又经过 20s，CT1009 计数二次……，如此循环经过 20s × 30 = 600s 后，CT1009 有输出，其常开接点 C1009 闭合，接通输出继电器 Y0。

(七) 顺序延时接通电路

1. 采用计数器的电路 采用计数器编写的梯形图如图 4-18 所示。

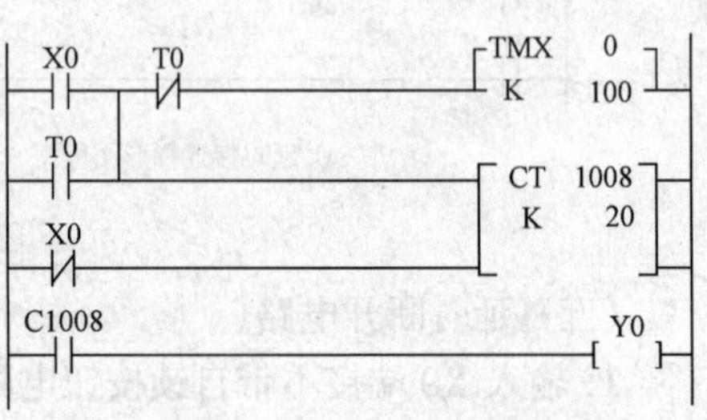

图 4-16 长时间延时电路

当输入 X0 端接通时，计数器 CT1008、CT1009、CT1010 分别开始计数。经 10s，CT1008 有输出，使其常开接点 C1008 接通，输出继电器 Y0 为 ON，经 20s，CT1009 有输出，使输出 Y1 为 ON，经过 30s，CT1010 有输出，使输出 Y2 为 ON，完成了顺序延时的控制功能。

2. 采用计数器和比较指令（F60CMP）构成延时接通电路 在较大的程序中，如果采用计数器定时的个数不够时，可用计数器与比较指令组合编程，如图 4-19 所示。

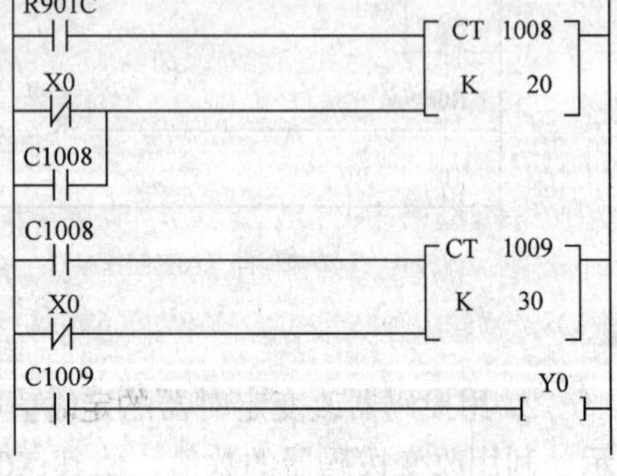

图 4-17 采用计数器延时电路

CT1008 被定时于 30s，用两个 F60CMP 指令来监视它的当前值。当输入 X0 端接通时，CT1008 开始减计数，经 10s，R900B 为 ON，因而输出继电器 Y0 为 ON。当 CT1008 的当前值为 K10 时，R900B 再次为 ON，输出 Y1 为 ON，经过 30s，输出继电器 Y2 变为 ON。显然只用了一个 CT1008 即可完成顺序延时接通的功能。

(八) 顺序循环执行电路

1. 采用左/右移位寄存器 F119（LRSR）指令构成的电路 要使输出继电器 Y0、Y1、Y2、…、Y8，按顺序分别接通 1s，并循环执行，可采用移位寄存器 F119LRSR 指令，其编程电路如图 4-20 所示。

当启动开关接通输入 X0 时，其输入 X0 接通的上升沿，内部继电器 R0 线圈接通，使常开接点 R0 闭合。传送指令 F0 MV 将十进制常数 K1 送至字输出继电器 WY0，使 Y0 为 ON，在移位寄存器 F119LRSR 的作用下，使输出继电器 Y0、Y1、Y2、…、Y8 按顺序分别接通

1s，当 Y8 接通时，又使输出继电器 Y0 为 ON，并如此循环下去，完成了顺序循环执行的功能。

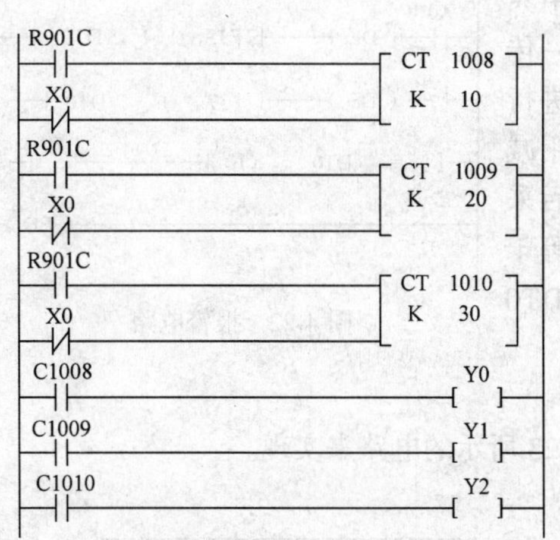

图 4-18　采用计数器延时接通电路

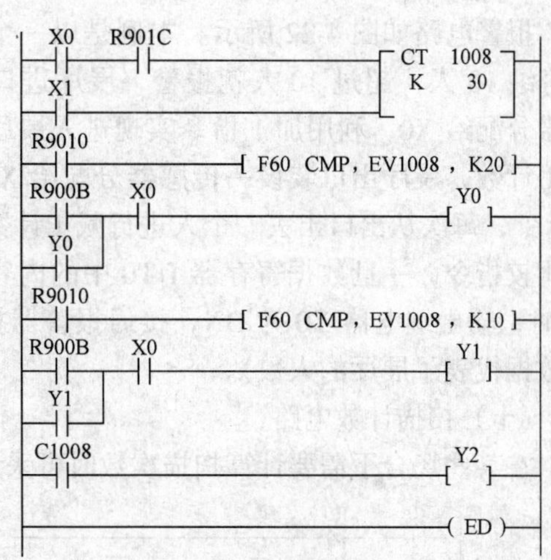

图 4-19　采用计数器和比较指令（F60CMP）构成的延时接通电路

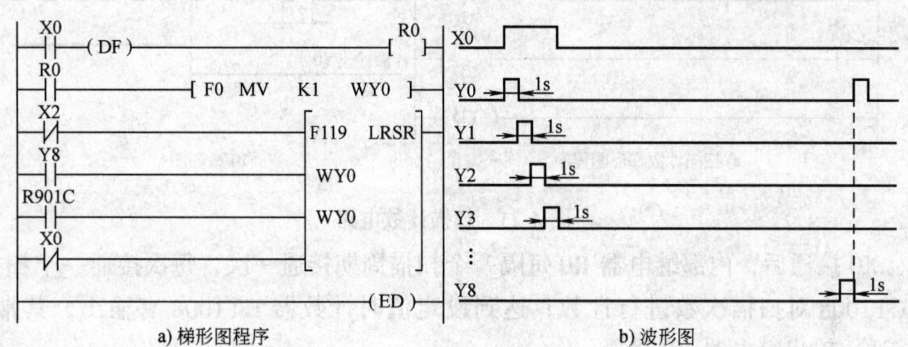

a) 梯形图程序　　b) 波形图

图 4-20　编程电路

2. 利用 CMP（F60）指令监视定时器的当前值，构成顺序循环执行电路　定时器 TM0 的设定值为 30s，用 CMP（F60）比较指令来监视 TM0 的当前值，构成的顺序循环执行电路如图 4-21 所示。

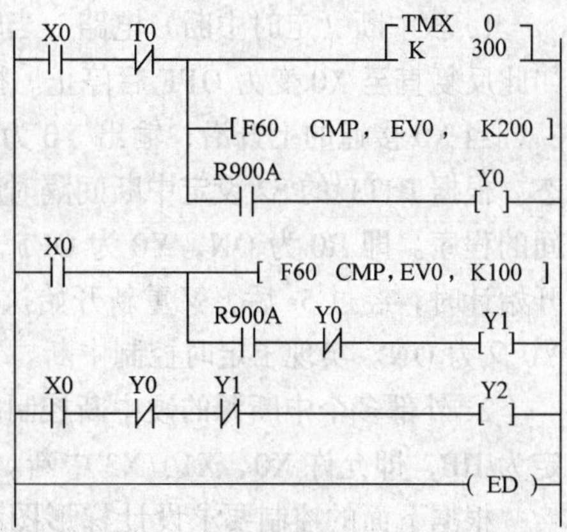

图 4-21　顺序循环执行电路

在 X0 接通后，当定时器 TM0 的经过值为 20s < EV0 < 30s 时，第一个 R900A 为 ON，输出 Y0 为 ON，当 TM0 的经过值为 10s < EV0 < 20s 时，第一个 R900A 为 OFF，Y0 为 OFF，而第二个 R900A 为 ON，Y1 为 ON，再经 10s，TM0 的经过值为 0 < EV0 < 10s 时，两个 R900A 均为 OFF，输出 Y2 为 ON，此时 Y0 和 Y1 为 OFF，显然，X0 接通后，Y0 运行 10s 后为 OFF，接通 Y1，运行 10s 为 OFF，接着 Y2 运行 10s 后为 OFF，接着 Y0 运行 10s 后为 OFF……如此循环。之所以该电路能循环

执行，就是由于定时器设有常闭接点 T0 的结果。

（九）报警电路

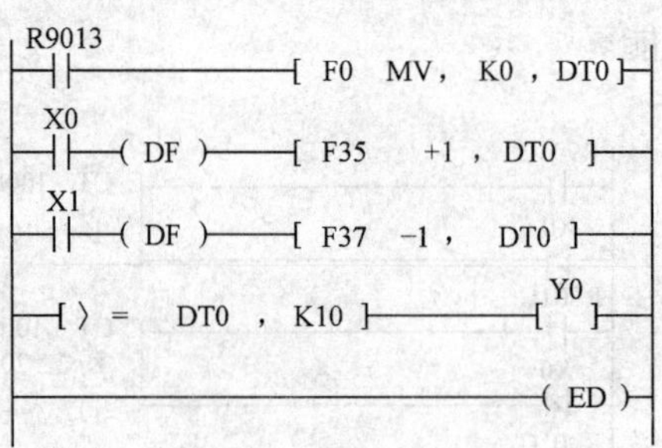

图 4-22 报警电路

报警电路如图 4-22 所示。本例是以一个展厅中只能容纳 10 人，超过 10 人就报警，展厅进口装设一传感器分配给 X0，利用加 1 指令实现进入展厅 1 人进行加 1 计数，展厅出口装设一传感器分配给 X1，利用减 1 指令，每次从出口出去一个人进行减 1 计数。最后采用比较指令，一旦数据寄存器 DT0 中的内容大于等于 10 时，输出继电器 Y0 为 ON，接通报警器报警（DT0 内数据代表了展厅的人数）。

（十）扫描计数电路

在某些场合下需要计算扫描次数时可采用图 4-23 所示的电路来实现。

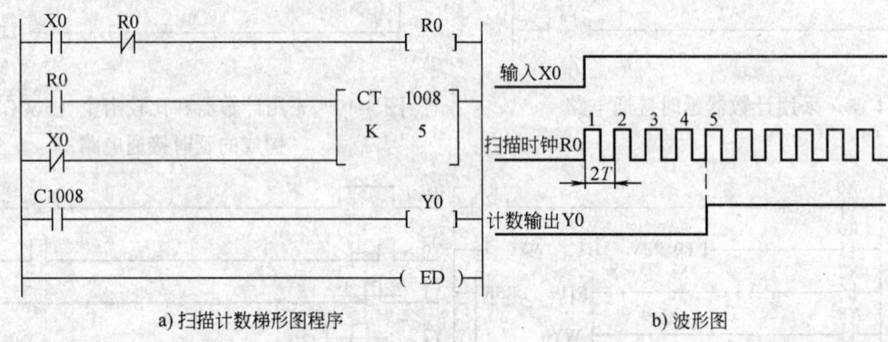

图 4-23 扫描计数电路

输入 X0 接通后，内部继电器 R0 每隔一个扫描周期接通一次，每次接通一个扫描周期。计数器 CT1008 对扫描次数进行计数，达到设定值时计数器 CT1008 有输出，其常开接点 C1008 接通，输出继电器 Y0 接通。

（十一）中断控制电路

1. 软中断（定时中断）电路　当输入 X0 接通后，要求输出继电器 Y0 ON 5s，OFF 5s，如此反复直至 X0 变为 OFF 后停止。按此控制要求设计的定时中断控制电路如图 4-24 所示。

当 X0 接通的上升沿，输出 Y0 为 ON，其常闭接点 Y0 打开，内部继电器 R1 为 OFF 状态。根据 ICTL 的 S2 设定中断间隔时间为 $500 \times 10\text{ms} = 5\text{s}$，经 5s 后，执行 INT24 ~ IRET 之间的程序。即 R0 为 ON，Y0 为 OFF，R1 为 ON，则常开接点 R0 和 R1 闭合，定时器 TM0 开始计时，经过 5s 后，又重新开始执行 INT24 ~ IRET 之间的程序，使 R0 又为 OFF，输出 Y0 又为 ON。实现了定时控制中断。

2. 外部多个中断源的硬中断控制电路　在程序运行之前，先在系统寄存器 No.403 中设定为 HB，即允许 X0、X1、X3 中断。

根据下面的控制要求设计梯形图程序。上电后运行程序，无中断时 Y1、Y2、Y3 全为 OFF 状态，来中断时则应按如下响应：

1）X0 中断则 Y1 为 ON；X1 中断则 Y2 为 ON；X3 中断则 Y3 为 ON。

2）X0、X1、X3 均中断，则按中断到来的先后响应之。

3）X0、X1、X3 同时来中断，则按优先权的排队顺序响应之。电路如图 4-25 所示。

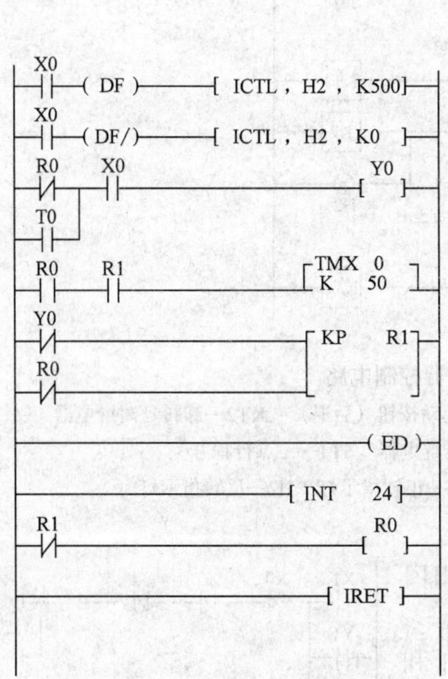

图 4-24 定时中断控制电路

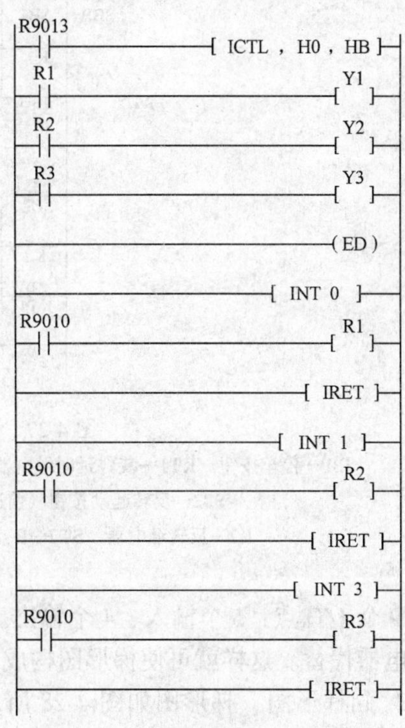

图 4-25 外部硬中断控制电路

四、编程举例

下面通过几个简单实例的编程介绍，来学习 PLC 的编程方法。

（一）运料小车的控制

运料小车示意图如车图 4-26 所示，动作要求如下：

1）小车可在 A、B 两地分别起动。小车起动后自动返回 A 地，停止 1min 等待装料，然后自动向 B 地运行。到达 B 地后，停车 1min 等卸料，然后再自动返回 A 地。如此往复。

2）小车在运行过程中，均可用手动开关令其停车。再次起动后，小车重复 1）中的内容。

3）小车在前进或后退过程中，分别由指示灯显示其行进的方向。

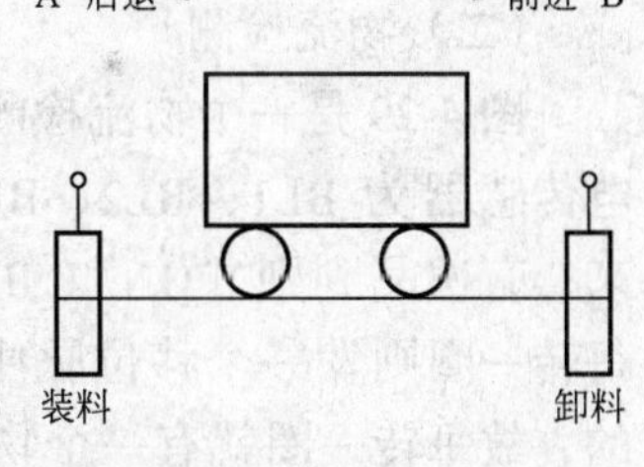

图 4-26 运料小车示意图

根据上述的控制要求设计的继电器控制电路原理图如图 4-27 所示。下面将图 4-27 所示的继电器控制电路改为由 PLC 控制的梯形图。

1. I/O 分配表

输入：		输出：	
SBP：	X0	K1：	Y1
SB1：	X1	K2：	Y2
SB2：	X2	H1：	Y3
ST1：	X3	H2：	Y4
ST2：	X4		

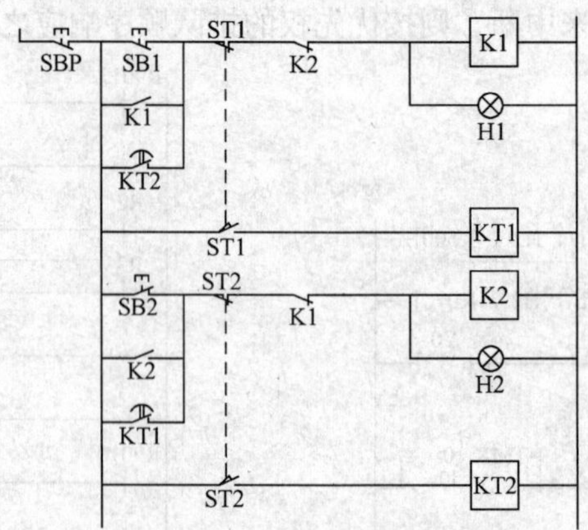

图 4-27 运料小车继电器控制电路

SBP—停车按钮 KT1—装料延时继电器 SB1—正转起动按钮（后退） KT2—卸料延时继电器

SB2—反转起动按钮（前进） K1—正转继电器 ST1—A 点行程开关

K2—反转继电器 ST2—B 点行程开关 H1—正转指示灯 H2—反转指示灯

共需 9 个 I/O 点：5 个输入、4 个输出。其他均可由内部继电器代替。这样就可使梯形图构成的电路简化。

2. 画梯形图 梯形图如图 4-28 所示。图中 T1 和 T2 是 PLC 内部定时器，可作为时间继电器，它们有自己的常开、常闭接点，这里的 T1 和 T2 常开接点分别作为装料和卸料延时。根据控制要求，延时的时间应该是 60s。

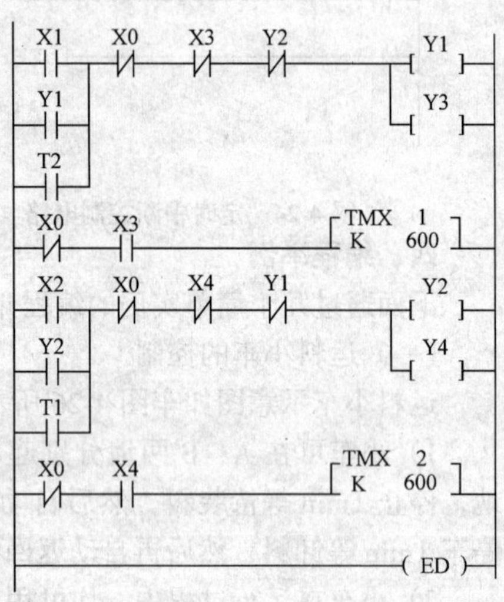

图 4-28 梯形图

（二）物流检测

图 4-29 是一个物流检测系统示意图。图中三个光电传感器为 BL1、BL2、BL3。BL1 检测有无次品到来，有次品到则“ON”。BL2 检测凸轮的凸起，凸轮每转一圈则发一个移位脉冲。因为物品的间隔是一定的，故每转一圈就有一个物品到来，所以 BL2 实际上是一个检测物品来到的传感器。BL3 检测有无次品落下。手动复位按钮 SB 图中未画。当次品移到第 4 位时，电磁阀 YV 打开使次品落到次品箱。若无次品则正品移至传送带右端时自动掉入正品箱，于是完成了正品和次品分开的任务。根据上述要求设计如下：

1. I/O 分配表

输入：X0：BL1　　输出：Y0：YV
X1：BL2
X2：BL3
X3：SB

2. 画梯形图 梯形图如图 4-30 所示。说明如下：

当无次品到来时，X0 总是“OFF”，于是 WR0 中输入“0”。每来一个物品，X1 则

“ON”一次，即发一次移位脉冲，于是 WR0 中左移一位。但因输入全是“0”，故移位后各位上也全是“0”，于是 R4 总是“OFF”。WR0 与 R4 的关系如图 4-31 所示。

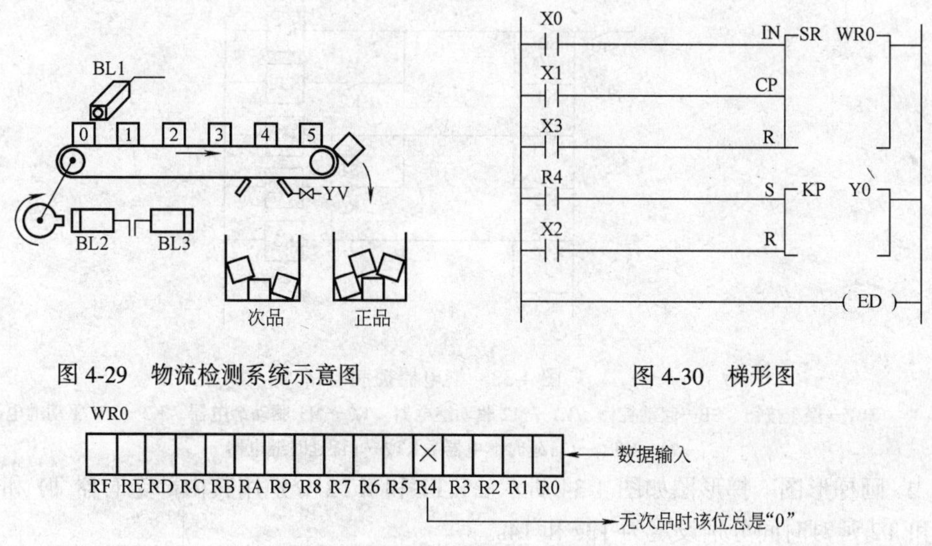

图 4-29 物流检测系统示意图

图 4-30 梯形图

图 4-31 WR0 与 R4 的关系

R4 作为锁存继电器 KP Y0 的置位端，当 R4 为“OFF”时，Y0 也为“OFF”。故电磁阀 YV 不得电，物品全部到正品箱内。

而当有次品到来时 X0“ON”，此时 WR0 中输入“1”。此后每来一物品则 X1“ON”一次，发一个移位脉冲，使 WR0 中的“1”左移一位。当第 4 个移位脉冲到来时恰好这个“1”移至 R4 位上，于是 R4“ON”，将 Y0 接通，电磁阀打开，次品落下（此时次品也恰好移到传送带的 4 号位上）。BL3 检测到次品落下后，X2→“ON”，使 Y0→“OFF”，电磁阀重新关闭。

以上是该检测系统的工作原理。这样的系统若用传统继电器控制实现是很麻烦的，而用 PLC 实现则十分简单。只用两个内部专用指令，编制这样一个简单的小程序即可实现。外围设备也十分简单，几个输入光电开关，一个电磁阀即可构成这样的检测系统，大大简化了外部接线，而且可以随时根据需要更改程序。

（三）顺序控制

图 4-32 中所示为由两组带机组成的原料运输自动化系统，该自动化系统起动顺序为：盛料斗 D 中无料，先起动带机 C，13s 后再起动带机 B，经过 14s 再打开电磁阀 YV，试完成梯形图设计。

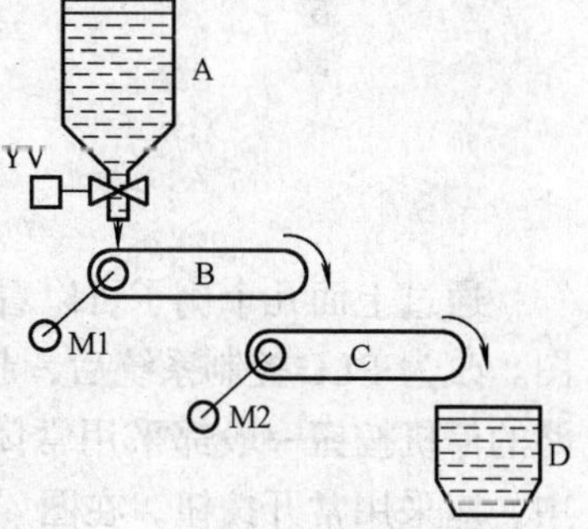

图 4-32 原料运输自动化系统

该自动化系统停机的顺序恰好与起动顺序相反，为简化本例，不考虑停机的顺序。据此设计的继电器控制电路如图 4-33 所示。将该图画成梯形图。

1. I/O 分配

输入：SBP：X1　　输出：K1：Y1

SB：X2　　　　K2：Y2

　　　　　　　　K3：Y3

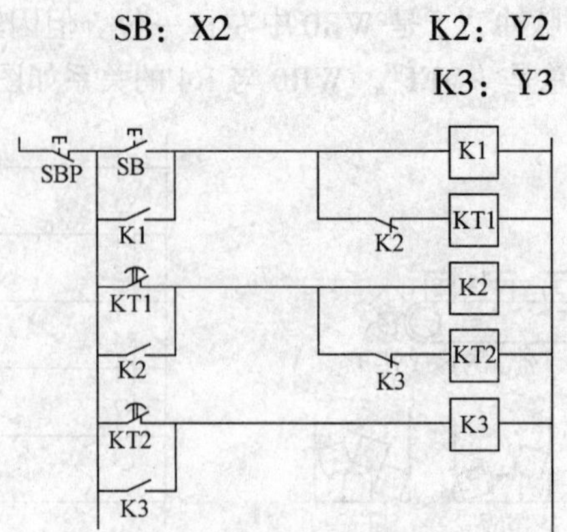

图 4-33　继电器控制电路

SBP—停车按钮　SB—起动控钮　K1—M2 驱动继电器　K2—M1 驱动继电器　K3—YV 驱动继电器

KT1—13s 延时继电器　KT2—14s 延时继电器

2. 画梯形图　梯形图如图 4-34 所示。KT1 和 KT2 分别用其内部定时器 T1 和 T2 代替，T1 和 T2 延时时间分别设定为 13s 和 14s。

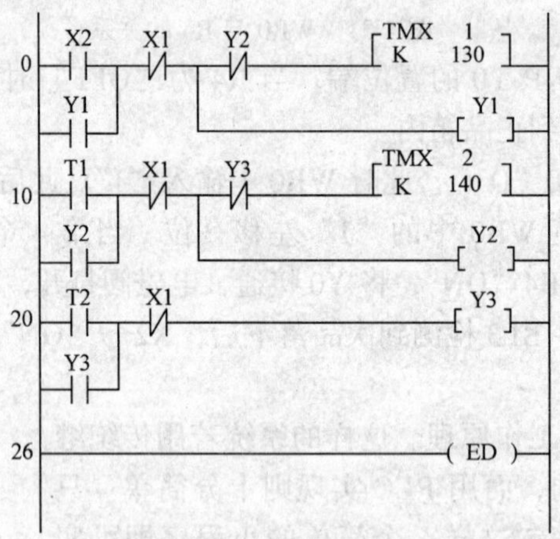

图 4-34　梯形图

通过上面几个例子可以看出，只要将继电控制电路稍加改动，就可以很容易地画出梯形图。改为 PLC 控制系统后，起动和停车按钮都采用常开按钮，而传统的继电接触器控制电路的停机按钮一般都采用常闭按钮，参看图 4-33 中的 SBP。若将 SBP 用在 PLC 控制系统中，应采用常开按钮，在图 4-34 的梯形图中对应的 X1 采用的是常闭接点，这一点读者应该注意。总之，在改为 PLC 控制系统后，所需外部元件减少，使整个系统大大简化，接线、调试都容易了，可靠性也大大提高。对于具有继电接触器控制技术基础的人来说，PLC 的编程方法是很容易掌握的。请读者自行完成整个原料运输自动化系统的 PLC 梯形图程序设计。

（四）电梯控制

1. 电梯控制要求

1）开始时，电梯处于任意一层。

2）当有外呼梯信号到来时，轿厢响应该呼梯信号，到达该楼层时，轿厢停止运行，轿厢门打开，延时 3s 后自动关门。

3）当有内呼梯信号到来时，轿厢响应该呼梯信号，到达该楼层时，轿厢停止运行，轿厢门打开，延时 3s 后自动关门。

4）在电梯轿厢运行过程中，轿厢上升（或下降）途中，任何反方向下降（或上升）的外呼梯信号均不响应，但如果某反向外呼梯信号前方再无其他内、外呼梯信号时，则电梯响应该外呼梯信号。例如，电梯轿箱在一楼，将要运行到三楼，在此过程中可以响应二层向上外呼梯信号，但不响应二层向下外呼梯信号。同时，如果电梯到达三层，如果四层没有任何呼梯信号，则电梯可以响应三层向下外呼梯信号。否则，电梯轿厢将继续运行至四楼，然后向下运行响应三层向下外呼梯信号。

5）电梯应当具有最远反向外呼梯响应功能，例如，电梯轿厢在一楼，而同时有二层向下外呼梯，三层向下外呼梯，四层向下外呼梯，则电梯轿厢先去四楼响应四层向下外呼梯信号。

6）电梯未平层或运行时，开门按钮和关门按钮均不起作用。平层且电梯轿厢停止运行后，按开门按钮轿厢门打开，按关门按钮轿厢门关闭。

2. I/O 分配

输入		输出	
一层内呼	X0	一层内呼指示	Y0
二层内呼	X1	二层内呼指示	Y1
三层内呼	X2	三层内呼指示	Y2
四层内呼	X3	四层内呼指示	Y3
一层外呼上	X4	一层外呼上指示	Y4
二层外呼下	X5	二层外呼下指示	Y5
二层外呼上	X6	二层外呼上指示	Y6
三层外呼下	X7	三层外呼下指示	Y7
三层外呼上	X8	三层外呼上指示	Y8
四层外呼下	X9	四层外呼下指示	Y9
开门开关	XA	电梯轿厢上行	YA
关门开关	XB	电梯轿厢下行	YB
一层平层	XC	门电动机开	YC
二层平层	XD	门电动机关	YD
三层平层	XE	电梯上行指示	YE
四层平层	XF	电梯下行指示	YF
开门限位	X10		
关门限位	X11		
轿厢上升极限位	X12		
轿厢下降极限位	X13		

3. 梯形图　电梯控制梯形图程序如图 4-35 所示。

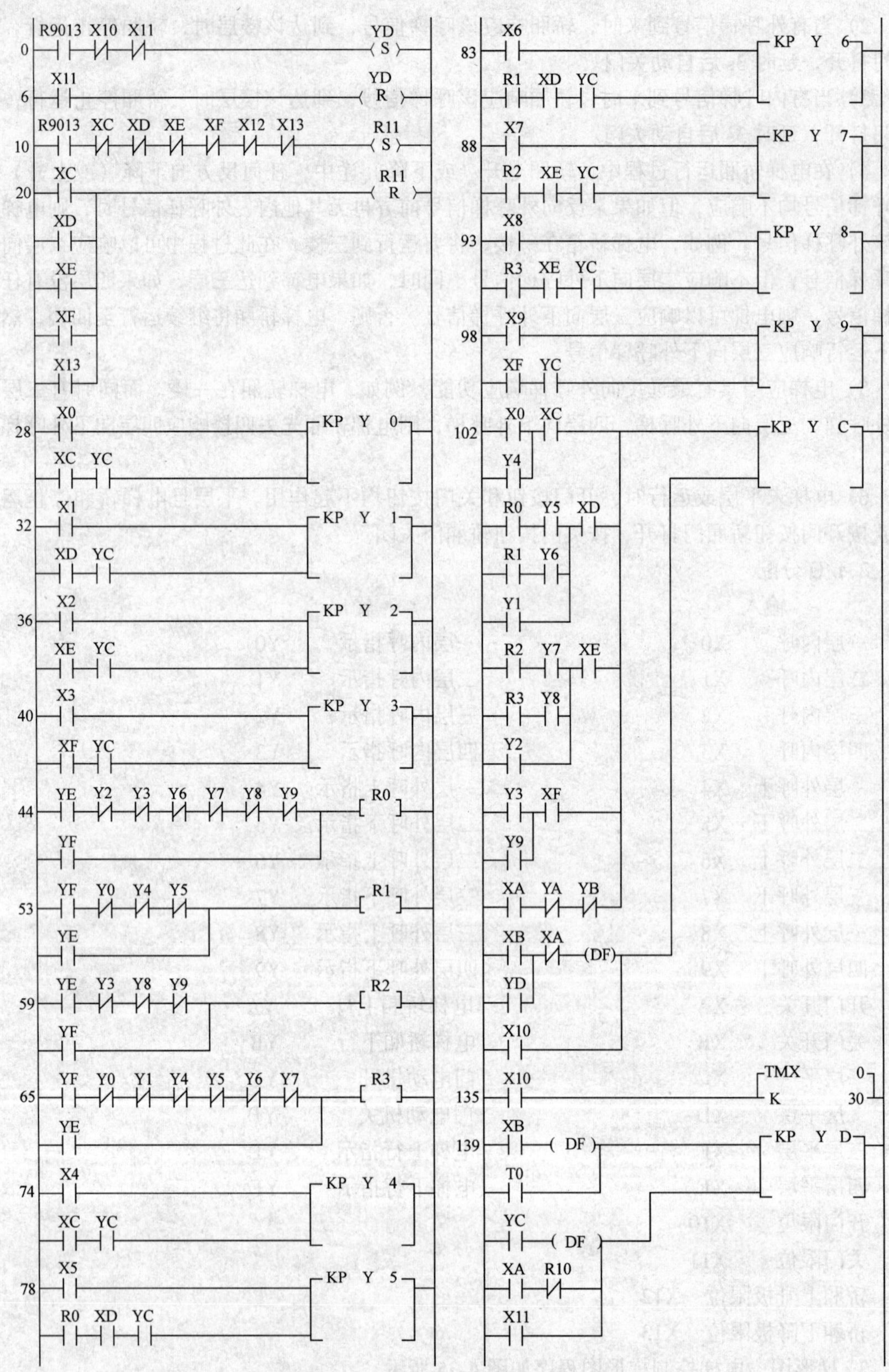

图 4-35 电梯控制梯形图程序

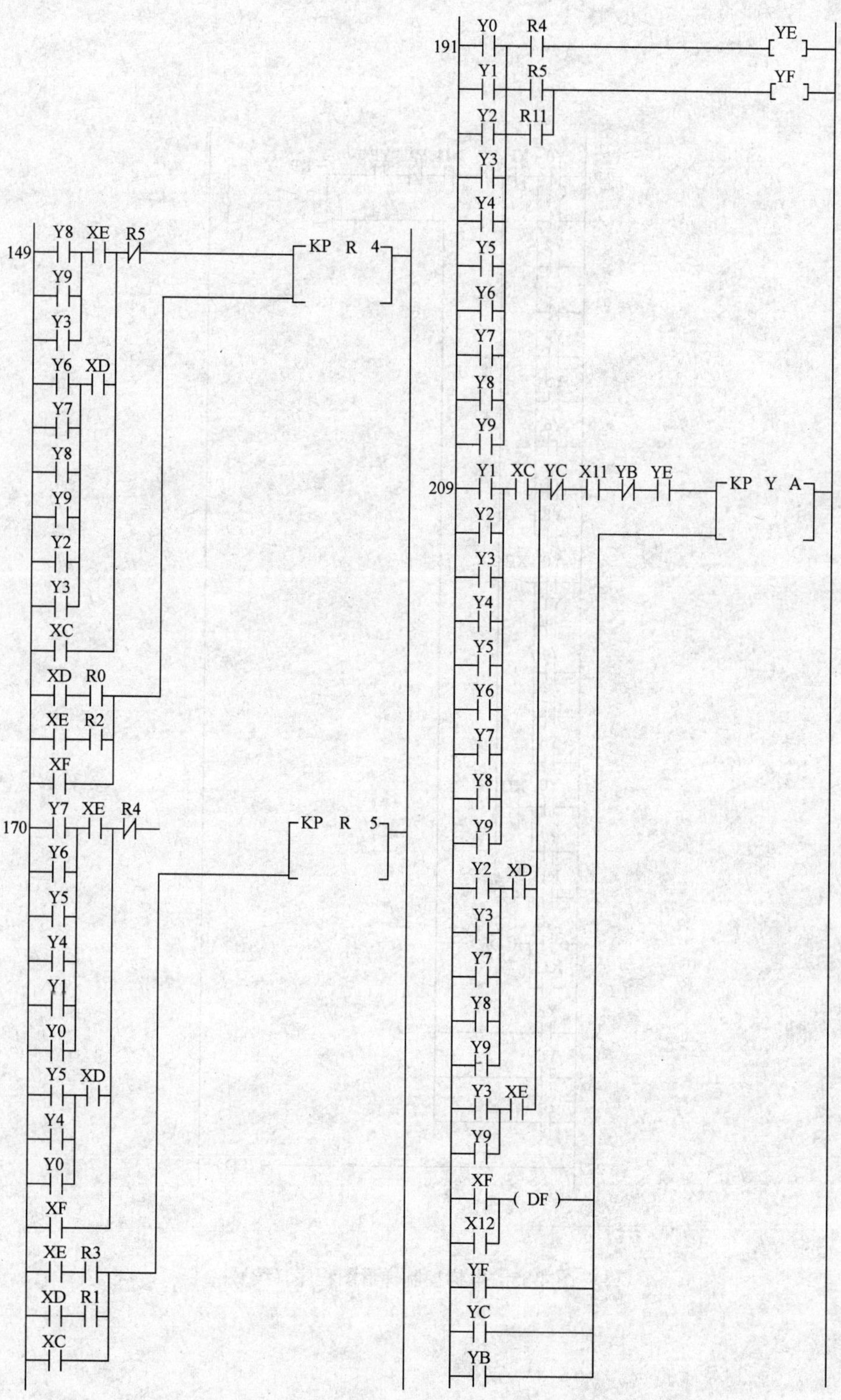

图 4-35 电梯控制梯形图程序（续）

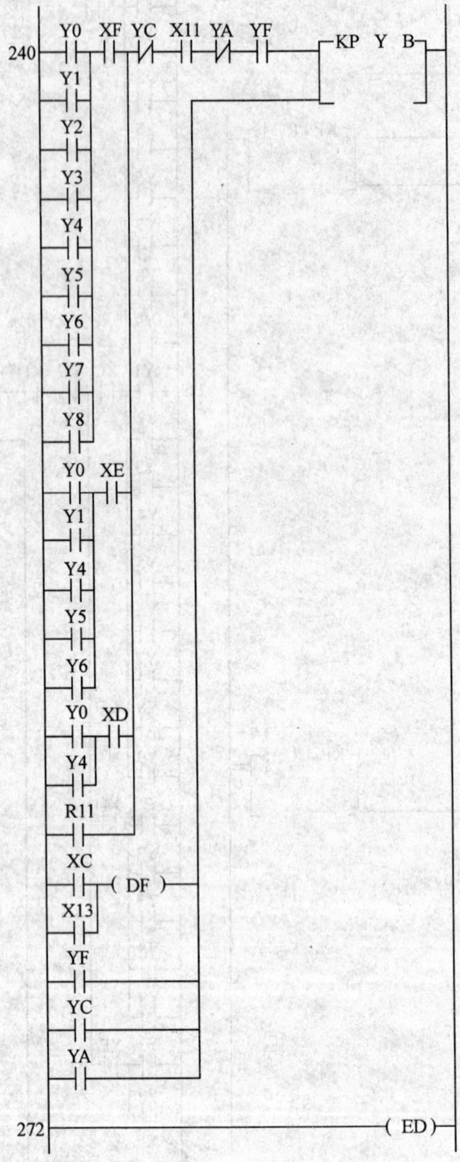

240 Y0 XF YC X11 YA YF KP Y B

Y1
Y2
Y3
Y4
Y5
Y6
Y7
Y8
Y0 XE
Y1
Y4
Y5
Y6
Y0 XD
Y4
R11
XC (DF)
X13
YF
YC
YA

272 (ED)

图 4-35 电梯控制梯形图程序（续）

（五）材料分拣

材料分拣装置如图 4-36 所示。

图 4-36 材料分拣装置

1. 分拣功能

1）分拣金属与非金属。

2）分拣某一颜色块。

3）分拣出金属中某一颜色块。

4）分拣出非金属中的某一颜色块。

5）分拣出金属中的某一颜色块和非金属中的某一颜色块。

2. 材料分拣系统的传感器分布及控制要求

材料分拣系统是一集 PLC 技术、气动技术、传感器技术、位置控制技术等技术内容为一体的工业设备。其平面示意图及各传感器的分布如图 4-37 所示。其控制要求如下：

1）通电状态下，下料时，下料传感器动作，传送带运行。电感传感器检测到铁材料块时，气缸 1 动作将材料块推下。

2）电容传感器检测到铝材料块时，气缸 2 动作将材料块推下。

3）颜色传感器检测到非金属材料黄色块时，气缸 3 动作将材料块推下。

4）其他颜色非金属材料块被传送到 SD 位置时，气缸 4 动作将材料块推下。

5）竖井式下料槽无下料时，传送带运行一个行程自动停机。

3. I/O 分配 PLC 的 I/O 分配表如表 4-1 所示。

4. 梯形图 采用计数器设计的梯形图如图 4-38 所示。

表 4-1 PLC 的 I/O 分配表

松下 PLC（I/O）		分拣系统接口（I/O）	备　注	松下 PLC（I/O）		分拣系统接口（I/O）	备　注
输入部分	XF	SFW1（推气缸 1 动作限位）		输入部分	XB	SBW4（推气缸 4 回位限位）	
	X1	SFW2（推气缸 2 动作限位）			XC	SBW5（下料气缸回位限位）	
	X2	SFW3（推气缸 3 动作限位）			XD	SD（颜色 2 传感器）	
	X3	SFW4（推气缸 4 动作限位）			XE	SN（下料传感器）	判断下料有无
	X4	SFW5（下料气缸动作限位）			X0	UCP（计数传感器）	
	X5	SA（电感传感器）		输出部分	Y0	YV1（推气缸 1 电磁阀）	
	X6	SC（颜色 1 传感器）			Y1	YV2（推气缸 2 电磁阀）	
	X7	SB（电容传感器）			Y2	YV3（推气缸 3 电磁阀）	
	X8	SBW1（推气缸 1 回位限位）			Y3	YV4（推气缸 4 电磁阀）	
	X9	SBW2（推气缸 2 回位限位）			Y4	YV5（下料气缸电磁阀）	
	XA	SBW3（推气缸 3 回位限位）			Y5	M（输送带电动机）	

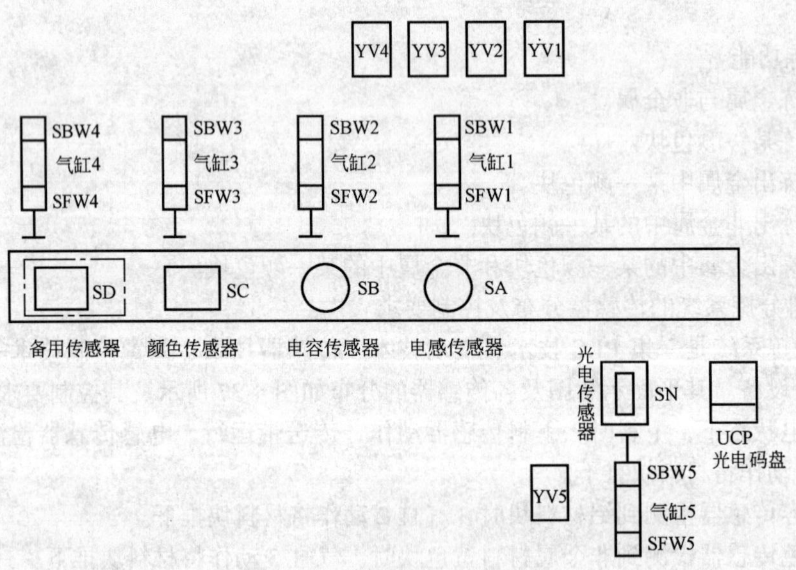

图 4-37 分拣系统平面示意图

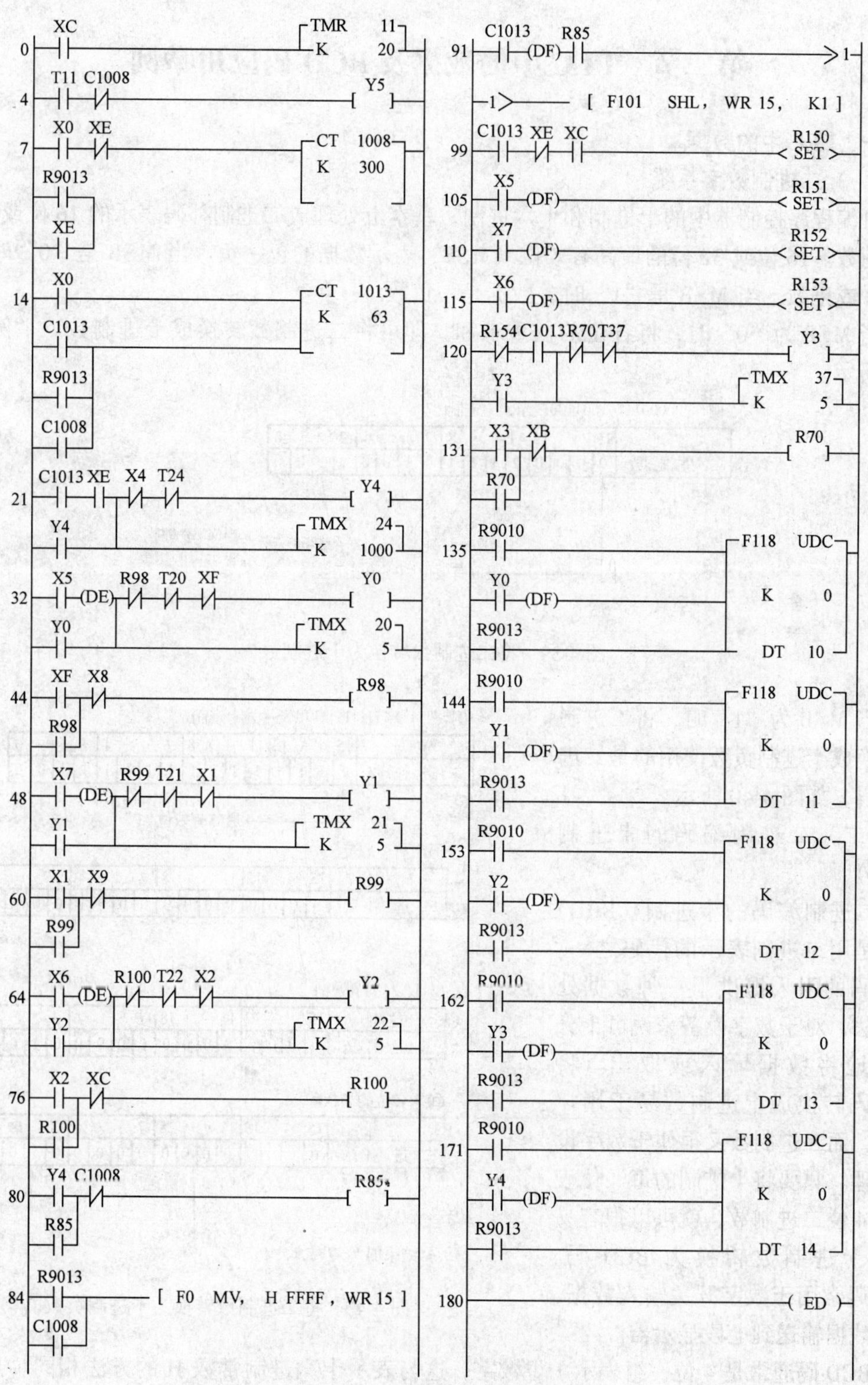

图 4-38　采用计数器设计的梯形图

第二节 PLC中的数据及BCD码应用举例

一、PLC中的数据

(一) 二进制数字系统

可编程序控制器中的十进制和十六进制，基本上处理成二进制补码表示的16位或32位二进制数。16位或32位的最高有效位（MSB）表示数据的正、负。当MSB是“0”时，数据为0或正数。当MSB是“1”时，数据是一负数。

当MSB为“0”时，将各位的权重求和，即可将二进制数转换成十进制数。举例如图4-39所示。

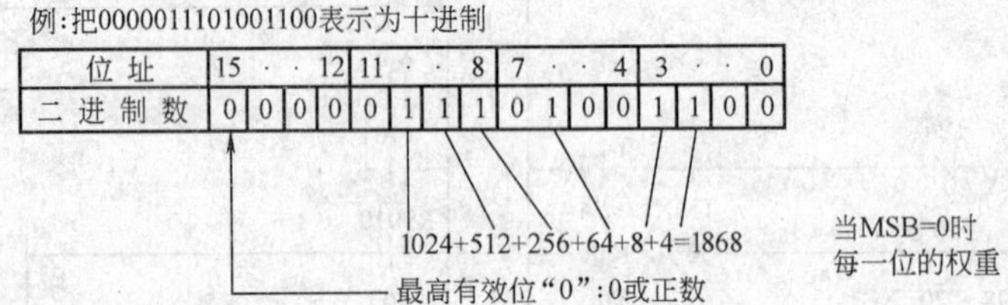

图4-39 将二进制数转换为十进制数

当MSB为“1”时，将二进制数转换成十进制负数使用的是二进制补码，如图4-40所示。

(二) 二进制编码的十进制(BCD)码

二进制编码的十进制（BCD）码，是用二进制表示的代码之一。BCD码的引入提供了一种数据处理方法，对于数字设备来说可十分方便地将数据输入或取出。将BCD码转换成十进制数易于用户掌握，而二进制数又很便于数字设备处理。只要将十进制的每一位表示为4位二进制数，就可以很容易地将十进制数转换为BCD码。BCD码常用于数字开关输入数据，或将数据输送到七段显示器。

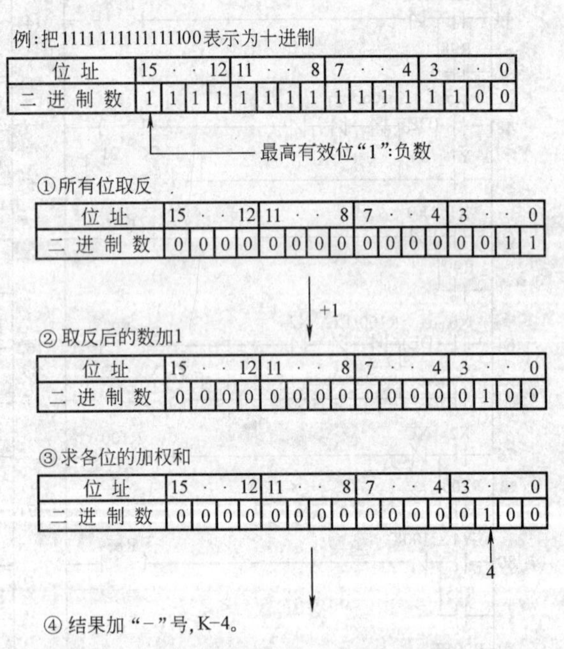

图4-40 将二进制数转换为十进制负数

BCD码通常是4位一组表示1位数字，这与表示十六进制常数H的方法相同。当BCD码由4个位组成时，用数据加前缀H表示。因为每位BCD H码的权相同，所以，当处理BCD H码时，切记不能与十六进制数混淆。

例 用BCD码表示K1993（十进制），如图4-41所示，BCD码表如表4-2所示。

表 4-2 BCD 码表

十进制	二进制编码的十进制	
	二进制码	BCD H 码
K0	0000	H0
K1	0001	H1
K2	0010	H2
K3	0011	H3
K4	0100	H4
K5	0101	H5
K6	0110	H6
K7	0111	H7
K8	1000	H8
K9	1001	H9

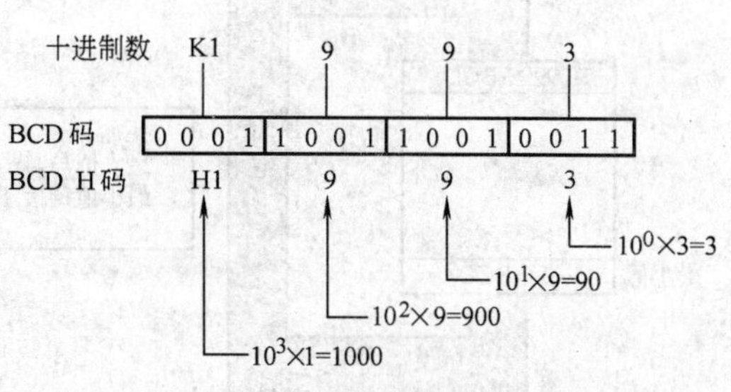

图 4-41 用 BCD 码表示 K1993

在十进制中，只使用数字 0 ~ 9，而在 BCD 码中，因这些数字的每一位都是用一个 4 位的二进制数来表示的，所以其数值不能超过 1001H9（BCD）。与标准的二进制数相比，当位数相同时，BCD 码表示的数据范围比较小。

（三）可编程序控制器中的可用数据

1. 能够被 PLC 处理的二进制数

16 位二进制数：K-32，768 ~ K32，767

32 位二进制数：K-2，147，483，648 ~ K2，147，483，647

2. 能够被 PLC 处理的 BCD 码

4 位 BCD 码：H0 ~ H9999

8 位 BCD H 码：H0 ~ H99999999

（四）上溢和下溢

当执行某些指令时，运算结果可能超过 16 位或 32 位数据范围的最大限制（上溢）或低于最小限制（下溢）。

1. 二进制运算中的上溢和下溢

1）16 位二进制运算举例如图 4-42 所示。

2）32 位二进制运算举例如图 4-43 所示。

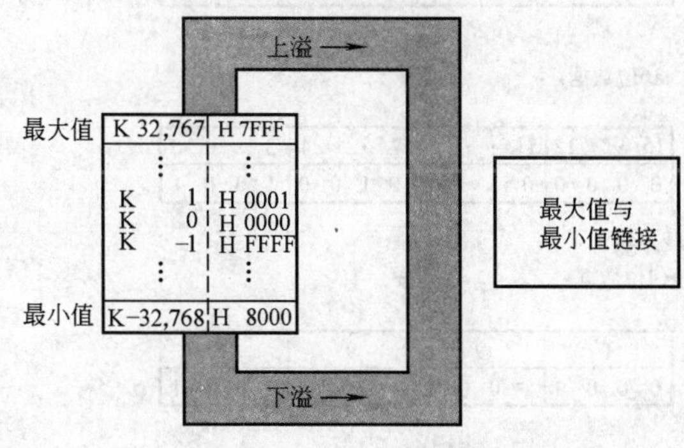

图 4-42 16 位二进制运算举例

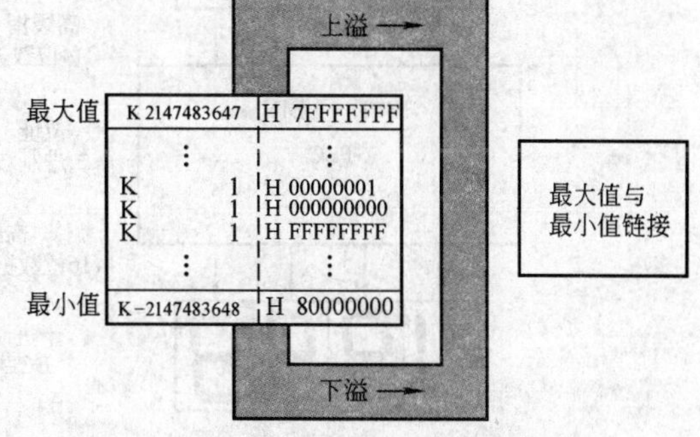

图 4-43 32 位二进制运算举例

2. BCD 码运算中的上溢和下溢

1）4 位 BCD 码运算举例如图 4-44 所示。

2）8 位 BCD 码运算举例如图 4-45 所示。

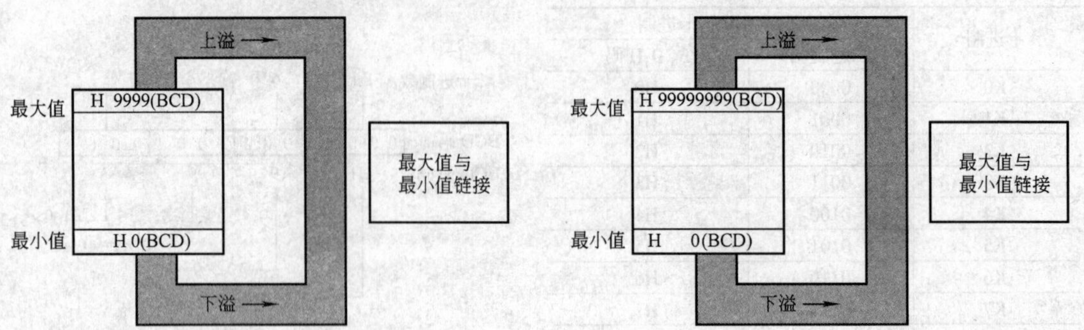

图 4-44　4 位 BCD 码运算举例　　　　图 4-45　8 位 BCD 码运算举例

二、BCD 数据应用举例

（一）使用 BCD 码的关键

用 BCD 码把要处理的数据输入 PLC 和表示从 PLC 中输出的数据是一种方便的好方法。然而，PLC 基本上是按标准的二进制码来处理数据，因此需要用 F80（BCD）、F81（BIN）、F82（DBCD）和 F83（DBIN）指令将 PLC 中的数据转换成二进制码的形式，如图 4-46 所示。

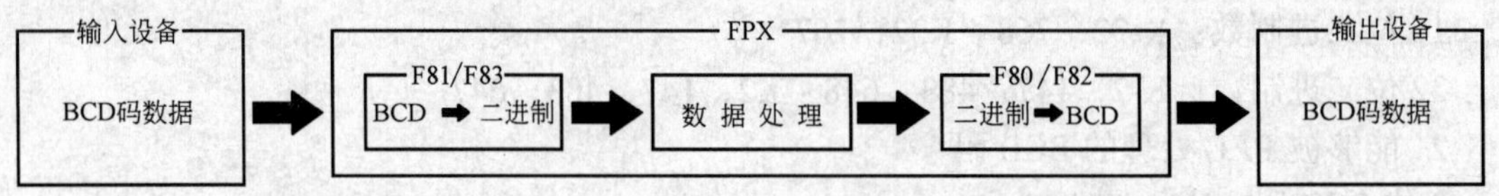

图 4-46　BCD 码流程

（二）应用举例

当数字开关的数据输入到 PLC 时，用 F81（或 F83）指令将 4 位数变成 16 位二进制数。当 PLC 的数据输出到七段码数字显示器时，用 F80（或 F82）指令将 16 位二进制数变成 4 位 BCD 码，如图 4-47 所示。

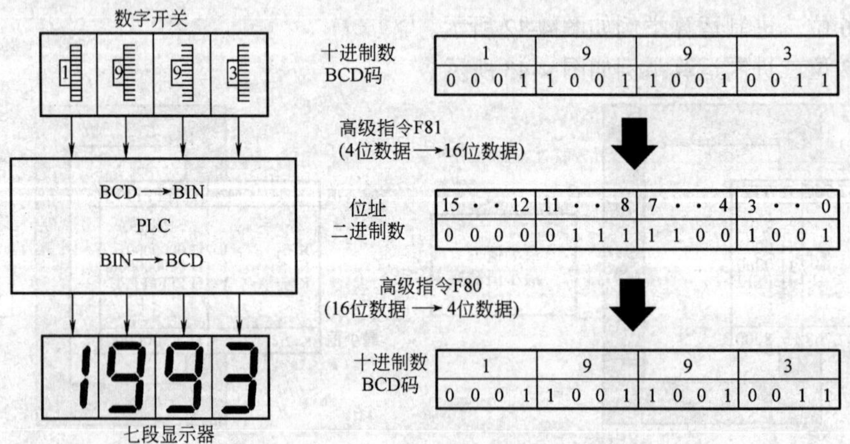

图 4-47　BCD 数据应用举例

第三节 索引寄存器功能及应用举例

一、索引寄存器功能

索引寄存器（IX和IY）功能是作为其他操作数据的修正值和当作存储区使用。

1. 地址修正值功能　当索引寄存器与另一操作数（WX，WY，WR，SV，EV或DT）一起编程时，源存储区的地址移动，其移动次数等于索引寄存器（IX或IY）的值。当索引寄存器作为地址修正值时，IX和IY可单独使用。

X0
[F1 MV,DT0, IXDT100]
源存储区

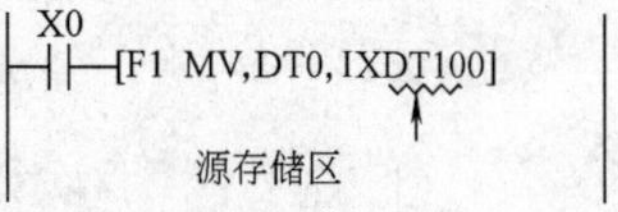

图4-48　IX修正地址功能

例1　将DT0中的数据传送到DT100和IX指定的数据寄存器（DT）中，如图4-48所示。

当IX = K10时，DT0中的数据传送到DT110。当IX = K20时，DT0中的数据传送到DT120。

图4-49　修正常数功能

2. 常数修正功能

例2　将K100和IY与IX中的数据相加，相加的结果写入DT0，如图4-49所示。

当IY，IX = K10时，K110写入DT1和DT0。当IY，IX = K1，000，000时，K1，000，100写入DT1和DT0。

3. 作为存储区使用　当索引寄存器作为16位存储区使用时，IX和IY可单独使用。

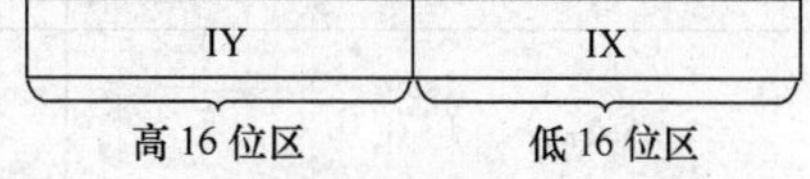

图4-50　IX和IY作为存储区使用

当将索引寄存器作为32位存储区使用时，指定IX为低16位区，IY为高16位区。当将其作为32位操作数编程时，若指定IX为低16位区，则IY自动确定为高16位区，如图4-50所示。

二、应用举例

（一）按照与接收/存储相同的顺序来存储/输出数据

例1　按照与接收/存储相同的顺序来存储数据。

按照与接收相同的程序，将从WX1输入的数据依次传送到从DT0开始的寄存器中。其梯形图如图4-51所示，IX的内容及目的寄存器地址的变化如表4-3所示。

表4-3　IX内容及目的寄存器地址的变化

X1输入次数	IX的内容	目的数据寄存器
1st	0→1	DT0
2nd	1→2	DT1
3nd	2→3	DT2
⋮	⋮	⋮

例2　按照与存储相同的顺序来输出数据。

按照与存储相同的顺序，从DT0开始，依次将数据输出至WY0。其梯形图如图4-52所示，IY的内容及源数据寄存器地址的变化如表4-4所示。

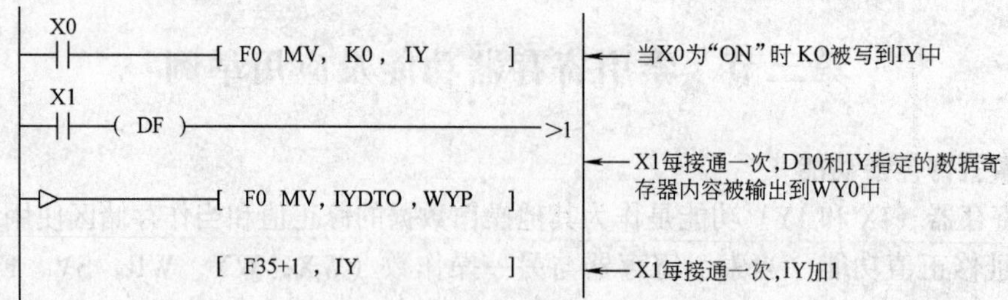

图 4-51 例 1 梯形图

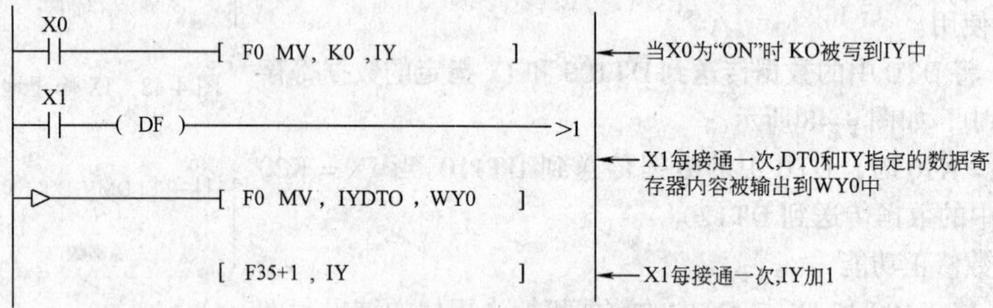

图 4-52 例 2 梯形图

表 4-4 IY 内容及源数据寄存器地址的变化

X1 输入次数	IY 的内容	目的数据寄存器
1st	0→1	DT0
2nd	1→2	DT1
3nd	2→3	DT2
⋮	⋮	⋮

（二）根据数字开关的输入设置/显示数据

例 1 用数字开关的输入设置定时器预置值。

用数字开关（WX1）的输入选择定时器号码，定时器预置值由数字开关（WX0）输入。其示意图如图 4-53 所示，梯形图如图 4-54 所示。

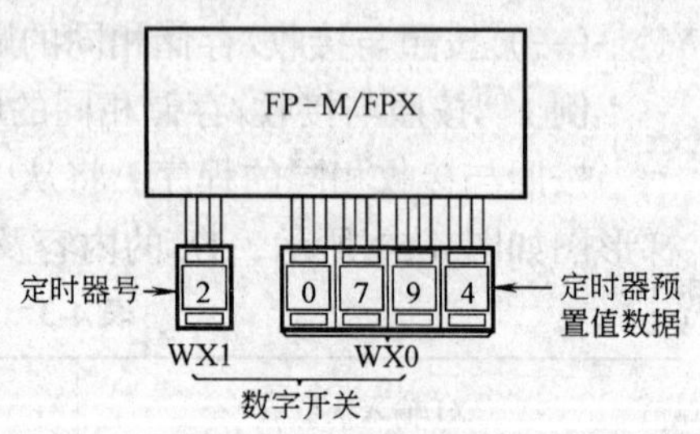

图 4-53 例 1 示意图

例 2 显示 PLC 中的数据。

定时器的经过值显示在七段数字显示器上（WX0）。定时器号由数字开关（WX1）来选定。其示意图如图 4-55 所示，例 2 梯形图如图 4-56 所示。

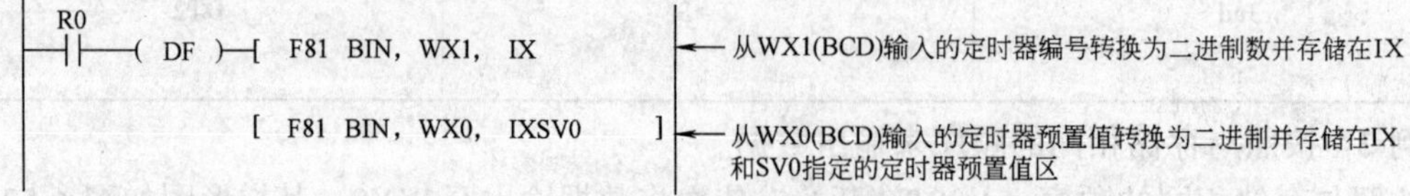

图 4-54 例 1 梯形图

WY0
定时器经过值
0720
七段显示器
FP-M/FPX
定时器号
1
数字开关
WX1

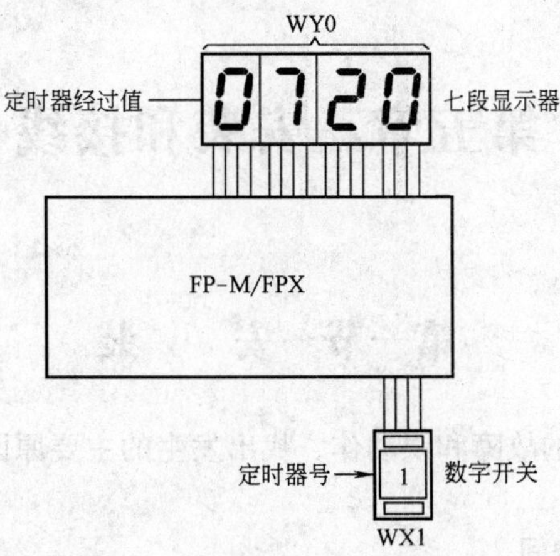

图 4-55　例 2 示意图

R1
DF
F81 BIN, WX1, IX
F80 BCD, IXEV0, WY0
从WX1(BCD)输入的定时器号码转换为二进制数并存储在IX中
由IX和EV0指定地址的定时器经过值转换为BCD并输出到WY0中

图 4-56　例 2 梯形图

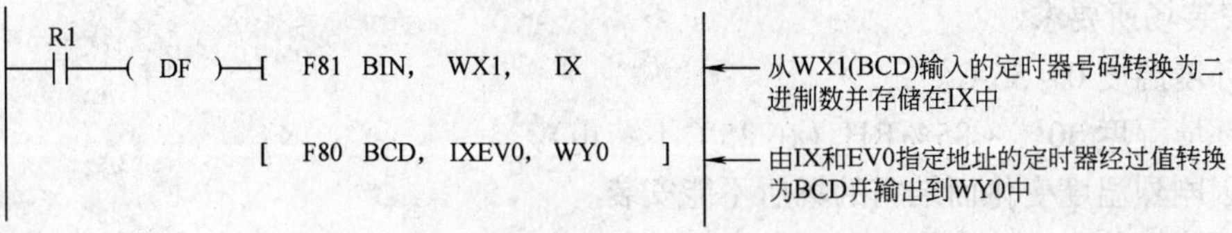

第五章　安装和接线

第一节　安　　装

为了消除 PLC 各单元的故障和误动作，找出发生的主要原因，应充分理解下述内容后再使用。

一、安装环境和安装空间

（一）安装环境

1. 安装场所要求

1）环境温度 0～55℃。

2）环境湿度 30%～85%RH（在 25℃不结霜）。

3）因剧烈温度变化而结霜的场所不能安装。

4）不能安装在腐蚀性气体、可燃性气体的空气介质中。

5）尘埃、铁粉及盐分较多的场所不能安装。

6）有附着挥发油、稀释剂和酒精等有机溶剂或氨气及氢氧化钠等强碱性物质的场所及其空气介质中不能安装。

7）振动或冲击剧烈的场所不能安装。

8）不能安装在阳光直射的场所。

9）有可能溅上水、油及药品等场所不能安装。

2. 对干扰的考虑

1）除高压线、高压设备、动力线、动力设备外，安装时请尽量远离产生较大开关浪涌冲击的设备。

2）应尽量远离业余无线电台等有发射装置的设备。

3）作为万一产生电源线路干扰的对策，建议通过“绝缘变压器”或“噪声过滤器”进行供电。

3. 对散热的考虑

1）为便于散热，将工具口安装在正面的下方，如图 5-1 所示。

2）不能安装在如熔断器、变压器以及大功率电阻等发热量较大的设备上。

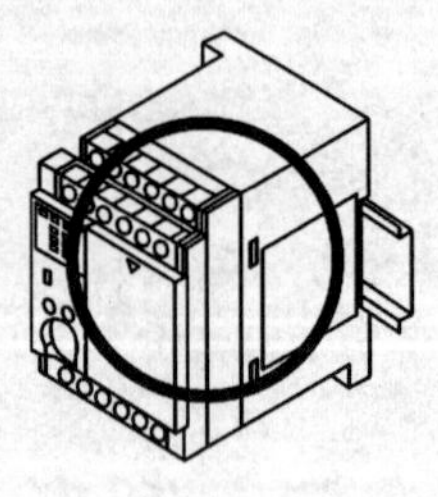

图 5-1　工具口的安装

（二）安装空间

为了便于散热及更换，安装时，要离开周边的管道及其他设备 50mm 以上，如图 5-2 所示。

在平台的门等 PLC 主机的前面设置设备时，为了避免放射干扰或散热的影响，要和其他设备保持 100mm 以上的距离，如图 5-3 所示。

为了连接工具或接线，保持离开控制单元表面 100mm 以上。

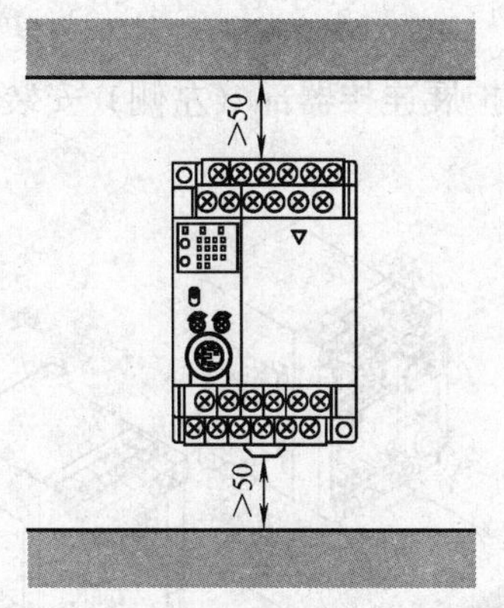

图 5-2　安装空间

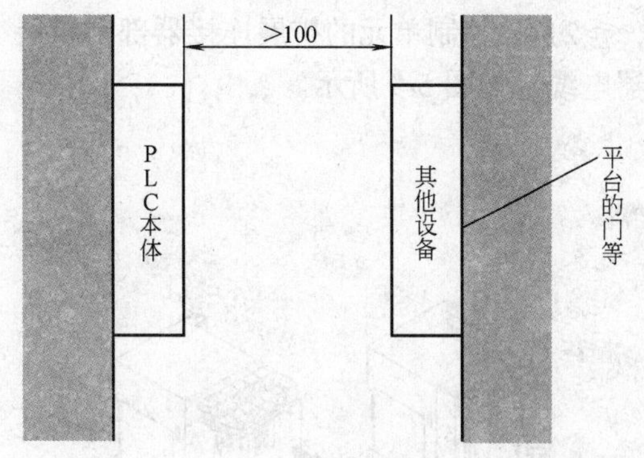

图 5-3　安装位置

二、安装方法

(一) DIN 导轨的安装与拆除

DIN 导轨可以非常方便地安装。

1. 安装步骤

1) 将上部的脚勾住 DIN 导轨。

2) 再按压下部使其入轨，如图 5-4 所示。

2. 拆除步骤

1) 将一个平头螺钉旋具插入连接杆。

2) 向下拉此连接杆。

3) 将本机从导轨上卸下，如图 5-5 所示。

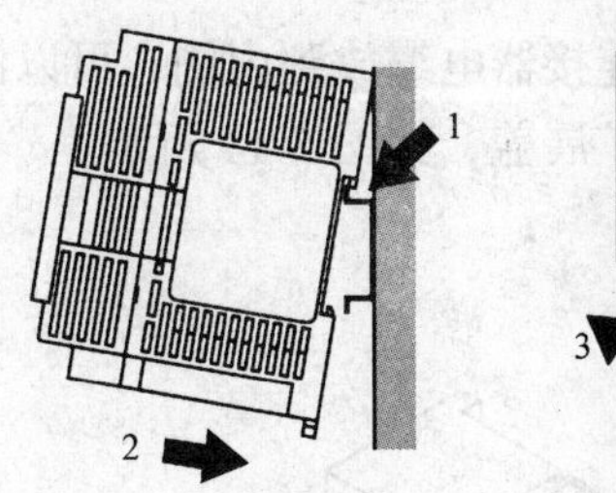

图 5-4　DIN 导轨安装　　图 5-5　DIN 导轨拆除

(二) 扩展 FP0 适配器/FP0 扩展单元的安装方法

DIN 导轨的安装与拆除：DIN 导轨可以非常方便地安装。

(1) 安装步骤

1) 将上部的脚勾住 DIN 导轨。

2) 再按压下部使其入轨，如图 5-6 所示。

(2) 拆除步骤

1) 将一个平头螺钉旋具插入连接杆。

2) 向下拉此连接杆。

3) 将本机从导轨上卸下，如图 5-7 所示。

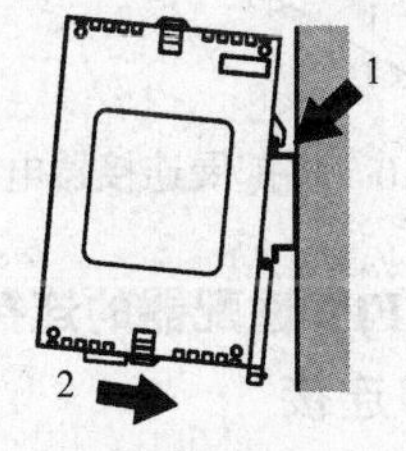

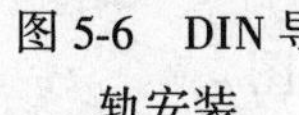

图 5-6　DIN 导轨安装

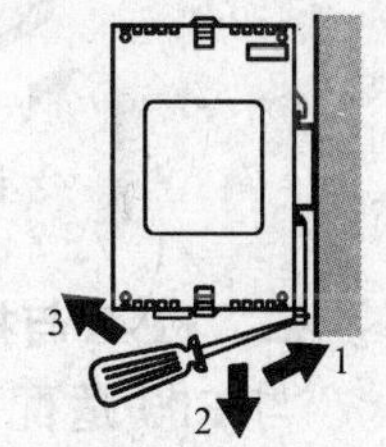

图 5-7　DIN 导轨拆除

第二节　使用扩展电缆的扩展方法

FP-X 扩展单元、FP-X 扩展 FP0 适配器使用专用的扩展电缆在控制单元上进行扩展。扩展电缆（AFPX-EC08）与扩展单元和扩展 FP0 适配器在同一包装内。

一、与 FP-X 扩展单元的扩展方法

扩展方法的步骤如下：

1）拆下扩展盖，如图 5-8 所示。

2）在控制单元的扩展连接器部和扩展 I/O 单元的扩展连接器部（左侧）安装扩展连接器电缆，如图 5-9 所示。

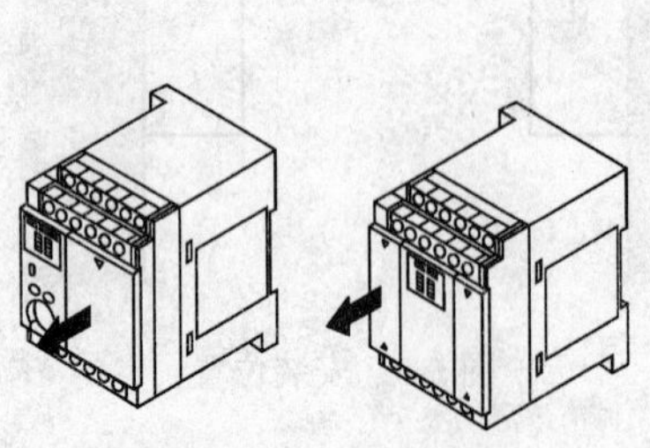
图 5-8 拆下扩展盖

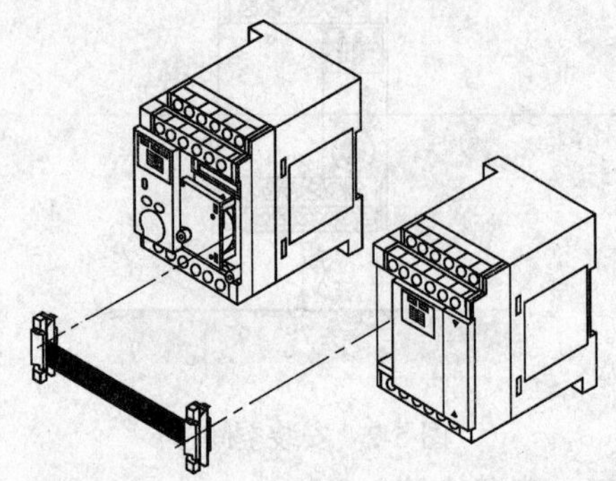
图 5-9 安装电缆

3）将扩展连接器电缆放到内侧，可以沿单元之间靠近，如图 5-10 所示。

4）安装好扩展盖，如图 5-11 所示。

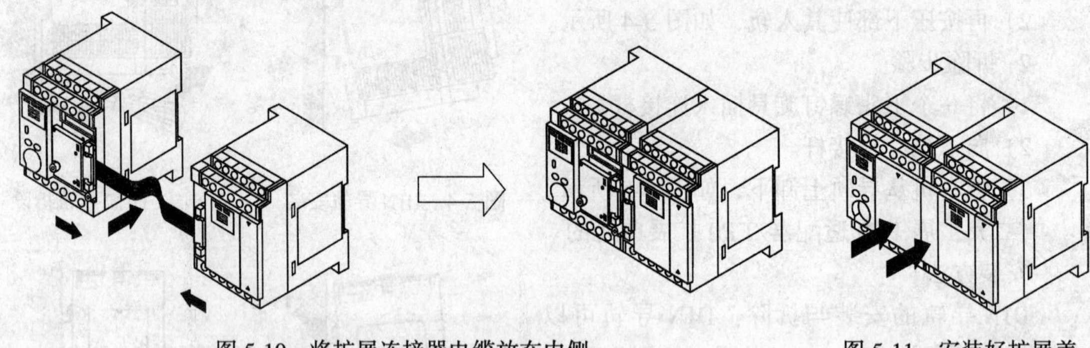
图 5-10 将扩展连接器电缆放在内侧

图 5-11 安装好扩展盖

二、FP-X 与扩展 FP0 适配器的连接方法

与 FP0 适配器的连接方法步骤如下：

1）拆下扩展盖，如图 5-12 所示。

2）在扩展连接器部安装扩展连接器电缆，如图 5-13 所示。

3）将扩展连接器电缆放在内侧，如图 5-14 所示。

4）安装好扩展盖，如图 5-15 所示。

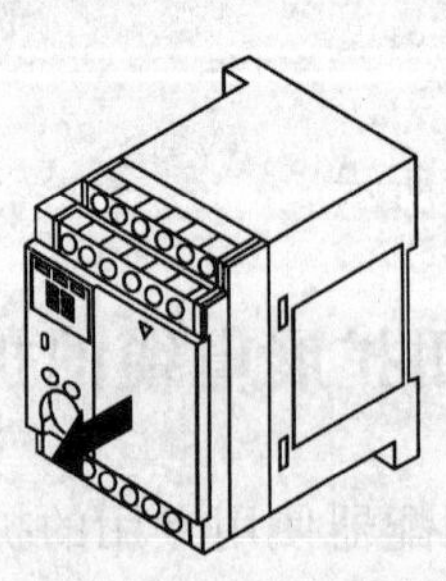
图 5-12 拆下扩展盖

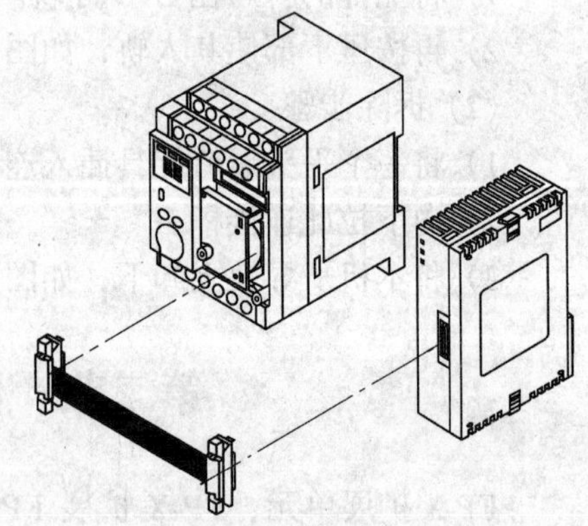
图 5-13 安装电缆

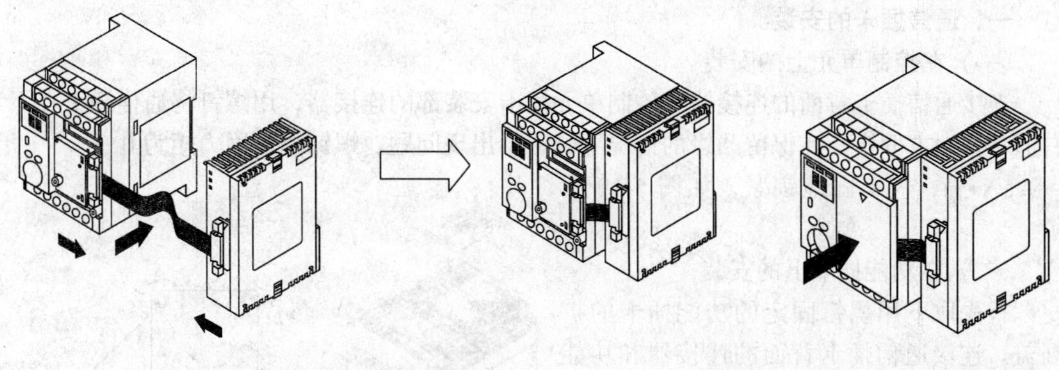

图 5-14　电缆放在内侧　　图 5-15　安装好扩展盖

第三节　FP0 扩展单元的扩展方法

FP0 扩展单元（扩展单元、高功能单元）要在 FP-X 扩展 FP0 适配器的右侧进行扩展。进行单元的扩展时，要使用单元侧面的 FP0 扩展用右侧连接器以及扩展用挂钩。其扩展方法的步骤如下：

1）使用螺钉旋具抬起上下的扩展用挂钩，如图 5-16 所示。

2）对准主机侧和扩展侧 4 个角的突起部进行安装。在这种情况下，应严密地使连接器嵌合一起，避免单元间出现间隙，如图 5-17 所示。

3）请按下在步骤 1 中抬起的扩展用挂钩，将单元加以固定，如图 5-18 所示。

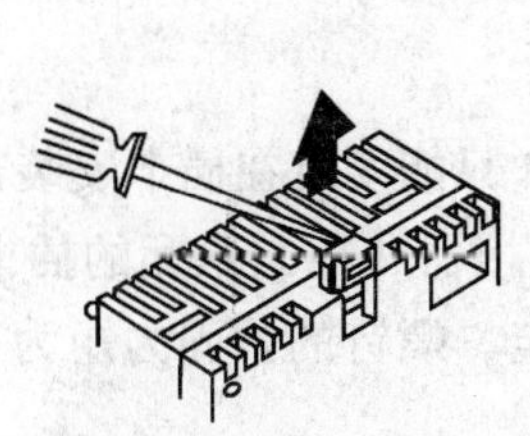

图 5-16　抬起上下的扩展用挂钩

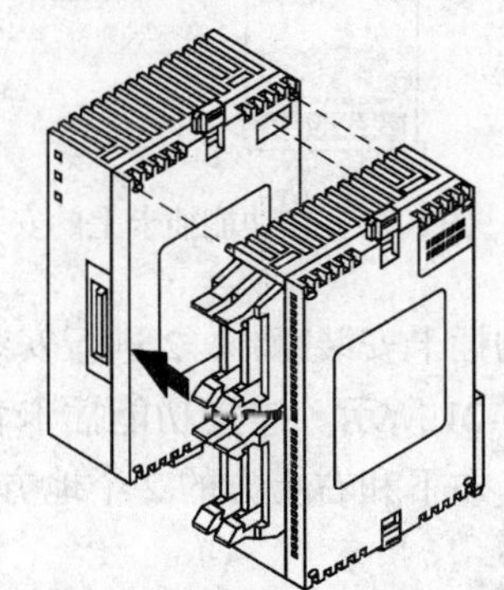

图 5-17　避免单元出现间隙的安装

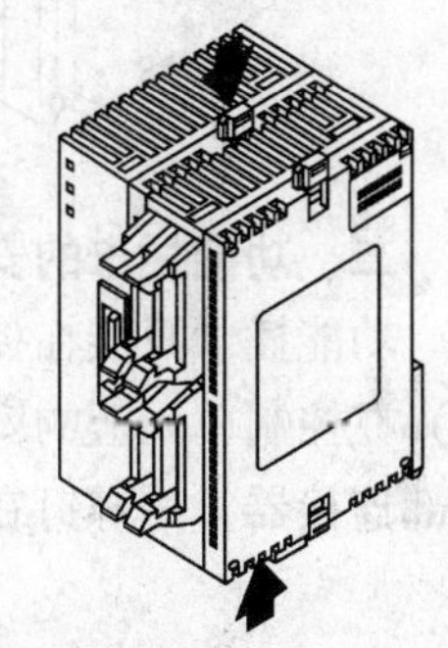

图 5-18　将单元加以固定

第四节　扩展插卡的安装方法

扩展插卡要使用附带的螺钉在控制单元上固定。

应注意的是：

1）从耐振动性的角度考虑，在实际使用时，请务必用螺钉进行固定。

2）备份电池（可选件）请在安装扩展插卡之前进行安装。

3）务必在切断电源的状态下进行安装。如果在控制单元的电源为 ON 的状态下进行安装，会造成故障的发生。

一、通信插卡的安装

（一）在控制单元上的安装

连接通信插卡背面的连接器和控制单元插卡安装部的连接器，用螺钉将通信插卡左下和右上 2 个地方固定。在保留凸缘的情况下，不会出现问题。螺钉的紧固力矩为 0.3～0.5N·m，应牢固地锁紧，如图 5-19 所示。

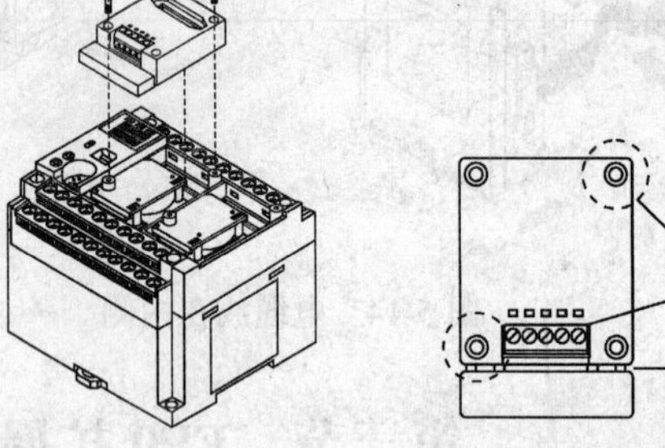

图 5-19 在控制单元上的安装

（二）在功能插卡上的安装

首先取下用螺钉固定的功能插卡的扩展盖。连接通信插卡背面的连接器和功能插卡前面的连接器，用螺钉固定除去凸缘部后的通信插卡左上和右下方的两个地方。螺钉的紧固力矩为 0.3～0.5N·m，应牢固地锁紧，如图 5-20 所示。

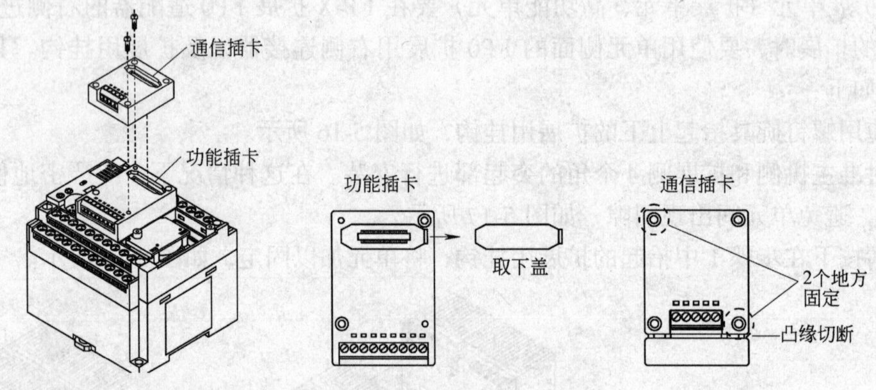

图 5-20 在功能插卡上的安装

二、功能插卡的安装

功能插卡只能在控制单元的插卡安装部 1、2 进行安装。（C14 只能安装在插卡安装部 1 处）在控制单元上的安装如图 5-21 所示。连接功能插卡背面的连接器和控制单元的插卡安装部连接器，用螺钉在功能插卡左下和右上方的 2 个地方进行固定。螺钉的紧固力矩为 0.3

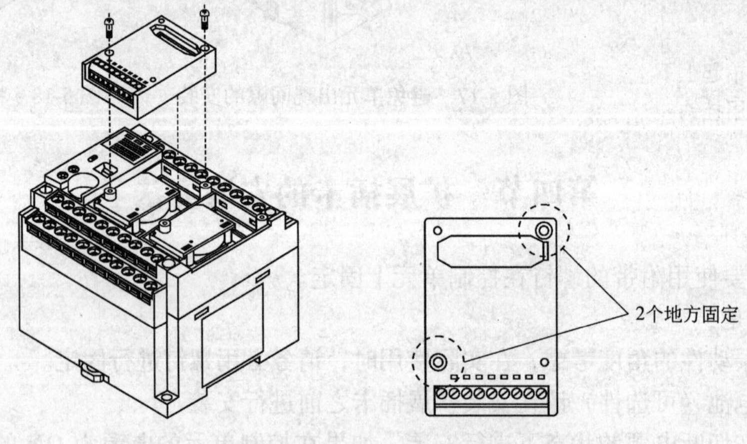

图 5-21 在控制单元上的安装

~0.5N·m，应牢靠地锁紧。

安装时不要用手触摸扩展插卡的背面以及连接器。因为有可能由于静电而造成 IC 等损坏。FP-X 安装了扩展插卡如图 5-22 所示。

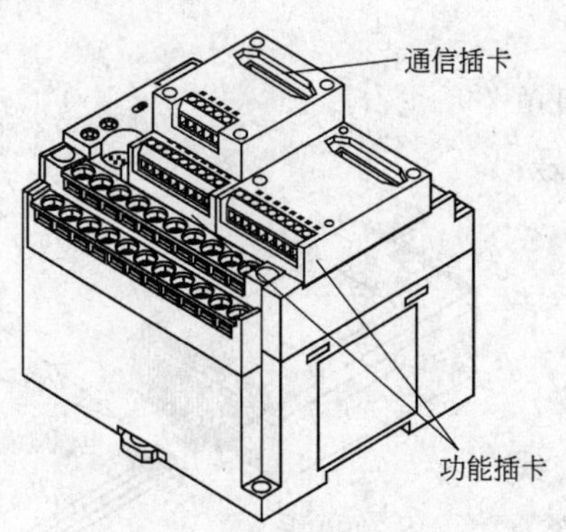

图 5-22　FP-X 安装了扩展插卡

第五节　电　　源

一、控制单元的电源

(一) 电源的接线

电源电压的允许范围，如表 5-1 所示。

表 5-1　电源电压允许范围

额定输入电压	允许电压变动范围	额定频率	允许频率范围
AC 100 ~ 240V	AC 85 ~ 264V	50/60Hz	47 ~ 63Hz

当使用电压、频率超过允许范围的电源，或者指定外的不适用的电线时，则会造成 PLC 的电源部分故障。

(二) 电源系统各自分离

在对 FP-X、输出设备及动力设备进行接线时，应按系统各自分开。

避免受噪声的影响：应尽量使用噪声较小的电源。虽然对重叠在电源线上的噪声有充分的噪声耐量，但我们仍建议通过使用绝缘变压器来进一步使噪声衰减。另外，要想减小噪声的影响，应将电源电缆进行绞线处理。为了提高耐噪声性，请实施接地处理。使用 $2mm^2$ 以上的电线以及接地电阻在 100Ω 以下的 D 种（第 3 种）接地方式。接地点尽可能靠近 PLC，缩短接地线的距离。与其他设备共用接地时，有时会导致相反的效果，因此必须使用专用接地。采用专用接地如图 5-23 所示。

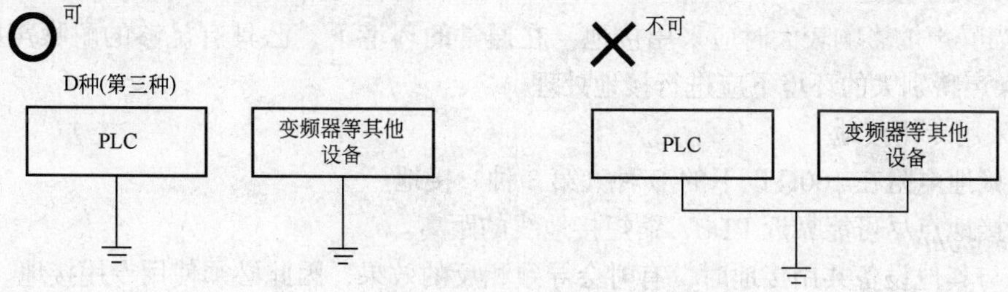

图 5-23　采用专用接地

二、扩展 FP0 适配器的电源

（一）电源的接线

通过电源电缆附件，给单元供电，如图 5-24 所示。

1. 单元的电源接线　用单元所附的电源电缆（型号：AFP0581）连接电源。

咖啡色：DC 24V

蓝色：0V

绿色：功能地线（FE）

2. 电源供给线使用双绞线　为了减小噪声的影响，将电源线（咖啡色和蓝色）进行绞线处理。

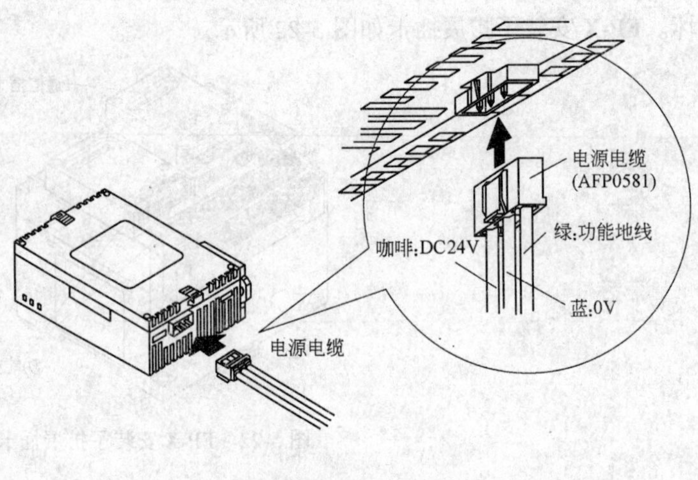

图 5-24　电源的接线

3. 使用内置保护电路的绝缘型电源

1）为了防止来自电源线路的异常电压的影响，保护电路，使用电源中内置保护电路的绝缘型电源（强化绝缘或者双重绝缘电线）。

2）在单元内置的调节器中，使用了非绝缘型。

4. 电源系统各自分离　控制单元、输入设备、动力设备的接线要按系统各自分开。

5. 注意电源顺序

1）对于扩展 FP0 适配器的电源，应考虑使用电源的顺序，使其在输入输出用电源之前置于 OFF。

2）若在扩展 FP0 适配器的电源之前，输入输出用电源先置 OFF，有时控制单元主机会检测到输入电平的变化而进行预定外的顺序动作。

3）扩展 FP0 适配器和 FP0 扩展单元的电源必须使用同一个电源，而且要同时 ON/OFF。

4）对于扩展 FP0 适配器的电源，应考虑使用电源的顺序，以便在 FP-X 控制单元的电源之前先置 ON。

ON 时：扩展 FP0 适配器、FP0 用电源→FP-X 用电源→输入输出用电源

OFF 时：FP-X 用电源→扩展 FP0 适配器、FP0 用电源→输入输出用电源

（二）关于接地

1. 当噪声的影响较大时应采用接地　在通常的环境下，已具有足够的耐噪声能力，但是，在噪声特别大的环境下应进行接地处理。

2. 采用专用接地

1）接地电阻在 100Ω 以下的 D 种（第 3 种）接地。

2）接地点尽可能靠近 PLC，缩短接地线的距离。

3）与其他设备共用接地时，有时会导致相反的效果，因此必须使用专用接地。

由于使用环境的不同，如果进行接地，有时反而会产生问题。例如，扩展 FP0 适配器

的电源线路通过压敏电阻与功能接地连接，因此，电源线与大地之间存在异常电位时，有可能造成压敏电阻的短路。

第六节　端子排的接线

一、附属端子排的接线

端子使用 M3 的端子螺钉。建议使用图 5-25 所示的压紧端子来连接端子。适用压紧排如表 5-2 所示。适用电线如表 5-3 所示。

表 5-2　适用压紧排

生产厂	形状	型号	适用电线截面积/mm²
J.S.T.Co., Ltd	圆形	1.25-MS3	0.25 ~ 1.65
	前端开口形	1.25-B3A	
	圆形	2-MS3	1.04 ~ 2.63
	前端开口形	2-N3A	

表 5-3　适用电线

尺寸	公制截面积/mm²
AWG22 ~ 14	0.3 ~ 2.0

紧固力矩应选用 0.5 ~ 0.6N·m。在使用圆形端子的情况下，应拆下端子排盖再进行作业，如图 5-26 所示。

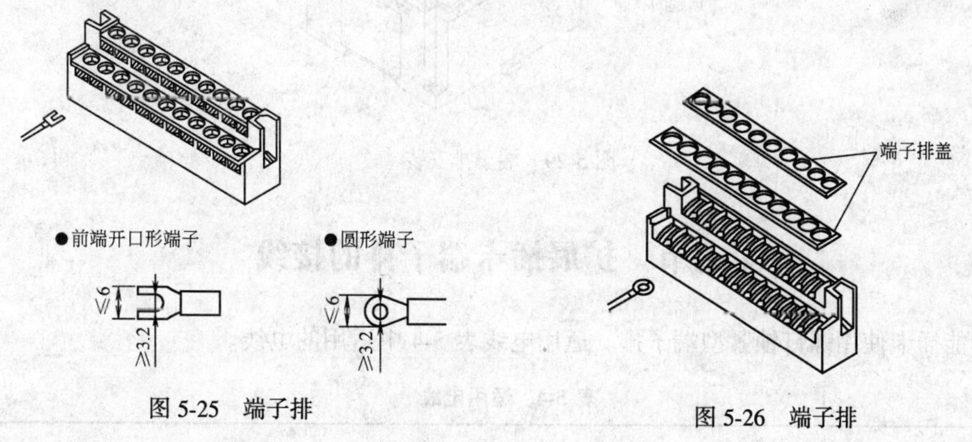

图 5-25　端子排　　　图 5-26　端子排

二、端子排的装卸方法

C30/C60 中所使用的端子排是用螺钉固定的，可以进行装卸（C14 不能装卸）。

(一) 拆卸

松开两个地方的安装螺钉。端子排慢慢顶起来，脱开，如图 5-27 所示。

安装螺钉已固定在端子排上，因此即使从主机上拆下端子排，螺钉也不会脱落，如图

5-28 所示。

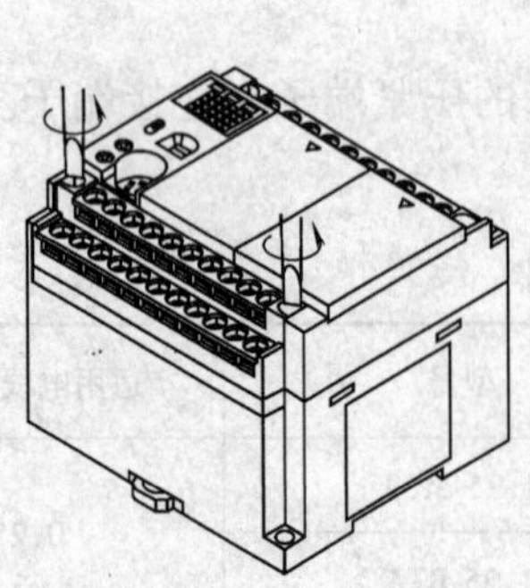
图 5-27　端子排的拆卸

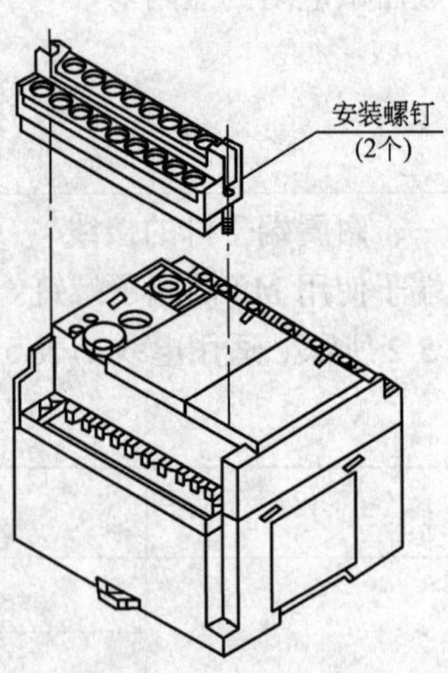

图 5-28　端子排拆卸图

（二）安装

端子排在顶起的状态下用螺钉锁紧。拧紧螺钉，将端子排固定，如图 5-29 所示。紧固力矩应选用 0.25～0.35N·m。

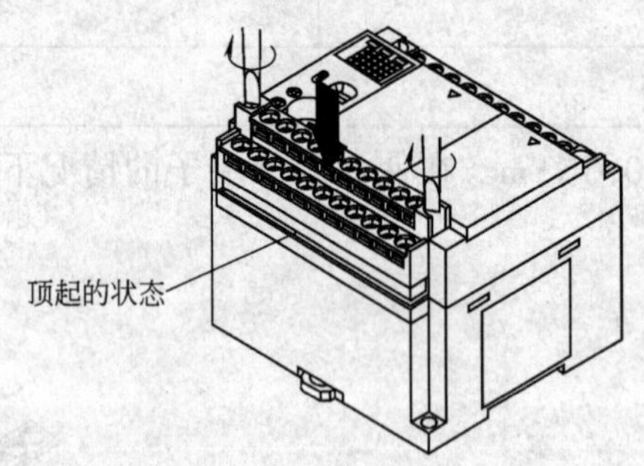

图 5-29　端子排安装

第七节　扩展插卡端子排的接线

功能插卡使用螺钉锁紧型端子排。适用电线表 5-4 中适用的电线。

表 5-4　适用电线

尺寸	公制截面积/mm²
AWG24～16	0.2～1.25

适用带绝缘套管的棒式连接器。使用棒式连接器时，应选用 Phoenix Contact Co., Ltd 公司的产品，如表 5-5 所示。棒式连接器专用压接工具如表 5-6 所示。

表 5-5　适用带绝缘套管的棒式连接器

生　产　厂	截面积/mm^2	尺　　寸	Phoenix Contact Co., Ltd 型号
Phoenix ContactCo., Ltd	0.25	AWG 24	AI 0, 25—6 YE
	0.50	AWG 20	AI 0, 5—6 WH
	0.75	AWG 18	AI 0, 75—6 GY
	1.00	AWG 18	AI 1—6 RD
	0.5×2	AWG 20×2 根用	AI—TWIN 2×0.5—8 WH

表 5-6　棒式连接器专用压接工具

生　产　厂	Phoenix Contact Co., Ltd 样品编号	
	型号	产品编号
Phoenix Contact Co., Ltd	CRIMPFOX UD 6	1204436

使用专用工具安装端子排。安装端子时，请使用 Phoenix Contact Co., Ltd 的螺钉旋具（产品编号：1205037）、刃宽 0.4×2.5（型号 SZS 0，4×2，5）紧固端子。紧固力矩应选用 0.22～0.25N·m。

接线时的注意事项：遵守以下各项、注意不要断线。

1）剥去绝缘层时，不要损伤芯线。

2）接线时，注意不要使芯线扭结。

3）芯线请直接连接，不要焊接。有时会因振动而断线。

4）接线后，电线上不可施加压力。

5）在端子的构造上，若反时针转动而固定电线时，会造成接触不良。请拔出电线，确认端子孔后重新接线。

6）在 RS485+、-端子上连接 2 根线的情况下，2 根线均应使用 0.5～0.75mm^2 同一截面积的同一线材的电线。

关于传送电缆的选择：

在使用通信插卡的系统中，作为传送电缆可使用的绞线如表 5-7 所示。

表 5-7　合适电线（绞线）的选择

分　类	截　面　图	导体 尺寸/mm^2	导体 电阻值（20℃）（Ω/km）	绝缘体 材质	绝缘体 厚度/mm	电缆直径/mm
屏蔽双绞线	屏蔽 外膜 导体 绝缘体	1.25（AWG16）以上	最大 16.8	聚乙烯	最大 0.5	约 8.5
		0.52（AWG20）以上	最大 33.4	聚乙烯	最大 0.5	约 7.8

（续）

分　类	截 面 图	导　体		绝　缘　体		电缆直径/mm
		尺寸/mm^2	电阻值（20℃）（Ω/km）	材质	厚度/mm	
VCTF	外膜 导体 绝缘体	0.75（AWG18）以上	最大 25.1	聚氯乙烯	最大 0.6	约 6.6
屏蔽多芯电缆	外膜 屏蔽 导体 绝缘体	0.3（AWG22）以上	最大 58.8	氯乙烯	最大 0.3	约 6.6

应注意的事项如下：

1）使用屏蔽双绞电缆。

2）传送电缆只使用一种。请勿混合使用两种以上。

3）噪声较大的环境下，建议使用双绞电缆。

4）使用带跨交接线的屏蔽电缆作为 RS485 传输线时，请将电缆一端接地。

5）在 RS485＋、－端子上连接两根线的情况下，两根线均应使用上述同一截面积的（0.5～0.75mm^2），同一线材的电缆。

第六章　编程口和 USB 端口

第一节　编　程　口

一、概述

PLC 的编程口和 USB 端口在 PLC 前面板上，如图 6-1 所示。

编程口（RS232C）：即用于连接编程工具的连接器。控制器主机的编程口使用市售的小型 DIN 连接器（5 针），如图 6-2 所示，各针号说明如表 6-1 所示。

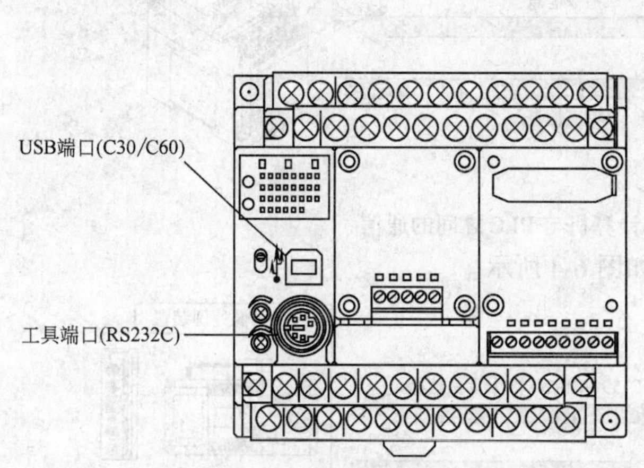

图 6-1　PLC 的前面板图

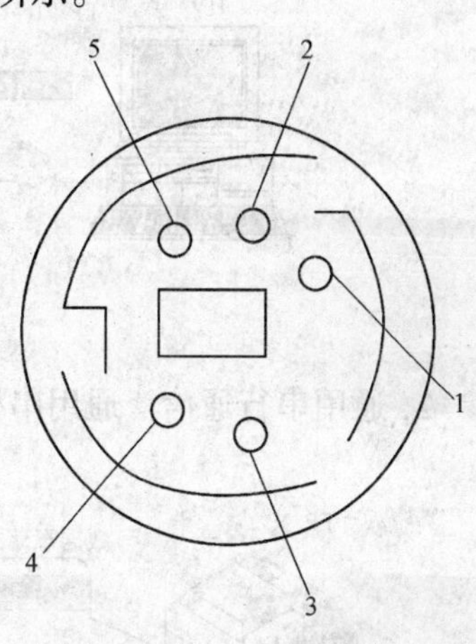

图 6-2　DIN 连接器（5 针）

表 6-1　各针号说明

针　No.	名　称	简　称	信号的方向
1	信号用接地	SG	—
2	传送数据	SD	单元→外围设备
3	接收数据	RD	单元←外围设备
4	（未使用）	—	
5	+5V	+5V	单元→外围设备

出厂时的设定如下：

速率　9600bit/s

数据长度　8bit

奇偶校验　奇数

停止位　1bit

USB 连接器：即用于连接编程工具的连接器。可以使用 AB 的 USB 电缆。

二、编程口的功能

（一）编程口

FP-X 的编程口可以实现如下两种通信功能。

1. 计算机链接

1）计算机链接功能，按照下列方法进行通信。链接在 PLC 上的计算机拥有信息传送权，向 PLC 发出指令（指令信息）后，PLC 按照指令做出应答（应答信息）。

2）计算机和 PLC 之间的数据交换使用专用通信协议［MEWTOCOL-COM］。并且，通信方法分为 1:1 和 1:N，1:N 连接的网络称作 C-NET。最多可以连接 99 台 FP-X 和 1 台计算机。

3）对于由计算机发出的指令，PLC 会自动地做出响应回复，因此，在 PLC 侧不需要有关通信的程序，如图 6-3 所示。

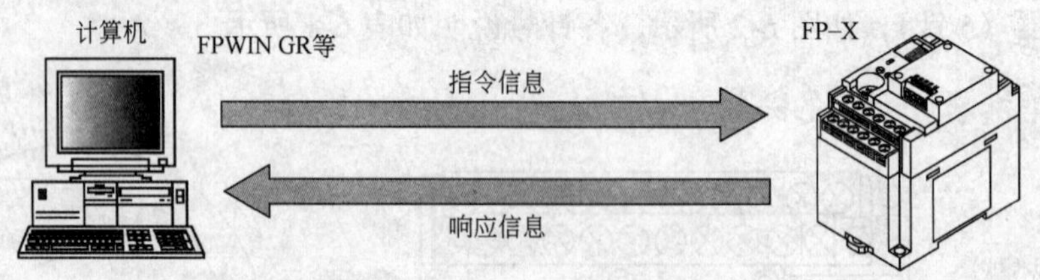

图 6-3　计算机与 PLC 之间的通信

2. 通用串行通信　通用串行通信如图 6-4 所示。

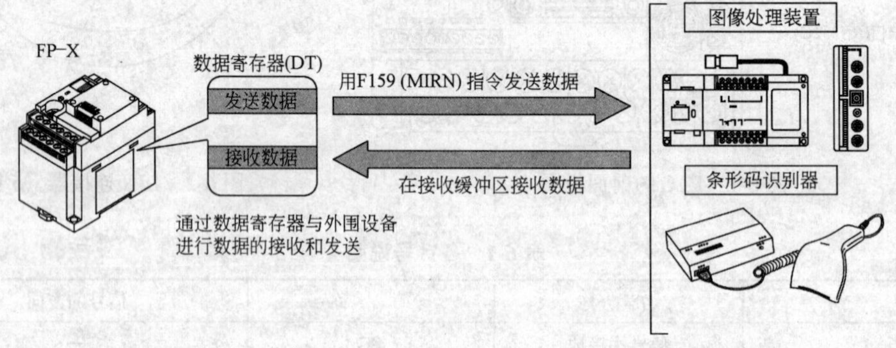

图 6-4　通用串行通信

1）编程口上连接的图像处理装置、条形码识别器等外围设备的数据，可以用通用串行通信来接收或传送。

2）用 FP-X 的梯形程序进行数据的读出或写入。同外围设备的数据传送和接收则要通过数据寄存器来进行。

3）只有在 RUN 模式下有效。而在 PROG 模式中，则为自动的计算机链接模式，可以与工具类进行连接。

应注意的是：切换为 PROG 模式之前的接收数据将保存在数据寄存器中。应在切换为 RUN 模式之后马上执行 F159（MTRN）指令，进行清除。

（二）编程口的设定

1. 计算机链接时的通信环境设定　速率、传送格式的设定：编程口的速率或传送格式用编程工具FPWINGR进行设定。选择菜单中的［选项（O）］→［PLC系统寄存器设置］，单击［编程口设置］。PLC通信环境设定如图6-5所示。

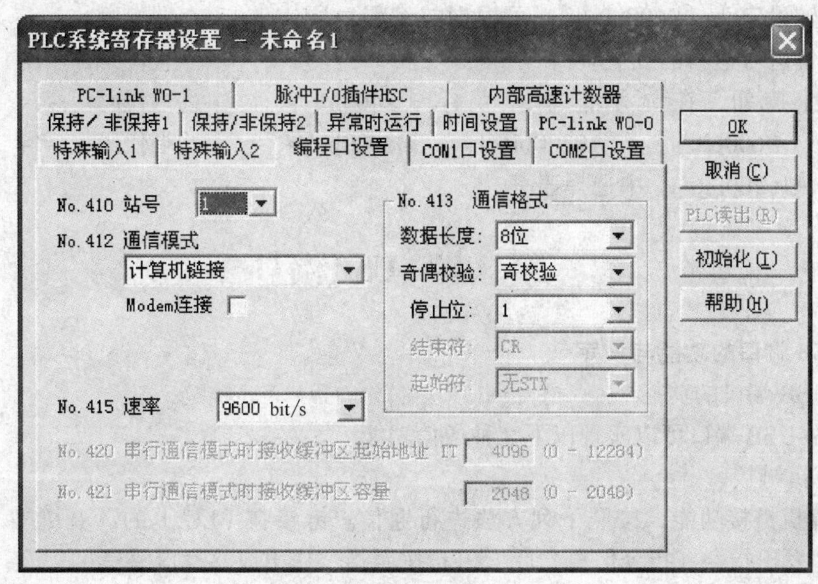

图6-5 PLC通信环境设定

No.410单元No.（站号），可从1～99进行设定。

No.412通信模式，选择编程口的动作模式。

单击▼按钮，从显示出的下拉菜单中选择［计算机链接］。

No.413传送格式的设定：

传送格式的初始设定如右图所示。根据连接在编程口的外部设备，变更传送格式时，要分别设定各个项目（终端代码和始端代码不能变更）。

数据长度---8bit
奇偶校验---有·奇数
停止位---1bit
终端代码---不可设定
始端代码---不可设定

No.415速率的设定：

速率初始设定为［9600bit/s］。可根据与编程口所连接的外围设备对速率进行变更。

单击▼按钮，在显示的下拉菜单［2400bit/s、4800bit/s、9600bit/s、19200bit/s、38400bit/s、57600bit/s、115200bit/s］中选择速率。

2．通用串行通信时通信环境的设定　编程口初始设定为计算机链接模式。通信时，可对下述的项目进行系统寄存器的设置。对于编程口的速率或者传送格式的设定要通过编程工具FPWINGR来进行。应选择菜单栏的［选项（O）］→［PLC系统寄存器设置］，单击［编程口设置］。

No.412通信模式：选择编程口的动作模式。

单击▼按钮，在显示的下拉菜单中，选择［通用通信］。

No.413传送格式的设定：

传送格式的初始设定如右图所示。

根据连接在编程口上的外围设备，变更传送格式时，要分别设定各个项目。

No.415 速率的设定：

速率初始设定为［9600bit/s］。可根据与编程口所连接的外围设备进行速率的变更。

单击 ▾ 按钮，在显示的下拉菜单［2400bit/s、4800bit/s、9600bit/s、19200bit/s、38400bit/s、57600bit/s、115200bit/s］中选择速率。

［数据长度－－－－8bit
奇偶校验－－－－有·奇数
停止位－－－－1bit
终端代码－－－－CR
始端代码－－－－无 STX］

第二节 USB 端口

一、USB 端口的功能与设定

（一）USB 端口的功能

FP-X 的 USB 端口可以实现以下 3 种通信功能。

1. 计算机链接

1）计算机链接功能，按照下列方法进行通信。链接在 PLC 上的计算机拥有信息传送权，向 PLC 发出指令（指令信息）后，PLC 按照指令作出应答（应答信息）。

2）计算机和 PLC 之间的数据交换使用专用通信协议［MEWTOCOL-COM］。并且，通信方法分为 1:1 和 1:N，1:N 连接的网络称作 C-NET 网络。最多可以连接 99 台 FP-X 和 1 台计算机。

3）对于由计算机发出的指令，PLC 会自动地做出响应回复，因此，在 PLC 则不需要有关通信的程序。

2. 通用串行通信

1）USB 端口上连接的图像处理装置、条形码识别器等外围设备的数据，可以用通用串行通信来接收或传送。

2）用 FP-X 的梯形程序进行数据的读出或写入。同外围设备的数据传送和接收则要通过数据寄存器来进行。

（二）USB 端口的设定

1. 计算机链接时的通信环境设定　速率、传送格式的设定：对于 USB 端口的通信设置要通过编程工具 FPWIN GR 来进行。选择菜单栏的［选项（O）］→［PLC 系统寄存器设置］，单击［COM2 口设置］。

No.411 单元 No.（站号）：可从 1～99 进行设定。

No.412 通信模式：选择 USB（COM2）端口的动作模式。

单击 ▾ 按钮，从显示出的下拉菜单中选择［计算机链接］。在端口选择中，应选择［内置 USB］。

No.414（COM2 端口用）传送格式的设定：

传送格式的初始设定如右图所示。

［数据长度－－－－8bit
奇偶校验－－－－有·奇数
停止位－－－－1bit
终端代码－－－－CR（固定）
始端代码－－－－无 STX（固定）］

根据与USB（COM2）端口所连接的外围设备，变更传送格式时，可分别对各个项目进行设定。

No.415速率的设定：速率固定为115200bit/s。

2.通用串行通信时的通信环境的设定　USB（COM2）端口初始设定为计算机链接模式。通信时，可对下述的项目进行系统寄存器的设置。对于USB（COM2）端口的通信的设定要通过编程工具FPWIN GR来进行。应选择菜单栏的［选项（O）］→［PLC系统寄存器设置］，单击［COM2口设置］。

PLC系统寄存器设置的对话框如图6-6所示。

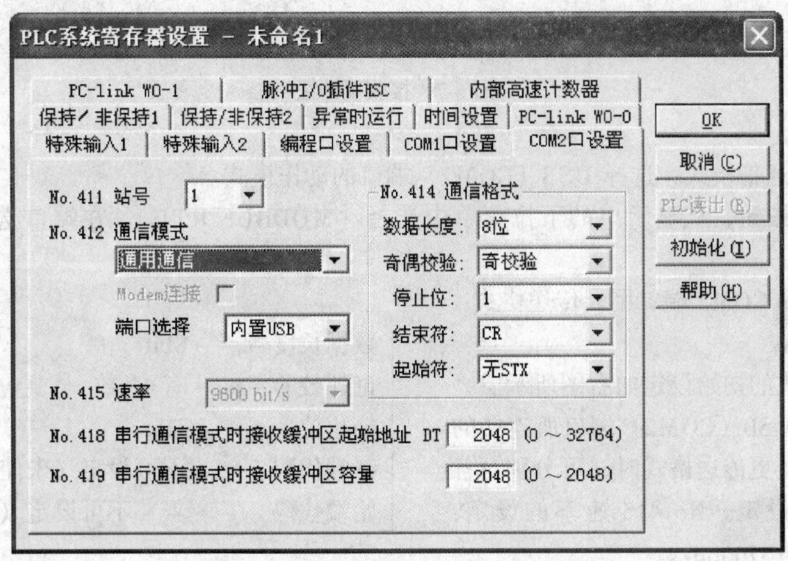

图6-6　PLC系统寄存器设置的对话框

No.412通信模式：选择COM端口的动作模式。

单击▼按钮，从显示出的下拉菜单中选择［通用通信］。在端口选择中，选择［内置USB］。

No.414（COM2端口用）传送格式的设定：

传送格式的初始设定如右图所示。

数据长度－－－－8bit
奇偶校验－－－－有·奇数
停止位－－－－1bit
终端代码－－－－CR
始端代码－－－－无STX

根据与USB（COM2）端口所连接的外围设备，变更传送格式时，可分别对各个项目进行设定。

No.415速率的设定：速率固定为115200bit/s。

No.418（COM2端口用）接收缓冲区起始地址。No.421（COM2端口用）接收缓冲区容量。通用串行通信时，需要设定［接收缓冲区的设置］。

当变更作为接收缓冲区使用的数据寄存器的区域时，可在系统寄存器No.418中设定起始地址、在No.419中设定容量（字数）。接收缓冲区如图6-7所示。

3.MODBUS RTU时的通信环境的设定　速率、传送格式的设定：对于USB（COM2）端口的通信的设定要通过编程工具FPWIN GR来进行。选择菜单栏的［选项（O）］→［PLC系统寄存器设置］，单击［COM2口设置］。

No.411 单元 No.（站号）：可从 1～99 进行设定。

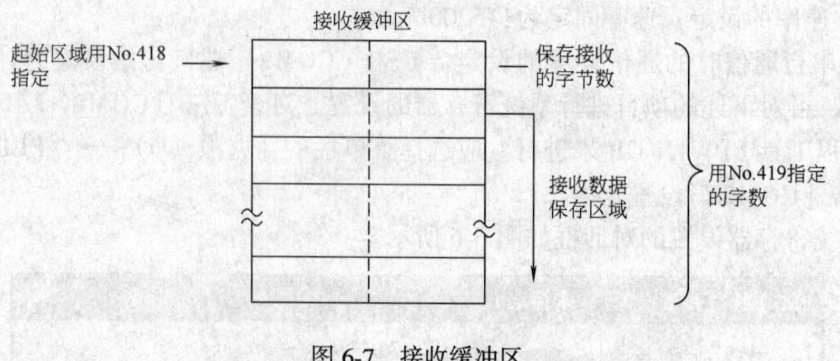

图 6-7 接收缓冲区

No.412 通信模式：选择 USB（COM2）端口的动作模式。

单击▼按钮，从显示出的下拉菜单中选择［MODBUS RTU］。在端口选择中，选择［内置 USB］。

No.414（COM2 端口用）传送格式的设定：

传送格式的初始设定如右图所示。

根据与 USB（COM2）端口所连接的外围设备，变更传送格式时，可分别对各个项目进行设定。No.415 速率的设定：速率固定为115200bit/s。

数据长度－－－8bit
奇偶校验－－－有·奇数
停止位－－－－1bit
终端代码－－－不可设定（未使用）
始端代码－－－－－不可设定（未使用）

（三）关于 USB 连接

FP-XC30 控制单元和 C60 控制单元装备有 USB 连接器，通过 USB 电缆同计算机相连接，便可与 FPWIN GR 等软件进行通信（FP-XC14 控制单元未装备 USB 连接器）。因采用将 USB 作为假设的串行端口进行通信的方式，因此被认为由 USB 所连接的 FP-X 是由计算机通过 COM 端口进行连接的。(注意 USB＝串行端口)

关于计算机：要想用 USB 连接 FP-X，需要下述操作系统的计算机。Windows98SE/Me/2000/XP。

注意：在使用 Windows95 的情况下，不能通过 USB 电缆进行连接。

关于编程工具：FPWIN GR：Ver.2.50 以上。

关于 USB 驱动程序：在 FPWIN GR Ver2.50 以上，已加入 USB 驱动程序，但是，在另外安装的场合，则需要 USB 主机驱动程序和 USB-COM 转换驱动程序。

关于 USB 电缆：USB2.0（或者 1.1）用电缆（AB 型），最长 5m。

（四）USB 连接步骤与 FPWIN GR 的安装

仅在第 1 次进行连接时，需要进行的设定。第 2 次以后的连接中不需要设定。但是，在切换 USB 连接和编程口连接时，必须变更通信设置。

在连接 FP-X 和计算机之前，安装 FPWIN GR（Ver.2.50 以上）。在 FPWIN GR 安装之前以及安装过程中，不要将 FP-X 和计算机用 USB 电缆进行连接。在已经连接的情况下，

USB驱动程序不能正常地进行安装。

二、USB驱动程序的安装和COM端口确认以及与FPWIN GR的通信

（一）USB驱动程序的安装

要想识别USB，必须安装USB主机驱动程序和USB-COM转换驱动程序。安装的步骤因使用的计算机操作系统不同而有所不同。在有若干个USB连接器的计算机中，如果改变USB连接器，则有时会要求再一次安装上述的2个驱动程序，因此，必须重新进行安装。

1.WindowsXP的情况下

1）接通FP-X的电源，将FP-X和计算机用USB电缆进行连接，如图6-8所示。

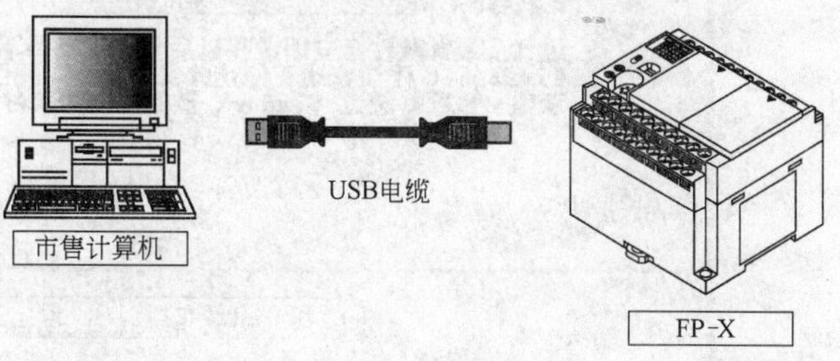

图6-8　PC与FP-X的连接

2）连接后，计算机会自动地识别USB主机驱动程序。显示以下的信息，因此，要选择[否，暂时不]，单击[下一步]继续。

3）接着，显示图6-9所示的信息，因此，选择[自动安装软件]，要继续，单击[下一步]。

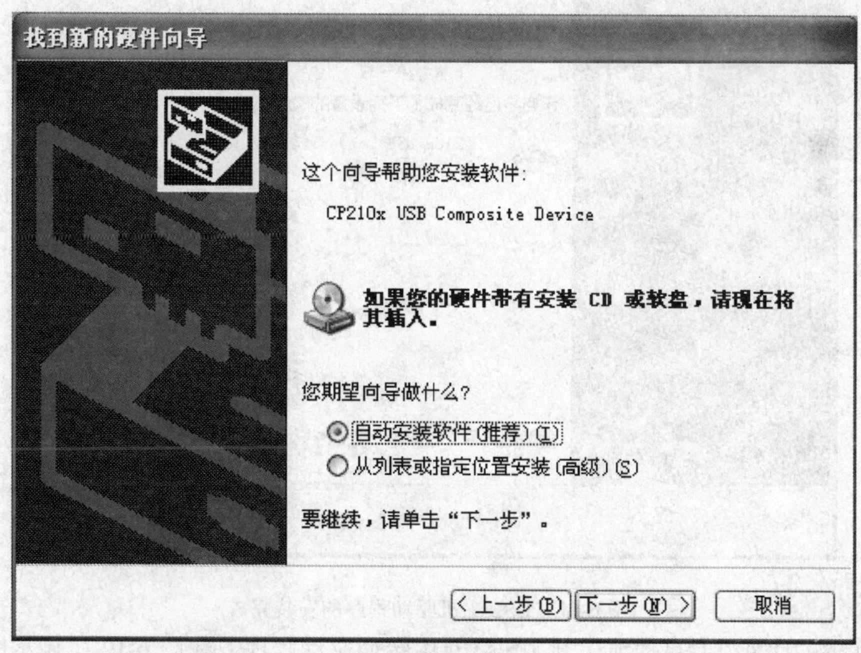

图6-9　信息画面

4）开始安装USB驱动程序。在安装的途中，会出现Windows微标测试的警告，单击[仍然继续]，继续进行安装，如图6-10所示。

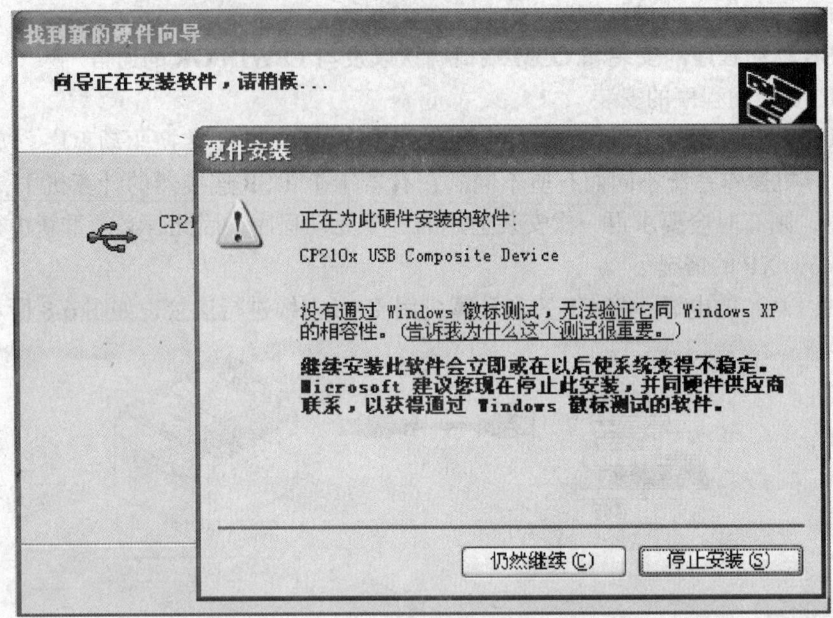

图 6-10 开始安装 USB 驱动程序

5）然后，显示下面的信息，USB 主机驱动程序的安装完成。单击［完成］，如图 6-11 所示。

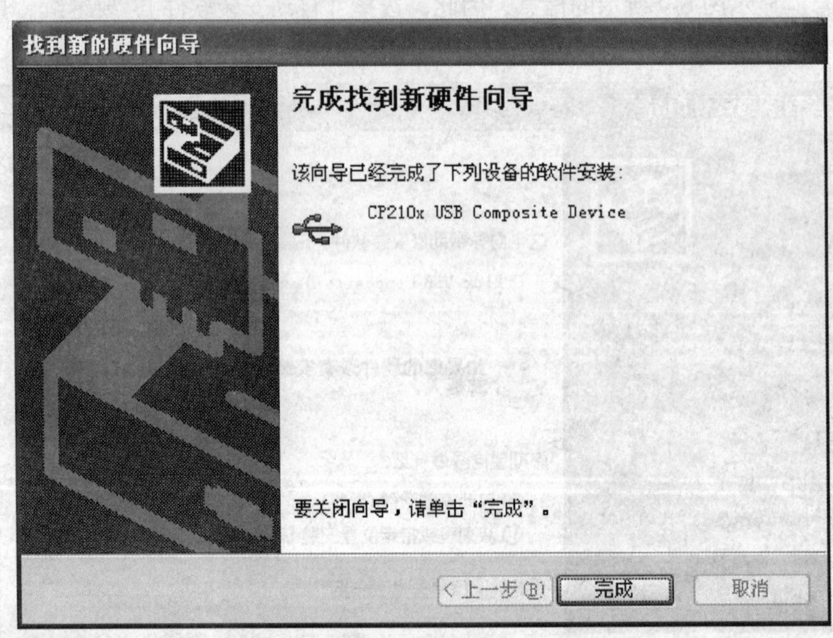

图 6-11 USB 主机驱动程序的安装完成

6）其后，计算机会自动地识别 USB-COM 转换驱动程序。在图 6-12 所显示的信息中，应选择［否，暂时不］，单击［下一步］继续（在 WindowsXP SP1 中，不显示该画面）。

7）接着，显示图 6-13 所示的信息中，选择［自动安装软件］，要继续，单击［下一步］。

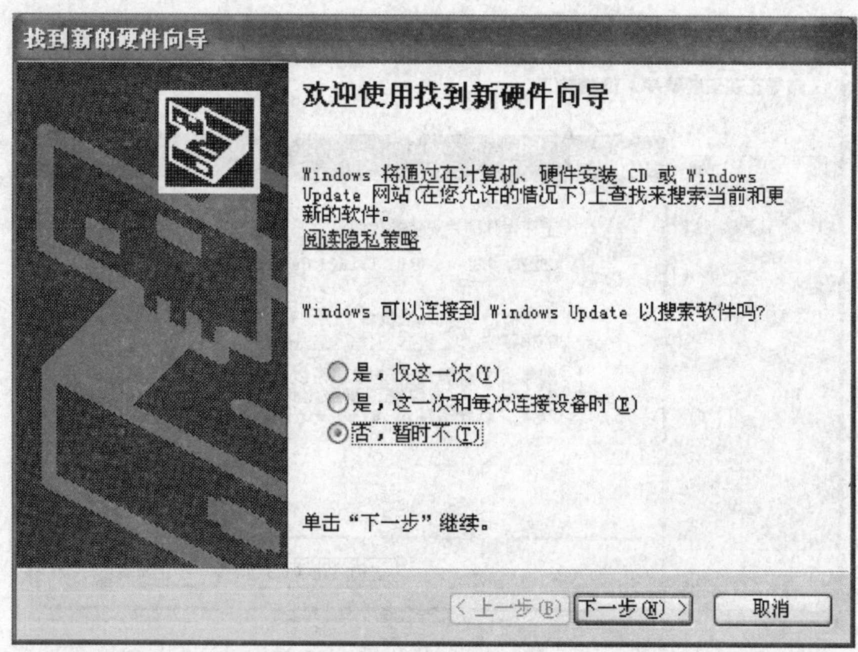

图 6-12　具有［否，暂时不］的画面

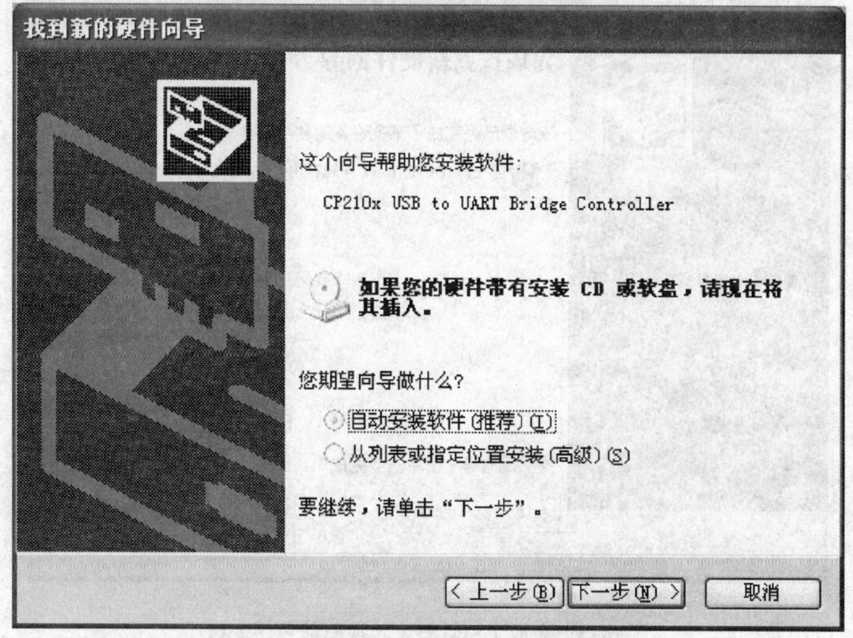

图 6-13　自动安装软件显示画面

8）USB 驱动程序的安装开始。

在安装的途中，会出现 Windows 微标测试的警告，如图 6-14 所示。应单击［仍然继续］，继续进行安装。

9）然后，显示图 6-15 所示的信息，USB-COM 转换驱动程序的安装即完成。单击［完成］。

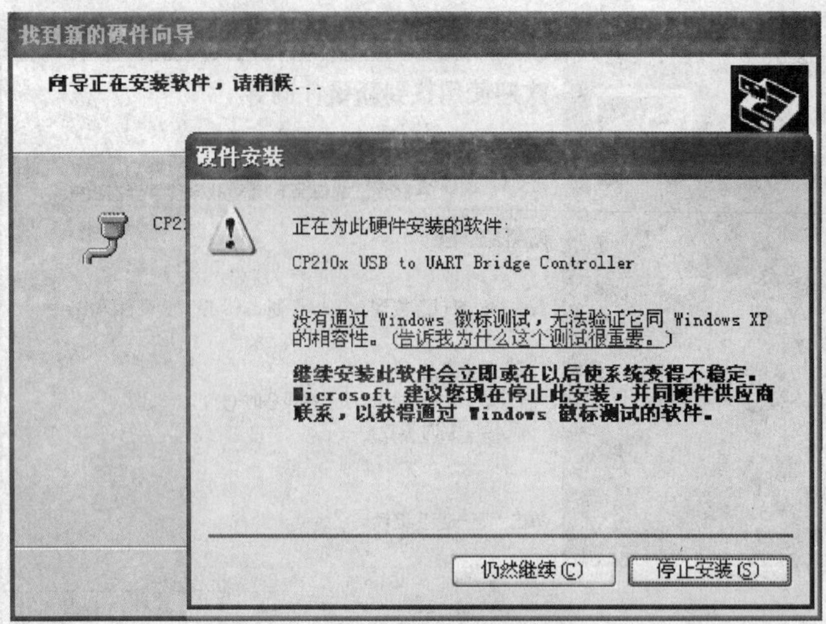

图 6-14　具有 Windows 微标测试的警告画面

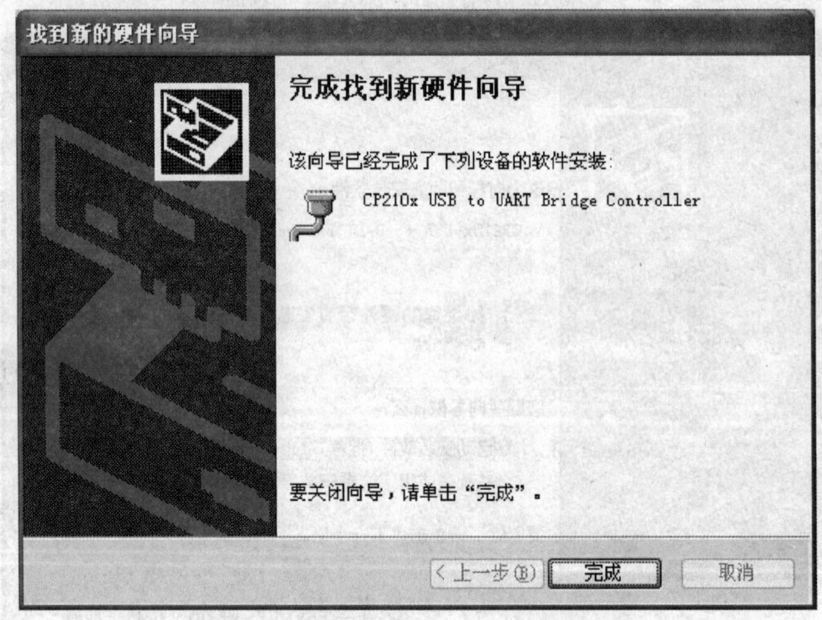

图 6-15　完成 USB-COM 转换驱动程序安装

通过以上操作，USB 驱动程序的安装便可完成。

2. 在 Windows2000/Me 的情况下　计算机对 USB 驱动程序进行识别之后，自动地开始安装。不必特意进行安装的操作。在安装时，不会显示信息。

(二) COM 端口的确认以及同 FPWIN GR 的通信

1. COM 端口的确认　对于与 FP-X 所连接的 USB，由计算机作为 COM 端口加以识别。USB 被分配到哪个 COM 端口，因用户的计算机环境而异。因此，必须确认所分配给的

COM端口编号。

（1）设备管理的显示步骤　在FP-X和计算机由USB电缆进行连接的状态下，显示设备管理。设备管理的显示方法会因所使用的计算机操作系统而异。

1）在WindowsXP的情况下，依次单击［我的电脑］→［管理］→［系统工具］标记→［设备管理器］。

2）在Windows2000的情况下，依次单击［我的电脑］→［控制面板］→［系统］→［硬件］标记→［设备管理器］，选择［显示］→［设备种类］。

3）在Windows98SE/Me的情况下，依次单击［我的电脑］→［控制面板］→［系统］→［设备管理器］标记，选择［按类型显示］。

（2）COM端口的确认步骤

1）显示［设备管理器］，如图6-16所示。

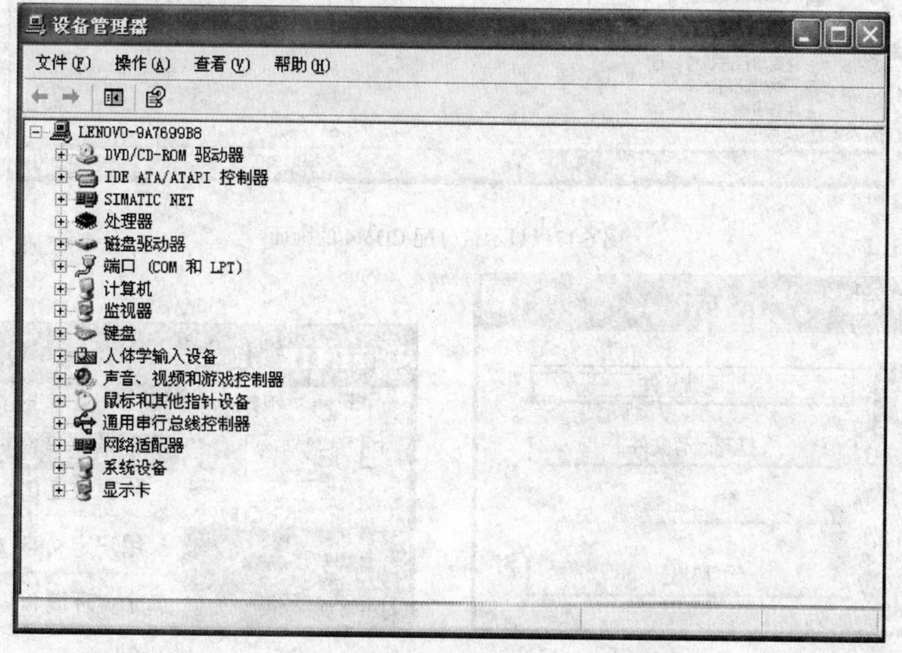

图6-16　显示［设备管理器］

2）双击［端口（COM和LPT）］。将显示COM端口的分配一览表，确认COM端口的编号。

［CP210×USB to UART Bridge Controller（COMn）］的显示为所分配的COM端口。在图6-17所示的画面中，被分配为COM4。

对于［其他的设备］或者［不明设备］，会出现［？CP210xUSB to UART Bridge Controller］的显示，表示安装失败。要求重新安装USB驱动程序。

2．与FPWIN GR的通信

1）启动FPWIN GR。

2）当FPWIN GR启动时，下载选择如图6-18所示的窗口即开始启动。

3）［选项］菜单中选择［通信设置］，如图6-19所示。

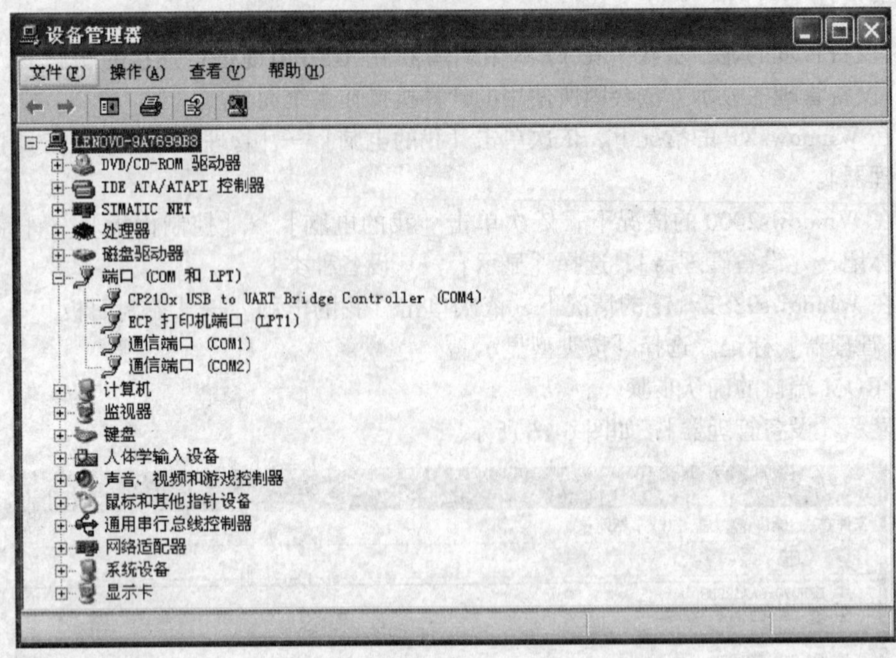

图 6-17　显示被分配 COM4 的画面

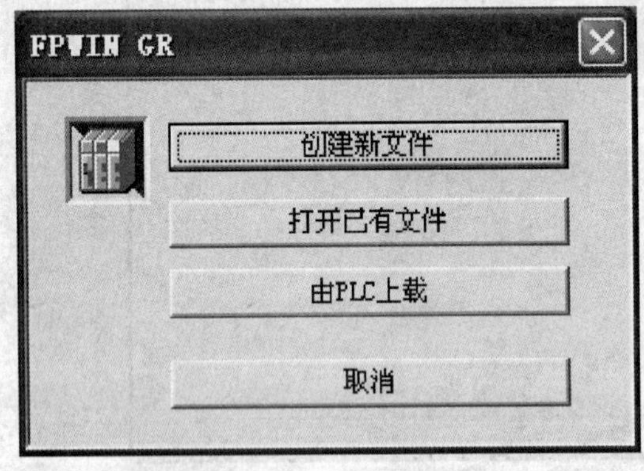

图 6-18　FPWIN GR 启动时显示的窗口

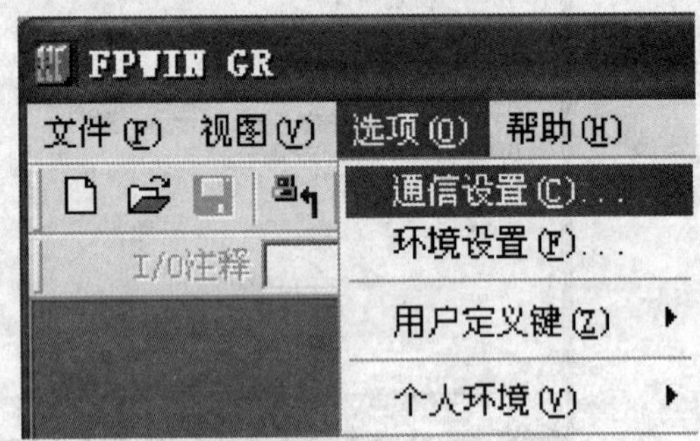

图 6-19　选择［通信设置］

4）应按照表 6-2 所示的内容进行通信设置。设定完成后，便可用 USB 进行通信，如图 6-20 所示。

表 6-2　通信设置

网络类型	C-NET（RS232C）
端口 No.	已分配给 USB 的 COM 端口 No.
速率	请设定 115200bit/s （USB 连接时，以 115200bit/s 进行通信）
数据长	8bit
停止位	1bit
奇偶校验	奇

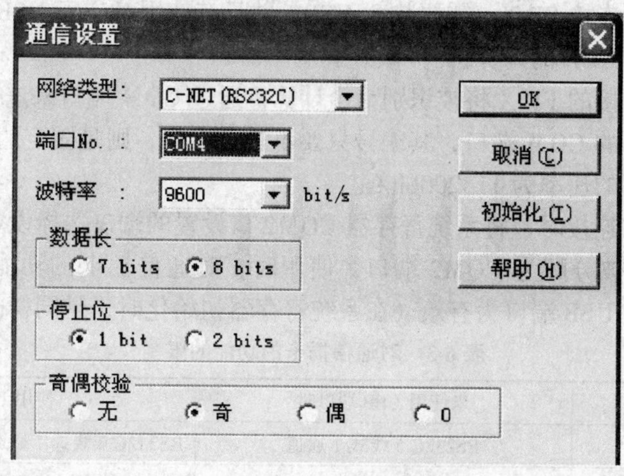

图 6-20　用 USB 进行通信画面

（三）USB 驱动程序的重新安装以及 USB 通信的注意事项

1. USB 驱动程序的重新安装　在出现安装步骤错误或者安装过程中取消的情况下，必须对 USB 驱动程序重新进行安装。

（1）USB 驱动程序的状态确认

1）显示［设备管理器］。

2）如果对［其他设备］或者［不明设备］显示为［? CP210X USB to UART Bridge Controller］则 USB 驱动程序的安装失败。如图 6-21 所示。

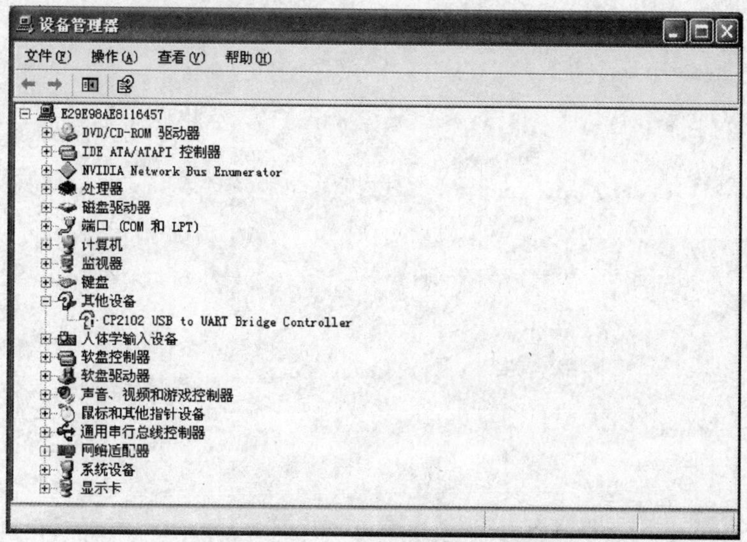

图 6-21　［设备管理器］画面

（2）USB 驱动程序的重新安装　用右键单击［? CP210x USB to UART Bridge Controller］，选择［删除］将驱动程序删掉。然后，插入 USB 电缆，于是显示 USB 驱动程序的安装画面，因此，应再一次进行安装。

2. USB 通信的注意事项

1）要想用 USB 连接 FP-X，需要装载 USB，并且有使用对应于 USB 的操作系统（Windows98SE/Me/2000/XP）的计算机。

2）与 USB 相连接的 FP-X 将被识别为由计算机通过 COM 端口来进行连接。

3）分配给 USB 的 COM 端口，其编号只要不进行更改，则是固定的。

4）使用 USB 时的速率为 115200bit/s。

5）在进行 USB 连接时，将系统寄存器 COM2 口设置的端口选择设定为［内置 USB］。

6）USB 端口已被分配为 COM2 端口，使用时，对通信插卡的功能有表 6-3 所示的限制。在初始设定中，USB 端口为有效（在系统寄存器初始化时也是同样的）。

表 6-3　对通信插卡的功能的限制

	未使用 USB 端口时	使用 USB 端口时
AFPX-COM1	RS232C 5 线式 1 通道	RS232C 3 线式 1 通道（RS，CS 不可控制）
AFPX-COM2	RS232C 3 线式 2 通道	RS232C 3 线式 1 通道（第 2 通道不可使用）
AFPX-COM3	无限制 RS485/RS4221 通道	
AFPX-COM4	RS4851 通道　RS232C1 通道	RS4851 通道（RS232C 不可使用）

一台计算机通过 USB 连接了若干台 FP-X 的情况下，不能同时进行通信。只有最初所连接的 FP-X 有效，其他的 FP-X 不能进行通信。

第七章 通信插卡

第一节 通信插卡的功能和种类

一、通信插卡的功能

FP-X 的通信插卡可以实现以下 4 种通信功能。

（1）计算机链接　链接在 PLC 上的计算机拥有信息传送权，向 PLC 发出指令（指令信息）后，PLC 按照指令作出应答（应答信息）。

（2）通用串行通信　COM 端口上连接的图像处理装置、条形码识别器等外围设备的数据，可以用通用串行通信来接收或传送。

用 FP-X 的梯形程序进行数据的读出或写入。同外围设备的数据传送和接收则要通过数据寄存器来进行。

（3）PC（PLC）链接　FP-X 支持用双绞线电缆连接与 MEWNET-W0 相对应的 PC（PLC）链接（最多 16 台）的链接系统。

使用专用的内部继电器［链接继电器（L）］和数据寄存器［链接寄存器（LD）］，数据可供通过 PC（PLC）链接连接起来的所有 PLC 共享，如图 7-1 所示。

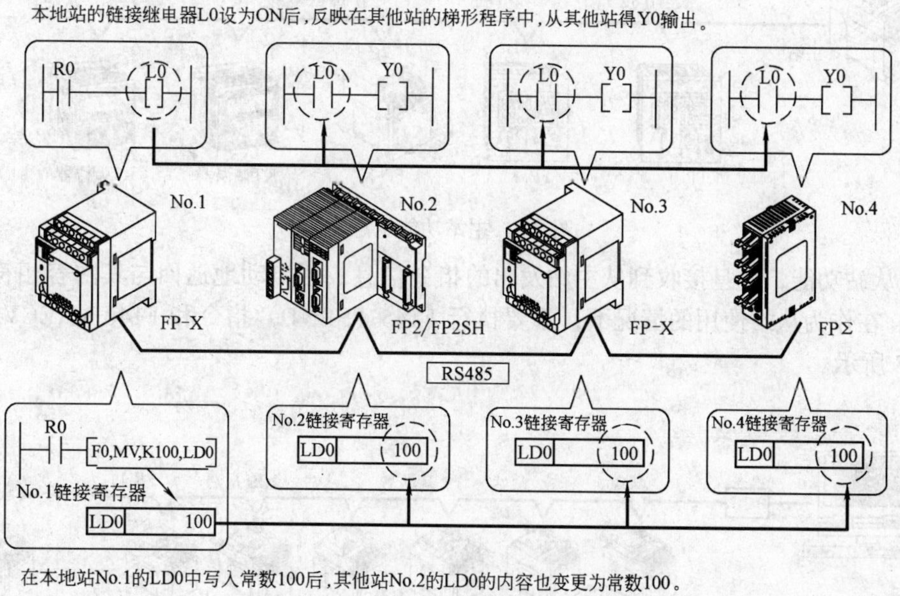

图 7-1　PC（PLC）链接

使用链接继电器时，一台 PLC 的链接继电器接点设为 ON 后，网络中存在的所有其他的 PLC 的相同链接继电器全部为 ON。

使用链接寄存器时，一台 PLC 的链接寄存器内容被更改后，网络中存在的所有其他的 PLC 的相同链接寄存器的内容都将被更改为相同的值。

PC（PLC）链接时，任何一台 PLC 中的链接继电器和链接寄存器的状态会反映到网络中的其他 PLC，因此［生产目标值］及［品种编号］等在网络内需要统一的数据，其协调控制很容易实现，且所有单元的数据都能同时完成更新。

（4）MODBUS RTU

1）功能的概要，可以使用 MODBUS RTU 通信协议，在 FP-X 及其他的设备（包括的 FP-e、显示器 GT 系列、KT 调温器）之间进行通信。

通过由主站向从站发出指令（指令信息），从站按照其指令做出响应（响应信息）来进行通信。

具有主功能和从属功能，最大可实现 99 台设备间的通信。可以使用通信插卡和 USB 端口。

2）MODBUS RTU 通信，MODBUS RTU 通信即为主站和从站之间进行通信，主站具有对从站的数据进行读写的功能。

MODBUS 通信协议分为 ASCI 模式和 RTU（二进制）模式，而在 FP-X 中，只支持 RTU（二进制）模式。

3）主站功能，使用 F145（SEND）指令和 F146（RECV）指令，可对各从站设备进行数据的写入和数据的读出。可进行各从站的个别的存取和一次同地址的全程传送，如图 7-2 所示。

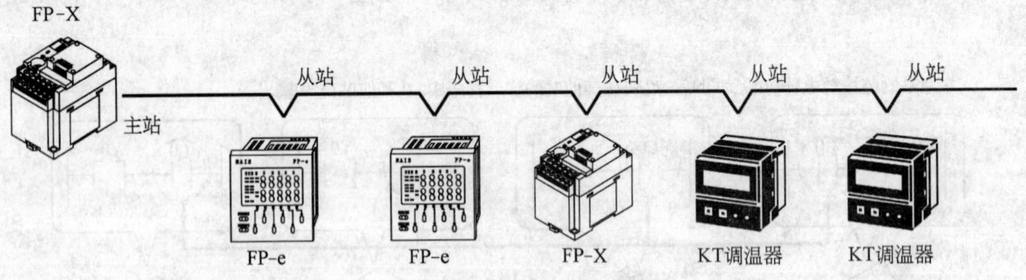

图 7-2 主站功能示意图

4）从站功能，一旦接收到从主站发出的指令信息，便自动地返回与其内容相符合的响应信息。在作为从站使用的情况下，不要执行 F145（SEND）指令和 F146（RECV）指令，如图 7-3 所示。

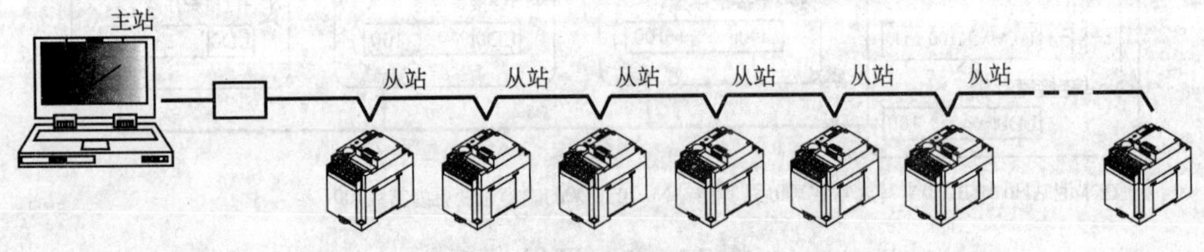

图 7-3 从站功能示意图

二、通信插卡的种类

通信插卡根据用途有以下 4 种类型。

(1) RS232C 1 通道型（型号：AFPX-COM1）　非绝缘 RS232C 端口配备 1 个通道的通信插卡。对应 1:1 的计算机链接、通用串行通信、2 台间的 PC（PLC）链接、1:1 的 MODBUS RTU。可以 RS/CS 控制。

LED 显示/端子排列图如图 7-4 所示。端子名称及信号方向如表 7-1 所示。

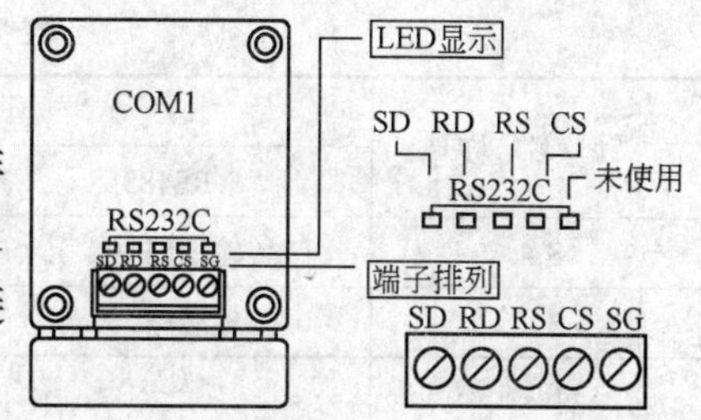

图 7-4　LED 显示/端子排列图

表 7-1　端子名称及信号方向

针　名　称	作　　用	信号的方向	端口
SD	传送数据	FP-X→外围设备	COM1 端口
RD	接收数据	FP-X←外围设备	
RS	传送要求	FP-X→外围设备	
CS	可传送	FP-X←外围设备	
SG	信号用接地	—	

(2) RS232C 2 通道型（型号：AFPX-COM2）　非绝缘 3 线式 RS232C 端口配备两个通道的通信插卡。对应 1:1 的计算机链接、通用串行通信、两台间的 PC（PLC）链接（仅限 COM1 端口）、1:1 的 MODBUS RTU。可与两台外围设备通信。

LED 显示/端子排列图如图 7-5 所示，其端子名称及信号方向如表 7-2 所示。

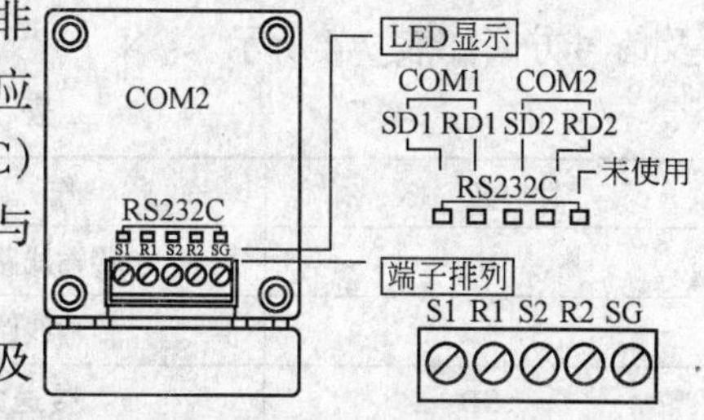

图 7-5　LED 显示/端子排列图

表 7-2　端子名称及信号方向

针　名　称	作　　用	信号的方向	端　　口
S1	传送数据 1	FP-X→外围设备	COM1 端口
R1	接收数据 1	FP-X←外围设备	
S2	传送数据 2	FP-X→外围设备	COM2 端口
R2	接收数据 2	FP-X←外围设备	
SG	信号用接地	—	—

(3) RS485/RS422 1 通道型（型号：AFPX-COM3）绝缘式的 2 线式 RS485 端口/4 线式 RS422 端口配备 1 个通道的通信插卡。对应 1:1 或 1:N 的计算机链接、通用串行通信、PC（PLC）链接、MODBUS RTU。

LED 显示/端子排列图如图 7-6 所示，其端子名称及信号方向如表 7-3 所示。

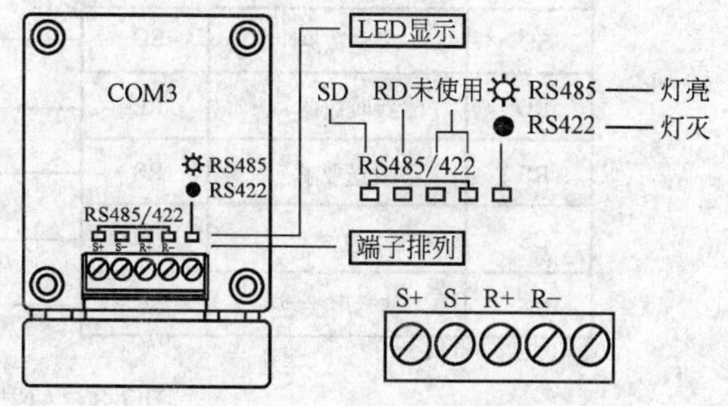

图 7-6　LED 显示/端子排列图

表 7-3 端子名称及信号方向

针 名 称	作 用		信号的方向	端口
	RS485	RS422		
S+	传输线路（+）	传送数据（+）	—	COM1 端口
S-	传输线路（-）	传送数据（-）	—	
R+	—	接收数据（+）	—	
R-	—	接收数据（-）	—	
	—	—	—	

（4）RS485 1 通道、RS232C 1 通道混载型（型号：AFPX-COM4）绝缘式的 2 线式 RS485 端口配备 1 个通道，非绝缘 3 线式 RS232C 端口配备 1 个通道的通信插卡。RS485 端口对应 1∶N 的计算机链接、通用串行通信、PC（PLC）链接、MODBUS RTU，RS232C 端口对应计算机链接、通用串行通信，MODBUS RTU。

LED 显示/端子排列图如图 7-7 所示，其端子名称及信号方向如表 7-4 所示。

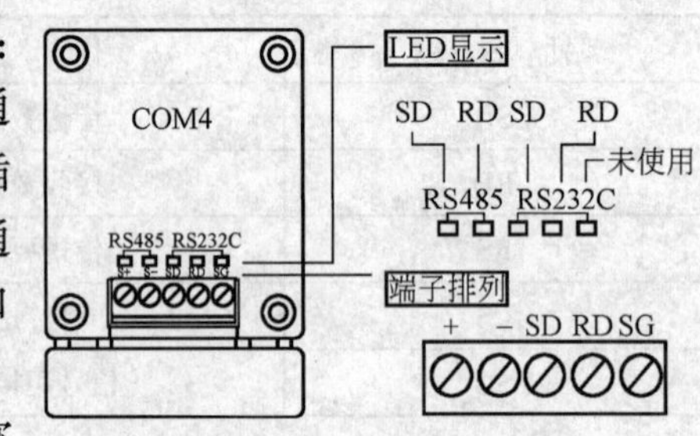

图 7-7 LED 显示/端子排列图

表 7-4 端子名称及信号方向

针 名 称	作 用	信号的方向	端 口
+	传输线路（+）	—	RS485（COM1 端口）
-	传输线路（-）	—	
SD	传送数据	FP-X→外围设备	RS232C（COM2 端口）
RD	接收数据	FP-X←外围设备	
SG	信号用接地	—	

三、连接实例

（一）应用实例

1.AFPX-COM1 RS232C 5 线式 1 通道如图 7-8 所示。连接地址为 3 线式时，是把 COM1 的 RS 与 CS 短路。

COM1

针名称	信号名称	简称
SD	发送数据	SD
RD	接收数据	RD
RS	发送要求	RS
CS	可发送	CS
SG	信号用接地	SG

连接地址

记号	信号名称
RD	接收数据
SD	发送数据
CS	可发送
RS	发送要求
SG	信号用接地

图 7-8 AFPX-COM1 连接图

2.AFPX-COM2　RS232C 3线式2通道，如图7-9所示。

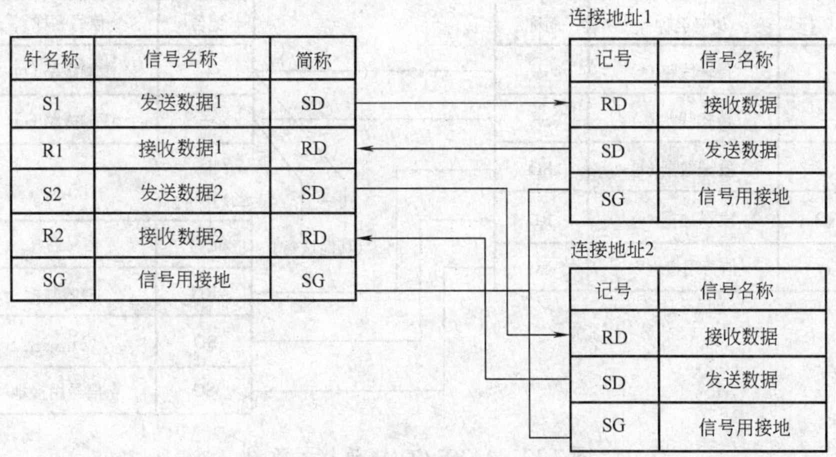

图7-9　AFPX-COM2连接图

3.AFPX-COM3（RS485/RS422 1通道）

1）采用RS485时的连线如图7-10所示。

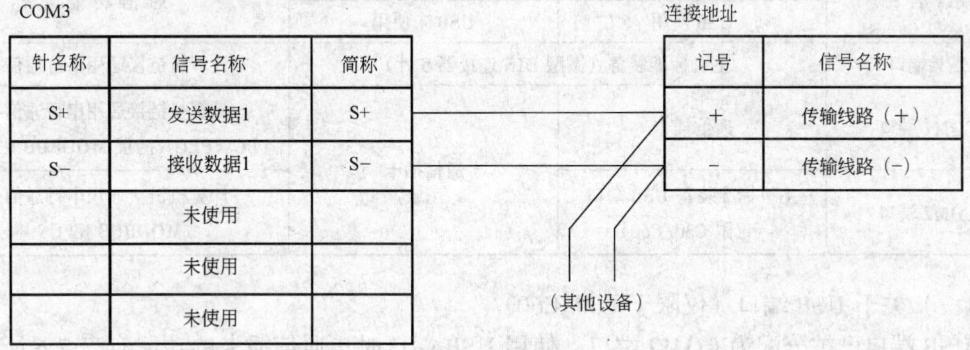

图7-10　采用RS485时连接示意图

2）采用RS422时的连接如图7-11所示。对于RS422的信号名称有若干种不同叫法。因此，应依据各设备的说明书进行确认。

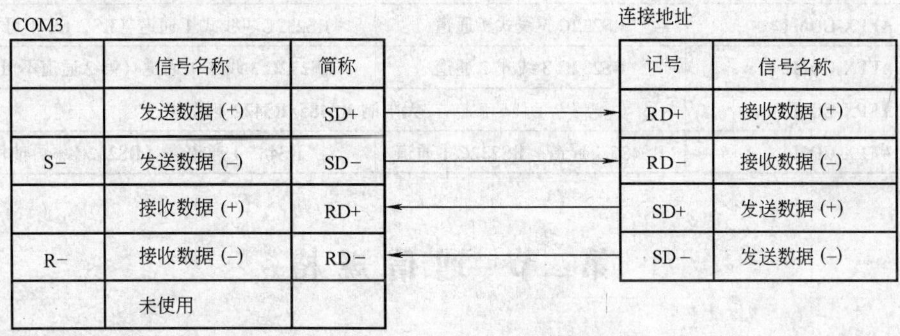

图7-11　采用RS422时连接示意图

4.AFPX-COM4　RS485 1通道、RS232C 3线式1通道，其连接如图7-12所示。

（二）端口的名称和主要用途

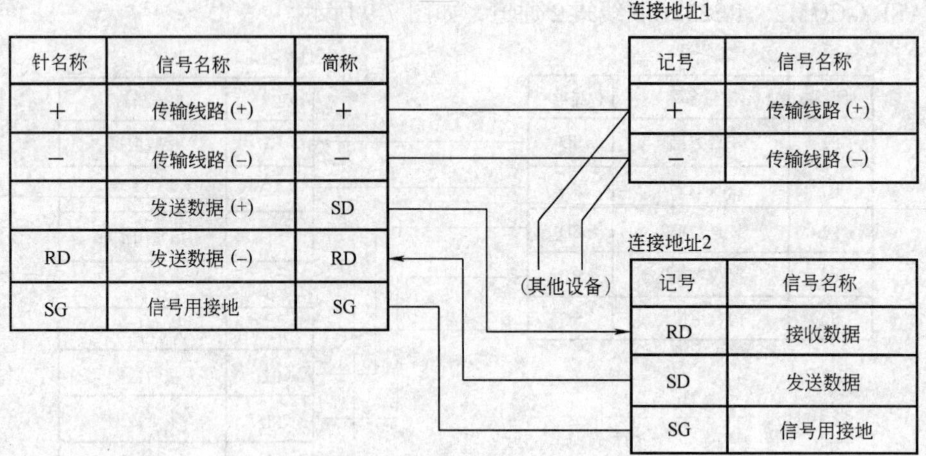

图 7-12 AFPX-COM4 连接示意图

端口名称及主要用途如表 7-5 所示。

表 7-5 端口名称及主要用途

端口名称	端口种类		通信功能
	USB 使用	USB 未使用	
工具端口	主机标准装备（微型 DIN 连接器 5 针）		计算机链接通用串行通信
COM1 端口	通信插卡	通信插卡	计算机链接通用串行通信 PC（PLC）链接 MODBUS RTU
COM2 端口	主机标准装备 USB 端口 (仅限 C30/C60)		计算机链接通用串行通信 MODBUS RTU

（三）关于 USB 端口（仅限于 C30/C60）

USB 端口已被分配为 COM2 端口，使用 USB 端口时，通信插卡的功能有表 7-6 所示的限制。在初始设定中，USB 端口为有效（系统寄存器初始化时也是同样的）。

表 7-6 通信插卡的功能

	未使用 USB 端口	使用 USB 端口
AFPX-COM1	RS232C 5 线式 1 通道	RS232C 3 线式 1 通道（RS，CS 不可控制）
AFPX-COM2	RS232C 3 线式 2 通道	RS232C 3 线式 1 通道（第 2 通道不可使用）
AFPX-COM3	无限制 RS485/RS422 1 通道	
AFPX-COM4	RS485 1 通道 RS232C 1 通道	RS485 1 通道 （RS232C 不可使用）

第二节 通信规格

通信方式如表 7-7 所示，通信格式如表 7-8 所示。为了防止由于过大噪声造成通信异常、对方设备暂时无法接收信号等情况的发生，提高通信稳定性，建议编制重新传送的用户程序。

表 7-7 通信方式

	计算机链接			通用串行通信			PC（PLC）链接	MODBUSRTU		
	1:1 通信		1:N 通信	1:1 通信		1:N 通信		1:1 通信		1:N 通信
通信接口	RS232C	RS422	RS485	RS232C	RS422	RS485	RS232C RS422 RS485	RS232C	RS422	RS485
产品型号	AFPX -COM1 -COM2 -COM4	AFPX -COM3	AFPX -COM3 -COM4	AFPX -COM1 -COM2 -COM4	AFPX -COM3	AFPX -COM3 -COM4	AFPX -COM1 -COM2 -COM3 -COM4	AFPX -COM1 -COM2 -COM4	AFPX -COM3	AFPX -COM3 -COM4
通信方式	半双工方式		二线式半双工方式	半双工方式		二线式半双工方式	令牌方式（Floating master）	半双工方式		二线式半双工方式

表 7-8 通信格式

项目		规格		
通信接口		RS232C（非绝缘）	RS422（绝缘）	RS485（绝缘）
通信类型		1:1 通信		1:N 通信
通信方式		半双工方式		二线式半双工方式
同步方式		起停同步方式		
传输线路		多芯屏蔽线		带屏蔽双绞线电缆或 VCTF
传送距离		15m	最长 1200m	最长 1200m
速率（在系统寄存器中设定）		2400bit/s、4800bit/s、9600bit/s、19200bit/s、38400bit/s、57600bit/s、115200bit/s		
传送代码	计算机链接	ASCII、JIS7、JIS8		
	通用串行通信	ASCII、JIS7、JIS8、二进制		
	MODBUS RTU	二进制		
传送格式（在系统寄存器中设定）	数据长度	7bit/8bit		
	奇偶校验	无/有（奇数/偶数）		
	停止位	1bit/2bit		
	始端代码	STX 有/STX 无		
	终端代码	CR/CR + LF/无/ETX		
连接站数		2 站		最多 99 站（连接 C-NET 适配器时最多 32 站）

应注意的问题如下：

1）连接具有 RS485/RS422 接口的设备时，可根据实际使用的设备进行确认。站数、传送距离、传送速度可能随着所连接的设备而改变。

2）传送速度为 2400 ~ 38400bit/s 时，最多可以设定 99 站、最长传输距离 1200m。

3）利用 RS485 接口与 C-NET 适配器连接时，仅限于 9600bit/s、19200bit/s。

4）始端代码和终端代码只能在通用串行通信时使用。

5）作为计算机侧的 RS485 变换器，推荐选用 LINEEYE Co.，LTD 生产的 SI—35。使用 SI—35 时，只能在上述图中的范围内使用。另外，需要时，请根据 SYS1 指令对 FP-X 侧的响应时间进行调整。

6）单元 No.（站号）通过系统寄存器进行设定。

7）COM3、COM4 的 RS485/RS422 的终端站则利用通信插卡内 DIP 开关进行设定。RS232C 端口没有终端电阻。

AFPX-COM3、AFPX-COM4：可以使用 SYS1 指令修改 FP-X 接到指令后直到响应为止的时间。RS485 通信使用 LINEEYECo.，LTD 产品（型号 SI—35）时，根据需要使用该指令，调整应答时间。

SYS1 指令：按照已设定数字［n］的扫描时间，延迟应答的指令，如下图所示。

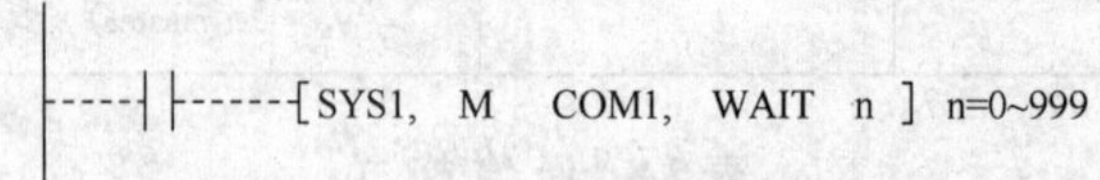

第三节 计算机链接

一、计算机链接概述

（一）使用计算机链接时的动作说明

1. 指令和应答 从计算机向 PLC 发出的信息称作［指令］。从 PLC 返回到计算机的信息称作［应答］。PLC 收到指令后，与程序顺序无关，自行处理指令后作出应答。计算机侧可以通过返回的应答确认指令的执行结果。

2. MEWTOCOL-COM 的示意图 按照 MEWTOCOL-COM 协议的通信步骤，以会话形式通信，其示意图如图 7-13 所示。

ASCII 代码传送，最初的传送权在计算机侧。传送权在每次信息传送时，在计算机和 PLC 之间交换。

（二）指令和应答的形式

1. 指令信息 在文本部分写入指令所需项目，指定单元 No.（站号）后传送，如图7-14所示。

1）始端代码：在信息的开始处必须写入［%］（ASCII 代码：H25）或［<］（ASCII 代码：H3C）。

2）单元 No.（站号）：写入指令接收方 PLC 的单元 No.（站号）。1∶1 通信时指定为［01］（ASCII 代码、H3031）。PLC 的单元 No.（站号）用系统寄存器设置。

3）文本：内容随着指令种类而不同。根据各项指令决定的样式用大写字母写入。文本内容如下所示：

4）检查代码：采用区块检查码（BCC）检测信息传输过程中的错误。以始端代码到文本最后一个字符为对象作成。

BCC 从始端代码开始依次和下一个字符得出排他性逻辑和，把最终结果转换为 ASCII

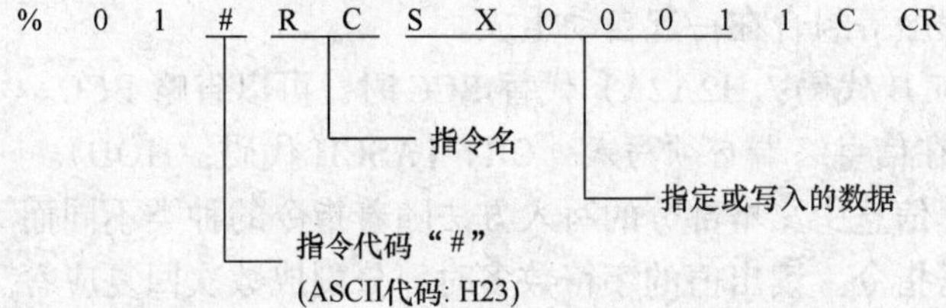

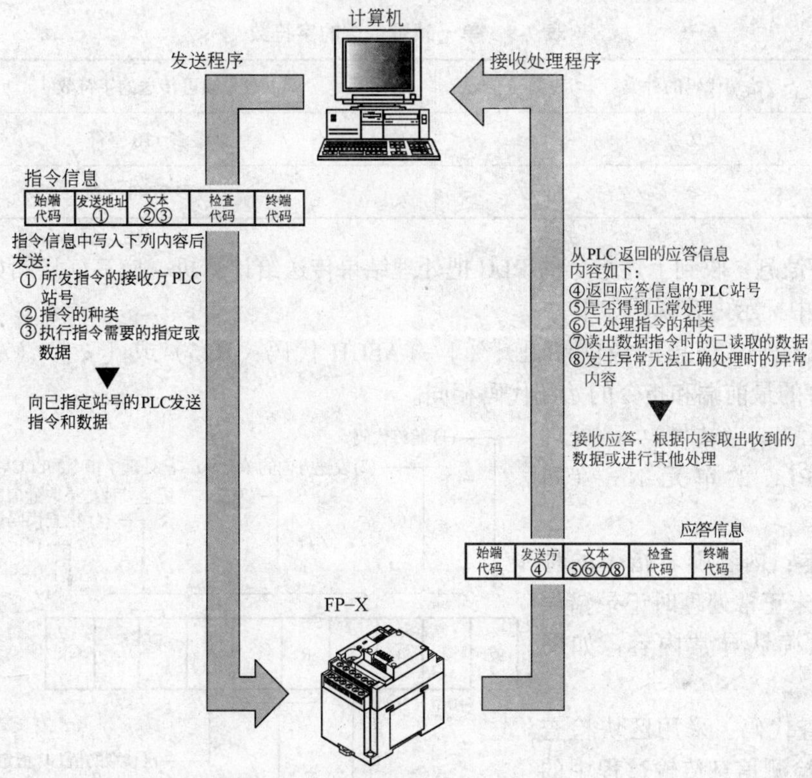

图 7-13　MEWTOCOL-COM 的示意图

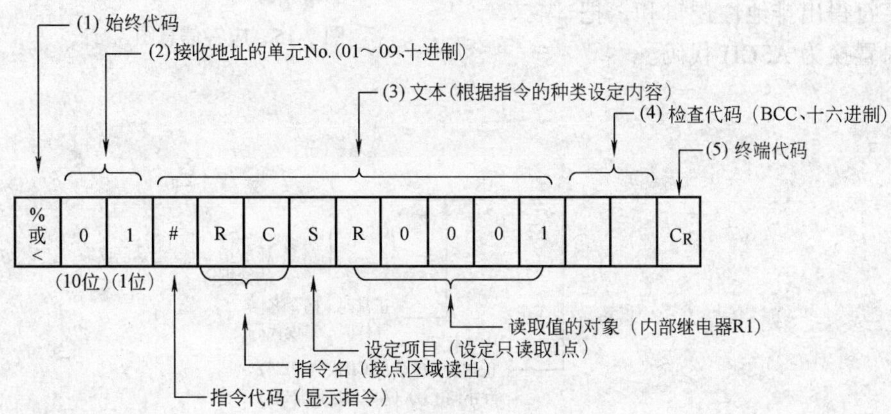

图 7-14　指令信息图

代码。通常和计算程序等组合在一起自动生成。

用［＊＊］（ASCII 代码：H2A2A）代替 BCC 时，可以省略 BCC。

5）终端代码：在信息终端必须写入［CR］（ASCII 代码：HOD）。

注意在写入时，信息中文本部分的写入方法随着指令的种类不同而不同。写入字符数多时，分割成数次传送指令。读出值的字符数多时，分割成数次回复应答。

在 FP-X 中，始端代码支持通常情况下的［%］和用单一帧就能收发最多 2048 字符信息的［<］，如表 7-9 所示。

表 7-9 单一帧可传送的字符数

始端代码的种类	一帧可传送的字符数
%	最多 118 字符
<	最多 2048 字符

2. 应答信息　收到上述指令的 PLC 把处理结果传送给计算机，应答信息图如图 7-15 所示。对于图中标示内容说明如下：

1）始端代码：信息的最前端是［%］（ASCII 代码：H25）或［<］（ASCII 代码：H3C）。应答的最前端和指令的始端代码相同。

2）单元 No.（站号）：已处理了指令的 PLC 的单元 No.（站号）。

3）文本：内容随着指令的种类而不同。未正常处理时记录错误代码，可以确认异常内容，如图 7-16所示。

4）检查代码：采用区块检查码（BCC）检测信息传输过程中的错误。BCC 从始端代码开始依次和下一个字符得出排他性逻辑和，把最终结果置换为 ASCII 代码。

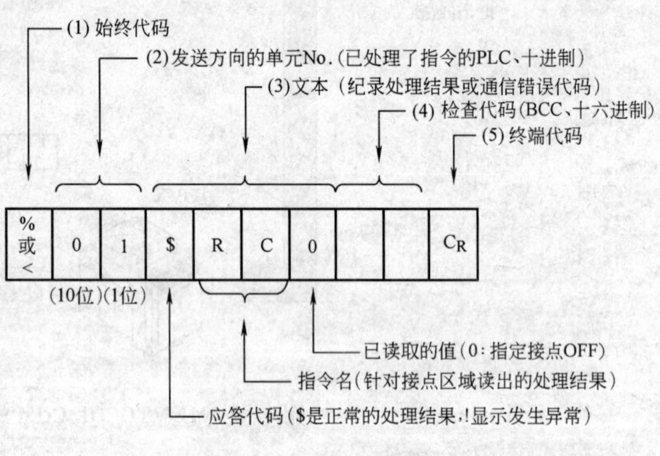

图 7-15 应答信息图

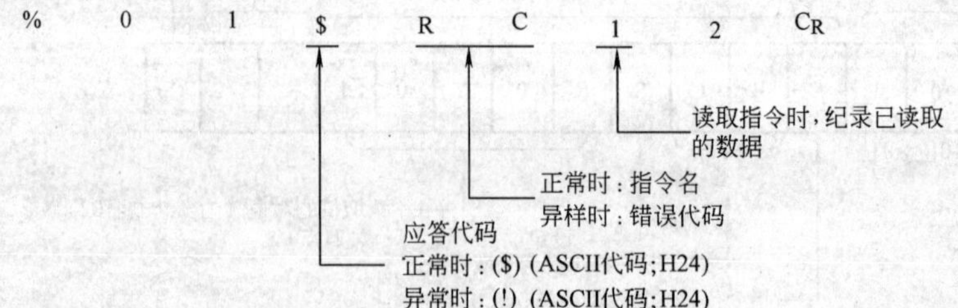

图 7-16 文本内容

5）终端代码：信息的终端是［CR］（ASCII 代码：H0D）。

注意，在读出时，未作出应答，原因是传送格式不同或指令未传送到 PLC，导致 PLC 不动作。确认计算机和 PLC 的速率、数据长度、奇偶校验等通信规格是否一致。

应答代码［!］代替［$］时，表示指令未正确处理。在应答中写入了通信错误代码，应确认异常内容。

指令和与之相对的应答，如图7-17所示，单元 No.（站号）和指令名相同，因此可以识别是针对哪个指令的应答。

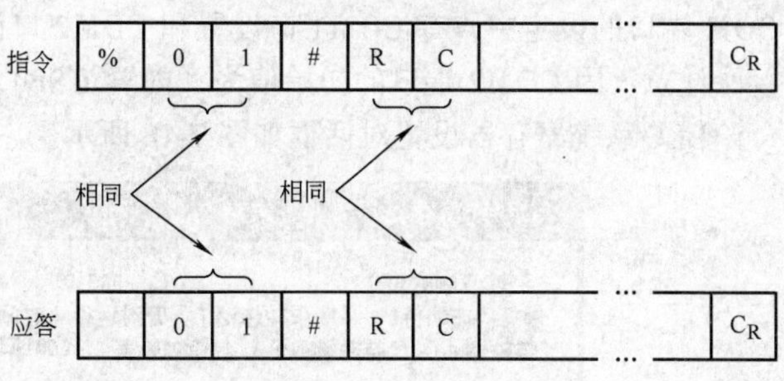

图 7-17 指令和与之相对的应答

（三）指令种类

可使用的指令种类如表 7-10 所示。

表 7-10 可使用的指令种类

指令的种类	代 码	内容说明
接点区域读出	RC (RCS) (RCP) (RCC)	读出接点 ON/OFF 状态 只指定一点 指定若干个接点 指定以字为单位的范围
接点区域写入	WC (WCS) (WCP) (WCC)	使接点 ON 或 OFF 只指定一点 指定若干个接点 指定以字为单位的范围
数据区域读出	RD	读出数据区域的内容
数据区域写入	WD	在数据区域写入数据
定时器/计数器 设定值区域读出	RS	读出定时器/计数器的设定值
定时器/计数器 设定值区域写入	WS	写入定时器/计数器的设定值
定时器/计数器 经过值区域读出	RK	读出定时器/计数器的经过值
定时器/计数器 经过值区域写入	WK	写入定时器/计数器的经过值
监控接点登录 登录复位	MC	登录监控的接点
监控数据登录 登录复位	MD	登录监控的数据
监控执行	MG	对以 MC 或 MD 登录的接点或数据进行监控
接点区域的预置 （填充指令）	SC	用 16 点长度的 ON/OFF 形式填充所指定范围的区域
数据区域的预置 （填充指令）	SD	在所指定范围的数据区域写入相同的内容
系统寄存器读出	RR	读出系统寄存器的内容
系统寄存器写入	WR	设定系统寄存器的内容
PC 状态读出	RT	读出 PLC 规格、发生错误时的错误代码等
远程控制	RM	可切换 PLC 的动作模式 （RUN 模式 P⇔PROG. 模式）
取消（中止）	AB	中途停止多个应答的接收

(四) 计算机链接时的通信条件设定

速率、传送格式的设定：COM 端口的速率或传送格式用编程工具 FPWIN GR 进行设定。选择菜单中的［选项（O）］→［PLC 系统寄存器设置］，单击［COM 口设定］。在 COM 端口的设定中，有 COM1 口设置和 COM2 口设置两种选择。

注意：因 COM2 端口的初始值为［内置 USB］，故应选择［通信插卡］。

PLC 系统寄存器设置对话框如图 7-18 所示。

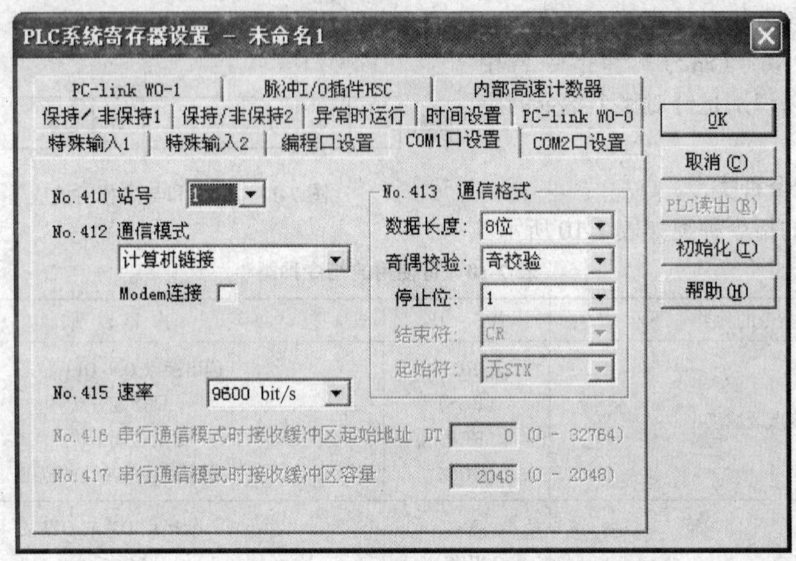

图 7-18 PLC 系统寄存器设置对话框

No.410（COM1 口设置）、No.411（COM2 口设置）单元 No.（站号）：可从 1～99 进行设定。

No.412 通信模式：选择 COM 端口的动作模式。单击▼按钮，从显示出的下拉菜单中选择［计算机链接］。

No.413（COM1 口设置）、No.414（COM2 口设置）传送格式的设定：传送格式的初始设定如图 7-19 所示。

对照连接在 COM 端口上的外围设备，变更传送格式时，要分别设定各项目。

No.415 速率的设定：各端口的速率，初始设定为［9600bit/s］。对照连接在 COM 端口上的外围设备变更速率。

单击▼按钮，从显示的下拉菜单［2400bit/s、4800bit/s、9600bit/s、19200bit/s、38400bit/s、57600bit/s、115200bit/s］中选择。

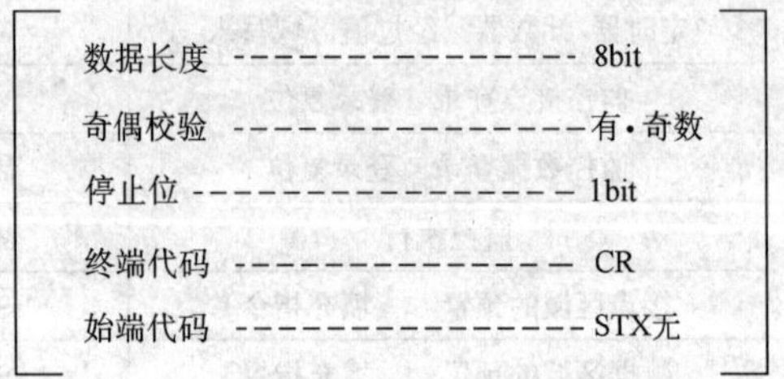

图 7-19 传送格式的初始设定

通信插卡的 COM 端口对应于 MEWTOCOL-COM 的所有指令设有限制。

二、1:1 通信的连接

(一) 系统寄存器的设置

使用 COM1 端口时的设定（AFPX-COM1、AFPX-COM2、AFPX-COM3）如表 7-11 所示。

表 7-11 使用 COM1 端口的设定值

No.	名　称	设定值
No.410	COM1 端口单元 No.	1
No.412	COM1 端口通信模式	计算机链接
No.413	COM1 端口传送格式	数据长度-----------------7bit/8bit 奇偶校验---------------无/奇数/偶数 停止位------------------1bit/2bit 终端代码-----------------CR 固定 始端代码-----------------STX 无固定
No.415	COM1 端口速率	2400~115200bit/s

使用 COM2 端口的设定值（AFPX-COM2、AFPX-COM4）如表 7-12 所示。

表 7-12 使用 COM2 端口的设定值

No.	名　称	设定值
No.411	COM2 端口单元 No.	1
No.412	COM2 端口通信模式	计算机链接
No.414	COM2 端口传送格式	数据长度-----------------7bit/8bit 奇偶校验---------------无/奇数/偶数 停止位------------------1bit/2bit 终端代码-----------------CR 固定 始端代码-----------------STX 无固定
No.415	COM2 端口速率	2400~115200bit/s

关于传送格式和速率，设定时，要对照连接的计算机。在同一系统寄存器 No. 的不同位（bit）的位置进行设定，可以对端口 1、端口 2 进行不同的设定。

计算机链接的编程：

1）在进行计算机链接的情况下，应编制由计算机侧传送指令信息并接收响应信息的程序。而 PLC 则不需要有关通信的程序（在系统寄存器中，仅对传送格式进行设定）。

2）对于计算机侧的程序，可根据 MEWTOCOL-COM 使用 BASIC 言语或者 C 言语进行编制。在 MEWTOCOL-COM 中，备有用于对 PLC 的动作进行监控和控制的指令。

（二）和计算机的连接实例（1:1 通信）

用 RS232C 电缆 1:1 连接 FP-X 和计算机。通信时，针对来自计算机侧的指令（指令），PLC 作出应答（响应），如图 7-20 所示。

使用 AFPX-COM1 时，RS232C 1 通道型，如图 7-21 所示。

使用 AFPX-COM2 时，RS232C 2 通道型的连接如图 7-22 所示。

使用 AFPX-COM3（RS422 设定）时，RS485/RS422 1 通道的连接如图 7-23 所示。

使用 AFPX-COM4 时，RS485 1 通道的连接如图 7-24 所示。

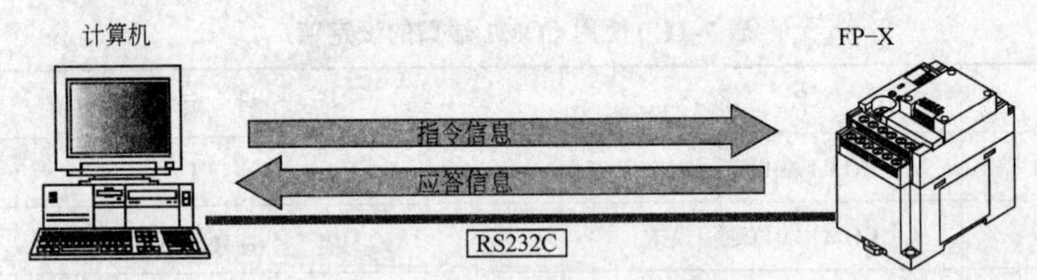

图 7-20 （1:1 通信）示意图

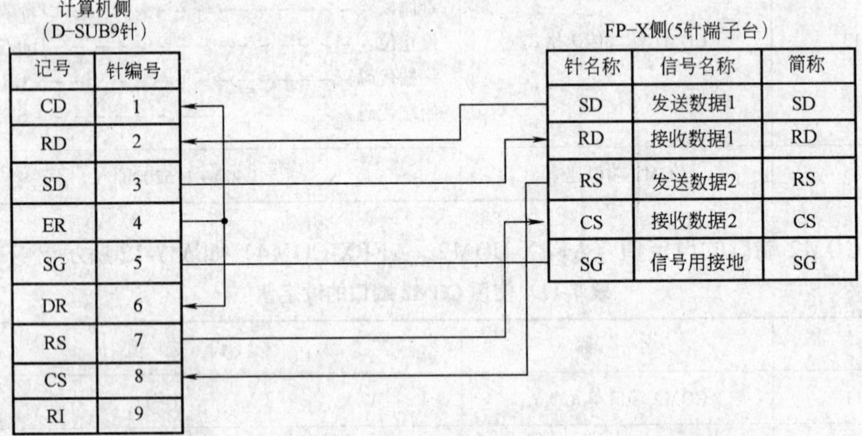

图 7-21 AFPX-COM1 时的连接

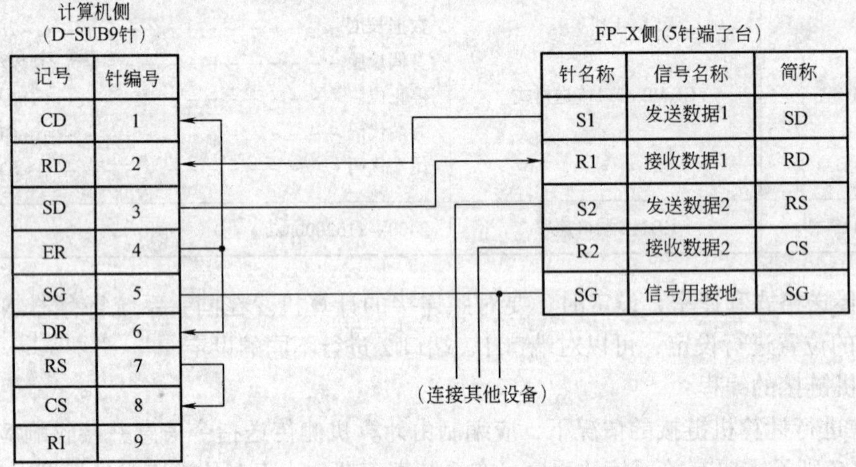

图 7-22 AFPX-COM2 时的连接

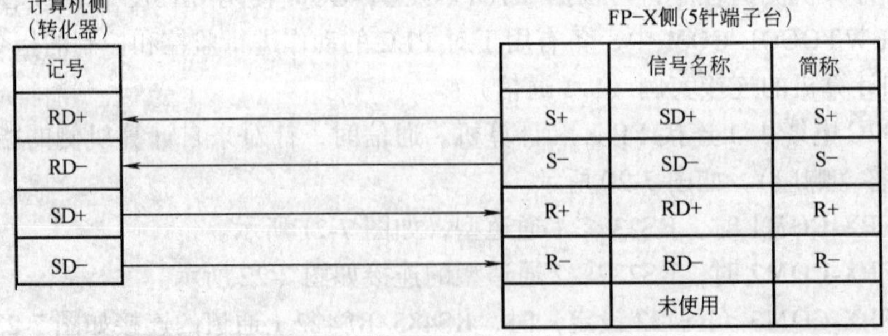

图 7-23 AFPX-COM3 时的连接

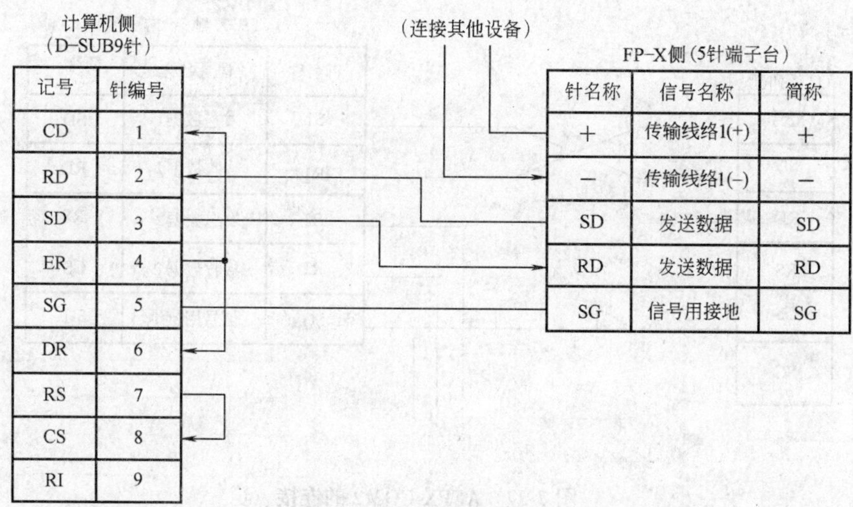

图 7-24 AFPX-COM4 时的连接

(三)与外围设备的连接实例 <和显示器(GT 系列)的 1:1 通信>

用 RS232C 电缆,1:1 连接 FP-X 和显示器。通信时,针对来自显示器侧的指令,PLC 回复应答(响应)。

无需通信程序,只要有相互的通信设置,就可以实现对显示器的控制。

建议显示器(GT01)用工具端口连接,如图 7-25 所示。

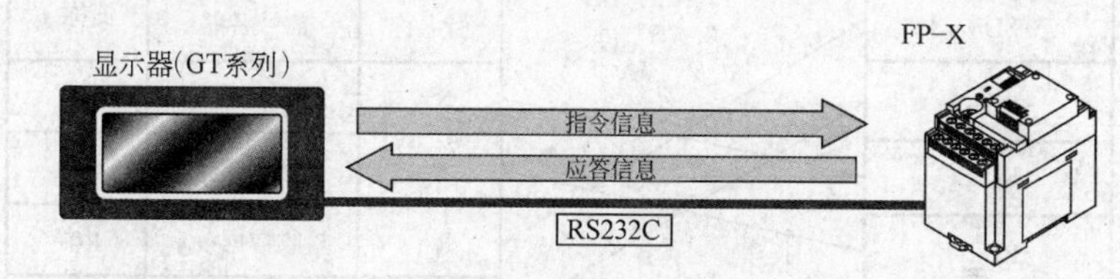

图 7-25 与 GT01 系列显示器的连接

使用 AFPX-COM1 时,RS232C 1 通道型的连接如图 7-26 所示。

GT系列侧

记号
SD
RD
RS
CS
SG

FP-X 侧(5针端子台)

针名称	信号名称	简称
SD	发送数据	SD
RD	接收数据	RD
RS	发送要求	RS
CS	可发求	CS
SG	信号用接地	SG

图 7-26 AFPX-COM1 时的连接

使用 AFPX-COM2 时,RS232C 2 通道型的连接如图 7-27 所示。

使用 AFPX-COM3(RS422 设定)时,RS485/RS422 1 通道的连接如图 7-28 所示。

使用 AFPX-COM4 时,RS485 1 通道、RS232C 1 通道混载型的连接如图 7-29 所示。

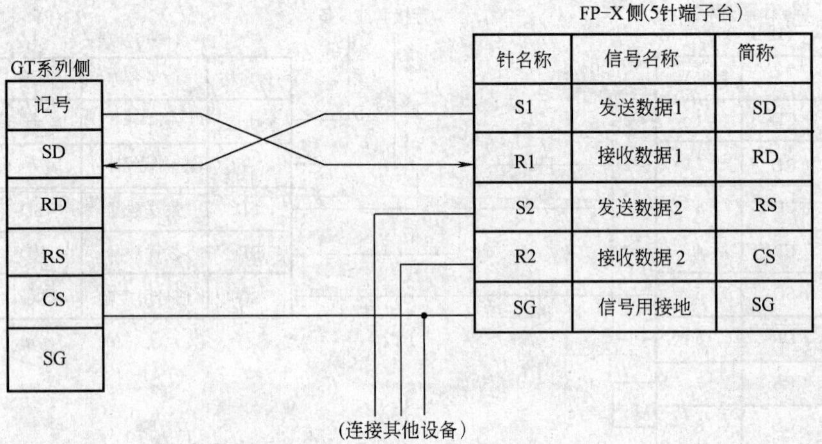

图 7-27 AFPX-COM2 的连接

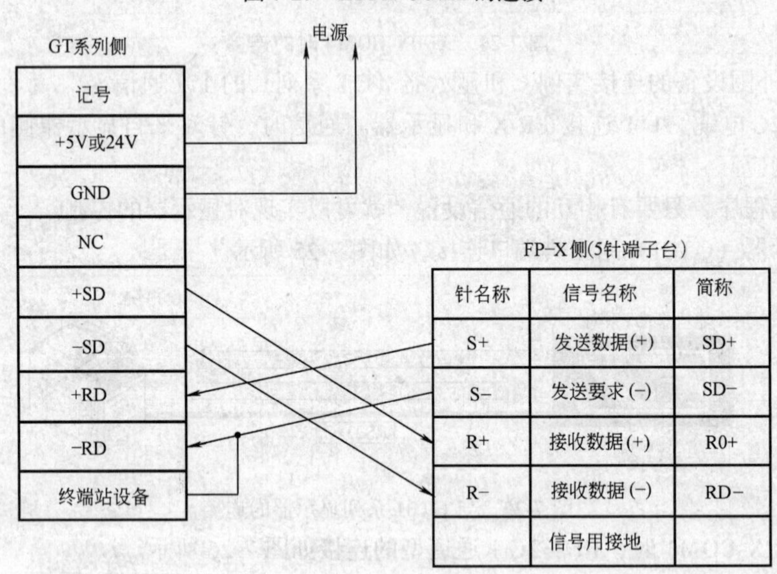

图 7-28 AFPX-COM3 的连接

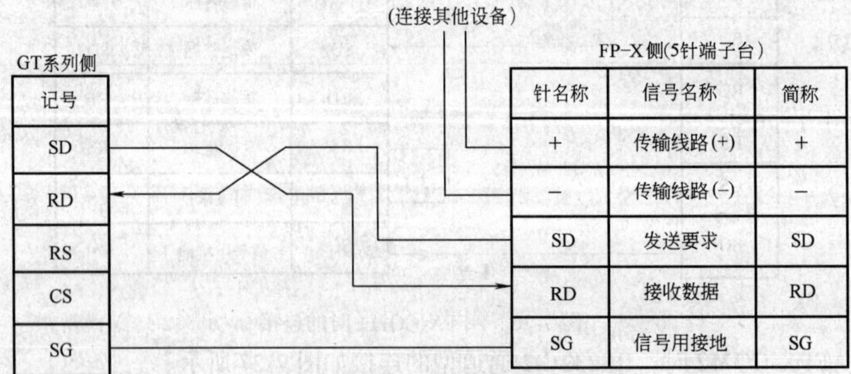

图 7-29 AFPX-COM4 的连接

三、1:N通信的连接

计算机用RS232C-RS485转换适配器连接，各自的PLC用RS485电缆连接。通信时，从计算机侧指定单元No.（站号），发出指令，该单元No.（站号）的PLC向计算机回复应答（响应）。如图7-30所示。

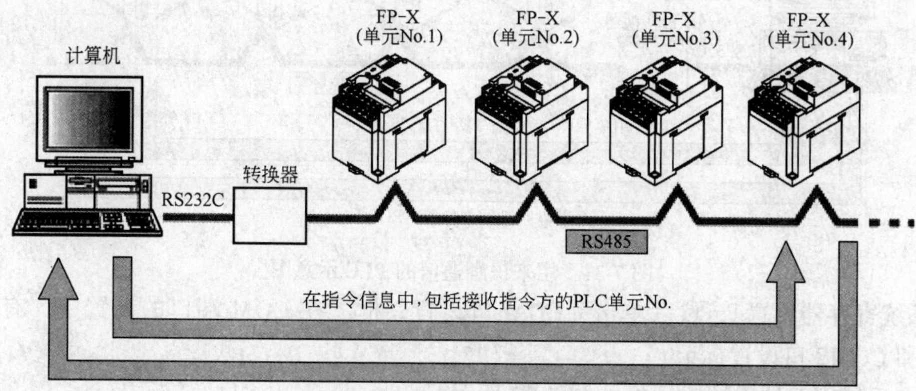

图7-30 1:N通信连接示意图

(一) 系统寄存器的设置

COM1端口的设定如表7-13所示。

表7-13 COM1端口的设定

No.	名 称	设 定 值
No.410	COM1端口单元No.	设定1~99任意的单元No.（站号） （使用本公司的C-NET适配器时，最多站数为32站）
No.412	COM1端口通信模式	计算机链接
No.413	COM1端口传送格式	数据长度－－－－－－－－－－－－－－－－7bit/8bit 奇偶校验－－－－－－－－－－－－－－无/奇数/偶数 停止位－－－－－－－－－－－－－－－－－1bit/2bit 终端代码－－－－－－－－－－－－－－－－－CR固定 始端代码－－－－－－－－－－－－－－－－STX无固定
No.415	COM1端口速率	2400~115200bit/s

应注意的问题如下：

1）传送格式和速率，请对照连接的计算机进行设定。

2）AFPX-COM3、AFPX-COM4的终端站应用通信插卡内DIP开关进行设定。

(二) 单元No.（站号）的设定

各通信端口的［单元No.（站号）］，在系统寄存器的初始设定中为［1］。1:1通信时无需变更。但是如同C-NET那样，在传输线路中连接多个PLC，进行1:N通信时，需要设定［单元No.（站号）］来识别通信的PLC，如图7-31所示。

系统寄存器的设置：

单元No.（站号）可在1~99之内设定。

在FPWINGR中对单元No.（站号）进行设定时，选择菜单栏的［选项（O）］→

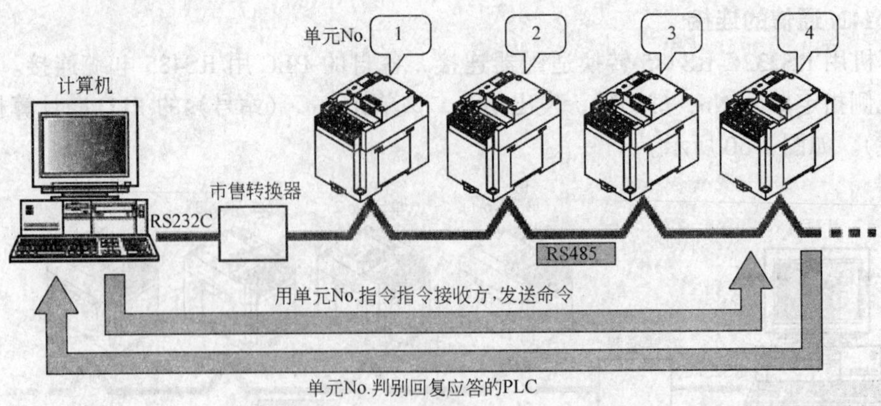

图 7-31　用来识别通信的 PLC 示意图

［PLC 系统寄存器设置］，然后单击［COM 口设置］框。在 COM 端口的设置中，有 COM1 口设置和 COM2 口设置标记。

PLC 系统寄存器设置对话框如图 7-32 所示。

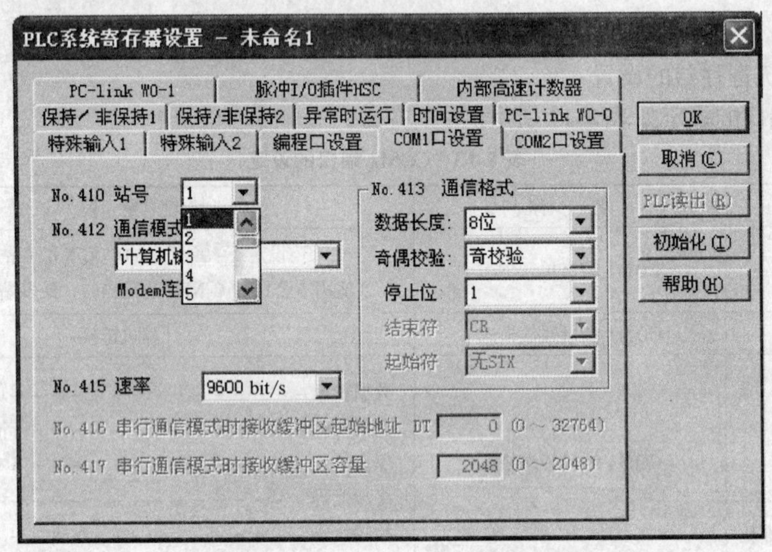

图 7-32　PLC 系统寄存器设置对话框

No.410（COM1 口设置）、No.411（COM2 口设置）单元 No.（站号）的设置单击▼键，在下拉菜单的 1 ~ 99 中选择单元 No.（站号）。

使用 C-NET 适配器时，最大可指定的单元 No.（站号）为 32。

（三）与外围设备的连接

AFPX-COM3（RS485 设定时）连接如图 7-33 所示。1∶N 通信中用双绞线电缆连接各 RS485 设备。（+）、（-）端子只使用其中之一。

AFPX-COM4 连接图如图 7-34 所示。使用 AFPX-COM4 时，（+）端子、（-）端子需要分别连接 2 根电缆。建议使用截面积为 0.5 ~ 0.75mm^2 的电缆，两根截面积相同，线材相同。

终端站的设定：终端站用卡内的 DIP 开关设定，其连接示意图如图 7-35 所示。

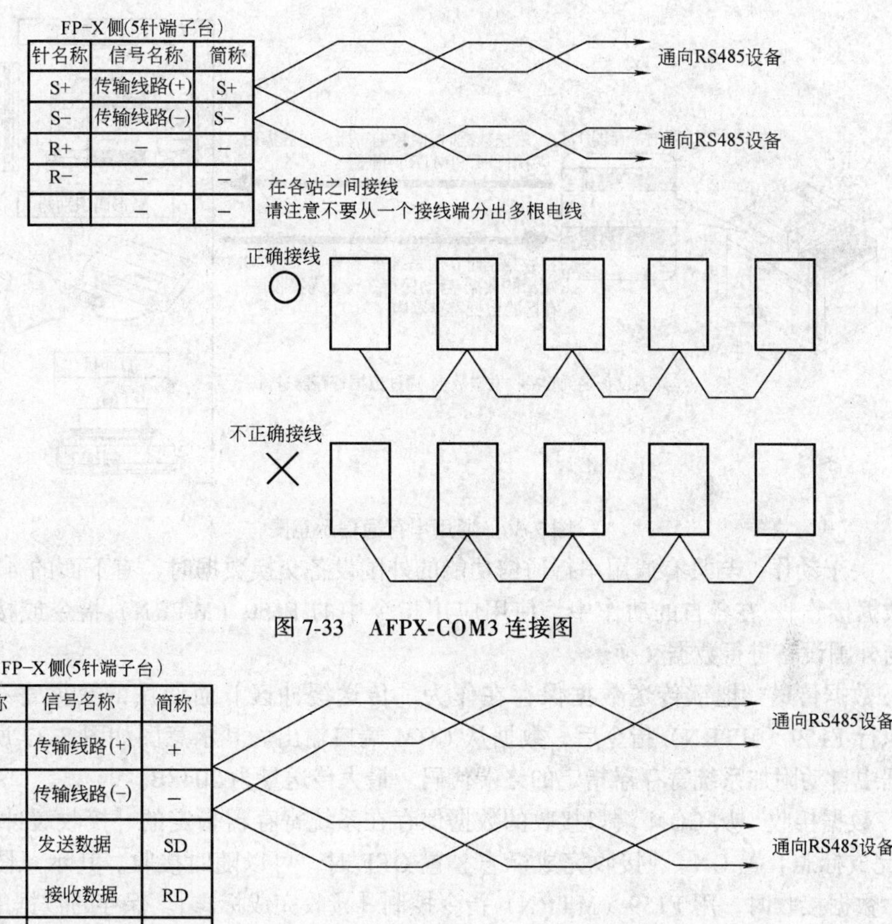

图 7-33 AFPX-COM3 连接图

图 7-34 AFPX-COM4 连接图

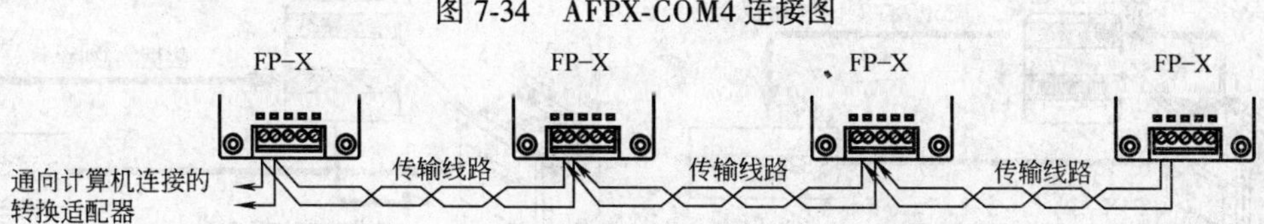

图 7-35 连接示意图

第四节 通用串行通信

一、关于通用串行通信

(一) 概要

使用 COM 端口可以和图像处理装置或条形码识别器等外围设备之间进行数据的收发，如图 7-36 所示。

通过 FP-X 的数据寄存器，用 FP-X 的梯形程序，读出或写入来自连接在 COM 端口上的外围设备的数据。

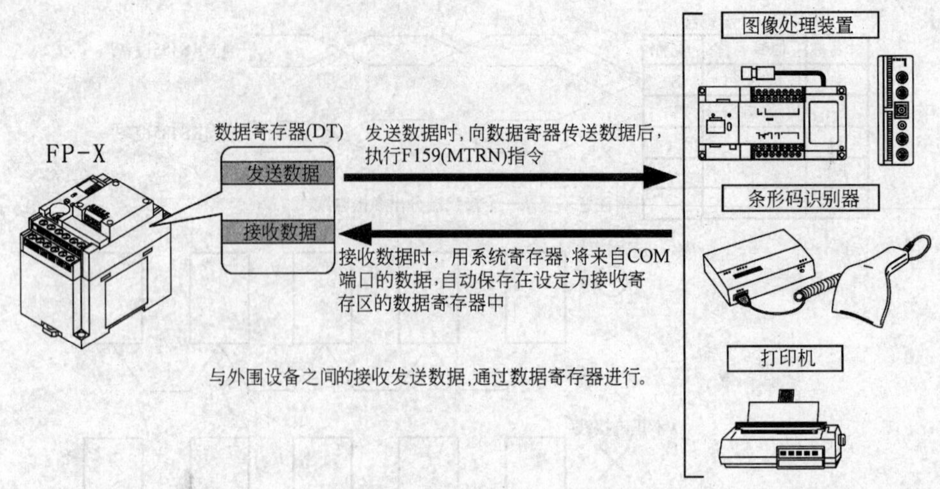

图 7-36　通用串行通信示意图

1. 关于动作　与具有通用串行通信功能的外围设备交换数据时，有下面的［数据传送］和［数据接收］。在各自的动作中，使用应用指令中的 F159（MTRN）指令或接收完成标志，与外围设备进行数据交换。

2. 数据传送　把欲传送数据保存在作为［传送缓冲区］而使用的数据寄存器（DT）中。执行 F159（MTRN）指令后，数据从 COM 端口输出。其示意图如图 7-37 所示。传送的数据中自动附加系统寄存器指定的终端代码。最大传送量为 2048B。

3. 数据接收　从 COM 端口接收的数据保存在系统寄存器指定的［接收缓冲区］中后，［接收完成标志］置 ON。［接收完成标志］置 OFF 时，可以随时接收。其示意图如图 7-38 所示。数据接收时，用 F159（MTRN）指令控制［接收完成标志］。保存的数据中不包括终端代码。最大接收量为 4096B。

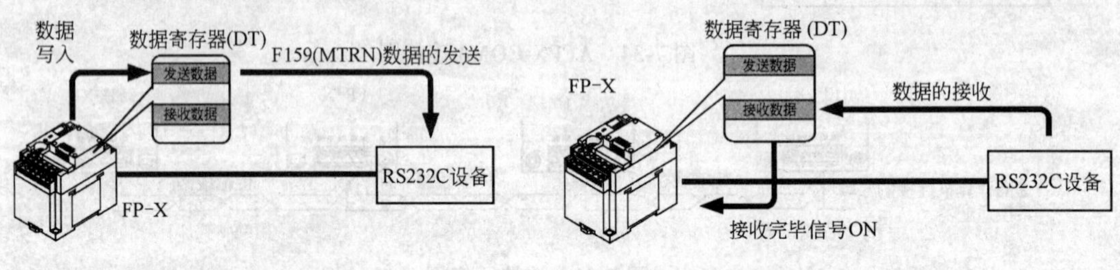

图 7-37　数据传送　　　　图 7-38　数据接收

（二）通用串行通信时的通信条件的设定

COM 端口初始设定为计算机链接模式。通信时，下列项目要设定系统寄存器。

COM 端口的速率、传送格式，用编程工具 FPWINGR 设定。在菜单中，选择［选项(O)］→［PLC 系统寄存器设置］，单击［COM 口设置］框。在 COM 端口的设置中，有 COM1 口设置和 COM2 口设置标记。

PLC 系统寄存器设置对话框如图 7-39 所示。

（1）No.412 通信模式　选择 COM 端口的动作模式。单击 ▾ 键，在显示的下拉菜单中，选择［通用通信］。

（2）No.413（COM1 口设置）、No.414（COM2 口设置）　传送格式的初始设定如图

7-40所示。根据连接在COM端口上的外围设备，变更传送格式时，要分别设定各项目。

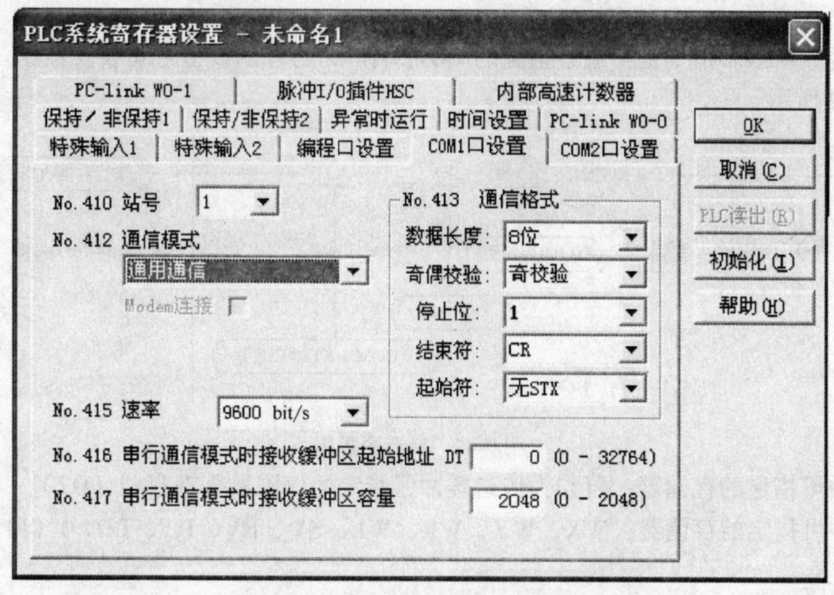

图7-39 PLC系统寄存器设置对话框

(3) No.415速率的设定　各端口的速率初始设定为［9600 bit/s］。请根据连接在COM端口上的外围设备变更速率。单击▼键，在显示的下拉菜单［2400bit/s、4800bit/s、9600bit/s、19200bit/s、38400bit/s、57600bit/s、115200bit/s］中选择速率。

图7-40 传送格式设定

(4) No.416（COM1口设置）、No.418（COM2口设置）接收缓冲区的起始地址　通用串行通信时，需要设定［接收缓冲区的设置］。

变更作为接收缓冲使用的数据寄存器的区域时，在系统寄存器No.416（COM2端口为No.418）中设定数据寄存器区域的起始地址。

(5) No.417（COM1端口设置）、No.419（COM2口设置）接收缓冲区容量　在No.417（COM2端口为No.419）内设定容量（字数）。接收缓冲区如图7-41所示。

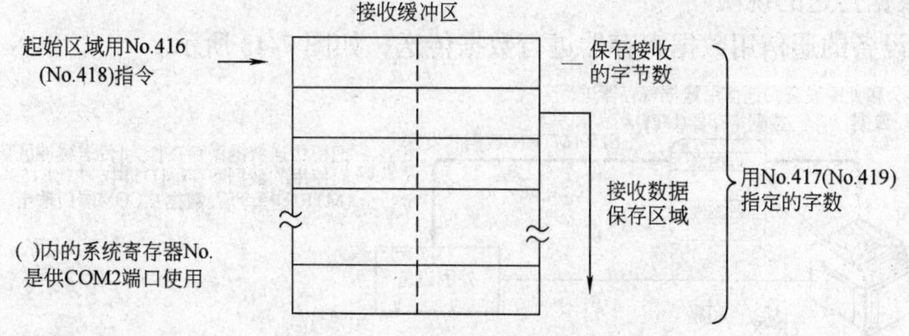

图7-41 接收缓冲区

二、与外围设备通信的说明

(一) 通用串行通信的程序概要

用应用指令 F159（MTRN）执行 COM 端口的数据收发。

FP-X 不能使用 F144（TRNS）指令。

F159（MTRN）指令是：通过指定的 COM 端口，与外围设备之间收发数据。梯形图程序如图 7-42 所示。

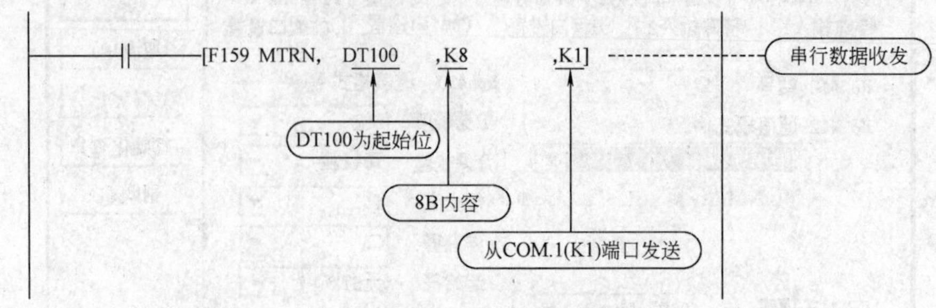

图 7-42　梯形图程序

在 S 中可指定的存储器：可作为传送缓冲区指定的仅限数据寄存器（DT）。

在 n 中可指定的存储器：WX、WY、WR、WL、SV、EV、DT、LD、I（I0 ~ ID）、K、H。

在 D 中可指定的内容：只有 K 常数（仅限 K1 及 K2）。

（1）数据的传送　将［S］指定起始位的数据表中保存的数据，传送［n］字节，从［D］指定的 COM 端口，传送到外围设备。可以自动附加始端代码、终端代码。传送字节数最多为 2048B。执行以上程序时，将 DT100 为起始位的传送缓冲区中保存的 DT101 ~ DT104 的 8B 数据，从 COM1 端口传送。

（2）数据的接收　接收完成标志为 OFF 时，处于可接收状态。收到的数据保存在系统寄存器指定的接收缓冲区中。来自外围设备的数据接收完成（接收终端代码）后，接收完成标志（R9038 或 R9048）为 ON，禁止以后数据接收。接收下一数据时，要执行 F159（MTRN）指令，关闭接收完成标志（R9038 或 R9048），将接收字节数清零。没有传送数据，只重复接收时，把传送字节数设为 0 字节（将 n 设为 K0），执行 F159（MTRN）指令。

（3）二进制通信　在通用串行通信中，通过选择始端代码设定［无 STX］、终端代码设定［无］便可进行二进制通信。数据的传送是指传送所指定字节长度的数据。数据的接收是指确认接收字节数。这种情况下，接收完成标志不会动作。

（二）数据传送的说明

和外围设备的通信用数据寄存器进行数据传送，如图 7-43 所示。

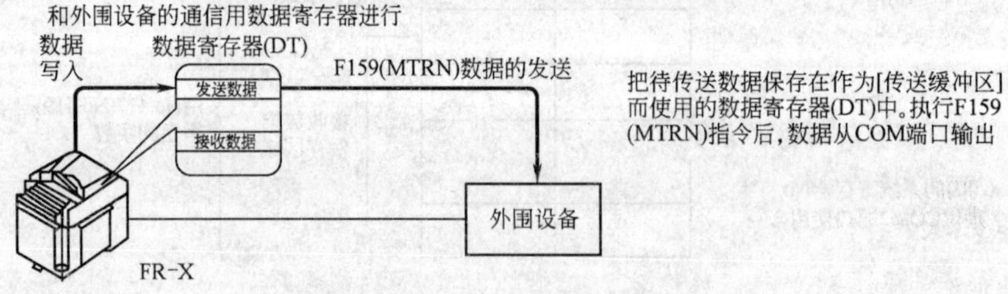

图 7-43　数据传送

把待传送数据保存在作为［传送缓冲区］而使用的数据寄存器（DT）中。执行 F159

（MTRN）指令后，数据从 COM 端口输出。

传送用数据表（传送缓冲区）如图 7-44 所示。

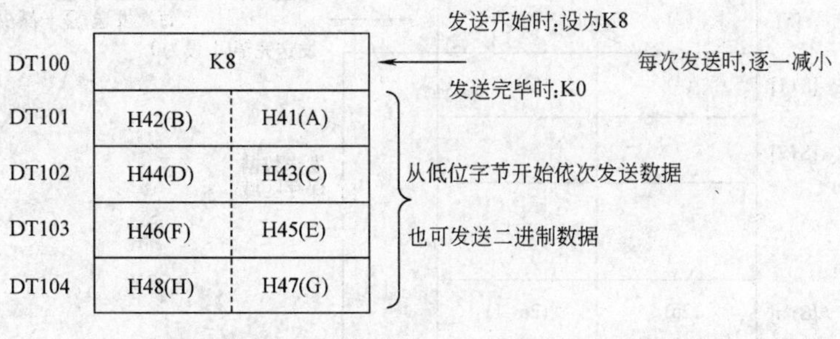

图 7-44 传送用的数据表

1. 数据传送的程序实例 把“ABCDEFGH（Hex）”的字符列通过 COM1 端口传送到外围设备的程序。梯形图程序如图 7-45 所示。

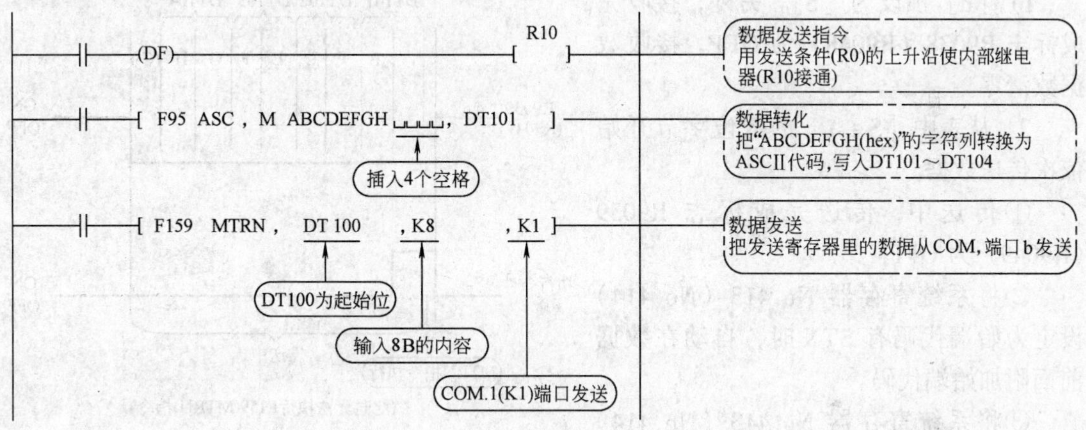

图 7-45 梯形图程序

程序说明：程序按下列顺序动作。数据传送如图 7-46 所示。

1）[ABCDEFGH] 转换成 ASCII 代码，保存在数据寄存器中。

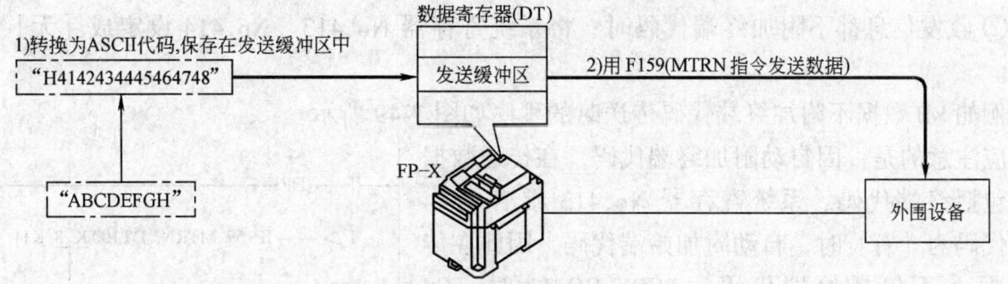

图 7-46 数据的传送

2）把 1）的数据用 F159（MTRN）指令，从 COM1 端口传送。

2. 数据表 [S] 是指定的数据寄存器作为传送用数据表的起始位。数据表如图 7-47 所示。待传送数据写在 [S] 指定的传送数据保存区域内，使用 F0（MV）指令或 F95

(ASC) 指令写入。

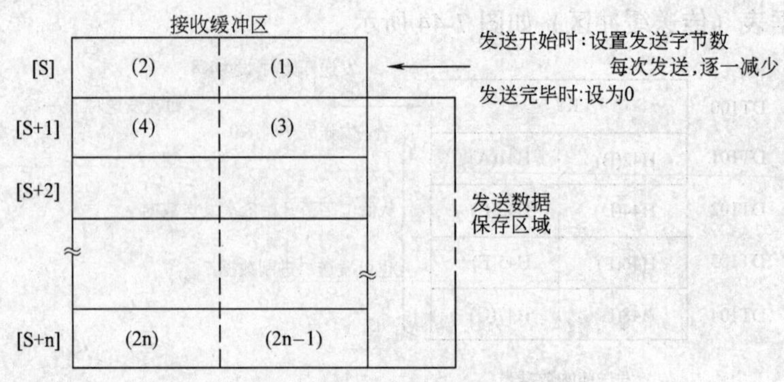

图 7-47 数据表示意图

3. 传送时的说明 传送完成标志 R9039 (R9049) 为 ON 时，F159 (MTRN) 指令的执行条件 ON 时，出现下列动作。其传送示意图如图 7-48 所示。

1) [n] 预设为 [S]。另外，接收完成标志 R9038 (R9048) 为 OFF，接收数据数清零。

2) 从表中 [S+1] 的低位字节开始依次传送数据。

①传送中，传送完成标志 R9039 (R9049) 为 OFF。

②将系统寄存器 No.413 (No.414) 设定为始端代码有 STX 时，自动在数据前面附加始端代码。

③将系统寄存器 No.413 (No.414) 指定的终端代码自动附加在数据的末尾。

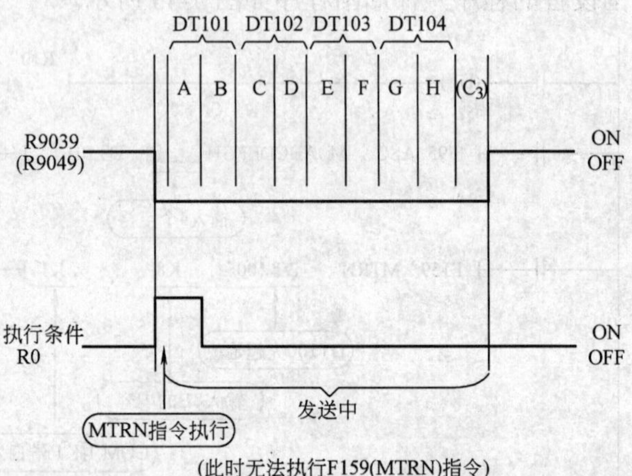

图 7-48 传送示意图

3) 指定量的数据全部传送后，[S] 值变为 0，传送完成标志 R9039 (R9049) 变为 ON。传送时若未附加终端代码，应按下列任一方法设定：

① 用负值设定传送字节数。

② 收发信息都不附加终端代码时，将系统寄存器 No.413、No.414 设定成 [无] 终端代码。

例如 8B 数据不附加终端代码传送时的程序如图 7-49 所示。

应注意的是：因自动附加终端代码，在传送数据上不包括终端代码。系统寄存器 No.413 或 No.414 始端代码为 [有] 时，自动附加始端代码，因此在传送数据上不包括始端代码。AFPX-COM1 时，CS (允许传送) 不是 ON 信号，则无法传送数据。未连接其他设备时，应将 CS 与 RS (要求传送) 连接。

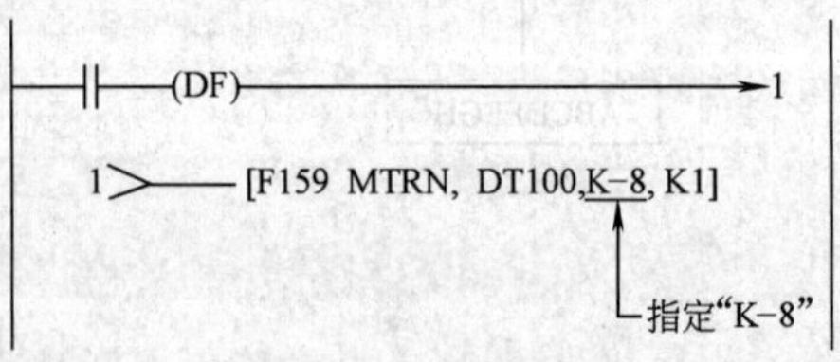

图 7-49 梯形图程序

最大传送字节数 [n] 为 2048B。( ) 内记录的接点编号为 COM2 端口用接点。

(三) 数据的接收说明

从 COM 端口接收的数据，保存在系统寄存器指定的［接收缓冲区］中，［接收完成标志］为 ON。

［接收完成标志］为 OFF 时，可以一直接收，如图 7-50 所示。

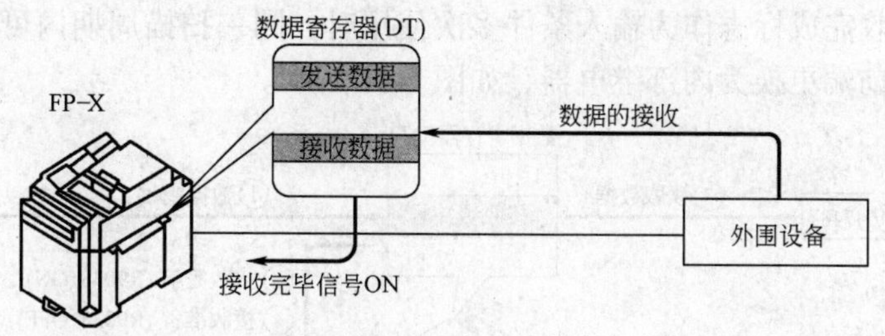

图 7-50　数据接收

接收用数据表（接收缓冲区）如图 7-51 所示。

DT200 ~ DT204 作为接收缓冲区。

系统寄存器的设置如下：

No.416：K200

No.417：K5

1. 数据接收的程序实例　通过 COM1 端口，将接收缓冲区中，已接收的 10B 数据，传送到 DT0。梯形图程序如图 7-52 所示。

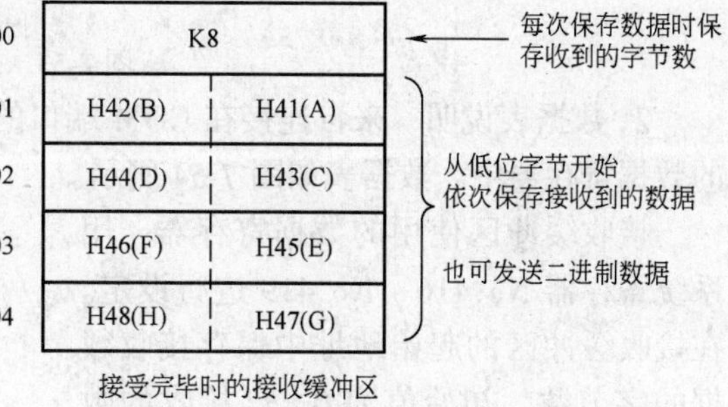

图 7-51　接收用数据表（接收缓冲区）

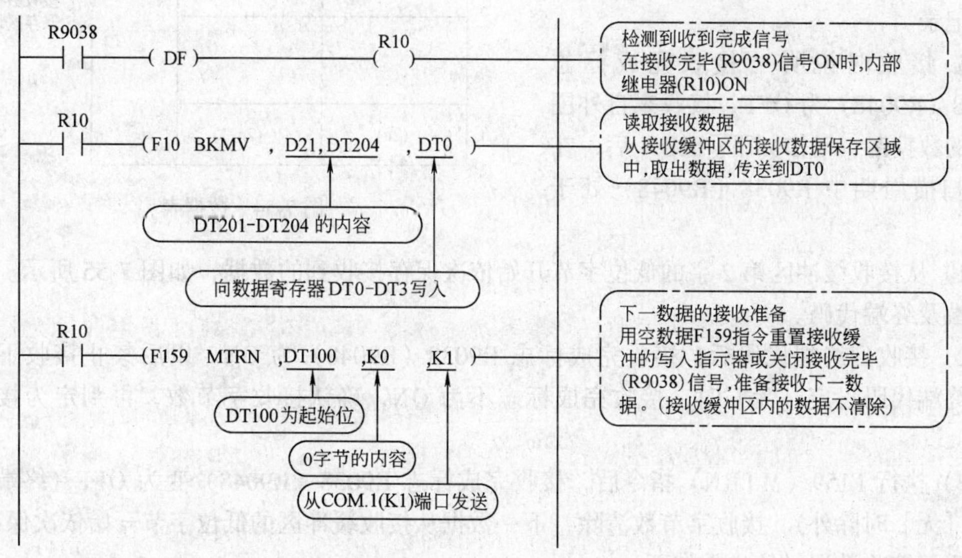

图 7-52　梯形图

程序说明：上述程序按以下顺序动作。

1）来自外围设备的数据保存在接收缓冲区中。

2）［接收完成 R9038（R9048）］信号 ON。

3）从接收缓冲区接收的数据传送到数据寄存器 DT0 为起始位的区域。

4）执行空数据 F159（MTRN）指令，重置接收缓冲写入指示器或关闭［接收完成 R9038（R9048）］标志，准备接收下一数据（接收缓冲区内的数据不清除）。

应注意的是，在一扫描周期中，接收完成标志位 R9038（R9048）有可能改变。

例如，把接收完成标志作为输入条件多次使用时，同一扫描周期内可能存在不同状态。对策是在程序最前端更换为内部继电器，如图 7-53 所示。

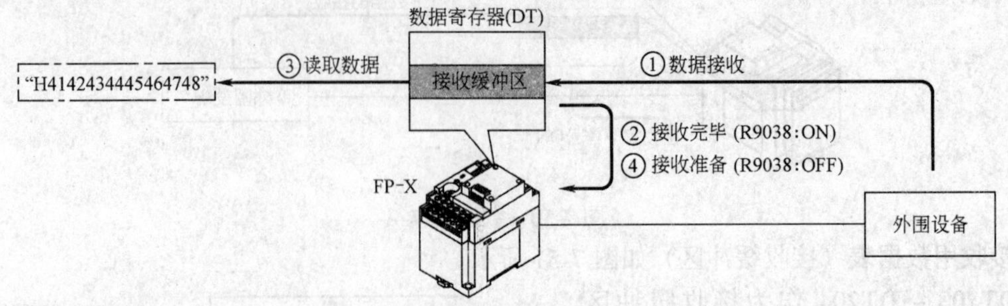

图 7-53 数据的接收

2. 数据表说明 来自连接在 COM 端口的外围设备的数据，保存在作为接收缓冲区设定的数据寄存器中。数据表如图 7-54 所示。

接收缓冲区使用的数据寄存器，用系统寄存器 No.416 ~ No.419 进行设定。在接收缓冲区的起始地址中保存接收数据的字节数，初始值为 0。已接收的数据，从接收数据保存区域的低位开始，依次记录。

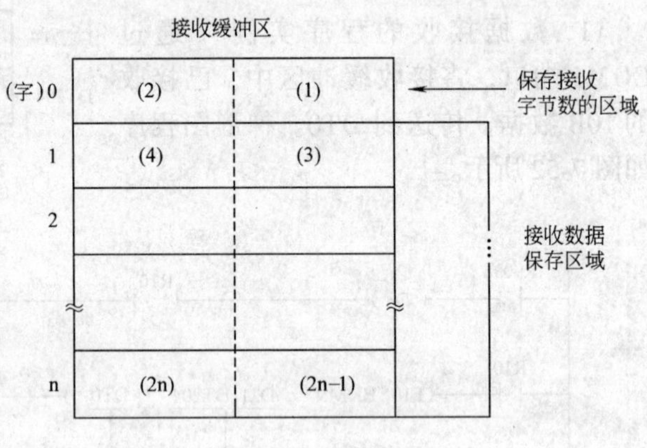

图 7-54 数据表

3. 接收时说明 接收完成标志 R9038（R9048）为 OFF，接收来自外围设备的数据时，动作如下。RUN 后，在第 1 扫描周期中 R9038（R9048）处于 OFF。

1）从接收缓冲区第 2 字的低位字节开始依次保存接收到的数据，如图 7-55 所示。不保存始端及终端代码。

2）接收到终端代码后，接收完成标志 R9038（R9048）为 ON。以后禁止接收下一数据。终端代码设定［无］时，接收完成标志不为 ON，确认接收字节数，再判定为接收完成。

3）执行 F159（MTRN）指令后，接收完成标志 R9038（R9048）变为 OFF（终端代码设定［无］时除外）。接收字节数清除，下一数据从接收缓冲区的低位字节开始依次保存。

重复接收数据时的步骤如下：

① 接收数据。

② 接收完成（R9038·R9048：ON、禁止接收）。

③ 处理接收到的数据。

④ 执行 F159（MTRN）指令（R9038·R9048：OFF、可以接收）。

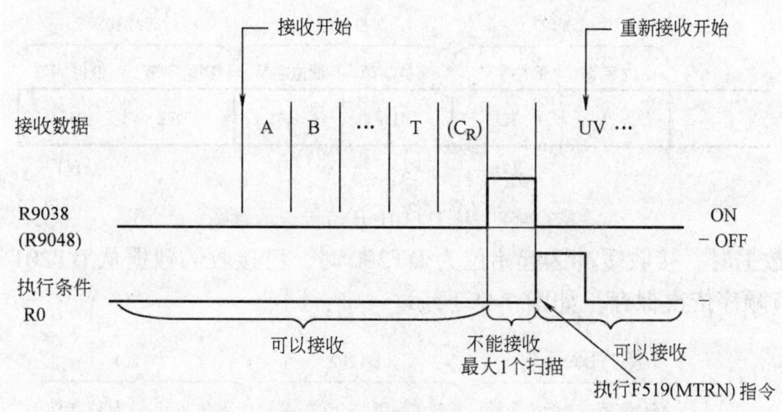

图 7-55 数据接收示意图

⑤ 接收下一个数据。

接收准备：接收准备的梯形图程序如图 7-56 所示。

1）完成接收来自外围设备的数据时，接收完成标志 R9038（R9048）变为 ON。之后，禁止接收数。

2）要接收下一数据，则执行 F159（MTRN）指令，关闭接收完成标志 R9038（R9048）。

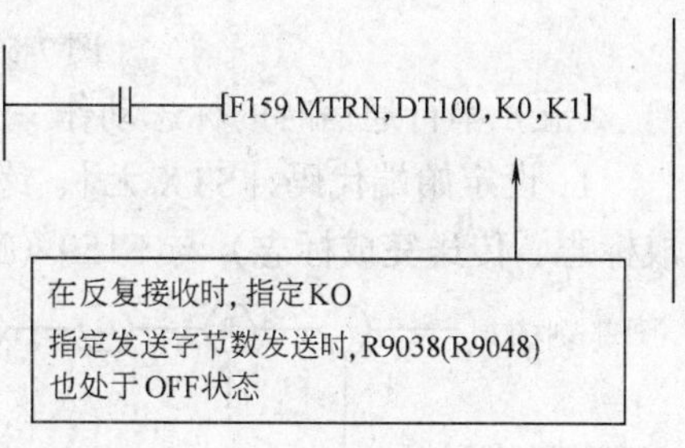

图 7-56 梯形图程序

（四）关于 FP-X 收发的数据

连接 FP-X 的传送缓冲或接收缓冲时应注意以下 4 点：

1）在送格式设定中选择［有始端代码］时，在传送数据的起始位自动附加 STX（H02）后传送。

2）接收时，未附 STX 的数据也保存在接收缓冲区中，接收终端代码时，接收完成标志为 ON。当终端代码设定选择［无］时，接收完成标志不动作。但是，在数据的当中加入 STX 时，接收字节数被清零，从接收缓冲区的起始位再次保存数据。如始端代码设定选择［STX 无］时，途中 STX 不接收清除。

3）在传送数据的终端，会自动附加终端代码。

4）保存在接收缓存器的数据里没有附加终端代码。

1. 传送数据 把写在传送缓冲区中的数据原封不动地传送。

例如，向外部设备用 ASCII 代码传送“12345”时：

1）使用 F95（ASC）指令把待传送的数据转换为 ASCII 代码，如图 7-57 所示。

2）传送缓冲区起始位为 DT100 时，从下一个 DT101 开始，按照数据寄存器的低位、高位字节顺序，每两个字节进行保存，如图 7-58 所示。

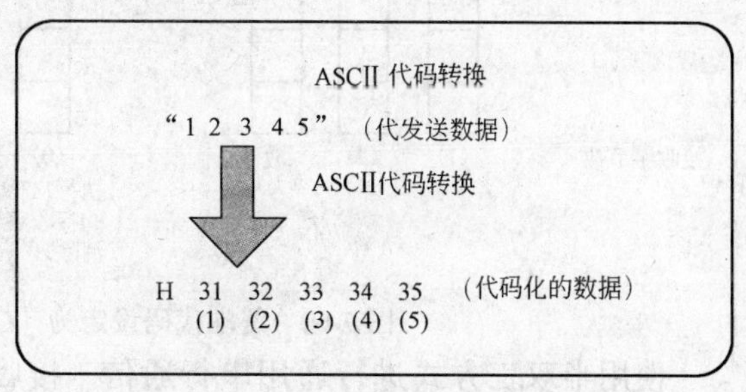

图 7-57 用 ASCⅡ代码

2. 接收数据 读取的接收区域数据为 ASCII 代码。例如，从 RS232C 设备接收到

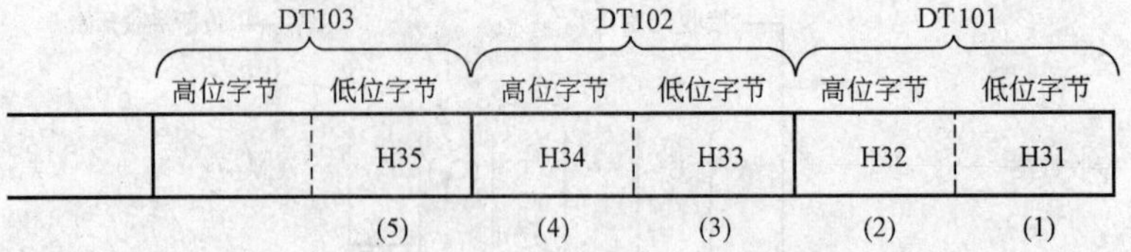

DT103		DT102		DT101	
高位字节	低位字节	高位字节	低位字节	高位字节	低位字节
	H35	H34	H33	H32	H31
	(5)	(4)	(3)	(2)	(1)

图 7-58　从 DT101 开始传送示意图

“12345CR”数据时，接收缓冲区起始位为 DT200 时，已接收的数据从 DT201 开始，按照低位、高位字节顺序依次保存。如图 7-59 所示。

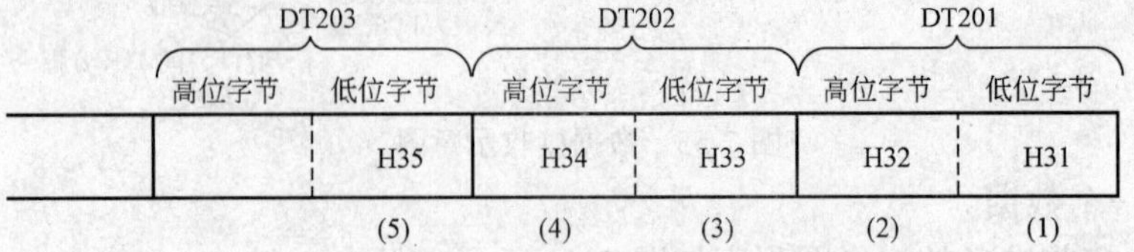

DT203		DT202		DT201	
高位字节	低位字节	高位字节	低位字节	高位字节	低位字节
	H35	H34	H33	H32	H31
	(5)	(4)	(3)	(2)	(1)

图 7-59　从 DT201 开始接收示意图

（五）串行通信时的标志动作

1. 设定始端代码［STX 无］、终端代码［CR］时的标志动作　接收时各标志（接收完成标志、传送完成标志）与 F159（MTRN）指令的关系，如图 7-60 所示。

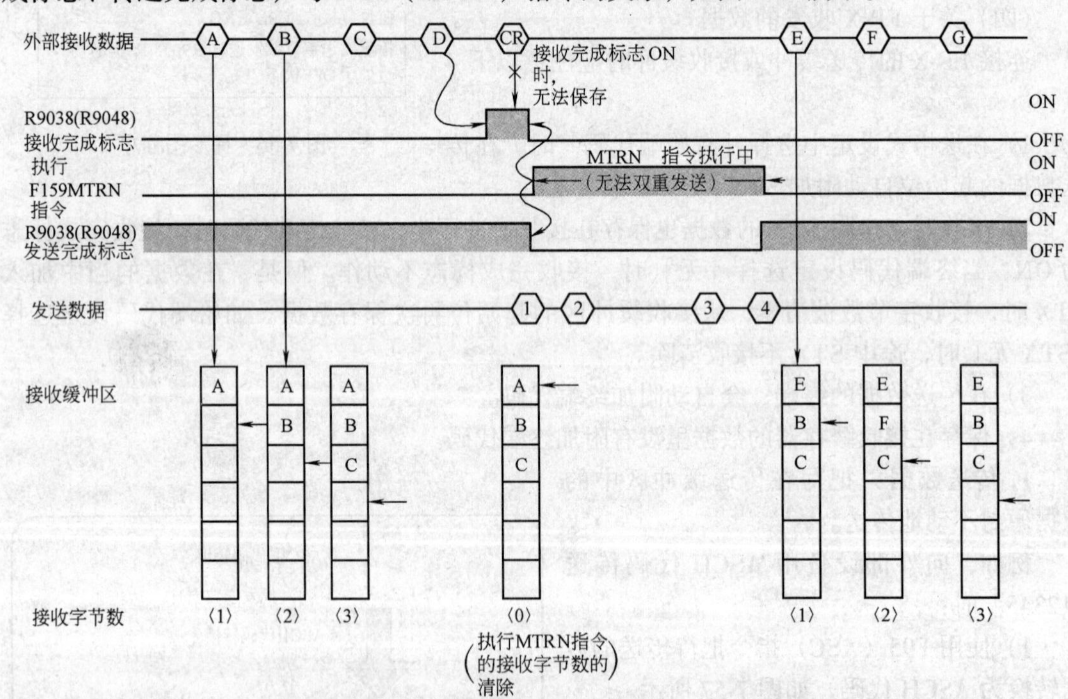

图 7-60　终端代码设定为［CR］时各标志与指令的关系

使用半双工方式进行通用串行通信。接收完成标志 R9038（R9048）为 ON 时，禁止接收。

执行 F159（MTRN）指令后，清除接收字节数，让接收缓冲区的地址（写入指示器）返回最前端。

执行 F159（MTRN）指令后，错误信号 R9037（R9047）、接收完成标志 R9038（R9048）、传送完成标志 R9039（R9049）变为 OFF。

MTRN 指令执行中无法双重传送。应确认传送完成标志 R9039（R9049）。

错误标志 R9037（R9047）为 ON 时，继续接收。重新进行接收时，执行 F159（MTRN）指令，关闭错误标志。

应注意的是：在一扫描周期中，接收完成标志位 R9038（R9048）有可能改变。例如把接收完成标志作为输入条件多次使用时，在同一扫描周期内也可能存在不同状态。作为对策，在程序的最前端更换为内部继电器。

2. 设定始端代码［STX］、终端代码［ETX］时的标志动作　接收时各标志（接收完成标志、传送完成标志）和 F159（MTRN）指令的关系，如图 7-61 所示。

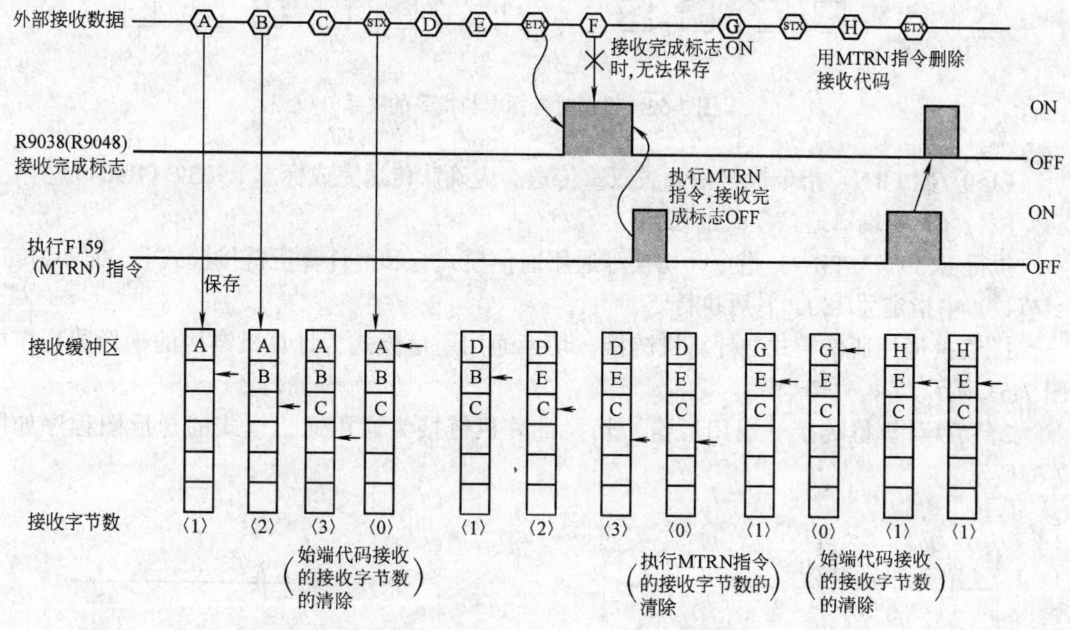

图 7-61　终端代码设定为［ETX］时各标志与指令的关系

数据依次记录在接收缓冲区中，但是在接收到始端代码时，清除接收字节数，让接收缓存的地址（写入指示器）返回最前端。

接收完成标志 R9038（R9048）为 ON 时，禁止接收。

执行 F159（MTRN）指令，清除接收字节数，让接收缓冲的地址（写入指示器）返回最前端。始端代码有两个时，写入后一个始端代码之后的数据，记录在接收缓冲中。

F159（MTRN）指令得到的接收完成标志 R9038（R9048）为 OFF，因此接收终端代码的同时，执行 F159（MTRN）指令时，无法检测出接收完成标志。

传送时各标志（接收完成标志、传送完成标志）和 F159（MTRN）指令的关系，如图 7-62 所示。

传送数据自动附加始端代码（STX）、终端代码（ETX）后传送到外部。执行 F159（MTRN）指令后，传送完成标志 R9039（R9049）变为 OFF。

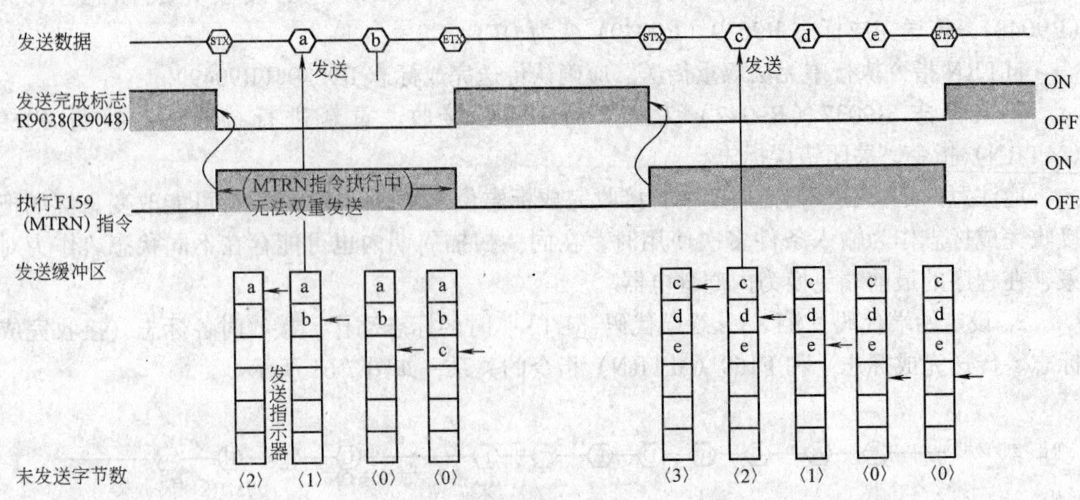

图 7-62　传送时各标志与指令的关系

F159（MTRN）指令执行中无法双重传送。应确认传送完成标志 R9039（R9049）。

（六）COM 端口通信模式的切换

执行 F159（MTRN）指令，切换［通用通信模式］和［计算机链接模式］。在 n（传送字节数）中指定［H8000］后执行。

1. 切换通用通信模式→计算机链接　切换通用通信模式为计算机链接的梯形图程序如图 7-63 所示。

2. 切换计算机链接→通用通信　切换计算机链接为通用通信模式的梯形图程序如图 7-64所示。

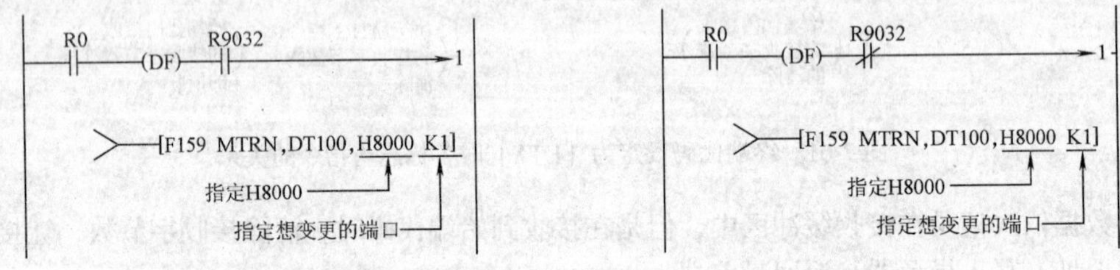

图 7-63　梯形图　　　　图 7-64　梯形图

R9032 或 R9042：COM 端口通信模式标志选择［通用通信模式］时置 ON。

当接通电源时，按由系统寄存器 No.412 选择的通信模式进行动作。不能切换为 MODBUS RTU 模式。

三、1:1 通信的连接

（一）系统寄存器的设置

使用 COM1 端口时的设定值（AFPX-COM1、AFPX-COM2、AFPX-COM3）如表 7-14 所示。使用 COM2 端口时的设定值（AFPX-COM2、AFPX-COM4）如表 7-15 所示。

表 7-14　使用 COM1 端口时的设定值

No.	名　称	设 定 值
No.412	COM1 端口通信模式	通用通信
No.413	COM1 端口传送格式	数据长度　7bit/8bit 奇偶校验　无/奇数/偶数 停止位　1bit/2bit 终端代码　CR/CR + LF/无/ETX 始端代码　STX 无/STX 有
No.415	COM1 端口速率	2400 ~ 115200bit/s
No.416	COM1 端口接收缓冲区起始地址	DT0 ~ DT32764（初始值 DT0）
No.417	COM1 端口接收缓冲区容量	0 ~ 2048B（初始值 2048B）

表 7-15　使用 COM2 端口时的设定值

No.	名　称	设 定 值
No.412	COM2 端口通信模式	通用通信
No.414	COM2 端口传送格式	数据长度　7bit/8bit 奇偶校验　无/奇数/偶数 停止位　1bit/2bit 终端代码　CR/CR + LF/无/ETX 始端代码　STX 无/STX 有
No.415	COM2 端口速率	2400 ~ 115200bit/s
No.418	COM2 端口接收缓冲区起始地址	DT0 ~ DT32764（初始值 DT2048）
No.419	COM2 端口接收缓冲区容量	0 ~ 2048 字（初始值 2048B）

（二）与外围设备的连接实例 <和微图像检查器的 1:1 通信>

1. 概述　用 RS232C 电缆连接 FP-X 和微图像检查器 A200/A100 时，检查结果记录在 FP-X 的数据存储器中。其连接示意图如图 7-65 所示。FP-X 侧传送检查开始指令“%S C_R”后，作为应答，从微图像检查器发回检查结果。

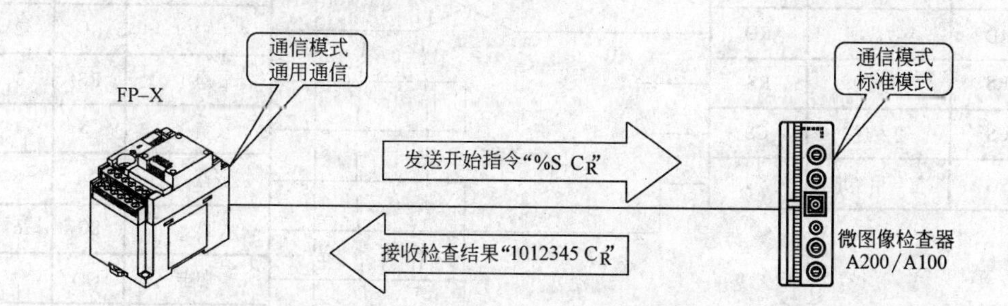

图 7-65　FP-X 与 A200/A100 连接示意图

微图像检查器侧的传送格式设定：微图像检查器的通信模式和传送格式的设定方法是在菜单中选择［5. 环境］→［5. 通信设置］，设定的内容如表 7-16 所示。

表 7-16 通信格式和传送格式的设定项目

No.	名 称	设 定 值
No.51	通信模式	标准模式
No.52	串行设定	速率 9600bit/s 位长 8bit 停止位 1bit 奇偶校验 有·奇数 程序控制 无
No.53	串行输出设定	输出位数 5 位 无效位的处理 用 0 置换 摄入完成输出 无 检查完成输出 无 数值运算 输出 判定输出 输出

无效位的处理设定为［删除］时，输出数据清零，输出形式变更。必须设定为［用 0 置换］。向外部输出数据时，需要运算数值。因此数值运算设定为［输出］。

在上述设定中，从微图像检查器输出的数据如图 7-66 所示。

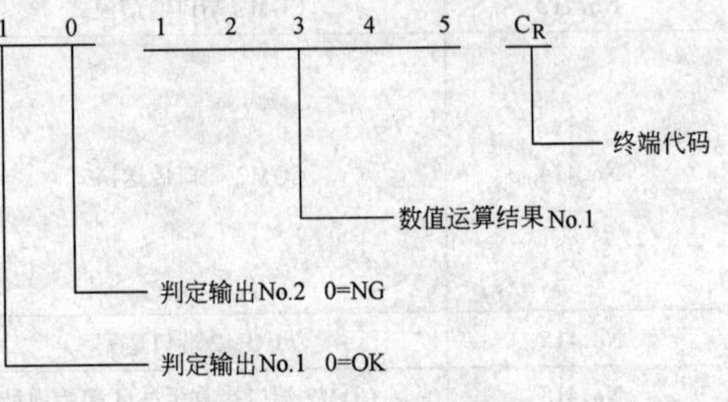

图 7-66 微图像检查的输出

2. 与微图像检查器（A200/A100）的连接 使用 AFPX-COM1 时，RS232C 1 通道型，其连接如图 7-67 所示。

使用 AFPX-COM2 时，RS232C 2 通道型，其连接示意图如图 7-68 所示。

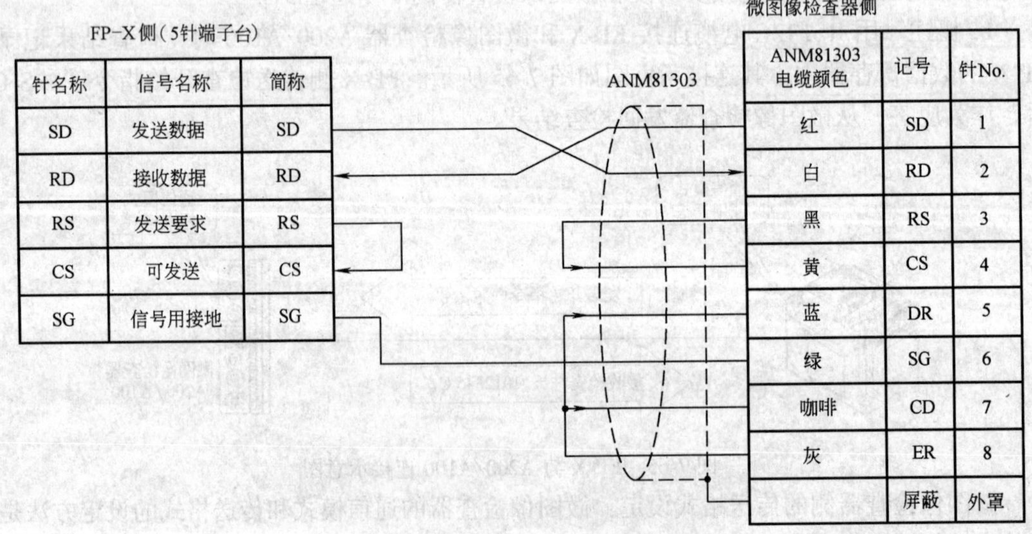

图 7-67 用 AFPX-COM1 时连接示意图

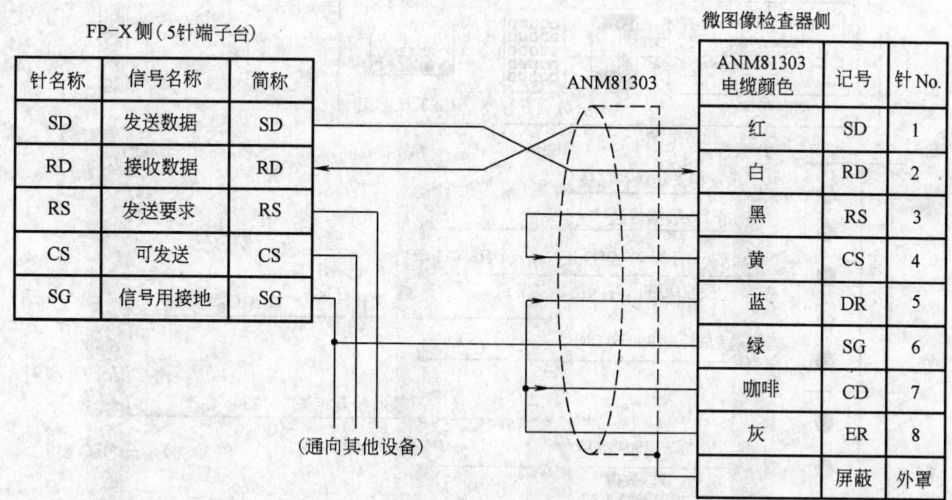

图 7-68 用 AFPX-COM2 时的连接示意图

使用 AFPX-COM4 时，RS485 1 通道、RS232C 1 通道混载型，其连接示意图如图 7-69 所示。

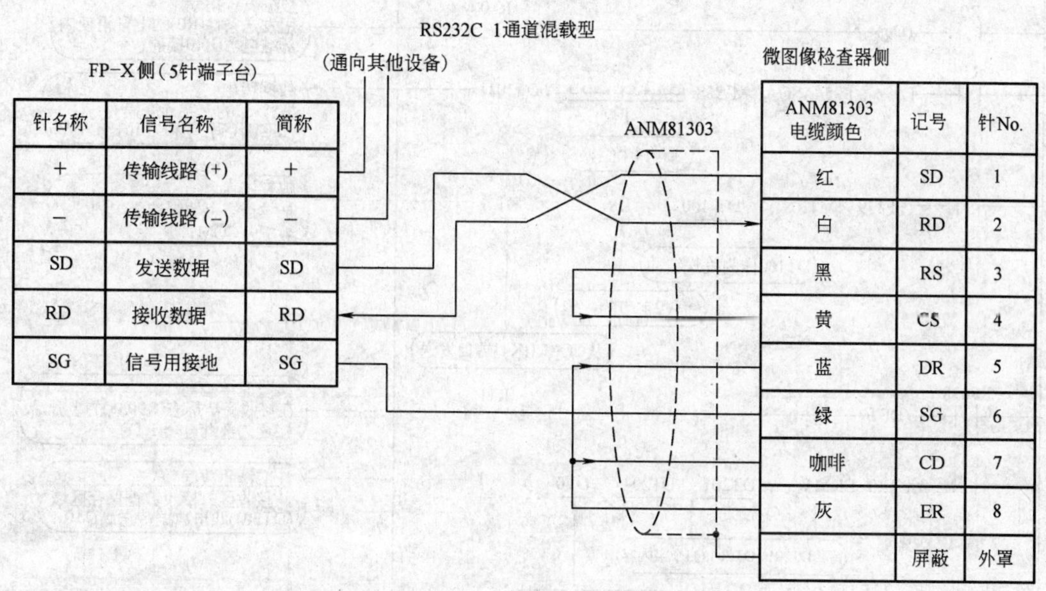

图 7-69 用 AFPX-COM4 时的连接示意图

3. 通信的步骤 以在 COM1 端口连接微图像检查器为例进行说明，其通信步骤如图 7-70所示。

4. 程序 以在 COM1 端口连接微图像检查器为例的梯形图程序如图 7-71 所示。执行程序时传送、接收的各缓冲区的状态如图 7-72 所示。

（三）与外围设备的连接实例 <和 FP-X 系列 PLC 的 1:1 通信>

FP-X
微图像检查器
R10
F95 ASC,M ABC123DEF456,DT6
F0,MV HD,
R10
F195 M TRN ,DT100 K8 K1
DT6
梯形程序
数据寄存器
RS232C 端口
开始指令
"% S C_R"
设置在发送缓冲区中
F159数据传送
发送完毕信号(R9039:OFF)·接收完毕信号(R9038:OFF)
接收缓冲区写入指示器复位
发送开始指令"% S C_R"
发送完成标志(R9039:ON)
接收检查结果"1012345 C_R"
接收完成标志(R9038:ON)
读取数据
"1012345 C_R"
F159数据传送(空数据)
发送完毕信号(R9039:OFF)·接收完毕信号(R9038:OFF)
接收缓冲区写入
指示器复位
发送
接收

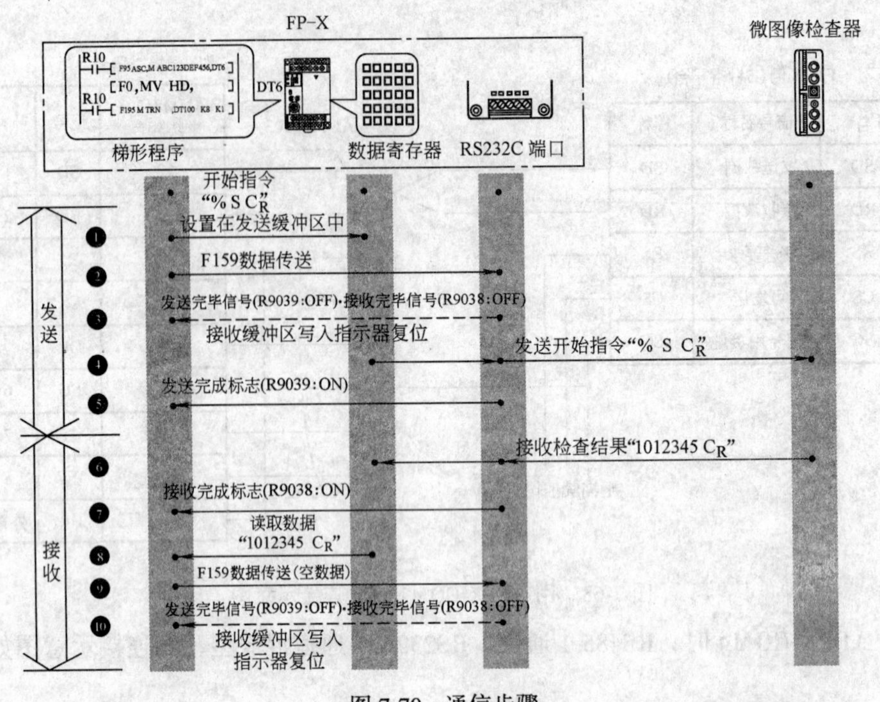

图 7-70 通信步骤

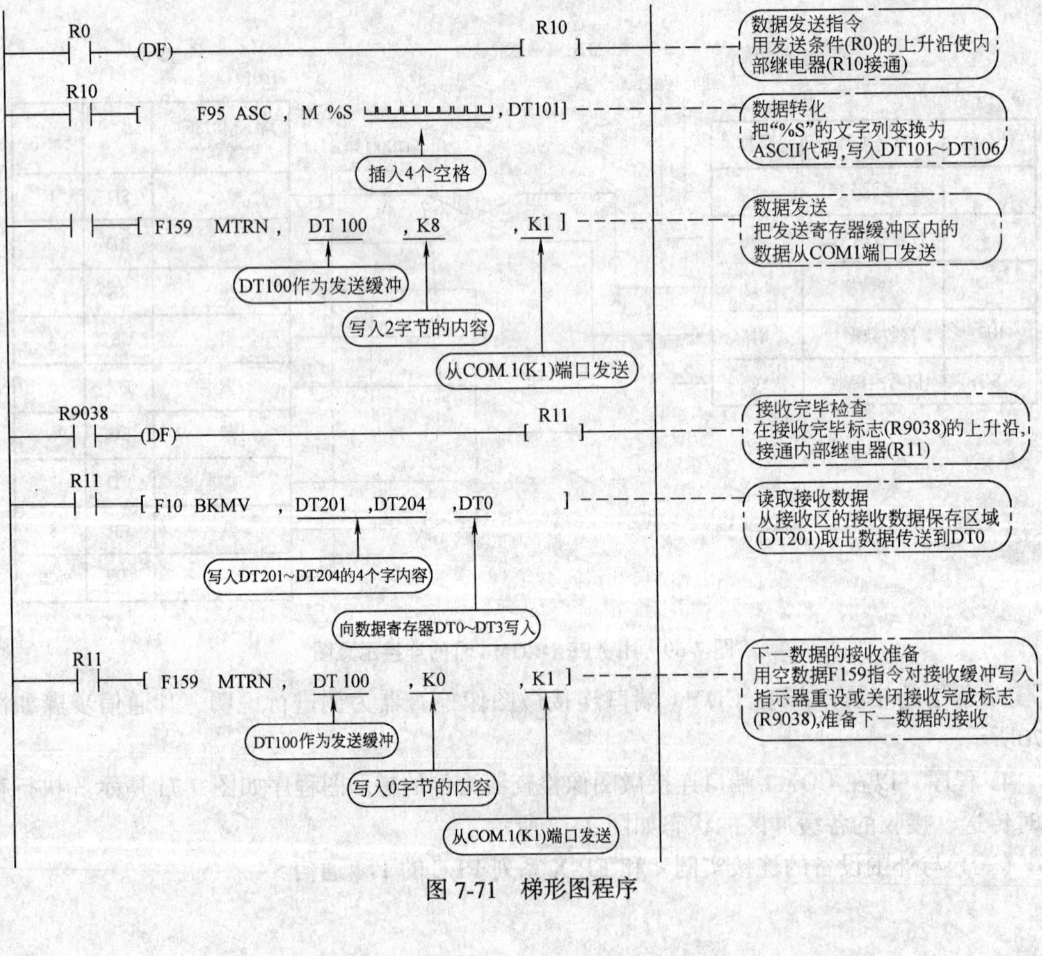

R0
(DF)
R10
数据发送指令
用发送条件(R0)的上升沿使内部继电器(R10接通)
R10
F95 ASC , M %S , DT101
插入4个空格
数据转化
把"%S"的文字列变换为ASCII代码,写入DT101~DT106
F159 MTRN , DT 100 , K8 , K1
DT100作为发送缓冲
写入2字节的内容
从COM.1(K1)端口发送
数据发送
把发送寄存器缓冲区内的数据从COM1端口发送
R9038
(DF)
R11
接收完毕检查
在接收完毕标志(R9038)的上升沿,接通内部继电器(R11)
R11
F10 BKMV , DT201 ,DT204 ,DT0
写入DT201~DT204的4个字内容
向数据寄存器DT0~DT3写入
读取接收数据
从接收区的接收数据保存区域(DT201)取出数据传送到DT0
R11
F159 MTRN , DT 100 , K0 , K1
DT100作为发送缓冲
写入0字节的内容
从COM.1(K1)端口发送
下一数据的接收准备
用空数据F159指令对接收缓冲写入指示器重设或关闭接收完成标志(R9038),准备下一数据的接收

图 7-71 梯形图程序

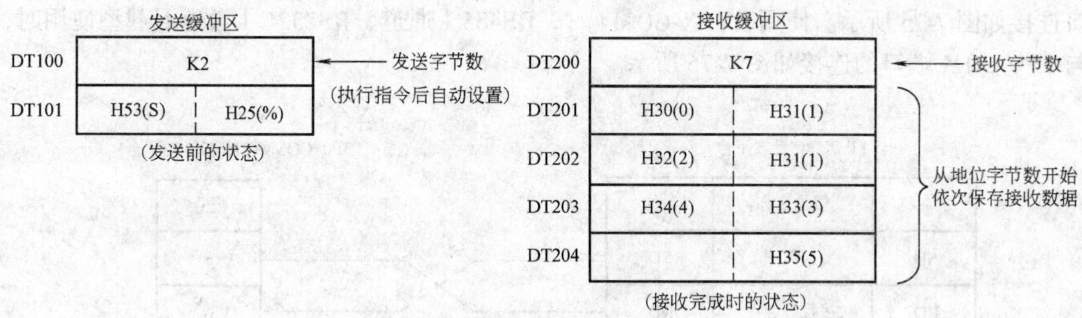

图 7-72 各缓冲区的状态

1. 概述 用 RS232C 连接 FP-X 和其他 FP-X 系列的 PLC，如图 7-73 所示。用 MEWTOCOL-COM 通信协议进行通信。

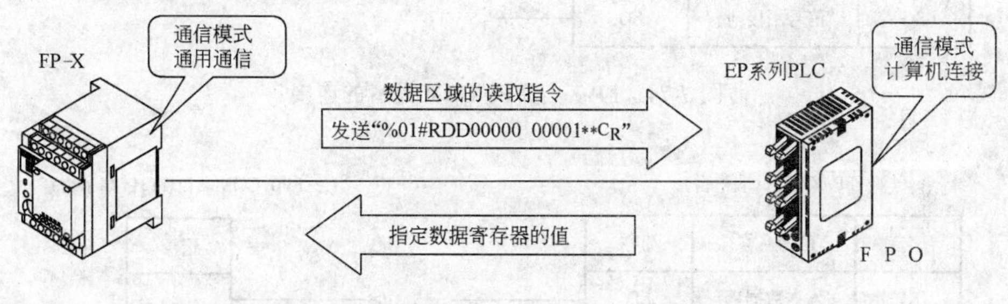

图 7-73 FP-X 与 FP-X 系列 PLC 的连接

1）从 FP-X 侧传送数据区域读取指令“%01 # RDD0000000001 * * C_R”后，作为应答，已连接的 PLC 传送数据寄存器的值。例如在 PLC 的 DT0 中记录［K100］、在 DT1 中记录［K200］时，作为指令的应答，传送［%01 $ RD6400C8006F C_R］。发生异常时，应答信息为［%01！ ○○ * * C_R］(○○为错误代码)。

2）在 MEWTOCOL-COM 中除了读取、写入数据区域的指令之外，还有接点区域的读取、写入等各种指令。

2. FP-X 系列 PLC（FP0 侧）的系统寄存器的设置 COM 端口初始设定为［不使用］。为了进行通用串行通信的 1:1 通信，按表 7-17 中内容设定系统寄存器。

表 7-17 FP-X 系列 PLC（FP0 侧）的传送格式设定

No.	名 称	设 定 值
No.412	COM 端口通信模式	计算机链接
No.413	COM 端口传送格式	数据长度 8blt 奇偶校验 有奇数 停止位 1bit 终端代码 CR 始端代码 STX 无 与通信的 FP-X 保持相同设定
No.414	COM 端口速率	19200bit/s

3. 与 FP-X 系列 PLC（FP0）的连接 使用 AFPX-COM1 时，RS232C 1 通道型与 FP0 COM 端口的连接如图 7-74 所示。使用 AFPX-COM 2 时，RS232C 2 通道型与 FP0 COM 端

口连接如图 7-75 所示。使用 AFPX-COM4 时，RS485 1 通道、RS232C 1 通道混载型使用时，与 FP0 COM 端口的连接如图 7-76 所示。

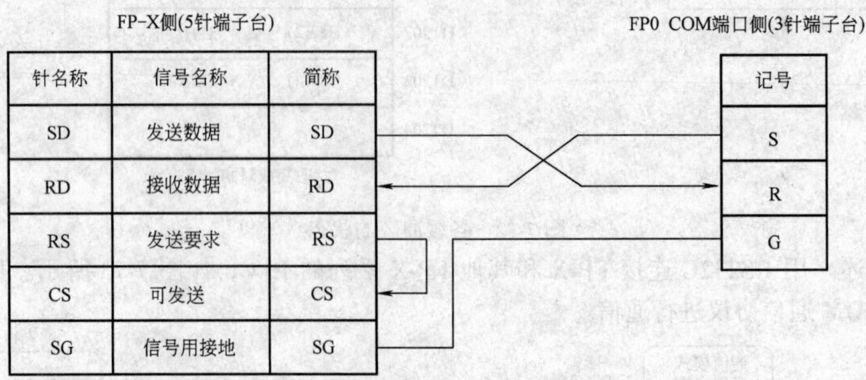

图 7-74　FP-X 与 FP0 COM 端口的连接

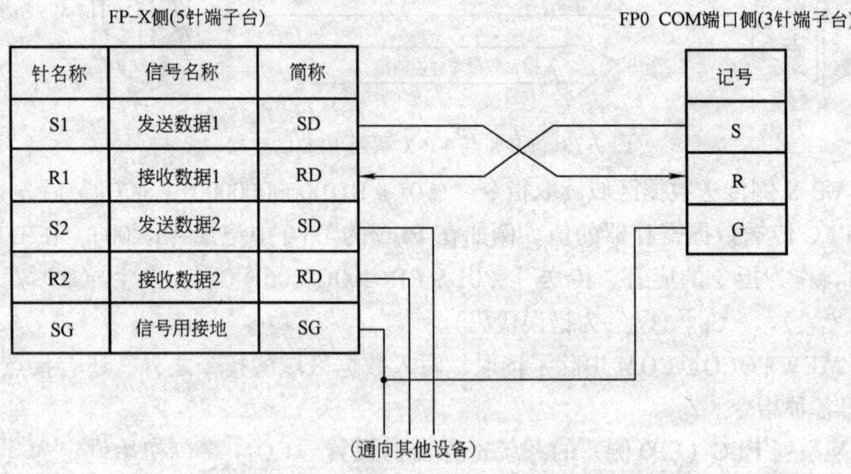

图 7-75　与 FP0 COM 端口的连接

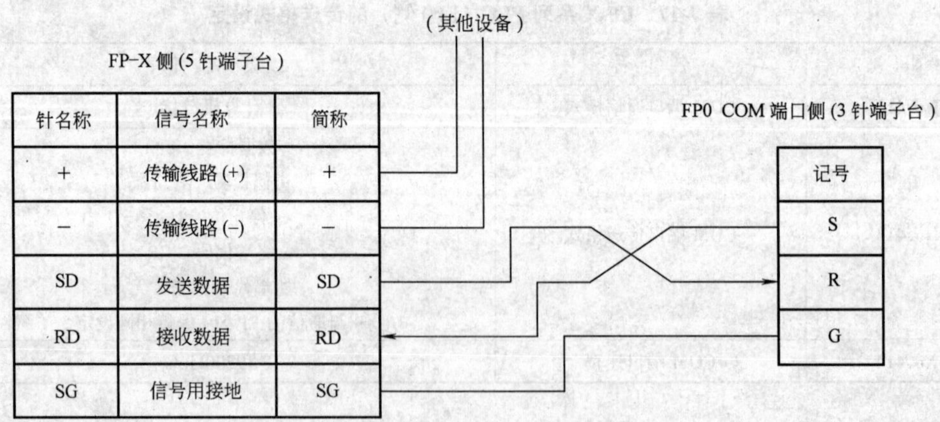

图 7-76　与 FP0 COM 端口的连接

4. 通信的步骤 用 COM1 端口连接 FP-X 系列 PLC，在对方 PLC 的 DT0 中保存［K100］、DT1 中保存［K200］为例进行说明，通信步骤如图 7-77 所示。

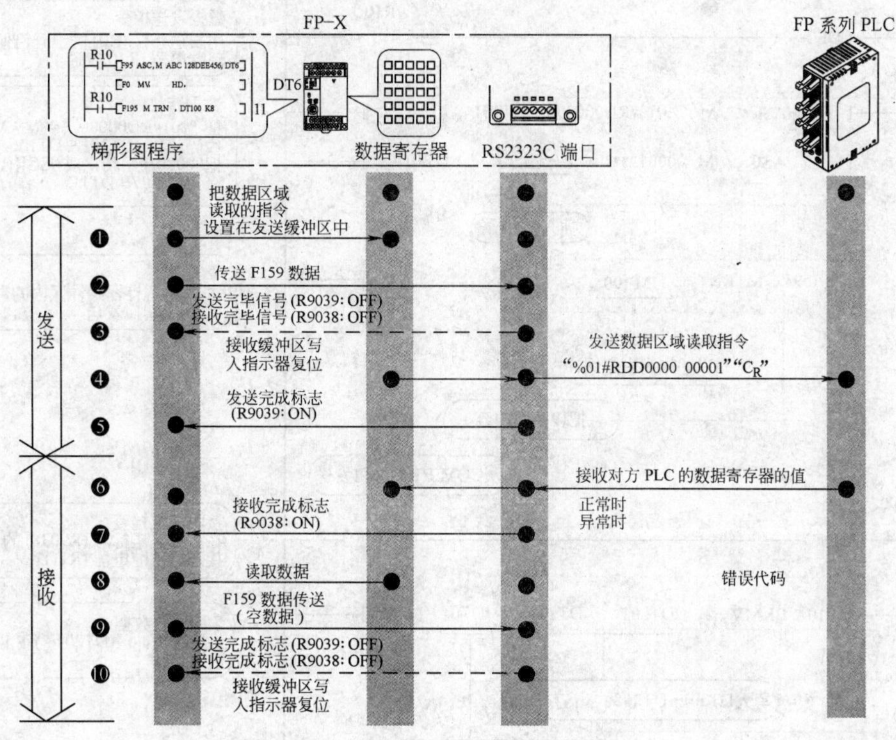

图 7-77 通信步骤

5. 程序 以 COM1 端口连接 FP-X 系列 PLC 为例进行说明，梯形图程序如图 7-78 所示。执行程序时，传送及接收的各缓冲区的状态如图 7-79 所示。

6. 应答的内容 在对方 PLC 的 DT0 中写入 K100，DT1 中写入 K200 时，执行上述程序后，从对方 PLC 传来“%01 $ RD6400C8006F C_R”作为应答。

接收到的数据写入到数据寄存器中，如图 7-80 所示。

7. 读出对方 PLC 的数据寄存器值 在上述程序中，记录在 DT1 内的字符列“$1”通过比较指令检查后，仅限判断为正常应答时，将来自对方 PLC 的应答内的数据部份，用 F72（AHEX）指令（十六进制 ASCII→HEX）转换成十六进制数据后，写入到 DT50、DT51 中，如图 7-81 所示。异常时返回“%01！○○□□C_R”作为应答（○○部分为错误代码，□□内是 BCC 码）。

8. 把 DT50、51 中的值写入对方 PLC 的 DT0、DT1 中 把 DT50、DT51 中的值写入对方 PLC 的 DT0、DT1 中的梯形图程序如图 7-82 所示。图中的①、②、③说明如图 7-83 所示。

四、1:N 通信的连接

（一）概要

用 RS485 电缆连接 FP-X 和拥有单元 No.（站号）的外部设备，如图 7-84 所示。配合使用已连接设备的协议，用 F159（MTRN）指令收发数据。

（二）系统寄存器的设置

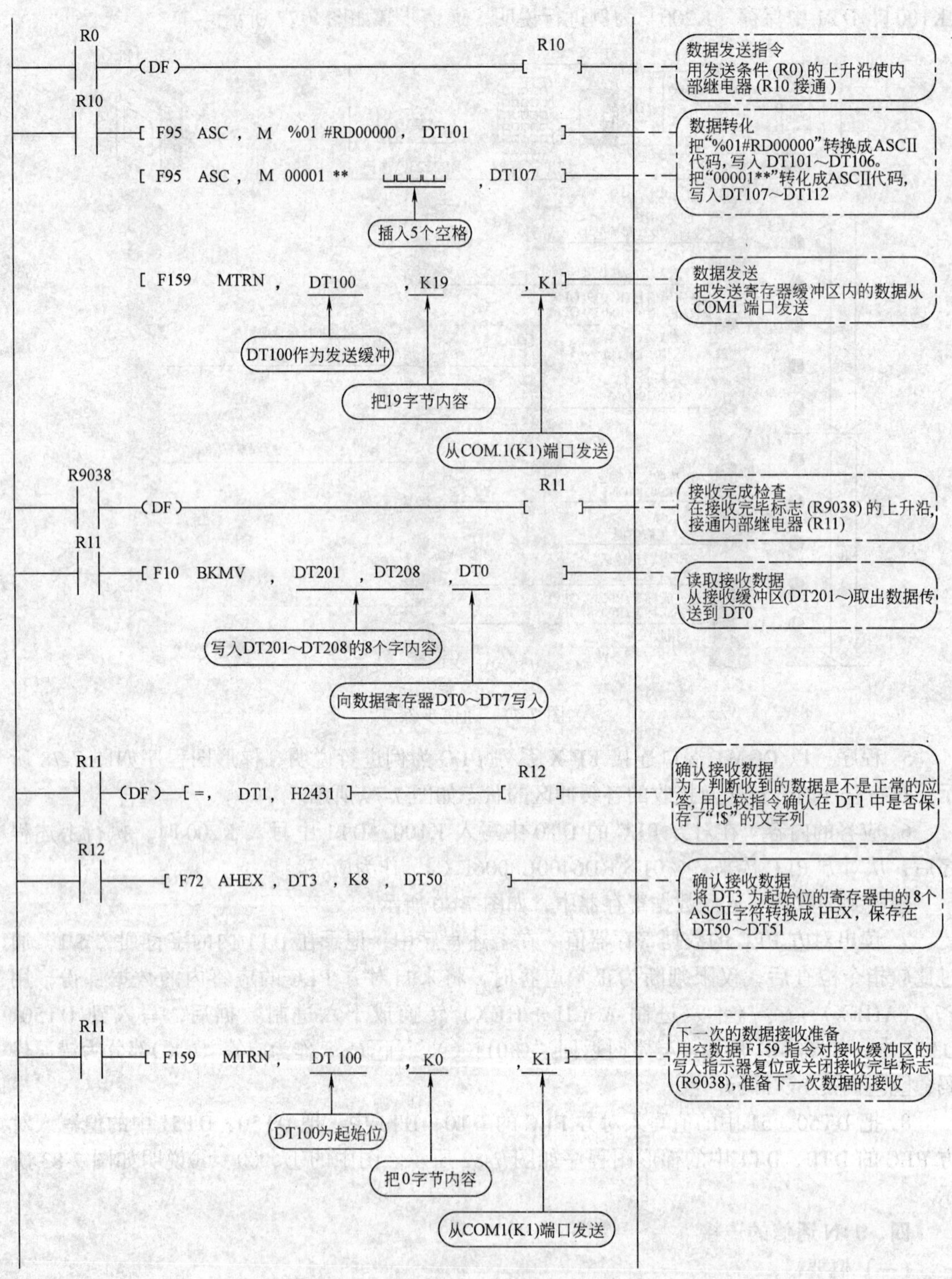

R0
(DF)
R10
数据发送指令
用发送条件 (R0) 的上升沿使内部继电器 (R10 接通)
R10
[F95 ASC , M %01 #RD00000 , DT101]
数据转化
把"%01#RD00000"转换成ASCII代码, 写入 DT101～DT106。
[F95 ASC , M 00001 ** , DT107]
把"00001**"转化成ASCII代码, 写入DT107～DT112
插入5个空格
[F159 MTRN , DT100 , K19 , K1]
数据发送
把发送寄存器缓冲区内的数据从COM1 端口发送
DT100作为发送缓冲
把19字节内容
从COM.1(K1)端口发送
R9038
(DF)
R11
接收完成检查
在接收完毕标志 (R9038) 的上升沿, 接通内部继电器 (R11)
R11
[F10 BKMV , DT201 , DT208 , DT0]
读取接收数据
从接收缓冲区(DT201～)取出数据传送到 DT0
写入DT201～DT208的8个字内容
向数据寄存器DT0～DT7写入
R11
(DF) [=, DT1, H2431]
R12
确认接收数据
为了判断收到的数据是不是正常的应答, 用比较指令确认在 DT1 中是否保存了"!$"的文字列
R12
[F72 AHEX , DT3 , K8 , DT50]
确认接收数据
将 DT3 为起始位的寄存器中的8个ASCII字符转换成 HEX，保存在DT50～DT51
R11
[F159 MTRN , DT 100 , K0 , K1]
下一次的数据接收准备
用空数据 F159 指令对接收缓冲区的写入指示器复位或关闭接收完毕标志(R9038), 准备下一次数据的接收
DT100为起始位
把0字节内容
从COM1(K1)端口发送

图 7-78　梯形图程序

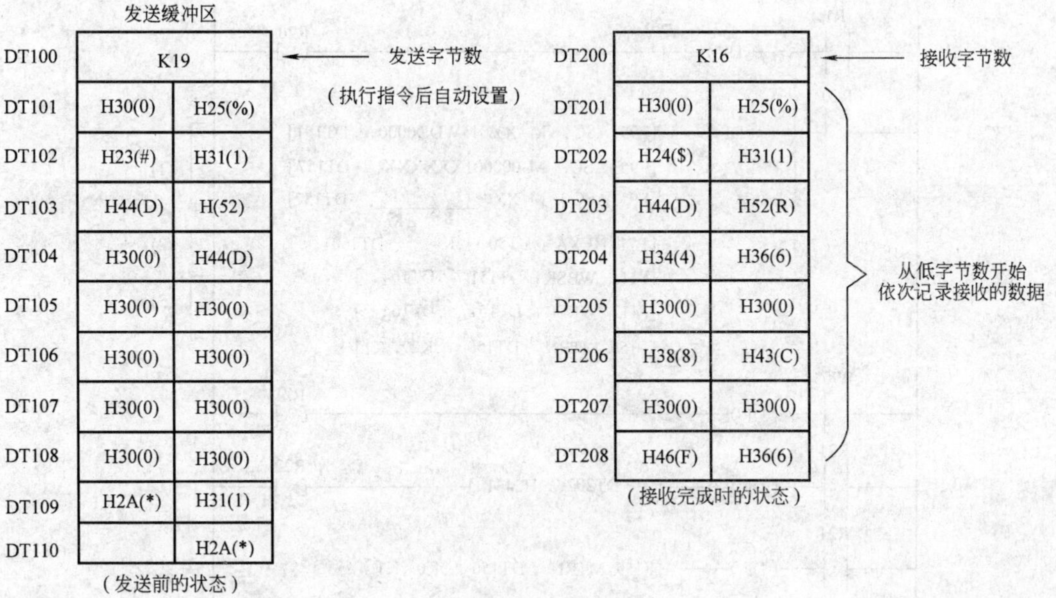

发送缓冲区
DT100 K19 ← 发送字节数
（执行指令后自动设置）
DT101 H30(0) H25(%)
DT102 H23(#) H31(1)
DT103 H44(D) H(52)
DT104 H30(0) H44(D)
DT105 H30(0) H30(0)
DT106 H30(0) H30(0)
DT107 H30(0) H30(0)
DT108 H30(0) H30(0)
DT109 H2A(*) H31(1)
DT110 H2A(*)
（发送前的状态）
DT200 K16 ← 接收字节数
DT201 H30(0) H25(%)
DT202 H24($) H31(1)
DT203 H44(D) H52(R)
DT204 H34(4) H36(6)
DT205 H30(0) H30(0)
DT206 H38(8) H43(C)
DT207 H30(0) H30(0)
DT208 H46(F) H36(6)
从低字节数开始
依次记录接收的数据
（接收完成时的状态）

图 7-79 各缓冲区的状态

DT4 DT3 DT2 DT1 DT0
高位字节 低位字节 高位字节 低位字节 高位字节 低位字节 高位字节 低位字节 高位字节 低位字节
H30 H30 H34 H36 H44 H52 H24 H31 H30 H25
(0) (0) (4) (6) (D) (R) ($) (1) (0) (%)
对方 PLC 的 DT0 的值
DT7 DT6 DT5
高位字节 低位字节 高位字节 低位字节 高位字节 低位字节
H46 H36 H30 H30 H38 H43
(F) (6) (0) (0) (8) (C)
BCC
对方 PLC 的 DT1 的值

图 7-80 接收到的数据写入相关的数存器

DT6 DT5 DT4
高位字节 低位字节 高位字节 低位字节 高位字节 低位字节
H30 H30 H38 H43 H30 H30 H34 H36
(0) (0) (8) (C) (0) (0) (4) (6)
对方 PLC 的 DT1 的值
对方 PLC 的 DT0 的值
十六进制ASCII → HEX 转换指令(F72)
DT51 DT50
高位字节 低位字节 高位字节 低位字节
H00 HC8 H00 H64
(K200) (K100)
对方 PLC 的 DT1 的值 对方 PLC 的 DT0 的值

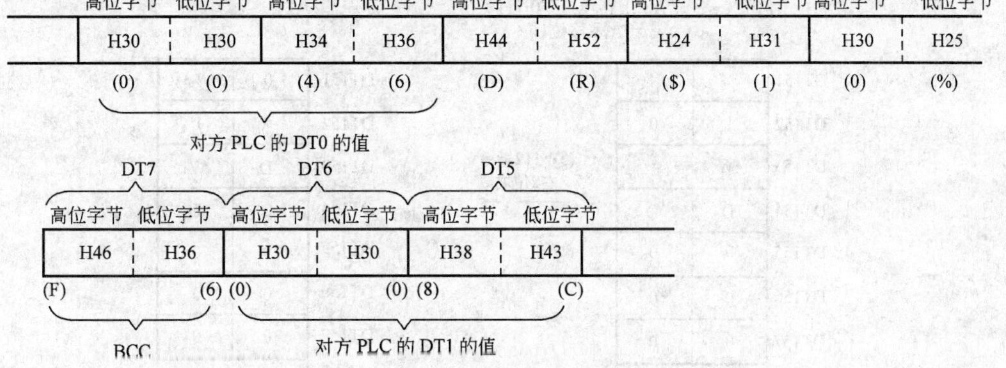

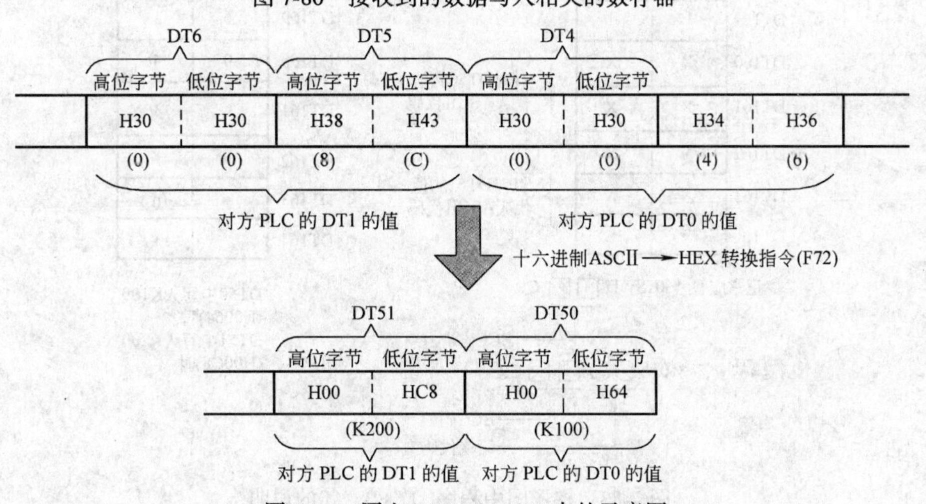

图 7-81 写入 DT50、DT51 中的示意图

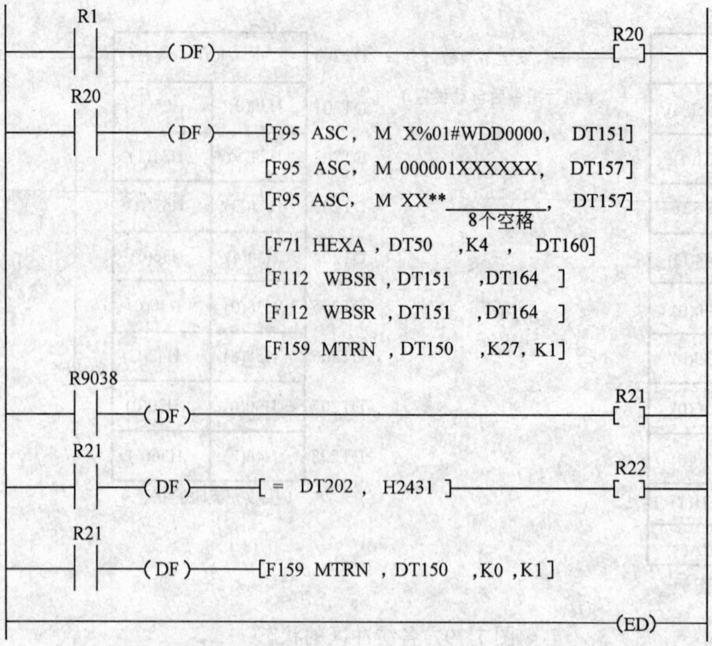

R1
(DF)
R20
R20
(DF)
[F95 ASC, M X%01#WDD0000, DT151]
[F95 ASC, M 000001XXXXXX, DT157]
[F95 ASC, M XX** , DT157]
8个空格
(1)
[F71 HEXA , DT50 ,K4 , DT160]
(2)
[F112 WBSR , DT151 ,DT164]
[F112 WBSR , DT151 ,DT164]
(3)
[F159 MTRN , DT150 ,K27, K1]
R9038
(DF)
R21
R21
(DF)
[= DT202 , H2431]
R22
R21
(DF)
[F159 MTRN , DT150 ,K0 ,K1]
(ED)

图 7-82　梯形图程序

(1) 为使HEX → ASCII转换指令(F71)
易于执行,移位1位
DT151 % X
DT152 1 0
DT153 W #
DT154 D D
DT155 0 0
DT156 0 0
DT157 0 0
DT158 0 0
DT159 1 0
DT160 X X
DT161 X X
DT162 X X
DT163 X X
DT164 * *
(2)
针对DT50的值
代入ASCII代码
针对DT51的值
代入ASCII代码
(3)F112指令
右2位右
DT151 0 %
DT152 # 1
DT153 D W
DT154 0 D
DT155 0 0
DT156 0 0
DT157 0 0
DT158 0 0
DT159 6 1
DT160 0 4
DT161 C 0
DT162 0 8
DT163 * 0
DT164 *
正常应答 %01$WD □□ CR
BCC
异常应答 %01! ○○ □□ CR
BCC码
错误代码
DT50中写入K100
(H0064)时
DT51中写入K200
(H00C8)时

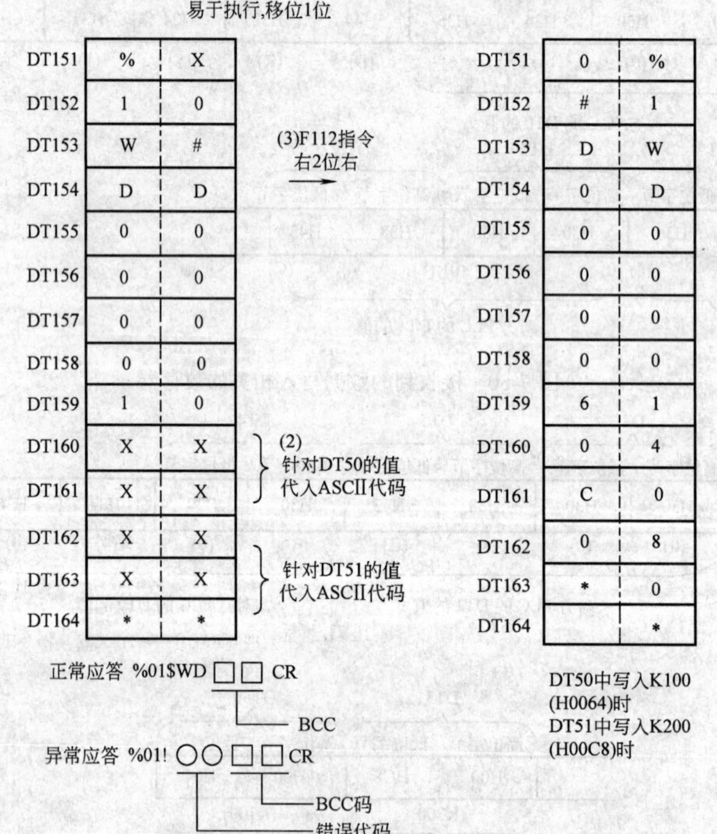

图 7-83　梯形图中程序①、②、③的说明

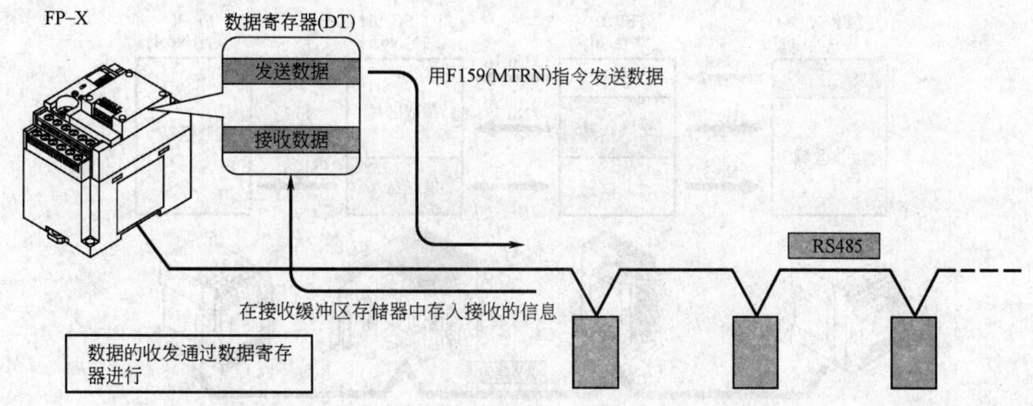

图 7-84 1:N 通信的连接

COM1 端口初始设定为计算机链接模式，COM1 端口的设定如表 7-18 所示。

表 7-18 COM1 端口的设定

No.	名 称	设 定 值
No.412	COM1 端口通信模式	通用通信
No.413	COM1 端口传送格式	数据长度－－－－－－－－7bit/8bit 奇偶校验－－－－－－－－无/奇数/偶数 停止位－－－－－－－－1bit/2bit 终端代码－－－－－－－－CR/CR+LF/无/ETX 始端代码－－－－－－－－STX 无/STX 有
No.415	COM1 端口速率	2400~115200bit/s
No.416	COM1 端口接收缓冲区起始地址	DT0~DT32764（初始值 DT0）
No.417	COM1 端口接收缓冲区容量	0~2048 字

注：1. 传送格式和速率要配合连接的设备进行设定。

2. AFPX-COM3、AFPX-COM4 的终端站应用通信插卡内 DIP 开关进行设定。

第五节 PC（PLC）链接功能

一、关于 PC（PLC）链接

（一）概述

FP-X、FPΣ、FP2-MCU 的 PLC 之间用双绞线电缆的连接系统，其系统示意图如图7-85所示。使用［链接继电器（L）］和［链接寄存器（LD）］，在 PLC 之间共享数据。使用 PC（PLC）之间的链接，使 1 台的 PLC 的链接继电器、链接寄存器的状态，自动反映在网络上的其他 PLC 上。初始设定中不能使用 PC（PLC）间的链接，将系统寄存器［COM1 口设置］的通信模式用 No.412 变更为［PC 链接］。用站号设定开关或系统寄存器设置各 PLC 的单元 No.（站号）或链接区域分配，仅对应 COM1 端口。

（二）PC（PLC）之间的链接动作

链接继电器：1 台 PLC 的链接继电器接点 ON，网络上存在的其他 PLC 的同一链接继电器 ON。

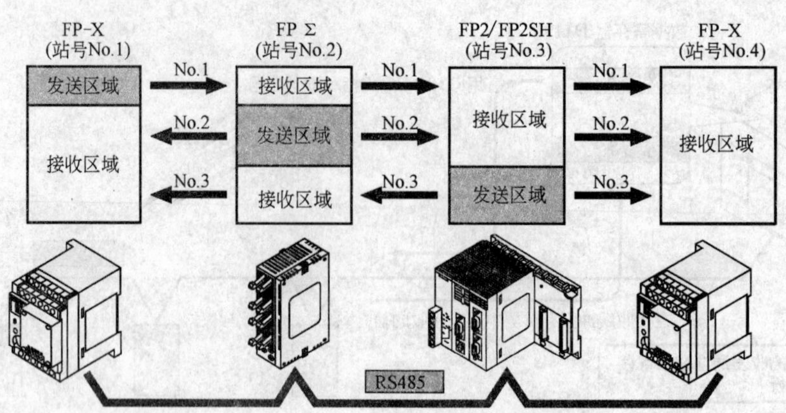

图 7-85 PC（PLC）链接系统示意图

链接寄存器：改写 1 台 PLC 的链接寄存器内容，网络上存在的其他 PLC 的相同链接寄存器，变更为改写后的值。

链接继电器和链接寄存器动作示意图如图 7-86 所示。

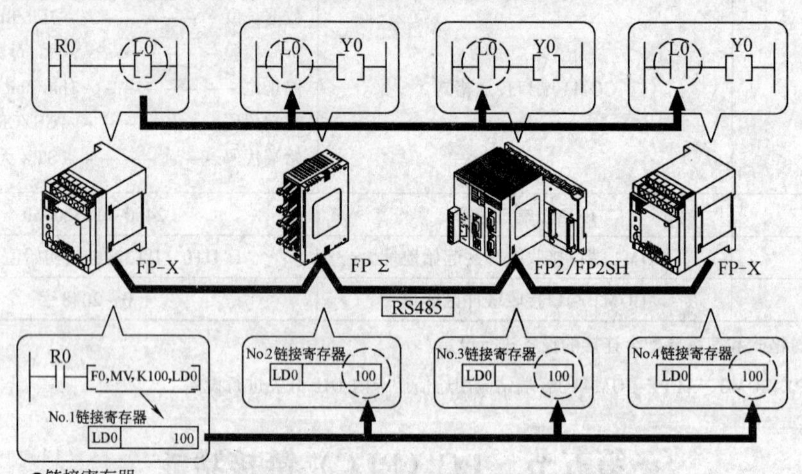

图 7-86 PC（PLC）之间的链接动作示意图

二、通信条件的设定

（一）通信模式的设定

COM1 端口初始设定为计算机链接模式。

用编程工具 FPWIN GR 设定通信模式。在菜单中选择［选项（O）］→［PLC 系统寄存器设置］，单击［COM1 口设置］框。PC（PLC）链接只能使用 COM1 端口。PLC 系统寄存器设置对话框如图 7-87 所示。

No.412 通信模式：选择 COM1 端口的通信模式，单击 ▾ 键，在显示的下拉菜单中选择［PC-link］。

PC（PLC）链接时，传送格式及速率设定如表 7-19 所示。

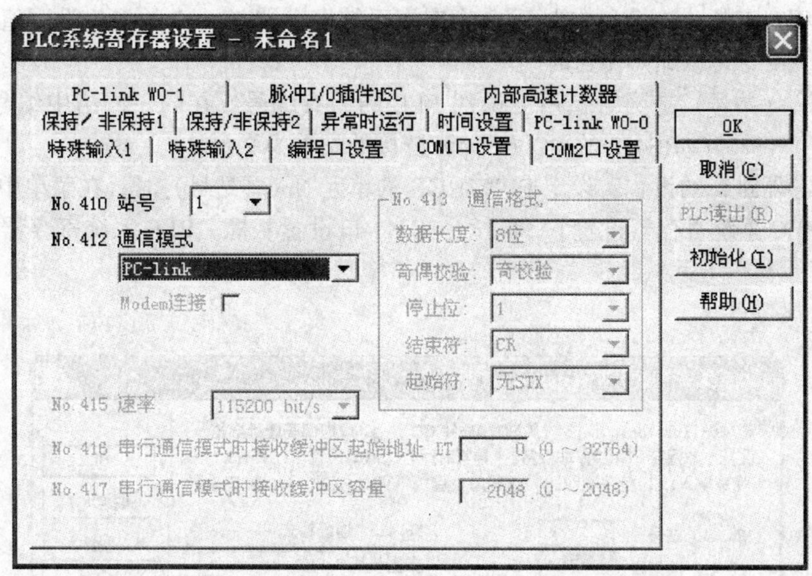

图 7-87 PLC 系统寄存器设置对话框

表 7-19 传送格式及速率的设定

No.	名 称	设 定 值
No.413	COM1 端口传送格式	数据长度 8bit 奇偶校验 奇数 停止位 1bit 终端代码 CR 始端代码 STX 无
No.415	COM1 端口速率	115200bit/s

(二) 单元 No.（站号）的设定

对于 COM 端口的［单元 No.（站号)］，系统寄存器的初始设定为［1］。

对于同一传输线上连接多个 PLC 的 PC（PLC）链接，为了识别各个 PLC，必需设定［单元 No.（站号)］，如图 7-88 所示。

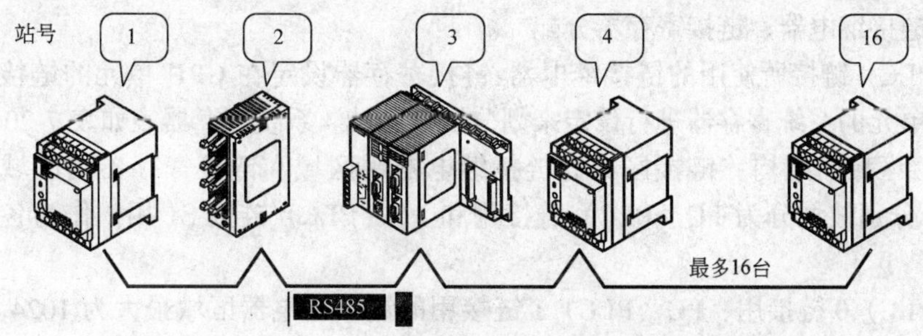

图 7-88 单元 No.（站号）的设定

设定方法可以选择系统寄存器或者应用 SYS1 指令进行设定。单元 No.（站号）设定的优先顺序是，SYS1 指令 > 系统寄存器。从第 1 号依次、不间断地连续设定。如有空编号时，传送时间则相对变长。连接台数少于 16 台时，系统寄存器 No.47 的初始设定值［16］变更为最大单元 No.，可以缩短传送时间。

单元 No.（站号）是网络上用于识别 PLC 的固有编号。在同一网络中编号不能重复。应注意的是，RS232C/RS422 的 PC（PLC）链接的站数为 2 台。

系统寄存器进行的设置：设定 FPWINGR 的单元 No.（站号）时，在菜单中选择［选项（O）］→［PLC 系统寄存器设置］，单击［COM1 口设置］框。PLC 系统寄存器设置对话框如图 7-89 所示。

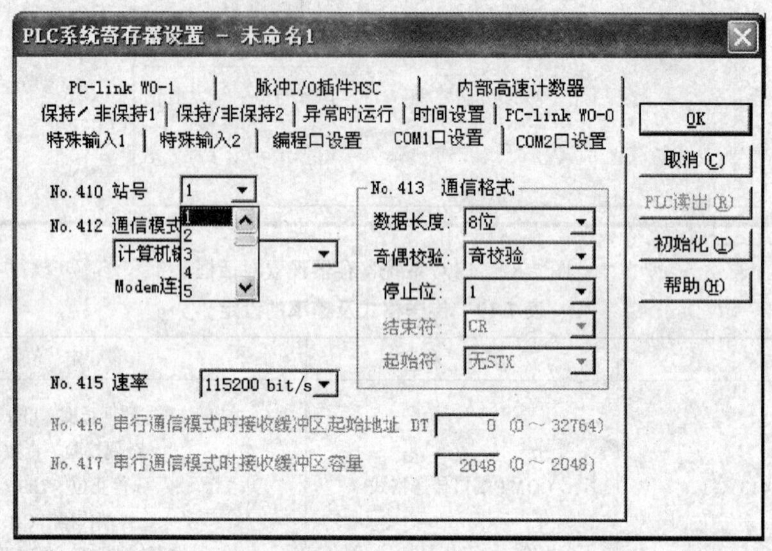

图 7-89　PLC 系统寄存器设置对话框

No.410（COM1 口设置）单元 No.（站号）的设定：单击▼键，在显示的下拉菜单的 1～16 之中选择单元 No.（站号）。从第 1 号依次、不间断地连续设定。如有空编号时，传送时间则相对变长。

连接台数少于 16 台时，系统寄存器 No.47 的初始设定值［16］变更为最大单元 No.，可以缩短传送时间。

（三）链接继电器、链接寄存器分配

PC（PLC）链接所使用的链接继电器/链接寄存器设定在 CPU 单元的链接区域中。通过对 CPU 单元的系统寄存器进行设定来划分链接区域。系统寄存器表如表 7-20 所示。

1. 链接区域的结构　链接区域有链接继电器用区域和链接寄存器用区域之分，如图 7-90所示。分别被划分为 PC（PLC）链接用和 PC（PLC）链接 S1 用，作为各自的单元使用。

PC（PLC）0 链接用、PC（PLC）1 链接用的链接继电器区域最大为 1024 点（64 字），而链接寄存器最多可分配 128 字。

应注意的是，PC 链接 1 可用于同 FP2 复合通信单元（MCU）的第 2 条 PC 链接 W0 进行连接来使用。在这种情况下，PC 链接的链接继电器或者链接寄存器编号可以按与 FP2 相同值来使用。

表 7-20 系统寄存器表

No.		名 称	初始值	设定值
PC（PLC）链接 0 用	40	指定用于通信的链接继电器范围	0	0～64 字
	41	指定用于通信的链接寄存器范围	0	0～128 字
	42	链接继电器传送开始 No.（起始字 No.）	0	0～63
	43	链接继电器传送容量	0	0～64 字
	44	链接寄存器传送开始 No.（起始 No.）	0	0～127
	45	链接寄存器传送容量	0	0～128 字
	46	PC（PLC）链接切换标志	标准	标准：前半部分 反转：后半部分
	47	MEWNET-W0 PC（PLC）链接最多站号的设定	0	0～16
PC（PLC）链接 1 用	46	PC（PLC）链接切换标志	标准	标准：前半部分 反转：后半部分
	50	指定用于通信的链接继电器范围	0	0～64 字
	51	指定用于通信的链接寄存器范围	0	0～128 字
	52	链接继电器传送开始 No.（起始字 No.）	64	64～127
	53	链接继电器传送容量	0	0～64 字
	54	链接寄存器传送开始 No.（起始 No.）	128	128～255
	55	链接寄存器传送容量	0	0～128 字
	57	MEWNET-W0 PC（PLC）链接最多站号的设定	0	0～16

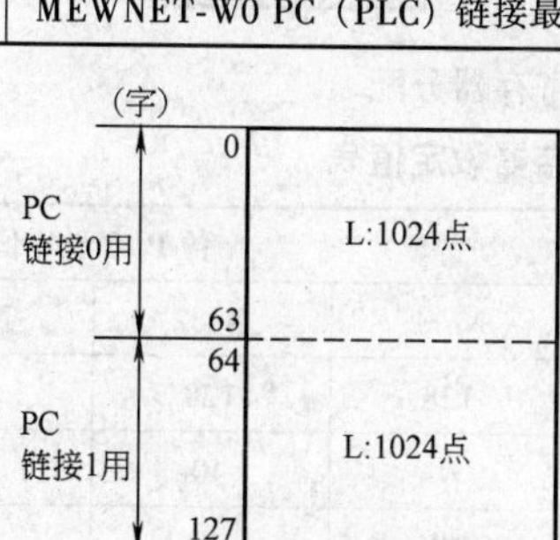

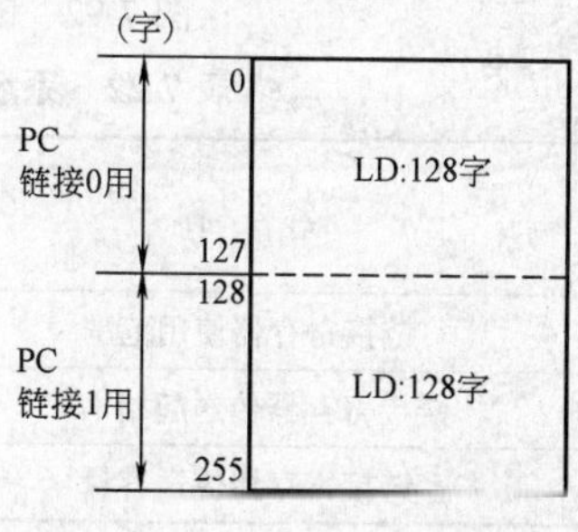

图 7-90 链接区域

2. 链接区域分配 PC（PLC）链接功能区域被划分为传送区域和接收区域。链接继电器或链接寄存器，从传送区域向其他的 PLC 的接收区域传送。接收方需要和传送方在同一编号的链接继电器、链接寄存器的接收区域内。

(1) 链接继电器和链接寄存器分配 PC（PLC）链接用时，链接继电器的分配如图7-91所示。系统寄存器设定值如表 7-21 所示。

表 7-21 系统寄存器设定值

No.	名 称	各 PLC 设定值			
		No.1	No.2	No.3	No.4
No.40	链接继电器使用范围	64	64	64	64
No.42	链接继电器传送起始字 No.	0	20	40	0
No.43	链接继电器传送容量	20	20	24	0

注：设定 No.40（链接继电器使用范围）时，将全部单元设成相同范围。

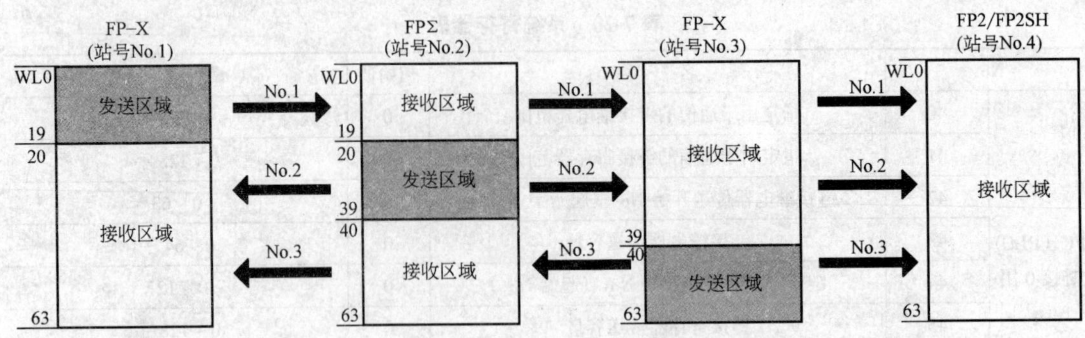

图 7-91 链接继电器分配

链接寄存器的分配如图 7-92 所示，系统寄存器设定值表如表 7-22 所示。

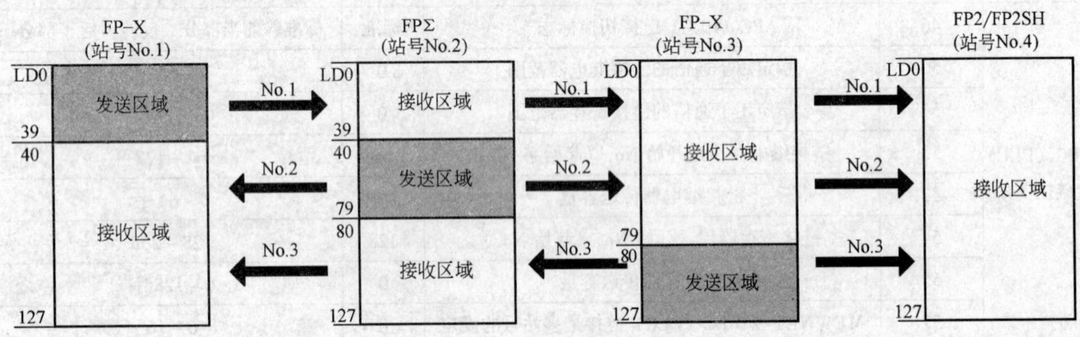

图 7-92 链接寄存器分配

表 7-22 系统寄存器设定值表

No.	名　称	各 PLC 设定值			
		No.1	No.2	No.3	No.4
No.41	链接寄存器使用范围	128	128	128	128
No.44	链接寄存器传送起始 No.	0	40	80	0
No.45	链接寄存器传送容量	40	40	48	0

注：设定 No.41（链接寄存器使用范围）时，将全部单元设成相同范围。

在上述的链接区域分配时，No.1 的传送区域可将数据传送到 No.2、No.3、No.4 的接收区域。且 No.1 的接收区域也可接收来自 No.2、No.3 传送区域的数据。No.4 只有接收区域，能够接收来自 No.1、No.2、No.3 的数据，但不能将数据传送给其他的站。

(2) PC（PLC）链接用 S1 时链接继电器和寄存器分配　链接继电器的分配如图 7-93 所示，系统寄存器设定值如表 7-23 所示。

表 7-23 系统寄存器设定值

No.	名　称	各控制单元设定值			
		No.1	No.2	No.3	No.4
No.50	链接继电器使用范围	64	64	64	64
No.52	链接继电器传送起始字 No.	64	84	104	64
No.53	链接继电器传送容量	20	20	24	0

注：设定 No.50（链接继电器使用范围）时，将全部单元设成相同范围。

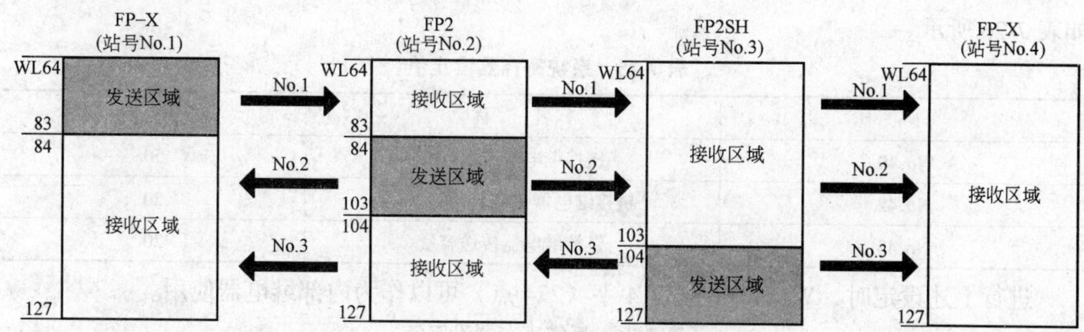

图 7-93 链接继电器的分配

链接寄存器的分配如图 7-94 所示，系统寄存器设定值如表 7-24 所示。

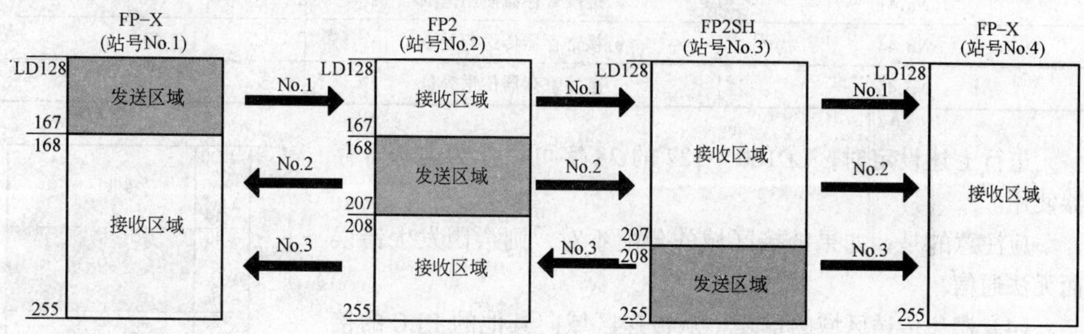

图 7-94 链接寄存器分配

表 7-24 系统寄存器设定值

No.	名　称	各控制单元设定值			
		No.1	No.2	No.3	No.4
No.51	链接寄存器使用范围	128	128	128	128
No.54	链接寄存器传送起始 No.	128	128	208	128
No.55	链接寄存器传送容量	40	40	48	0

注：设定 No.51（链接寄存器使用范围）时，将全部单元设成相同范围。

在上述的链接区域分配时，No.1 的传送区域可将数据传送到 No.2、No.3、No.4 的接收区域。且 No.1 的接收区域也可接收来自 No.2、No.3 传送区域的数据。No.4 只有接收区域，能够接收来自 No.1、No.2、No.3 的数据，但不能将数据传送给其他站。

应注意的是，PC 链接 1 可用于同 FP2 复合通信单元（MCU）的第 2 条 PC 链接 W0 进行连接来使用。在这种情况下，PC 链接的链接继电器或者链接寄存器编号可以按与 FP2 相同值来使用。

（3）只使用链接区域的一部分　链接区域为 PC（PLC）链接用时，可以使用链接继电器 1024 点（64 字）、链接寄存器 128 字，但是未必需要用到全部区域。

未用到的部分可以作为如下内部继电器/内部寄存器使用。

链接继电器分配如图 7-95 所示，系统寄存器设定值如表 7-25所示。链接寄存器分配如图 7-96 所示，系统寄存器设定值

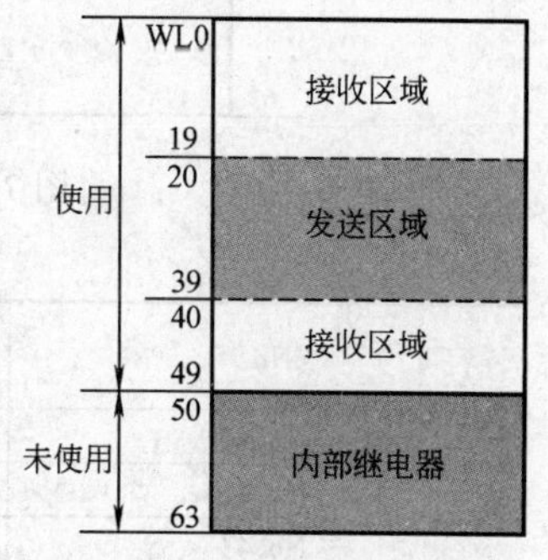

图 7-95 链接继电器分配

如表 7-26 所示。

表 7-25 系统寄存器设定值

No.	名 称	No.1
No.40	链接继电器使用范围	50
No.42	链接继电器传送起始字 No.	20
No.43	链接继电器传送容量	20

进行上述设定时，WL50～63 的 14 字（224 点）可以作为内部继电器使用。

表 7-26 系统寄存器设定值

No.	名 称	No.1
No.41	链接寄存器使用范围	100
No.44	链接寄存器传送起始 No.	40
No.45	链接寄存器传送容量	40

进行上述设定时，LD100～127 的 28 字可以作为内部寄存器使用。

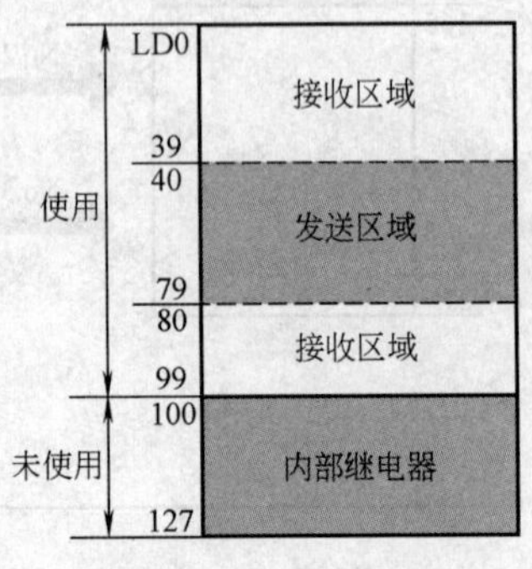

图 7-96 链接寄存器分配

应注意的是：如果链接区域的分配不对，则会因发生错误而无法通信。

(4) 避免传送区域的重复 从传送区域向其他的 PLC 的接收区域传送数据时，接收端的接收区域必须有编号相同的链接继电器和链接寄存器。

如出现图 7-97 所示中 No.2 和 No.3 的链接继电器之间有重叠的区域，则会导致发生错误，从而使通信无法进行。

系统寄存器的设定值如表 7-27 所示。

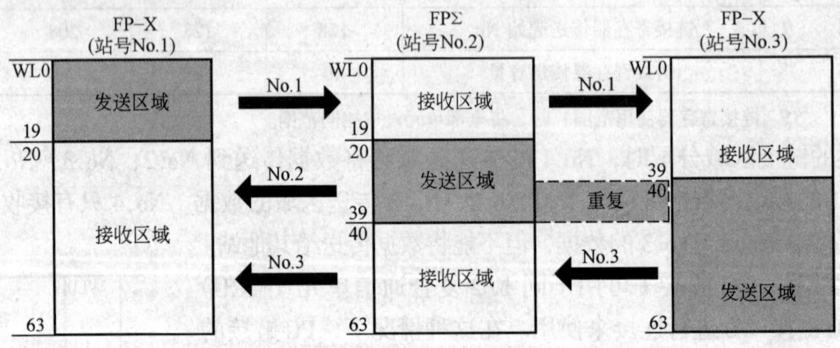

图 7-97 No.2 和 No.3 的链接继电器之间有重叠区域

表 7-27 系统寄存器设定值

No.	名 称	各控制单元设定值		
		No.1	No.2	No.3
No.40	链接继电器使用范围	64	64	64
No.42	链接继电器传送起始字 No.	0	20	30
No.43	链接继电器传送容量	20	20	34

（5）无效分配　按图 7-98 进行分配无论是对链接继电器，还是链接寄存器都是不可行的。分配是无效的。

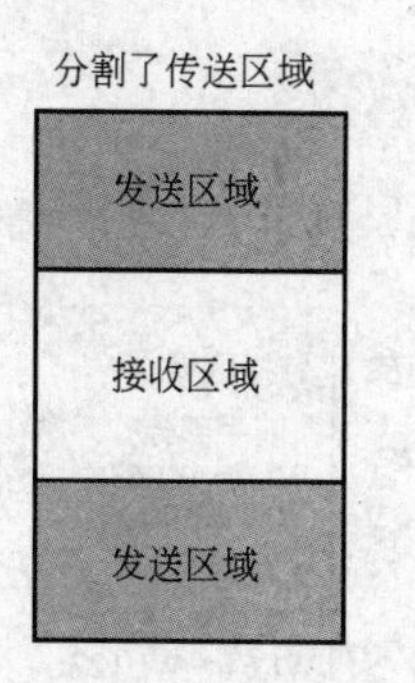

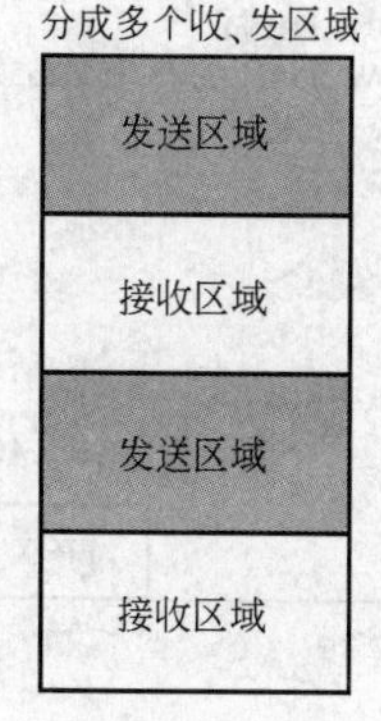

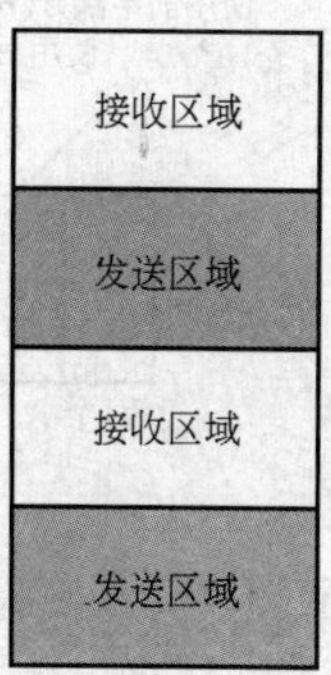

图 7-98　无效分配

（四）PC（PLC）链接最大单元 No.（站号）的设定

系统寄存器 No.47（用于 PC（PLC）链接 1 时，为系统寄存器 No.57）可设定最大单元 No.（站号）。其设定内容如表 7-28 所示。

表 7-28　设定内容

链接台数	设定内容
2 台链接时	第 1 台：设定单元 No.1 第 2 台：设定单元 No.2 各自的最大单元 No. 设定为［2］
4 台链接时	第 1 台：设定单元 No.1 第 2 台：设定单元 No.2 第 3 台：设定单元 No.3 第 4 台：设定单元 No.4 各自的最大单元 No. 设定为［4］
N 台链接时	第 N 台：设定单元 No.N 各自的最大单元 No. 设定为［N］

注意事项如下：

1）设定单元 No. 时，从第 1 号开始依次不间断连续设定。如果有空编号，传送时间则相对变长。

2）链接单元数少于 16 台时，将系统寄存器 No.47（用于 PC（PLC）链接 1 时，为系统寄存器 No.57）设定为最大单元 No.，可缩短传送时间。

3）链接的所有 PLC 的最大单元 No. 都要设定为相同值。

4）如链接单元数少于 16，且未设定最大单元 No.（初始设定 = 16）时，或设定了最大单元 No.，但单元 No.（站号）的设定不具有连续性时，或连续设定了单元 No.（站号），但有一单元未接通电源时，PLC 链接的应答时间（链接传送周期）会变得更长。

（五）PC（PLC）链接切换标志的设定

通过系统寄存器 No.46 进行设定。

初始值如被设定为0，则使用前半部的链接继电器、寄存器，但如果设定为1则使用后半部的链接继电器、寄存器，如图7-99所示。

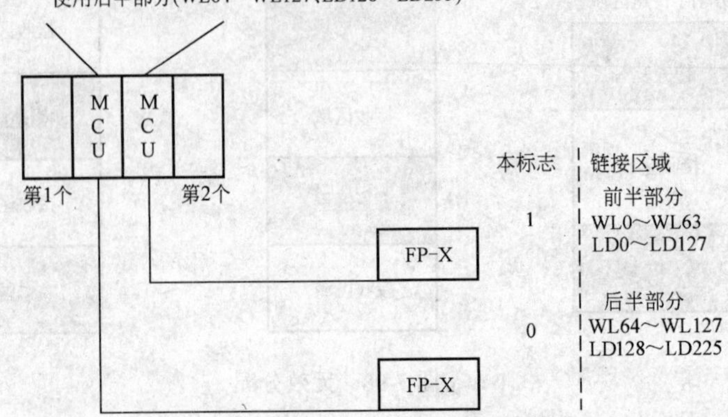

图7-99 PC（PLC）链接切换标志的设定

三、PC（PLC）链接时的监控

使用PC（PLC）链接时，用以下的继电器可以监控链接的动作状态。

（一）传送保证继电器

PC（PLC）链接用：R9060～R906F（对应单元No.（站号）1～16）。

PC（PLC）链接S1用：R9070～R907F（对应单元No.（站号）1～16）。

各PLC使用其他站传送的传输数据时，在使用前，应确认目标站的传送保证继电器处于ON状态，如表7-29所示。

表7-29 传送保证继电器的状态

继电器No.	R9060	R9061	R9062	R9063	R9064	R9065	R9066	R9067	R9068	R9069	R906A	R906B	R906C	R906D	R906E	R906F
对应站号	1	2	3	4	5	6	7	8	9	10	11	12	13	14	15	16
ON/OFF条件	ON：PC（PLC）链接正常时 OFF：停止状态、发生异常或PC（PLC）未链接															

（二）动作模式继电器

PC（PLC）链接用：R9070～R907F（对应单元No.（站号）1～16）如表7-30所示。

PC（PLC）链接S1用：R9080～R908F（对应单元No.（站号）1～16）。

用各PLC可以了解其他站PLC的动作模式（RUN/PROG.）。

表7-30 链接用继电器的动作模式

继电器No.	R9070	R9071	R9072	R9073	R9074	R9075	R9076	R9077	R9078	R9079	R907A	R907B	R907C	R907D	R907E	R907F
对应站号	1	2	3	4	5	6	7	8	9	10	11	12	13	14	15	16
ON/OFF条件	ON：单元在RUN模式时 OFF：单元在PROG.模式时															

（三）PC（PLC）链接传送异常继电器R9050（链接1）

在传送中查出异常时为ON，如表7-31所示。

表 7-31 R9050 动作条件

继电器 No.	R9050															
对应站号	1	2	3	4	5	6	7	8	9	10	11	12	13	14	15	16
ON/OFF 条件	ON：PC（PLC）链接发生传送异常时，以及 PC（PLC）链接区域设定发生异常时 OFF：无传送异常时															

选择 FPWIN GR 状态监控画面上的 PC（PLC）链接开关，可对传送周期时间、错误发生次数等的 PC（PLC）链接状态项目进行监控。

四、PC（PLC）链接实例

（一）3 台 PLC 的链接

利用链接继电器，当单元 No.1 中 PLC 的 X1 为 ON 时，使单元 No.2 中 PLC 的 Y0 接通。当单元 No.1 中 PLC 的 X2 为 ON 时，使单元 No.3 中 PLC 的 Y0 接通，如图 7-100 所示。

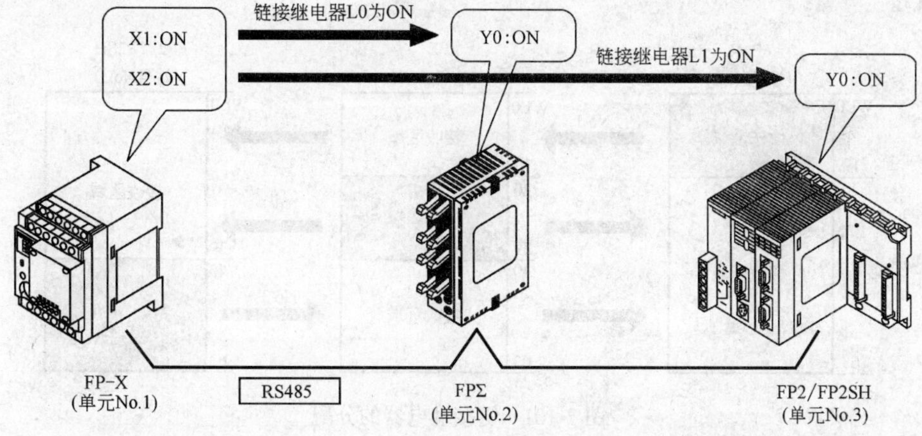

图 7-100 3 台 PLC 链接

系统寄存器的设置：PC（PLC）链接时，传送格式及速率的设定如表 7-32 所示。

表 7-32 系统寄存器的传送格式及速率的设定

No.	名 称	设 定 值
No.413	COM1 端口传送格式	数据长度－－－－－－－－8bit 奇偶校验－－－－－－－－奇数 停止位－－－－－－－－1bit 终端代码－－－－－－－－CR 始端代码－－－－－－－－STX 无
No.415	COM1 端口速率	115200bit/s

单元 No.（站号）、通信模式的设定如表 7-33～表 7-35 所示。

表 7-33 单元 No.1 的 FP-X 的设定

No.	名 称	设 定 值
No.410	COM1 端口单元 No.	1
No.412	COM1 端口通信模式	PC 链接

表 7-34 单元 No.2 的 FPΣ 的设定

No.	名 称	设 定 值
No.410	COM1 端口单元 No.	2
No.412	COM1 端口通信模式	PC 链接

表 7-35 单元 No.3 的 FP2-MCU 的设定

名 称	设 定 值
COM1 端口单元 No.	3（通过站号设定开关进行设定）
COM1 端口通信模式	PC（PLC）链接（通过模式速度设定开关）

（二）链接继电器的分配

链接继电器的分配如图 7-101 所示。系统寄存器设置如表 7-36 所示。

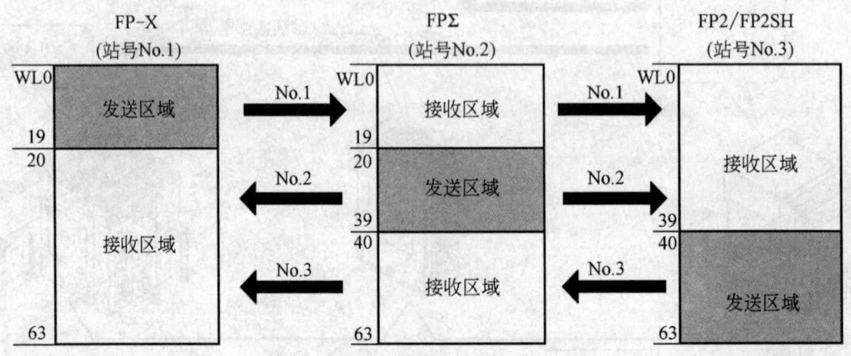

图 7-101 链接继电器的分配

表 7-36 系统寄存器设置

No.	名 称	各 PLC 设定值		
		No.1	No.2	No.3
No.40	链接继电器的链接使用范围	64	64	64
No.42	链接继电器的传送起始 No.	0	20	40
No.43	链接继电器的传送容量	20	20	24

链接寄存器分配如图 7-102 所示。系统寄存器设置如表 7-37 所示。最大单元 No.（站号）的设定如表 7-38 所示。

表 7-37 系统寄存器设置

No.	名 称	各 PLC 设定值		
		No.1	No.2	No.3
No.41	链接寄存器的链接使用范围	128	128	128
No.44	链接寄存器的传送起始 No.	0	40	80
No.45	链接寄存器的传送容量	40	40	48

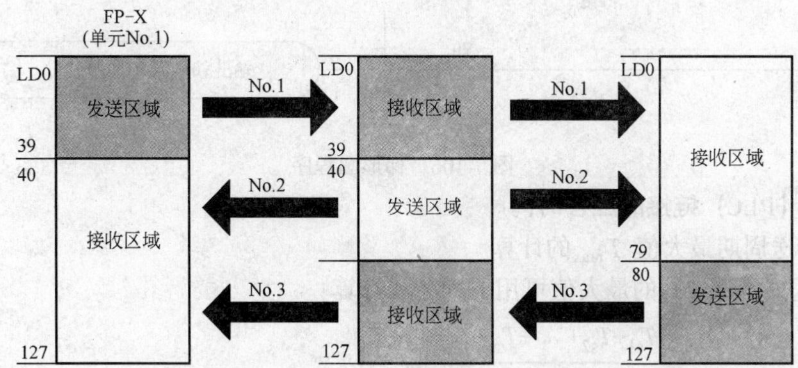

图 7-102　链接寄存器分配

表 7-38　最大单元 No.（站号）的设定

No.	名　称	设 定 值
No.47	PC（PLC）链接最大单元 No.（站号）的设定	3

终端站的设定：终端站用卡内的 DIP 开关进行设定。PLC 的连接如图 7-103 所示。

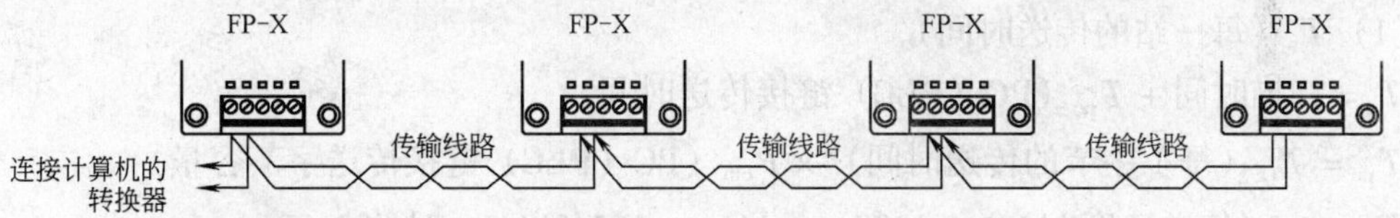

图 7-103　PLC 的连接示意图

（三）程序实例

1. 单元 No.1 的 PLC 的程序　输入 X1 后，链接继电器 L0 接通，输入 X2 后，链接继电器 L1 接通。梯形图程序如图 7-104 所示。

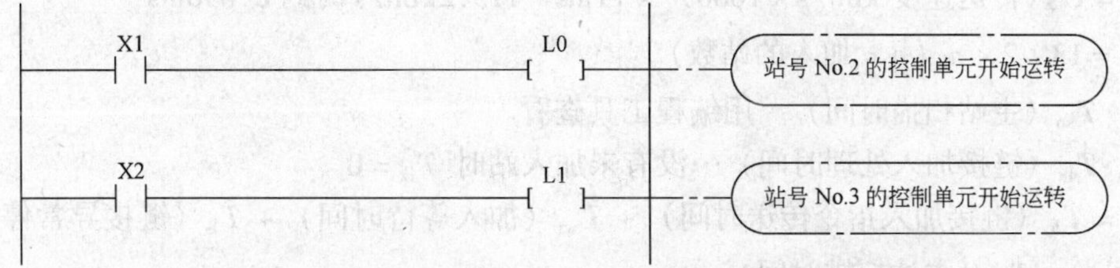

图 7-104　梯形图程序

2. 单元 No.2 的 PLC 的程序　接通链接继电器的 L0，输出 Y0。梯形图程序如图 7-105 所示。

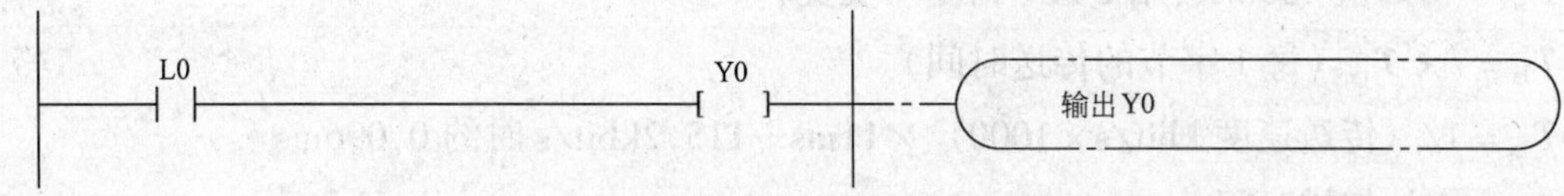

图 7-105　梯形图程序

3. 单元 No.3 的 PLC 的程序　接通链接继电器的 L1，输出 Y0。梯形图程序如图 7-106 所示。

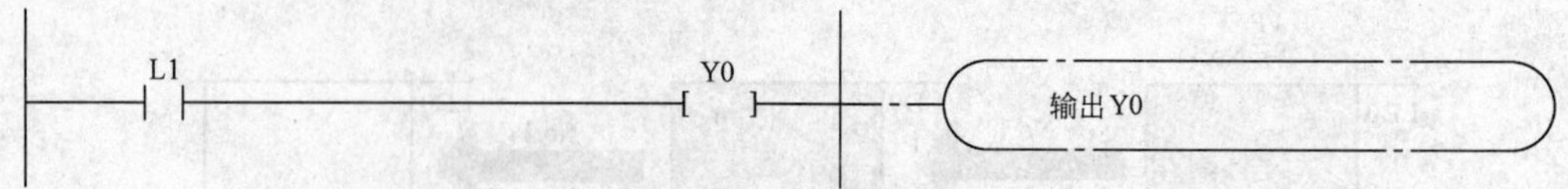

图 7-106 梯形图程序

五、PC（PLC）链接的应答时间

（一）传送周期最大值 T_{max}的计算

1个传送周期（T）的最大值可用下列公式计算：

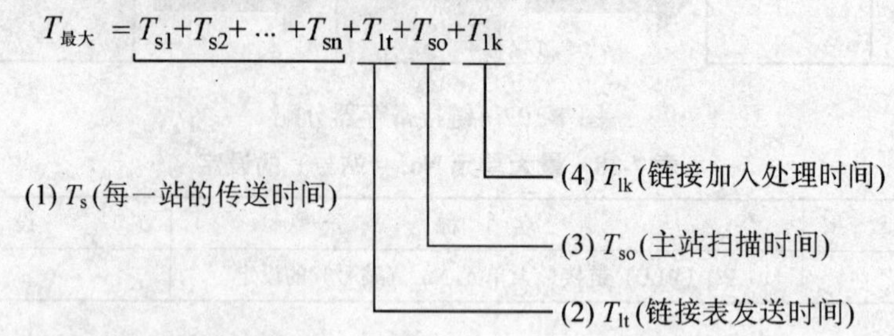

公式的各个项目用以下方法计算：

（1）T_s（每一站的传送时间）

T_s = 扫描时间 + T_{pc}（PC（PLC）链接传送时间）

$T_{pc} = T_{tx}$（每1字节的传送时间）× P_{cm}（PC（PLC）链接传送字节容量）

T_{tx} = 1/（传送速度 kbit/s × 1000）× 11ms…115.2kbit/s 时约 0.096ms

P_{cm} = 23 +（继电器字数 + 寄存器字数）× 4（ASCII 代码为4倍）

（2）T_{lt}（链接表传送时间）

$T_{lt} = T_{tx}$（每1字节的传送时间）× L_{tm}（链接表传送容量）

T_{tx} = 1/（传送速度 kbit/s × 1000）× 11ms…115.2kbit/s 时约 0.096ms

$L_{tm} = 13 + 2 \times n$（n = 加入的站数）

（3）T_{so}（主站扫描时间） 用编程工具查看。

（4）T_{lk}（链接加入处理时间）…没有未加入站时 $T_{lk} = 0$

$T_{lk} = T_{lc}$（链接加入指令传送时间）+ T_{wt}（加入等待时间）+ T_{ls}（链接异常停止指令传送时间）+ T_{so}（主站扫描时间）

$T_{lc} = 10 \times T_{tx}$（每1字节的传送时间）

T_{tx} = 1/（传送速度 kbit/s × 1000）× 11ms…115.2kbit/s 时约 0.096ms

T_{wt} = 初始值 400ms（用 SYS1 指令可变更）

$T_{ls} = 7 \times T_{tx}$（每1字节的传送时间）

T_{tx} = 1/（传送速度 kbit/s × 1000）× 11ms…115.2kbit/s 时约 0.096ms

T_{so} = 主站扫描时间

<计算实例1>

16台链接中没有未加入站，最大单元 No. = 16、继电器/寄存器均等分配、各 PLC 扫描时间为 1ms 时的计算如下：

$T_{tx}=0.096ms$ 各 $P_{cm}=23+(4+8)\times 4$ 字节 $=71$ 字节

$T_{pc}=T_{tx}\times P_{cm}=0.096\times 71ms\approx 6.82ms$

各 $T_s=(1+6.82)ms=7.82ms$ $T_{lt}=0.096\times(13+2\times 16)ms=4.32ms$

根据上述条件，1 个传送周期（T）的最大值为 $T_{max}=(7.82\times 16+4.32+1)ms=130.44ms$。

<计算实例 2>

16 台链接中没有未加入站，最大单元 No. =16、继电器/寄存器均等分配、各 PLC 扫描时间为 5ms 时的计算如下：

$T_{tx}=0.096ms$ 各 $P_{cm}=23+(4+8)\times 4$ 字节 $=71$ 字节

$T_{pc}=T_{tx}\times P_{cm}=0.096\times 71ms\approx 6.82ms$

各 $T_s=(5+6.82)ms=11.82ms$ $T_{lt}=0.096\times(13+2\times 16)ms=4.32ms$

根据上述条件，1 个传送周期（T）的最大值为 $T_{max}=11.82\times 16+4.32+5=198.44ms$。

<计算实例 3>

16 台链接中有 1 台未加入站，最大单元 No. =16、继电器/寄存器均等分配、各 PLC 扫描时间为 5ms 时的计算如下：

$T_{tx}=0.096ms$ 各 $T_s=(5+6.82)ms=11.82ms$

$T_{lt}=0.096\times(13+2\times 15)ms\approx 4.13ms$

$T_{lk}=(0.96+400+0.67+5)ms\approx 407ms$

注：加入等待时间的默认值 =400ms

根据上述条件，1 个传送周期（T）的最大值为 $T_{max}=(11.82\times 15+4.13+5+407)ms=593.43ms$。

<计算实例 4>

8 台链接中没有未加入站，最大单元 No. =8、继电器/寄存器均等分配、各 PLC 扫描时间 5ms 时的计算如下：

$T_{tx}=0.096ms$ 各 $P_{cm}=23+(8+16)\times 4$ 字节 $=119$ 字节

$T_{pc}=T_{tx}\times P_{cm}=0.096\times 119ms\approx 11.43ms$

各 $T_s=(5+11.43)ms=16.43ms$ $T_{lt}=0.096\times(13+2\times 8)ms\approx 2.79ms$

根据上述条件，1 个传送周期（T）的最大值为 $T_{max}=(16.43\times 8+2.79+5)ms=139.23ms$。

<计算实例 5>

2 台链接中没有未加入站，最大单元 No. =2、继电器/寄存器均等分配、各 PLC 扫描时间 5ms 时的计算如下：

$T_{tx}=0.096ms$ 各 $P_{cm}=23+(32+64)\times 4$ 字节 $=407$ 字节

$T_{pc}=T_{tx}\times P_{cm}=(0.096\times 407)ms\approx 39.072ms$

各 $T_s=(5+39.072)ms=44.072ms$ $T_{lt}=0.096\times(13+2\times 2)ms\approx 1.632ms$

根据上述条件，1 个传送周期（T）的最大值为 $T_{max}=(44.072\times 2+1.632+5)ms=94.776ms$。

＜计算实例 6＞

2 台链接中没有未加入站，最大单元 No. = 2、继电器 32 点/寄存器 2W 均等分配、各 PLC 扫描时间 1ms 时的计算如下：

$T_{tx} = 0.096\text{ms}$ 各 $P_{cm} = 23 +$ （1 + 1） × 4 字节 = 31 字节

$T_{pc} = T_{tx} \times P_{cm} =$ （0.096 × 31） ms ≈ 2.976ms

各 $T_s =$ （1 + 2.976） ms = 3.976ms $T_{lt} = 0.096 \times$ （13 + 2 × 2） ms ≈ 1.632ms

根据上述条件，1 个传送周期（T）的最大值为 $T_{max} =$ （3.976 × 2 + 1.632 + 1） ms = 10.584ms。

应注意如下几个问题：

1）上述说明中的未加入站，指从第 1 站到最大单元 No. 之间未连接的站或已连接但未接通电源的站。

2）比较计算实例 2 和 3，有 1 台未加入站时，传送周期时间变长，因此 PC（PLC）链接应答时间变长。

3）即使有未加入站，也可以用 SYS1 指令缩短传送周期时间。

（二）有未加入站时的传送周期时间的缩短方法

如果有未加入站，则 T_{lk}时间（链接加入处理时间）变长，这是传送周期时间变长的主要原因。

$$T_{max} = T_{s1} + T_{s2} + \dots + T_{sn} + T_{lt} + T_{so} + T_{lk}$$

$T_{lk} = T_{lc}$ (链接加入指令发送时间) $+T_{wt}$ (加入等待时间)

$+T_{ls}$ (链接异常停止指令发送时间) $+T_{so}$ (主站扫描时间)

如果使用 SYS1 指令缩短 T_{wt}，则可以尽可能地缩短传送周期。

SYS1 指令的设定如（SYS1，M PCLK1T0，100）

功能说明：PC（PLC）链接加入时，等待时间的变更（默认值 = 400ms）以上实例中设定为 100ms。

关键字：第 1 关键字的指定：PCLK1T0

第 2 关键字的可指定范围：10 ~ 400（10 ~ 400ms）

在 M 之后输入空格，形成靠右的 12 个字符。

第 2 关键字是 2 位时，则输 2 个空格，是 3 位时，输入 1 个空格。

应注意的是，PC（PLC）链接可能会变得不稳定，因此有未加入站时，如无影响，请勿变更设定。

上述指令在程序的开始处用 R9014 的上升沿执行，把链接的所有 PLC 设定为相同值。

要设定为链接的各 PLC 时最大输送周期时间的 2 倍以上。

设定了较短值时，可能会有即使接通电源也不能加入链接的 PLC。但是，最小可设定时间为 10ms。

（三）传送保证继电器的异常检出时间

某一站的 PLC 电源断开时，该 PLC 的传送保证继电器，在其他站要经过 6.4s（默认值）后，才被关断。这个时间可以用 SYS1 指令缩短。

SYS1 指令的设定如（SYS1，M PCLK1T1，100）

功能说明：PC（PLC）链接的传送保证继电器 OFF 时间的变更（默认值 = 6400ms）上述实例中设定为 100ms。

关键字：第 1 关键字的指定：PCLK1T1

第 2 关键字的可指定范围：100 ~ 6400（100 ~ 6400ms）

M 之后输入空格，形成靠右的 12 个字符。

第 2 关键字是 3 位时，输 2 个空格，是 4 位时无空格。

应注意的是，PC（PLC）链接可能会变得不稳定，因此如无特别影响，请勿变更传送保证继电器的检出时间。

上述指令在程序的开始处用 R9014 上升沿执行，把链接的所有 PLC 设定为相同值。

要设定为链接的各 PLC 时最大输送周期时间的 2 倍以上。

设定了较短值时，传送保证继电器可能会误动作。但是，最小可设定时间为 100ms。

第六节 MODBUS RTU 通信

一、MODBUS RTU 通信功能的概述

1）使用 MODBUS RTU 通信协议，可以在 FP-X 及其他设备（包括本公司的 FP-e、显示器 GT 系列、KT 调温器）之间进行通信。

2）通过由主站向从站发出指令（指令信息），从站按照该指令做出响应（响应信息），以此进行通信。

3）备有主功能和从属功能，最大可以在 99 台设备之间进行通信。

4）可以使用通信插卡和 USB 端口。

MODBUS RTU 通信：即为在主站和从站之间进行通信，主站具有对从站的数据进行读写的功能。

MODBUS 通信协议可分为 ASCI 模式和 RTU（二进制）模式，而在 FP-X 中，仅支持 RTU（二进制）模式。

主站功能：使用 F145（SEND）指令和 F146（RECV）指令，可以对各从站进行数据的写入和数据的读出。可进行各从站的个别的存取和一次同地址的全程传送，如图 7-107 所示。

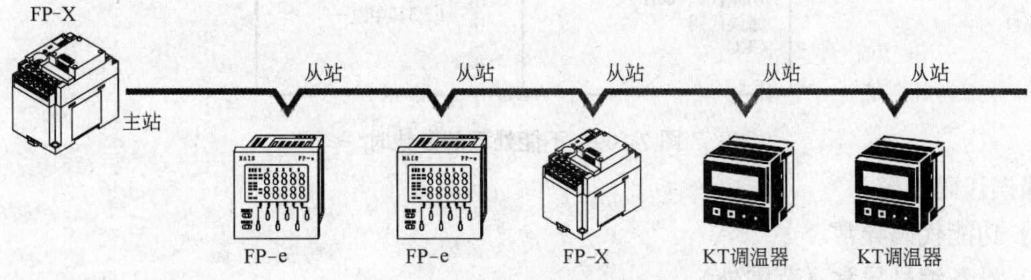

图 7-107 主站功能

从站功能：当接收到由主站发出的指令信息时，即自动地返回与其内容相符合的响应信息。在作为从站使用的情况下，请不要执行 F145（SEND）指令和 F146（RECV）指令。如图 7-108 所示。

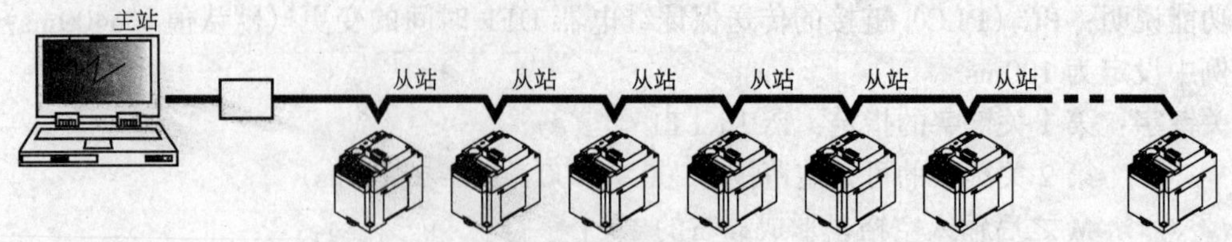

图 7-108 从站功能

二、MODBUS RTU 指令信息帧

指令信息帧如表 7-39 所示。

表 7-39 指令信息帧

START	ADDRESS	FUNCTION	DATA	CRCCHECK	END
3.5 字符时间	8bit	8bit	n × 8bit	16bit	3.5 字符时间

ADDRESS（站号） 8 位、0 ~ 99（十进制）

注 1）0 = 广播地址

注 2）从站号为 1 ~ 99（十进制）

注 3）MODBUS 为 0 ~ 247（十进制）

FUNCTION 8 位

DATA 因指令而异。

CRC 16bit

END 3.5 字符时间（因速率而异。可参照接收判定时间）

三、正常时的响应

在执行 1 点写入指令和回送检查的情况下，则回送与指令相同的信息。

在执行多点写入指令的情况下，则回送指令信息的一部分（从起始开始的 6 字节）。

四、异常时的响应

当指令中发现有不能处理的参数时（传送异常除外），如图 7-109 所示。

从站地址（站号） 功能代码+80H 错误代码 CRC	1,2,3其中之一

图 7-109 不能处理的参数时

错误代码内容：

1）功能代码异常。

2）设备编号异常（范围外）。

3）设备台数异常（范围外）。

五、接收完成判定时间

信息在最终数据接收完成后，当发生超过表 7-40 所示的时间的空闲时间时，表明接收已完成。接收完成判定时间约为 32bit 长度的时间。

表 7-40 接收完成判定时间表

速率/（bit/s）	接收完成判定时间/ms
2400	约 13.3
4800	约 6.7
9600	约 3.3
19200	约 1.7
38400	约 0.8
57600	约 0.6
115200	约 0.3

六、对应的指令表

对应的指令表如 7-41 所示。

表 7-41 对应的指令表

主站时执行指令	功能码（十进制）	名称（MODBUS 原版）	在 FP-X 中的名称	备考（参照 No.）
F146（RECV）	01	线圈读出形式	Y、R 线圈读出	0X
F146（RECV）	02	接点读出形式	X 接点读出	1X
F146（RECV）	03	读出保持寄存器	DT 读出	4X
F146（RECV）	04	读出输入寄存器	WL、LD 读出	3X
F145（SEND）	05	写入单 线圈	Y、R 的单点写入	0X
F145（SEND）	06	调整信号寄存器	DT1 字写入	4X
不能发行	08	诊断	回送检查	
F145（SEND）	15	写入多重线圈	Y、R 多点写入	0X
F145（SEND）	16	调整多重寄存器	DT 多字写入	4X
不能发行	22	屏蔽写入 4X 寄存器	DT 屏蔽写入	4X
不能发行	23	读出/写入 4X 寄存器	DT 读出/写入	4X

七、对比表

MODBUS 的参照编号和 FP-X 的设备编号对比表如表 7-42 所示。

表 7-42 对比表

设备名		参照 No.		
MOD 总线	FP-X	MODBUS	FP-X（十进制）	FP-X（十六进制）
线圈	Y	000001 ~ 002048	0 ~ 2047	0 ~ 7FF
线圈	R	002049 ~ 009999	2048 ~ 9998	800 ~ 270E
输入	X	100001 ~ 109999	0 ~ 9998	0 ~ 270E
保持寄存器	DT	400001 ~ 432765	0 ~ 32764	0 ~ 27FFC
输入寄存器	WL	300001 ~ 300128	0 ~ 127	0 ~ 7F
输入寄存器	LD	302001 ~ 302256	2000 ~ 2255	7D0 ~ 8CF

八、用 FPWIN GR 进行设定

MODBUS RTU 设定画面对话框如图 7-110 所示。

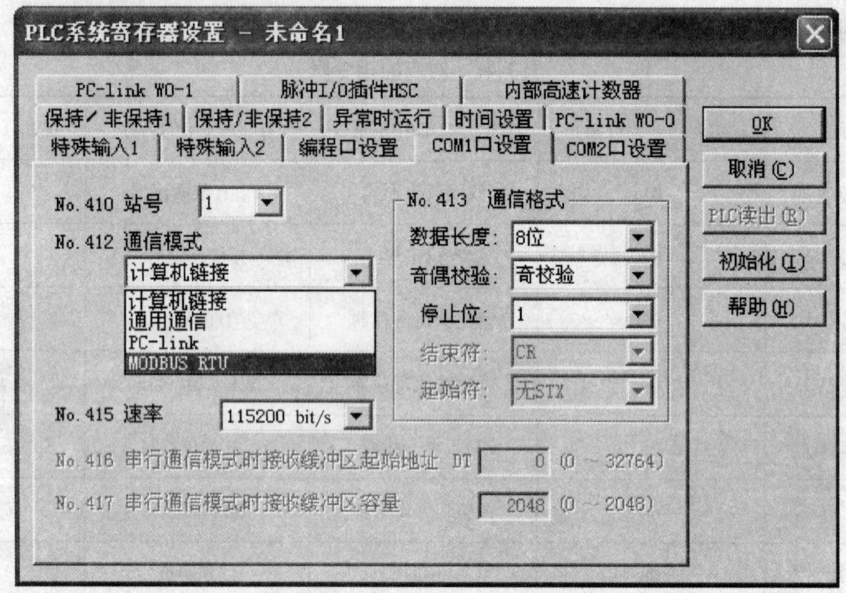

图 7-110 对话框

从菜单中选择［在线（L）］→［在线编辑（N）］，或者同时按下 CTRL 和 F2 键将画面切换为【在线监控】。

从菜单中选择［工具（T）］→［PLC 系统寄存器设置］，然后单击［COM 口设置］框。可分为 COM1 设置和 COM2 设置。

第八章　高速计数器、脉冲输出和 PWM 输出功能

第一节　各功能概要

一、关于可使用的单元以及插卡

使用主机的输入 X0~X7，可对脉冲输入进行计数（单相 8CH、2 相 4CH）。

使用脉冲输入输出插卡（AFPX-PLS），可进行脉冲输入的计数（高速计数器）或者实现脉冲输出与 PWM 输出。

每 1 台脉冲输入输出插卡（AFPX-PLS），可进行单相 2CH、2 相 1CH 的脉冲计数。另外，还能进行 1CH 的脉冲输出。

如果使用脉冲输入输出插卡，可进行比主机输入更高速的脉冲计数。

控制单元对脉冲输入输出功能的限制如表 8-1 所示。

表 8-1　控制单元对脉冲输入输出功能的限制

主机型号		C14	C30	C60
主机输入 X0~X7		○	○	○
脉冲输入输出插卡（AFPX-PLS）的输入输出	插卡安装部 1	○	○	○
	插卡安装部 2	×	○	○

注：○：可使用　×：不可使用。

（一）脉冲输入输出功能的三种方式

使用 FP-X 中内置的脉冲输入输出的功能有三种方式：

1. 高速计数器功能（控制单元/脉冲输入输出插卡）　高速计数功能是对来自传感器、编码器等外部的输入进行计数，其值达到目标值时，可将任意的输出置 ON/OFF。高速计数器功能应用示意图如图 8-1 所示。

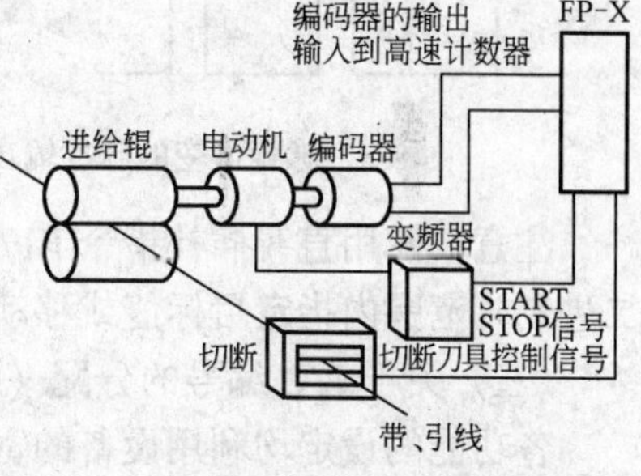

图 8-1　高速计数器功能应用示意图

2. 脉冲输出功能（脉冲输入输出插卡）　脉冲输出功能是通过与电动机驱动器进行组合使用，实现定位控制。利用专用指令可进行梯形控制/原点复位/JOG 运行等。其功能应用示意图如图 8-2 所示。

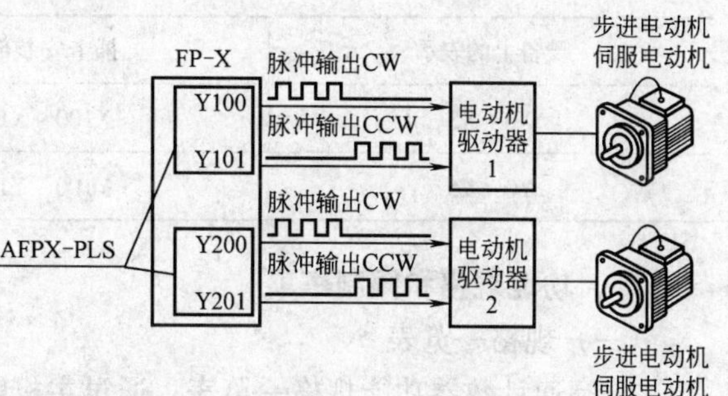

图 8-2　脉冲输出功能应用示意图

3. PWM 输出功能（脉冲输入输出插卡）　使用专用指令，可以实现任意占空比的脉冲输出，即实现了 PWM 输出功能，如图 8-3 所示。

（二）脉冲输入输出功能的性能

1. 通道数 脉冲输入输出的通道数如表 8-2 所示。

表 8-2 脉冲输入输出的通道数

		高速计数器	脉冲 输 出
控制单元内置		单相 8CH 或 2 相 4CH	无
脉冲输入输出插卡（AFPX-PLS）	使用 C30，C60 时	最大单相 4CH、2 相 2CH	最大 2CH
	使用 C14 时	单相 2CH 或 2 相 1CH	1CH

2. 计数范围 内置的高速计数器是循环计数器，其计数范围为 K－2，147，483，648～K＋2，147，483，647（带符号的 32 位二进制）。若超过最大计数值时，该值会返回到最小值。同样，低于最小计数值时，该值会返回到最大值。计数范围示意图如图 8-4 所示。

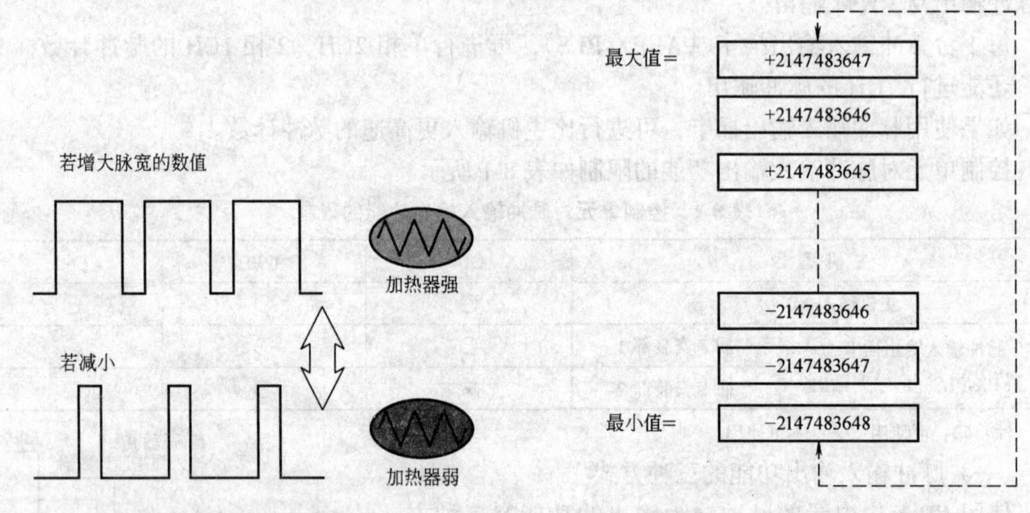

图 8-3 脉宽可变的脉冲输出　　图 8-4 计数范围示意图

注意：使用直线插补指令 F175 时，在－8，388，608～＋8，388，607（带符号的 24 位二进制）范围内指定目标值或移动量的设定值。

（三）关于 I/O 编号的分配（脉冲输入输出插卡）

各功能的设定均利用设备的寄存器［脉冲输入输出插卡 HSC］进行，应按表 8-3 中的要求对 I/O 编号进行改写。

表 8-3 I/O 编号的分配

设备上的表示	插卡安装部 1	插卡安装部 2
X0～X5	X100～X105	X200～X205
Y0～Y5	Y100～Y105	Y200～Y205

二、功能规格和限制事项

（一）规格一览表

1. 高速计数器功能规格一览表 通过主机输入的高速计数器如表 8-4 所示。

表 8-4 通过主机输入的高速计数器

通道 No.	输入接点	使用的存储器区域			性能规格			相关指令
		控制中标志	经过值区域	目标值区域	最小输入脉宽	最高计数速度		
[单相] 加法输入 减法输入	CH0	X0	R9110	DT90300 DT90301	DT90302 DT90303	50μs	10kHz	F0（MV） （高速计数器控制） F1（DMV） （高速计数器经过值读取/写入） F166（HC1S） （目标值一致 ON） F167（HC1R） （目标值一致 OFF）
	CH1	X1	R9111	DT90304 DT90305	DT90306 DT90307			
	CH2	X2	R9112	DT90308 DT90309	DT90310 DT90311			
	CH3	X3	R9113	DT90312 DT90313	DT90314 DT90315			
	CH4	X4	R9114	DT90316 DT90317	DT90318 DT90319			
	CH5	X5	R9115	DT90320 DT90321	DT90322 DT90323			
	CH6	X6	R9116	DT90324 DT90325	DT90326 DT90327			
	CH7	X7	R9117	DT90328 DT90329	DT90330 DT90331			
[2相] 相位差输入 单独输入	CH0	X0 X1	R9110	DT90300 DT90301	DT90302 DT90303	100μs	5kHz	
	CH2	X2 X3	R9112	DT90308 DT90309	DT90310 DT90311			
	CH4	X4 X5	R9114	DT90316 DT90317	DT90318 DT90319			
	CH6	X6 X7	R9116	DT90324 DT90325	DT90326 DT90327			

脉冲输入输出插卡（AFPX-PLS）使用时的高速计数器如表 8-5 所示。

表 8-5　脉冲输入输出插卡（AFPX-PLS）使用时的高速计数器

通道 No.		输入接点	使用的存储器区域			性能规格		相关指令
			控制中标志	经过值区域	目标值区域	最小输入脉宽	最高计数速度	
[单相] 加法输入 减法输入	CH8	X100 (X102)	R9118	DT90332 DT90333	DT90334 DT90335	6.25μs (100μs)	单相 2CH80kHz 单相 4CH 50kHz	F0（MV） （高速计数器控制） F1（DMV） （高速计数器经过值读取/写入） F166 (HC1S)（目标值一致ON） F167 （HC1R） （目标值一致OFF）
	CH9	X101 (X102)	R9119	DT90336 DT90337	DT90338 DT90339			
	CHA	X200 (X202)	R911A	DT90340 DT90341	DT90342 DT90343			
	CHB	X201 (X202)	R911B	DT90345 DT90346	DT90347 DT90348			
[2相] 相位差输入 单独输入 方向判别	CH8	X100 X101 (X102)	R9118	DT90332 DT90333	DT90334 DT90335	16.7μs (100μs)	2相 1CH30kHz 2相 2CH25kHz	
	CHA	X200 X201 (X202)	R911A	DT90340 DT90341	DT90342 DT90343			

2. 脉冲输出功能规格一览表　脉冲输入输出插卡（AFPX-PLS）使用时的脉冲输出如表 8-6 所示。

表 8-6　脉冲输入输出插卡（AFPX-PLS）使用时的脉冲输出

通道 No.		使用的输入输出点编号					使用的存储器区域			最大输出频率	相关指令
		CW 或 Pulse 输出	CCW 或 Sign 输出	偏差计数清除输出	原点输入	近原点输入	控制中标志	经过值区域	目标值区域		
独立	CH0	Y100	Y101	Y102	X102	DT90052 < bit4 >	R911C	DT90348 DT90349	DT90350 DT90351	1 通道使用时最大 100kHz 2 通道使用时最大 80kHz	F0（MV） （高速计数器控制） F1（DMV） （高速计数器经过值读取/写入） F171（SPDH） （梯形控制/原点复位） F172（PLSH） （JOG 运行） F174（SP0H） （数据表控制） F175（SPSH） （直线插补控制）
	CH1	Y200	Y201	Y202	X202	DT90052 < bit4 >	R911D	DT90352 DT90353	DT90354 DT90355		
插补	直线	Y100 Y200	Y101 Y201	Y102 Y202	X102 X202	DT90052 < bit4 >	R911C R911D	DT90348 DT90349 DT90352 DT90353	DT90350 DT90351 DT90354 DT90355		

3. PWM 输出功能规格一览表　脉冲输入输出插卡（AFPX-PLS）使用时的 PWM 输出如表 8-7 所示。

表 8-7　脉冲输入输出插卡（AFPX-PLS）使用时的 PWM 输出

通道 No.	使用的输出编号	使用的存储器区域 控制中标志	输出频率（占空比）	相关指令
CH0	Y100	R911C	分辨率在 1000 时 1.5Hz～12.5kHz（0.0%～99.9%） 分辨率 100 时 15.6～41.7kHz（0%～99%）	F0（MV）（高速计数器控制） F1（DMV）（高速计数器经过值读取/写入） F183（PWMH）（PWM 输出）
CH1	Y200	R911D		

（二）使用的功能和限制

1. 控制单元内置的高速计数器　控制单元内置的高速计数器如表 8-8 所示。

表 8-8　控制单元内置的高速计数器

2　相		单　相	
CH 数	最高频率/kHz	CH 数	最高频率/kHz
0	—	1	10
0	—	2	10
0	—	3	10
0	—	4	10
0	—	5	10
0	—	6	10
0	—	7	10
0	—	8	10
1	5	0	10
1	5	1	10
1	5	2	10
1	5	3	10
1	5	4	10
1	5	5	10
1	5	6	10
2	5	0	10
2	5	1	10
2	5	2	10
2	5	3	10
2	5	4	10
3	5	0	10
3	5	1	10
3	5	2	10
4	5	0	—

2. 脉冲输入输出插卡（AFPX-PLS）高速计数器　脉冲输入输出插卡使用时的高速计数器如表 8-9 所示。

表 8-9　脉冲输入输出插卡使用时的高速计数器

2　相		单　相	
CH 数	最高频率/kHz	CH 数	最高频率/kHz
0	—	1	80
0	—	2	80
0	—	3	50
0	—	4	50
1	35	0	—
1	30	1	50
1	30	2	50
2	25	0	—

3. I/O 分配的限制

1）根据规格一览表的各功能不能进行同一输入输出的同时分配。

2）除下述之外，各功能进行分配的输入、输出不能在一般的输入、输出中分配。可以作为例外情况使用时（AFPX-PLS）：

①使用高速计数器功能，但不使用复位输入时，X102 或 X202 分配给普通的输入。

②使用脉冲输出功能，但不使用偏差计数器清除输出时，Y102 或 Y202 分配给普通的输出。

4. 相关指令执行的限制（F166 ~ F175）

1）执行高速计数器/脉冲输出的相关指令 F166 ~ F175 时，与各通道相对应的高速计数器/脉冲输出控制中标志（特殊内部继电器 R9110 ~ R911D）变为 ON。

2）应注意高速计数器/脉冲输出控制中标志在一个扫描周期中也会产生变化。作为对策，可以在起始的程序中换为内部继电器。

3）对应的控制中标志 ON 时，针对相同通道不能再执行其他指令。

（三）启动时间

启动时间是指指令执行后，直到实际脉冲输出为止的时间。其启动时间如表 8-10 所示。

表 8-10　启动时间

指令的种类	启 动 时 间
脉冲输出指令 F171（SPDH） 梯形控制/原点复位	CW/CCW 设定时：约 200μs（30 段设定时） ：约 400μs（60 段设定时） Pulse/Sign 设定时：约 500μs（30 段设定时） ：约 700μs（60 段设定时）
脉冲输出指令 F172（PLSH） JOG 运行	CW/CCW 设定时：约 20μs Pulse/Sign 设定时：约 320μs
脉冲输出指令 F174（SP0H） 数据表控制	CW/CCW 设定时：约 30μs Pulse/Sign 设定时：约 330μs
PWM 输出指令 F173（PWMH）	约 30μs

设定脉冲/信号时，包括从信号输出为 ON 后，到脉冲输出指令可以执行为止的等待时间（约 300μs）。

第二节　高速计数器功能

一、高速计数器功能的概述

（一）高速计数器功能

要使用高速计数器功能，主机输入时，必须设定系统寄存器 No.402。使用脉冲输入输出插卡时，必须设定系统寄存器 No.400 ~ No.401。

高速计数器功能是对输入信号进行计数，达到目标值时，使任意的输出变为 ON 或者 OFF。当计数值与目标值一致时 ON 的指令 F166（HC1S），与目标值一致时 OFF 的指令 F167（HC1R），输出变为 ON/OFF 可使用 SET/RET 指令。

（二）输入模式和计数

1. 输入模式

1）加法输入模式如图 8-5 所示。

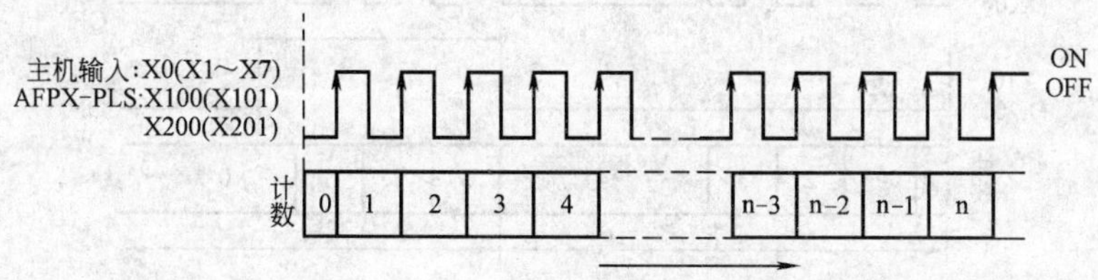

图 8-5　加法输入模式

2）减法输入模式如图 8-6 所示。

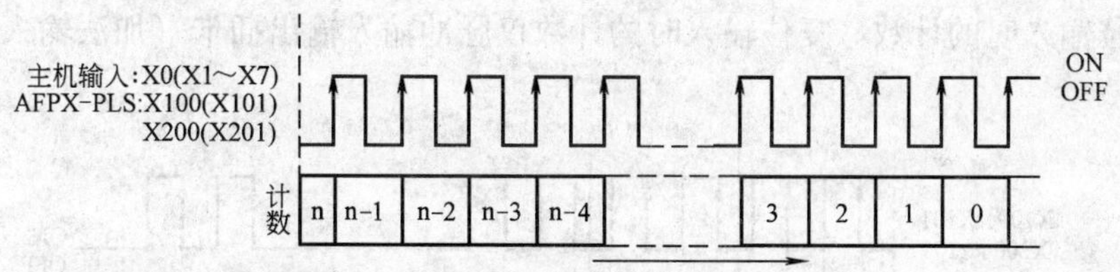

图 8 6　减法输入模式

3）2 相输入模式（位相差输入模式）如图 8-7 所示。

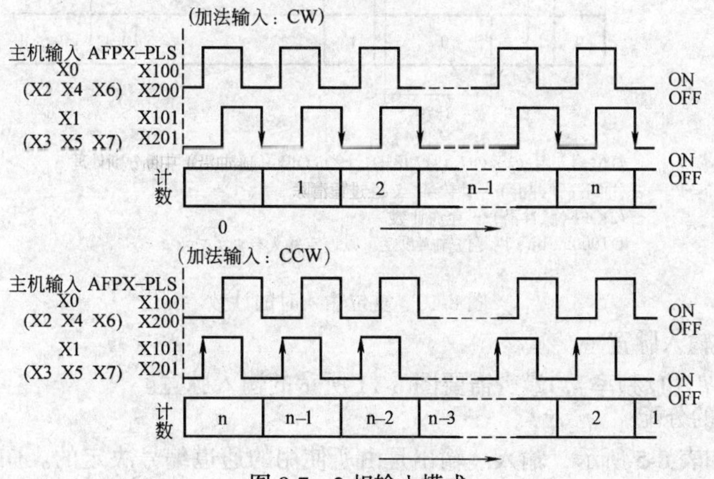

图 8-7　2 相输入模式

4）单独输入模式：脉冲输入输出插卡（加减法输入模式）如图 8-8 所示。

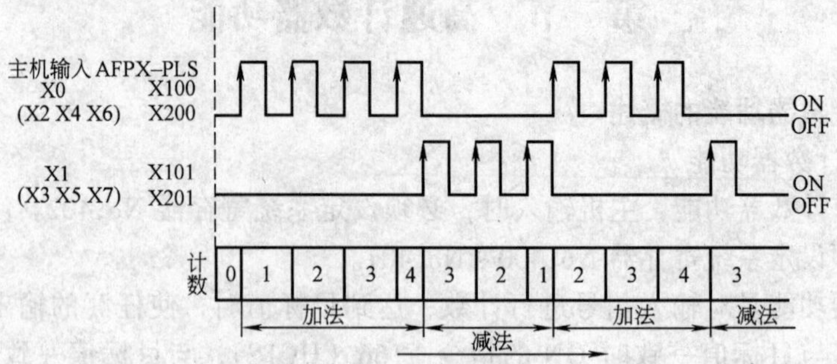

图 8-8　单独输入模式

5）方向判别模式：脉冲输入输出插卡方向判别模式，如图 8-9 所示。

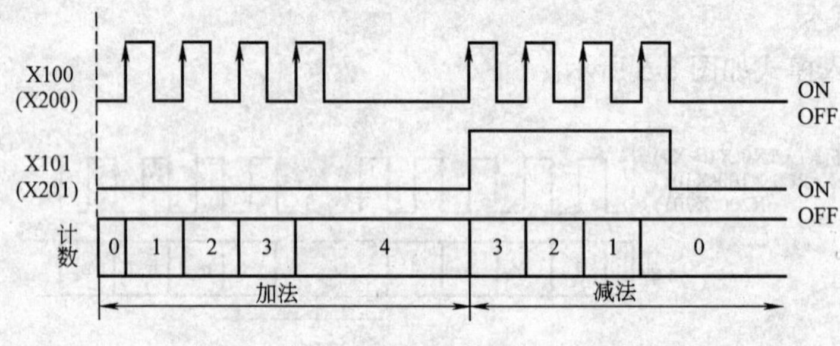

图 8-9　方向判别模式

2．复位输入时的计数　复位输入时的计数仅脉冲输入输出插卡（加法输入模式），如图 8-10 所示。

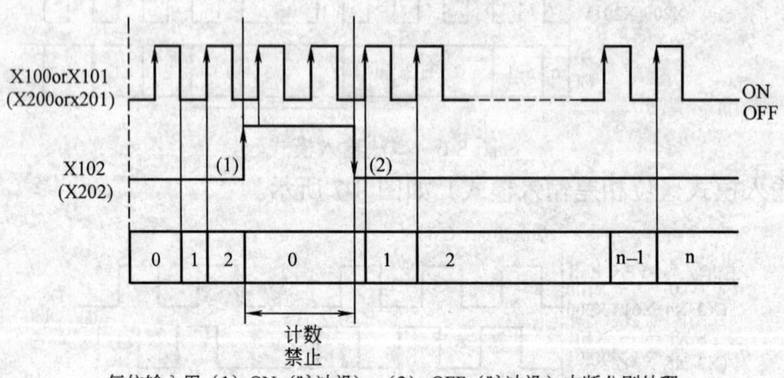

复位输入用（1）ON（脉冲沿）、（2）OFF（脉冲沿）中断分别处理。
(1)ON(脉冲沿)…计数禁止、经过值清除
(2)OFF(脉冲沿)… 允许计数
DT90052(bit):用复位输入设定可以设定输入有效/无效。

图 8-10　复位输入时的计数

（三）最小输入脉宽

针对周期 T（1/频率），最少需要图 8-11 所示的输入脉宽。

（四）I/O 的分配

如表 8-4 和表 8-5 所示，输入、输出是由所使用的通道编号决定的。ON/OFF 输出由指

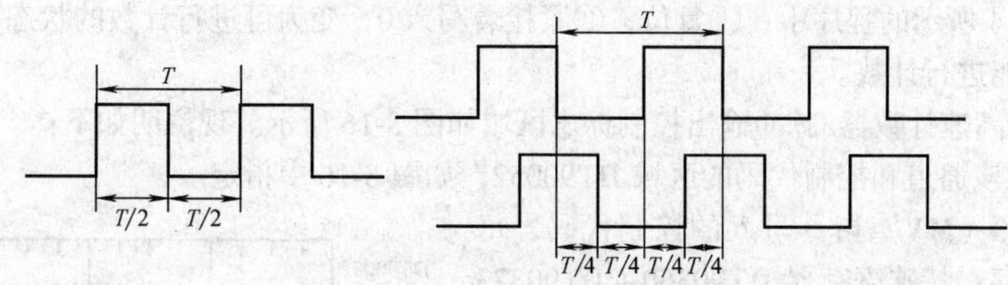

图 8-11　最小输入脉宽

令 F166（HC1S）/F167（HC1R）来指定任意的输出继电器、内部继电器。但是，在已经指定了扩展单元的输出 Y 的情况下，只有存储器上的 Y 被设置，实际上，向外部输出的是I/O 刷新的时间。另外，在已指定内部继电器的情况下，不能向外部输出信号。有加法输入/复位输入，使用脉冲输入输出插卡的 CH8 的情况下，如图 8-12 所示。

有 2 相输入/复位输入，使用脉冲输入/输出插卡 CH8 的 I/O 分配，如图 8-13 所示。

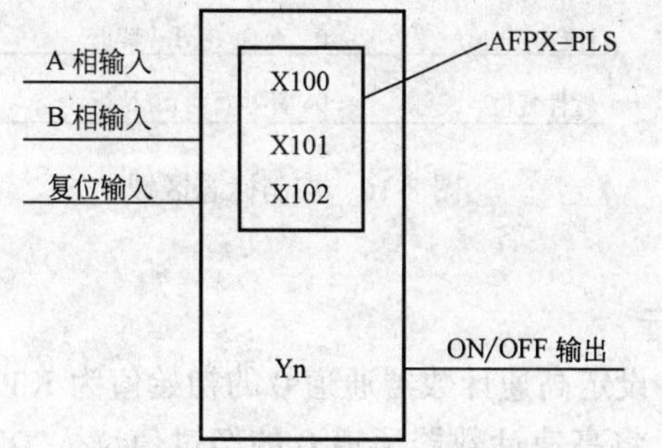

图 8-12　有加法输入/复位输入

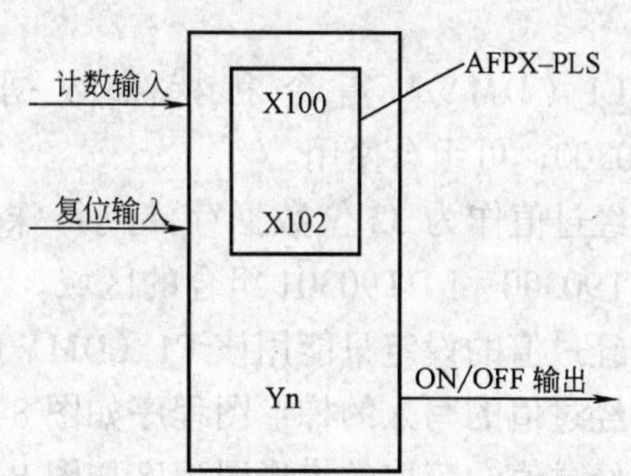

图 8-13　有 2 相输入/复位输入使用脉冲输入/输出插卡 CH8 的 I/O 分配

二、高速计数器功能中使用的指令

（一）高速计数器控制指令（F0）

该指令用于计数器的软件复位或者禁止计数等的操作。

F0（MV）指令与特殊数据寄存器 DT90052，可组合使用。

若执行该指令，则所设定的内容被保持，直到再次执行该指令。

该指令可操作的内容如下：

1）计数器的软件复位（bit0）。

2）计数动作的允许/禁止（bit1）。

3）复位输入的有效/无效设定（bit2）。

4）利用高速计数器相关指令 F166 ~ F167 进行控制的清除。

5）目标值一致的中断清除。

软件复位 CH0 时的梯形图程序如图 8-14 所示。CH1 时的梯形图程序如图 8-15 所示。

图 8-14　软件复位 CH0 时梯形图程序　　图 8-15　CH1 时的梯形图程序

在图 8-14 所示的程序中，①复位；②紧接着写入 0，变为可进行计数的状态。若保持复位不变则不能进行计数。

FP-X 的高速计数器/脉冲输出控制标志区域如图 8-16 所示。现说明如下：

1）写入该通道和控制代码的区域 DT90052，如图 8-16 中指定。

2）用 F0（MV）指令写入的控制代码，每个通道均保存在特殊寄存器 DT90360 ~ DT90373 中。

复位输入设定中，用系统寄存器高速计数设定来确定已设定的复位输入（X102 或 X202）有效/无效。仅脉冲输入输出插卡使用时有效。

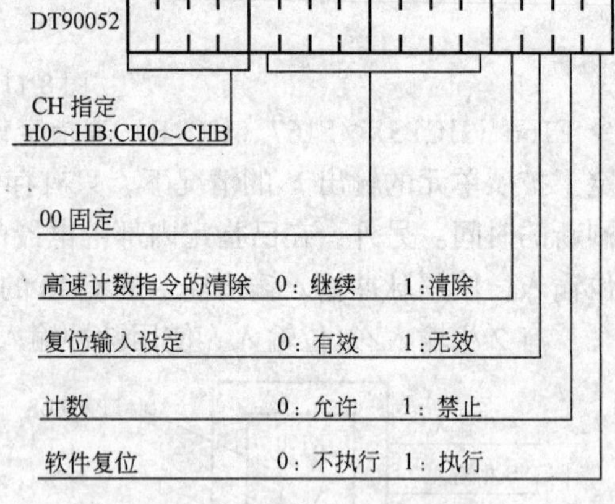

图 8-16 控制标志区域

（二）经过值写入/读取指令（F1）

该指令用于高速计数器的经过值的写入或读取。

F1（DMV）指令和特殊数据寄存器 DT90300，可组合使用。

经过值作为 32 位数据存储到特殊数据寄存器 DT90300 和 DT90301 组合的区域。

经过值的设定只能用该 F1（DMV）指令进行。

经过值的写入的梯形图程序如图 8-17 所示，设定高速计数器通道 0 的初始值为 K3000。

经过值的读取的梯形图程序如图 8-18 所示，将高速计数器通道 0 的经过值读入 DT100 ~ DT101。

图 8-17 经过值写入的梯形图程序　　图 8-18 经过值读取的梯形图程序

（三）目标一致 ON 指令（F166）

当通道 0 的经过值（DT90300、DT90301）的内容与 K10000 一致时，Y7 接通。梯形图程序如图 8-19 所示。

当通道 2 的经过值（DT90308、DT90309）的内容与 K20000 一致时，Y6 接通。梯形图程序如图 8-20 所示。

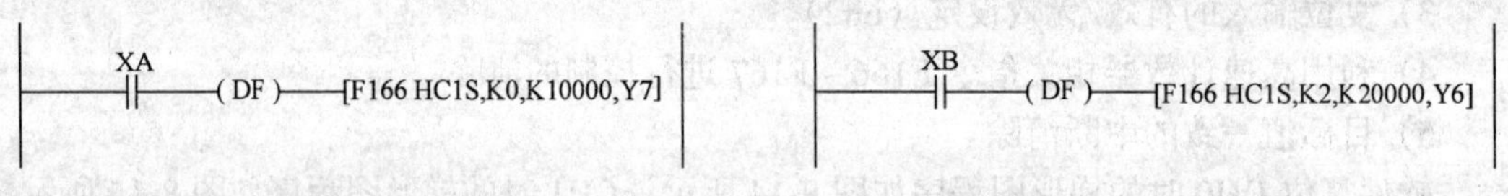

图 8-19 梯形图程序　　图 8-20 梯形图程序

（四）目标一致 OFF 指令（F167）

通道 1 的经过值（DT90304、DT90305）的内容与 K30000 一致时，Y4 关断。梯形图程序如图 8-21 所示。

当通道 3 的经过值（DT90312、DT90313）的内容与 K40000 一致时，Y5 关断。梯形图程序如图 8-22 所示。

图 8-21 梯形图程序　　　图 8-22 梯形图程序

三、高速计数器应用实例

(一) 程序实例一（主机输入输出）

1. 变频器 1 速位置的控制

(1) 接线　系统接线图如图 8-23 所示。

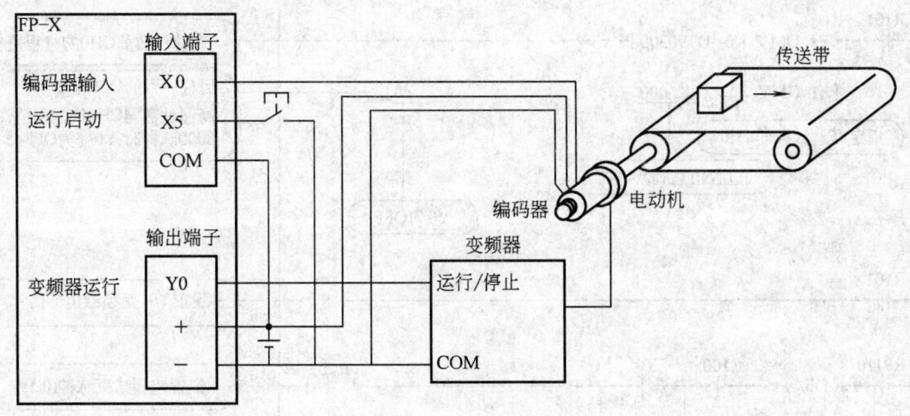

图 8-23 系统接线图

(2) 速度曲线　系统速度运行曲线图如图 8-24 所示。

(3) I/O 分配　PLC 的 I/O 分配如表 8-11 所示。

表 8-11 I/O 分配

I/O 编号		内　容
主机输入输出	X0	编码器输入
	X5	运行启动信号
	Y0	变频器运行信号
R100		位置控制运行工作中
R101		位置控制运行启动
R102		位置控制结束脉冲
R9110		高速计数器 CH0 控制中标志

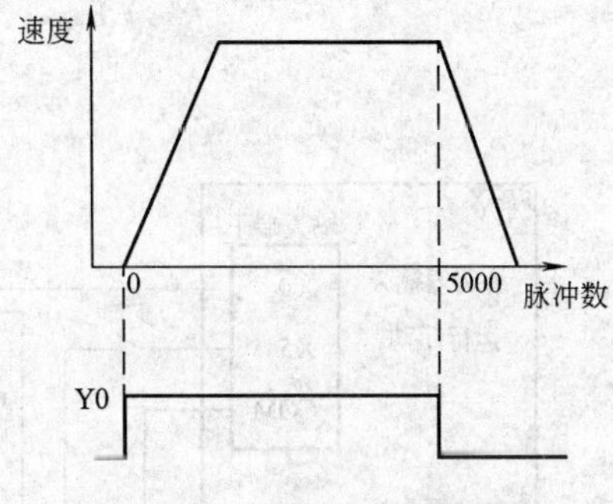

图 8-24 系统速度运行曲线图

(4) 梯形图程序　若 X5 变为 ON 时，Y0 将变为 ON，传送带开始动作。当经过值（DT90300、DT90301）达到 K5000 时，Y0 变为 OFF，传送带停止。梯形图程序如图 8-25 所示。

2. 变频器 2 速位置的控制运行

(1) 接线　系统接线图如图 8-26 所示。

(2) 速度　曲线系统运行速度曲线如图 8-27 所示。

(3) I/O 分配　PLC 的 I/O 分配如表 8-12 所示。

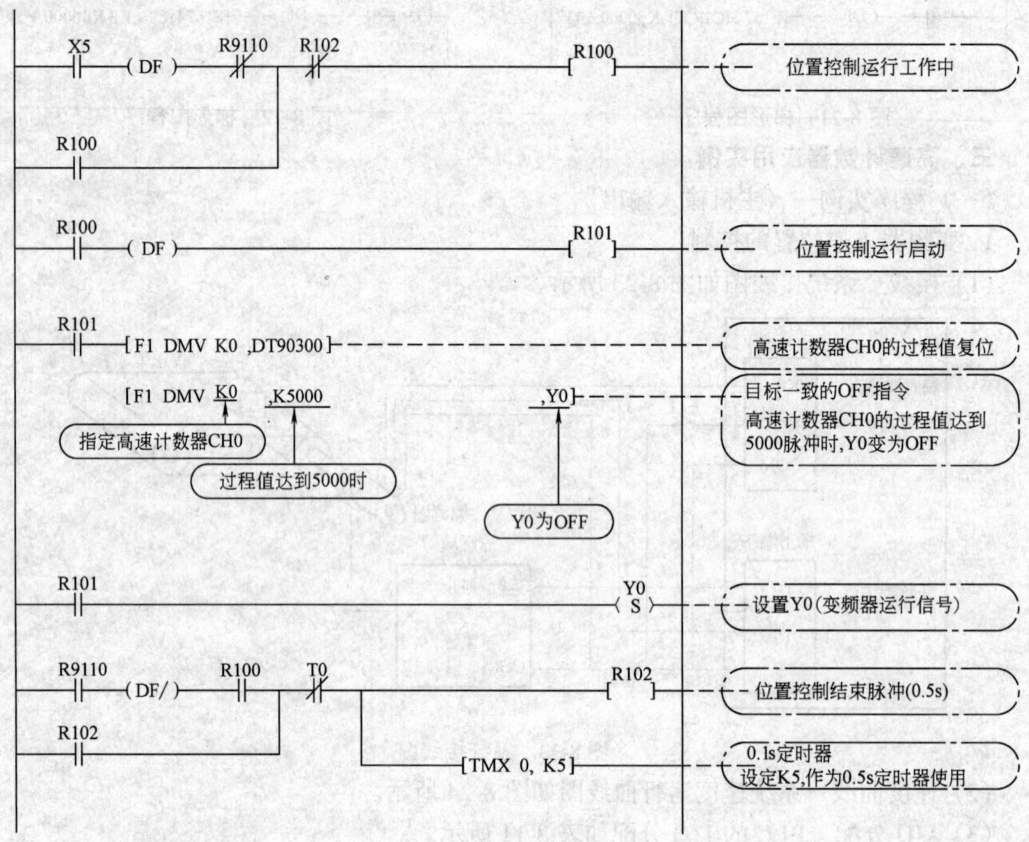

图 8-25　梯形图程序

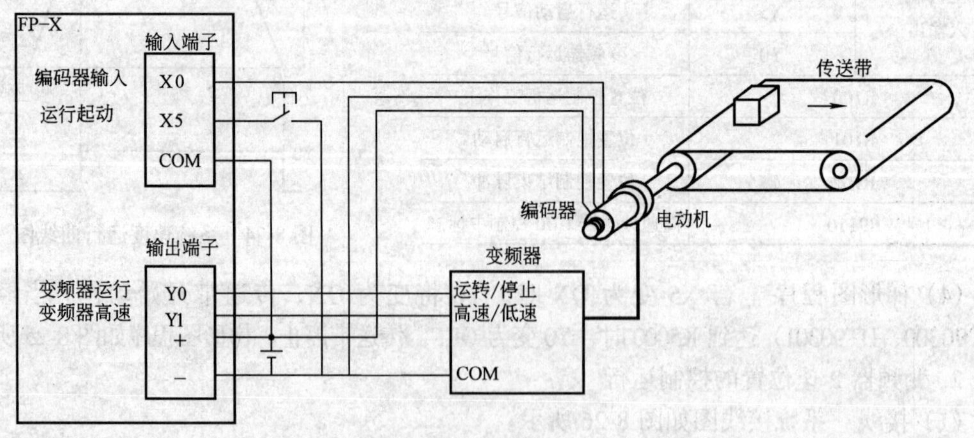

图 8-26　系统接线图

表 8-12　PLC I/O 分配

I/O 编号		内　　容
主机输入输出	X0	编码器输入
	X5	运行启动信号
	Y0	变频器运行信号
	Y1	变频器高速信号
R100		位置控制运行工作中
R101		位置控制运行启动
R102		到达减速点
R103		位置控制结束脉冲
R900C		比较指令 <标志>
R9110		高速计数器 CH0 控制中标志

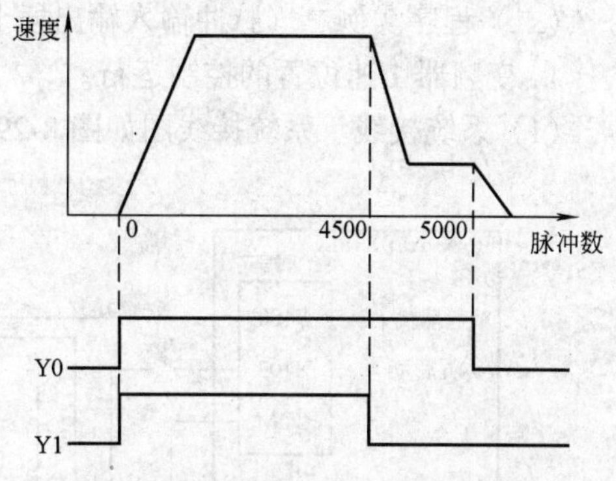

图 8-27　曲线系统运行速度曲线图

（4）梯形图程序　若 X5 变为 ON 时，Y0、Y1 将变为 ON，传送带开始动作。当经过值（DT90300、DT90301）达到 K4500 时，Y1 为 OFF，开始减速。达到 K5000 时，Y0 变为 OFF，传送带停止。梯形图程序如图 8-28 所示。

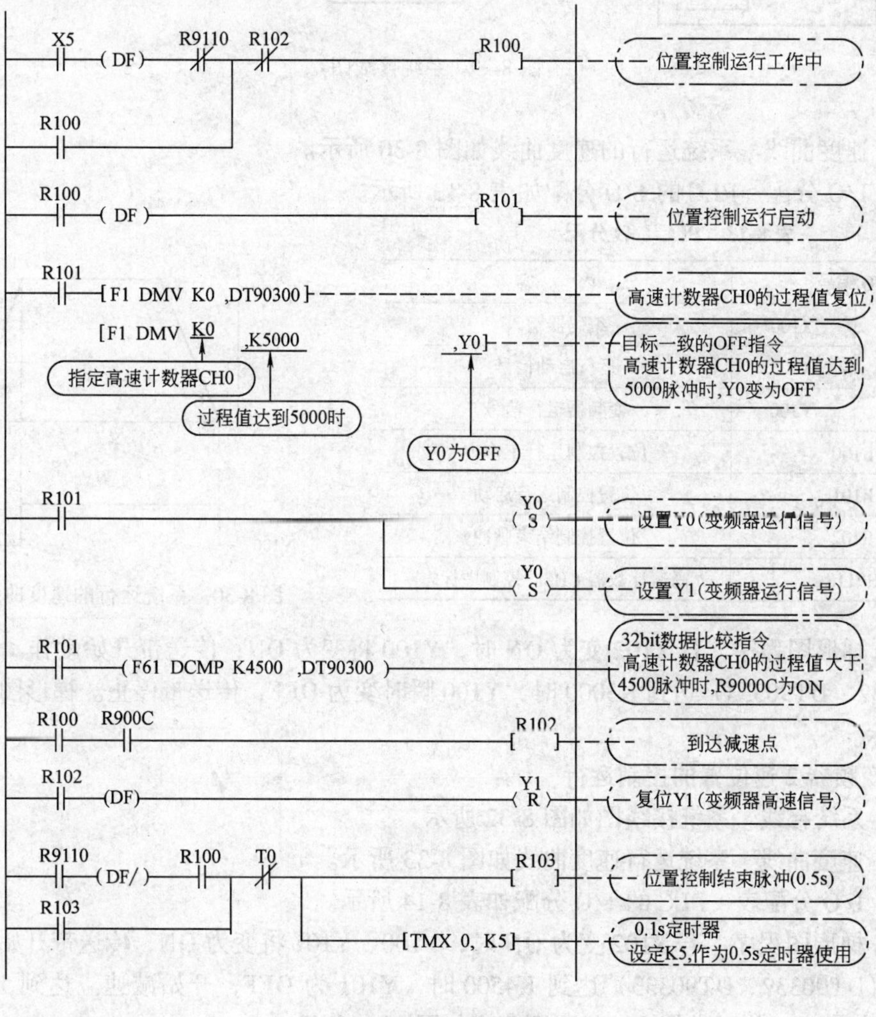

```
X5          R9110  R102              R100
─┤├─(DF)────┤/├────┤/├───────────────[R100]  ── 位置控制运行工作中
R100               │
─┤├────────────────┘
R100                                 R101
─┤├─(DF)─────────────────────────────[R101]  ── 位置控制运行启动
R101
─┤├─[F1 DMV K0 ,DT90300]─────────────────────  ── 高速计数器CH0的过程值复位
    [F1 DMV K0        ,K5000        ,Y0]        ── 目标一致的OFF指令
         指定高速计数器CH0  过程值达到5000时  Y0为OFF   高速计数器CH0的过程值达到5000脉冲时,Y0变为OFF
R101                                 Y0
─┤├──────────────────────┬───────────(S)     ── 设置Y0(变频器运行信号)
                         │           Y0
                         └───────────(S)     ── 设置Y1(变频器运行信号)
R101
─┤├─(F61 DCMP K4500 ,DT90300)──────────────   ── 32bit数据比较指令 高速计数器CH0的过程值大于4500脉冲时,R9000C为ON
R100  R900C                          R102
─┤├───┤├─────────────────────────────[ ]     ── 到达减速点
R102                                 Y1
─┤├─(DF)─────────────────────────────(R)     ── 复位Y1(变频器高速信号)
R9110        R100   T0               R103
─┤├─(DF/)────┤├──┬──┤/├──────────────[ ]     ── 位置控制结束脉冲(0.5s)
R103             │   └──[TMX 0, K5]           ── 0.1s定时器 设定K5,作为0.5s定时器使用
─┤├──────────────┘
```

图 8-28　梯形图程序

（二）程序实例二（脉冲输入输出插卡）

1. 变频器 1 速位置的控制运行

（1）系统接线　系统接线图如图 8-29 所示。

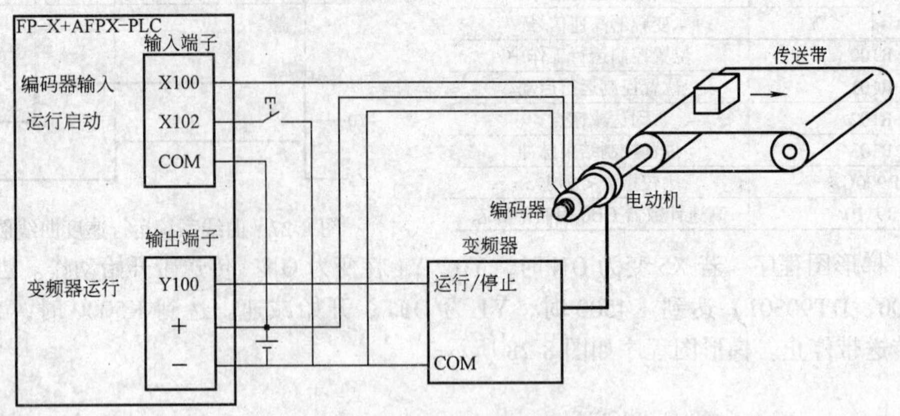

图 8-29　系统接线图

（2）速度曲线　系统运行的速度曲线如图 8-30 所示。

（3）I/O 分配　PLC 的 I/O 分配如表 8-13 所示。

表 8-13　PLC I/O 分配

I/O 编号		内　容
插卡输入输出	X100	编码器输入
	X102	运行启动信号
	Y100	变频器运行信号
R100		位置控制运行工作中
R101		位置控制运行启动
R102		位置控制结束脉冲
R9118		高速计数器 CH8　控制中标志

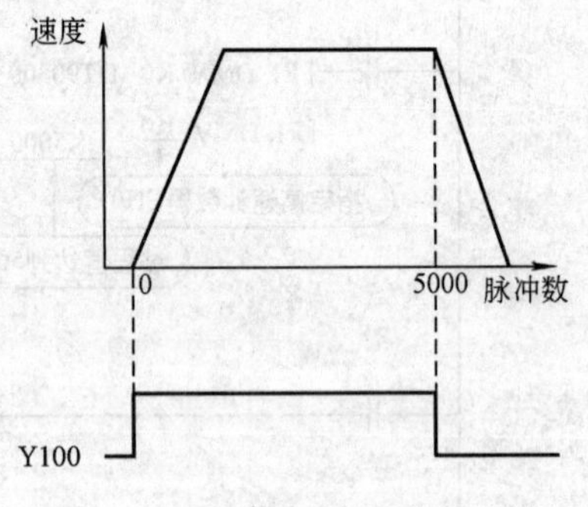

图 8-30　系统运行的速度曲线图

（4）梯形图程序　若 X102 变为 ON 时，Y100 将变为 ON，传送带开始动作。当经过值（DT90332、DT90333）达到 K5000 时，Y100 瞬时变为 OFF，传送带停止。梯形图程序如图 8-31 所示。

2. 变频器 2 速位置的控制运行

（1）系统接线　系统接线图如图 8-32 所示。

（2）速度曲线　系统运行速度曲线如图 8-33 所示。

（3）I/O 分配表　PLC 的 I/O 分配如表 8-14 所示。

（4）梯形图程序　若 X102 变为 ON 时，Y100、Y101 将变为 ON，传送带开始动作。当经过值（DT90332、DT90333）达到 K4500 时，Y101 为 OFF，开始减速。达到 K5000 时，Y100 变为 OFF，传送带停止。梯形图程序如图 8-34 所示。

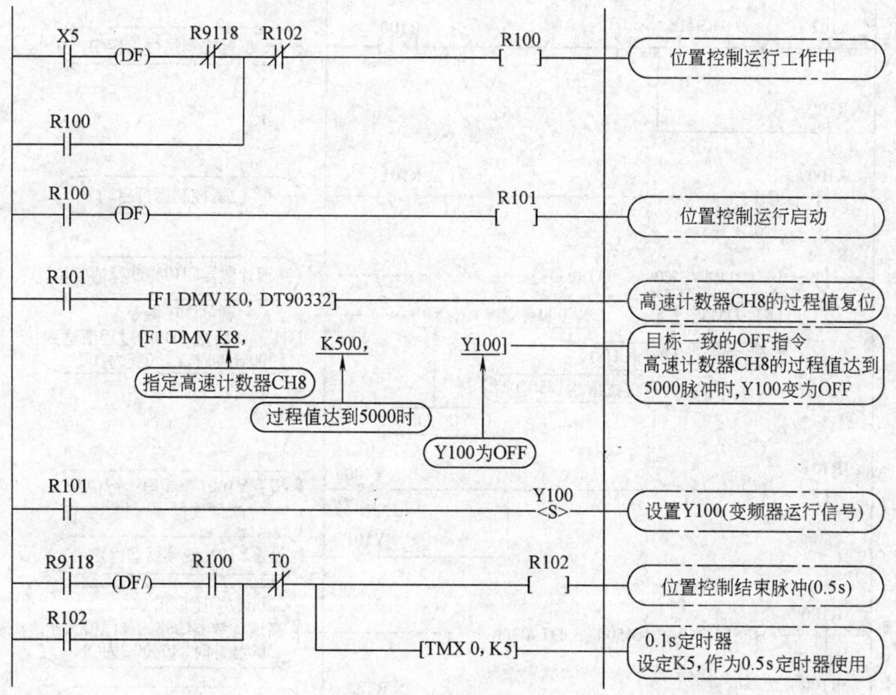

图 8-31 梯形图程序

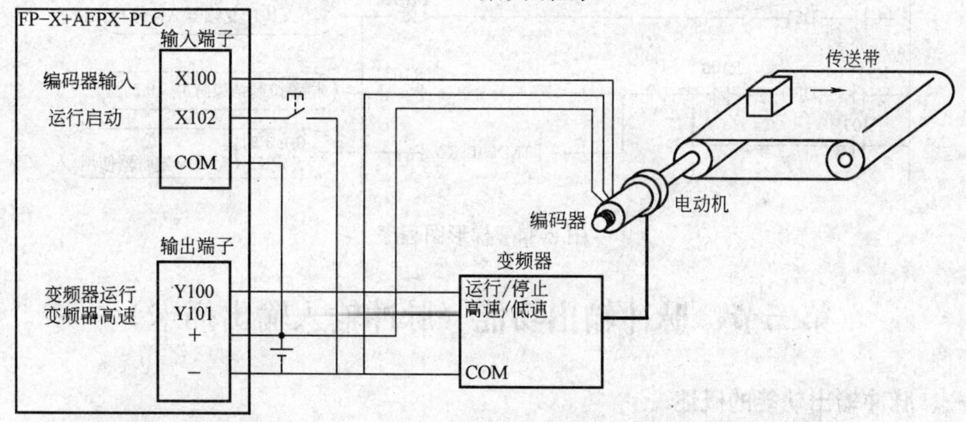

图 8-32 系统接线图

表 8-14 PLC I/O 分配

I/O 编号		内 容
插卡输入输出	X100	编码器输入
	X102	运行启动信号
	Y100	变频器运行信号
	Y101	变频器高速信号
R100		位置控制运行工作中
R101		位置控制运行启动
R102		到达减速点
R103		位置控制结束脉冲
R900C		比较指令 <标志>
R9118		高速计数器 CH8 控制中标志

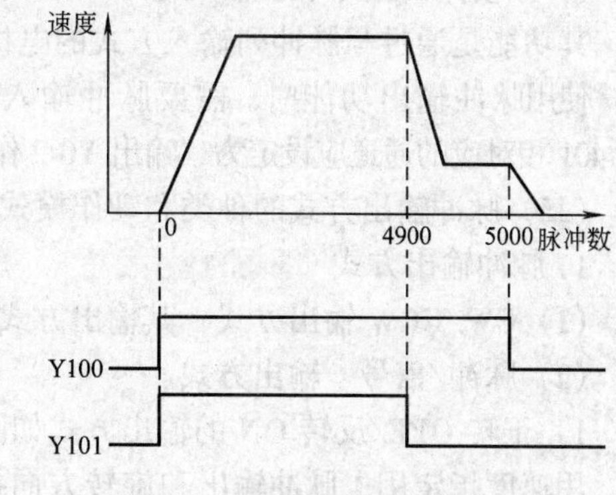

图 8-33 系统运行速度曲线图

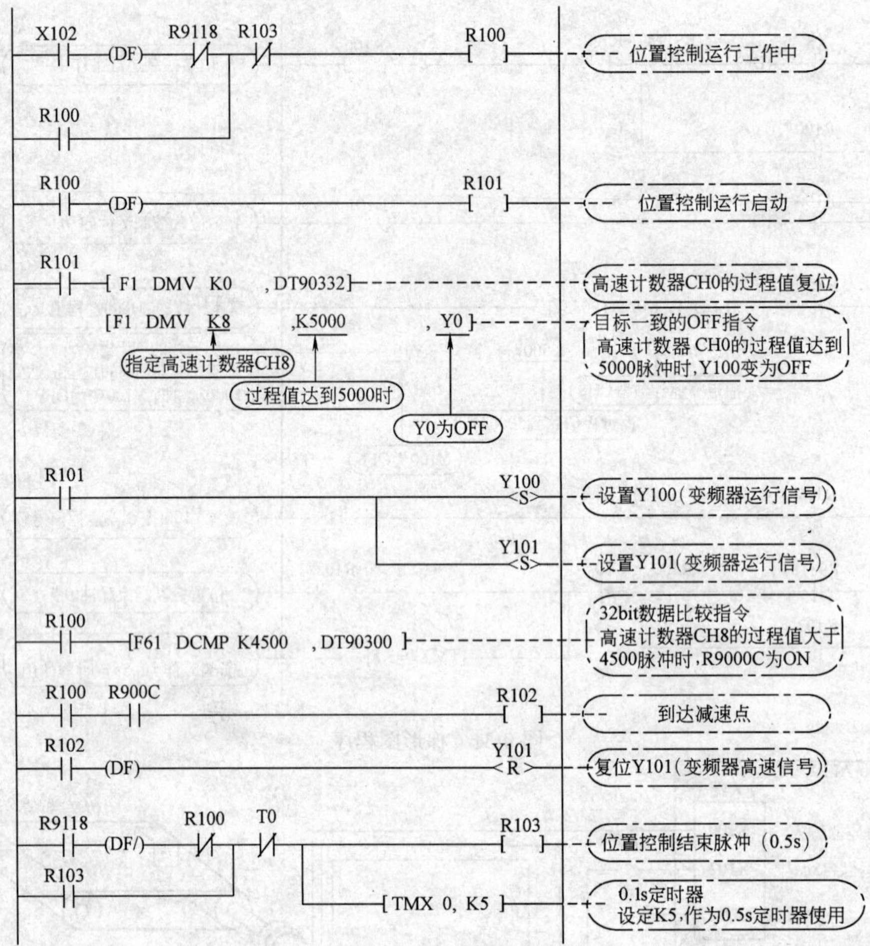

图 8-34 梯形图程序

第三节 脉冲输出功能（脉冲输入输出插卡）

一、脉冲输出功能的概述

（一）使用的指令和控制内容

其功能是通过与脉冲列输入方式的电机驱动器组合，进行定位控制，如表 8-15 所示。

使用脉冲输出功能时，需要脉冲输入输出插卡（AFPX-PLS）。与系统寄存器 No.400 ~ No.401 相对应的通道应设定为“输出 Y0-2 作为脉冲输出使用”、“输出 Y0 作为 PWM 输出使用”。

（二）脉冲输出方式的种类和动作模式

1. 脉冲输出方式

（1）CW/CCW 输出方式　其输出方式如图 8-35 所示。

（2）脉冲/信号　输出方式。

1）正转 OFF/反转 ON 的输出方式如图 8-36 所示。

用速度指定用 1 脉冲输出和旋转方向指定用 ON/OFF 信号进行控制的方式。在该模式下，旋转方向（信号）信号 OFF 时正转。

表 8-15　使用的指令和控制内容

控制内容	专用指令	内　容	可使用插卡
梯形控制	F171 (SPDH)	指定初速、最高速、加减速时间及目标值，可以自动用梯形控制输出脉冲	AFPX-PLS
原点复位		可自动原点复位	
JOG 运行	F172 (PLSH)	执行条件 ON 时输出脉冲。还可以在指定目标值后，当两者一致的时刻停止脉冲输出	
任意数据表控制	F174 (SP0H)	可以根据数据表进行定位控制	
直线插补	F175 (SPSH)	指定合成速度、加减速时间、目标值，用直线插补控制可以输出脉冲	仅限使用 2 块 AFPX-PLS 时

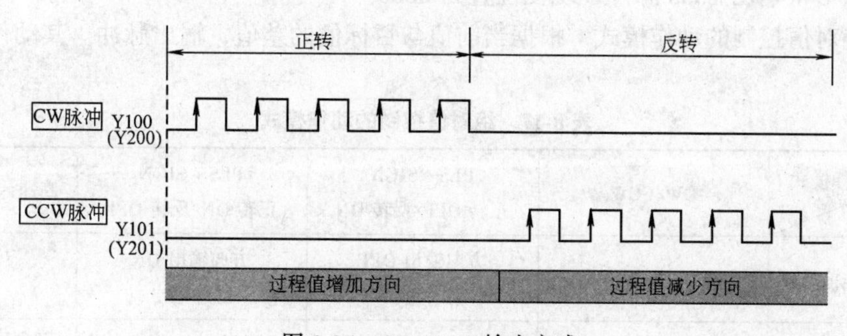

图 8-35　CW/CCW 输出方式

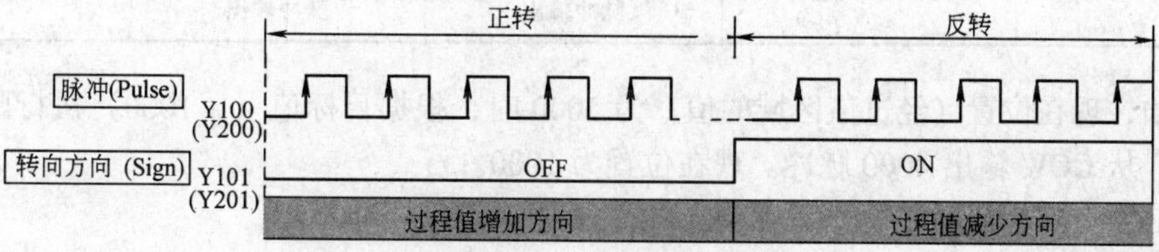

图 8-36　正转 OFF/反转 ON 的输出方式

2）正转 ON/反转 OFF 的输出方式如图 8-37 所示。

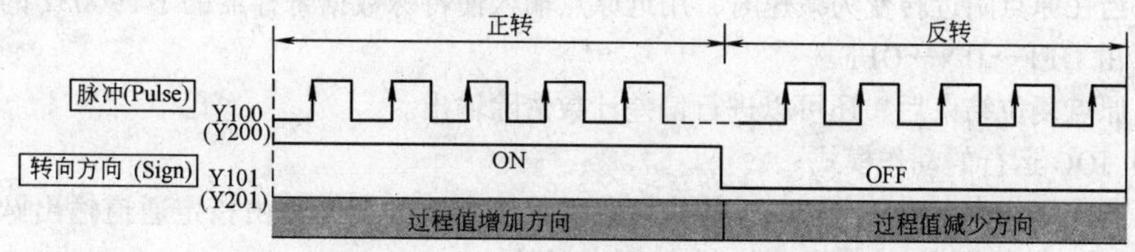

图 8-37　正转 ON/反转 OFF 的输出方式

用速度指定用 1 脉冲输出和旋转方向指定用 ON/OFF 信号进行控制的方式。在该模式下，旋转方向（信号）信号 ON 时正转。

应注意的是，输出信号为在脉冲输入输出插卡上的编号。进行脉冲输出时，因输出继电器 Y100、Y101、Y200、Y201 的值不输出，不能实现 ON/OFF。

2. 动作模式

(1) 相对值控制（增量）的动作模式　输出由目标值设定的数量的脉冲，其动作模式如

表 8-16 所示。

表 8-16　增量的动作模式

选择模式 / 目标值	CW/CCW	PLS + SIGN 正转 OFF/反转 ON	PLS + SIGN 正转 ON/反转 OFF	高速计数器经过值
正值时	从 CW 输出	方向输出 OFF 脉冲输出	方向输出 ON 脉冲输出	递增
负值时	从 CCW 输出	方向输出 ON 脉冲输出	方向输出 OFF 脉冲输出	递减

例如，现在位置（经过值区域的值）为 5000 时，根据目标值（+1000）执行脉冲输出指令后，从 CW 输出 1000 脉冲，现在位置为 6000。

(2) 绝对值控制的动作模式　根据当前值与目标值的差值，输出脉冲。其动作模式如表 8-17 所示。

表 8-17　绝对值控制的动作模式

选择模式 / 目标值	CW/CCW	PLS + SIGN 正转 OFF/反转 ON	PLS + SIGN 正转 ON/反转 OFF	高速计数器经过值
目标值 > 当前值	从 CW 输出	方向输出 OFF 脉冲输出	方向输出 ON 脉冲输出	递增
目标值 < 当前值	从 CCW 输出	方向输出 ON 脉冲输出	方向输出 OFF 脉冲输出	递减

例如，现在位置（经过值区域的值）为 5000 时，根据目标值（+1000）执行脉冲输出指令后，从 CCW 输出 4000 脉冲。现在位置为 1000。

(3) 原点复位的动作模式

1) 执行指令 F171（SPDH），持续输出脉冲，直到脉冲输入输出插卡上的原点输入信号（X102 或 X202）输入为止。

2) 当在原点附近转变为减速时，用近原点输入使特殊数据寄存器的 DT90052 的对象位 <bit4> 由 OFF→ON→OFF。

3) 原点复位结束后，还可以进行偏差计数清除输出。

(4) JOG 运行的动作模式

1) 当专用指令 F172（PLSH）的执行条件处于 ON 的期间，由指定通道输出脉冲。另外，还可以指定目标值，达到一致时停止脉冲输出。

2) 用专用指令 F172（PLSH）指定输出方向及输出频率。

3．编程序时的注意事项　编程序时的注意事项如表 8-18 所示。

上述标志在扫描途中也会发生变化。例如，把接收完成标志作为输入条件多次使用时，同一扫描周期内可能存在不同状态。对策是在程序最前端更换为内部继电器。

(三) I/O 的分配

1．使用 2 脉冲输入方式（CW 脉冲输入 + CCW 脉冲输入方式）

1) 使用 2 点用于脉冲输出（CW、CCW）。

2）脉冲输出端子、原点输入的I/O的分配由所使用的通道决定。

3）指令F171（SPDH）的控制代码设定成“CW/CCW”。

表8-18　编程序时的注意事项

特殊内部继电器编号	继电器的动作	在程序上的主要使用方法
R911C控制中标志（CH0）	在执行脉冲输出指令时，输出ON，从CH0输出脉冲期间，保持该状态。该标志对指令F166~F175是共用的	用于禁止其他高速计数器指令或者脉冲输出指令的同时执行，或者确认动作的完成
R911D控制中标志（CH1）	在执行脉冲输出指令时，输出ON，从CH1输出脉冲期间，保持该状态。该标志对指令F166~F175是共用的	用于禁止其他高速计数器指令或者脉冲输出指令的同时执行，或者确认动作的完成

使用CH0时的I/O分配如图8-38所示。对于近原点输入，指定脉冲输入输出插卡上的X100或X101作为输入。

使用CH1时的I/O分配如图8-39所示。对于近原点输入，指定脉冲输入输出插卡上的X200或X201作为输入。

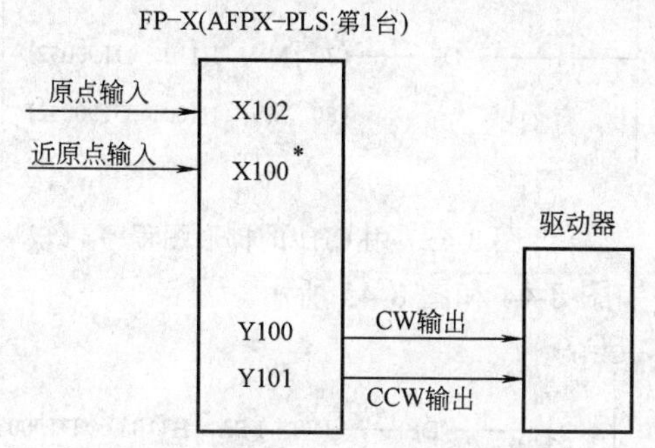

图8-38　使用CH0时的I/O分配

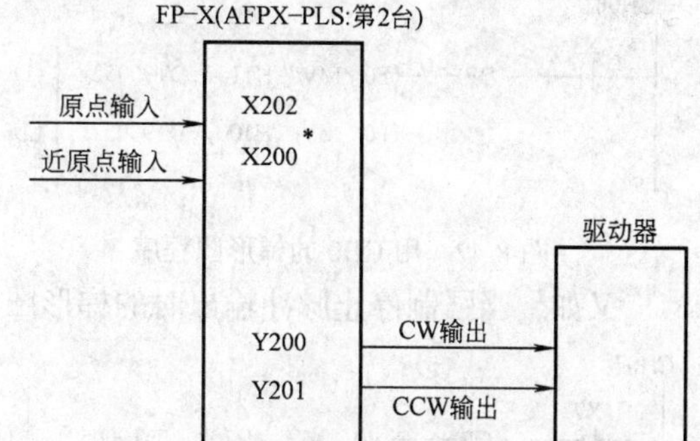

图8-39　使用CH1时的I/O分配

当脉冲输入输出插卡上的输入没有多余时，也可以使用主机输入。

2. 使用1脉冲输入方式（脉冲输入+方向切换输入方式）

1）1点输出作为脉冲输出，另外1点作为方向输出使用。

2）脉冲输出端子、方向输出端子、原点输入的I/O分配由所使用的通道决定。

3）近原点输入可使用任意的输入点，使特殊数据寄存器DT90052的<bit4>ON/OFF变为有效。

4）可连接的驱动器最大为2系统。使用CH0时的I/O分配如图8-40所示。对于近原点输入，指定脉冲输入输出插卡上的X100，X101作为输入。

使用CH1时的I/O分配如图8-41所示。对于近原点输入，指定脉冲输入输出插卡上的X200或X201作为输入。

脉冲输入输出插卡上的输入没有多余时，可使用主机输入。

二、脉冲输出功能的指令及其应用

（一）脉冲输出控制的（F0）（F1）指令

1. 脉冲输出控制指令（F0）

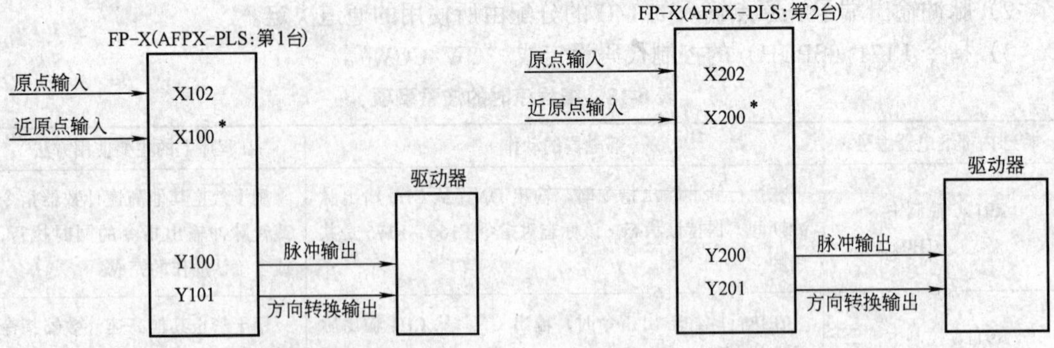

图 8-40 使用 CH0 时的 I/O 分配　　图 8-41 使用 CH1 时的 I/O 分配

1）使用内置高速计数器的复位、脉冲输出的停止及近原点输入的设置/复位。

2）F0（MV）指令和特殊数据寄存器 DT90052 的组合使用。

3）若执行该指令，则所设定的内容被保持，直到再次执行该指令。

例如在原点复位动作中，使近原点输入有效并进入减速动作时的梯形图程序，如图 8-42 和图 8-43 所示。

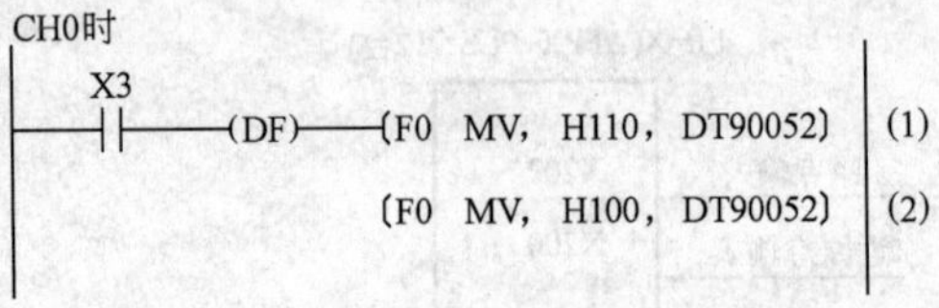

```
CH0时
X3
─┤├──(DF)──[F0  MV, H110, DT90052]  (1)
           [F0  MV, H100, DT90052]  (2)
```

图 8-42 用 CH0 的梯形图程序

```
CH1时
X4
─┤├──(DF)──[F0  MV, H110, DT90052]  (1)
           [F0  MV, H100, DT90052]  (2)
```

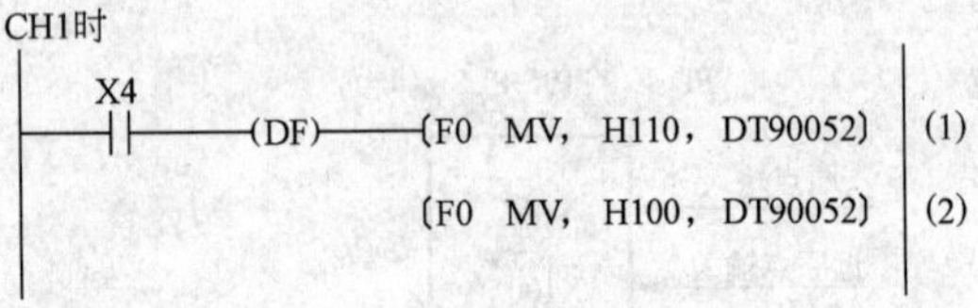

图 8-43 用 CH1 的梯形图程序

又如，当强制停止脉冲输出时的梯形图程序如图 8-44 和图 8-45 所示。

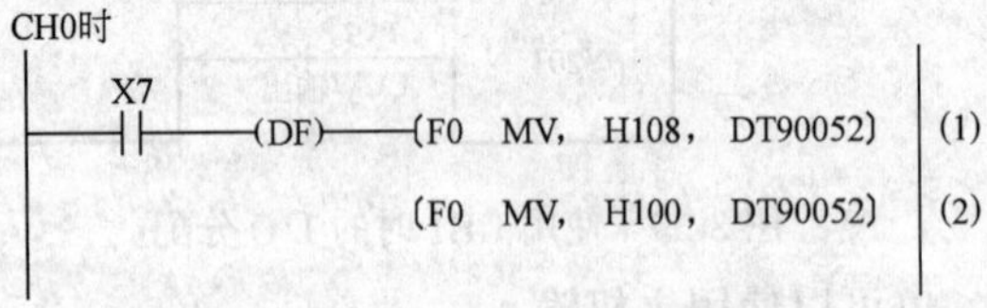

```
CH0时
X7
─┤├──(DF)──[F0  MV, H108, DT90052]  (1)
           [F0  MV, H100, DT90052]  (2)
```

图 8-44 用 CH0 的梯形图程序

```
CH1时
X4
─┤├──(DF)──[F0  MV, H1108, DT90052]
           [F0  MV, H1100, DT90052]
```

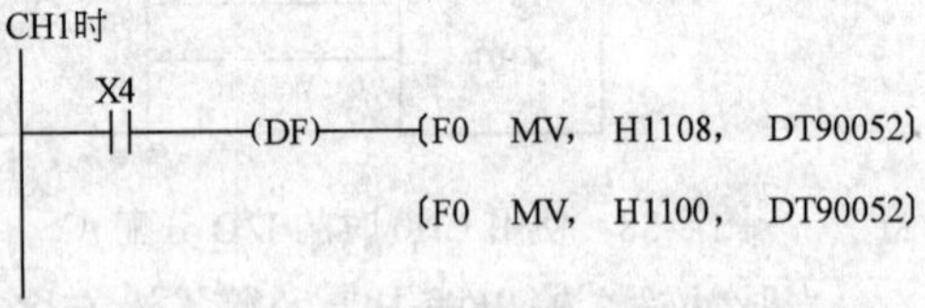

图 8-45 用 CH1 的梯形图程序

FP-X 的高速计数器/脉冲输出控制标志区域如图 8-46 所示。如图 8-46 中指定，该通道和写入控制代码的区域为 DT90052。

用 F0（MV）指令写入的控制代码，每个通道均保存在特殊寄存器 DT90372 ~ DT90373 中。用“脉冲输出的继续/停止”指令停止脉冲输出时，经过值区域的输出计数值和电机侧的输入计数值有时会不同，因此在停止后执行原点复位。

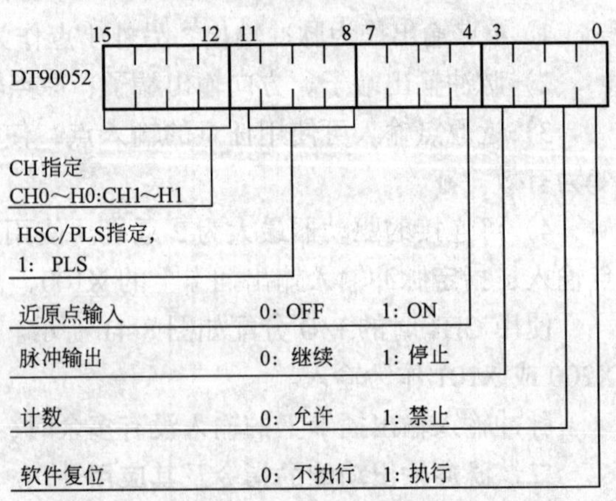

图 8-46 控制标志区域

2. 经过值的写入与读取指令（F1）

1）用于脉冲输出控制进行计数的脉冲数的读取。

2）F1（DMV）指令和特殊数据寄存器 DT900348，应组合使用。

3）经过值作为 32 位数据存储到特殊数据寄存器 DT90348 和 DT90349 的组合的区域。

4）经过值的设定只能用该 F1（DMV）指令进行。

例如，写入经过值的程序如图 8-47 所示。在脉冲输出 CH0 中设定初始值 K3000。

又如，读取经过值的程序如图 8-48 所示。脉冲输出 CH0 的经过值读入 DT100 ~ DT101。

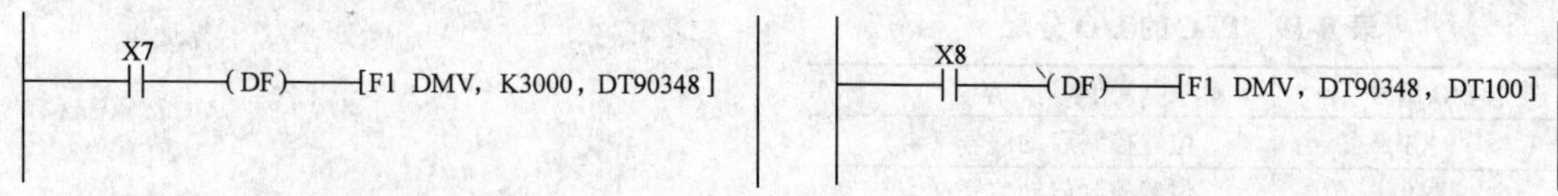

图 8-47　写入经过值的程序　　图 8-48　读取经过值的程序

3. 脉冲输出程序实例

1）系统接线：系统接线图如图 8-49 所示。步进电动机的输入使用 5V 光电耦合型时，请连接 2kΩ1/4W 的电阻。

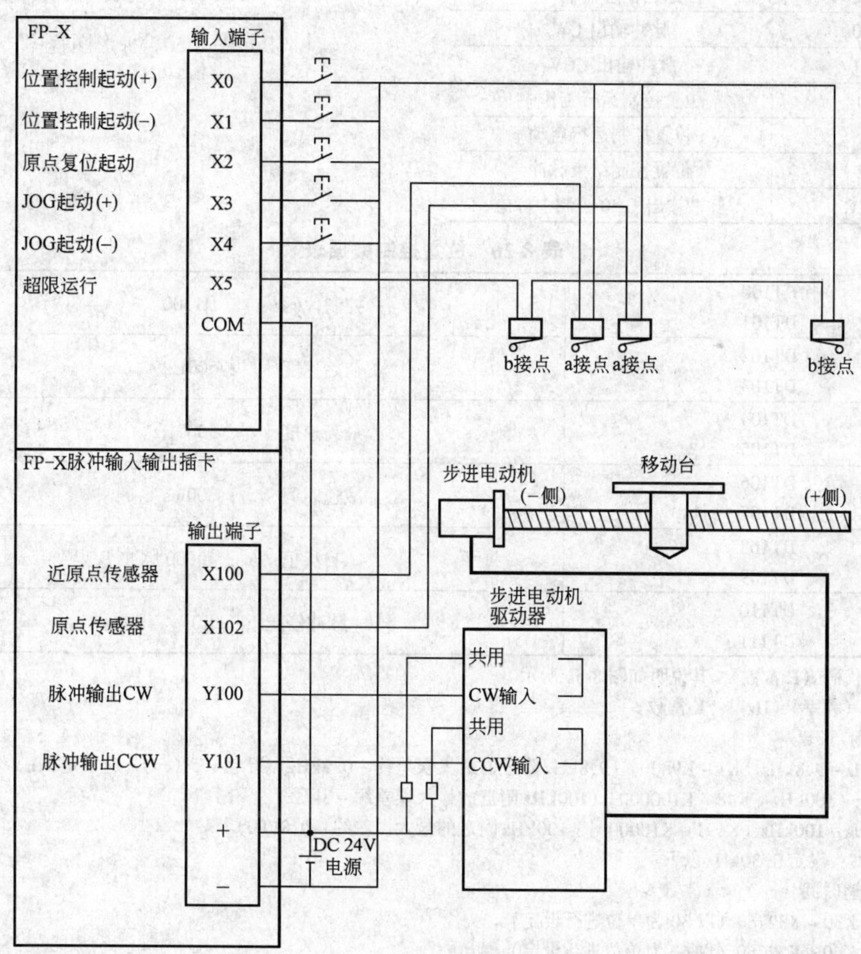

图 8-49　系统接线图

2）I/O 分配：PLC 的 I/O 分配如表 8-19 所示。

（二）梯形控制（F171）指令

1. 梯形图　根据表 8-20 数据表所示的设置自动进行梯形图控制。其梯形图程序如图 8-50 所示。以初始速度 500Hz、最高速度 5000Hz、加减速时间 300ms、移动量 10000 脉冲，从 Y100 输出脉冲。

2. 位置控制数据表　位置控制数据表如表8-20所示。

表 8-19　PLC 的 I/O 分配

I/O 编号	内　容
X0	位置控制启动信号（+）
X1	位置控制启动信号（-）
X2	原点复位启动信号
X3	JOG 启动信号（+）
X4	JOG 启动信号（-）
X5	超限运行信号
X100	近原点传感器输入
X102	原点传感器输入
Y100	脉冲输出 CW
Y101	脉冲输出 CCW
R10	位置控制运行工作中
R11	位置控制运行启动
R12	位置控制结束脉冲
R911C	脉冲输出 CH0 控制中标志

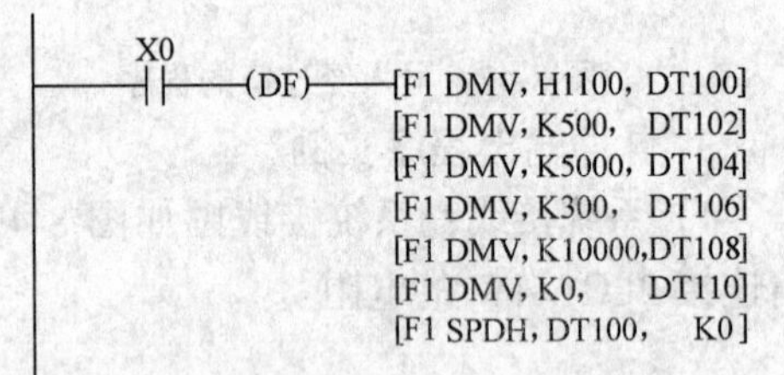

图 8-50　梯形图程序

表 8-20　位置控制数据表

DT100 DT101	控制代码①　：H1100
DT102 DT103	初始速度②　：500Hz
DT104 DT105	最高速度②　：5000Hz
DT106 DT107	加减速时间③　：300ms
DT108 DT109	目标值④　：10000 脉冲
DT110 DT111	脉冲停止　：K0

① 控制代码（H 常数），其说明如图 8-51 所示。

② 速度（频率）（Hz）< K 常数 >

频率范围

0：1.5Hz ~ 9.8kHz［K1 ~ K9800］（9.8kHz 附近的最大误差约 - 0.9kHz）指定 1.5Hz 时，应设定 K1。

1：48Hz ~ 100kHz［K48 ~ K100000］（100kHz 附近的最大误差约 - 3kHz）

2：191Hz ~ 100kHz［K191 ~ K100000］（100kHz 附近的最大误差约 - 0.8kHz）

初始速度：设定在 30kHz 以下。

③ 加减速时间（ms）< k 常数 >

30 段时 K30 ~ K32760（以 30 为单位进行设定）

60 段时 K60 ~ K32760（以 60 为单位进行设定）

④ 目标值 < k 常数 > K - 2，147，483，648 ~ K2，147，483，647

3. 脉冲输出速度曲线　脉冲输出速度曲线如图 8-52 所示。

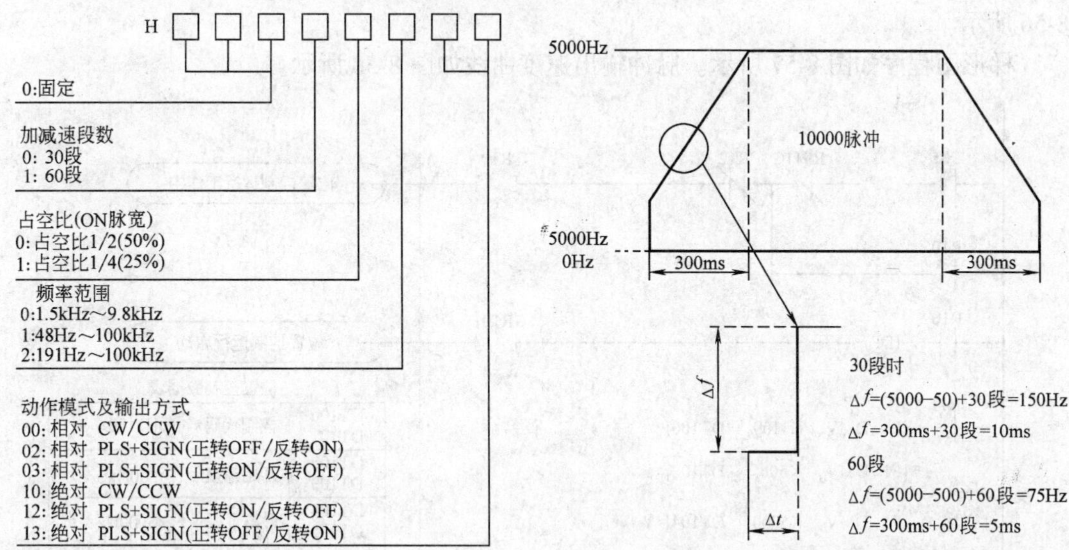

图 8-51　H 常数说明　　图 8-52　脉冲输出速度曲线

4. 关于加减速时间的设定　设定加减速时间、段数、初始速度时，数值要满足下列公式。加减速时间在 30 段时为 30ms 单位，在 60 段时设为 60ms 单位。在不能以 30ms 为单位或 60ms 为单位进行指定的情况下则自动地修正为 30ms 或者 60ms 的倍数值（取大的一方）。

加减速时间 t［ms］⩾（段数 × 1000）/初始速度 f0［Hz］

5. 程序举例

(1) 相对值　位置控制运行（正方向若 X0 变为 ON 时，从指定通道 CH0 的 CW 输出 Y100 输出脉冲。此时，存储器 Y100 不根据脉冲输出实现 ON/OFF 动作。另外，也不能进行监控。系统连接示意图如图 8-53 所示。

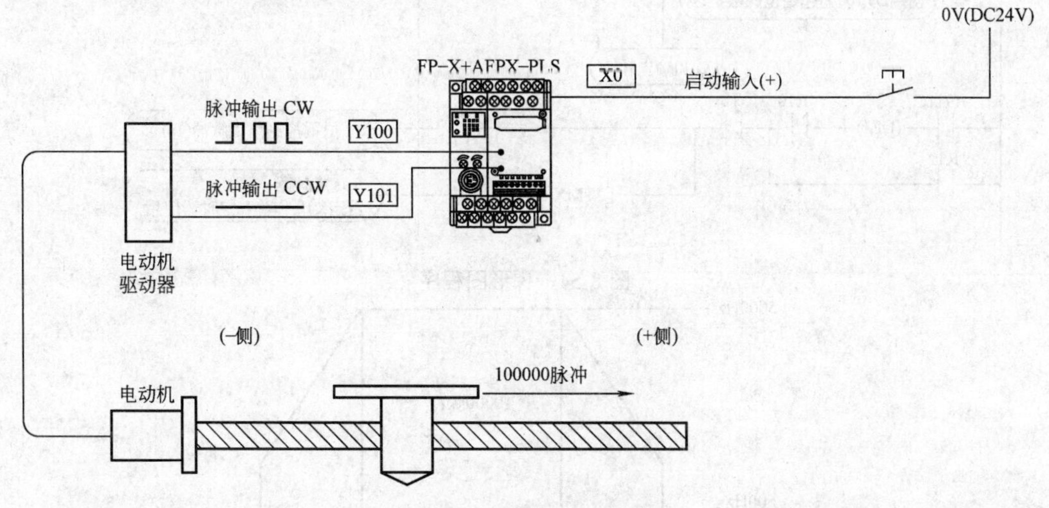

图 8-53　系统连接示意图

梯形图程序如图 8-54 所示。脉冲输出的速度曲线图如图 8-55 所示。

(2) 相对值　位置控制运行（负方向）若 X1 变为 ON 时，从指定通道 CH0 的 CCW 输出 Y101 输出脉冲。此时，继电器 Y101 不根据脉冲输出实现 ON/OFF 动作。系统连接如图 8-56 所示。

梯形图程序如图 8-57 所示。脉冲输出速度曲线如图 8-58 所示。

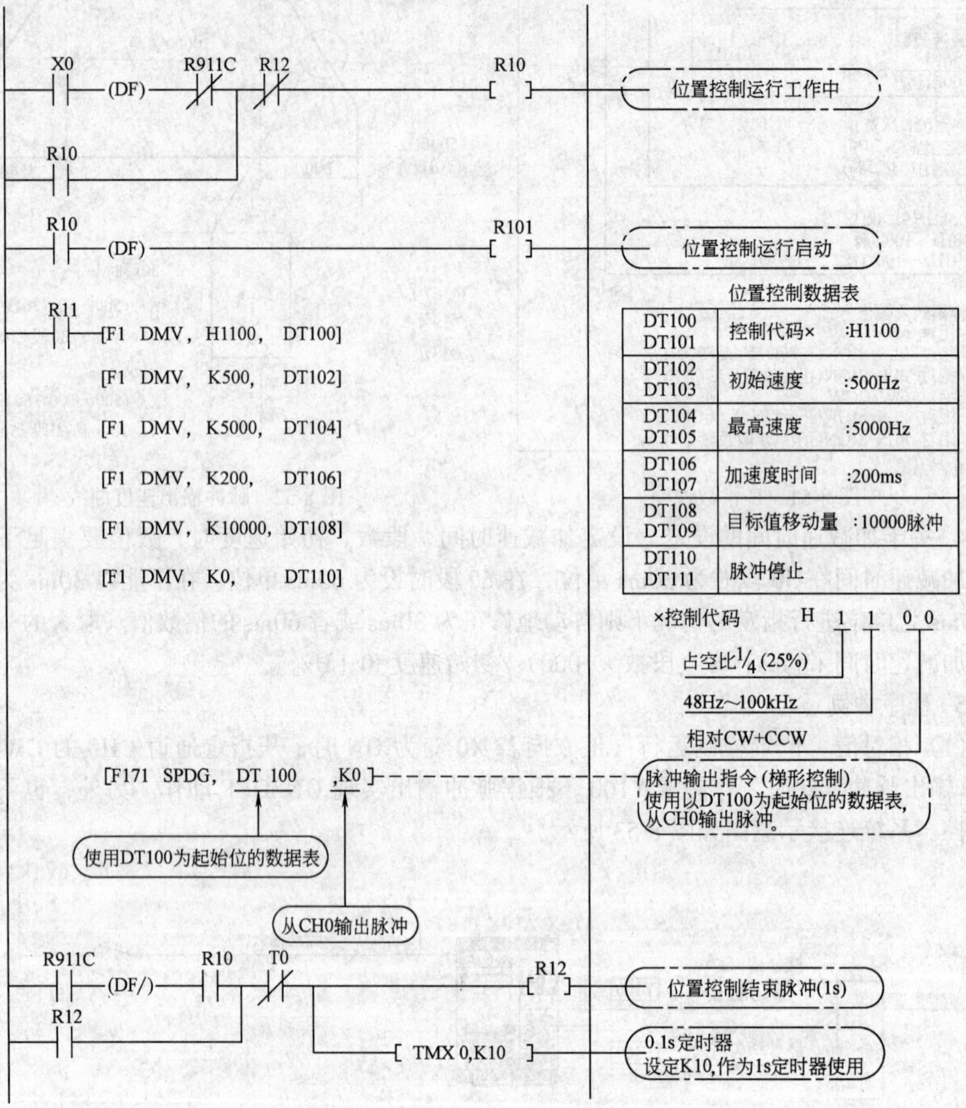

X0
(DF)
R911C
R12
R10
位置控制运行工作中
R10
R10
(DF)
R101
位置控制运行启动
R11
[F1 DMV，H1100，DT100]
[F1 DMV，K500，DT102]
[F1 DMV，K5000，DT104]
[F1 DMV，K200，DT106]
[F1 DMV，K10000，DT108]
[F1 DMV，K0，DT110]
位置控制数据表
DT100 DT101 控制代码× :H1100
DT102 DT103 初始速度 :500Hz
DT104 DT105 最高速度 :5000Hz
DT106 DT107 加速度时间 :200ms
DT108 DT109 目标值移动量 :10000脉冲
DT110 DT111 脉冲停止
×控制代码 H 1 1 0 0
占空比1/4 (25%)
48Hz～100kHz
相对CW+CCW
[F171 SPDG, DT 100 ,K0]
脉冲输出指令 (梯形控制) 使用以DT100为起始位的数据表, 从CH0输出脉冲。
使用DT100为起始位的数据表
从CH0输出脉冲
R911C
(DF/)
R10
T0
R12
位置控制结束脉冲(1s)
R12
TMX 0,K10
0.1s定时器 设定K10,作为1s定时器使用

图 8-54 梯形图程序

5000Hz
10000脉冲
500Hz
0Hz
200ms
200ms

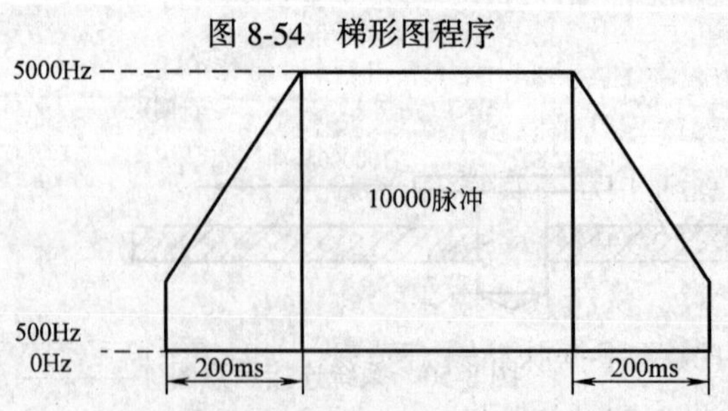

图 8-55 脉冲输出速度曲线

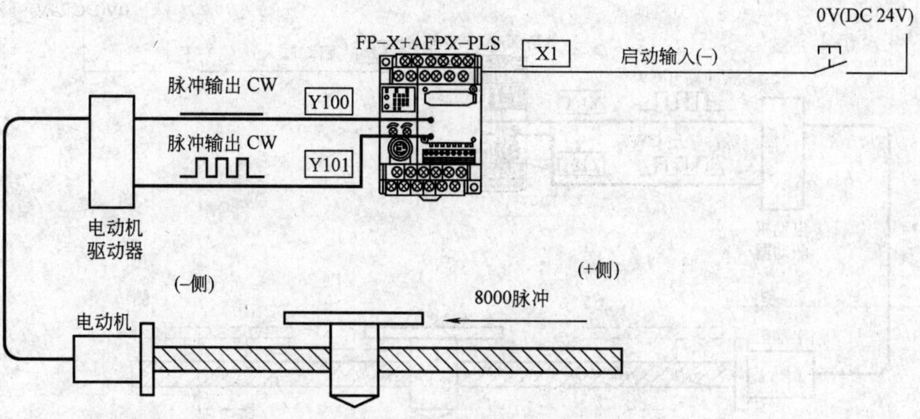

0V(DC 24V)
FP−X+AFPX−PLS
X1
启动输入(−)
脉冲输出 CW
Y100
脉冲输出 CW
Y101
电动机
驱动器
(−侧)
(+侧)
8000脉冲
电动机

图 8-56　系统连接示意图

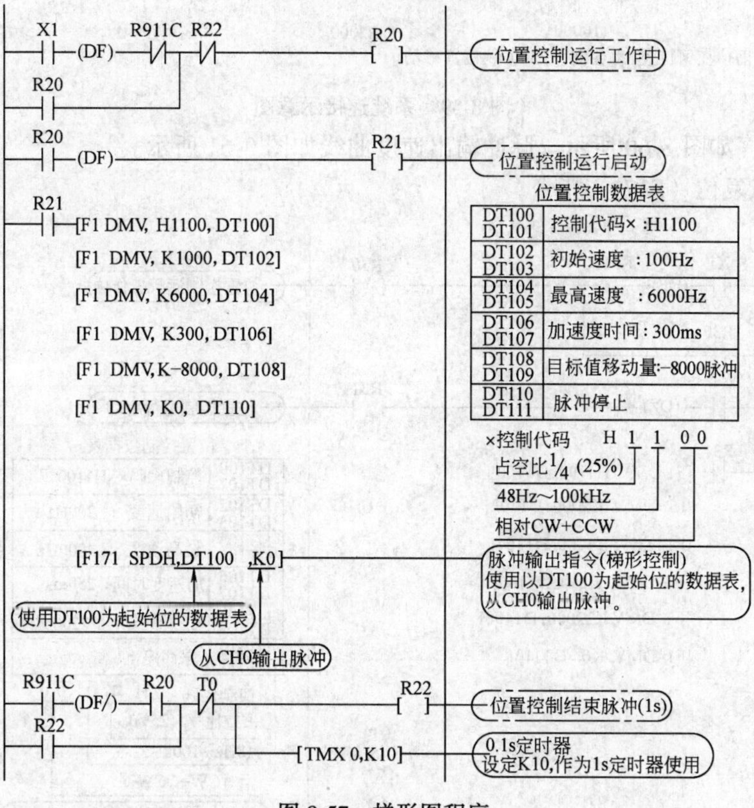

X1
R911C
R22
R20
(DF)
位置控制运行工作中
R20
R20
(DF)
R21
位置控制运行启动
R21
[F1 DMV, H1100, DT100]
[F1 DMV, K1000, DT102]
[F1 DMV, K6000, DT104]
[F1 DMV, K300, DT106]
[F1 DMV,K−8000, DT108]
[F1 DMV, K0, DT110]
位置控制数据表
DT100 DT101 控制代码× :H1100
DT102 DT103 初始速度 :100Hz
DT104 DT105 最高速度 :6000Hz
DT106 DT107 加速度时间 : 300ms
DT108 DT109 目标值移动量:−8000脉冲
DT110 DT111 脉冲停止
×控制代码　H 1 1 0 0
占空比1/4 (25%)
48Hz～100kHz
相对CW+CCW
[F171 SPDH,DT100 ,K0]
脉冲输出指令(梯形控制)
使用以DT100为起始位的数据表,
从CH0输出脉冲。
使用DT100为起始位的数据表
从CH0输出脉冲
R911C
(DF/)
R20
T0
R22
R22
位置控制结束脉冲(1s)
[TMX 0,K10]
0.1s定时器
设定K10,作为1s定时器使用

图 8-57　梯形图程序

（3）绝对值　位置控制运行 X1 为 ON 时，从指定通道 CH0 的 CW 输出 Y100 或 CCW 输出 Y101 输出脉冲。系统连接示意图如图 8-59 所示。此时当前值大于“22000”时，从 Y101 输出，小于“22000”时，从 Y100 输出。此时，继电器 Y100 或 Y101 不根据脉冲输出实现 ON/OFF 动作。另外，也不能进行监控。

6000Hz
8000脉冲
1000Hz
0Hz
300ms
300ms

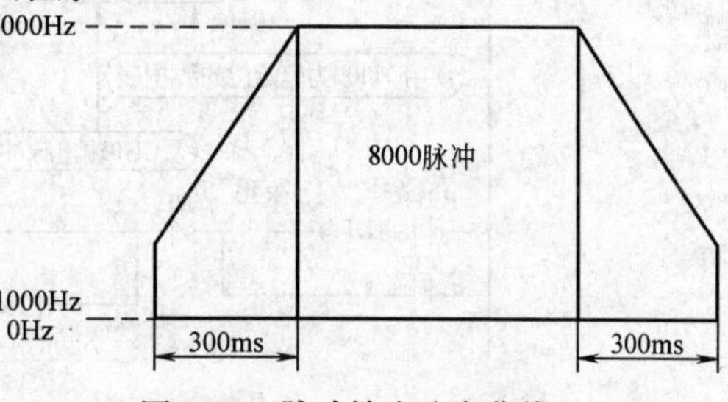

图 8-58　脉冲输出速度曲线

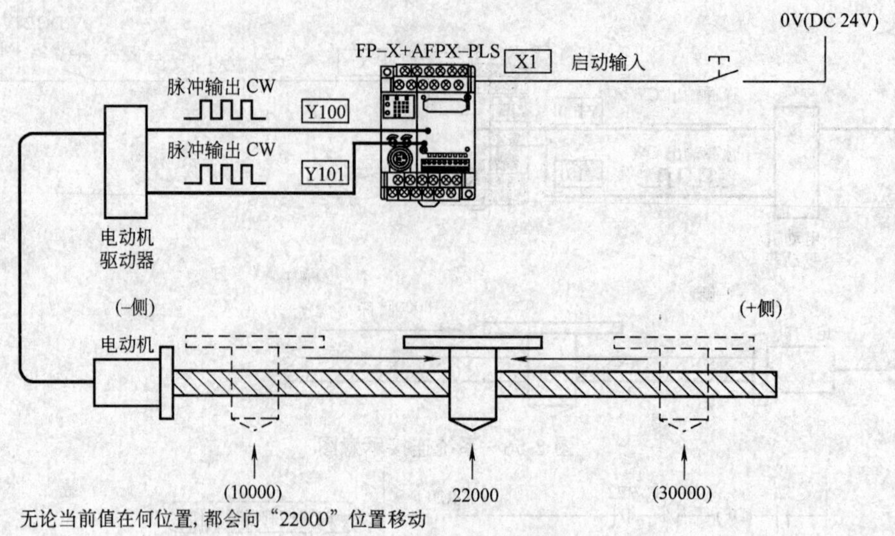

图 8-59 系统连接示意图

梯形图程序如图 8-60 所示。脉冲输出速度曲线如图 8-61 所示。

（三）原点复位（F171）指令

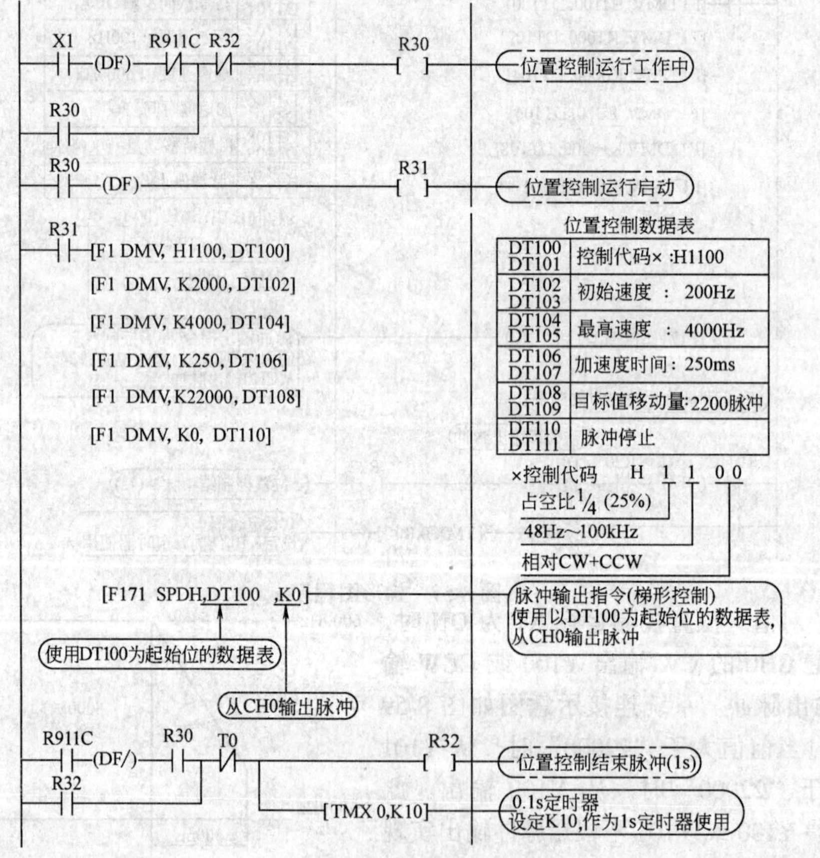

图 8-60 梯形图程序

1. 梯形图　根据数据表的设置，进行原点复位。原点复位后，经过值区域 CH0（DT90348、DT90349）、CH1（DT90352、DT90353）清除为“0”。梯形图程序如图 8-62 所示。以初始速度 100Hz、最高速度 2000Hz、加减速时间 150ms，从 Y101 输出脉冲，进行原点复位。

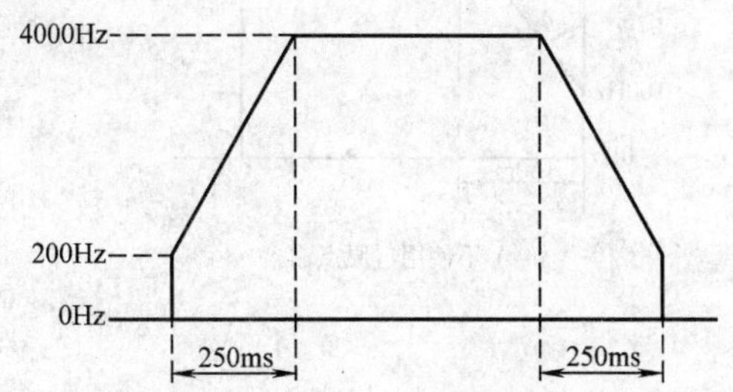

图 8-61　脉冲输出速度曲线

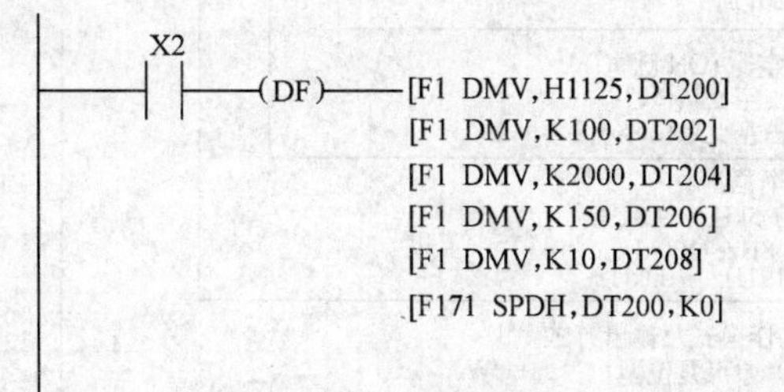

图 8-62　梯形图程序

2. 位置控制数据表　执行图 8-62 所示的程序后，位置控制数据表如表 8-21 所示。

表 8-21　位置控制数据表

DT200　DT201	控制代码① ：H1125
DT202　DT203	初始速度② ：100Hz
DT204　DT205	最高速度② ：2000Hz
DT206　DT207	加减速时间③ ：150ms
DT208　DT209	偏差计数④清除信号输出时间 ：10ms

① 控制代码 < H 常数 >，其说明如图 8-63 所示。

② 速度（频率）（Hz） < K 常数 >

频率范围

0：1.5Hz ~ 9.8kHz［K1 ~ K9800］

（9.8kHz 附近的最大误差约 -0.9kHz）

指定 1.5Hz 时，设定 K1。

1：48Hz ~ 100kHz［K48 ~ K100000］

（100kHz 附近的最大误差约 -3kHz）该范围中，建议占空比 1/4。

2：191Hz ~ 100kHz［K191 ~ K100000］

（100kHz 附近的最大误差约 -0.8kHz）

该范围中，建议占空比 1/4。

初始速度：设定在 30kHz 以下。

③ 加减速时间（ms） < k 常数 >

30 段时 K30 ~ K32760（以 30 单位进行设定）

60 段时 K60 ~ K32760（以 60 单位进行设定）

④ 偏差计数清除信号输出时间（ms） < k 常数 >

设定偏差计数清除信号的输出时间。

0.5 ~ 100ms［K0 ~ K100］设定值 + 误差（0.5ms 以下）

不使用时以及指定为 0.5ms 时，应设定 K0。

偏差计数清除信号 CH0 定位在 Y102，CH1 定位在 Y202。

3. 脉冲输出速度曲线　不使用近原点输入和使用近原点输入时的输出曲线如图8-64所示。

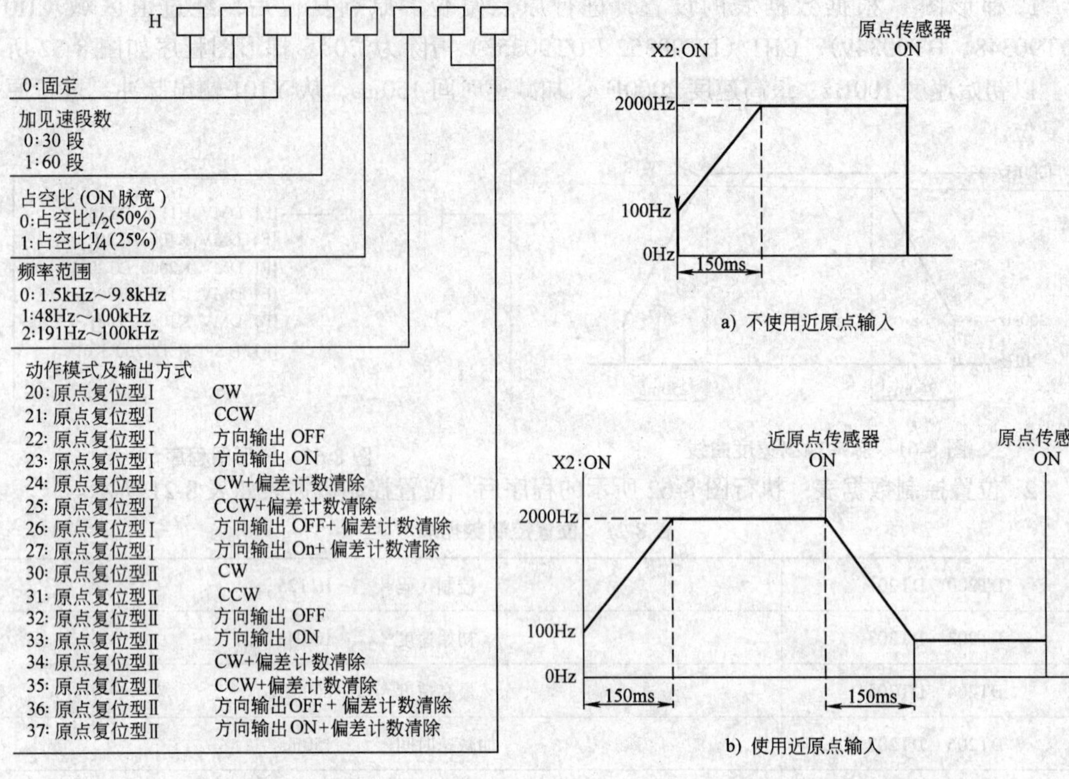

图 8-63　H 常数说明　　　　图 8-64　脉冲输出速度曲线

4. 关于加减速时间的设定　设定加减速时间、段数、初始速度时，数值要满足下列公式。加减速时间在 30 段时为 30ms 单位，在 60 段时设为 60ms 单位。在不能以 30ms 为单位或 60ms 为单位进行指定的情况下则自动地修正为 30ms 或者 60ms 的倍数值（取大的一方）。

加减速时间 t［ms］(段数 × 1000) /初始速度 f0［≥Hz］

5. 原点复位的动作模式　FP-X 的原点复位有［原点复位型Ⅰ］、［原点复位型Ⅱ］两种动作模式。

(1) 原点复位型Ⅰ　无论有无近原点输入、是否减速中、是否完成，原点输入均有效。也有的不使用近原点输入的模式。

不使用近原点输入时的输出速度曲线参看图 8-64a，使用近原点输入时参看图 8-64b。近原点输入减速途中，有原点输入进入时的脉冲输出速度曲线如图 8-65 所示。

(2) 原点复位型Ⅱ　只在近原点输入减速运行结束后，原点输入才有效的模式，其脉冲输出速度曲线如图 8-66 所示。

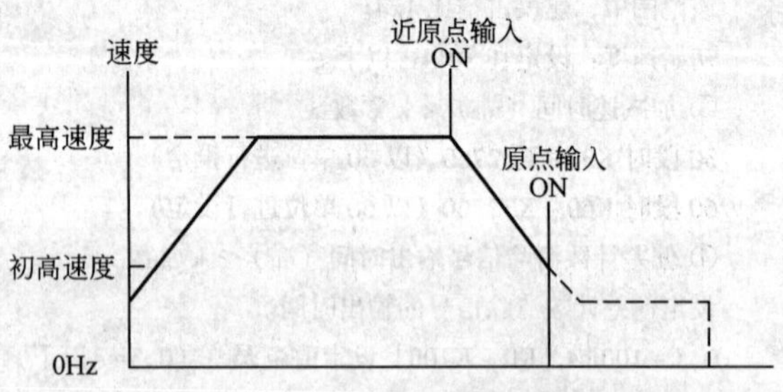

图 8-65　有原点输入进入时的脉冲输出速度曲线

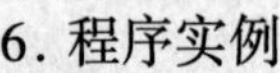

6. 程序实例

(1) 用 CH0 的原点复位运行（负方向时）　X2 变为 ON 时，从指定通道 CH0 的 CCW 输出 Y101 输出脉冲，开始原点复位。系统连接示意图如图 8-67 所示。X100 为 ON 时，开始减速，在 X102 为 ON 时，原点复位结束。原点复位结束后经过值区域 DT90348、DT90349 被清除为“0”。

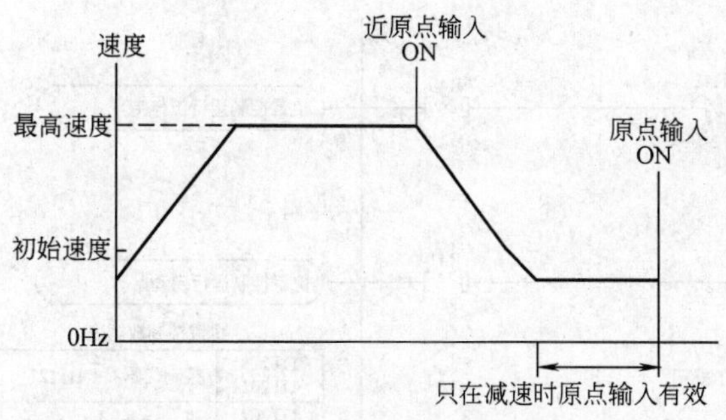

图 8-66　脉冲输出速度曲线

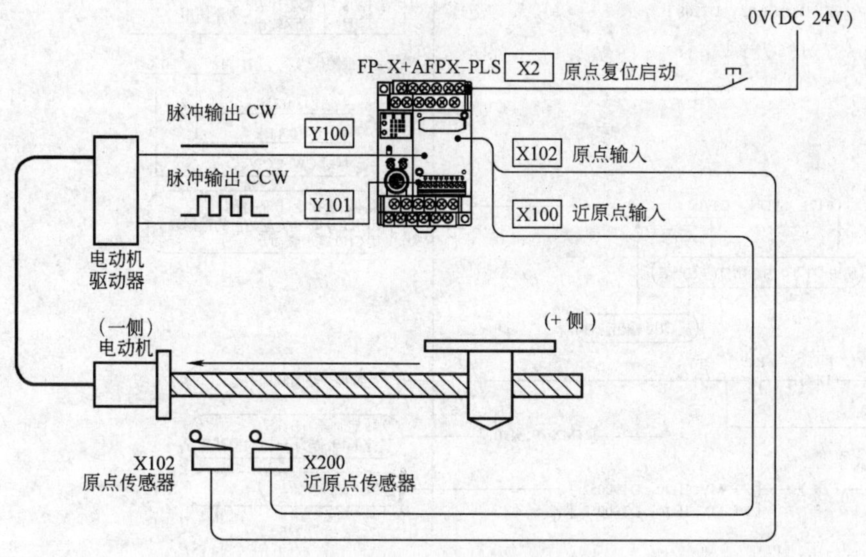

图 8-67　系统连接示意图

梯形图程序如图 8-68 所示。脉冲输出速度曲线如图 8-69 所示。

(2) 用 CH1 的原点复位运行（正方向时）　若 X3 变为 ON 时，从指定通道 CH1 的 CW 输出 Y200 输出脉冲，开始原点复位。X200 为 ON 时，开始减速，在 X202 为 ON 时，原点复位结束。原点复位结束后经过值区域 DT90352、DT90353 被清除为“0”。系统连接示意图如图 8-70 所示。

梯形图程序如图 8-71 所示。脉冲输出速度曲线如图 8-72 所示。

(四) JOG 运行（可设定目标值）(F172)

1. 梯形图　执行条件 ON 时，用指令可获得任意输出的 JOG 运行。例如，当 X3 为 ON 时，从 Y100 输出 300Hz 的脉冲。梯形图程序如图 8-73 所示。

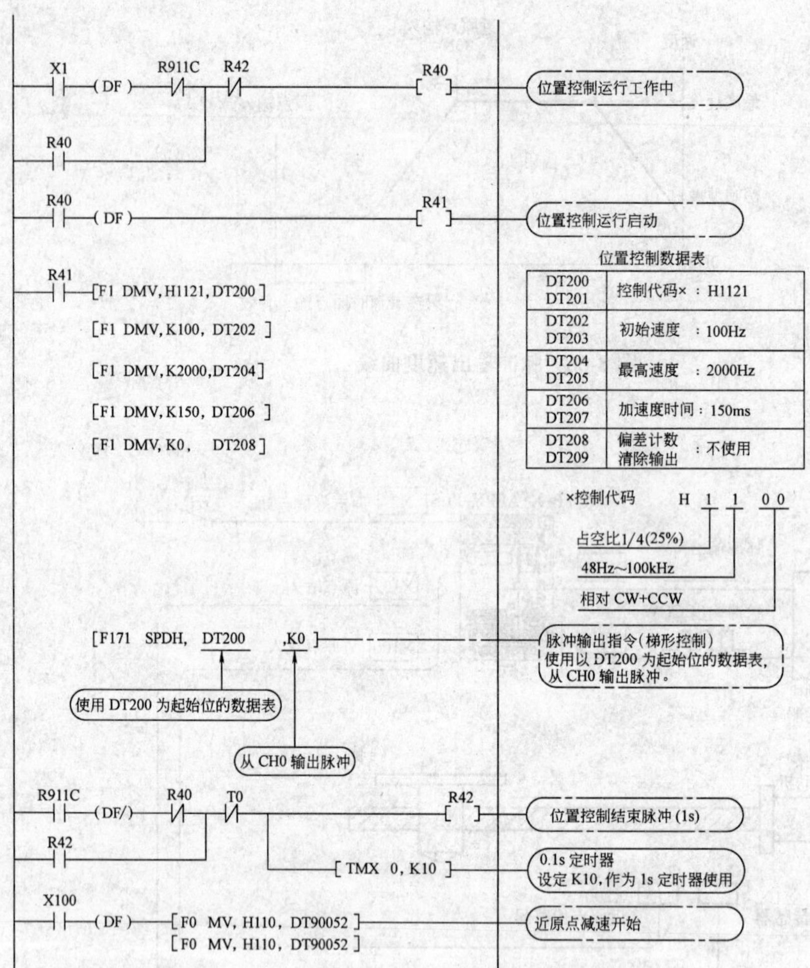

图 8-68 梯形图速度程序

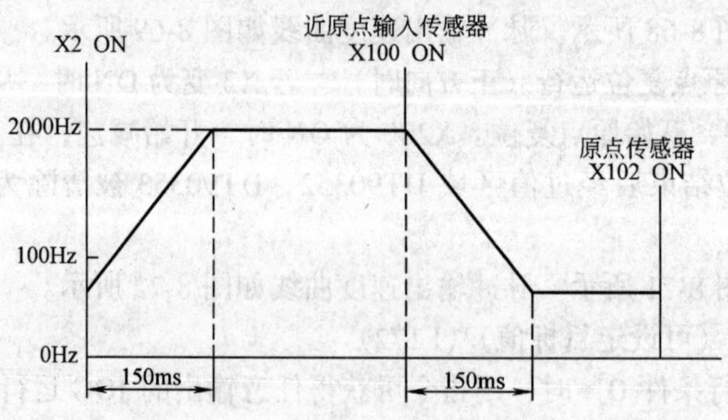

图 8-69 脉冲输出速度曲线

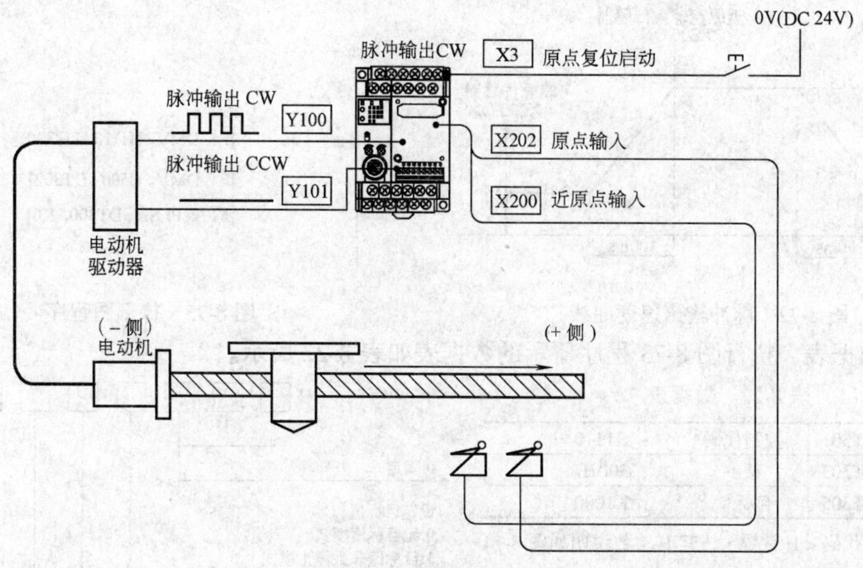

图 8-70　系统连接示意图

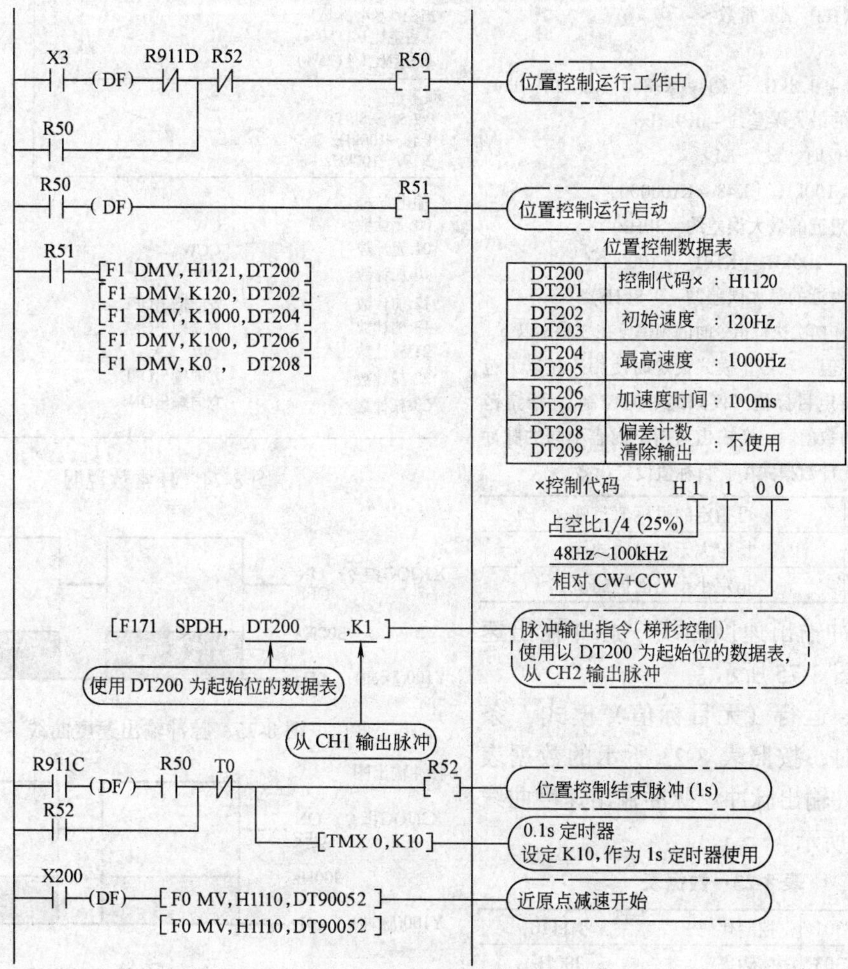

图 8-71　梯形图程序

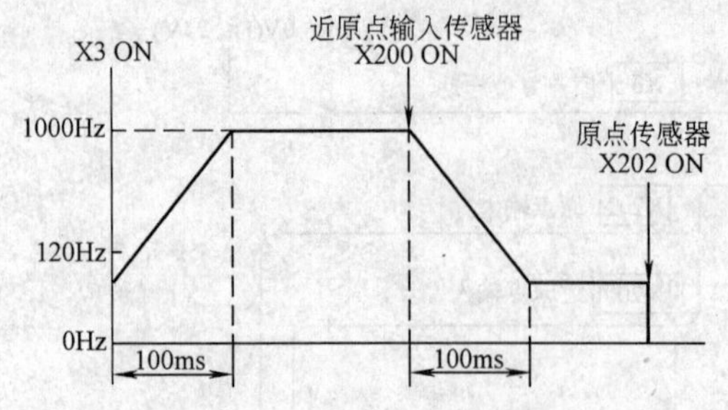

图 8-72 脉冲输出速度曲线

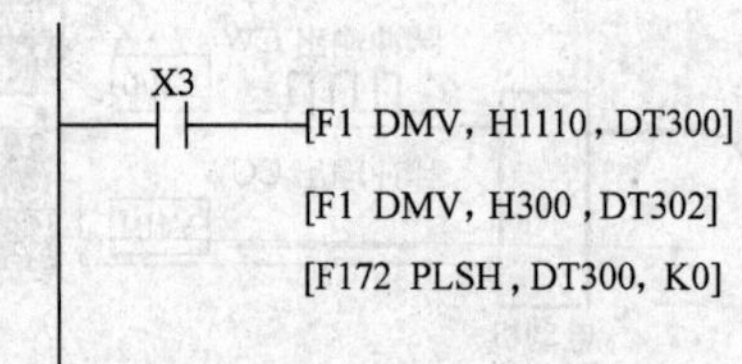

图 8-73 梯形图程序

2. 数据表 执行图 8-73 程序所示的数据表如表 8-22 所示。

表 8-22 数据表

DT300 DT301	控制代码①	: H1110
DT302 DT303	频率②	: 300Hz
DT304 DT305	目标值③	: K1000

① 控制代码 <H 常数>，其 H 常数说明如图 8-74 所示。

② 频率（Hz）<K 常数>

频率范围

0：1.5Hz ~ 9.8kHz［K1 ~ K9800（单位：Hz)］(9.8kHz 附近的最大误差约 - 0.9kHz)

指定 1.5Hz 时，设定 K1。

a：48Hz ~ 100kHz［K48 ~ K100000］

(100kHz 附近的最大误差约 - 3kHz)

b：191Hz ~ 100kHz［K191 ~ K100000］

(100kHz 附近的最大误差约 - 0.8kHz)

在计数时，初次执行指令时的频率设在 30kHz 以下。

③ 在目标值一致停止模式设定时使用。在以下范围内设定目标值（仅限绝对值控制）。指定范围外的数值时，会输出与指定内容不同的脉冲数。无计数模式中，目标值设定无效。

输出方式	可指定的目标值范围
加计数	指定大于当前值的值
减计数	指定小于当前值的值

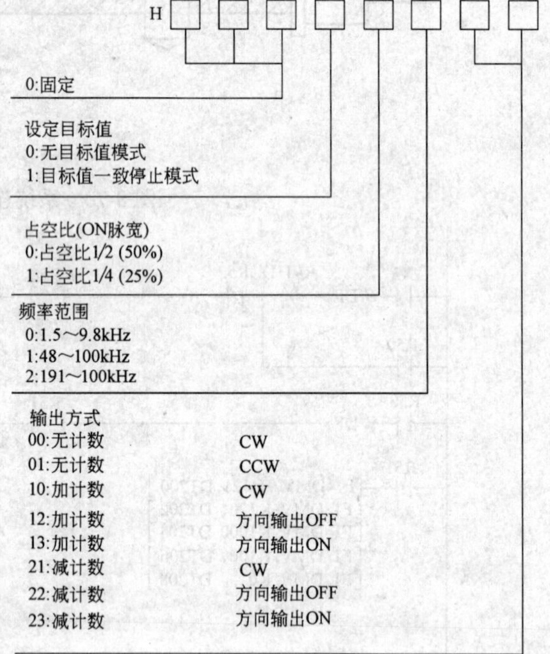

图 8-74 H 常数说明

3. 脉冲输出速度曲线 脉冲输出速度曲线如图 8-75 所示。

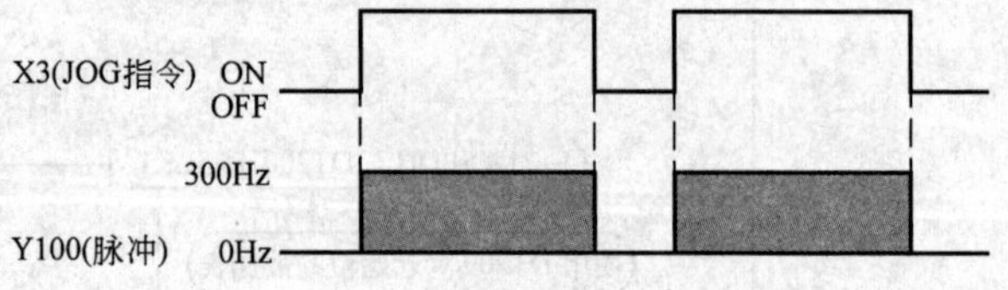

图 8-75 脉冲输出速度曲线

4.JOG 运行（无目标值）模式 条件为 ON 时，按照表 8-23 所示的数据表设定的条件输出脉冲。脉冲输出速度曲线如图 8-76 所示。

表 8-23 数据表

DT300 DT301	控制代码①	: H1110
DT302 DT303	频率②	: 300Hz

①、②注释内容同表 8-22。

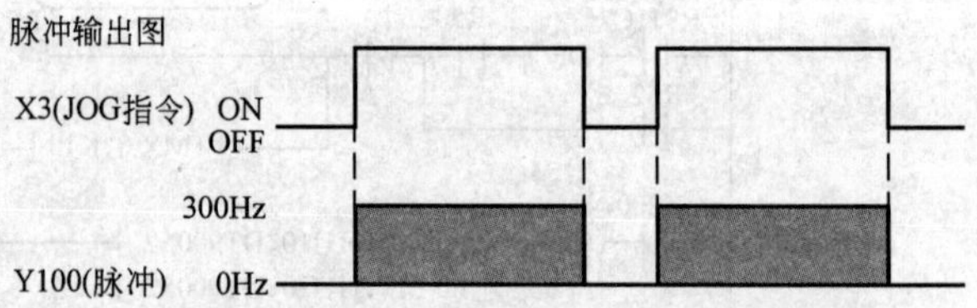

图 8-76 脉冲输出速度曲线

5. 目标值一致停止模式　使用［目标值一致停止模式］设定 JOG 运行的目标值，到达该目标值时，停止脉冲输出，脉冲输出速度曲线如图 8-77 所示。用控制代码选择［目标值一致停止模式］，在表 8-24 所示的数据表里设定目标值（绝对值）。

表 8-24　数据表

DT300 DT301	控制代码①　: H1110
DT302 DT303	频率②　: 300Hz
DT304 DT305	目标值③　: K1000

①、②、③注释内容同表 8-22。

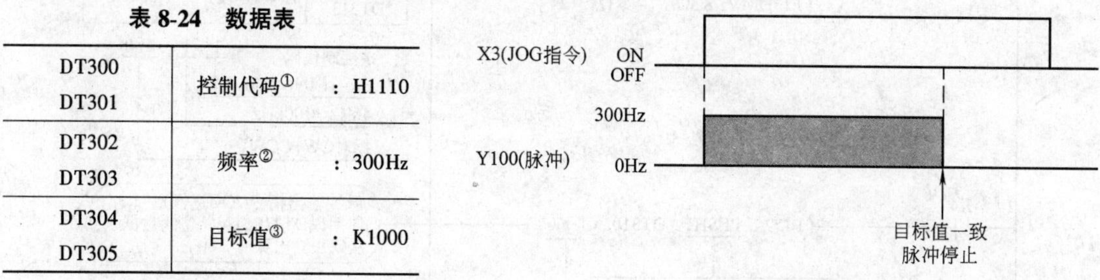

图 8-77　脉冲输出速度曲线

6. 程序实例

（1）JOG 运行（正方向）　X3 为 ON 时，从指定通道 CH0 的 CW 输出 Y100 输出脉冲。梯形图程序如图 8-78 所示。脉冲输出曲线如图 8-79 所示。

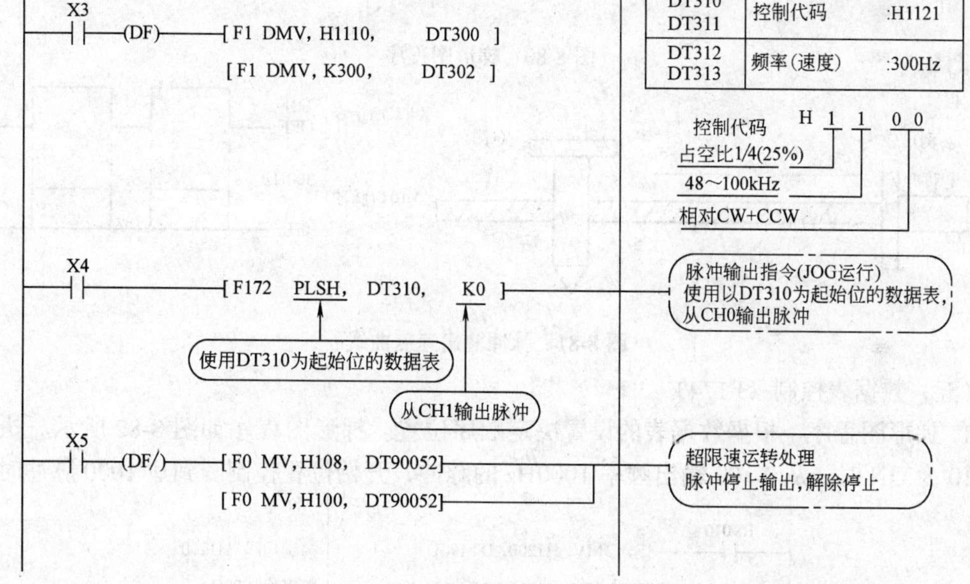

图 8-78　梯形图程序

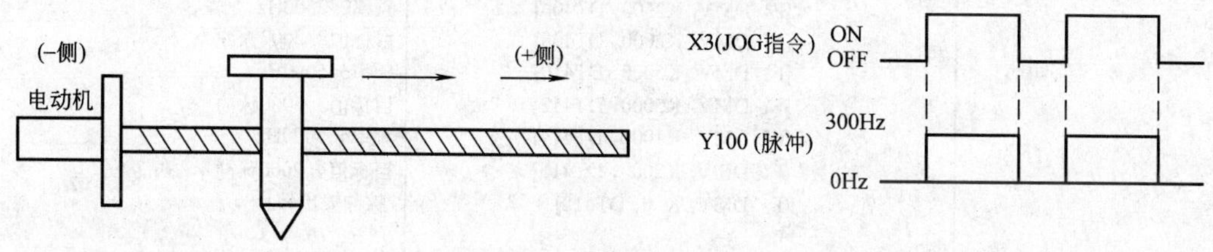

图 8-79　脉冲输出曲线

（2）JOG 运行（负方向）　X4 为 ON 时，从指定通道 CH0 的 CCW 输出 Y101 输出脉冲。梯形图程序如图 8-80 所示。脉冲输出速度曲线如图 8-81 所示。

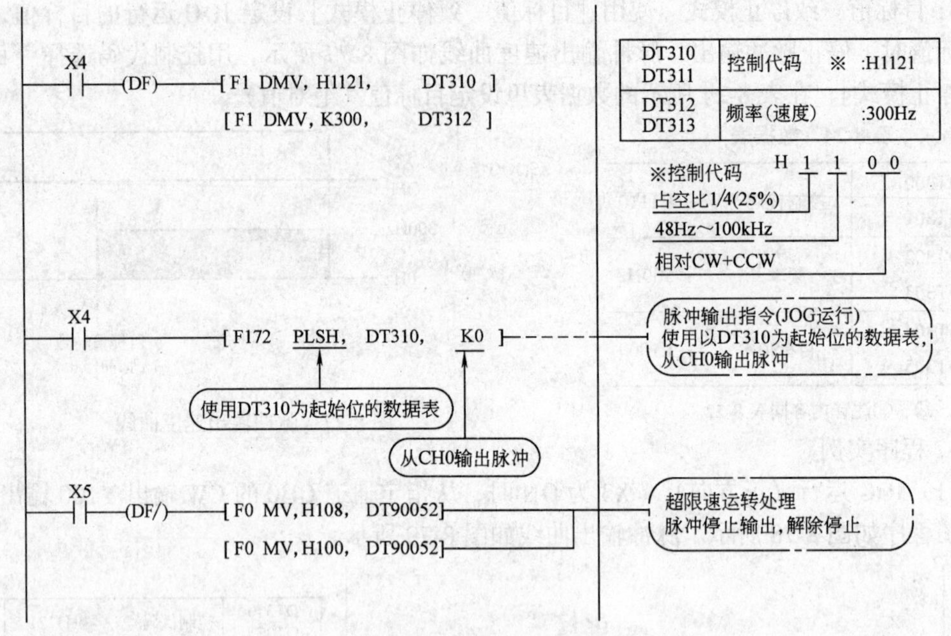

图 8-80　梯形图程序

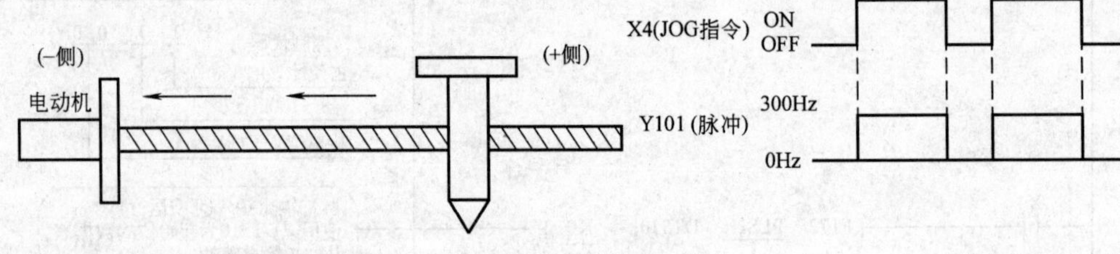

图 8-81　脉冲输出速度曲线

（五）数据表控制（F174）

1. 梯形图程序　根据数据表的设置决定顺序位置。梯形图程序如图 8-82 所示。执行条件 R10 为 ON 时，从 Y100 输出频率 1000Hz 的脉冲，开始位置控制。到达 1000 脉冲时，将

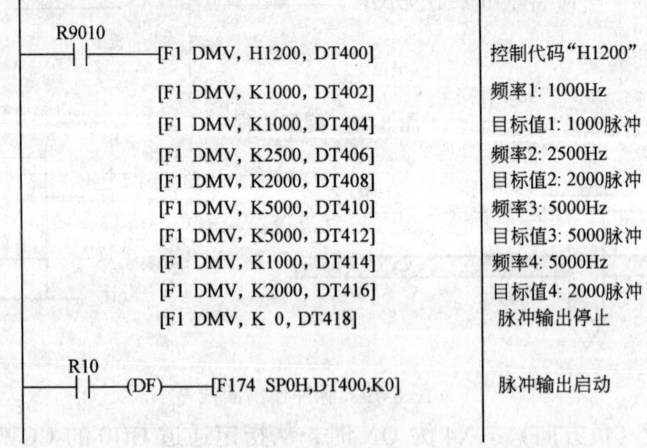

图 8-82　梯形图程序

频率切换到 2500Hz，按照数据表中值的顺序进行位置控制。当脉冲输出停止（K0）的值写入数据表时，停止位置控制。

2. 位置控制数据表 执行图 8-82 所示的程序后，位置控制数据表如表 8-25 所示。

表 8-25 位置控制数据表

DT400 DT401	控制代码①	: H1200
DT402 DT403	频率 1②	: 1000Hz
DT404 DT405	目标值 1③	: 1000 脉冲
DT406 DT407	频率 2	: 2500Hz
DT408 DT409	目标值 2	: 2000 脉冲
DT410 DT411	频率 3	: 5000Hz
DT412 DT413	目标值 3	: 5000 脉冲
DT414 DT415	频率 4	: 1000Hz
DT416 DT417	目标值 4	: 2000 脉冲
DT418 DT419	指定脉冲 输出停止	: K0

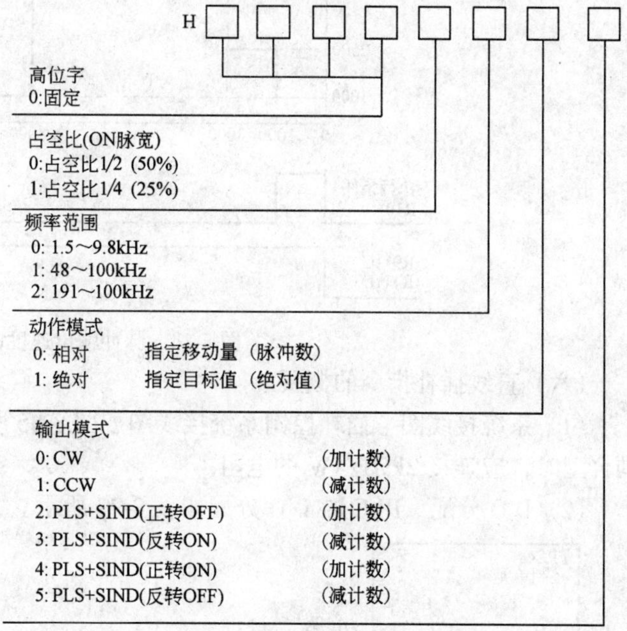

H □□□□□□□□

高位字
0:固定

占空比(ON脉宽)
0:占空比1/2 (50%)
1:占空比1/4 (25%)

频率范围
0: 1.5～9.8kHz
1: 48～100kHz
2: 191～100kHz

动作模式
0: 相对 指定移动量（脉冲数）
1: 绝对 指定目标值（绝对值）

输出模式
0: CW (加计数)
1: CCW (减计数)
2: PLS+SIND(正转OFF) (加计数)
3: PLS+SIND(反转ON) (减计数)
4: PLS+SIND(正转ON) (加计数)
5: PLS+SIND(反转OFF) (减计数)

图 8-83 数据表中 H 常数说明

① 控制代码<H 常数>，其数据表中 H 常数说明如图 8-83 所示。

② 频率（Hz）<K 常数>

频率范围

0：1.5Hz ~ 9.8kHz［K1 ~ K9800］

（9.8kHz 附近的最大误差约 -0.9kHz）

指定 1.5Hz 时，设定 K1。

a：48Hz ~ 100kHz［K48 ~ K100000］

（100kHz 附近的最大误差约 -3kHz）

b：191Hz ~ 100kHz［K191 ~ K100000］

（100kHz 附近的最大误差约 -0.8kHz）

初始速度频率 1 设定在 30kHz 以下。

③ 目标值（K-2147483648 ~ K2147483647），目标值中指定的 32bit 数据。数据值范围如表 8-26 所示。

表 8-26 数据值范围

控制代码的指定		可指定的目标值范围
动作模式	输出方式	
相对	加计数	指定正值
	减计数	指定负值
绝对	加计数	指定大于当前值的值
	减计数	指定小于当前值的值

3. 脉冲输出速度曲线 脉冲输出速度曲线图 8-84 所示。F174（SP0H）指令的执行条件 R10 变为 ON 后，高速计数器控制中标志 R911C（R911D）ON。过程值达到 10000 时，

脉冲输出停止，R911C（R911D）OFF。

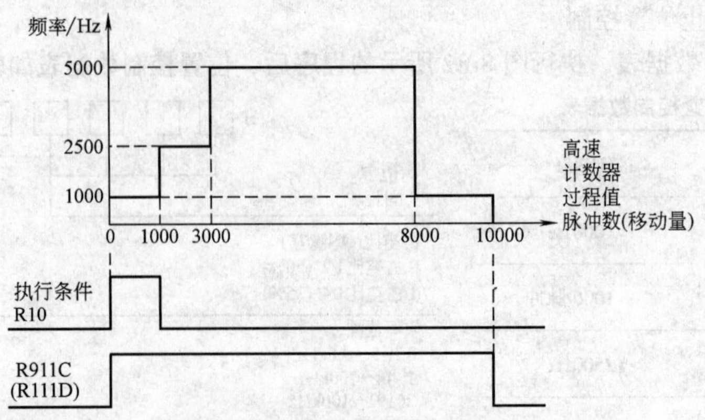

图 8-84　脉冲输出速度曲线

（六）直线插补指令的概要

（1）系统接线图　插补控制系统接线图如图 8-85 所示。步进电动机的输入使用 5V 光电耦合型时，应连接 2kΩ1/4W 的电阻。

（2）I/O 分配　PLC 的 I/O 分配如表 8-27 所示。

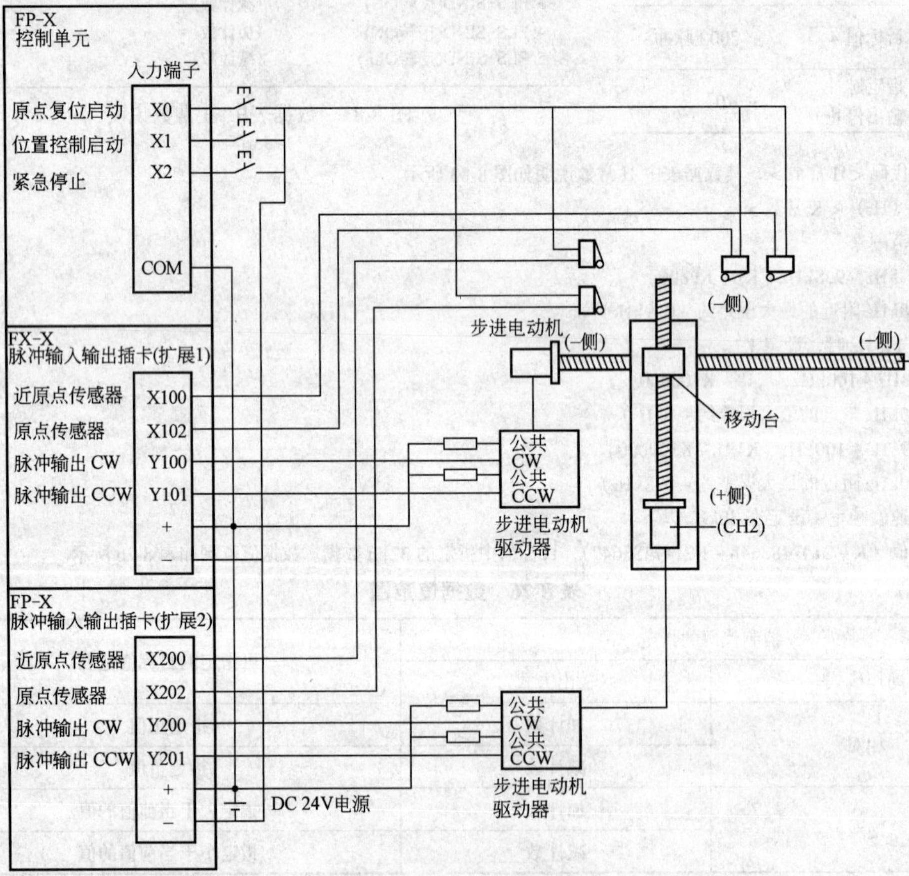

图 8-85　插补控制系统接线图

表 8-27　I/O 分配

I/O 编号	内　容	
X0	原点复位启动	
X1	位置控制启动	
X2	紧急停止	
X100	近原点传感器	CH0
X102	原点传感器	
Y100	脉冲输出 CW	
Y101	脉冲输出 CCW	
X200	近原点传感器	CH1
X202	原点传感器	
Y200	脉冲输出 CW	
Y201	Y201 脉冲输出 CCW	

(3) 原点复位运行（负方向）过程　X0 为 ON 时，从指定通道 CH0 的 CCW 输出 Y101、CH1 的 CCW 输出 Y201 输出脉冲，开始原点复位。

在 CH0 中，X100 为 ON 时，开始减速。X102 为 ON 时，原点复位结束。原点复位结束后，经过值区域 DT90348、DT90349 清除为“0”。

在 CH1 中，X200 为 ON 时，开始减速。X202 为 ON 时，原点复位结束。原点复位结束后，经过值区域 DT90352、DT90353 清除为“0”。

两个 CH 完成后，原点复位结束。原点复位运行过程示意图如图 8-86 所示。

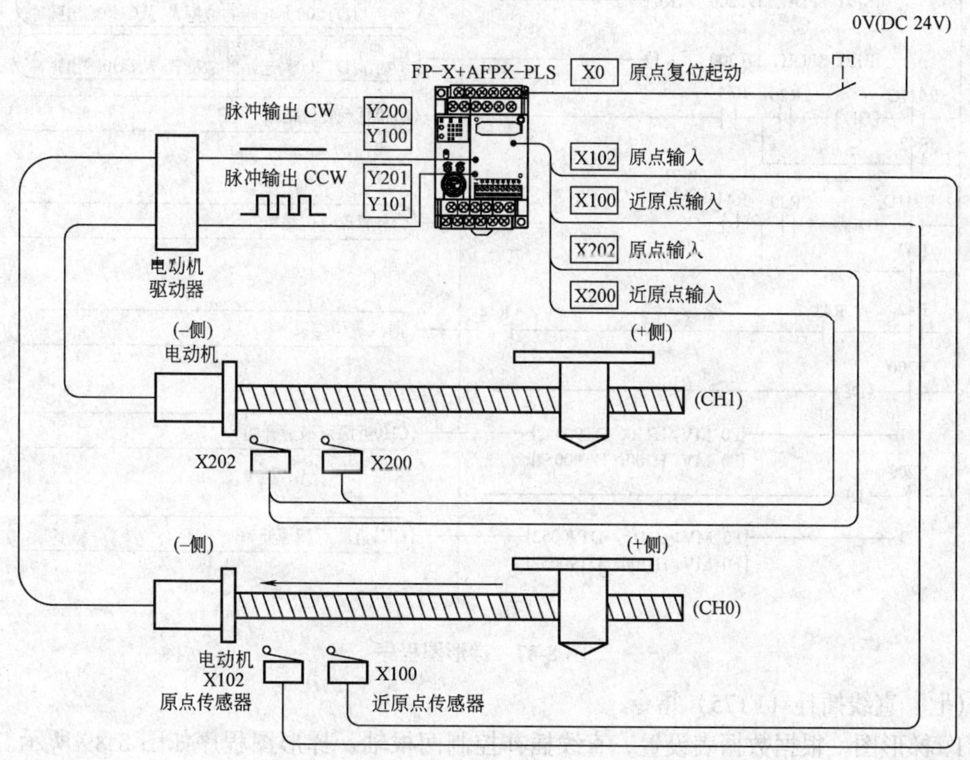

图 8-86　原点复位运行过程示意图

(4) 梯形图程序　梯形图程序如图 8-87 所示。两个 CH 原点复位结束后，位置控制运行动作中（R40）为 OFF。脉冲输出速度曲线如图 8-88 所示。

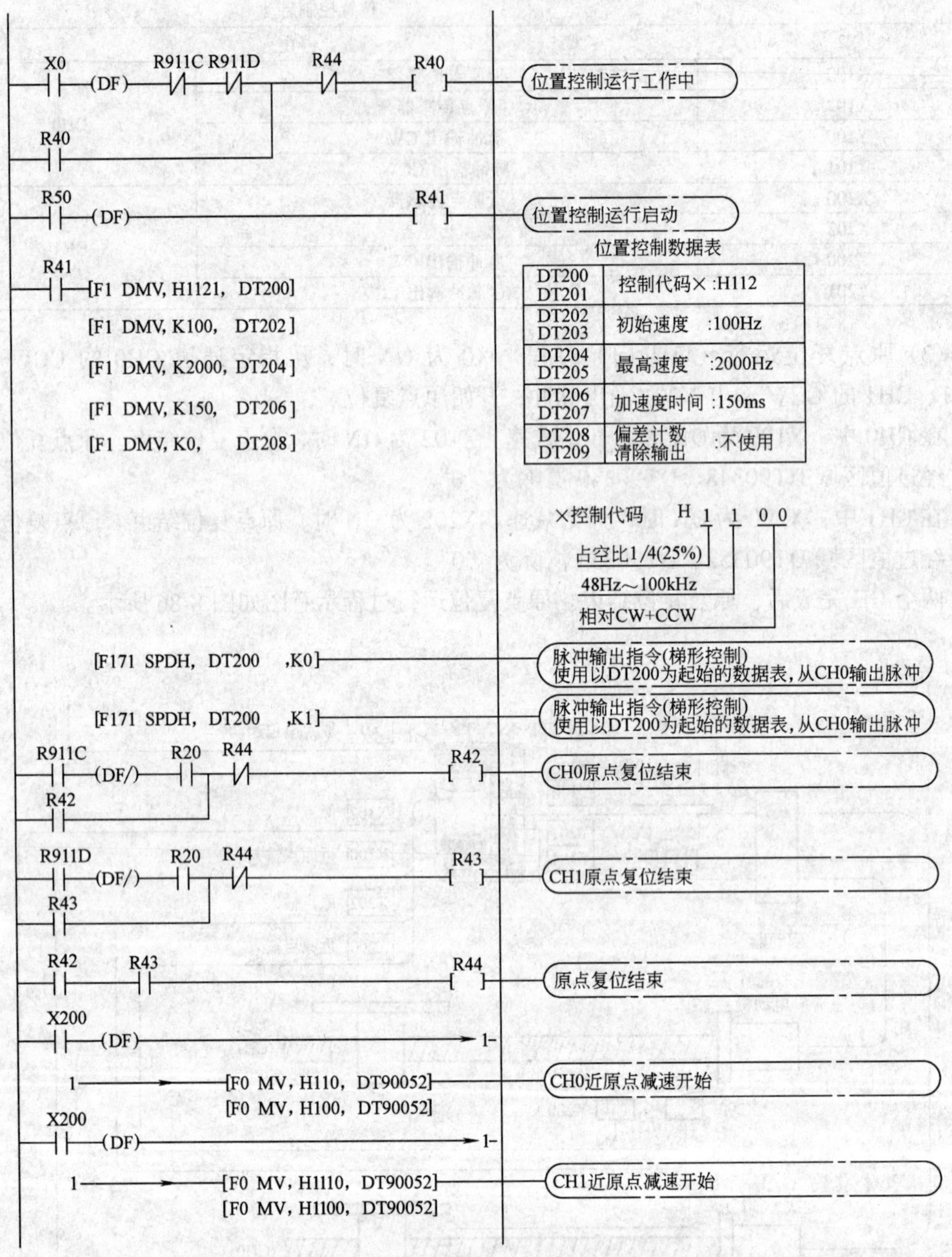

图 8-87　梯形图程序

（七）直线插补（F175）指令

1. 梯形图　根据数据表设置，直线插补控制两根轴。梯形图程序如图 8-89 所示。要求从 X 轴（CH0）和 Y 轴（CH1）输出脉冲，使合成速度的初始速度为 500Hz、最高速度为

5000Hz、加减速时间为300ms。控制两根轴使到达目标位置的轨迹为直线状。

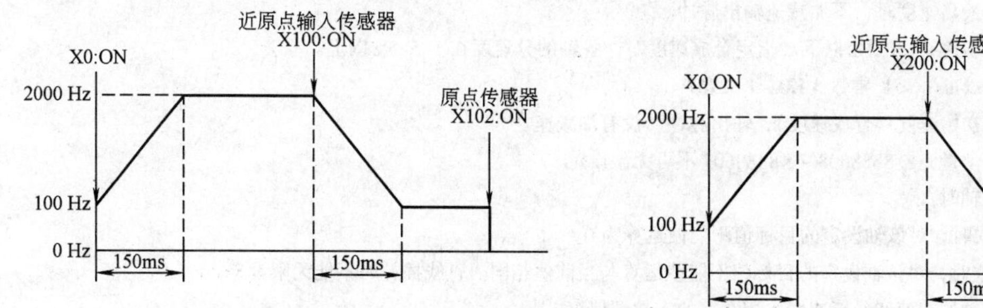

图 8-88　脉冲输出速度曲线

2．位置控制数据表和控制轨迹　执行图8-89所示的程序后，数据表如表8-28所示，位置控制轨迹如图8-90所示。

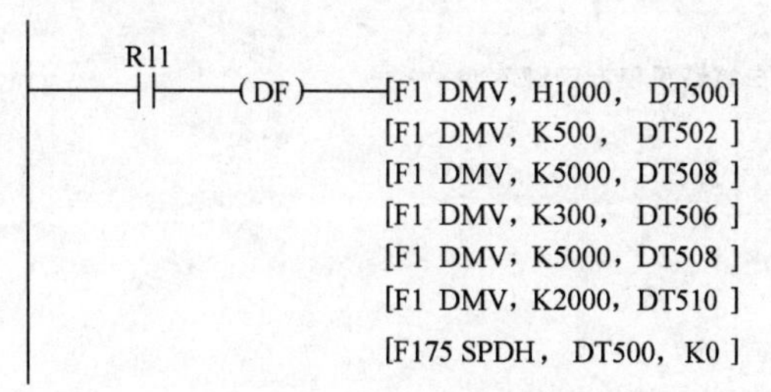

图 8-89　梯形图程序

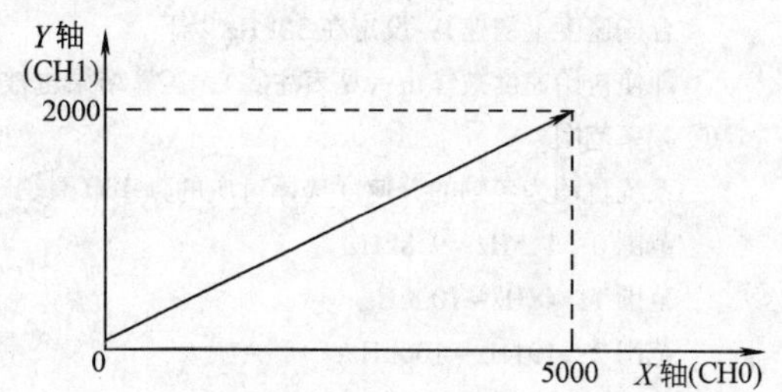

图 8-90　位置控制轨迹

注意：直线插补功能在AFPX-PLS仅使用2块时，可使用。

表 8-28　位置数据表

DT500　DT501	控制代码①：H1000	设定区域根据用户程序指定
DT502　DT503	合成速度（初速）②：500Hz	
DT504　DT505	合成速度（最高速）②：5000Hz	
DT506　DT507	加减速时间③：300ms	
DT508　DT509	目标值（*X*轴CH0）④：5000脉冲	
DT510　DT511	目标值（*Y*轴CH1）：2000脉冲	
DT512　DT513	*X*轴（CH0）分速度（初速）⑤	演算结果保存区域保存执行指令算出的各轴分参数
DT514　DT515	*X*轴（CH0）分速度（最高速）⑤	
DT516　DT517	*Y*轴（CH1）分速度（初速）⑤	
DT518　DT519	*Y*轴（CH1）分速度（最高速）⑤	
DT520	*X*轴（CH0）频率范围⑥	
DT521	*Y*轴（CH1）频率范围⑥	
DT522	*X*轴（CH0）加减速段数⑦	
DT523	*Y*轴（CH1）加减速段数⑦	

① 控制代码<H定值>，其H常数说明如图8-91所示。

② 合成速度（初速、最高速）（Hz）<K常数>

1.5Hz～［K1～K100000］但是，1.5Hz仅限0°或90°。而且，指定1.5Hz时指定K1。

注意分速度低于各自的频率范围最低速度时会变成修正后分速度（参照表注）。

同时使用高速计数器、定时中断，PLC链接等时，勿设定到60kHz以上。

设定初速=最高速度时，不加减速输出脉冲。

合成速度（初速）：30kHz以下。指定合成速度时，各轴的分速度在1.5kHz以上。

③ 加减速时间（ms）<K常数>K0~K32767

为0时，是初始速度（合成速度），输出脉冲，没有加减速。

④ 目标值（移动量）K-8388608~K8388607不可无限设定

仅控制一根轴时：

a）相对模式时，对该轴设定的目标值不能使运算为0。

b）绝对模式时，对该轴设定的目标值不能使运算与当前值相同。直线插补时不能无限设定。

⑤ 分速度（各轴的初速和最高速度）用2字的实数型保存。

$$X\text{轴成分速度}=\frac{(\text{合成速度})\times(X\text{轴移动量})}{\sqrt{((X\text{轴移动量})^2+(Y\text{轴移动量})^2)}}$$

$$Y\text{轴成分速度}=\frac{(\text{合成速度})\times(Y\text{轴移动量})}{\sqrt{((X\text{轴移动量})^2+(Y\text{轴移动量})^2)}}$$

合成速度（初速）：设定在30kHz以下。

即使初始速度被修正（见表注⑥），运算结果也被保存在运算结果保存区域不变。

⑥ 频率范围

系统自动为各轴的分速度选择对应的频率范围。

范围0：1.5Hz~9.8kHz

范围1：48Hz~100kHz

范围2：191Hz~100kHz

a）最高速度≤9800Hz

初速<1.5Hz时，初速修正为1.5Hz，选择范围0。

初速≥1.5Hz时，选择范围0。

b）9800Hz<最高速≤100000Hz时

初速<48Hz时，初速修正为48Hz，选择范围0。

48Hz≥初速<191Hz时，选择范围1。

初速≥191Hz时，选择范围2。

⑦ 加减速段数

加减速段数由系统在0~60段自动算出

运算结果为0时，不加减速，用初速（合成速度）输出脉冲。

加减速段数用加减速时间（ms）×分初速（Hz）求出。

例如，相对值控制、初度300Hz、最高速5kHz、加减速时间0.5s、CH0目标值1000、CH1目标值50时

$$\text{CH0分速度}=\frac{300\times1000}{\sqrt{1000^2+50^2}}\text{Hz}=299.626\text{Hz}$$

$$\text{CH1分速度}=\frac{300\times50}{\sqrt{1000^2+50^2}}\text{Hz}=14.981\text{Hz}$$

CH0加减速段数 $=500\times10^{-3}\times299.626\approx147.8\rightarrow60$ 段

CH1加减速段数 $=500\times10^{-3}\times14.981\approx7.4\rightarrow7$ 段

指定合成速度（初速）的注意事项

CH0、CH1的初速分速度用以下公式达不到1.5kHz以上时，有时轨迹不是直线（下式不成立时）。

$$f\geqslant\frac{1.5\sqrt{(\Delta x^2+\Delta y^2)}}{\Delta x}$$

Δx：目标值当前值的距离短的CH

Δy：目标值当前值的距离长的CH

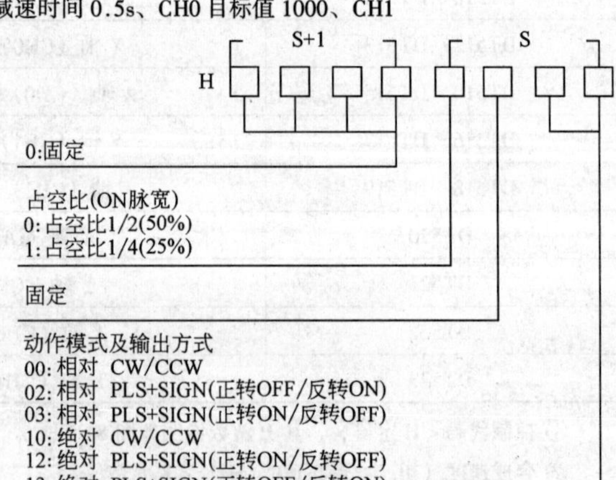

图8-91 数据表中H常数说明

3. 对于位置设定的限制

1）对于目标位置和移动量应在下述范围内进行指定。可设定范围：－8388608～＋8388608。

2）在同时使用其他位置控制指令 F171 等的情况下，同样在该范围内。

4. 程序实例　直线插补的连续控制：使用直线插补的功能，扫描图 8-92 所示的控制轨迹，进行定位控制。

继电器分配如表 8-29 所示。数据寄存器分配如表 8-30 所示。

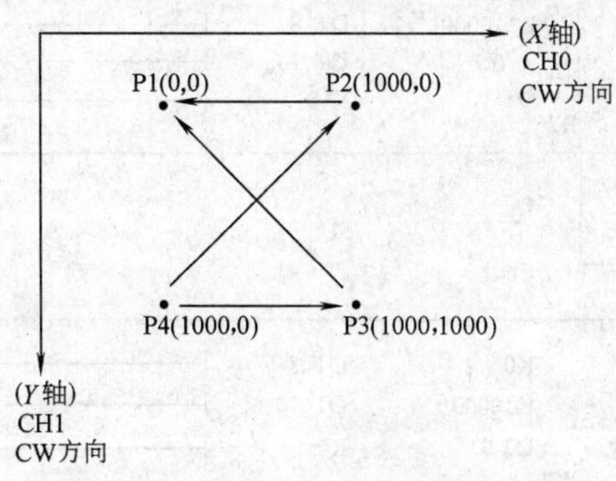

图 8-92　控制轨迹

表 8-29　继电器分配

继电器编号	分配内容	继电器编号	分配内容
X1	一系列动作启动	R23	P3 点→P1 点移动启动
X2	强制停止开关	R2F	一系列动作结束
R20	P1 点→P2 点移动启动	R9010	常时接通继电器
R21	P2 点→P4 点移动启动	R911C	脉冲输出中标志（CH0）
R22	P4 点→P3 点移动启动	R911D	脉冲输出中标志（CH1）

表 8-30　数据寄存器分配

分　类	数据寄存器编号	设定内容	该程序上的设定内容
用户设定区域直线插补	DT0～DT1	控制代码	直线插补时的控制代码、绝对值控制
	DT2～DT3	启动速度	2000Hz
	DT4～DT5	目标速度	2000Hz
	DT6	加减速时间	0ms
	DT8～DT9	X 轴目标位置	指定 P1 点→P2 点→P4 点→P3 点→P2 点移动时的 X 轴目标
	DT10～DT11	Y 轴目标位置	指定 P1 点→P2 点→P4 点→P3 点→P2 点移动时的 Y 轴目标
工作区域	DT12～DT23	运算结果　保存区域	保存执行指令计算出的参数

梯形图程序如图 8-93 所示。

```
R9010
─┤ ├──[F0 MV      ,  H 1010   ,  DT 0   ]
      [F0 MV      ,  K 2000   ,  DT 2   ]
      [F0 MV      ,  DT 2     ,  DT 4   ]
      [F0 MV      ,  K 0      ,  DT 6   ]
X1          R911C  R911D  R2F                          R20
─┤ ├──(DF)──┤/├────┤ ├────┤/├──────────────────────────[ ]
R20                │
─┤ ├───────────────┘
R20
─┤ ├──(DF)──────────────────────────────────────────→ 1
1 ──→ [F1 DMV     ,  K 10000  ,  DT 8   ]
      [F1 DMV     ,  K 0      ,  DT 10  ]
      [F175 SPSH  ,  DT 0     ,  K 0    ]
R911C          R20    R2F                              R21
─┤ ├──(DF/)────┤ ├────┤/├──────────────────────────────[ ]
R911D │               │
─┤ ├──┘               │
R21                   │
─┤ ├──────────────────┘
R21
─┤ ├──(DF)──────────────────────────────────────────→ 2
2 ──→ [F1 DMV     ,  K0       ,  DT 8   ]
      [F1 DMV     ,  K10000   ,  DT 10  ]
      [F175 SPSH  ,  DT 0     ,  K0     ]
R911C          R21    R2F                              R22
─┤ ├──(DF/)────┤ ├────┤/├──────────────────────────────[ ]
R911D │               │
─┤ ├──┘               │
R22                   │
─┤ ├──────────────────┘
R22
─┤ ├──(DF)──────────────────────────────────────────→ 3
3 ──→ [F1 DMV     ,  K 10000  ,  DT 8   ]
      [F1 DMV     ,  K 10000  ,  DT 10  ]
      [F175 SPSH  ,  DT 0     ,  K 0    ]
R911C          R22    R2F                              R22
─┤ ├──(DF/)────┤ ├────┤/├──────────────────────────────[ ]
R911D │               │
─┤ ├──┘               │
R23                   │
─┤ ├──────────────────┘
R23
─┤ ├──(DF)──────────────────────────────────────────→ 4
4 ──→ [F1 DMV     ,  K 10000  ,  DT 8   ]
      [F1 DMV     ,  K 10000  ,  DT 10  ]
      [F175 SPSH  ,  DT 10    ,  K 0    ]
R911C          R23                                     R2F
─┤ ├──(DF/)────┤ ├─────────────────────────────────────[ ]
R911D │
─┤ ├──┘
R911C          R23                                     R2F
─┤ ├──(DF/)────┤ ├──┬──────────────────────────────────[ ]
R911D │             │
─┤ ├──┘             │
X2                  │
─┤ ├────────────────┘
X2
─┤ ├──[F0 MV      ,  H 108    ,  DT 90052 ]
      [F0 MV      ,  H 100    ,  DT 90052 ]
      [P0 MV      ,  H 1108   ,  DT 90052 ]
      [F0 MV      ,  H 1100   ,  DT 90052 ]
────────────────────────────────────────────────( ED )
```

图 8-93 梯形图程序

第四节　PWM 输出功能（脉冲输入输出插卡）

一、PWM 输出功能的概述

PWM 输出功能：用专用指令 F173（PWMH）可以得到指定占空比的脉宽变化输出。

关于系统寄存器设置：在使用 PWM 输出功能的情况下，对于系统寄存器 No.400 和 No.401 所对应通道（CH0 和 CH1）进行设定时，应设定为“将输出 Y0（Y3）作为 PWM 输出来使用”。

应注意的是，在使用脉冲输出功能的情况下，需要脉冲输入输出插卡（AFPX-PLS）。

二、在 PWM 输出功能中使用的指令

应用 PWM 输出指令（F173）编写的梯形图程序如图 8-94 所示。在 X6 为 ON 期间，从所指定通道 CH0 的输出 Y100 中输出 502.5ms 周期、占空比 50%的脉冲。

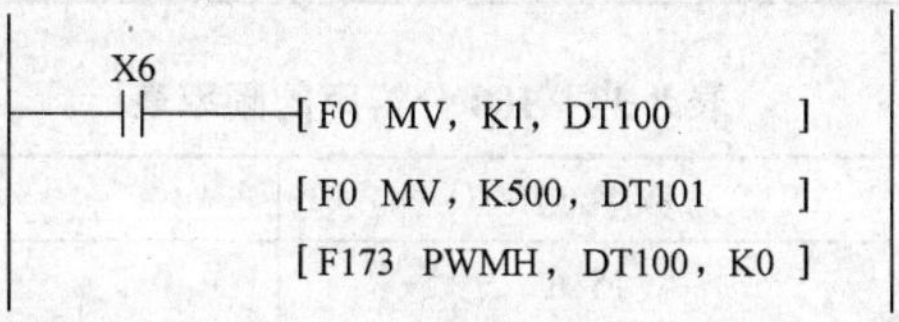

```
    X6
|---| |-------[F0  MV, K1, DT100        ]    |
              [F0  MV, K500, DT101      ]    |
              [F173  PWMH, DT100, K0    ]    |
```

图 8-94　梯形图程序

在执行了图 8-94 所示的程序后，位置控制数据表如表 8-31 所示。

表 8-31　位置控制数据表

DT100	控制代码①	：K1
DT101	占空比②	：50%

① 指定控制代码（用 K 常数指定）。

② 占空比的指定（用 K 常数指定）

控制代码为 K0～K19 时→占空比：K0～K999（0.0%～99.9%）。

控制代码为 K20～K24 时→占空比：K0～K990（0%～99%）设定值以 1%（K10）为单位（舍去 1 位）。

1000 分辨率的频率表如表 8-32 所示。100 分辨率的频率表如表 8-33 所示。

表 8-32　1000 分辨率的频率表

K	频率/Hz	周期/ms
K0	1.5	666.67
K1	2.0	502.51
K2	4.1	245.70
K3	6.1	163.93
K4	8.1	122.85
K5	9.8	102.35
K6	19.5	51.20
K7	48.8	20.48
K8	97.7	10.24
K9	201.6	4.96

（续）

K	频率/Hz	周期/ms
K10	403.2	2.48
K11	500.0	2.00
K12	694.4	1.44
K13	1.0k	0.96
K14	1.3k	0.80
K15	1.6k	0.64
K16	2.1k	0.48
K17	3.1k	0.32
K18	6.3k	0.16
K19	12.5k	0.08

表 8-33　100 分辨率的频率表

K	频率/kHz	周期/ms
K20	15.6	0.06
K21	20.8	0.05
K22	25.0	0.04
K23	31.3	0.03
K24	41.7	0.02

应注意的是，指令执行中，在占空比区域内写入指定范围外数值时，输出修正为最大值的频率。当指令执行开始时写入，会造成运算错误。

第九章　编 程 软 件

第一节　编程软件概述

FPWIN GR 是松下株式会社为松下电工（Matsushita Electric）的 FP 系列可编程序控制器而设计的编程支持工具软件，用户可以方便地在计算机上输入程序指令。

一、软件安装步骤

第一步：打开 FPWIN GR 安装光盘，找到安装文件“setup.exe”，运行程序。

第二步：接收软件的许可证协议，然后输入软件随机的序列号。

第三步：指定软件安装的路径，按照软件提示完成软件后序的安装。

二、软件的新功能

本章讲述的内容是建立在 FPWIN GR2.61 版编程软件和新推出的 FP-X 新产品的基础上的，其中有些功能是与以前早期版本的编程软件和松下 PLC 所不具有的，主要功能体现如下：

1）追加向导辅助功能。

2）追加在编辑程序时的撤销/恢复功能。

3）追加 MCU 设置功能（包括打印和链接监控）。

三、软件简介

编程软件一般由标题栏、工具栏、编程区、功能键栏、输入栏等部件组成。

标题栏主要由文件、编辑、向导、查找、注释、视图、在线、调试、工具、选项、窗口、帮助等组成，其功能如表9-1所示。

表 9-1　编程软件功能

主菜单	子　菜　单	解释与说明
文件	新建	创建一个新的编程文件
	打开	打开一个现有的编程文件
	关闭	关闭当前打开的编程文件
	保存	保存编程文档
	另存为	将编程文件保存到指定路径的文件中
	导出	将当前文件导出为 NPST-GR 软件能打开的格式
	下载到 PLC	将当前文件下载到 PLC 中去
	由 PLC 上载	将 PLC 中的程序上传到计算机中去
	打印	打印当前文件
	打印格式设置	设置打印文件的格式

（续）

主菜单	子　菜　单	解释与说明
文件	打印预览	预览打印文件的实际效果
	打印机设置	设置打印机的属性
	显示格式设置	改变梯形图程序的显示状态、设置每行的符号像素数和高级指令的绘制起始位置
	属性	修改文件属性，设置文件的标题和作者
	最新文件	显示最近打开的文件
	退出	关闭程序
编辑	撤销	撤销前一个动作
	重复	重做前一个动作
	返回程序修改前	返回到前一次程序转换时的状态
	取消程序转换	取消程序转换，恢复到转换前的状态
	矩形选择模式	选中此项后，屏幕选择为矩形方式
	剪切	剪切指定的程序
	复制	复制指定的程序
	粘贴	粘贴复制的程序
	全选	将全部程序变成为被选择的状态
	程序区切换	进行程序切换操作
	文本输入模式优先	优先使用从键盘输入的布尔形式助记符的文字代码
	插入空行	将一个空行插入到光标之前的位置
	删除空行	删除光标位置的空行
	线连接	当图线与图线以外的梯形图符号重叠时，连接除重叠部分之外的部分
	线删除	当图线与图线以外的梯形图符号重叠时，删除除重叠部分之外的部分
	折回匹配输入	折回输出点与输入点成对指定
	折回单点输入	单独指定折回输出点或折回输入点中的某一项
	删除 NOP	删除当前画面中显示的（处于活动状态的）程序中所有的 NOP（空操作）指令
	程序清除	清除当前画面中所显示的（处于活动状态的）程序以及 I/O 注释
	接点反转	将程序中的常开接点与常闭接点相互反转
	设备变更	修改继电器/寄存器的名称或序号
	XY 字迁移	修改所选 I/O 单元的序列号
	程序转换	将梯形图变换成为时序控制程序的执行代码（可被 PLC 理解的代码）

（续）

主菜单	子 菜 单	解释与说明
向导	位置控制辅助功能	利用位置控制辅助功能（CPU数据输入、模块数据设置、模块控制代码确认/输入）进行程序输入
	PID指令输入辅助	利用向导功能完成输入PID指令的参数设置项目，并将指令展开
	FP-e画面显示指令输入辅助	利用向导功能完成FP-e机型中输入画面显示登录指令的参数的设定项目，并且展开指令
	线性化指令输入向导	输入16bit数据的线性化指令以及32bit数据的线性化指令的参数设定项目，并且展开该指令
查找	查找	在程序中查找出所指定的指令/设备/注释
	设备查找	在程序中查找出所指定的接点、线圈、操作数
	输出查找	在程序中仅以输出（线圈）为对象查找当前输入区段中所显示的设备
	地址跳转	跳转到指定的地址，并显示写在该地址中程序
	使用I/O列表	显示程序中当前所使用的接点、线圈、寄存器和指令的使用状况一览表
	交叉参考	查找当前使用设备的使用地址
	匹配指令	以列表的形式显示MC-MCE、JP-LABEL、CALL-SUB-RET等决定程序流程的配对使用的指令
注释	输入I/O注释	在编辑画面中，向当前所显示的接点、线圈、操作数、指令（部分）中输入注释
	输入说明	在编辑画面中，向当前所显示的输出中输入注释
	输入块注释	在编辑画面的各程序块的开头输入块注释
	I/O注释一并编辑	对I/O注释一并进行编辑
	读取I/O注释	从文件中只读出I/O注释
	导出I/O注释	将当前活动的程序中的I/O注释写入到文本文件
	块注释列表	列表显示程序中的块注释
	块注释导入	将利用其他应用程序（Microsoft（R）记事本或Microsoft（R）Excel等）记述的块注释保存到文件并从该文件读取块注释到当前活动的程序中
	块注释导出	将当前活动的程序中的块注释写入到文本文件
视图	符号梯形图编辑	通过输入梯形图符号编写程序，以梯形图的形式显示程序
	布尔梯形图编辑	通过输入布尔形式指令助记符及操作数编写程序，在画面中以梯形图的形式显示程序
	布尔非梯形图编辑	通过输入布尔形式指令助记符及操作数编写程序，在画面中以布尔助记符的形式显示程序
	显示注释	对编辑画面中的I/O注释、说明、块注释的显示/隐藏进行切换
	缩放	放大或缩小显示各窗口的内容
	监控显示基数	改变编辑画面中的数据监控显示基数

（续）

主菜单	子 菜 单	解释与说明
视图	画面显示设置	改变各窗口中所显示指令文字、注释文字的大小、注释文字的类型、图形符号幅度、I/O 注释显示行数
	颜色设置	改变画面中的显示颜色
	工具栏	对编辑画面中工具栏的显示/隐藏进行切换
	功能键	对编辑画面中功能键的显示/隐藏进行切换
	功能键栏形式	对编辑画面中的功能键栏显示的形式进行切换
	输入栏	对编辑画面中输入栏的显示/隐藏进行切换
	数字键栏	对编辑画面中数字键栏的显示/隐藏进行切换
	输入区段栏	对编辑画面中输入区段栏的显示/隐藏进行切换
	注释显示栏	对编辑画面中注释显示栏的显示/隐藏进行切换
在线	通信站指定	在构成 MEWNET-H、MEWNET-P、MEWNET-W 以及 C-NET 的网络时，通过网络指定作为编程对象的 PLC
	在线编辑	与 PLC 相连接、不断地与 PLC 进行通信的同时进行编辑
	离线编辑	在与 PLC 不进行通信的时候进行编辑
	执行监控	实时地显示梯形图中的接点、数据信息
	PLC 模式（RUN）	对 PLC 的模式运行/编程进行切换
	数据监控	监控寄存器中存储的数值
	接点监控	监控接点、线圈的 ON/OFF 状态
	时序图监控	对与计算机相连的 PLC 中设备（接点或数据）值，按一定时间间隔读取并且以图形方式表示
	监控 BANK 指定	显示所指定的 Bank 的索引寄存器或文件寄存器的值
	数据·接点监控设置	设置监控操作时的设备登录、基数选择、数据写入
	状态显示	显示 PLC 的状态
	PLC 信息显示	显示来自 PLC 的消息
	共享内存显示	在画面中显示安装在 PLC 中的智能单元的共享内存的内容
	强制输入输出	将程序中指定的接点、线圈强制置为 ON/OFF，使其状态与程序无关
调试	总体检查	检查 PLC 主机内的程序
	程序核对	核对编辑画面中所显示的程序与 PLC 本身所存储的程序是否一致
	程序代码核对	核对 2 个当前程序编辑窗口中的程序代码，并在两者不一致的情况下，将光标移动到存在差异的位置
	测试设置	设置测试运行时的条件
	测试运行	测试所编写的程序是否能够按照设计要求动作

（续）

主菜单	子 菜 单	解释与说明
	机型转换	改变 PLC 的机型
	IC 卡	对 PLC 主机中已安装的 IC 卡进行操作
	ROM 写入器	设置与 ROM 写入器之间的通信操作以及对 ROM 写入器的程序文件进行存盘和读取功能
	ROM < = > RAM 传输	将程序及系统寄存器中的内容、在 PLC 外部存储装置（ROM、IC 卡等）与内部 RAM 织间相互传输
工具	安全信息	显示 PLC 的程序上载或密码的状态
	上载设置	可以对 PLC 设置允许/禁止将程序或系统寄存器上载
	PLC 密码设置	将密码登录到 PLC 中，设置禁止/允许对该 PLC 内存储的程序进行读写操作
	PLC 日期/时间设置	对带有日历时钟功能的 PLC 可以设置 PLC 内部的日期、时间
	通用内存重配置	重新分配通用内存中的数据
	获取画面	可以将本软件中指定区域的图形保存到剪贴板中
	PLC 系统寄存器设置	对写入 PLC 系统寄存器的项目进行设置
	I/O 单元分配	设置 PLC 各插槽中所安装的单元种类
	远程 I/O 分配	在使用远程 I/O 系统时，设置安装在子站插槽中的单元种类
	MEWNET-W2 设置	启动 MEWNET-W2 设置
选项	MCU 设置	设置 MCU
	通信设置	设置与 PLC 通信时的通信条件
	环境设置	设置本软件运行时的动作环境
	用户定义键	对功能键的分配功能进行用户自定义
	记忆窗口位置	记忆各窗口的显示位置及大小
	个人设置	用于保存、再现用户不同个人的喜好的工具环境
	新建窗口	新建一个窗口
	重叠显示	重叠显示窗口
	横向平铺	横向平铺各个窗口
窗口	纵向平铺	纵向平铺各个窗口
	排列图标	排列图标
	程序切换	切换不同活动的程序
	操作方法	软件基本的操作方法介绍
	指令列表	介绍松下 PLC 的基本指令和高级指令
	特殊内部继电器	介绍特殊内部继电器的功能
帮助	特殊数据寄存器	介绍特殊数据寄存器的功能
	MEW PLC 主页	打开松下电工的网页
	版本信息	显示软件的版本信息

第二节 项目的建立与在线连接的建立

用计算机编程时，需要选用一根电缆连接计算机与 PLC。编程电缆有两个端口，一边是用于连接计算机的 RS-232 通信接口，为 D 型九针接口；另一边是用于连接 PLC 的编程口，为圆形的接口。

一、PLC 与计算机的通信设置

1）查看 PLC 的型号。在新建一个项目时，系统会提示“选择 PLC 机型”，要求在项目中的机型与实际选用的机型必须相吻合，否则系统会报错。因此，首先在 PLC 上查看所选用的 PLC 机型，然后使项目中的机型与实际的 PLC 机型保持一致。

2）设置通信参数。打开“选型”，在下拉菜单中选择“通信参数”。

在弹出的“通信设置”窗口中，要求选择“网络类型”、“端口号”、“波特率”、“数据长”、“停止位”、“奇偶校验”等参数，系统默认的参数如表 9-2 所示。

表 9-2 系统默认参数

项 目 名 称	初 始 值
网络类型	C-NET（RS232C）
端口号	COM1
波特率	9600bps
数据长	8bits
停止位	1bit
奇偶校验	奇

对于初学者，除了端口号需要根据选择的实际端口来设定，其他的参数都可以选择默认参数，系统在通信过程中会自动调整参数达到与实际 PLC 的参数保护一致。

完成了上述设置，可以实现与 PLC 的通信。

打开“文件”，选择“由 PLC 上载”，系统会从设定的端口中自动搜索波特率、数据长度、校验位和停止位，完成计算机与 PLC 之间的通信，如图9-1所示。

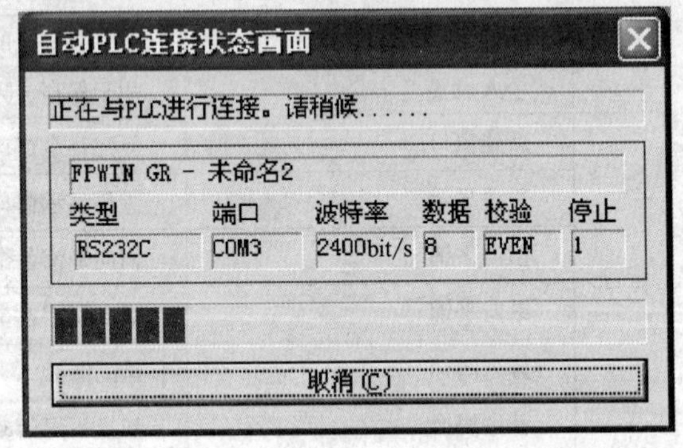

图 9-1 PLC 连接状态画面

二、新建一个文件

打开“文件”，选择“新建”，从弹出的对话框中选择与实际 PLC 机型相匹配的选项。

选择完成后单击“OK”键完成，如图 9-2 所示。

如果选择的机型与实际的机型不符合，在“工具”菜单中选择“机型转换”来更改 PLC 机型。

三、下载程序到 PLC 中去

编写完一个程序后，打开“文件”，选择“下载到 PLC”，弹出对话框如图 9-3 所示。

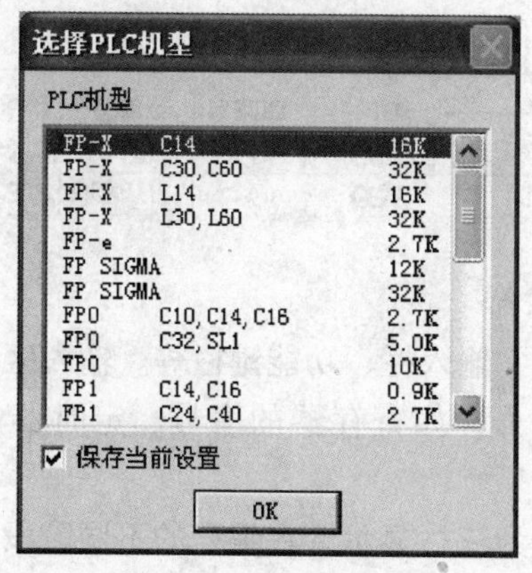

图 9-2 选择 PLC 机型

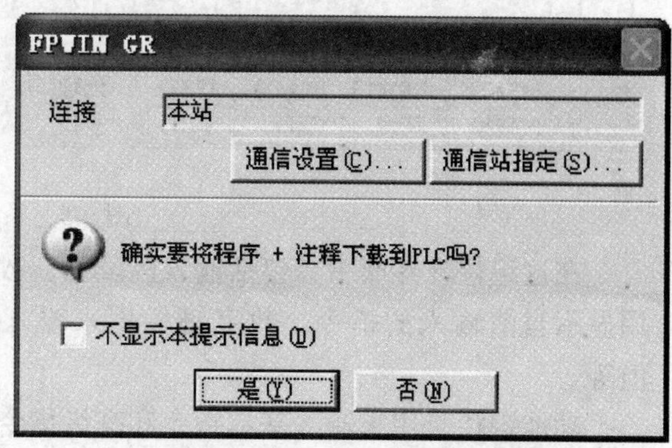

图 9-3 FPWIN GR 对话框

系统提示是否需要将程序与注释一起下载到 PLC，点击“是”进行程序的下载工作。如图9-4所示。

图 9-4 程序下载

四、出错处理

在计算机与 PLC 通信过程中，如果出现下列情形之一，系统会提示错误，导致通信失败。

1）通信参数设置不正确。在进行通信参数设置过程中，关键参数是端口号的设定，如果选定的端口与实际使用的端口不符合，系统就会引起通信报错。

2）使用的端口被占用。同一个端口不能同时被两个以上的程序调用，因此如果在进行通信之前，选定的端口已经被其他程序占用，也会引起通信报错。

3）通信硬件中断。这个通信错误可能由两个原因引起，一个是通信电缆已经损坏，另一个就是 PLC 端的通信端口是否损坏。在进行此项检查之前先确定 PLC 的供电电源符合供电要求且已经正常工作。

在系统出错通信报错后，针对上述情形进行逐一排查，直到通信恢复正常。

第三节 程序的编写

在编写用户程序之前，选择编程语言。松下 PLC 编程软件支持两个输入方式：即符号梯形图和布尔非梯形图。符号梯形图就是采用梯形图符号来编写程序，布尔非梯形图是采用助记符的形式来编写程序，针对这两种输入方式，编程界面也对应了两种显示方式：梯形图显示方式和助记符显示方式。用户可以在“视图”分别选择“符号梯形图编辑”、“布尔梯形图编辑”、“布尔非梯形图编辑”来选择不同的输入方式和程序的显示方式。

对于初学者，建议使用“符号梯形图编辑”的方式来完成程序的编写。

一、输入指令

输入指令的方式有两种：一种是利用软件提供的快捷界面用鼠标进行点击完成指令的输

入；另一种是利用快捷键和计算机键盘完成指令的输入。

在编程界面的下方，系统默认的设置提供了一组快捷界面，如图9-5所示。

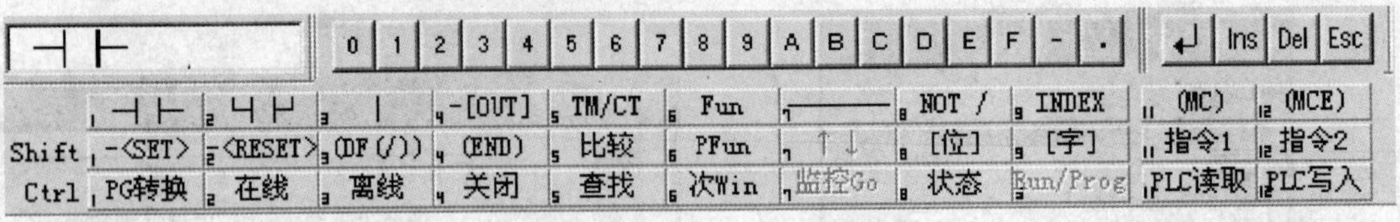

⊣ ⊢	0	1	2	3	4	5	6	7	8	9	A	B	C	D	E	F	-	.	↵	Ins	Del	Esc

	1 ⊣ ⊢	2 ┤ ├	3 │	4 -[OUT]	5 TM/CT	6 Fun	7 ———	8 NOT /	9 INDEX	11 (MC)	12 (MCE)
Shift	1 -<SET>	2 <RESET>	3 (DF (/))	4 (END)	5 比较	6 PFun	7 ↑ ↓	8 [位]	9 [字]	11 指令1	12 指令2
Ctrl	1 PG转换	2 在线	3 离线	4 关闭	5 查找	6 次Win	7 监控Go	8 状态	Run/Prog	11 PLC读取	12 PLC写入

图 9-5　系统默认设置

在这组快捷界面中，包括输入区段栏、数字键栏、输入栏、功能键栏等。输入区段栏是用显示当前输入的指令。数字键栏用来输入数字符号，如寄存器的序号、定时器的设定值等。

功能键栏是用来输入基本指令和高级指令的，分为三栏显示，在编程的不同阶段各栏目所代表的含义也不同。

当未进行指令输入之前或已经完成了指令输入之后，各栏目的第一行从左到右，从上到下，所代表的含义如表9-3所示。

表 9-3　各栏目含义

栏　目	含　义	栏　目	含　义	栏　目	含　义
1 ⊣ ⊢	与逻辑	1 -<SET>	置位指令	1 PG转换	程序转换
2 ┤ ├	或逻辑	2 <RESET>	复位指令	2 在线	在线模式转换
3 │	纵线（删除）	3 (DF (/))	上升（下降）沿微分	3 离线	离线模式转换
4 -[OUT]	输出指令	4 (END)	END 指令	4 关闭	关闭活动窗口
5 TM/CT	定时器·计数器	5 比较	比较指令	5 查找	查找指令或注释
6 Fun	高级指令	6 PFun	脉冲型高级指令	6 次Win	激活下一个窗口
7 ———	横线	7 ↑ ↓	上升（下降）沿微分	7 监控Go	启动/停止监控
8 NOT /	非逻辑	8 [位]	选择位	8 状态	显示各种状态
9 INDEX	索引	9 [字]	选择字	Run/Prog	改变 PLC 状态
11 (MC)	主控继电器	11 指令1	将指令分配为功能键及输入指令	11 PLC读取	由 PLC 读取状态
12 (MCE)	主控继电器结束	12 指令2	将指令分配为功能键及输入指令	12 PLC写入	将程序写入 PLC 中去

如果进行了相应的指令操作，则各栏目会提示下一个操作数的输入，如点击“与逻辑”栏目，则功能键的显示如图9-6所示。

在显示的栏目中，可以选择不同的寄存器 X、Y、R、L 等以完成指令的相应操作。

使用快捷键和计算机键盘完成指令的输入操作。与快捷界面相对应，每一个栏目框都有

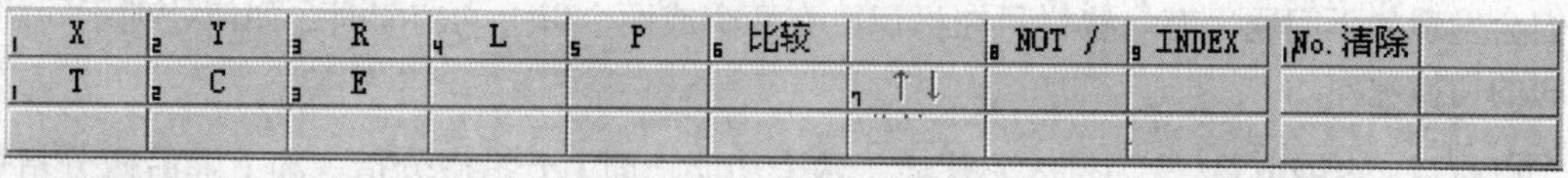

1 X	2 Y	3 R	4 L	5 P	6 比较		8 NOT /	9 INDEX	11 No.清除	
1 T	2 C	3 E				7 ↑↓				

图 9-6 功能键的显示

唯一的快捷键与之相对应。在快捷界面的第一行，每个栏目的左下角有一个数字，其代表的含义是指计算机的功能键“Fn”（n = 1 ~ 9，11，12），例如“与指令”栏目的左下角的数字为“1”，使用计算机的功能键“F1”就可以调用这个栏目。

快捷界面的第二行中数字，代表的快捷键为“Shift + Fn”（n = 1 ~ 9，11，12），同时按下快捷键就能完成对应的栏目的功能。

快捷界面的第三行中数字，代表的快捷键为“Ctrl + Fn”（n = 1 ~ 9，11，12），同时按下快捷键就能完成对应的栏目的功能。

二、编程软件的应用说明

现以一个简单的控制系统为例，介绍怎样用编程软件来编写、下载和运行梯形图程序。以图 9-7 所示程序的输入为例，我们可以分别采用上面介绍的两种方法来输入。

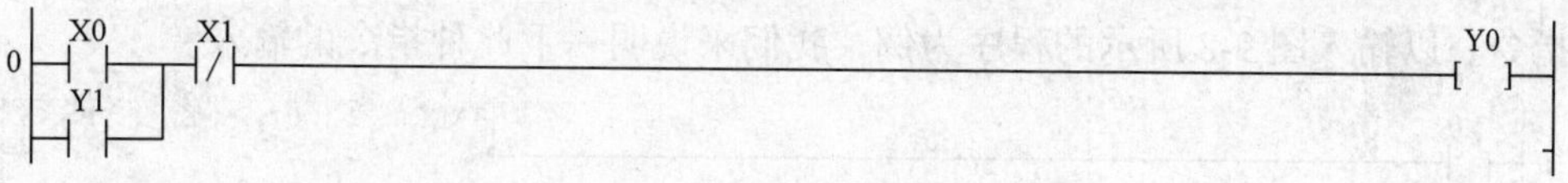

图 9-7 梯形图程序

第一种方法：利用鼠标与快捷键完成程序的输入。

步骤一：打开“文件”点击“新建”，新建一个程序，选择机型为 FP-X-C14，点击第一行“与逻辑”栏目“ 1 ┤├ ”，在变化后的快捷界面中点击“X”和“0”，然后点击“ ↵ ”，完成第一条指令的输入。

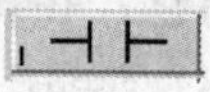

步骤二：点击“与逻辑”栏目和“非逻辑”的栏目，然后点击“X”和“1”栏目，最后点击确认键完成第二条指令的输入。

步骤三：点击“输出指令”栏目，然后点击“Y”和“0”栏目，最后点击确认键完成第三条指令的输入。

步骤四：将鼠标移动到下一行，点击“或指令”栏目，然后点击“Y”和“1”栏目，最后点击确认键完成第四条指令的输入。

步骤五：完成输入后点击“PG 转换”栏目，转换编辑的程序。

第二种方法：利用快捷键和计算机键盘完成指令的输入操作。

步骤一：按住“CTRL + N”新建一个程序，选择机型为 FP-X-C14。分别按“F1”、“X”、“0”，然后按“Enter”键完成第一条指令的输入。

步骤二：分别按“F1”、“F8”、“X”、“1”，然后按“Enter”键完成第二条指令的输入。

步骤三：分别按“F4”、“Y”、“0”，然后按“Enter”键完成第三条指令的输入。

步骤四：分别按“F2”、“Y”、“1”，然后按“Enter”键完成第四条指令的输入。

步骤五：按“CTRL + F1”键，完成程序的转换。

一般编程过程中可以根据用户的实际情况对上述两种输入方式同时使用。在使用过程中我们会发现如下问题，有一些栏目在标识上有两个或两个以上的功能时，如何处理不同功能之间的切换呢？

以栏目“DF(/)”为例，它代表了两个功能，即上升沿微分指令和下降沿微分指令，为了方便用户的使用，软件在设计时采用了翻转切换：首次调用时为上升沿微分指令，下一次调用时为下降沿微分指令，再一次调用时为上升沿微分指令，依此循环。

类似此功能的指令还有“|”和“NOT /”。首次调用“|”为输入竖画线，再次调用为删除竖画线（注意：使用删除按钮是不能直接删除竖画线的）；首次调用“NOT /”指令为将常开接点转换为常闭接点，再次调用则将常闭接点转换成为常开接点。

以栏目“TM/CT”为例，它代表的功能就不止是两个功能而已，直接调用它会出现一组后选项目，如 TMX、TMY、TMR、TML、CT、INDEX，需要从中再次选择一个指令项目。这是不同于翻转设计的另一种形式。该功能将相近的一组功能集合到一个栏目中去，作为一个类。用户在调用此类中的一个指令时，需要先调用这个类，然后从这类中去选择相应的指令。以输入图 9-8 所示的程序为例，我们来说明一下此种指令的输入。

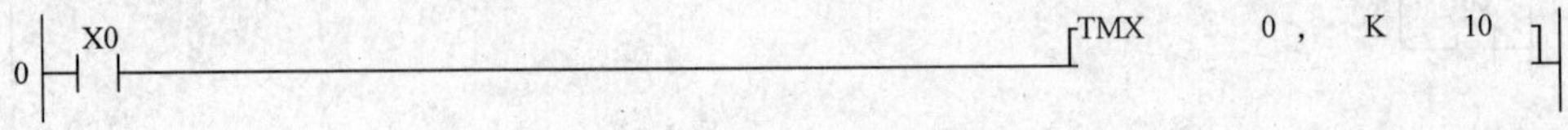

```
      X0
0 ─┤ ├──────────────────────────────[TMX    0 ,   K    10 ]
```

图 9-8 定时器指令的梯形图

在上述程序中，要求输入一个定时器 0，其定时时间为 1s。为了输入定时器指令，首先需要知道此指令所属的类，即栏目“TM/CT”，然后调用它，在出现的一子指令中选择“TMX”，输入元器件序号“0”，然后再输入其设定值“K 10”，完成指令的输入。

类似于此功能的指令还有“[位]”、“[字]”和“比较”。当调用栏目“[位]”，就会出现后选项目“X、Y、R、L、P、T、C、E”等；当调用栏目“[字]”，就会出现后选项目“WX、WY、WR、WL、DT、LD、FL、SV、EV、K、H、M、f”等；当调用栏目“比较”，就会出现后选项目“=、>、<”等。

以栏目“Fun”为例，它代表的功能是所有的高级指令的输入，调用它就会出现对话框，如图9-9所示。通过设定不同的参数，可以选择调用不同的指令。

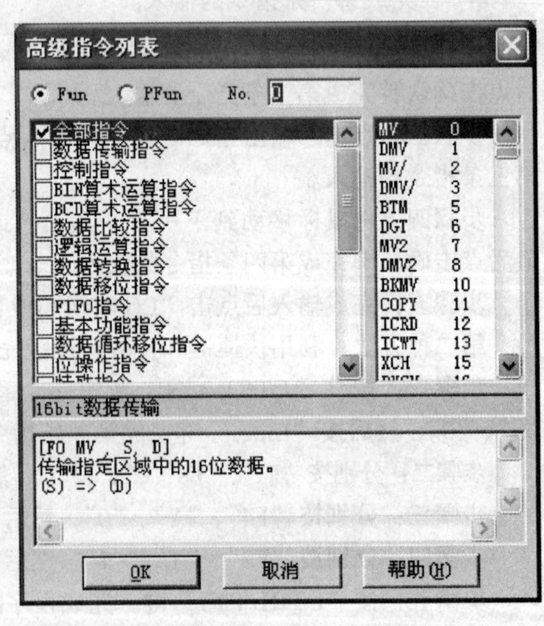

图 9-9 高级指令输入对话框

在对话框中，用户首先可以选择是否采用脉冲型高级指令。对于一般用户而言，选择“Fun”，即不采用脉冲型高级指令。在对话框的中部位置，显示了所有高级指令及其按不同功能分成的24种高级指令集。用户可以根据要实现的功能选择一种高级指令集，然后在其右侧就会展开指令集中的所用指令，当用鼠标激活一条指令时，在对话框的下侧就会显示高级指令所对应的名称、使用格式及其简介，可以作为指令使用的参考。以给数据寄存器DT0传送一个数据为例来介绍一下高级指令的输入步骤。

第一步：选择合适的指令。调用高级指令对话框，根据要完成的功能选择指令集为“数据传输指令”，在展开的指令集中包括：MV、DMV、MV/等指令，用鼠标选择“MV”指令，单击“OK”完成指令的选择。

第二步：输入参数。在选择参数时，系统根据所选定的指令会自动提示参数格式，输入时应遵循参数格式完成指令输入。以“MV”为例，其参数格式如下所示：

[F0　MV，S，D]　　……①
传输指定区域中的16位数据　　……②
(S) = > (D)　　……③

①表示指令的参数格式，需要调用两个参数，第一参数是常数或源存储区，第二个参数是目标存储区。

②指令完成的功能是实现数据的传输，并限定数据传递的位数为16位。

③参数之间据传递的方向，由源存储区向目标存储区传送数据。

因此，可以选择常数K0作为源数据，数据寄存器DT0作为目标寄存器，其梯形图如图9-10所示。

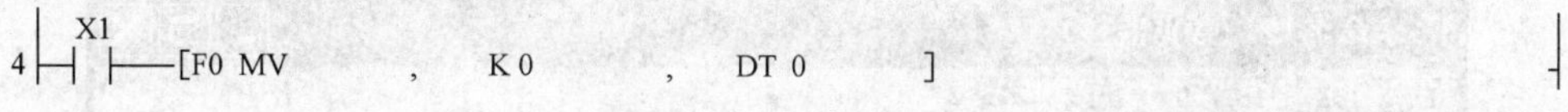

```
    X1
4 ┤├──[F0 MV    ,   K0   ,   DT 0     ]
```

图9-10　梯形图

类似于此类功能的指令还有栏目“指令1”，调用该指令就会出现“功能键指令”对话框，功能键指令包括步进程序指令、子程序指令、中断指令等，如图9-11所示。

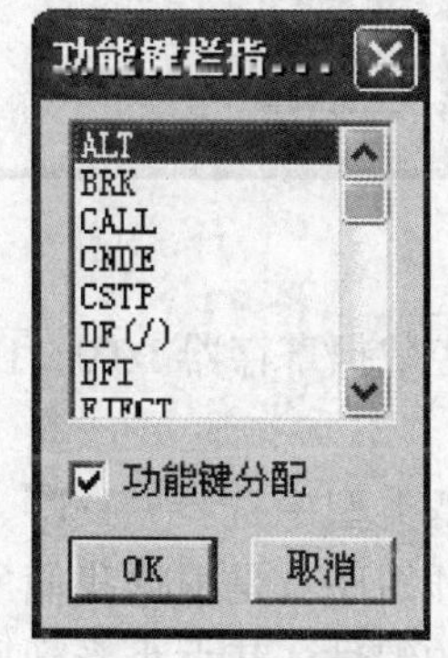

图9-11　功能键指令对话框

当用户调用一次以后，系统会自动将该指令作为“功能键”记录，以备下一次直接调用。例如，如用户通过“指令1”调用出“CALL”指令，调用结束后“CALL”指令就会成为功能键记录在快捷键界面上，如图9-12所示。

栏目“指令2”同样具有此功能，在使用方

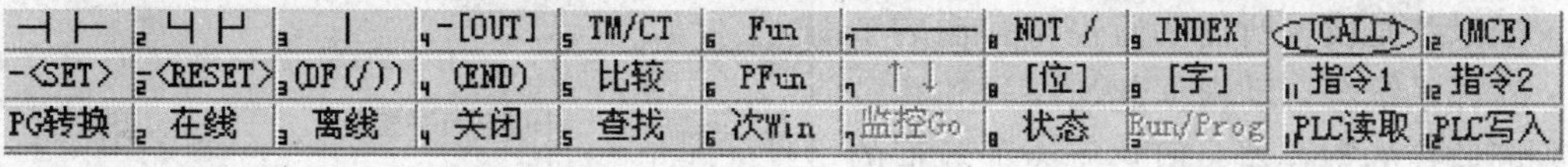

⊣⊢	2 ⊣/⊢	3 |	4 -[OUT]	5 TM/CT	6 Fun	7 ———	8 NOT /	9 INDEX	11 (CALL)	12 (MCE)
-<SET>	2 -<RESET>	3 (DF(/))	4 (END)	5 比较	6 PFun	7 ↑↓	8 [位]	9 [字]	11 指令1	12 指令2
PG转换	2 在线	3 离线	4 关闭	5 查找	6 次Win	7 监控Go	8 状态	9 Run/Prog	11 PLC读取	12 PLC写入

图9-12　快捷键界面

式和实现的功能是完全一样的。使用过程中可以将常用的指令用这种方法调用出来，以节省编程占用的时间。

在上面程序的编写过程中，编写完成后都要求进行程序转换，实际上也就是梯形图转换成 PLC 可以识别的机器码。

当程序需要下载或是程序的行数超过 33 行时，必须将程序进行转换。程序没有转换进行下载之前，系统会弹出对话框要求用户进行程序转换，但是当程序的行数超过 33 行时，系统会提醒如下：

无法编辑超过最大编辑行的内容

因此用户在编写下一行程序之前必须进行程序的转换。

在程序进行复制拷贝时，如果复制的内容既包含有未转换的程序和转换完的程序，则系统也会提示用户进行程序的转换。

第四节　编程软件的监视与调试程序

为了验证程序的动作过程以及观测程序的执行情况，需要对程序中各个数据及接点状态进行监控。执行程序的监控，首先要求系统处于在线状态，即与计算机处于通信状态。执行菜单“在线”，可以选择数据监控、接点监控、时序图监控来完成对程序的监控。

一、程序的监控

(一) 数据监控

进行数据监控界面，如图 9-13 所示。

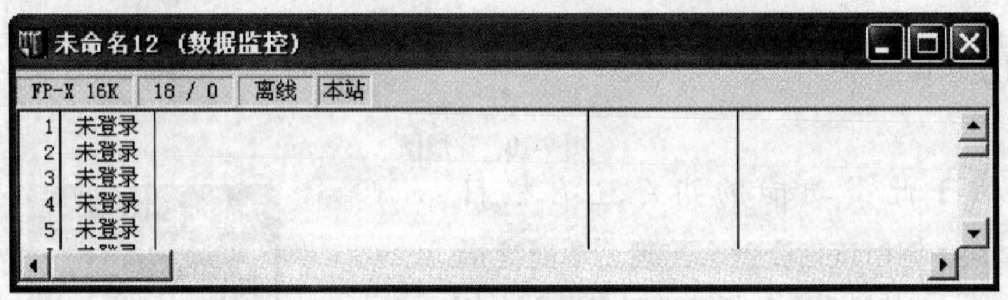

图 9-13　数据监控界面

以监控数据寄存器 DT0、DT1 为例。点击“未登录”，进入“监控设备”对话框，如图 9-14所示。

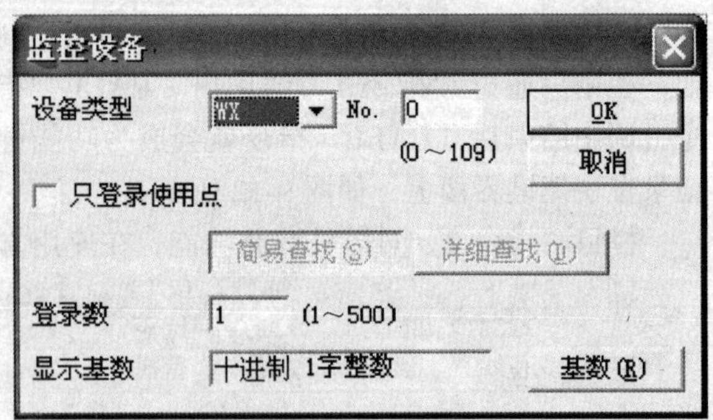

图 9-14　监控设备对话框

在设备类型中选择“DT”，开始序号为“0”。开始序号是根据我们所需要监控的寄存器的编号，其大小受到所要机型的限制，不能超过了其最大范围。

登录数是设置所需要监控寄存器的个数，这样系统会自动根据起始序号和登录数判断监控的寄存器，但它所表征数据的个数与数据显示的状态有关系。

显示基数可以设置计算机屏幕上显示的数据的方式，可以是十进制、十六进制、二进制、ASCII 码，也可以将显示长度改为 1 个字或 2 个字。为了显示 DT0 和 DT1 的数据，数据长度可以显示为 1 个字或 2 个字。当选择数据长度为 1 个字时，要求登录数为 2；当选择数据长度为 2 个字时，则要求登录数为 1。

设置完成后，单击“ ”切换到在线状态，即为监控数据的状态，如图 9-15 所示。

图 9-15 监控数据状态

（二）接点监控

进入接点监控界面，如图 9-16 所示。

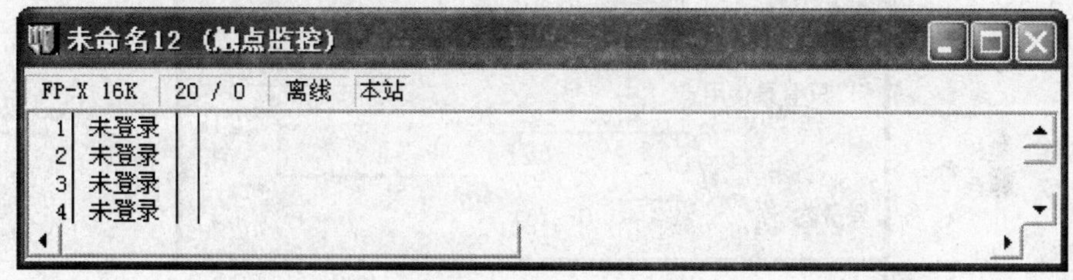

图 9-16 接点监控

监控接点的操作同数据监控的步骤类同，在监控设备对话框中选择相应的接点就可以在监控界面中的监控接点状态如图9-17所示。

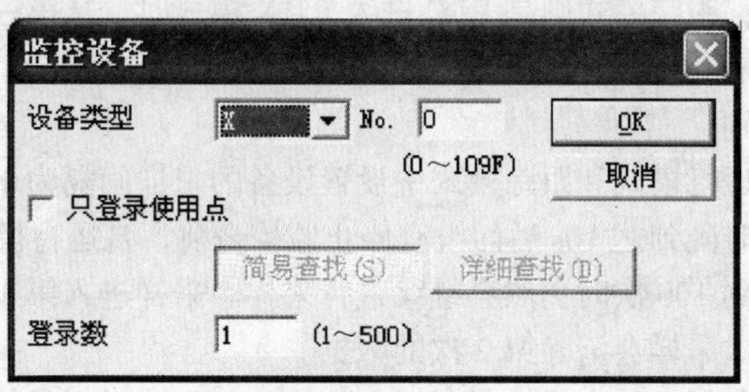

图 9-17 监控接点状态

（三）时序图监控

进入时序图监控界面，如图 9-18 所示。

时序图监控是一种对与计算机相连的 PLC 中设备（接点或数据）值，按一定时间间隔读取并且以图形方式表示的功能。

通过接点 ON/OFF 状态或数据设备变化值的图形显示，可以进行非常细致的时序调试。

在进行时序图监控前，应对监控设备、采样条件、采样标尺、显示设备、显示形式分别进行设置。

监控设备的设置与上面介绍的数据监控的方法相同，通过选择设备类型及其编号来确定所要监控的设备，如图9-19所示。

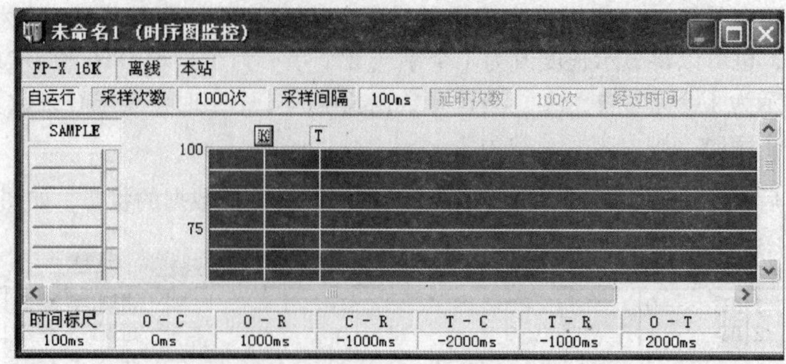

图 9-18　时序图监控

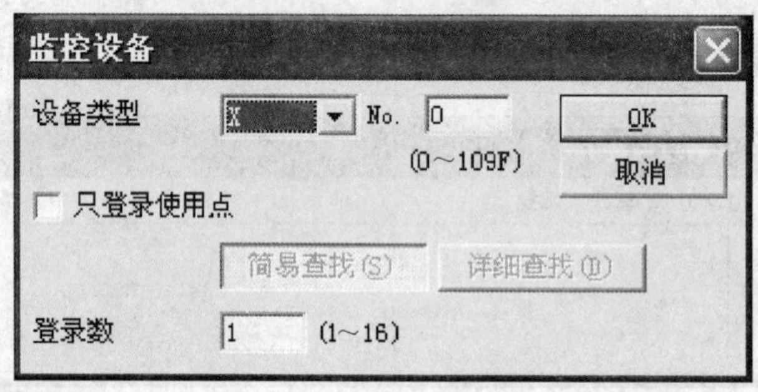

图 9-19　监控设备设置窗口

采样条件的设置。设置采样条件主要是进行采样的模式设置，包括自运行模式和跟踪模式。自运行模式是系统在监控开始以后，当采样次数达到采样间隔设置中所设定的次数后，就会自运行停止监控；跟踪模式则是 PLC 进入 RUN 模式时，从第一个扫描周期或是在执行 PLC 程序中 SMPL 指令时开始进行采样，直到停止监控。在跟踪模式中的停止的概念与自运行中的存在一定差别。

例如，分别在自运行模式和跟踪模式中设置设备的采样间隔为 100ms 和采样次数为 100 次的情况下，当监控时间到达 10s 后而没有停止监控之前，自运行模式会停止监控；而跟踪模式在采样次数已达到 100 次时仍然会继续进行采样。采样进入第 101 次时，将清除第 1 次采样的数据，第 102 次采样会清除第 2 次的数据。

跟踪模式的停止包括二种方式：任意时刻停止监控和通过引发触发器，其中引发触发器又分为两种方式，一种是通过“在线”调用“触发器引发”来实现，另一种是运行程序中的 F156 指令“采样触发器指令”（STRG 指令），只要在进行采样的过程中执行此条指令，就可以认为在该时刻引发触发器，而进行延迟次数的采样后停止监控。

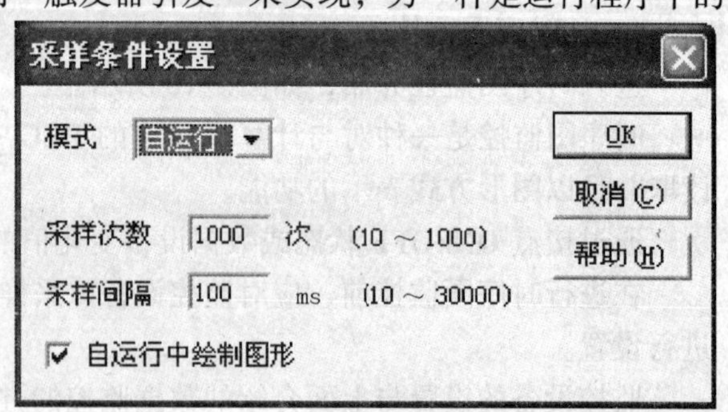

图 9-20　采样条件设置窗口

设置完模式后，可以根据工程需要来设置采样次数和采样间隔时间来完成采样条件的设置，如图9-20所示。

采样标尺的设置。采样标尺是对采样数据的显示区中的纵轴及横轴进行设置，其显示界面如图9-21所示。

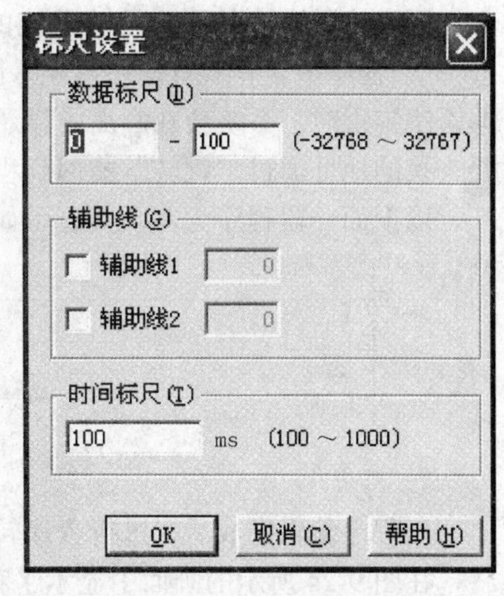

图9-21 采样标尺设置窗口

数据标尺是设置显示数据的上下限，当采样数据超过设定值时，则不显示图形。允许设置的范围是 -32768 ~ +32767。

辅助线是为了用户观察数据波动范围而设定的，可以设置两条。

时间标尺是将采样数据实际显示为图形的间隔设置。这一数值必须设置为采样间隔的整数倍（1 ~ 10倍）。否则就会出现错误并且无法设置。

显示设备的设置。执行［视图］菜单中的“表示对象”可以选择实际进行图形显示的设备，包括“接点”、“数据”、“接点 + 数据”。一般用户建议选择“接点 + 数据”。

显示形式的设置。显示形式包括 SAMPLE 形式和 LATCH形式，SAMPLE（采样）形式是对按照“采样间隔”所采集的数据、以“时间标尺”所设置的间隔不断进行检查，将该时刻的数据原样显示。

而 LATCH（锁定）形式是对按照“采样间隔”所采集的数据、以“时间标尺”所设置的间隔不断进行检查，用图形显示出在这一段时间内的数据是否发生了变化。

对时序图进行设置完成以后，通过启动监控，就可以完成时序图的监控，如图9-22所示。通过分析时序图，可以帮助我们更好的理解程序的运行过程。

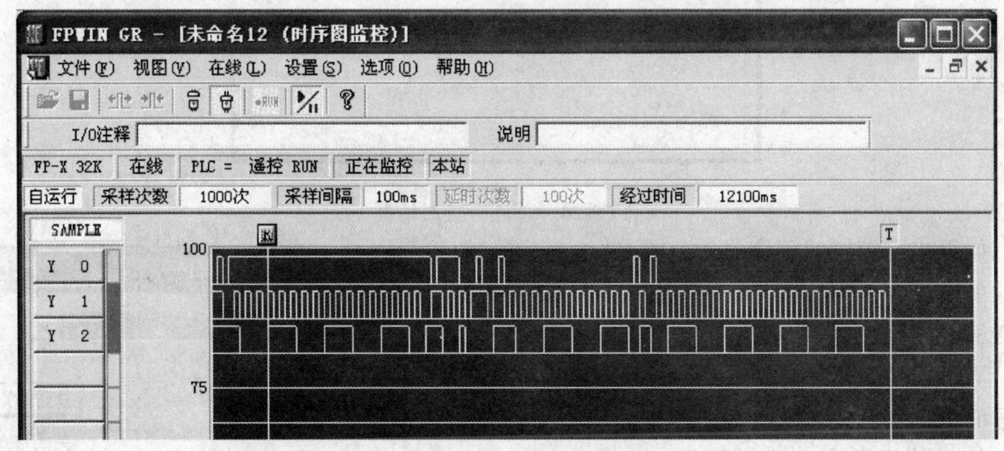

图9-22 时序图监控

二、程序调试

当程序运行没有达到设定的需要时，这就要求我们进行程序调试。

程序调试一般可分为两个步骤，即程序核查和强制输入输出。程序核查是用于检查程序的错误和一致性。程序的错误包括语法错误和逻辑错误，程序的一致性是指计算机的程序与PLC中已有程序的一致性。强制输入输出是用于测试程序中某个环节或某个部分的逻辑关系是否符合要求的逻辑关系，通过强制设置，能使程序的运行按设定的环境进行运行，避免了调试程序对外围设置的要求。

程序的语法错误可以通过系统的自动检测来完成。执行菜单“调试”，调用“总体检查”，当程序中含有双重使用错误、匹配不成立错误、参数不匹配错误、指令位置错误等基本语法错误时，系统会在画面中显示这些错误的数量、地址以及错误内容，将光标移动到需要查找的地址通过“跳转”能回到程序中相应的错误地址。

以下面一段程序为例，其显示如图 9-23 所示。

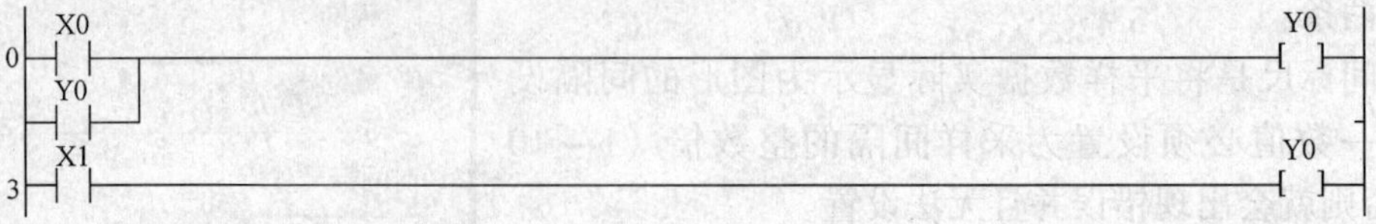

图 9-23 梯形图程序

当程序编辑完成后，进行程序转换，单击“总体检查”弹出对话框如图 9-24 所示。

在图 9-24 所示的画面中显示了程序的总体错误数量为两个，并标明每个错误的程序地址，以方便用户进行错误的查找。

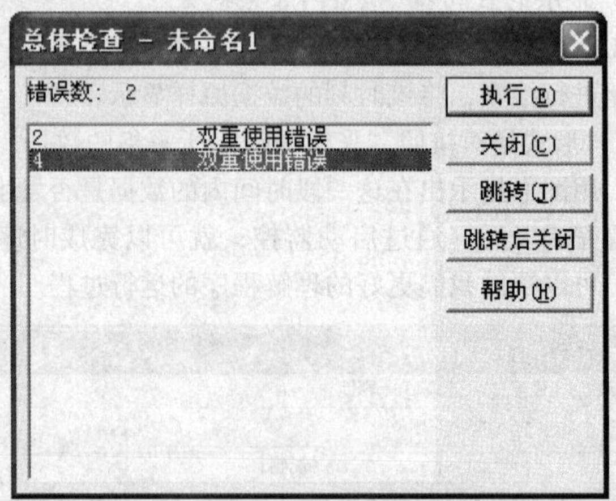

图 9-24 总体检查对话框

如果当前编辑的程序与 PLC 存储的程序存在不一致的情况下，可以执行“程序核对”来完成，其对话框如图 9-25 所示。

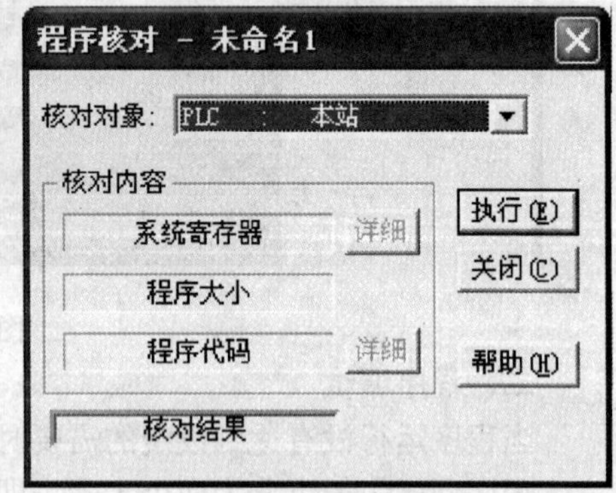

图 9-25 程序核对对话框

当点击“执行”按钮时，系统会自动比较分三个方面，即系统寄存器、程序大小、程序代码，进行比较，并得出一个核对结果。当出现不一致时，通过“详细”按钮可以查看不同之处。如图9-26 所示。

通过图 9-27 所示的“程序核对错误一览表”可以找出程序中不一致的地方以便用户进行程序修改。

为了方便程序调试，在 RUN 模式且对控制过程影响较小的情况下，可以对程序中的某些变量强制性赋值。松下 PLC 允许强制性给所有的 I/O 点赋值，如 X、Y、R、T、C、L 等。打开菜单“在线”进入“强制输入输出”对话框，如图 9-28 所示。

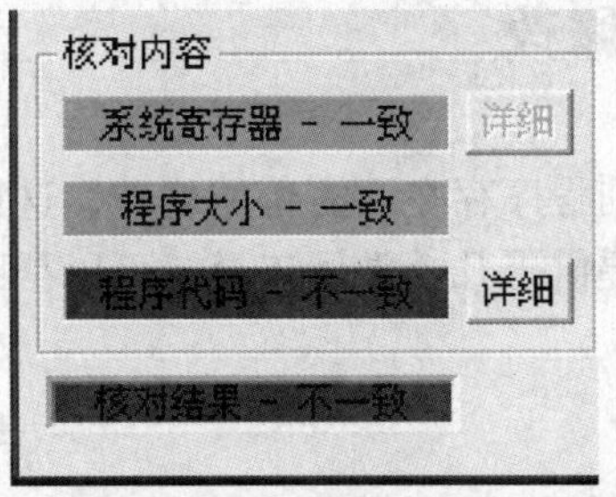

图 9-26　核对内容

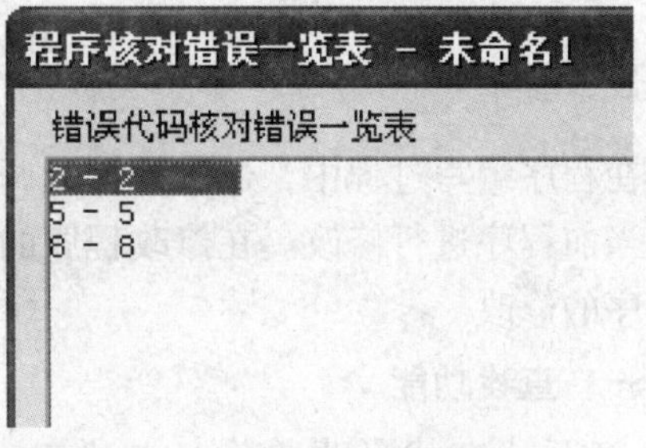

图 9-27　程序核对错误一览表

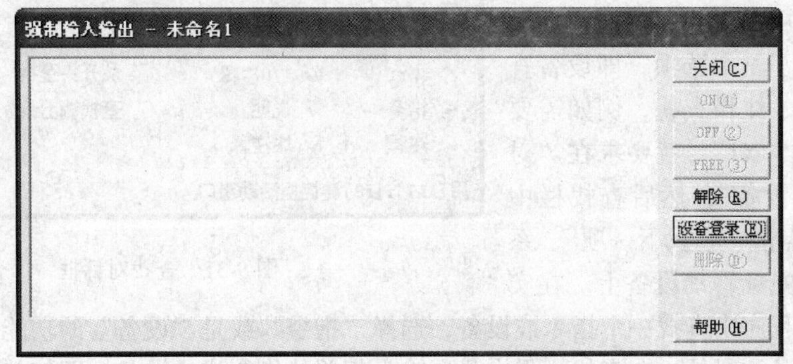

图 9-28　强制输入输出对话框

点击“设备登录”，进入“强制输入输出设备”对话框，如图 9-29所示。

在设备类型中可选择需要强制接点的起始地址，然后再输入登录数，就可以直接通过软件来改变相关变量的数值。强制 I/O 点是可以用来模拟物理条件，强制 R、T、C、L 可以模拟逻辑条件，在进行强制输出时，如果 PLC 与其他设备相连，可能导致系统出现无法预料的情况。

当登录完接点后，通过点击图 9-30 所示窗口中的“ON”、“OFF”来强制改变接点当前的状态，也可以通过快捷键“CTRL + n”（n = 0，1，…）来翻转接点的状态，当调试完成后，点击“解除”来放弃强制操作。

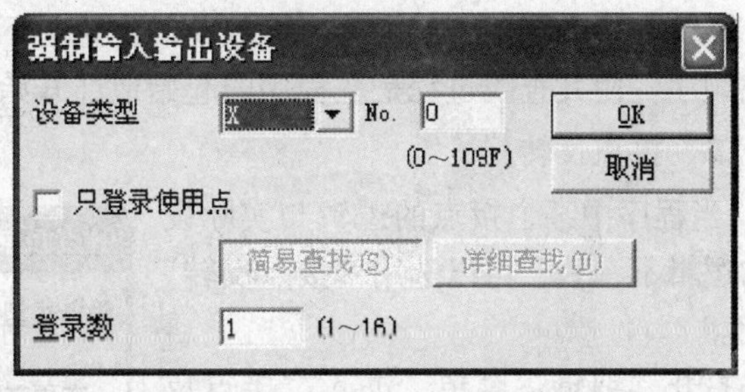

图 9-29　强制输入输出设备窗口

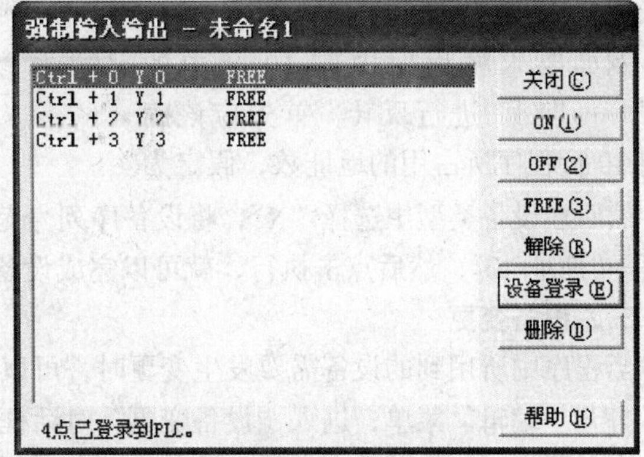

图 9-30　强制输入输出窗口

第五节　程序的修改

在程序编写过程中，通过监控和调试的方法查找到程序存在不完善的地方，这将要求我们对当前程序进行修改。在修改程序的过程中，系统提供了几个常用工具，可以帮助用户方便程序的修改。

一、查找功能

打开“查找”菜单，点击“查找”，弹出对话框如图9-31所示。

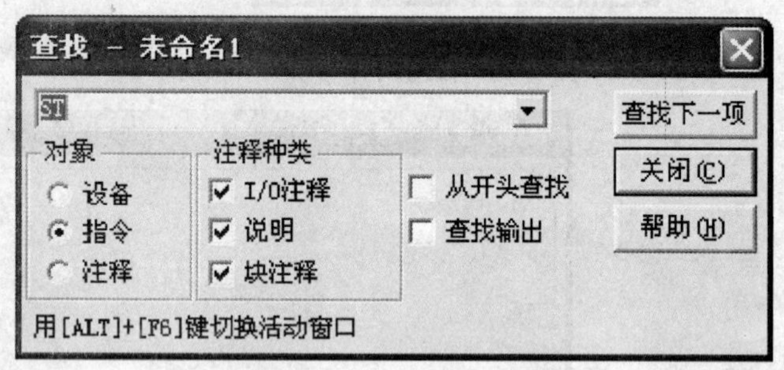

图 9-31　查找对话框

为了方便用户查找相关的程序段落，系统提供了三个选项，即设备查找、指令查找、注释查找，例如需要查找一下接点“X1”，就要求在“对象”中选择“设备”，然后查找栏中输入“X1”，点击“查找下一项”，系统就会自动将光标移动设备上。在实际操作上，在程序中查找一个指令或设备，选择“指令”或是“设备”的功能是一样的，所以除去查找一条注释外，在查找过程中只要输入相关的指令或是设备，即使与“对象”的类型不一致，系统也会自动进行查找。

系统查找的顺序一般是从光标放置的位置向下查找，通过选择“从开头查找”可以改变查找顺序，使其查找过程是从程序的起始地址开始向下查找。

二、接点反转

当程序中某个接点的逻辑与实际设备的逻辑不一致，可以选用“接点反转”功能。

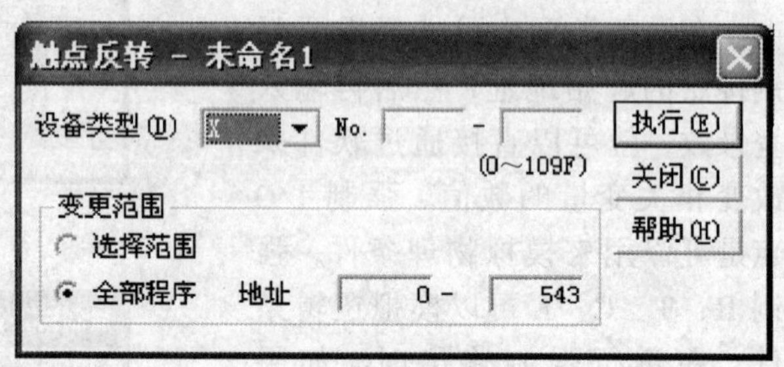

图 9-32　接点反转窗口

打开“编辑”菜单，进入“接点反转”，选择需要反转的接点，如图 9-32 所示。

例如要求将程序中前 10 行中的“X0”—“X3”进行反转。首先应该确定前 10 行程序所占用的地址数，假定为 40；然后在设备类型中选择“X”，将设备序列号范围确定为 0 ~ 3，选择程序范围为“地址 0”—“地址 40”，然后点击执行，就可以完成设备的反转。

三、设备变更

当程序中所用到的设备需要发生变更时，可以选用“设备变更”功能。

打开“编辑”菜单，进入“设备变更”对话框，如图9-33所示。

在对话框中，需要发生变更的设备为“变更源”，可以是一个设备，也可以是一组设备；变更后的设备为“变更目标”。

可以变更的设备包括：X、Y、R、T、C、L、E、P、WX、WY、WL、DT、SV、EV、FL、LD、JP、MC、MCE、LOOP、LBL、NSTP、SSTP、NSTP、NSTL、CSTP、CALL、FCAL、SUB、SROR。但是针对于“JP，MC，MCE，LOOP，LBL，NSTP，SSTP，NSTP，NSTL，CSTP，CALL，FCAL，SUB，SRWR”等设备只能变更编号，不能转换成其他类型的设备。除此之外的其他设备不仅可以转换编号，也可以变更设备的类型。

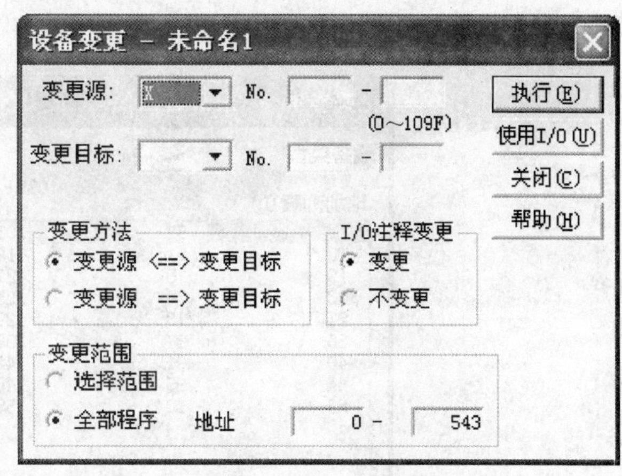

图 9-33 设备变更窗口

在变更操作过程中，变更设备可以是单向的，也可以是双向的，其对应的 I/O 注释可以选择变更或是不变更。

例如：需要将 X1 变更为 R1，X2 变更为 R2，如果变更是单向的，即只是将 X1 变更为 R1，X2 变更 R2，对于程序中已经有的 R1、R2 的程序段落不会发生变化；但是如果变更是双向的，在 X1、X2 变更为 R1、R2 的同时，程序段中已经存在的 R1、R2 会自动转换成 X1、X2。

I/O 注释如果是选择“变更”，X1、X2 对应的注释都会自动转换成为 R1、R2 对应的注释；但如果是选择“不变更”，则 X1、X2 的注释还会保留。

同样，在变更过程是也是可以选择变更范围的，在“选择范围”的选项中输入相应的地址范围就可以。

对于“WX、WY、X、Y”4 个设备的编号变更，除使用“设备变更”功能，也可以直接选用“XY 字迁移”，如图 9-34所示。

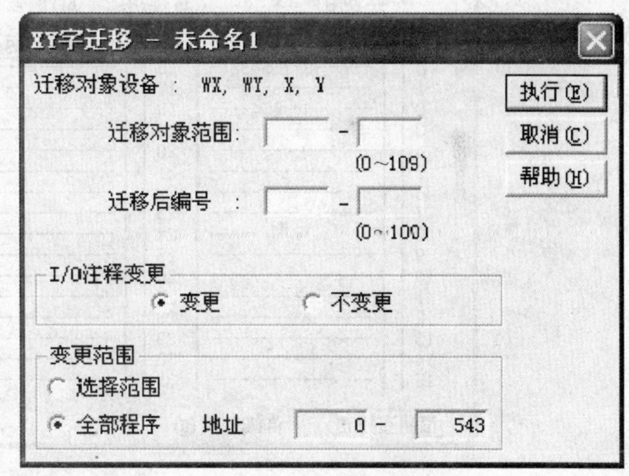

图 9-34 XY 字迁移窗口

在迁移对象范围内输入以字为单位的迁移对象范围和迁移后的编号，例如迁移对象范围为 0 ~ 1，而迁移后编号为 1 ~ 2，执行完成后的结果为 X0 ~ X1F 被迁移到 X10 ~ X2F，Y0 ~ Y1F 被迁移到 Y10 ~ Y2F。同时，WX0 ~ WX1 迁移到 WX1 ~ WX2，WY0 ~ WY1 迁移到 WY1 ~ WY2。

四、交叉参考

在程序修改过程中，使用交叉参考功能可以显示程序中当前所使用的接点、线圈、寄存器、指令，并且能跳转到相应的地址，如图9-35所示。

当在设备类型中输入相关的设备及其编号，通过查找，程序中用到该设备的地址都能以列表的形式显示出来，点击“跳转”按钮，可以直接将光标指向该地址，方便用户修改程序。

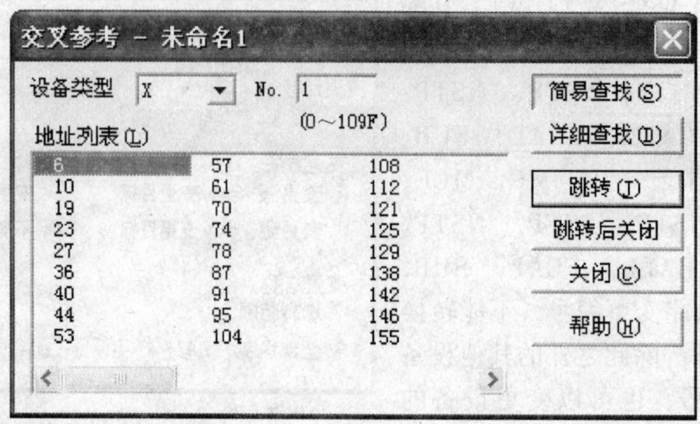

图 9-35 交叉参考窗口

五、使用 I/O 列表

对于一个现有的程序，如果想增加一些功能，或是删除原有的某个功能，必须了解原始程序的 I/O 分配，通过使用 I/O 列表，只要是程序中使用到的 I/O 点都能在列表中显示出来，如图9-36所示。

使用I/O列表 - 未命名1

设备种类 WX　　显示范围 0 - 47

字使用: *　　bit使用: bit编号 (0-F)　　未使用: -

No.	X	FEDCBA9876543210	No.	X	FEDCBA9876543210	No.	X	FEDCBA9876543210
0		------9-7654321-	16		----------------	32		----------------
1		------------3--0	17		----------------	33		----------------
2		---------654----	18		----------------	34		----------------
3		----------------	19		----------------	35		----------------
4		----------------	20		----------------	36		----------------
5		----------------	21		----------------	37		----------------
6		----------------	22		----------------	38		----------------
7		----------------	23		----------------	39		----------------
8		----------------	24		----------------	40		----------------
9		----------------	25		----------------	41		----------------
10		----------------	26		----------------	42		----------------
11		----------------	27		----------------	43		----------------
12		----------------	28		----------------	44		----------------
13		----------------	29		----------------	45		----------------
14		----------------	30		----------------	46		----------------
15		----------------	31		----------------	47		----------------

简易查找(S)　详细查找(D)　关闭(C)　帮助(H)

图 9-36 使用 I/O 列表窗口

当增加程序的功能时，我们必须使用程序中未用到的 I/O 点，只有在列表中没有显示的接点，在程序中才能使用，否则容易造成双重使用输出错误。

第六节 PLC 参数的设置

执行菜单命令“选项”，点击“PLC 系统寄存器设置”，进入对应的选项卡后，可以改变 PLC 的参数设置。该设置窗口主要包括“内部高速计数器”、“PC-LINK”、“编程口设置”、“COM 端口设置”等选项卡，下面分别介绍。

一、端口设置

PLC 的端口包括编程端口、COM1 端口、COM2 端口，主要是用于设置通信参数，包括站号、数据长度、奇偶校验、停止位、通信速度等，如图9-37所示。

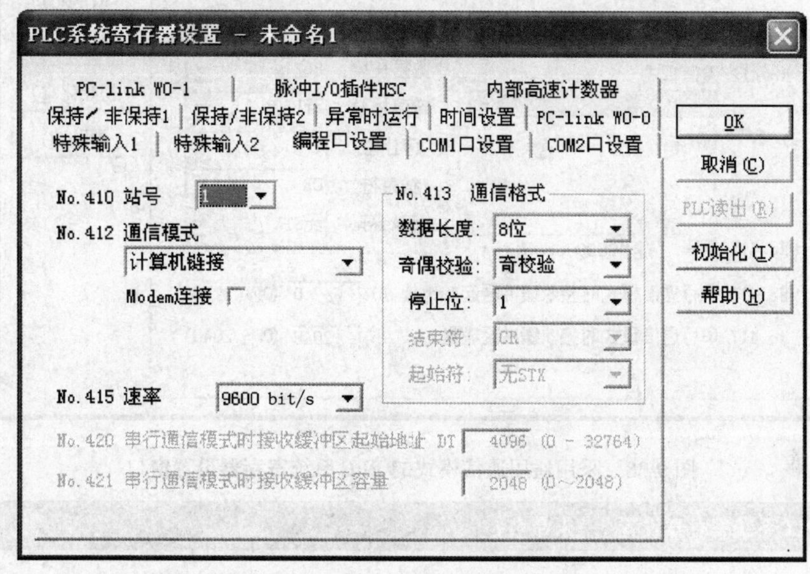

图 9-37 PLC 系统寄存器设置窗口

当 PLC 通过编程口实现通信时，点击“编程口设置”来设置通信格式。在松下 PLC 的 C-NET 网络中，可以通过 C-NET 主适配器和 C-NET 从适配器将若干台 PLC 连接在一个网络中，通过一台电脑实现对所有 PLC 的编程控制。为了实现这种网络功能，一般需要在“编程口设置”选项卡中对每台 PLC 设置不同的站号，并改变其通信模式为“计算机链接”，并将所有 PLC 的通信格式保持一致。

PLC 的 COM 端口设置既可用于实现 PLC 网络的连接，如 PC-LINK 网络、C-NET 网络等，也可用于 PLC 与外围设备的通信，如打印机、数字仪表等。当 COM 端口用于 PLC 一般网络连接，其设置方式与编程端口的设置类同，主要是设置站号、通信格式等参数。当 COM 端口用于与外围设备进行通信，在设置上一般需要增加两项设置，如图9-38所示。

在选项卡中增加了“串行通信模式时接收缓冲区起起始地址”和“串行通信模式时接收缓冲区容量”两个栏目的设置，这主要是用于存储 PLC 接收外围设备发送的数据，为了避免数据的重叠和干扰，设置起始地址时应尽可能地偏离程序中用到的数据区，其数据容量也应根据实际数据的大小来设定，用以防止对正常信号产生干扰。

二、PC-LINK 设置

当两个 FP-X 型 PLC 通过 PC-LINK 网络实现连接时，需要将每台 PLC 的存储区进行设置，这就要求用到 PC-LINK 设置。在 PC-LINK 设置选项卡中，需要用户根据实际传输的大小来分别设置链接继电器的发送区、链接寄存器的发送区以及它们的大小。在同一个网络中，区间地址的设置不能出现重叠现象，同时注意对于链接继电器区容量、链接寄存器区容量、PC-LINK 最大站号的设置应保持一致，否则会导致联网失败，如图9-39所示。

在 PC-LINK 设置完成以后，打开“在线”→“状态显示”，点击“PC-LINK”，通过观

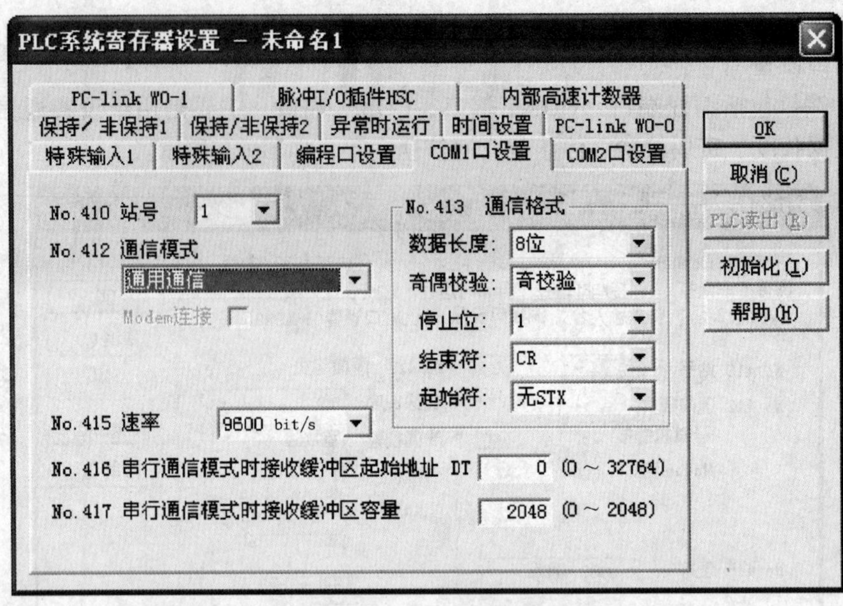

图 9-38 采用通用通信模式的 PLC 系统寄存器设置窗口

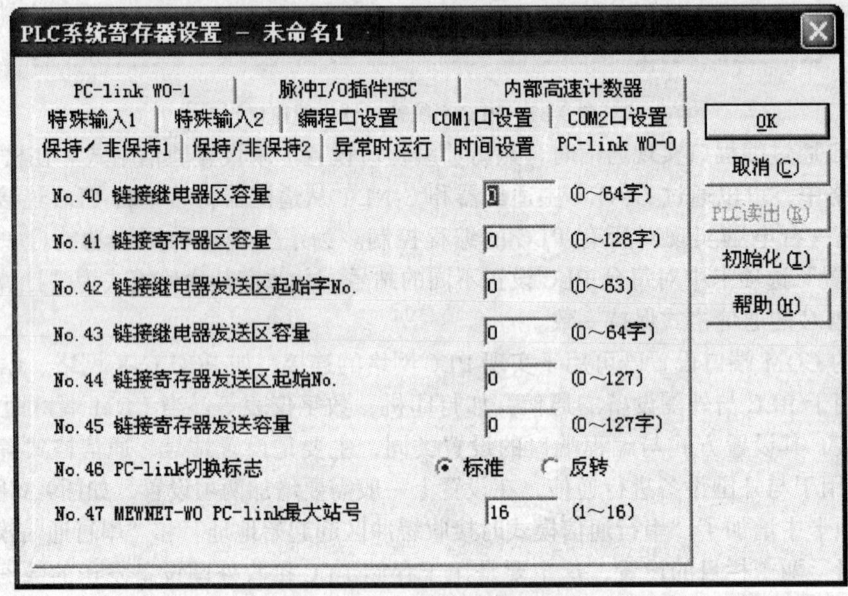

图 9-39 PC-LINK 网络的设置

察每个 PLC 的状态及其发送范围和接收范围，如果出现重叠，系统会自动给出提示以帮助用户进行判断。如图9-40所示。

三、保持/非保持设置

在 PLC 程序中，有些数据是系统在断电后仍然需要能保持的，系统将这段数据区间称为保持型区，一般数据的保持区为数据空间的最后一段，其空间大小可由“保持/非保护”选项卡来进行设置，如图9-41所示。

在选项卡中，可以分别选择“定时器/计数器”、内部继电器、数据寄存器的保护型区的起始地址序号，一般而言，其空间大小不宜过大，否则系统在初始复位过程中会受到干扰，应慎重使用。

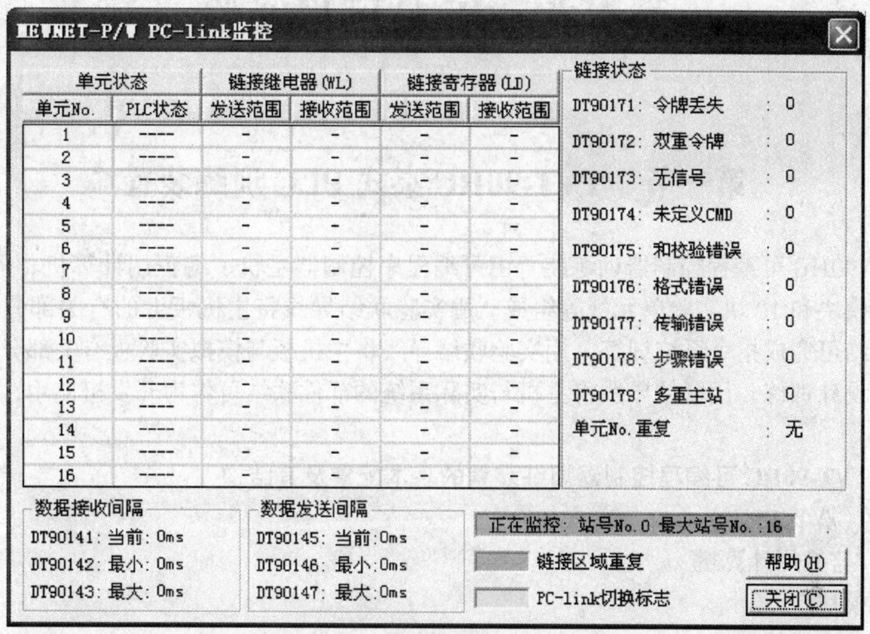

图 9-40　PC-LINK 监控

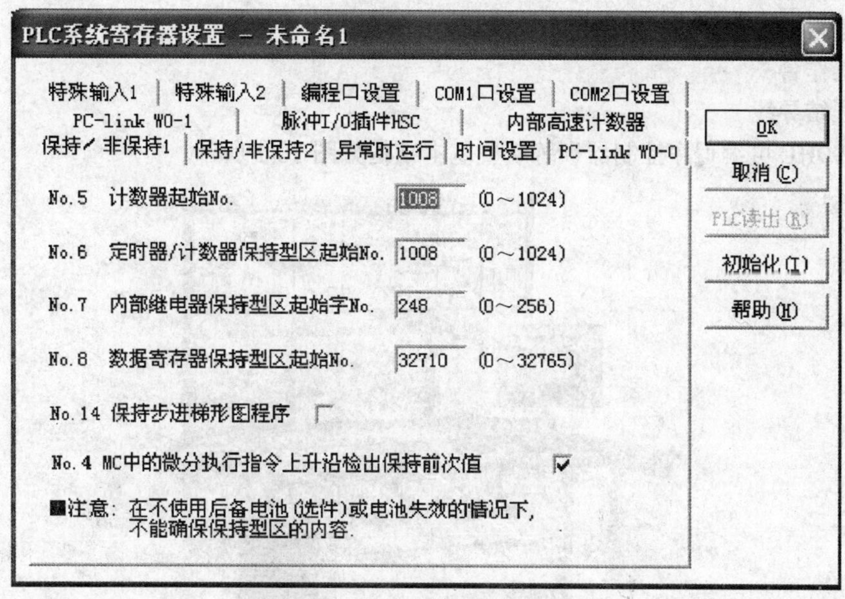

图 9-41　保持/非保持设置窗口

第十章　PLC 应用实验

第一节　TVT-90HC 桌式 PLC 训练装置

TVT-90HC 可编程控制器训练装置由可编程序控制器主机、编程用计算机、电源模块、输入输出模块和 10 块实验单元板等组成。用实验联结导线将主机板上的有关部分与输入输出模块联结可完成指令系统训练，用实验联结导线将主机板与模拟实验板有关部分联结可以完成程序设计训练，用联结导线将主机与实际系统的部件联结可作为开发机使用，进行现场调试。

一、TVT-90HC 可编程控制器训练装置的基本配置及其结构

主机（松下 FP-X）	1 个
编程/监控用计算机	1 台
电源模块	1 块
输入输出模块	1 块
实验单元板	10 块
松下编程电缆	1 根
实验操作台	1 台
实验联结导线	1 套

TVT-90HC 可编程序控制器训练装置基本结构如图 10-1 所示。

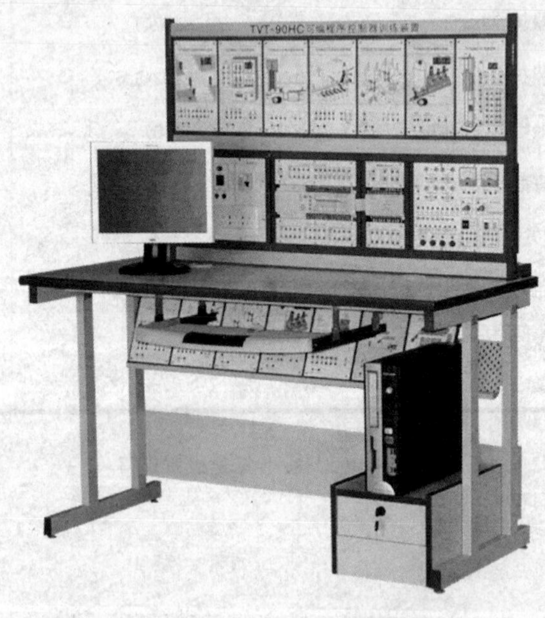

图 10-1　TVT-90HC 可编程序控制器训练装置

二、基本工作原理及主要技术参数

（一）PLC主机技术规格及主要技术参数

主机采用松下FP-X型PLC，其主要技术数据如下：

输入点数	16
输入信号类型	开关量
输出点数	14
最大扩展单元数	110点（使用FP0扩展单元）
编程方式/控制方式	梯形图/循环运算方式
程序容量16k步	（C14）、32k步（C30、C60）
运算处理速度	基本指令0.32μs/步
基本指令	111种
高级指令	216种
内部继电器	4096点
特殊内部继电器	192点
链接继电器	2048点
定时器/计数器	合计1024点
数据寄存器（DT）	12285字（C14）、32765字（C30、C60）
链接数据寄存器	256字
特殊数据寄存器	374字
索引寄存器（I0～ID）	14字
主控继电器（MCR）	256点
子程序数	500子程序
中断程序数	15个程序（继电器输出）/9个程序（晶体管输出）
定时中断	0.5ms～30s

（二）电源模块

电源模块上装有24V直流稳压电源，供输入输出单元及实验单元板使用。电源具有短路保护功能，对于可能出现的误操作，均能确保主机的安全。主机上的24V直流电源不必使用。

使用时将小型断路器QF合上，合上SA2，DC 24V灯亮，即表示DC 24V电源工作正常。

如果在操作时出现短路情况，请断开外接电路，关闭电源，重新检查线路，待电源单元放电结束后再重新接线。（电源单元放电时其指示灯会出现闪烁现象，等到电源指示灯完全熄灭后才表示放电结束。）

电源模块上的三孔插座为AC 220V电源，供计算机和PLC主机使用，其他插线请勿插入！

注意：SA1为AC 220V电源开关，不用时，应闭合。LN输出为AC 220V高电压，小心触电！

系统模块及PLC输入均使用DC 24V电源，严禁接入AC 220V电源，以免损坏设备。

（三）PLC主机板模块的使用

1.PLC主机电源的联结

主机板模块分为两种规格方式，即DC 24V电源供给方式和交流220V电源供给方式。

当使用 DC 24V 电源供给方式时，应将主机的电源输入端口与电源模块相连。如果使用 AC 220V 电源供给方式，直接用一根电源线来实现联结。

2. PLC 主机 I/O 端子的联结

使用实验联结线将 PLC 的 I/O 口与相关的实验模块锁孔相连。PLC 的数字量输入部分的 COM 端接电源板的 DC 24V 端，数字量输出口部分的 COM 端与电源的 DC 0V 端相连。严禁接错，以免发生短路！实验系统联结好后，打开 PLC 电源开关，电源指示灯亮。

（四）输入输出模块的使用

1. 输入单元

输入单元由 4 个按钮和 8 个钮子开关组成。如果将按钮或钮子开关与主机输入点（X0 ~ XF）相接，改变这些开关的通断状态，即可对主机输入所需要的开关量，开关的另一端接 DC 0V；利用 BCD 拨码器可对主机输入 8421 码开关量，其作用是将十进制数码转换为 BCD 码，C0、C1 端口接 DC 0V；电压源、电流源可为模拟量模块提供工业标准的 0 ~ 10V 电压和 4 ~ 20mA 电流信号，将电压/电流表与电压/电流源相接，即可读出电压/电流值。模块左侧的 DC 24V 需与电源模块的 DC 24V 相连，注意极性！

2. 输出单元

输出单元由一个八段数码管和 4 个继电器组成。八段数码管可将 PLC 中数据以数字的形式显示出来，在实验项目中是用于训练编码及解码指令的应用。

4 个继电器模块主要是将 PLC 输出的 24V 电压转换成 220V，从而实现控制交流回路的目的。在接线上注意 PLC 输出的极性，如果 PLC 输出电压为高电平时，继电器模块的另一端接 DC 0V；如果 PLC 输出电压为低电平时，继电器模块的另一端接 DC 24V。

（五）实验单元板的使用

TVT-90HC 可编程控制器训练装置共配置实验单元板 10 块：

TVT90HC-1 电动机控制
TVT90HC-3 交通信号灯自控和手控
TVT90HC-4 水塔水位自动控制
TVT90HC-7 多种液体自动混合
TVT90HC-8 自动送料装车系统
TVT90HC-9 邮件分拣机
TVT90HC-10 电梯控制
TVT90HC-11 自动售货机
TVT90HC-15 自动化仓库系统
TVT90HC-16 机械手装配搬运系统

实验单元板依据系统原理图接线。DC 24V 联结电源模块，注意极性！开关量 S、SQ 输入电路联结对应的 PLC 的输入端口（X0 ~ XF），输出 Y、M、L 接 PLC 的输出端口（Y0 ~ Y7）。应当注意，实验单元板内部采用单片机构建数学模型模拟实际工业现场，过程控制中的传感器状态由系统根据流程自动给出。

以 TVT90HC-7 多种流体自动混合系统为例。其实验板的示意图如图 10-2 所示。将传感器 S1、S2、S3 对应的与 PLC 的 X0、X1、X2 联结，Y1、Y2、Y3、Y4、M 与 PLC 的 Y0、Y1、Y2、Y3、Y4 联结，DC 24V 与电源模块的 DC 24V 联结。当加液时，随着液位的上升，液位传感器 S3、S2、S1 按顺序依次接通，储液罐的液位由 LED 指示，当电动机旋转时，由电动机的 LED 指示运转状态。放液时，液位指示灯依次下降，S1、S2、S3 依次断开。Y1、Y2、Y3、Y4、M 的状态由 LED 指示，当 LED 亮时，表示其在运行。

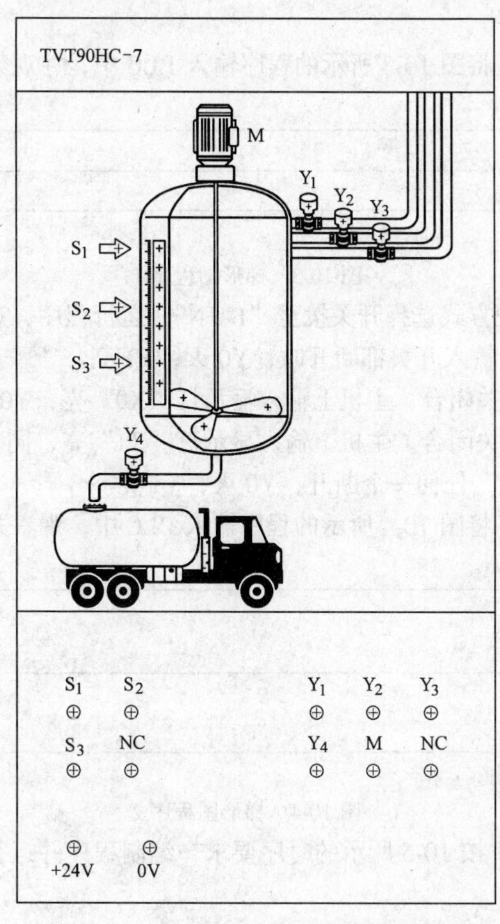

图 10-2 TVT90HC-7 多种液体自动混合系统

第二节 指令系统训练

利用 TVT-90HC 桌式 PLC 训练装置可完成指令系统训练。指令系统训练侧重于熟悉指令，运行简单程序，了解指令的特点及其功能，为编制综合应用程序打下基础。

每次实验前，学员必须仔细阅读有关的指令部分，分析实验中可能得到的结果。在实验过程中，要认真观察 PLC 的输入输出状态，以验证分析结果是否正确。

实验一 逻 辑 指 令

（一）实验目的

1）加深对逻辑指令的理解。

2）进一步熟悉编程软件的使用方法。

（二）实验设备

1）TVT-90HC 桌式 PLC 训练装置。

2）联结导线若干。

（三）实验内容与操作

1. 输入练习程序 1　将图 10-3 所示的程序输入 PLC 中，并观察现象。

图 10-3　梯形图程序 1

操作及运行结果：把方式选择开关拨至“RUN”，运行程序，观察运行结果。

1）当“X0”、“X1”输入开关都断开时，Y0 灭，Y1 亮。

2）将“X0”输入开关闭合，主机上输入显示灯“X0”亮，Y0、Y1 均保持原状态。

3）将“X1”输入开关闭合，主机上输入显示灯“X1”亮，同时 Y0 亮，Y1 灭。

4）只要“X0”、“X1”任何一个断开，Y0 灭，Y1 亮。

2. 输入练习程序 2　将图 10-4 所示的程序输入 PLC 中，观察并描述运行结果。

图 10-4　梯形图程序 2

3. 编制并运行程序　按 10-5 所示的时序要求，编制程序并运行程序，将观察的结果记录下来。

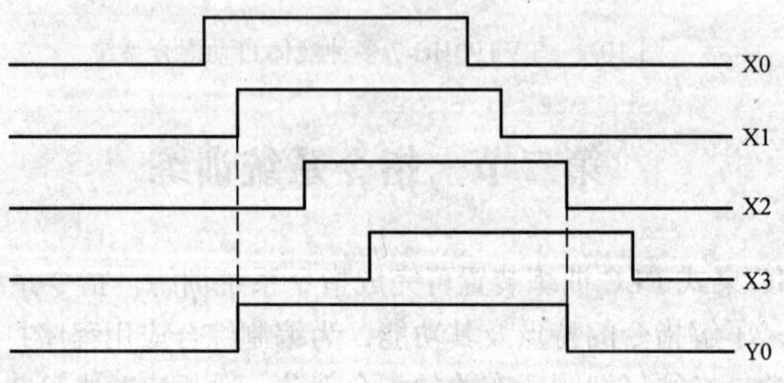

图 10-5　时序图

实验二　定 时 指 令

（一）实验目的

1）熟悉定时指令。

2）掌握定时指令的基本应用。

（二）实验设备

1）TVT-90HC 桌式 PLC 训练装置。

2）联结导线若干。

（三）实验内容与操作

1. 输入程序　将图 10-6 中的程序输入 PLC 中，观察并记录运行结果。

图 10-6　梯形图程序

2. 定时指令的应用

（1）任务

1）利用 TM 指令编程，产生连续方波信号输出，其周期设为 3s，占空间比为 2∶1。

2）设某工件加工过程分为四道工序完成，共需 30s，其时序要求如图 10-7 所示。X0 接运行控制开关，X0 = ON 时，起动和运行；X0 = OFF 时停机。而且每次起动均从第一道工序开始。利用 TM 指令实现上述分级定时控制，并观察 T1 ~ T4 通断情况以及定时器经过值的变化情况。

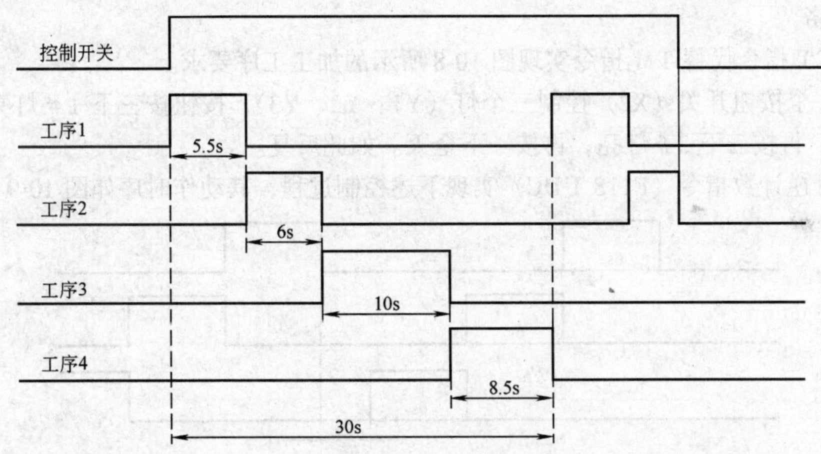

图 10-7　时序图

（2）编程提示

1）任务 1）中可通过定时器互锁轮流导通，再由其中一个定时器控制输出。

2）任务 2）中可用两种方法来实现：

① 用 4 个定时器分别设置 4 道工序的时间，通过程序依次起动之。

② 用一个定时器设置全过程，再由若干条比较指令来判断和起动各道工序。

3）用比较指令时要注意，TM 是减 1 定时器。当预定值 30s（K300）开始计数，过 5.5s后，其经过值寄存器 EV 内的值应变为 K245（TMX），所以只有当比较结果 EV 内容 ≤K245时方可起动下一道工序。以此类推，即可实现要求和顺序控制过程。

4）用计算机 I/O 多点监视功能和字监视功能，即可同时观察 T1-T4 的情况以及 EV 的变化情况。

实验三　计 数 指 令

（一）实验目的

1）熟悉计数指令。

2）掌握计数器指令的基本应用。

（二）实验设备

1）TVT-90HC 桌式 PLC 训练装置。

2）联结导线若干。

（三）实验内容与操作

1. 输入练习程序　将图 10-8 所示的程序输入 PLC 中，观察并记录运行结果。

图 10-8　梯形图程序

2. 计数指令的应用

（1）任务

1）用 CT 指令代替 TM 指令实现图 10-8 所示的加工工序要求。

2）用一个按钮开关（X2）控制三个灯（Y1、Y2、Y3），按钮按三下 1＃灯亮，再按三下 2＃灯亮，再按三下 3＃灯亮，再按一下全灭。如此反复。

3）用可逆计数指令（F118 UDC）实现下述控制过程，其动作时序如图 10-9 所示。

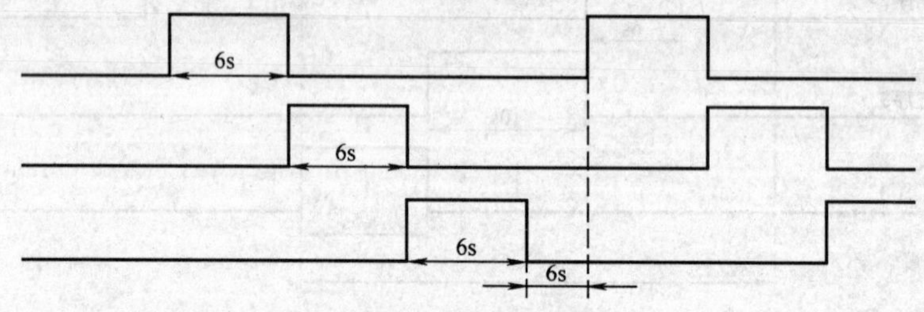

图 10-9　时序图

X2＝ON　加计数　从 1＃灯亮→3＃灯亮

X2＝OFF　减计数　从 3＃灯亮→1＃灯亮

X3＝ON　复位　全灭

（2）编程提示

1）在 CT 减 1 计数器，应选预置数。计数脉冲可以是内部继电器提供（如任务 1）中用 PLC 内部标准脉冲继电器，也可以是外部开关提供（如任务 2）中用 X2 开关。当复位信号到来时，CT 重新装入预置数，CT 减到“0”时，该继电器为 ON。

2）在任务 2）中，为了使各个灯能从亮一直可靠地维持到按下一组三下的最后一下之后，再灭，可引用保持指令（KP）。

3）F118 UDC 为加/减可逆计数器，其加 1 或减 1 的功能转换由加/减输入为 ON 或 OFF 来决定。当计数预置值时，该继电器为 ON；当复位信号到来时，重新置入预置值。

4）在调试运行上述程序时，均可用监控功能来监视 EV 和 SV 的变化情况。

实验四　传 送 指 令

（一）实验目的

1）深入理解传送指令的功能。

2）掌握传送指令的应用。

（二）实验设备

1）TVT-90HC 桌式 PLC 训练装置。

2）联结导线若干。

（三）实验内容

1. 任务

1）用传送指令实现 X1 = ON 时，将“1949，10，1”这组数据分别送入 DT0 ~ DT2 中，X0 = ON 时又可全清且清零优先。调试运行时，调用监控功能来监视数据的变化值。

思考题：若在上述任务的基础上增加如下功能：X2 = ON 时，可将 DT0 ~ DT2 的内容拷贝到以 DT3 为首地址的区域内，请问程序又将如何修改？

2）用传送指令实现输入开关对输出灯亮多少的控制：

X7 = OFF 时　　Xn = ON→ 输出端 n 个灯亮，其余灭。

X7 = ON 时　　Xn = ON→ 输出端 n 个灯灭，其余亮。其中 n = 0 ~ 6，自左向右排序。

2. 编程提示　在编写任务 2）的程序时，为了使运行过程中输出总是反映最后一个控制开关的动作结果，需先把 Xn 闭合时显示的结果译为十六进制数，再以正微分（上升沿）形式送入同一中间寄存器（设为 WR0）中。若 X7 = OFF，WR0 内容直接传给 WR0；若 X7 = ON，WR0 内容反传给 WR0。

3. 参考程序　任务 1）的参考程序如图 10-10 所示。

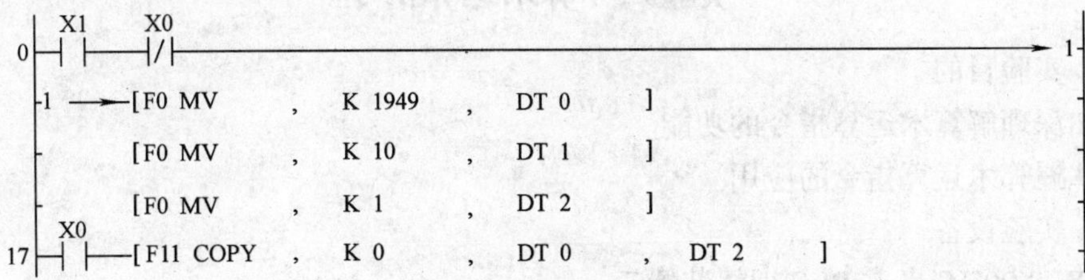

图 10-10　梯形图程序

实验五　数据移位指令

（一）实验目的

1）加深理解数枯移位指令的功能。

2）掌握数据移位指令的应用。

（二）实验设备

1）TVT-90HC 桌式 PLC 训练装置。

2）联结导线若干。

（三）实验内容

1. 任务

1）利用移位指令（SR）使输出的 8 个灯从左至右依次亮 1s；当灯全亮后再从左至右依次灭。如此反复。

2）利用左右移位指令（F119 LRSR），使一个亮灯以 0.2s 的速度从左向右移动，到达最右侧后，再自右向左返回最左侧。如此反复。X2 = ON 移位开始，X2 = OFF，清零。

3）读懂图 10-11 所示的程序，具体说明当运行此段程序将会得到什么结果。

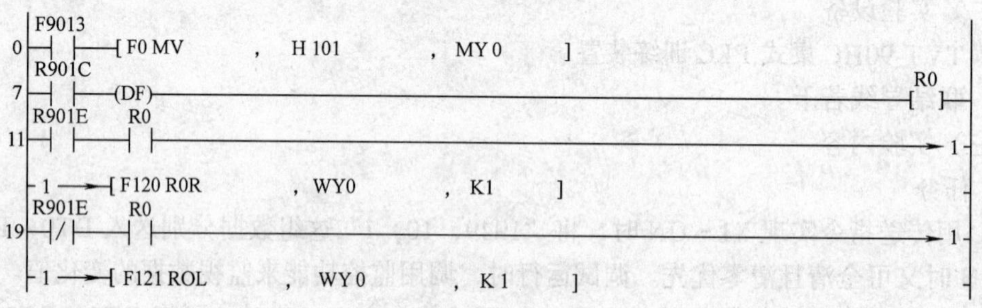

图 10-11 梯形图程序

思考题：图 10-11 所示的程序中为什么要用微分指令？如直接用接点 LD R901C 代替 LD R0，将会出现什么现象？

2. 编程提示

1）当 PLC 的输出为 8 位时，而移位和循环移位指令一般是针对 16 位数据，为了使所看到的移位状态不间断，需要采用相应的措施。

2）在使用 SR 指令时需注意，该指令只能对内部继电器（WR）的内容进行位移，所以要通过传送指令，把位移结果送给输出继电器（WY0）。

实验六 算术运算指令

（一）实验目的

1）加深理解算术运算指令的功能。

2）掌握算术运算指令的应用。

（二）实验设备

1）TVT-90HC 桌式 PLC 训练装置。

2）实验联结导线若干。

（三）实验内容

1. 任务

1）分别用 BIN 算术运算指令和 BCD 算术运算指令编写控制程序。

2）控制要求：①X1 = ON 时计算：X0 = ON 时全清零。②各步运算结果存入 DT0 ~ DT6 中，并记录下来。

2．编程

1）编程提示：①本程序调试过程中，需用双字监控功能来监视各步运算结果，在编写程序时，也要注意有些运算数据较大，要用多位运算指令。②用BIN算术运算指令时，运算数以“K”、“H”形式输入均可，而用BCD算术运算指令时，运算数只能以“H”形式输入，否则认为错误，使运算终止。

2）部分参考程序：BIN运算的梯形图程序如图10-12所示。

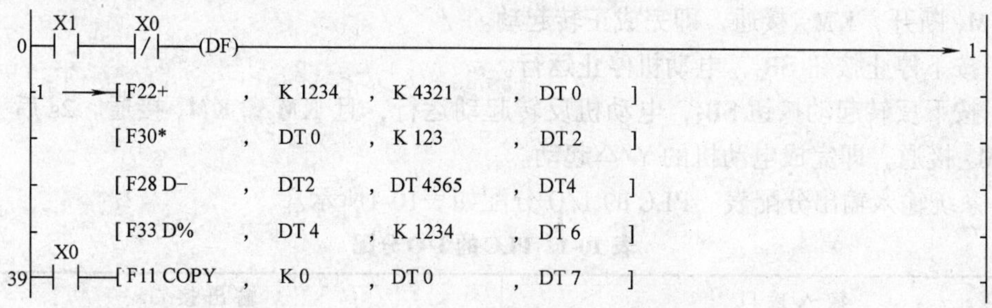

```
     X1        X0
 0 ─┤ ├──────┤/├───(DF)──────────────────────────────────→ 1
 1 ──→[F22+      ,  K 1234  ,  K 4321   ,  DT 0  ]
      [F30*      ,  DT 0    ,  K 123    ,  DT 2  ]
      [F28 D-    ,  DT2     ,  DT 4565  ,  DT4   ]
      [F33 D%    ,  DT 4    ,  K 1234   ,  DT 6  ]
     X0
39 ─┤ ├──[F11 COPY  ,  K 0     ,  DT 0     ,  DT 7  ]
```

图10-12　BIN运算的梯形图程序

（四）编程练习

若要将运算结果与正确答案进行比较，当结果等于550且没有余数时，Y0 = ON；否则Y1 = ON。这时程序将如何修改？

第三节　程序设计训练

程序设计训练用本训练装置和实验单元板，培养学生利用PLC技术设计和开发控制装置的综合运用能力。这部分训练包括15个实验。

每一实验中的实验内容中给出了控制要求和I/O分配表和程序清单，要求学员在实验前必须读懂这些程序，上机时练习输入和调试程序。

编程练习中只给了控制要求，未给出程序清单。学员在掌握了实验内容给出的程序后可根据编程练习中的控制要求编写程序。经仔细推敲并修改后，上机调试。注意上机实验时不允许带电接插线。

实验一　电动机控制实验

（一）实验目的

熟悉松下FP-X系列PLC的指令，熟悉编制简单的梯形图程序。

（二）实验系统组成

实验系统采用TVT-90HC桌式PLC训练装置，选用TVT90HC-1型实验单元板。在实验单元板上，采用灯光的亮灭来模拟实验电动机及接触器的动作，实现了控制动作过程的再现。

电动机控制实验系统由一台三相交流异步电动机M、四组三相交流接触器（KM_1、KM_2、KM_Y、$KM_\triangle$）和3个开关SB1、SB2、SB3组成。三相交流接触器KM_1、KM_Y用于控制电动机的正转起动方式；三相交流接触器KM_1、$KM_\triangle$用于控制电动机的正转运行方式。同理，KM_2 与 KM_Y 控制电动机的反转起动方式，KM_2 与 $KM_\triangle$ 控制电动机的反转运行方式。为了保护系统的正常运行，电动机的起动为星形联结方式，电动机的运行转换为△联结方式。

（三）实验内容

1. 控制要求

1）按下正转起动按钮 SB_1，三相交流接触器 KM_1、KM_Y 得电，电动机开始正转起动，2s 后 KM_Y 断开，$KM_\triangle$ 接通，即完成正转起动。

2）按下停止按钮 SB_2，电动机停止运行。

3）按下反转起动按钮 SB_3，电动机反转起动运行，且 KM_2，KM_Y 接通。2s 后 KM_Y 断开，$KM_\triangle$ 接通，即完成电动机的 Y/△起动。

2. 系统输入输出分配表　PLC 的 I/O 分配如表10-1所示。

表 10-1　PLC 的 I/O 分配

输入接口			输出接口		
PLC 端	面板端口	注　释	PLC 端	面板接口	注　释
X0	SB1	正转起动	Y0	KM_1	控制电动机 M1 正转
X1	SB2	停止按钮	Y1	KM_2	控制电动机 M2 反转
X2	SB3	反转起动	Y2	$KM_\triangle$	控制电动机星形联结起动
			Y3	KM_Y	控制电动机三角形联结运行

3. 系统控制的工艺流程　工艺流程图如 10-13 所示。

4. 系统的 PLC 控制程序　系统的 PLC 控制程序，即系统梯形图如图10-14所示。

5. 控制程序说明

第一段：电动机正转起动和停止。起动开关 X0 触发后，线圈 Y0 得电并自锁，当开关 X1 断开时，线圈 Y0 失电；当线圈 Y1 得电时，线圈 Y0 失电，进行互锁保护。

第二段：电动机反转起动和停止。起动开关 X2 触发后，线圈 Y1 得电并自锁，当开关 X1 断开时，线圈 Y1 失电；当线圈 Y0 得电时，线圈 Y1 失电，进行互锁保护。

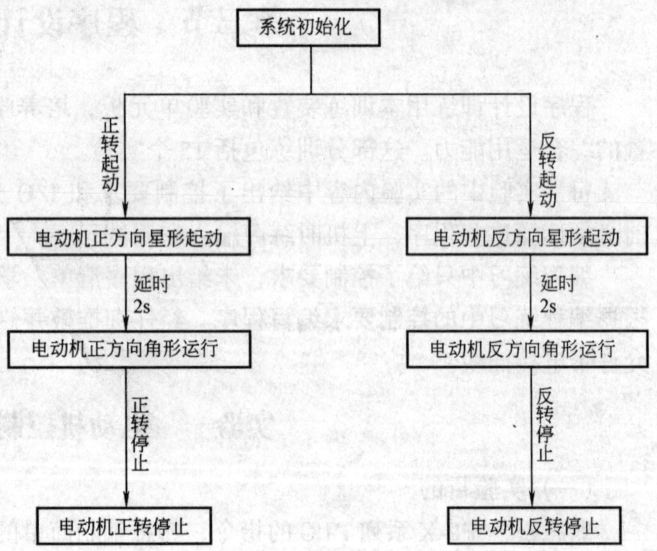

图 10-13　系统工艺流程图

第三段：电动机的星形起动。当起动按钮 X0、X2 有一个起动时，线圈 Y3 起动，电动机进行星形起动，同时定时器 T0 开始工作，当到达设定时间 2s 后，线圈 Y3 失电，定时器的常开接点 T0 闭合。

第四段：当定时器的常开接点 T0 闭合后，线圈 Y2 动作并自锁。当停止开关 X1 断开时，线圈 Y3 失电。

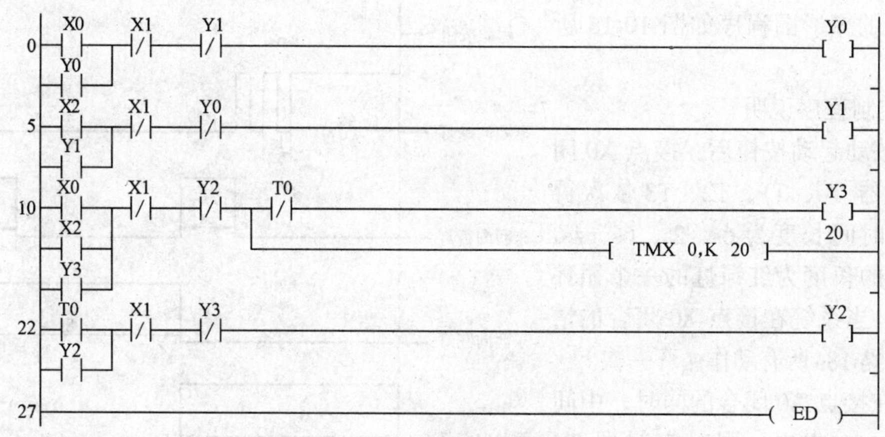

图 10-14 系统梯形图

实验二 交通信号灯自控和手控实验

（一）实验目的

熟悉松下 FP-X 系列 PLC 的指令，熟悉编制简单的梯形图程序。

（二）实验系统组成

实验系统采用 TVT-90HC 桌式 PLC 训练装置，选用 TVT90HC-3 型实验单元板。在实验单元板上，采用 2 个红灯、2 个绿灯、2 个黄灯来模拟实际十字路口的交通灯控制过程。

（三）实验内容

1. 控制要求

1）按下起动按钮后，东西向红绿黄灯的控制如下：东西绿灯亮 4s 后闪 2s 灭；黄灯亮 2s 灭；红灯亮 8s，依此循环。

2）对应南北向的红绿黄灯的控制如下：南北向的红灯亮 8s，接着绿灯亮 4s 后闪 2s 灭；黄灯亮 2s 后，依此循环。

2. 系统输入输出分配 由于实验面板上无输入按钮，需要使用“输入输出单元”模块，占用两个钮子开关的输入口，注意开关的公共端“C”应接直流电源“－”极。PLC 的 I/O 分配如表10-2所示。

3. 系统控制的时序 时序图如图 10-15 所示。

表 10-2 PLC 的 I/O 分配

输入接口			输出接口		
PLC 端	外接端口	注释	PLC 端	面板接口	注释
X0	SA0	起动按钮	Y0	东西红	控制灯东西红亮
			Y1	东西黄	控制灯东西黄亮
			Y2	东西绿	控制灯东西绿亮
			Y3	南北红	控制灯南北红亮
			Y4	南北黄	控制灯南北黄亮
			Y5	南北绿	控制灯南北绿亮

4. 系统的 PLC 控制程序　系统 PLC 控制的梯形图程序如图 10-16 所示。

5. 控制程序说明

1）按动起动按钮后，接点 X0 闭合，定时器 T0、T1、T2、T3 依次得电，定时时间长度为 6s、2s、6s、4s，其定时总的长度为红绿灯的一个循环周期 18s。当系统在接点 X0 闭合的情况下，每隔 18s 所有动作循环一次。

2）在接点 X0 闭合的同时，中间继电器 R100 得电，同时定时器 T4 得电，定时时间长度为 4s。在接点闭合后 6s 后，定时器 T0 的常开接点闭合，电间继电器 R100 失电，同时定时器 T4 失电。定时器 T4 是用于控制东西方向的绿灯亮的时间，其与定时器 T0 的时间差为绿灯闪的时间。

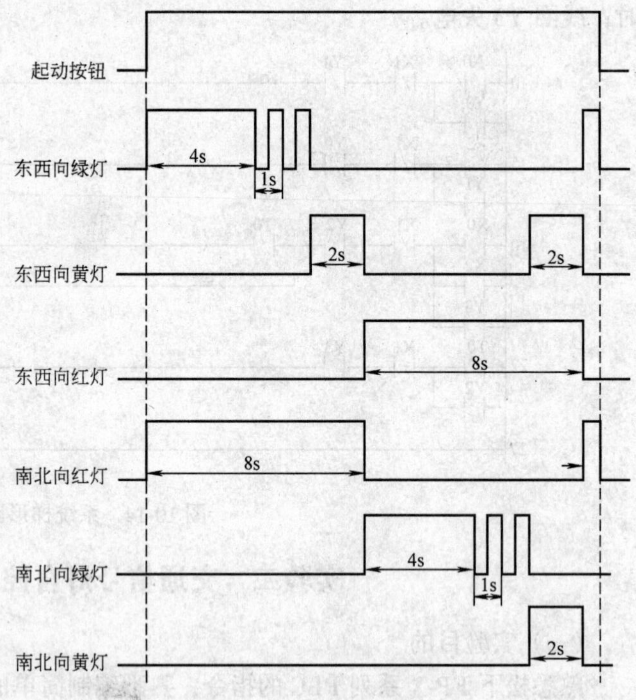

图 10-15　系统时序图

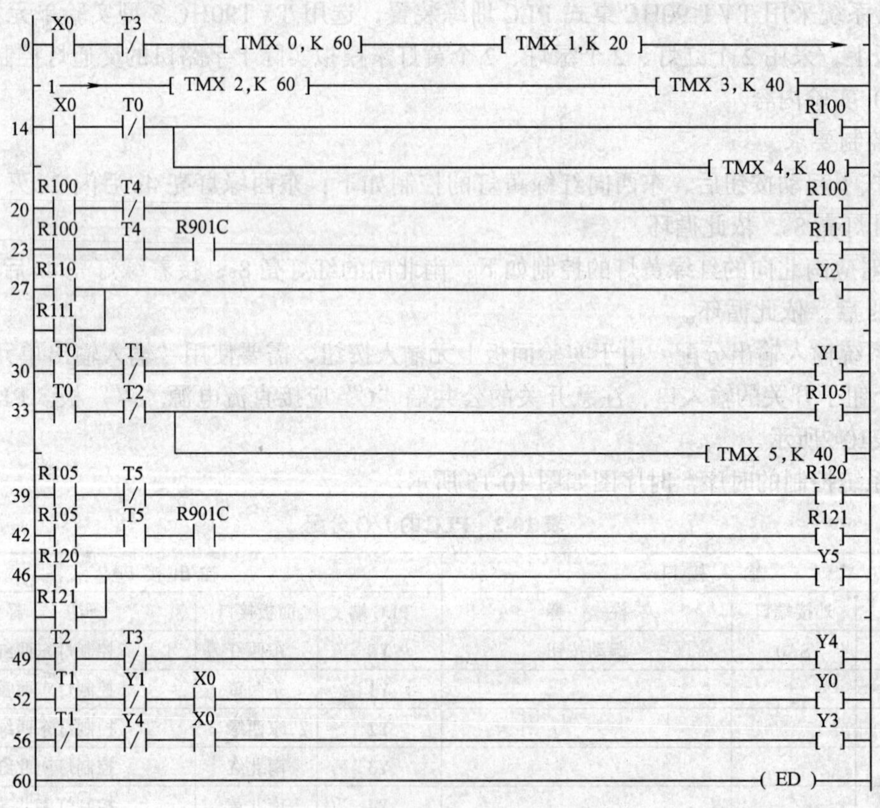

图 10-16　系统 PLC 控制的梯形图

3）中间继电器 R100 得电后，R110 闭合。继电器 R100 东西方向绿灯动作的标志位，R110 是东西方向绿灯闪的标志位。当 R100 得电时，绿灯动作，R110 得电时，绿灯由常亮转为闪烁，闪烁的周期为 1s。

4）当定时器 T0 的常开接点闭合时，输出继电器 Y1 动作，东西方向黄灯亮，其动作时间为定时器 T1 的设置值。

5）当定时器 T1 的常开接点闭合时，输出继电器 Y0 动作，东西方向红灯亮，其动作时间为 T2、T3 定时的时间之和。

6）南北方向的红绿灯的控制说明可参照上述说明。

实验三　水塔水位自动控制实验

（一）实验目的

熟悉松下 FP-X 系列 PLC 的指令，熟悉编制简单的梯形图程序。

（二）实验系统组成

实验系统采用 TVT-90HC 桌式 PLC 训练装置，选用 TVT90HC-4 型实验单元板。在实验单元板上，采用一组 LED 指示灯模拟了水塔和水池的液位变化过程，内部采用单片机构建数学模型，实现了水位转换过程的逻辑关系，将液位变化的信号也进行模拟，可直接由实验板输出给 PLC 控制单元。

该系统由储水池、水塔、进水电磁阀（由多圈电位器）、出水电磁阀 Y、水泵 M 及 4 个液位传感器 S1、S2、S3、S4 所组成。液位传感器用于检测储水池和水塔的临界液位，其信号由实验板系统自动根据液位变化过程进行输出。其结构示意图如图10-17 所示。

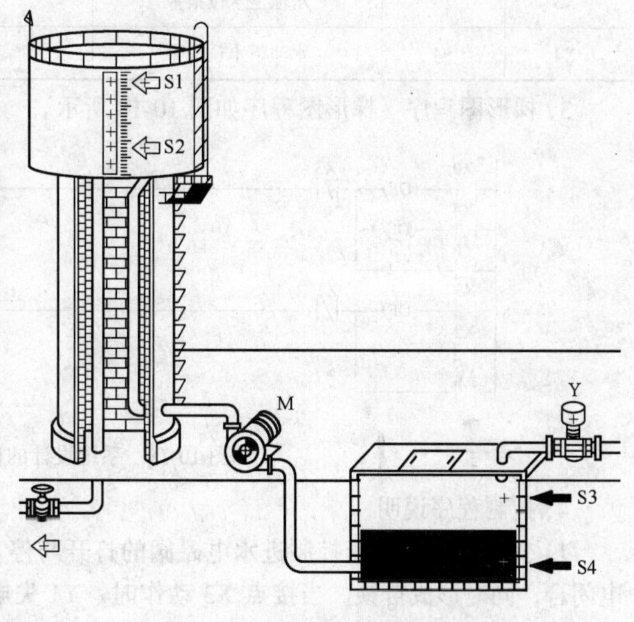

图 10-17　系统实物结构示意图

（三）实验内容

1. 控制要求

1）按下起动按钮，进水电磁阀 Y 打开，水位开始上升。

2）当储水池的水位达到其上水位界时，其上水位检测传感器（S3）输出信号，进水电磁阀 Y 关闭，水位停止上升。

3）当储水池的水满时，水泵 M 开始动作，将储水池的水传送到水塔中去。

4）当水塔的水位上升到其上水位界时，其上水位检测传感器（S1）输出信号，水泵 M 停止抽水。

5）水塔的出水电磁阀根据用户用水的大小可进行调节，当水塔的水位下降到其下水位时，其下水位检测传感器（S2）停止输出信号，水泵会再次打开。为了保证水塔的水量，储水池也会在其水位处于下水位界（液位传感器 S4 没有信号）时，自动打开进水电磁阀 Y。

2. 系统输入输出分配　由于实验面板上无输入按钮，需要使用“输入输出单元”模块，占用两个钮子开关的输入口，注意开关的公共端“C”应接直流电源“-”极。PLC 的 I/O分配如表10-3所示。

表 10-3　PLC的I/O分配

输入接口			输出接口		
PLC端	面板接口	注　释	PLC端	面板接口	注　释
X0	SA0	起动按钮	Y0	M	控制水泵运行
X1	S1	水塔上水位报警	Y1	Y	控制进水电磁阀
X2	S2	水塔下水位报警			
X3	S3	水池上水位报警			
X4	S4	水池下水位报警			

3. 梯形图程序　梯形图程序如图 10-18 所示。

图 10-18　系统设计的梯形图

4. 控制程序说明

1）第一段程序用于控制进水电磁阀的打开与停止。当起动按钮按下时，继电器 Y1 得电闭合，同时形成自锁。当接点 X3 动作时，Y1 失电。当接点 X4 由常开转为常闭时，Y1 再次得电，用于实现水位低于下水位起动进水电磁阀的控制。

2）第二段程序用于控制水泵的打开与停止。其原理同进水电磁阀的叙述。

实验四　多种液体自动混合系统实验

（一）实验目的

熟悉松下 FP-X 系列 PLC 的指令，熟悉编制简单的梯形图程序。

（二）实验系统组成

实验系统采用 TVT-90HC 桌式 PLC 训练装置，选用 TVT90HC-7 型实验单元板。在实验单元板上，实现了多种液体混合系统的控制动作过程的再现。

多种液体自动混合系统由储水器 1 台，搅拌机 M1 台，三个液位传感器 S1、S2、S3，三个进水电磁阀 Y1、Y2、Y3 和一个出水电磁阀 Y4 所组成。其结构示意图如图10-19所示。

（三）实验内容

1. 控制要求

（1）初始状态 储水器中没有液体，电磁阀 Y1、Y2、Y3、Y4 没有接通，搅拌机 M 停止动作，液面传感器 S1、S2、S3 均没有信号输出。

（2）动作要求 按下起动按钮，开始下列操作：

1）电磁阀 Y1 闭合，开始注入液体 A，至液面高度为 H1 时，液位传感器 S3 输出信号，停止注入液体 A，电磁阀 Y1 断开，同时电磁阀 Y2 闭合，开始注入液体 B，当液面高度为 H2 时，液位传感器 S2 输出信号，电磁阀 Y2 断开，停止注入液体 B，同时电磁阀 Y3 闭合，开始注入液体 C，当液面高度为 H1 时，液位传感器 S1 输出信号，电磁阀 Y3 断开，停止注入液体 C。

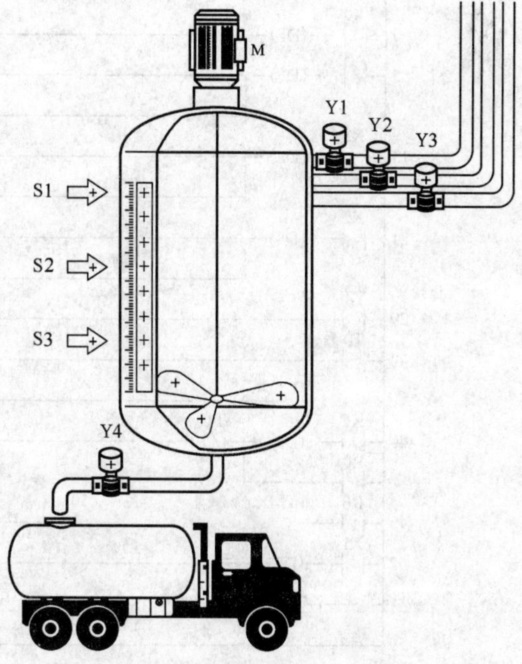

图 10-19　系统实物结构示意图

2）停止液体 C 注入时，搅拌机 M 开始动作，搅拌混合时间为 10s。

3）当搅拌停止后，开始放出混合液体，此时电磁阀 Y4 闭合，液体开始流出，至液体高度降为 H1 后，再经 5s 停止放出，电磁阀 Y4 停止动作。

4）按下停止键后，停止操作，回到初始状态。

2. 系统输入输出分配　由于实验面板上无输入按钮，需要使用“输入输出单元”模块，占用两个钮子开关的输入口，注意开关的公共端“C”应接直流电源“-”极。PLC 的 I/O 分配如表10-4所示。

表 10-4　PLC 的 I/O 分配

输入接口			输出接口		
PLC 端	外接端口	注　释	PLC 端	面板接口	注　释
X0	SA0	起动按钮	Y0	Y1	控制进水电磁阀 Y1
X1	SA1	停止按钮	Y1	Y2	控制进水电磁阀 Y2
X2	S1	检测水位高度 H1	Y2	Y3	控制进水电磁阀 Y3
X3	S2	检测水位高度 H2	Y3	Y4	控制出水电磁阀 Y4
X4	S3	检测水位高度 H3	Y4	M	控制搅拌机 M

3. 梯形图程序　梯形图程序如图 10-20 所示。

4. 控制程序说明

1）起动按钮 X0 被触发后，线圈 Y0 得电，此时电磁阀 Y1 闭合。

① 当输入接点 X4 有信号时，线圈 Y0 失电，线圈 Y1 得电，此时电磁阀 Y1 断开，电磁阀 Y2 闭合。

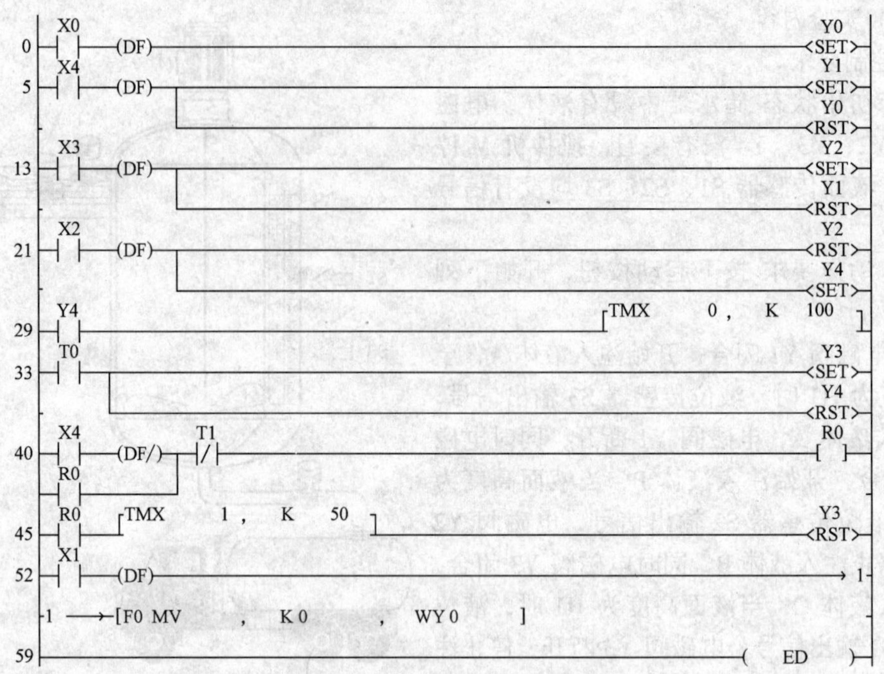

图 10-20　梯形图程序

② 当输入接点 X3 有信号时，线圈 Y1 失电，线圈 Y2 得电，此时电磁阀 Y2 断开，电磁阀 Y3 闭合。

③ 当输入接点 X2 有信号时，线圈 Y2 失电，线圈 Y4 得电，此时电磁阀 Y3 断开，搅拌机开始工作。同时定时器 T0 得电，其定时时间为 10s，是搅拌动作的时间。经过 10s 后，定时器的常闭接点断开，线圈 Y4 失电；定时器的常开接点闭合，线圈 Y3 得电，此时电磁阀 Y4 闭合。

④ 当输入接点 X4 断开时，中间继电器 R0 动作，从而控制定时器 T1，其定时时间为 5s，经过 5s 后，线圈 Y3 失电，电磁阀 Y4 断开。

2）停止按钮 X1 被触发后，输出继电器 WY0 的内容被写为“0”，故其各个接点皆无信号输出，所有线圈失电，电磁阀断开。

实验五　自动送料装车系统

（一）实验目的

熟悉松下 FP-X 系列 PLC 的指令，熟悉编制简单的梯形图程序。

（二）实验系统组成

实验系统采用 TVT-90HC 桌式 PLC 训练装置，TVT90-8 自动送料装车实验单元板。该实验单元板模拟了一套汽车自动上料系统。

该系统由传送带（M1、M2、M3）、斗形的储料器、进料电磁阀（K1）、一个出料电磁阀（K2）、液位传感器（S1）及压力传感器（S2）所组成，同时为了工作的有序性，还设计了两个指示灯（L1、L2），用于指示当前工作状态。传送带的动作采用一组 LED 灯光指示，可显示电动机旋转的动作及其方向。其系统实物结构示意图如图10-21所示。

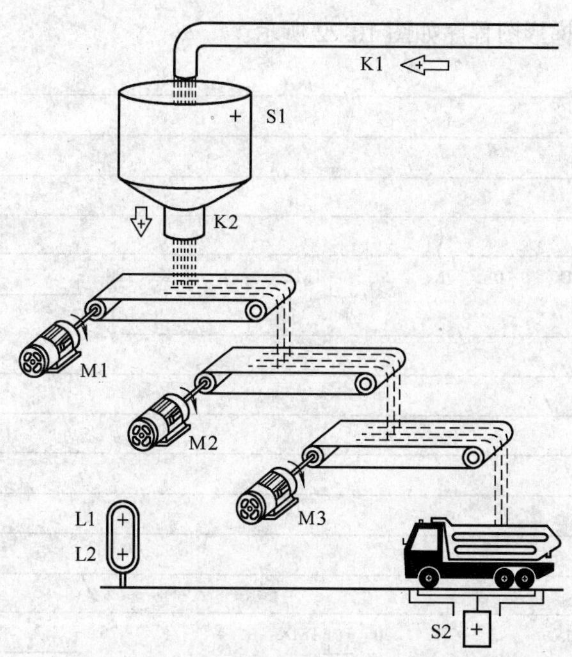

图 10-21　系统实物结构示意图

（三）实验内容

1. 控制要求

1）当系统起动后，红灯 L1 亮，绿灯 L2 灭，表明系统处工作状态，此时进料电磁阀 K2 打开，储料器开始装载货料，其液面高度开始增加。

2）当液位达到设定高度后，液位传感器 S1 输出信号，传送带 M3 运行，M3 运行 2s 后传送带 M2 运行，M2 运行 2s 后 M1 也开始运行，出料电磁阀 K2 在 M1 接通 2s 后打开，货料开始进行传送。

3）当汽车装满料后压力传感器 S2 输出信号，出料电磁阀 K2 关闭，传送带 M1 运行 2s 后停止，M1 停止 2s 后 M2 停止，M2 停止 2s 后 M3 停止，此时红灯灭，绿灯亮，汽车可以开走，进行下一轮的装载工作。

2. 系统输入输出分配　PLC 的 I/O 分配如表 10-5 所示。

表 10-5　PLC 的 I/O 分配

输入接口			输出接口		
PLC 端	外接端口	注　释	PLC 端	面板接口	注　释
X0	S1	检测料仓是否装满	Y0	K1	控制进料电磁阀动作
X1	S2	压力传感器	Y1	K2	控制下料电磁阀动作
			Y2	M1	控制传送带 M1 动作
			Y3	M2	控制传送带 M2 动作
			Y4	M3	控制传送带 M3 动作
			Y5	L1	控制红灯动作
			Y6	L2	控制绿灯动作

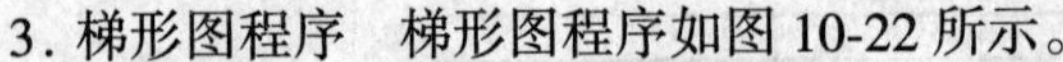

3. 梯形图程序　梯形图程序如图10-22所示。

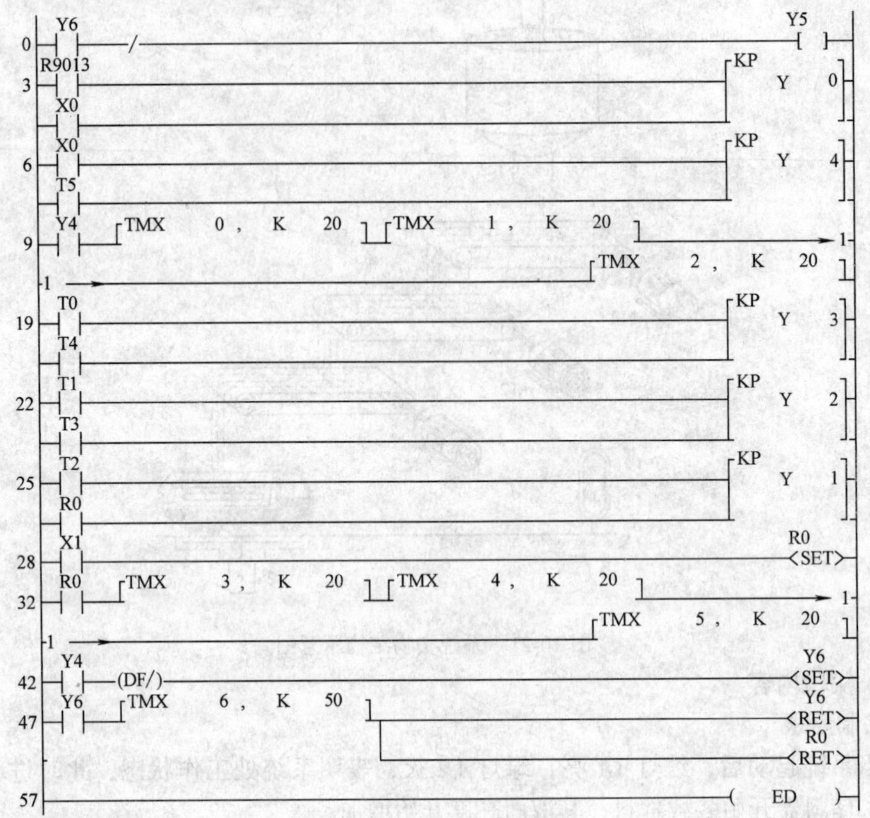

图10-22　梯形图程序

实验六　邮件分拣机

（一）实验目的

熟悉松下FP-X系列PLC的指令，熟悉编制简单的梯形图程序。

（二）实验系统组成

实验系统采用TVT-90HC桌式PLC训练装置，TVT90-9邮件分拣系统实验单元板。该实验单元板模拟了邮政系统中邮件的自动分拣过程，当操作人员输入邮件的编码数值后，根据设定方案系统自动将其送入到指定的邮筒中去。

该系统由传送带M5、气缸（M1、M2、M3、M4）、光电码盘BV、光电传感器S1及一组邮箱筒所组成，其结构示意图所图10-23所示。

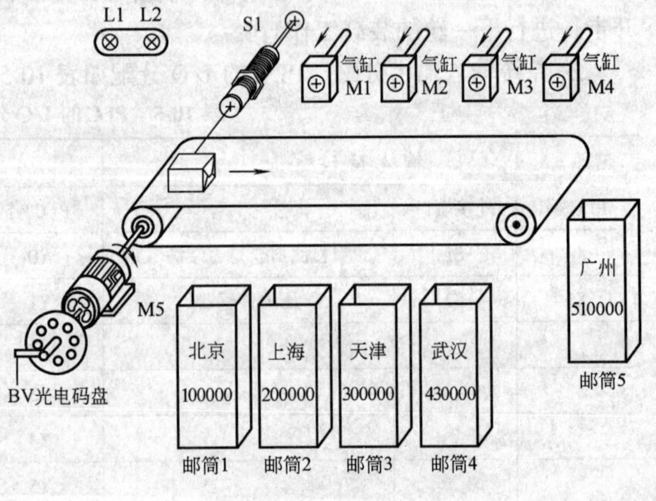

图10-23　系统实物结构示意图

当传送带起动后，与其同轴联结的光电码盘就会旋转，自动产生脉冲信号来模拟测量电动机转速的信号。

（三）实验内容

1. 控制要求

1）起动系统后，绿灯 L2 亮表明系统处于工作中。当邮件传送到分拣机上后，由操作人员根据邮政编码输入区域（例如：区域代码 1 代表北京，2 代表上海，3 代表天津，4 代表武汉、5 代表广州）。区域代码的输入由输入输出单元上的拨码器完成。

2）当光电传感器 S2 检测到了邮件，分拣机根据区域代码将信件送到不同的邮筒中去。邮筒相互之间是等间距，系统根据事先设置的行程，通过气缸将不同的邮件送入到不同的邮箱。

3）行程的检测通过系统配置的光电码盘来完成，根据计算光电码盘发出脉冲数的数目来达到判断不同邮筒的目的。

4）本系统邮筒的数目为 5 个，若操作人员进行了误操作（例如输入的区域代码是 1 ~ 5 之外的数据），则红灯 L1 闪烁，表示出错，传送带停止，待系统重新起动后，方能正常工作。

2. 系统输入输出分配　由于实验面板上无输入按钮，需要使用“输入输出单元”模块，占用两个钮子开关的输入口，注意开关的公共端“C”应接直流电源“－”极，XA ~ XD 接输入输出单元上的拨码器单元，注意其公共点接直流电源的“－”极。PLC 的 I/O 分配如表10-6所示。

表 10-6　PLC 的 I/O 分配

输入接口			输出接口		
PLC 端	外接端口	注　释	PLC 端	面板接口	注　释
X0	BV	旋转脉冲信号	Y0	L2	系统正常运行指示
X2	SA0	系统复位	Y1	L1	报警红灯指示
X3	SA1	系统起动	Y2	M5	控制传送带电动机 M5
X4	S1	检测邮件	Y3	M1	控制气缸 M1
XA	拨码器“1”		Y4	M2	控制气缸 M2
XB	拨码器“2”		Y5	M3	控制气缸 M3
XC	拨码器“4”		Y6	M4	控制气缸 M4
XD	拨码器“8”				

3.PLC 寄存器设置　进入［选项］→［PLC 系统寄存器设置］，在弹出的对话框中选择“内部高速计数器”选项，将“No.高速计数器动作模式设置”中的“CH0”通道设置为“加计数输入 X0”，如图10-24所示。

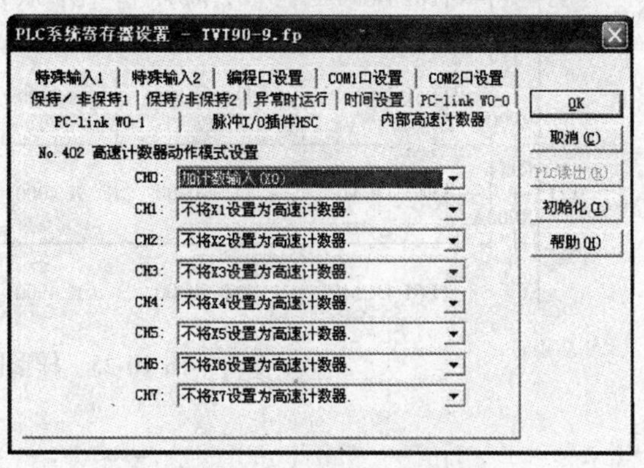

图 10-24　PLC 系统寄存器设置窗口

4. 梯形图程序　梯形图程序如图 10-25 所示。

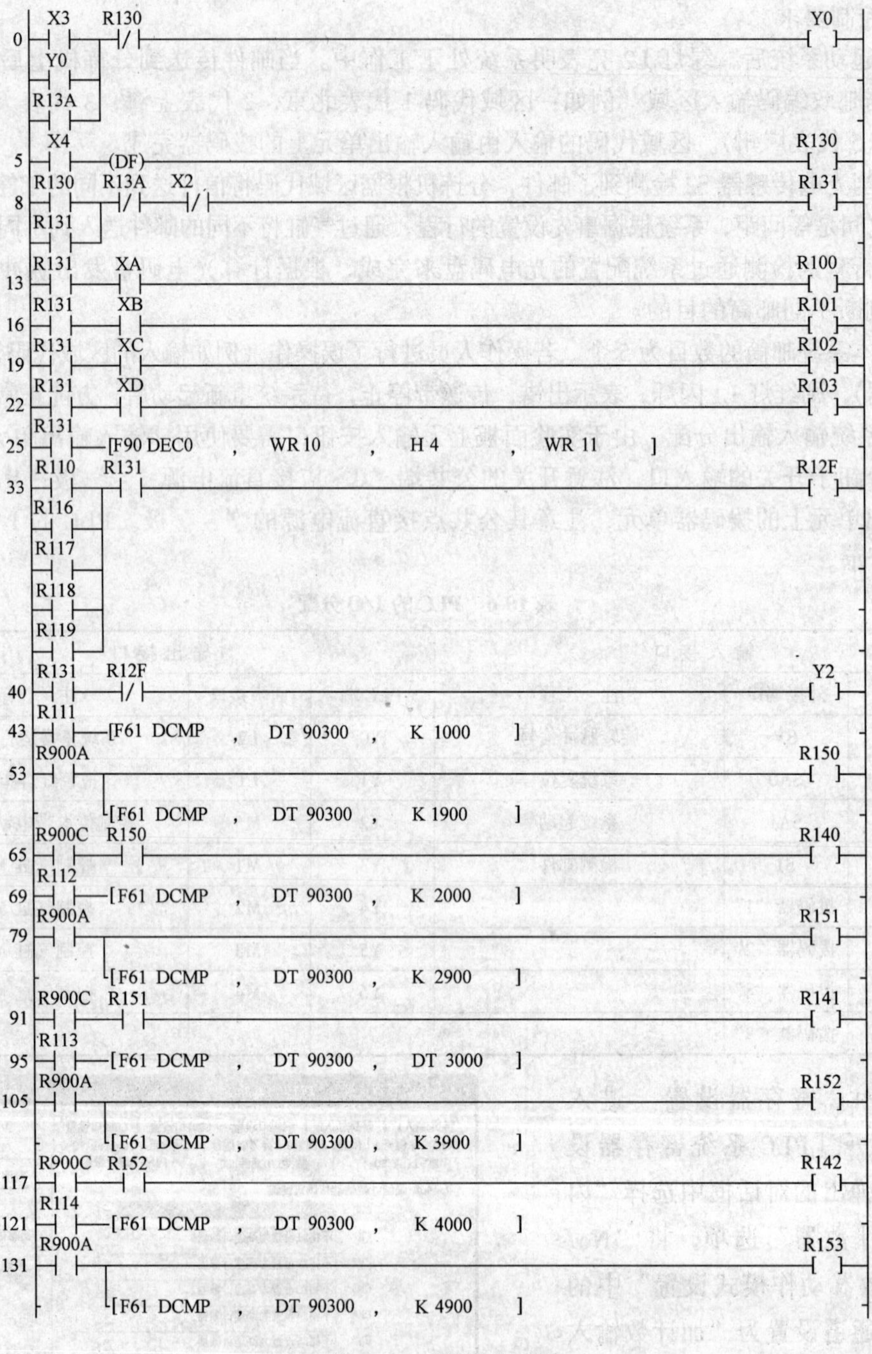

```
       X3     R130                                              Y0
0    ─┤ ├────┤/├────────────────────────────────────────────────[ ]─
       Y0
     ─┤ ├─
       R13A
     ─┤ ├─
       X4                                                        R130
5    ─┤ ├────(DF)───────────────────────────────────────────────[ ]─
       R130   R13A    X2                                         R131
8    ─┤ ├────┤/├────┤/├─────────────────────────────────────────[ ]─
       R131
     ─┤ ├─
       R131   XA                                                 R100
13   ─┤ ├────┤ ├────────────────────────────────────────────────[ ]─
       R131   XB                                                 R101
16   ─┤ ├────┤ ├────────────────────────────────────────────────[ ]─
       R131   XC                                                 R102
19   ─┤ ├────┤ ├────────────────────────────────────────────────[ ]─
       R131   XD                                                 R103
22   ─┤ ├────┤ ├────────────────────────────────────────────────[ ]─
       R131
25   ─┤ ├────[F90 DEC0 ,  WR 10 ,  H 4 ,  WR 11 ]
       R110   R131                                               R12F
33   ─┤ ├────┤ ├────────────────────────────────────────────────[ ]─
       R116
     ─┤ ├─
       R117
     ─┤ ├─
       R118
     ─┤ ├─
       R119
     ─┤ ├─
       R131   R12F                                               Y2
40   ─┤ ├────┤/├────────────────────────────────────────────────[ ]─
       R111
43   ─┤ ├────[F61 DCMP ,  DT 90300 ,  K 1000 ]
       R900A                                                     R150
53   ─┤ ├───────────────────────────────────────────────────────[ ]─
            └[F61 DCMP ,  DT 90300 ,  K 1900 ]
       R900C  R150                                               R140
65   ─┤ ├────┤ ├────────────────────────────────────────────────[ ]─
       R112
69   ─┤ ├────[F61 DCMP ,  DT 90300 ,  K 2000 ]
       R900A                                                     R151
79   ─┤ ├───────────────────────────────────────────────────────[ ]─
            └[F61 DCMP ,  DT 90300 ,  K 2900 ]
       R900C  R151                                               R141
91   ─┤ ├────┤ ├────────────────────────────────────────────────[ ]─
       R113
95   ─┤ ├────[F61 DCMP ,  DT 90300 ,  DT 3000 ]
       R900A                                                     R152
105  ─┤ ├───────────────────────────────────────────────────────[ ]─
            └[F61 DCMP ,  DT 90300 ,  K 3900 ]
       R900C  R152                                               R142
117  ─┤ ├────┤ ├────────────────────────────────────────────────[ ]─
       R114
121  ─┤ ├────[F61 DCMP ,  DT 90300 ,  K 4000 ]
       R900A                                                     R153
131  ─┤ ├───────────────────────────────────────────────────────[ ]─
            └[F61 DCMP ,  DT 90300 ,  K 4900 ]
```

图 10-25 梯形图程序

```
    R900C   R153                                              Y143
143 -| |-----| |----------------------------------------------[ ]-
    R140    R111                                              Y3
147 -| |-----| |----------------------------------------------[ ]-
    R141    R112                                              Y4
150 -| |-----| |----------------------------------------------[ ]-
    R142    R113                                              Y5
153 -| |-----| |----------------------------------------------[ ]-
    R143    R114                                              Y6
156 -| |-----| |----------------------------------------------[ ]-
     X3                                                       R13A
159 -| |--+-(DF/)---------------------------------------------[ ]-
     Y3   |
    -| |--+
     Y4   |
    -| |--+
     Y5   |
    -| |--+
     Y6   |
    -| |--+
    [ >        DT 90300   ,  K 5000   ]
    R13A
171 -| |--[F1 DMV       ,    K0      ,    DT 90300  ]
    R12F     R901C  Y0                                        Y1
179 -| |--+---| |---|/|-------------------------------------[ ]-
    R12F  |
    -|/|--+
     X3
185 -| |--+-[F0 MV      ,    H8      ,    DT 90052  ]
    R130  |
    -| |--+
192 ------------------------------------------------------( ED )-
```

图 10-25 梯形图程序（续）

实验七 自动售货机

（一）实验目的

熟悉松下 FP-X 系列 PLC 的指令，熟悉编制简单的梯形图程序。

（二）实验系统组成

实验系统采用 TVT-90HC 桌式 PLC 训练装置，TVT90HC-11 自动售货机实验单元板。该实验单元板能模拟实现生活中的自动售货机工作过程，具有装货、售货、退币及各种报警措施。其结构示意图如图10-26所示。

（三）实验内容

1. 控制要求

1）初始状态：数码显示呈现 00 状态，自动售货机无货。

2）装货：按下装货按钮，系统自动给每类货物装载 10 件商品。

3）售货操作：

① 按下投币口按钮 5 角、1 元、5 元，数码显示投币金额为 0.5、1.0、5.0。

② 显示金额减去所买货物金额后，数码显示余额，可以一次多买，直到金额不足，灯 L1 亮提示余额不足。

③ 当金额充足时，每买一次货物时，取物口灯亮

④ 当还有剩余金额时，若 30s 没有任何操作则退币口灯亮，退回剩余金额。

⑤ 如不买货物，按退币钮则退出全部金额、数码显示为零，退币口灯亮。

2. 系统输入输出分配　由于实验面板上无输入按钮，需要使用“输入输出单元”模块，

占用两个钮子开关的输入口，注意开关的公共端“C”应接直流电源“－”极。PLC 的 I/O 分配如表10-7所示。

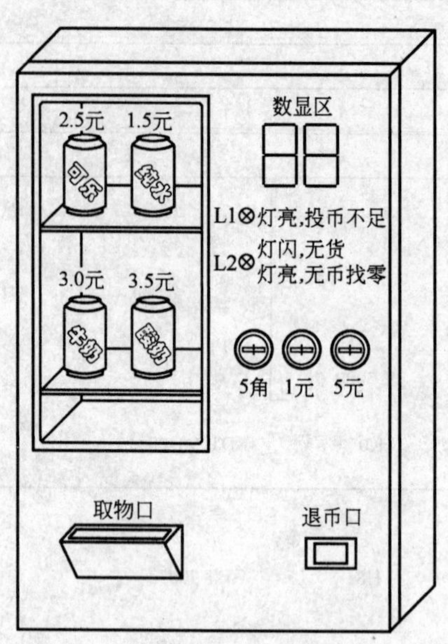

图 10-26 系统实物结构示意图

表 10-7 PLC的I/O分配

输入接口			输出接口		
PLC端	外接端口	注 释	PLC端	面板接口	注 释
X1	5角	增加数值5	Y0	L1	投币不足显示
X2	1元	增加数值10	Y1	L2	报警指示
X3	5元	增加数值50	Y2	取物口	提示货物已售出
X4	退币	退出剩余货币	Y3	退币口	提示货币已退出
X5	初始按钮	复位系统，给自动售货机装载商品（10件）	Y4	A1	数码显示十位
X6	纯水	减去数值15	Y5	B1	数码显示十位
X7	可乐	减去数值25	Y6	C1	数码显示十位
X8	牛奶	减去数值30	Y7	D1	数码显示十位
X9	酸奶	减去数值35	Y8	A0	数码显示个位
			Y9	B0	数码显示个位
			YA	C0	数码显示个位
			YB	D0	数码显示个位

3. 梯形图程序　梯形图程序如图 10-27 所示。

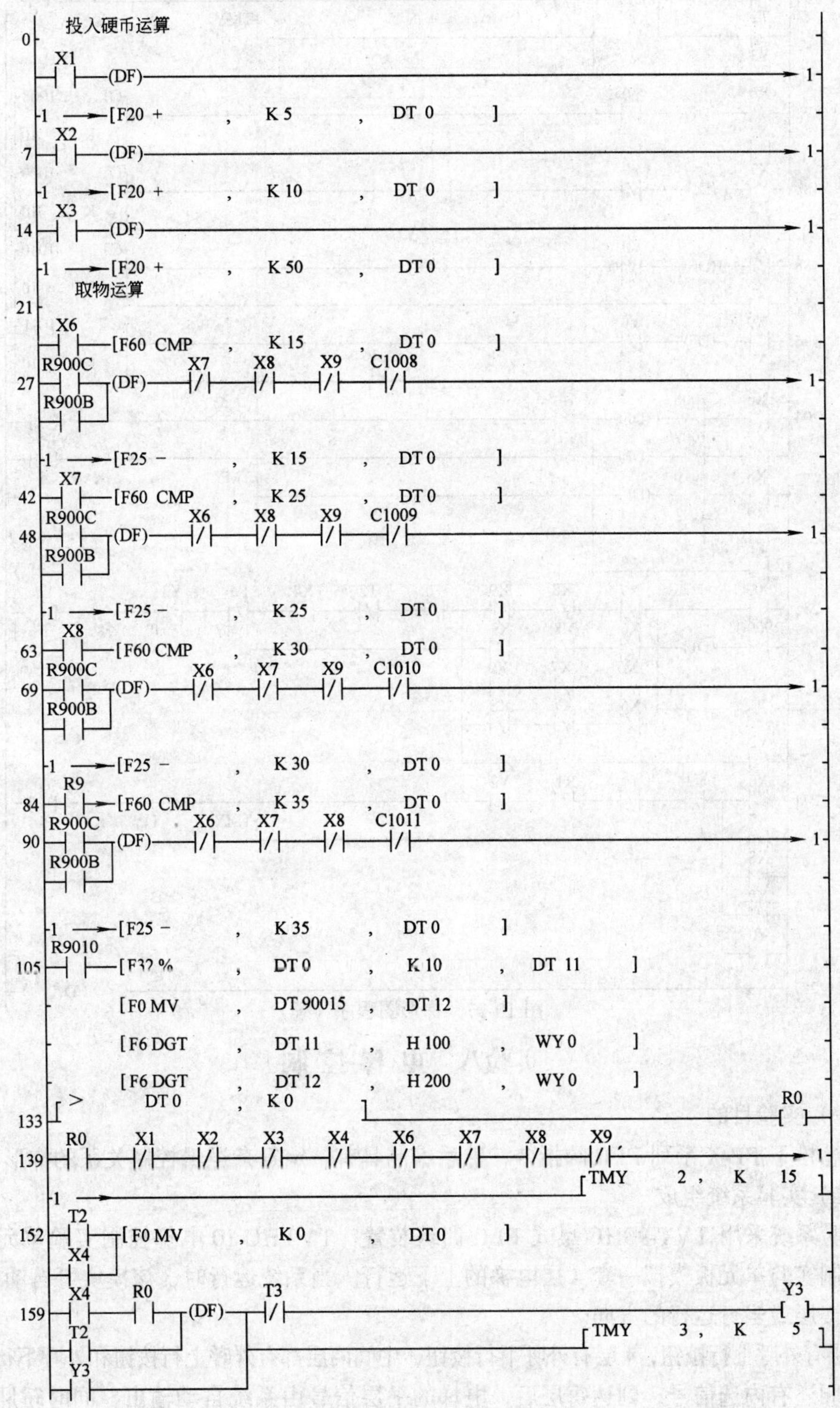

图 10-27　梯形图程序

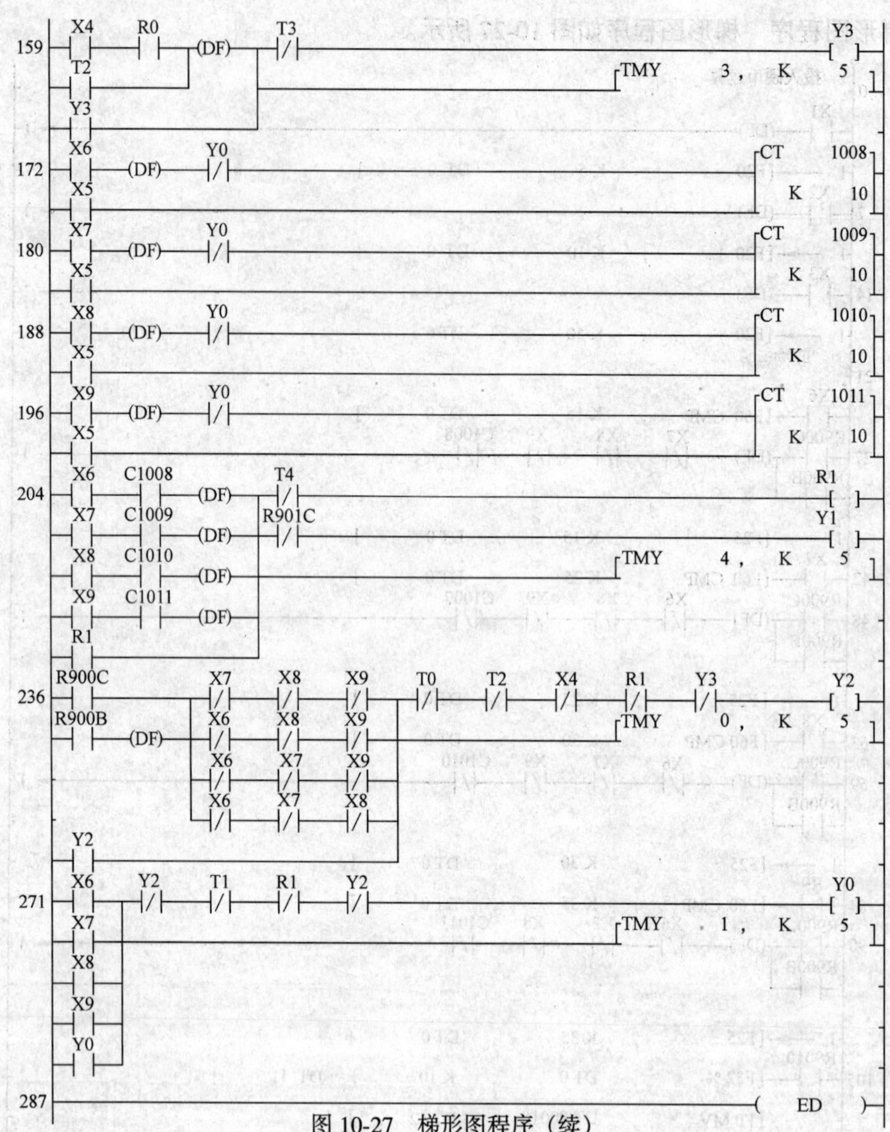

图 10-27　梯形图程序（续）

实验八　电 梯 控 制

（一）实验目的

熟悉松下 FP-X 系列 PLC 的指令，熟悉编制具有一定复杂逻辑控制关系的梯形图程序。

（二）实验系统组成

实验系统采用 TVT-90HC 桌式 PLC 训练装置，TVTHC-10 电梯控制实验单元板组成。电梯控制实验单元板模拟一套 4 层电梯的上下运行。当系统运行时，该模块可自动显示电梯所在的楼层或当行运行的方向。

1 层有外呼上行按钮，4 层有外呼下行按钮，中间两层都有外呼上行按钮和外呼下行按钮。

轿厢还有内选信号，到达每层后，电梯的平层信号由系统自动输出，同时轿厢门打开，延迟一段时间后关闭。

在电梯的上端有一个数码显示区，可显示电梯当前所处的位置及进行上行、下行指示。

当用户在楼层上呼叫电梯时，该楼层的指示会亮，当电梯到达相应的楼层时，其楼层指示灯会自动关闭。

（三）实验内容

1. 控制要求

1）当轿厢停于1层或2层，或者3层时，按4层外呼信号时，轿厢上升至4层，轿厢门打开，延迟一段时间后关门。

2）当轿厢停于4层或3层，或者2层时，按1层外呼信号时，轿厢下降至1层，轿厢门打开，延迟一段时间后关门。

3）当轿厢停于1层，若按2层上行外呼按钮，则轿箱上升至2层停，轿厢门打开，延迟一段时间后关门；若接着按3层上行外呼按钮时，则轿箱上升至LS3停，轿厢门打开，延迟一段时间后关门。

4）当轿厢停于4层，若按3层下行呼梯按钮，则轿厢下降至3层停，轿厢门打开，延迟一段时间后关门；若按2层下行呼梯按钮，则轿厢下降至2层停，轿厢门打开，延迟一段时间后关门。

5）当轿厢停于1层，而2层、3层、4层均有人按外呼下行按钮时，轿箱先上升至2层暂停后继续上升至LS3，暂停后，继续上升至LS4停止，到达每层后暂停时都会有开门、关门的动作。

6）当轿箱停于4层，而1层、2层、3层均有人呼梯时，轿箱下降至3层暂停后，继续下降至2层，暂停后，继续下降至1层停止，到达每层后暂停时都会有开关、关门的动作。

7）当轿箱上升（或下降）途中，任何反方向下降（或上升）的按钮呼梯均无效。

楼层显示灯亮表征该楼层有信号请求，灯灭表征该楼层请求信号消除。

2. 系统输入输出分配 PLC的I/O分配如表10-8所示。

表10-8 PLC的I/O分配

输入接口			输出接口		
PLC端	外接端口	注　释	PLC端	面板接口	注　释
X0	外呼信号1▲	1层外呼上行	Y0	轿厢上行	轿厢上行控制
X1	外呼信号2▼	2层外呼下行	Y1	轿厢下行	轿厢下行控制
X2	外呼信号2▲	2层外呼上行	Y2	厢门开控制	轿厢门开门控制
X3	外呼信号3▼	3层外呼下行	Y3	厢门关控制	轿厢门关门控制
X4	外呼信号3▲	3层外呼上行			
X5	外呼信号4▼	4层外呼下行			
X6	平层上限位	轿厢上行极限位			
X7	平层下限位	轿厢下行极限位			
X8	1层平层信号	1层到位信号			
X9	2层平层信号	2层到位信号			
XA	3层平层信号	3层到位信号			
XB	4层平层信号	4层到位信号			
XC	厢门左限位	厢门打开限位			
XD	厢门右限位	厢门关闭限位			
XE	内选关门信号	轿厢内关门信号			
XF	内选开门信号	轿厢内开门信号			
X20	1层内选信号	1层内选			
X21	2层内选信号	2层内选			
X22	3层内选信号	3层内选			
X23	4层内选信号	4层内选			

3. 梯形图程序　梯形图程序如图 10-28 所示。

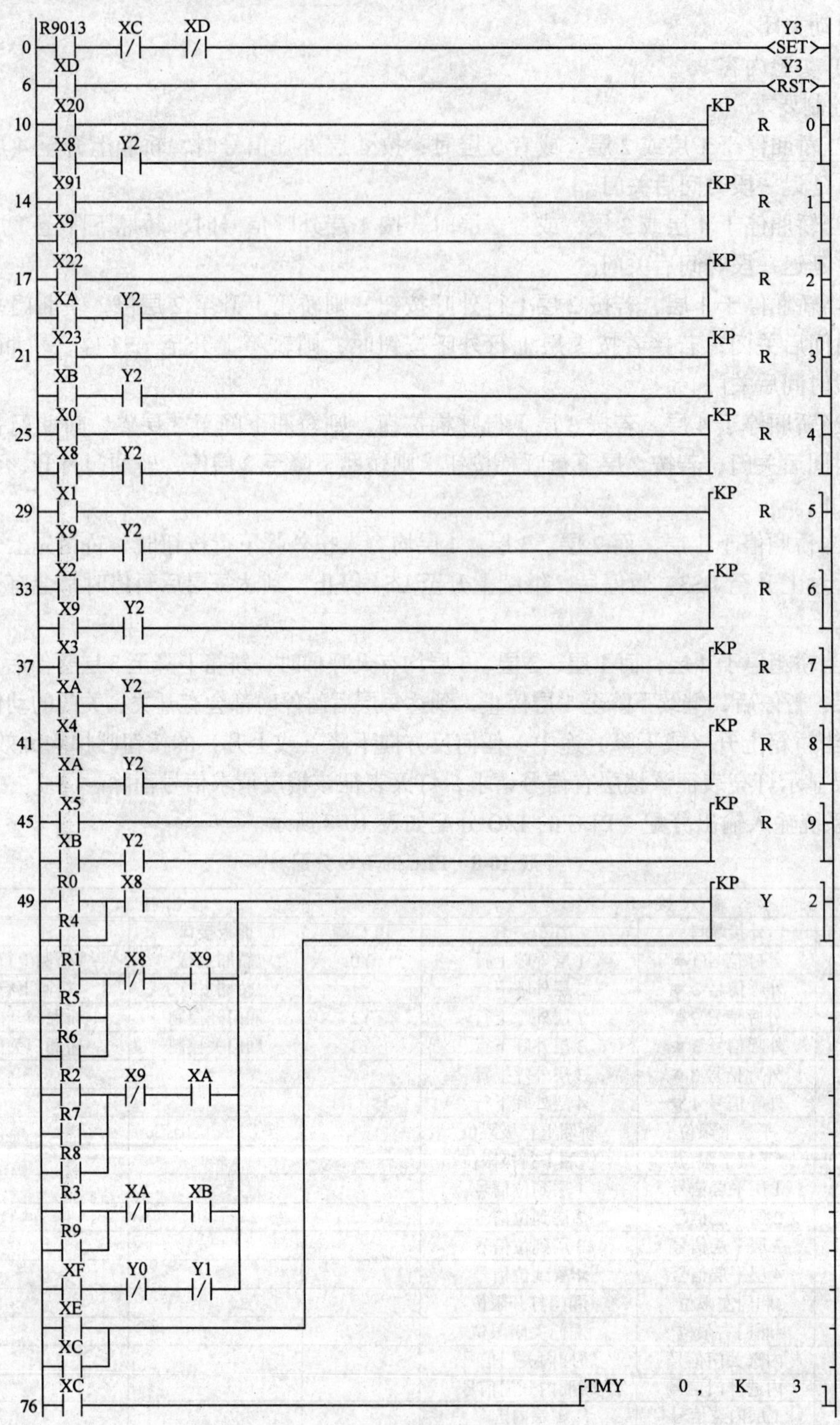

图 10-28　梯形图程序

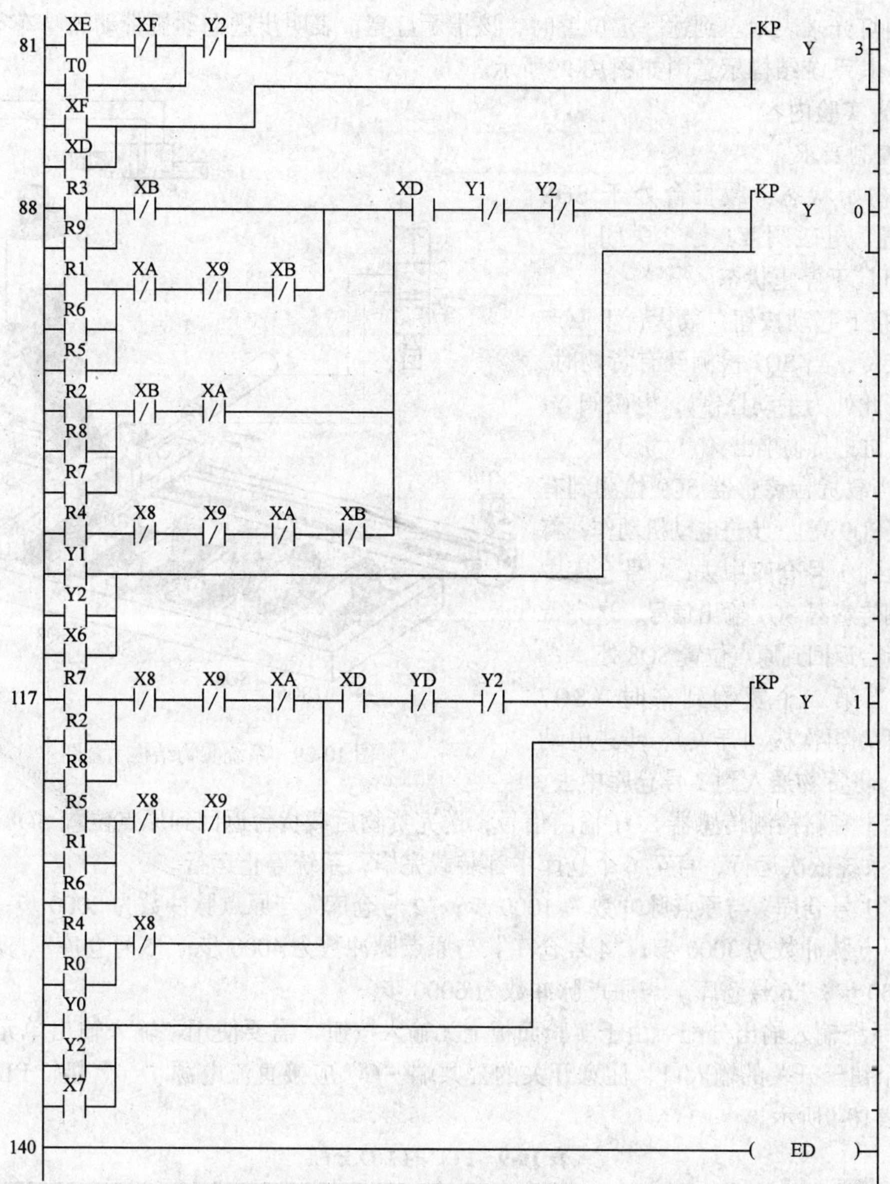

图 10-28 梯形图程序（续）

实验九 自动化仓库系统控制实验

（一）实验目的

熟悉松下 FP-X 系列 PLC 的指令，掌握脉冲输出指令的应用。

（二）实验系统组成

实验系统采用 TVT-90HC 桌式 PLC 训练装置，TVTHC-15 自动化仓库系统实验单元板。该自动化仓库系统由一套上料、下料、送料及 6 个仓位所组成。上料机构由井道式储料库组成，下料机构由一组气缸和一个滑道所组成；送料机构由步进电动机、气缸、传感器等部件所组成。每个执行机构的动作都用 LED 灯的亮灭来指示。步进电动机行驶的位移用面板上一组灯光来表示。到达一定位置时，该指示灯亮，表明步进电动机带动的小车行驶到当前位置。其系统结构示意图如图10-29所示。

（三）实验内容

1. 控制要求

1）初始状态：载货台处于 SQ8 原始位置，电磁阀 Y1、Y2 关闭，步进电动机处于停止状态。

2）按下起动按钮，载货台上原点 SQ8 处接货，当 SQ7 检测到有货物时，SQ7 亮（此处为手动控制），电磁阀 Y1 控制的气缸把货物推出（Y1 为 ON）。

3）当载货台传感器 SQ9 检测到有货物时（SQ9 亮），步进电动机动作，将货物送入到 1 号仓库中去，1 号仓库中有料检测传感器 SQ1 输出信号，送完货物后载货台返回到原点位置 SQ8 处。

4）当第二个货物到来时（SQ7 亮，由手动再次拨动开关），步进电动机动作，将货物送入到 2 号仓库中去，2 号仓库中有料检测传感器 SQ1 输出信号，送完货物后载货台返回到原点位置 SQ8 处。

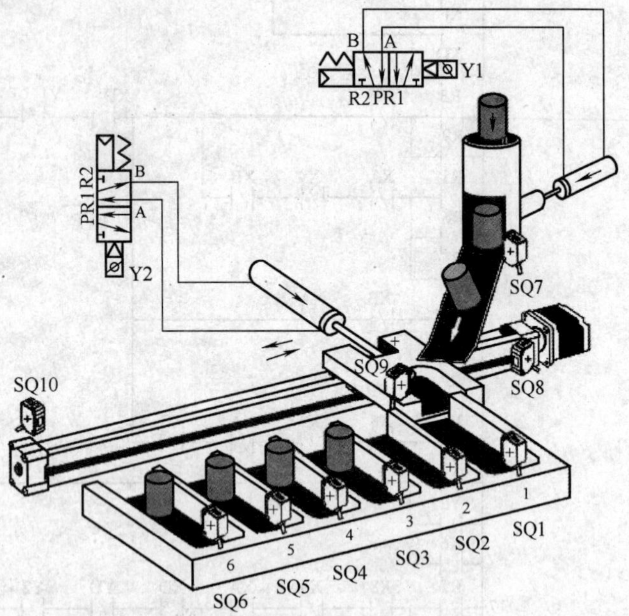

图 10-29 系统实物结构示意图

5）系统依次运行，直至 6 个仓库中都装载完毕，系统停止运行。

6）“1 号仓库”与原点脉冲数为 1000 步；“2 号仓库”与原点脉冲数为 2000 步；“3 号仓库”与原点脉冲数为 3000 步；“4 号仓库”与原点脉冲数为 4000 步；“5 号仓库”与原点脉冲数为 5000 步；“6 号仓库”与原点脉冲数为 6000 步。

2. 系统输入输出分配 由于实验面板上无输入按钮，需要使用“输入输出单元”模块，占用两个钮子开关的输入口，注意开关的公共端“C”应接直流电源“－”极。PLC 的 I/O 分配如表10-9所示。

表 10-9 PLC 的 I/O 分配

输入接口			输出接口		
PLC 端	外接端口	注释	PLC 端	面板接口	注释
X0	SA0	起动按钮	Y0	CP	
X1	SQ1	1 号仓库有货	Y1	DIR	
X2	SQ2	2 号仓库有货	Y3	Y1	
X3	SQ3	3 号仓库有货	Y4	Y2	
X4	SQ4	4 号仓库有货			
X5	SQ5	5 号仓库有货			
X6	SQ6	6 号仓库有货			
X7	SQ7	出料塔检测到有货			
X8	SQ8	步进电动机左限位			
X9	SQ9	载货台检测有货			
XA	SQ10	步进电动机右限位			
XB	SA1	停止按钮			

3. 梯形图程序 梯形图程序如图 10-30 所示。

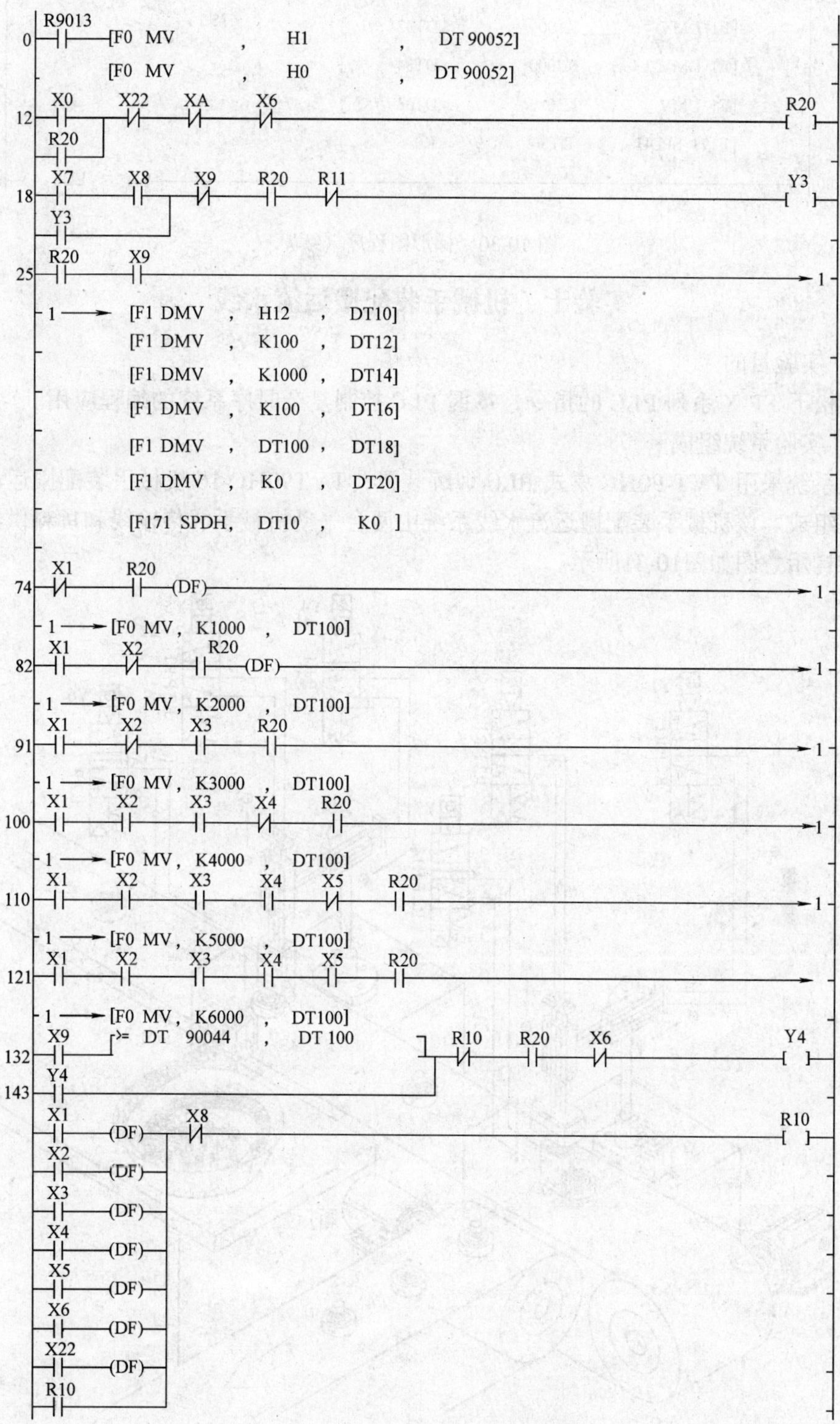

图 10-30 梯形图程序

```
      R10
166 ─┤ ├──[F1 DMV   ,  H12    ,  DT30  ]
          [F1 DMV   ,  K100   ,  DT32  ]
          [F1 DMV   ,  K2000  ,  DT34  ]
          [F1 DMV   ,  K50    ,  DT36  ]
          [F171 SPDH ,  DT30   ,  K0    ]
200 ──────────────────────────────────────( ED )─┤
```

图 10-30　梯形图程序（续）

实验十　机械手装配搬运流水线

（一）实验目的

熟悉松下 FP-X 系列 PLC 的指令，掌握 PLC 控制复杂时序系统的编程应用。

（二）实验系统组成

实验系统采用 TVT-90HC 桌式 PLC 训练装置，TVT90HC-16 机械手装配搬运流水线实验单元板组成。该机械手装配搬运流水线系统由两台气动机械手、传输线和货料供给机所组成，其结构示意图如图10-31所示。

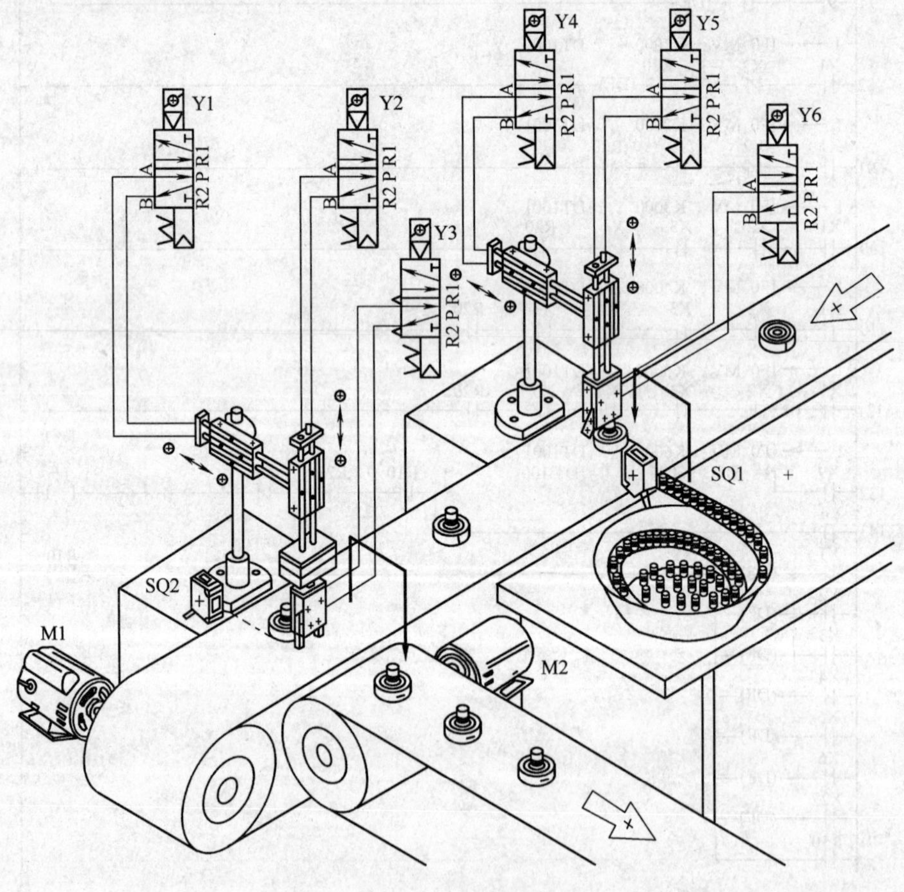

图 10-31　机械手装配搬运结构示意图

（三）实验内容

1. 控制要求　按下起动按钮，开始下列操作：

1）电动机 M1 正转，传送带开始工作，当到位传感器 SQ1 为 ON 时，装配机械手开始工作。

2）第一步：机械手水平方向前伸（气缸 Y4 动作），然后垂直方向向下运动（气缸 Y5 动作），将料柱抓取起来（气缸 Y6 吸合）。

3）第二步：机械手垂直方向向上抬起（Y5 为 OFF），然后在水平方向向后缩（Y4 为 OFF），然后垂直方向向下（Y5 为 ON）运动，将料柱放入到货箱中（Y6 为 OFF），系统完成机械手装配工作。

4）系统完成装配后，当到料传感器 SQ2 检测到信号后（SQ2 灯亮），搬运机械手开始动作。首先机械手垂直方向下降到一定位置（Y2 为 ON），然后抓手吸合（Y3 为 ON），接着机械手抬起（Y2 为 OFF），机械手向前运动（Y1 为 ON），然后下降（Y2 为 ON），机械手张开（Y3 为 OFF），电动机 M2 开始动作，将货物送出。接下来，完成下一轮的装配任务。

2. 系统输入输出分配　PLC 的 I/O 分配如表 10-10 所示。

表 10-10　PLC的I/O分配

输入接口			输出接口		
PLC端	外接端口	注　释	PLC端	面板接口	注　释
X0	SA0	起动按钮	Y0	M1	控制水平传送带
X1	SQ1	检测是否有料（手动）	Y1	Y1	搬运机械手前伸
X2	SQ2	检测货物是否到位	Y2	Y2	搬运机械手下降
X3	SA1	停止按钮	Y3	Y3	搬运机械夹紧
			Y4	Y4	装配机械手前伸
			Y5	Y5	装配机械手下降
			Y6	Y6	装配机械手夹紧
			Y7	M2	控制垂直传送带

3. 梯形图程序　梯形图程序如图 10-32 所示。

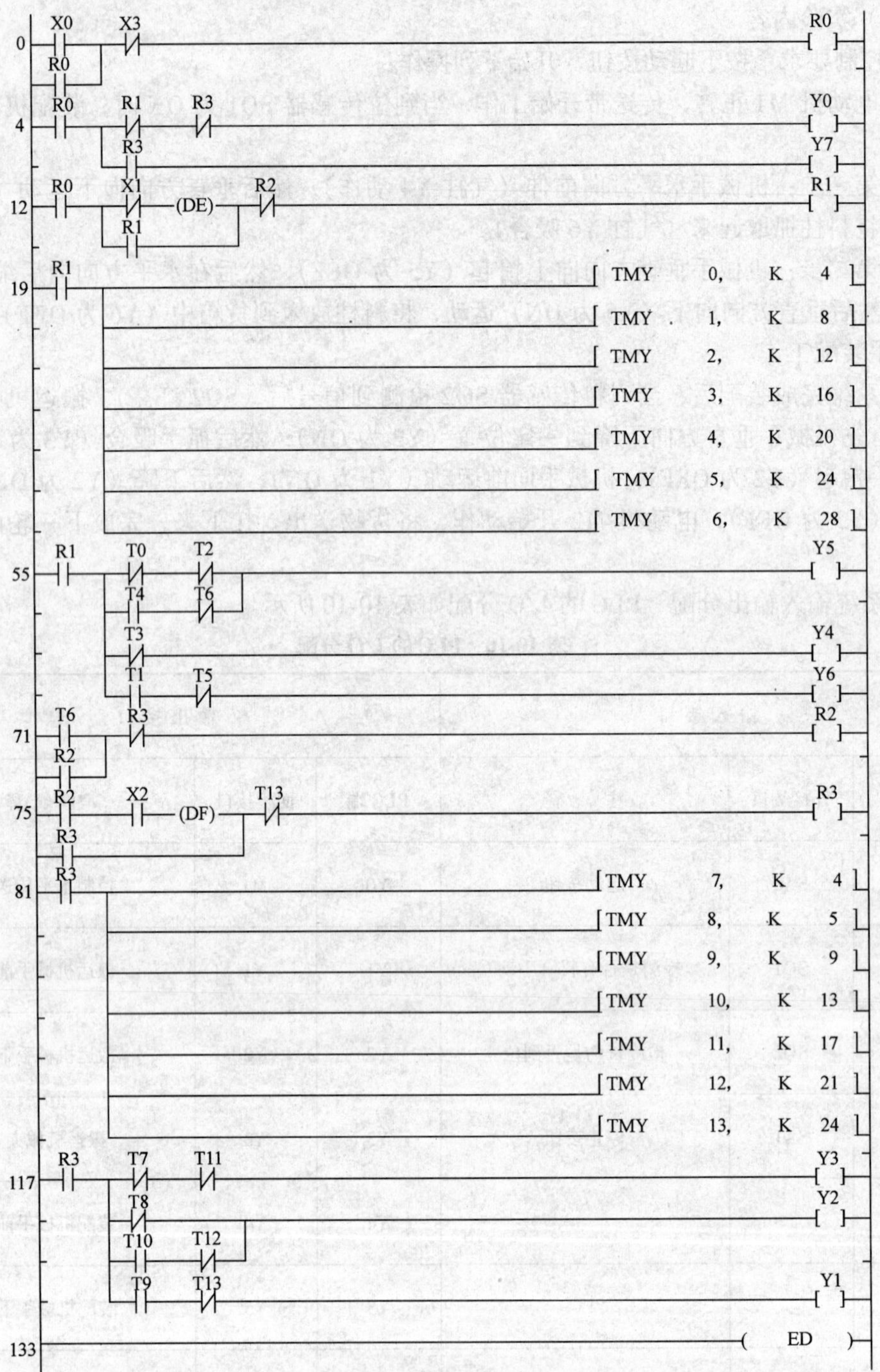

0
X0
X3
R0
R0
4
R0
R1
R3
Y0
R3
Y7
12
R0
X1
(DE)
R2
R1
R1
19
R1
TMY 0, K 4
TMY 1, K 8
TMY 2, K 12
TMY 3, K 16
TMY 4, K 20
TMY 5, K 24
TMY 6, K 28
55
R1
T0
T2
Y5
T4
T6
T3
Y4
T1
T5
Y6
71
T6
R3
R2
R2
75
R2
X2
(DF)
T13
R3
R3
81
R3
TMY 7, K 4
TMY 8, K 5
TMY 9, K 9
TMY 10, K 13
TMY 11, K 17
TMY 12, K 21
TMY 13, K 24
117
R3
T7
T11
Y3
T8
Y2
T10
T12
T9
T13
Y1
133
ED

图 10-32　梯形图程序

附　录

附录A　安全功能

一、密码保护功能

(1) 密码的设定方法

1) 使用编程工具进行设定。

2) 通过指令进行设定（SYS1 指令）。

绝对不要忘记密码。在忘记了密码的情况下，不能够读取程序。

(2) 在 FPWIN GR 中进行设定

1) 从菜单中选择［在线（L)］→［在线编辑（N)］，或者同时按下 Ctrl + F2 键，将画面切换为［在线监控］。

2) 从菜单中选择［工具（T)］→［PLC 密码设置（P)］。即显示图 A-1 所示的画面。

① 显示密码设置的当前状态。

② 指定所使用的密码种类。

③ 指定密码的动作。

允许存取：输入密码，对程序进行存取操作。

禁止存取：进行密码的设定。

解除密码：解除密码设置。

④ 输入密码。

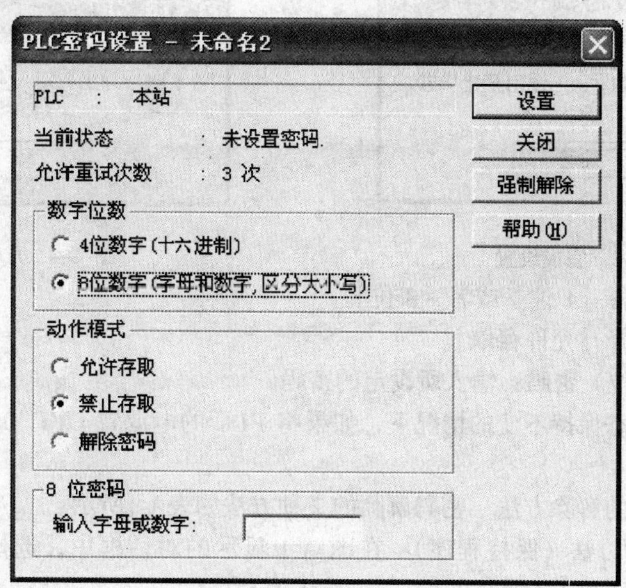

图 A-1　PLC 密码设置对话框

确认密码的设定内容：确认对话框中所显示的设定内容。

当前的状态：显示密码的当前状态。密码的状态有下面 5 种形式。

1 表示密码未设定：　未设置密码。

2 表示 4 位禁止存取：　密码为 4 位密码，处于禁止存取状态。

3 表示 4 位允许存取：　密码为 4 位密码，处于允许存取状态。
（密码的输入完成，处于可对程序进行存取的状态）

4 表示 8 位禁止存取：　密码为 8 位密码，处于禁止存取状态。

5 表示 8 位允许存取：　密码为 8 位密码，处于允许存取状态。
（密码的输入完成，处于可对程序进行存取的状态）

允许重试次数：即可连续进行密码输入的次数。每当密码的输入错误时，次数减少（最高 3 次）。如果连续 3 次密码输入失败，则不能对程序进行存取。要想重新进行密码的输入，请将电源置 OFF/ON，再启动 FP-X。

在允许存取状态保持不变的情况下，如果将 PLC 的电源置 OFF/ON，则重新成为密码保护状态。

密码保护功能的设定方法：在图A-1显示对话框中，选择下述项，单击［设置］。为了加以确认，再次输入密码，单击［OK］，如图A-2所示。设置完成，其画面如图A-3所示。

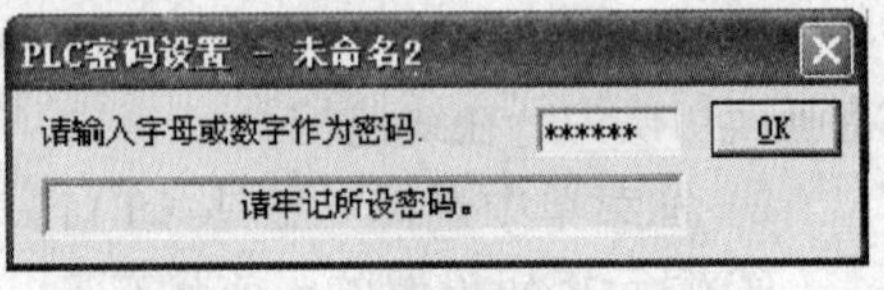

图 A-2　再次输入密码

数字位数：选择［4 位］或者［8 位］。

动作模式：选择［禁止存取］。

4 位（或者 8 位）密码：输入所设定的密码。

通过密码输入，设定对程序允许存取的方法。在图A-1中选择下述项，单击［设置］。设置完成，其画面如图A-4所示。

图 A-3　完成设置

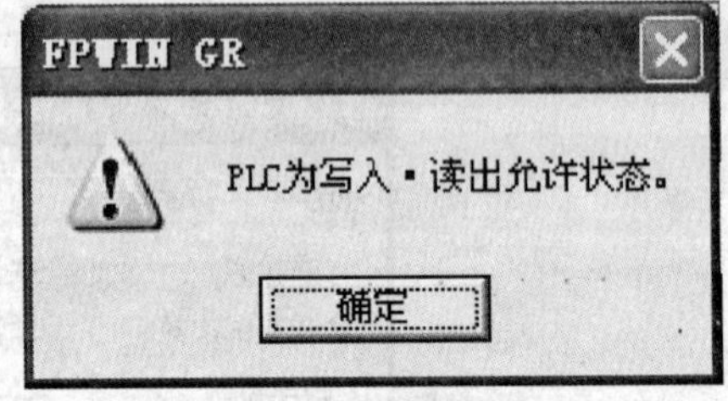

图 A-4　完成设置

数字位数：选择［4 位］或者［8 位］。

动作模式：选择［允许存取］。

4 位（或者 8 位）密码：输入所设定的密码。

在允许存取状态保持不变的情况下，如果将 PLC 的电源置 OFF/ON，则重新成为密码保护状态。

（3）密码设置的解除方法　密码解除的 2 种方法如表A-1所示。

1) 密码解除的方法（保持程序）：在图 A-1 显示的对话框中，选择下述项，单击［设置］。

数字位数：选择［4位］或者［8位］。

表A-1　密码设置的解除方法

	内　容	程　序
密码解除	解除已登录的密码	全部保持
强制解除	通过删除所有的程序和安全信息来解除	全部删除（也可删除禁止上载设置）

动作模式：选择［解除密码］。

4位（或者8位）密码：输入已设定的密码。

单击［OK］，其画面如图A-5所示。当未设定允许存取时不能解除。

2）强制解除的方法（程序和安全信息全部删除）：单击［强制解除］。单击［是（Y）］，其画面如图A-6所示。

图A-5　单击［OK］

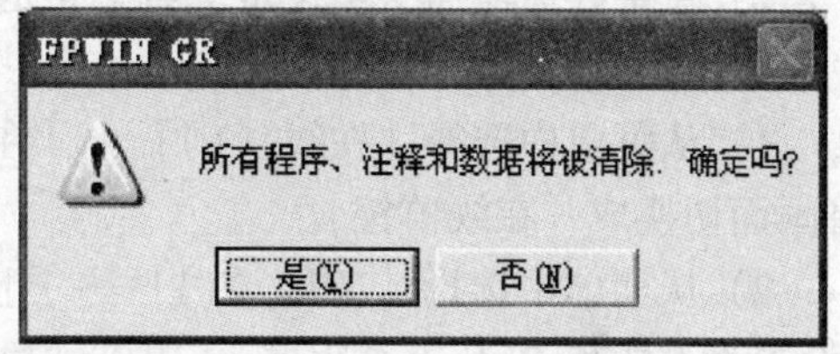

图A-6　单击［是（Y）］

如果当前的状态变成［密码未设定］，则完成。全部的程序和安全信息已经被删除，如图A-7所示。

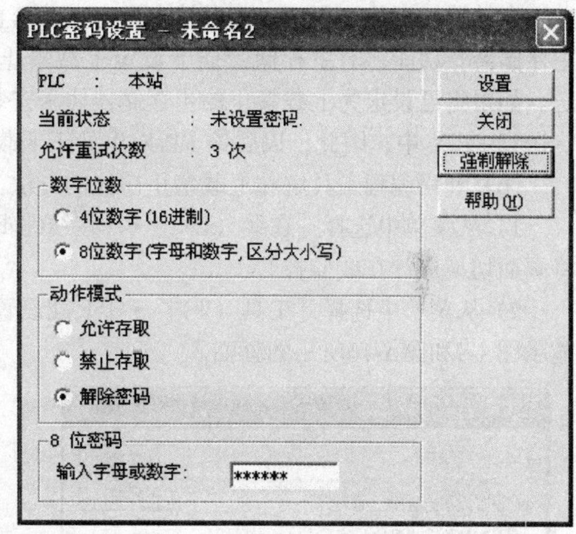

图A-7　密码删除

（4）关于主存储器插卡（AFPX-MRTC）的密码数据　在FP-X中，可以将密码设置与程序一起传送到主存储器插卡。被存储在主存储器插卡中的密码信息，在安装到别的控制单元上时将会自动地进行传送，使控制单元处于密码保护状态。

向主存储器插卡进行传送时，应按下述的步骤进行：

1）使PLC的电源变成OFF，RUN/PROG.模式切换开关置于PROG.模式，将要传送程序的主存储器插卡安装到控制单元上。

2）使PLC的电源变成ON，用编程工具使用［内存⇒主存储器］功能进行传送。

二、程序上载禁止功能

即通过在FP-X上进行程序上载禁止的设定来禁止对程序和系统寄存器进行读取的功能。已设定为上载禁止的FP-X，在其后不能对梯形程序和系统寄存器进行上载。但是，可以利用编程工具读取由计算机管理的文件并进行在线编辑。当程序确实不一致时，程序损坏。在使用该功能的情况下，以文件形式对梯形程序加以保存，并进行管理。

(1) 已设定为程序上载禁止的 FP-X 中不能进行的事项

1) 向梯形图程序和系统寄存器的计算机的上载。

2) 向主存储器插卡的程序传送。

使用编程工具，便可解除本功能的设定，但进行设定的解除时，梯形图程序或系统寄存器、密码信息等将会全部被删除。

应注意，如果强制解除不允许上载状态，则所有的程序和安全信息将会被删除。

(2) 同密码保护功能的设定关系　对于已设定了本功能的 FP-X，也可以同时进行密码设置。对于已设定了密码的 FP-X，也可以设定本功能。

(3) 上载禁止的设定　上载禁止功能的设定可以通过以下两种方法进行。

1) 使用编程工具，对控制单元本体进行设定。

2) 在主存储器插卡中设定上载禁止信息　对控制单元本体进行设定。

(4) 在 FPWIN GR 中的设定

1) 从菜单中选择［在线（L）］→［在线编辑（N）］，或者同时按下 Ctrl + F2 键，将画面切换成［在线监控］。

2) 从菜单中选择［工具（T）］→［上载设置（U）］，将会显示图A-8所示的画面。选择［设置为不能从 PLC 上载程序］，单击［执行（E）］。

(5) 在主存储器插卡中设定程序上载禁止信息 不能从已经设定为上载禁止的 FP-X 中，向主存储器插卡传送程序。可以从未设定上载禁止的 FP-X 中，用编程工具，使用［内存□主存储器］功能，对主存储器插卡设定上载禁止。此时，如果有密码保护信息则同时被传送。如果将已设定为上载禁止的主存储器插卡安装到其他 FP-X 上，其设定信息也会自动地传送到 FP-X 中，因此，以后该 FP-X 也处于上载禁止状态。

(6) 利用编程工具解除上载禁止功能的方法　在 FPWIN GR 中的设定：

1) 从菜单中选择［在线（L）］→［在线编辑（N）］，或者同时按下 Ctrl + F2 键，将画面切换成［在线监控］。

2) 从菜单中选择［工具（T）］→［上载设置（U）］或者［PLC 密码设置（P）］，将会显示图A-9和图A-10所示的画面。

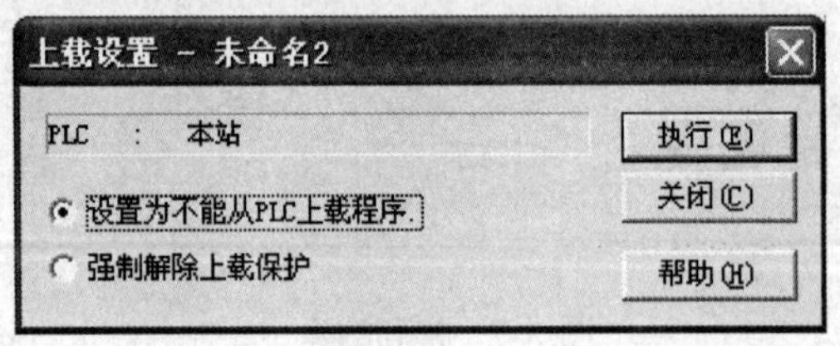

图 A-8　在 FPWIN GR 中的设定

图 A-9　上载设置对话框

上载设置对话框：选择［强制解除上载保护］，单击［执行（E）］。

PLC 密码设置对话框：单击［强制解除］。

应注意的问题：

1) 如果解除上载禁止功能，则梯形图程序或者系统寄存器、密码信息等将会全部被删除。

2) 在密码的设定画面中执行了强制解除时，不能上载设置也被删除。

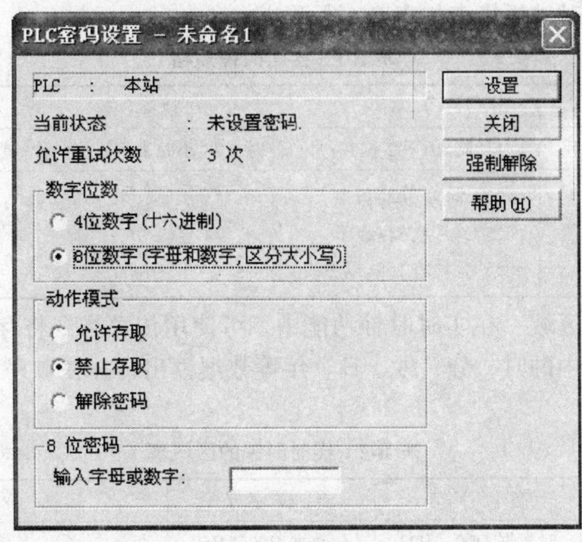

图 A-10 PLC密码设置对话框

三、安全设定/解除一览

在 FP-X 控制单元上未安装主存储器插卡的情况下的安全设定/解除操作表如表A-2所示。

表 A-2 安全设定/解除操作表

操作 \ 状态		安全的状态			
		安全未设定	上载禁止	4 位密码	8 位密码
设定/解除操作	上载禁止	○		○	○
	4 位密码	○	○		×
	8 位密码	○	○	×	

在 FP-X 控制单元上安装了主存储器插卡的情况下的安全设定/解除操作表如表A-3所示。

表 A-3 安全设定/解除操作表

操作 \ 状态		安全的状态			
		安全未设定	上载禁止	4 位密码	8 位密码
设定/解除操作	上载禁止	×		×	×
	4 位密码	×	×		×
	8 位密码	×	×	×	

附录 B 实时时钟功能和主存储器功能

一、实时时钟功能

在 FP-X 安装后备电池后，FP-X 安装主存储器插卡（AFPX-MRTC），便可使用实时时钟功能。

应注意未安装电池时不能使用。

（1）规格 实时时钟规格表如表 B-1 所示。

表 B-1 实时时钟规格

项目		规格
实时时钟	设定项目	年（公历下 2 位）·月·日·时（24 小时表示）·分·秒·星期
	精度	0℃：月差 104s 以下 25℃：月差 51s 以下 55℃：月差 155s 以下

（2）实时时钟的区域 在实时时钟功能中，可使用传送指令将存储在特殊数据寄存器 DT90053～DT90057 中的时、分、秒、日、年等数据读出，并在顺序程序中使用，如表B-2所示。

表 B-2 实时时钟的区域表

特殊数据寄存器编号	高位字节	低位字节	读取	写入
DT90053	时数据 H00～H23	分数据 H00～H59	○	×
DT90054	分数据 H00～H59	秒数据 H00～H59	○	○
DT90055	日数据 H01～H31	时数据 H00～H23	○	○
DT90056	年数据 H00～H99	月数据 H01～H12	○	○
DT90057	—	星期数据 H00～H06	○	○

（3）实时时钟的设定 实时时钟的设定方法有下述两种：

1）在 FPWIN GR 中的设定

① 从菜单中选择［在线（L）］→［在线编辑（N）］，或者同时按下［在线（CTRL 和 F2 键）］，将画面切换为［在线监控］。

② 从菜单中选择［工具（T）］→［PLC 日期/时间设定（D）］。

通过上述的操作，显示如图B-1所示的［PLC 日期/时间设置］对话框，应输入日期、时间，并单击［登录］按钮。

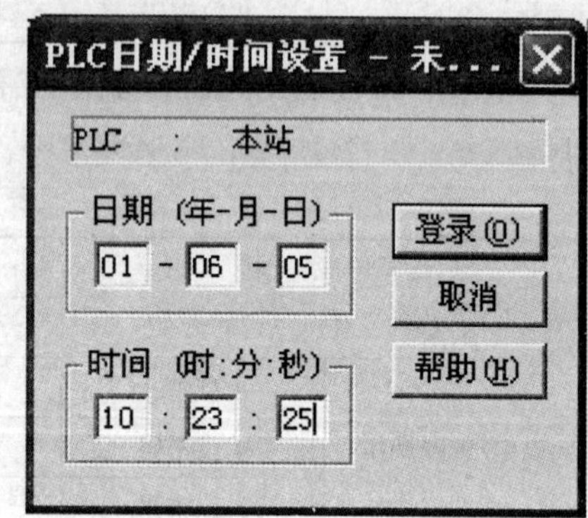

图 B-1 PLC 日期/时间设定对话框

2）通过程序进研设定与变更

① 传送特殊数据寄存器 DT90054～DT90057 内的值，该区域被分配为实时时钟的设定区域。

② 在 DT90058 写入 H8000。

应按 H8000 → H0000 的顺序，用微分指令执行传送。一般平常不要写入 H8000。

例如日期时间的写入：当 X0 为 ON 时，将时间调整成 5 day 12：00：00 。梯形图程序如图B-2所示。初始状态下为不确定值，可用编程工具等写入数值。

（4）实时时钟使用实例

1）定时自动输出：使用日历定时功能，每天上午 8 点 30 分都输出 1s（Y0）信号。利用存储在特殊数据寄存器 DT90053 中的“时、分数据”，定时输出信号。梯形图程序如图B-3所示。

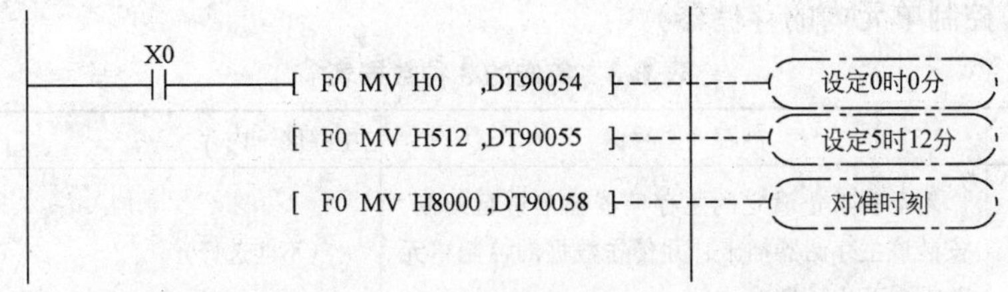

图 B-2 梯形图程序

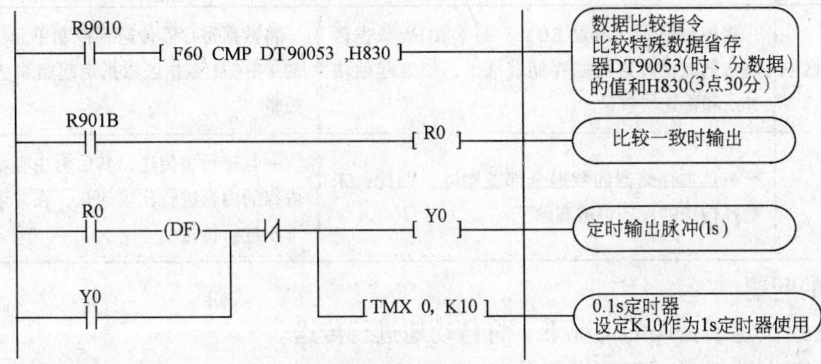

图 B-3 梯形图程序

在 DT90053 中，［时数据］、［分数据］以 BCD 形式分别存储于高位 8B 和低位 8B 中。比较这个“时、分数据”与任意时刻（BCD）的值时，用特殊内部继电器 R900B（=标志）检查时间是否一致。

2）30s 修正程序实例：通过特殊数据寄存器 DT90058 进行 30s 校正。

二、主存储器功能

（1）概要 向主存储器插卡传送控制单元（内存）的程序等，并通过将主存储器插卡安装在其他控制单元（内存）上，便可进行传送（复制）。

主存储器插卡可传送以下的数据。

1）梯形图程序。

2）系统寄存器。

3）注释。

4）F-ROM 数据区域。

5）安全信息（密码或者上载禁止信息）。在无安全信息的情况下，为无安全信息。

（2）应变更主存储器插卡背面的开关 在 FP-X 主存储器插卡（AFPX-MRTC）的本体背后有切换开关。出厂时，只有实时时钟进行了设定。

（3）利用 FPWIN GR 的传送方法

1）从菜单中选择［在线（L）］→［在线编辑（N）］，或者同时按下 Ctrl 和 F2 键，将画面切换为［在线监控］。

2）从菜单中选择［工具（T）］→［内存⇔主存储器（M）］。

选择［内存→主存储］或者［主存储→内存］。只能在 PROG. 模式下进行传送。

（4）选择与程序、系统寄存器同时传送的数据 可以同时传送的 3 种数据，如表B-3所

示。（内存：为控制单元内的存储器）

表 B-3 传送的 3 种数据表

	内存→主存储	主存储→内存
不能上载	对上载禁止设定的主存储器插卡进行编制，安装该主存储器插卡，并传送数据的控制单元为上载禁止规格	（不能选择）
注释	将注释传送到主存储器插卡	将注释传送到控制单元
F-ROM 数据区域	将控制单元（内置 ROM）的 F-ROM 数据区域内的数据传送到主存储器插卡，指定起始块 No. 和传送块数量	将数据寄存器传送到控制单元（内置 ROM）的 F-ROM 数据区域指定起始块 No. 和传送块数量
注 意	一旦主存储器的数据全部被删除，因此，未选择传送的设备将被删除	一旦进行了传送，其后对主存储器的内容和内存的内容进行比较确认，在二者一致的情况下不进行传送

应注意的问题：

1）在已经设定了密码的情况下，将自动地进行传送。

2）当不存在数据时，不能进行传送。

3）可以用 F12（ICRD）指令进行读取，用 P13（ICWT）指令进行写入。（也可以使用 FPWIN GR 的 RAM ROM 传送功能，将数据写入 F-ROM 数据区域）。在存储区域中，每 1 块为 2048 字，由从第 0 块到第 15 块的 16 块构成。

（5）安全设定和传送的关系 安全设定和传送的关系如表B-4所示。

表 B-4 安全设定和传送的关系表

	FP-X 的状态（安装主存储器插卡）		
	安全未设定	不 能 上 载	4 位·8 位密码
从内存向主存储器的传送	○	×	○
从主存储器向内存的传送	○	○	○

习　　题

1. 可编程序控制器是由哪几部分组成的？各部分的作用是什么？

2. 可编程序控制器的抗干扰能力较强的主要原因是什么？

3. FP-X 型 PLC 中的继电器 WY 是按什么寻址的，Y24 是 WY2 寄存器的第几位？

4. FP-X C30R 型 PLC 的手动拨盘 V1 中的数据存放在哪个寄存器中？数值变化范围是多少？

5. FP-X L60 控制单元的 I/O 点数为 60 点，试说明输入/输出继电器的地址编号。

6. PLC 为什么对于快速响应系统是不利的？

7. 修改哪个系统寄存器的值才能修改定时器和计数器的个数？

8. FP-X 高速计数器的软件复位或者禁止、计数等操作是通过什么设置来实现的？

9. 修改高速计数器的经过值是通过什么指令来实现的？

10. 题图 1 中所示的梯形图是否可直接编程？给出改进后的等效梯形图，并写出其指令程序。

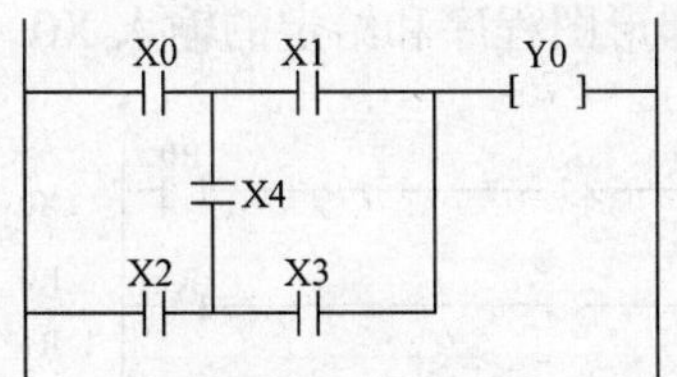

题图 1　习题 10 梯形图

11. 简化题图 2 中所示的梯形图。

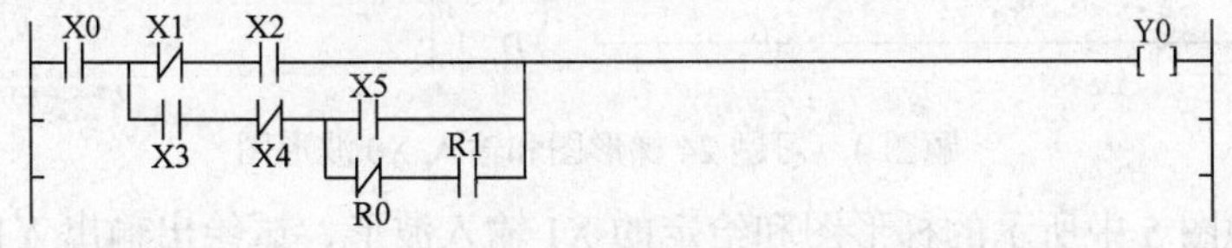

题图 2　习题 11 梯形图

12. X0 及 X1 同时接通，Y0 通，试设计一梯形图，完成此功能。

13. 试设计一梯形图，完成 X0 通且 X1 断时 Y0 通的功能。

14. X0 通一下，X2 通，输出 Y0 永远通。试设计一梯形图，完成此功能。

15. X0 OFF 且 X1 ON 时，Y0 通；X0 OFF 且 X1 OFF 时，Y0 为 OFF。试设计一梯形图，完成此功能。

16. 设计四输入四输出的智力抢答器的梯形图。

17. 设 C1：Y0，CY：Y1，$C_{\triangle}$：Y2，启动：X0，停止：X1。基本控制要求：初始值 C1 = 0，C_Y = 0，$C_{\triangle}$ = 0，按起动按钮，X0 接通，C1 ON，C_Y ON，$C_{\triangle}$OFF，经 12s，C_Y OFF，$C_{\triangle}$ON，即电动机实现从 Y 接起动到△接运转的切换。当按下停止按钮，X1 接通，电路复原。设计梯形图程序。

18. 要求 X0 接通后，Y0 接通，15s 后 Y0 关断，设计梯形图。

19. 要求按下 X0 后延时 15s 后 Y0 和 Y1 接通，经过 12s 后 Y1 断开、Y2 接通，X1 按下后，电路复原。试设计梯形图。

20. X0 接通 15 次，Y0 接通，X1 接通后，电路复原。试设计梯形图。

21. 要求按钮 X0 按下后，Y0 为 ON；Y1 为 ON，Y2 为 OFF，延时 20000s 以后 Y1 OFF，Y2 ON。按下按钮 X1，电路复原。试设计梯形图。

22. 画电动机双重联锁正反转继电器控制电路图，并将其转换成 PLC 控制的梯形图，绘出 PLC 的 I/O 硬接线图。

23. 应用计数器指令编写梯形图程序满足时序图的要求，见题图 3。

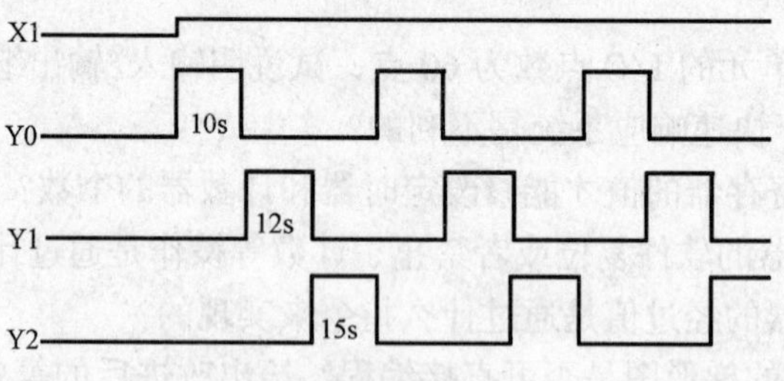

题图 3 习题 23 时序图

24. 已知题图 4 中所示的梯形图程序和给定的输入 X0，试绘出输出的时序图。

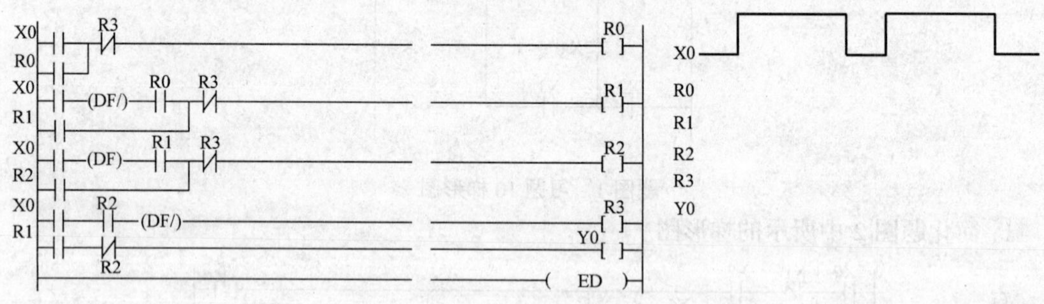

题图 4 习题 24 梯形图和输入 X0 波形图

25. 已知题图 5 中所示的梯形图和给定的 X1 输入波形，试绘出输出 Y1 的输出波形。

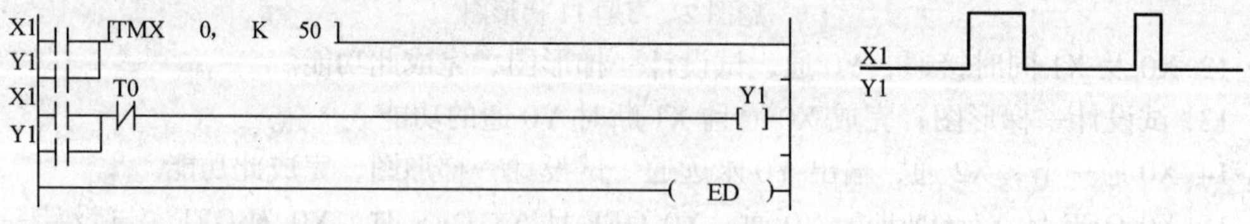

题图 5 习题 25 梯形图和输入 X1 波形

26. 根据下述控制要求编写满足题图 6 中所示的时序图的梯形图程序。

1）利用 X8 使 Y1 变为 ON 后，在 X6 第 1 次变为 ON 时使 Y1 变为 OFF；X6 第 3 次为 ON 时，使 Y1 再次变为 ON。X6 第 5 次变为 ON 时，使 Y1 再次变为 OFF。在 X6 第 5 次变为 ON 之前，即使中途有 X8 的输入，对 Y1 输出也没有影响。可以重复动作。

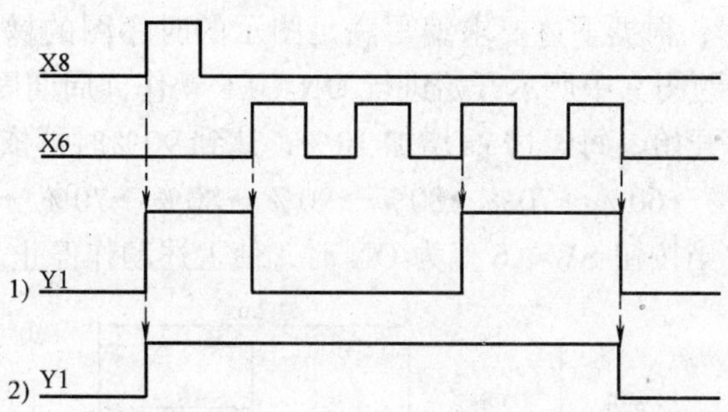

题图 6　习题 26 时序图

2）利用 X8 使 Y0 变为 ON 后，在 X6 第 5 次变为 ON 时使 Y1 变为 OFF。

27. 根据给定的输入输出波形图编写梯形图程序：Y1 的 ON 时间与 X8 的 ON 时间无关，为一固定时间（ON 时间为 3s）。此外，如果在 3s 内 X8 第 2 次变为 ON，则 Y1 变为 OFF，见题图 7。

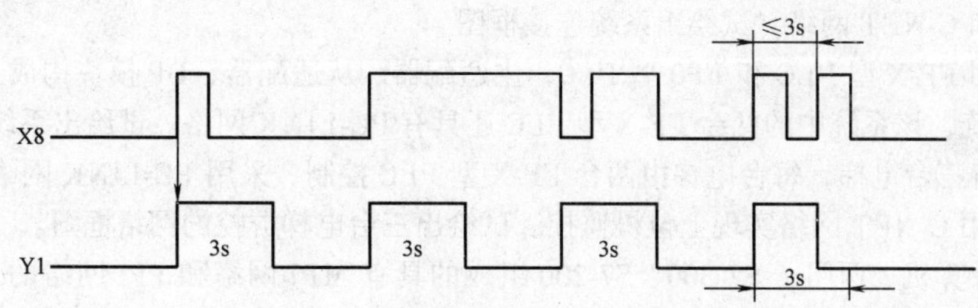

题图 7　习题 27 输入输出波形图

28. 拨码器示意图如题图 8 所示，根据如下要求编写梯形图程序。拨码器应用：将数字拨码开关中个位的数值作为 ON 时间，十位的数值作为 OFF 时间，使 Y8 循环交替闪烁。（ON/OFF 时间均以 s 为单位）

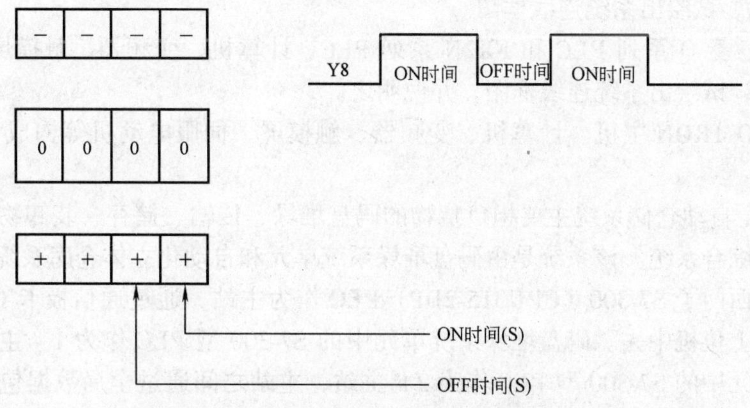

题图 8　习题 28 输出 Y8 波形图和拨码器示意图

29. 采用计数器和 F60（CMP）指令设计梯形图程序完成如下控制功能：当 X1 接通 10s 后 Y1 为 ON，再经 15s，Y2 为 ON，再经 20s Y3 为 ON，实现延时接通顺序控制。若 X2 接通时系统停止复位。

30. PWM 控制应用，根据下述要求编写满足图示的时序图的梯形图程序：当按钮 SW-X7 为 ON 时，Y0 按照题图 9 中所示开始进行 ON-OFF 动作（周期固定为 51.2ms）。其中的 ON 时间 t 最初从 50%开始，每经过 2s 增加 10%，达到 90%时再依次减少，再次达到 50%时，重新递增（t：50%→60%→70%→80%→90%→80%→70%→60%→50%→…）按此动作循环往复。此外，当按钮 SW-X6 变为 ON 时，使上述动作停止。

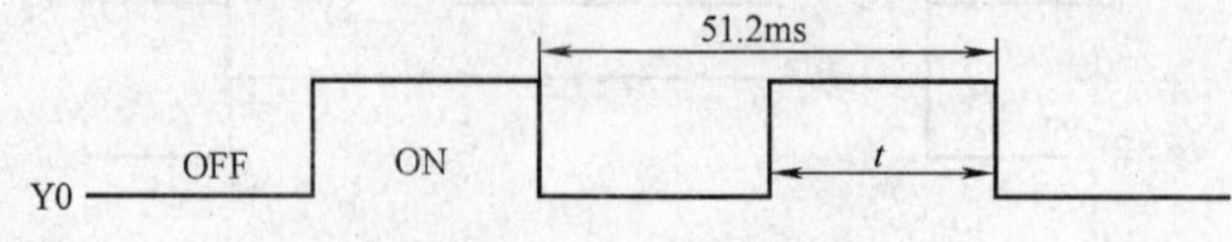

题图 9 习题 30 时序图

31. C-NET 网络是一个 1∶N 通信链接网络，一个主站与多个从站点之间的主从网络。由主站进行整体监控各个从站实现相应的控制。当主站向从站发出指令后，对应从站会执行该指令并自动作出应答。试给出系统连线图。

32. 采用 FP-X 型和 FP∑型 PLC、通信卡 FP-X-COM3、主适配器、从适配器构成 PC-LINK 网络和 C-NET 网络。试绘出系统连接框图。

33. 采用 FP-X 型 PLC 和 FP0 型 PLC，主适配器、从适配器、DP 模块构成 PROFIBUS 现场总线系统，该系统中的两台 FP-X 型 PLC 还具有 PC-LINK 网络。试给出系统连线框图。

34. 现有三台电梯，每台电梯由两台 FP-X 型 PLC 控制，采用 PC-LINK 网络实现通信，三台电梯采用 C-NET 网络实现上位机监控。试绘出三台电梯群控的网络框图。

35. 由计算机、西门子 S7-300、S7-200 组成的具有 MPI 网络和 PPI 网络的 PROFIBUS 现场总线系统。

1）试绘出系统网络连线框图。

2）试举例说明。

36. 采用三菱 Q 型主机（CPU 单元：Q00J，输入单元：QX40，输出单元：QY40P，触摸屏：GOT，CCLINK 单元：QJ61BT11）和 FX-2N 型主机构成 MELSECNET/H 网络和 CC-LINK 网络，试绘出系统连线框图。

37. 采用三菱 Q 系列 PLC 和 FX2N 系列 PLC、计算机、变频器、触摸屏等进行组网，构成三级网络，试绘出系统连线框图，并说明之。

38. 采用 OMRON 主机、计算机、变频器、触摸屏、伺服电动机等构成 OMRON 三级网络。

39. 现有全自动仓储系统主要担负货物的码盘堆垛、传输、储存、装卸物料等任务，是一个较复杂的综合系统。该系统是由码盘堆垛系统单元和自动化立体仓库系统单元组成。各系统单元选用西门子 S7-300（CPU315-2DP）PLC 作为主站，通过通信板卡 CP5611 将采集的信号送入到上位机中去。码盘堆垛系统单元中的 S7-300 型 PLC 作为 1＃主站，自动化立体仓库系统单元中的 S7-300 型 PLC 作为 2＃主站，主站之间通过全局数据包通信方式相互通信，S7-300 型 PLC 与 S7-200 型 PLC 之间采用无组态连接通信方式。系统的构成如题图 10 所示。该系统是基于 MPI 网络的自动仓储系统，各系统单元主要采用 PLC 控制，应用 MPI 网络实现整个系统的控制和计算机管理与监控。试绘出 MPI 通信网络连接图，并说明其运行原理。

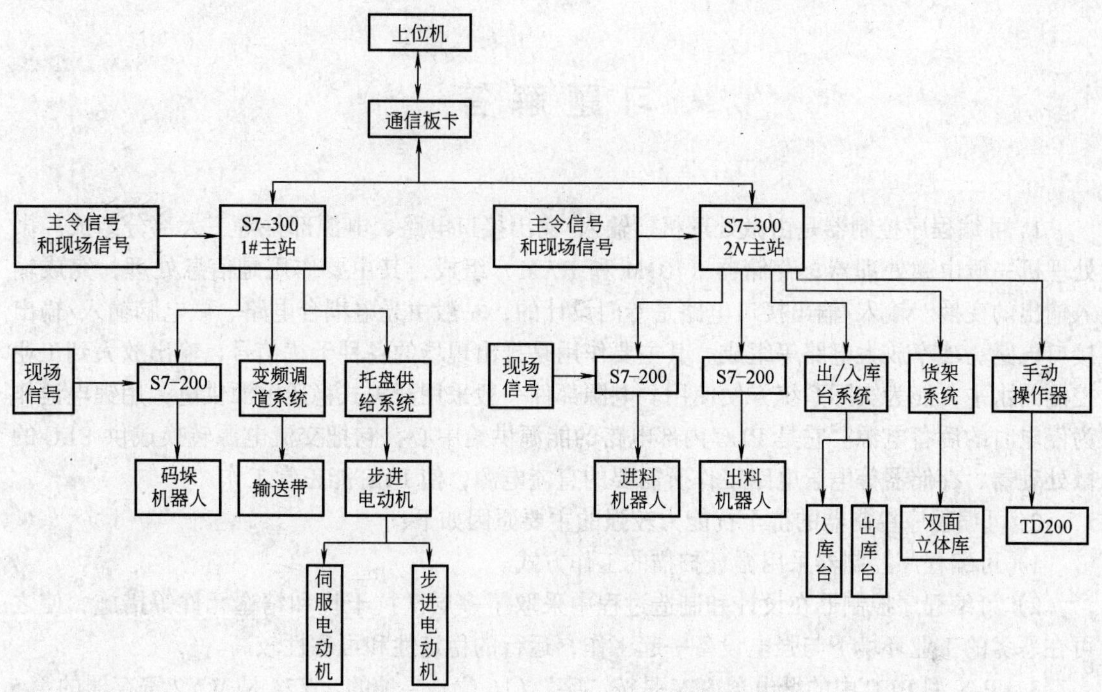

题图 10　习题 39 全自动仓储系统构成图

习 题 解 答

1. 可编程序控制器是由微处理机、输入/输出接口电路、电源部件等三大部分组成。微处理机一般由微处理器、存储器（ROM 和 RAM）组成，其主要作用是信息处理，完成输入输出的变换。输入/输出接口电路是专门设计的，一般由光电耦合电路、微电脑输入/输出接口电路、功率放大电路等组成。其主要作用是排出现场的各种干扰信号，输出放大到工业控制的水平，能为实际系统方便使用。电源部件一般采用开关式稳压电源供电，用锂电池作为停电时的后备电源。它是 PLC 内部电路的能源供给中心，它把交流电源转换成供 PLC 的微处理器、存储器等电子电路工作所需要的直流电源，使 PLC 能正常工作。

2. 可编程序控制器的抗干扰能力较强的主要原因如下：

1）可编程序控制器采用循环扫描的工作方式。

2）可编程序控制器在设计和制造过程中采取了多层次抗干扰和精选元件等措施，使之可在恶劣的工业环境下与强电设备一起工作，运行的稳定性和可靠性较高。

3. FP-X 型 PLC 中的继电器 WY 是按“字”（16 位）寻址的。Y24 是 WY2 寄存器的第 5 位。

4. FP-X C30R 型 PLC 的手动拨盘 V1 中的数据存放在数据寄存器 DT90041 中，数值变化范围为 0 ~ 1000。

5. FP-X L60 控制单元 I/O 点数为 60 点，其中输入为 32 点，编号为 X0 ~ X1F，输出点为 28 点编号为 Y0 ~ YD、Y10 ~ Y1D。

6. PLC 对于快速响应系统是不利的，其主要原因是：由于 PLC 采用的是循环扫描工作方式，对于一个窄脉冲信号是在 PLC 的第一个扫描周期 T1 的 I/O 刷新时间过去后来到的，若没有捕捉功能的 PLC 则此脉冲信号就会漏掉。如果该窄脉冲信号是快速响应系统输入给 PLC 的有用信号，这个有用信号被漏掉而不响应就会引起 PLC 的控制失误，显然 PLC 的循环扫描工作方式对快速响应系统是不利的。

7. 修改系统寄存器 No.5 的值才能修改定时器和计数器的分配个数。

8. FP-X 的高速计数器的软件复位或者禁止计数等操作是应用 F0（MV）指令设置 DT90052 的第 0 位 ~ 第 3 位来实现的。

9. 修改高速计数器的经过值是通过 F1（DMV）指令来实现的。

10. 原图中所示的梯形图为桥式电路，不能直接编程。改进后的等效梯形图如题答图 1 所示。

11. 简化后的梯形图如题答图 2 所示。

12. 梯形图如题答图 3 所示。

13. 梯形图如题答图 4 所示。

14. 梯形图如题答图 5 所示。

15. 梯形图如题答图 6 所示。

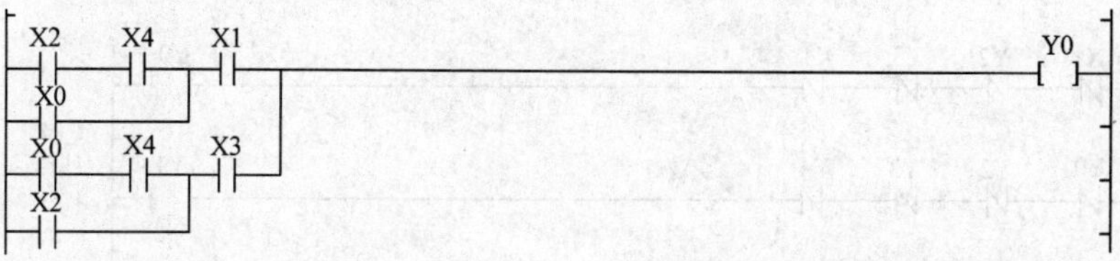

指令表

0	ST	X2
1	AN	X4
2	OR	X0
3	AN	X1
4	ST	X0
5	AN	X4
6	OR	X2
7	AN	X3
8	ORS	
9	OT	Y0

题答图 1　习题 10 等效梯形图

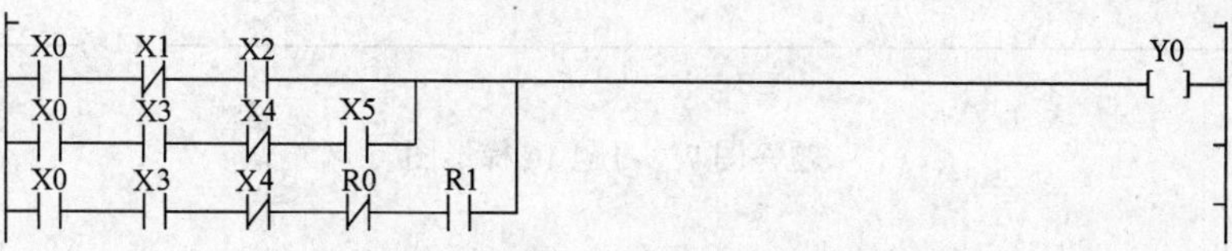

题答图 2　习题 11 简化后的梯形图

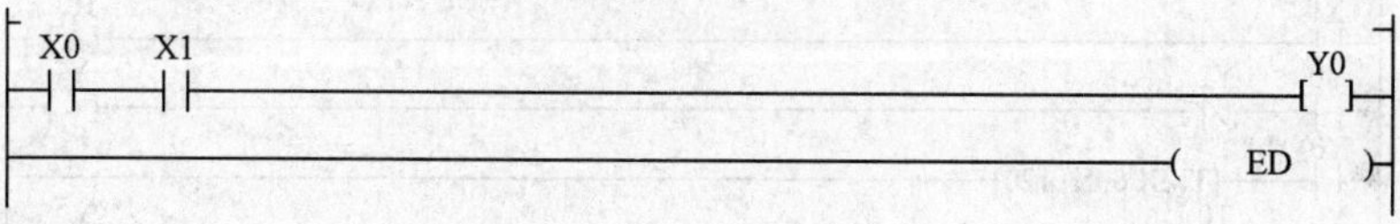

题答图 3　习题 12 梯形图

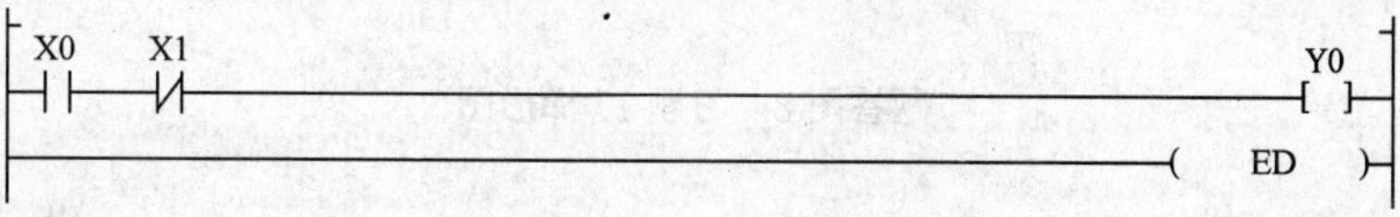

题答图 4　习题 13 梯形图

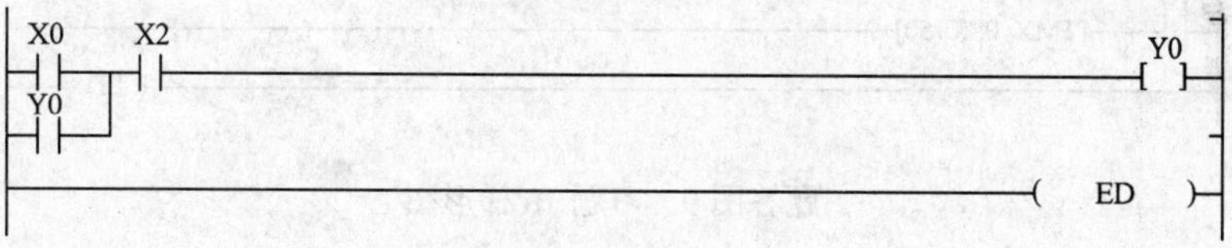

题答图 5　习题 14 梯形图

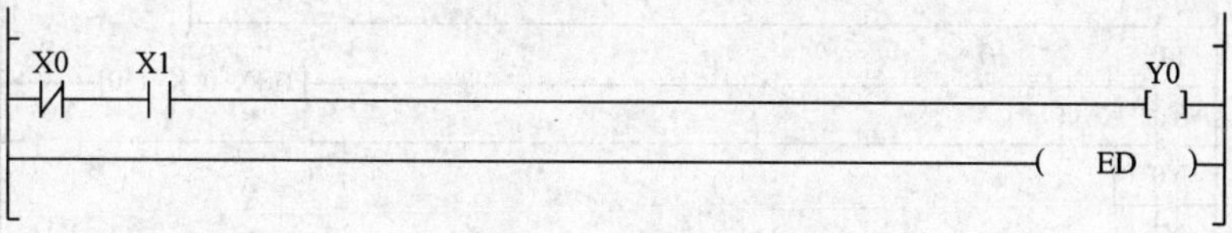

题答图 6　习题 15 梯形图

16. 梯形图如题答图 7 所示。

17. 梯形图如题答图 8 所示。

18. 梯形图如题答图 9 所示。

19. 梯形图如题答图 10 所示。

20. 梯形图如题答图 11 所示。

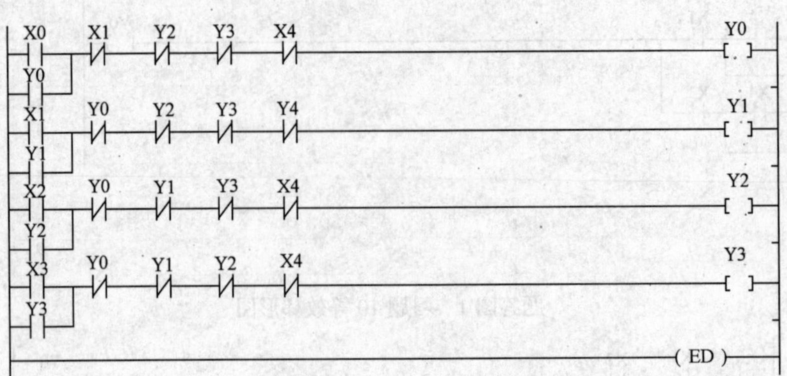

题答图 7 习题 16 梯形图

X0 R0 Y0
Y0
X1 R0
Y0 Y2 Y1
Y0 [TMX 0, K 120]
Y0 T0 Y2
(ED)

题答图 8 习题 17 梯形图

X0 T0 Y0
Y0
Y0 [TMX 0, K150]
(ED)

题答图 9 习题 18 梯形图

X0 KP
T0 R 0
R0 [TMX 0, K 150]
T0 R1 Y0
Y0
X1 R1
Y0 Y2 Y1
Y0 [TMX 1, K 120]
Y0 T1 Y2
(ED)

题答图 10 习题 19 梯形图

```
X0      CT   1008
|-| |--+-----------]
C1008  |   K   15
|-| |--+
C1008   R0                        Y0
|-| |--+--|/|--------------------[ ]
Y0     |
|-| |--+
X1                                R0
|-| |----------------------------[ ]
---------------------------------( ED )
```

题答图 11　习题 20 梯形图

21. 梯形图如题答图 12 所示。

```
X0      R0                        Y0
|-| |--+--|/|--------------------[ ]
Y0     |
|-| |--+
X1                                R0
|-| |----------------------------[ ]
Y0      Y2                        Y1
|-| |-----|/|--------------------[ ]
Y0      T0     C1008
|-| |-----|/|----|/|----[TMX 0, K 1000]
T0      CT   1008
|-| |--+-----------]
X1     |   K   200
|-| |--+
C1008   Y0                        Y2
|-| |-----| |--------------------[ ]
---------------------------------( ED )
```

题答图 12　习题 21 梯形图

22. 电动机正反转控制电路图和梯形图程序以及 I/O 硬件接线图如题答图 13 所示。

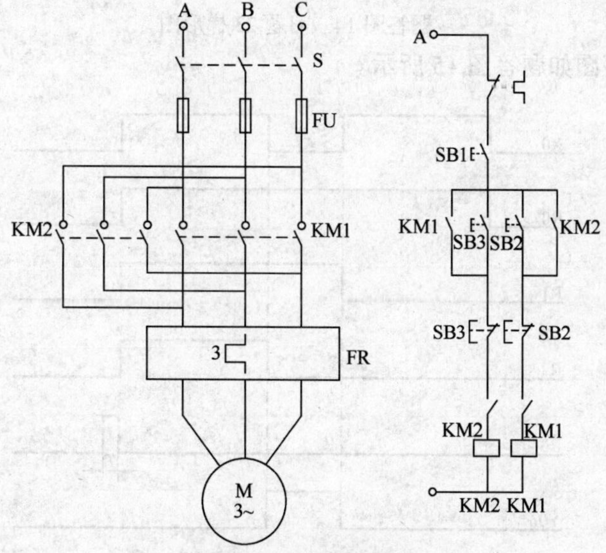

(1) 电动机正反转控制电路图

题答图 13　习题 22（1）解答图

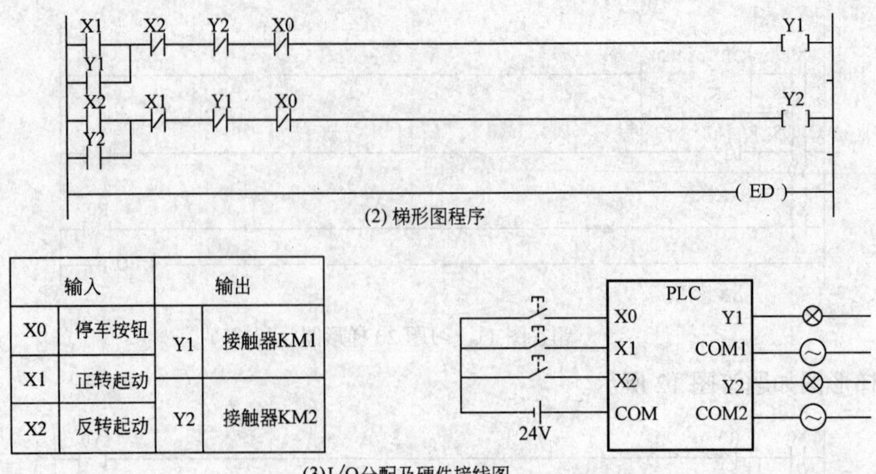

(2) 梯形图程序

输入		输出	
X0	停车按钮	Y1	接触器KM1
X1	正转起动		
X2	反转起动	Y2	接触器KM2

(3)I/O分配及硬件接线图

题答图 13 习题 22（2）、（3）解答图（续）

23．梯形图如题答图 14 所示。

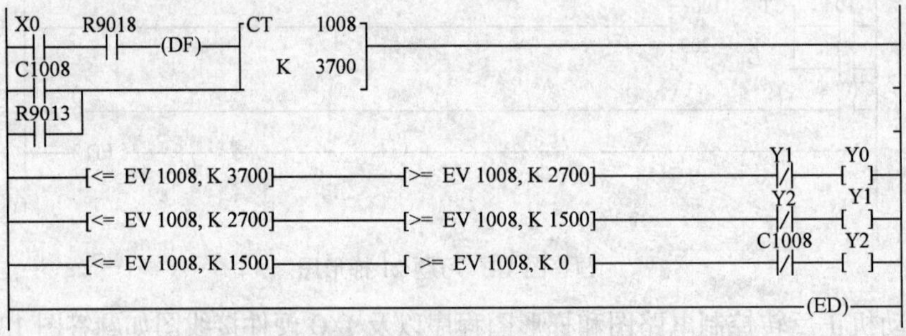

```
X0   R9018          CT 1008
C1008     (DF)      K  3700
R9013
[<= EV 1008, K 3700]  [>= EV 1008, K 2700]  Y1 (/)  [Y0]
[<= EV 1008, K 2700]  [>= EV 1008, K 1500]  Y2 (/)  [Y1]
[<= EV 1008, K 1500]  [ >= EV 1008, K 0 ]  C1008 (/)  [Y2]
(ED)
```

题答图 14 习题 23 梯形图

24．输出的时序图如题答图 15 所示。

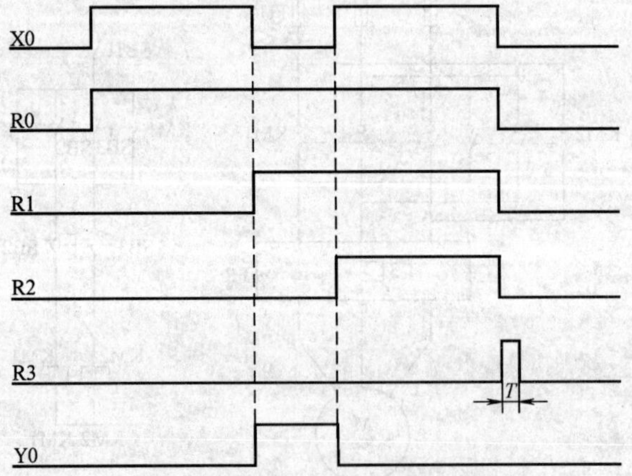

题答图 15 习踬 24 输出时序图

25．Y1 的输出波形如题答图 16 所示。

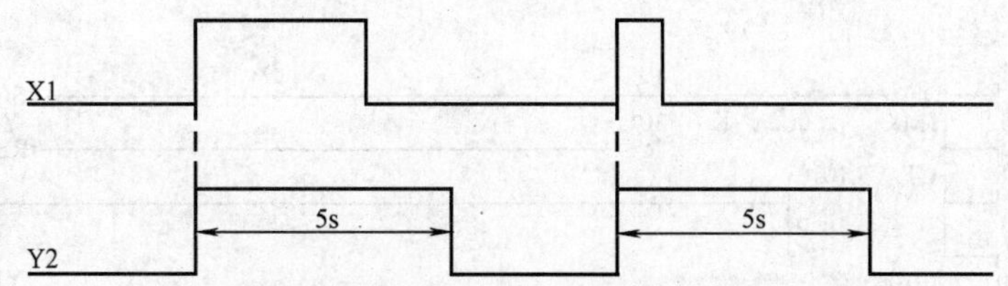

题答图 16　习题 25Y1 的输出波形图

26. 习题 26 的（1）和（2）所对应的梯形图程序如题答图 17 所示。

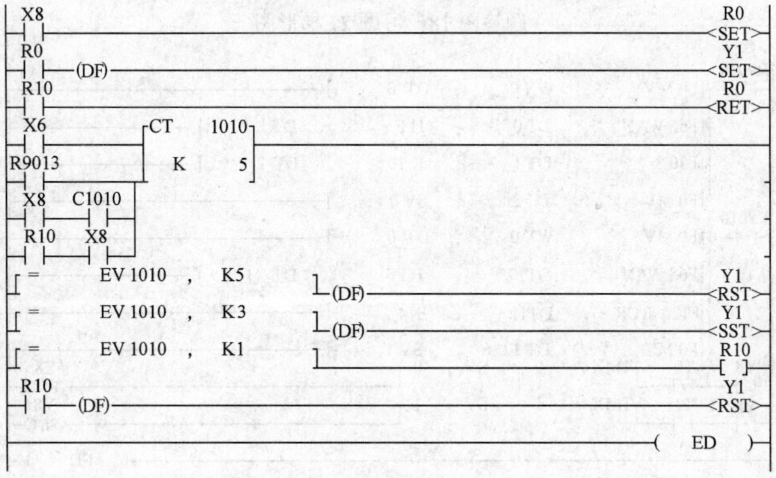

(1) 梯形图

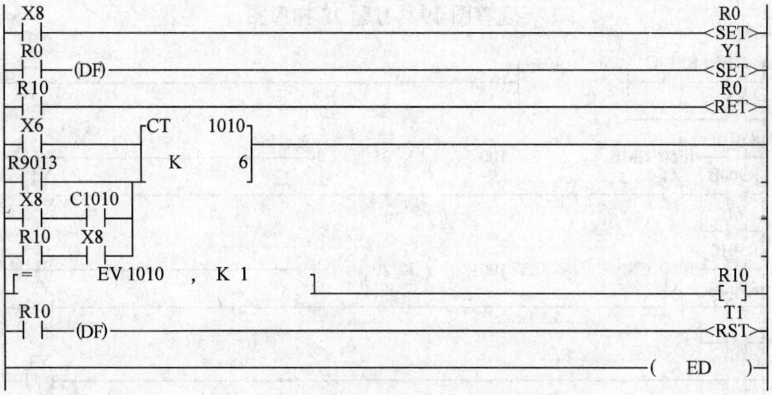

(2) 梯形图

题答图 17　习题 26（1）、（2）解答图

27. 编写的梯形图程序如题答图 18 所示。

28. 根据要求编写的梯形图如题答图 19 所示。

29. 设计的梯形图如题答图 20 所示。

30. 根据要求编写的梯形图程序如题答图 21 所示。

31. C-NET 网络的系统连线图如题答图 22 所示。

32. 应用 FP-X 和 FP∑型 PLC 构成 PC-LINK 网络和 C-NET 网络的系统连线框图如题答图 23 所示。

```
X8
─┤├─(DF)──────────────────────────────<SET> Y1
Y1
─┤├─┬TMK   0 , K 30 ┐─────────────────<RST> Y1
X8
─┤├─┬CT  1010┐
Y1  │   K    2│
─┤/├┘         ┘
T0    C1010
─┤/├───┤├─────────────────────────────<RST> Y1
──────────────────────────────────────( ED )
```

题答图 18　习题 27 梯形图

```
R9010
─┤├─┬[F0 MV    ,  WX 0  ,  DT 0  ]
    ├[F65 WAN  ,  DT 0  ,  H F   ,  DT 1  ]
    ├[F30 *    ,  DT 1  ,  K 10  ,  DT 2  ]
    └[F0 MV    ,  DT 2  ,  SV 0  ]
R9010
─┤├─┬[F0 MV    ,  WX 0  ,  DT 0  ]
    ├[F65 WAN  ,  DT10  ,  H F0  ,  DT 11 ]
    ├[F120 ROR ,  DT11  ,  K4    ]
    └[F0 MV    ,  DT 12 ,  SV 1  ]
Y8     T0
─┤├───┤/├─TMX  0 , SV 0 ──────────────<RST> Y8
Y8     T1
─┤/├──┤/├─TMX  1 , SV 1 ──────────────<SET> Y8
──────────────────────────────────────( ED )
```

题答图 19　习题 28 梯形图

```
X1    R910C
─┤├─┬──┤├──┬CT  1010┐
X2  │      │ K    45│
─┤├─┘
R9010
─┤├─[F60 CMP  ,  EV 100  ,  K 35  ]
R900B  X1
─┤├─┬─┤├──────────────────────────────[ ] Y1
Y1  │
─┤├─┘
R9010
─┤├─[F60 CMP  ,  EV 100  ,  K 20  ]
R900B  X1
─┤├─┬─┤├──────────────────────────────[ ] Y2
Y2  │
─┤├─┘
C1010
─┤├───────────────────────────────────[ ] Y3
──────────────────────────────────────( ED )
```

题答图 20　习题 29 梯形图

33．采用 2 台 FP-X 型 PLC 和 FP0 型 PLC 构成的具有 PC-LINK 网络的 PROFIBUS 现场总线系统的连线框图如题答图 24 所示。

34．应用 FP-X 型 PLC 采用 C-NET 网络和 PC-LINK 网络实现电梯群控的系统框图如题答图 25 所示。

35．(1) 由计算机、S7-300 和 4 台 S7-200 组成的具有 MPI 网络、PPI 网络的 PROFIBUS 现场总线系统连线框图如题答图 26 所示。

```
 X7
─┤ ├──[F0 MV     ,  K 6    ,  DT 20   ]
 X7                                              R0
─┤ ├──(DF)─┬─────────────────────────────────<SET>
 R9013     │
─┤ ├───────┴─────────────────────────────────→ 1
1 ──→[F0 MV    ,  K 500  ,  DT 21   ]
 X7
─┤ ├──[F173 PWMH ,  DT 20  ,  K 0   ]
 X7      T0
─┤ ├────┤/├──[TMX    0 ,  K   20 ]
 R0      T0
─┤ ├────┤ ├──────────────────────────────────→ 2
2 ──→[F20 +     ,  K 100  ,  DT 21  ]
 R0      T0
─┤/├────┤ ├──────────────────────────────────→ 3
3 ──→[F25 -     ,  K 100  ,  DT 21  ]
 R0                                              T0     R0
─┤ ├──[>  DT 21 ,  K8 00 ]──[TMX  11 ,  K  2 ]──┤ ├──<RST>
 R0                                              T0     R0
─┤/├──[<  DT 21 ,  K8 00 ]──[TMX  12 ,  K  2 ]──┤ ├──<SET>
──────────────────────────────────────────────( ED )
```

题答图 21 习题 30 梯形图

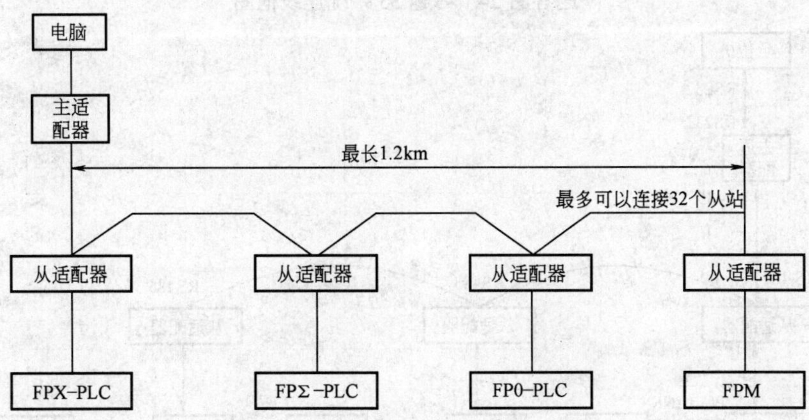

题答图 22 习题 31C-NET 网络的系统连线图

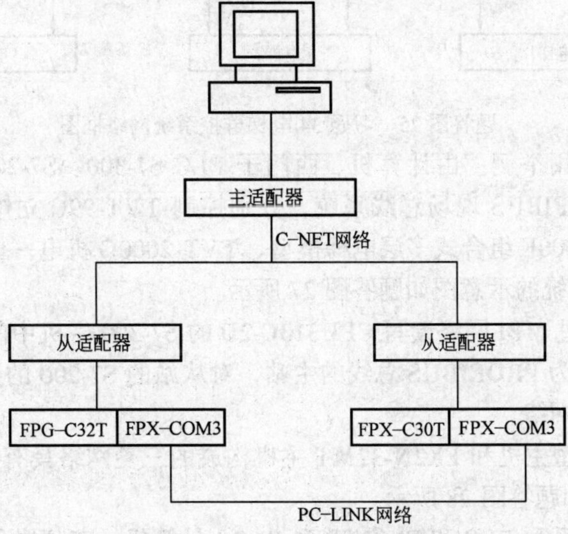

题答图 23 习题 32 系统连线框图

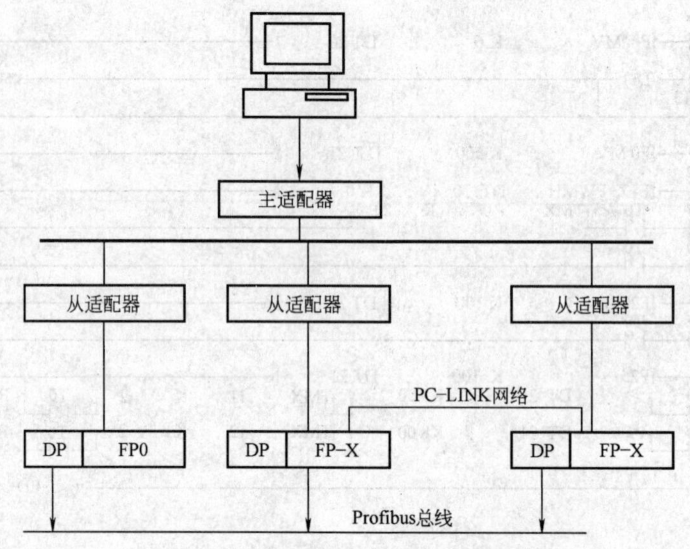

题答图 24 习题 33 系统连线框图

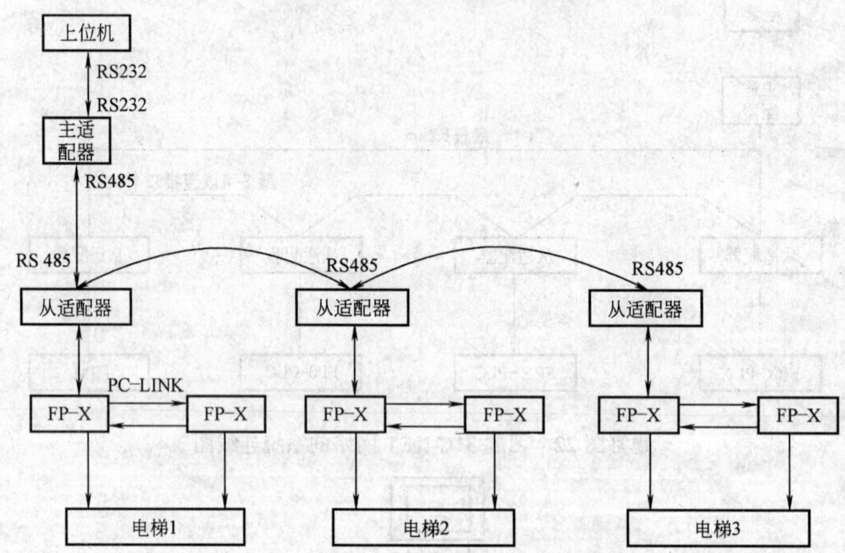

题答图 25 习题 34 电梯群控系统网络框图

(2) 总线系统应用举例：由计算机、西门子 PLC S7-300、S7-200 组成的具有 MPI 网络、PPI 网络的 PROFIBUS 现场总线系统，分别控制 TVT-99C 立体仓库模型、TVT-99D 机械手模型、TVT-2000E 组合式多层电梯模型、TVT-2000G 机电一体化物流培训系统，构成的 PLC 网络控制系统的示意图如题答图 27 所示。

上位 WINCC 通过 MPI 网络读写 CPU313C-2D 的 S7-300 主机中的数据，进行上位现场数据监控；S7-300 作为 PROFIBUS 总线的主站，对从站的 S7-200 的数据进行读写；S7-200 之间通信是通过 PPI 网络。

36. 采用三菱 Q 型主机和 FX2N-32MT 主机构成的三菱网络具有没 MELSECNET/H 网络和 CC-LINK 网络如题答图 28 所示。

37. 采用三菱 Q 系列 PLC 和 FX2N 系列 PLC、计算机、变频器和触摸屏等组成的三级

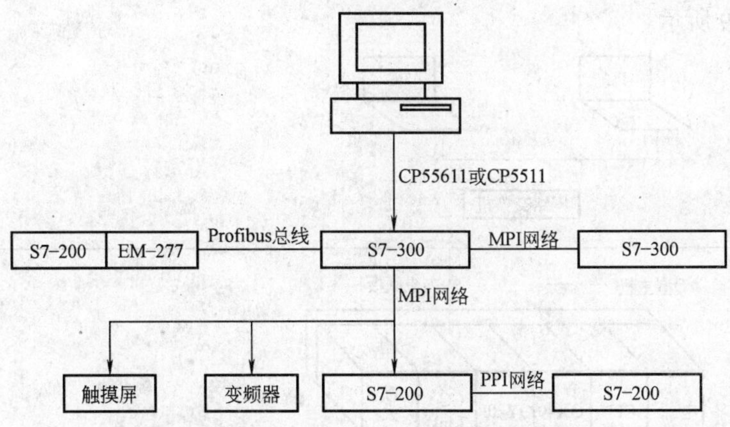

题答图 26　习题 35（1）总线系统连线框图

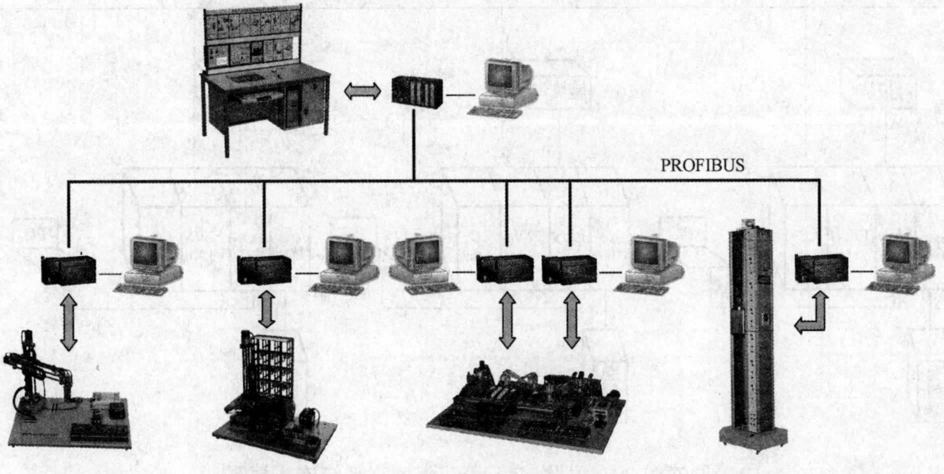

题答图 27　习题 35（2）PLC 网络控制系统示意图

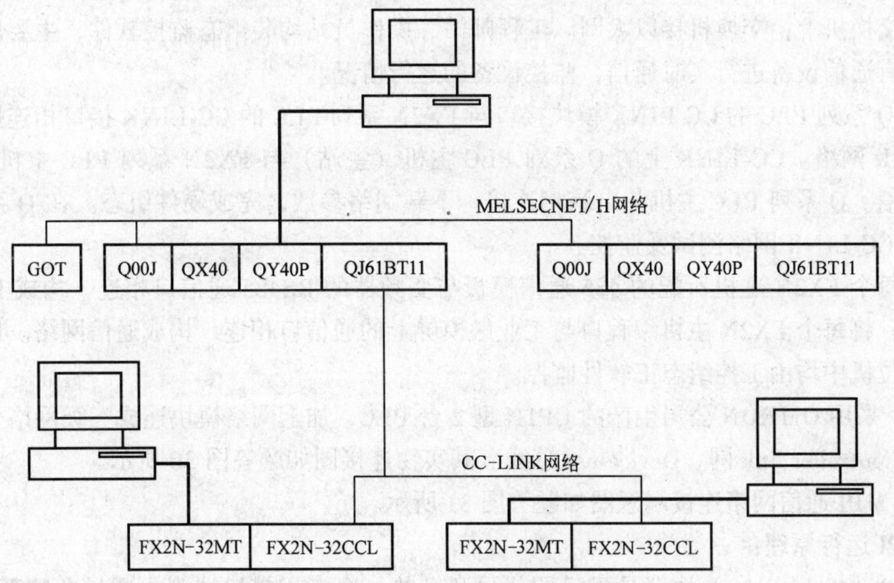

题答图 28　习题 36 三菱网络连线示意图

网络如题答图 29 所示。

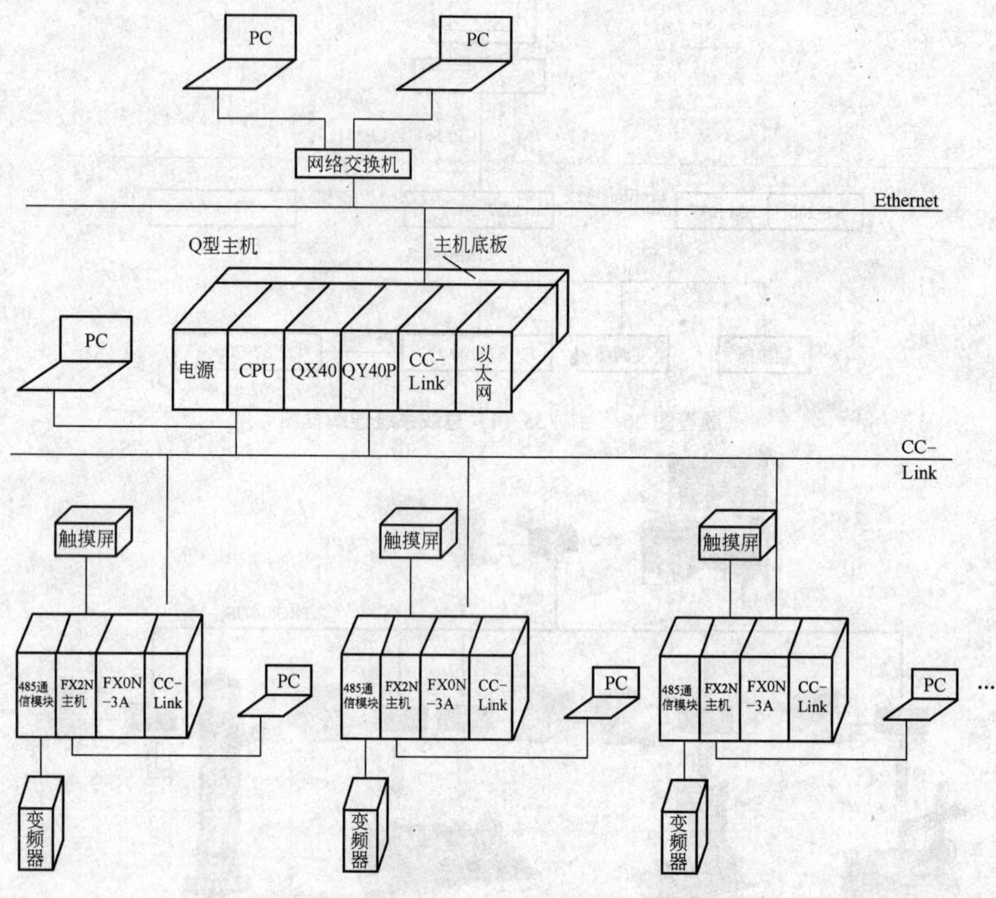

题答图 29　习题 37 三菱三级网络系统连线框图

将 Q 系列 PLC 中的 CC-LINK 工业模块，2 台监控站（既可控制又可监控）连接同一网络工业交换机上，交换机接以太网。工程师站、操作员站均装组态监控软件，主要用于与网络中所有通信设备进行实时通信，监控设备的运行情况。

将 Q 系列 PLC 的 CC-LINK 模块接口与 FX2N 系列 PLC 的 CC-LINK 接口相连接，构成 CC-LINK 网络。CC-LINK 上的 Q 系列 PLC 主机（主站）与 FX2N 系列 PLC 主机（从站）进行通信。Q 系列 PLC 主机与电脑相连接，下载网络参数，完成硬件组态。在 Q 系列 PLC 处完成 CC-LINK 网络测试及监控。

将每个 FX2N 主机所配的 485 通信模板与变频器的 RS485 通信口相连，构成 RS485 通信网络。将每个 FX2N 主机编程口与工业触摸屏上的通信口相连，构成通信网络。RS485 网络在上位机中均由工控组态王软件监控。

38. 采用 OMRON 公司生产的 CP1H 型 2 台 PLC，加上网络模块连成三级网络分别是以太网、Controller link 网、Device-net 总线。其实物连接图如题答图 30 所示。

39. MPI 通信网络连接示意图如题答图 31 所示。

MPI 运行原理：

MPI（Multi-Point）协议是西门子公司开发的一个专用接口协议，通过令牌环网实现，

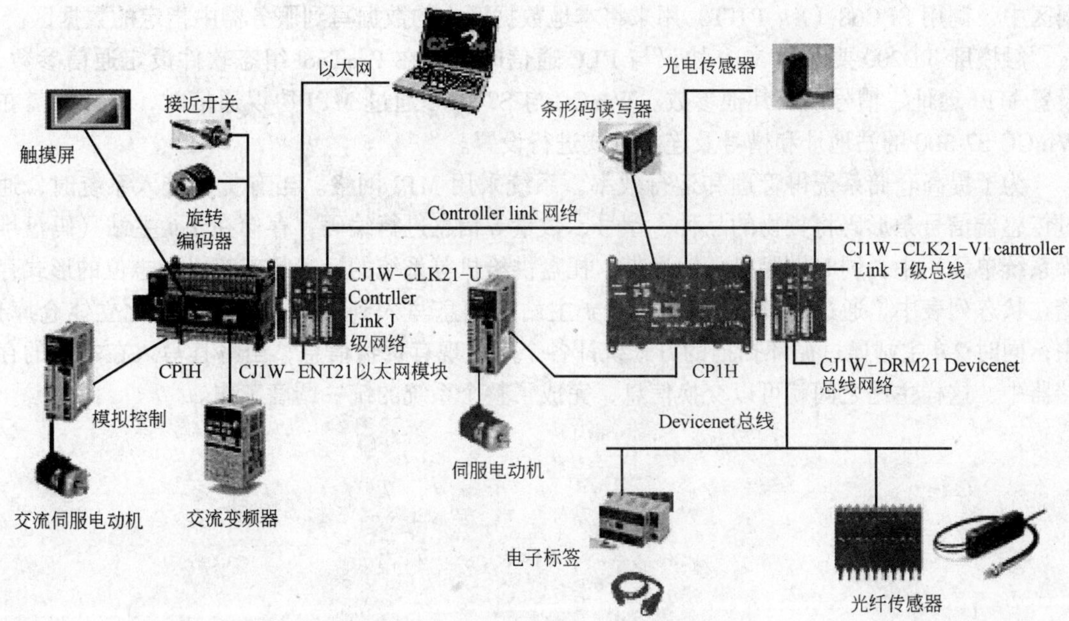

题答图 30　习题 38 OMRON 三级网络图

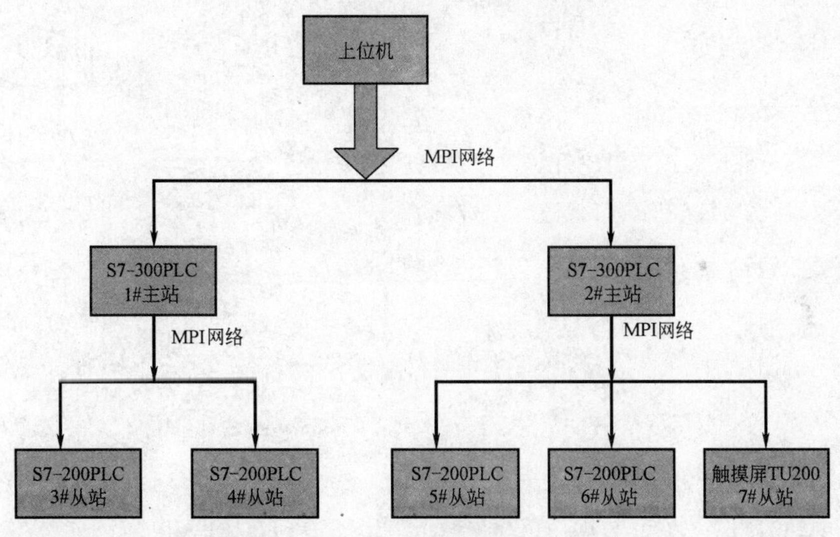

题答图 31　习题 39 MPI 通信网络连接示意图

令牌环网遵守欧洲标准 EN50170 中的过程现场总线标准，是一个关于异步、基于字符的协议，协议定义了两类网络设备：主站和从站。主站可以对网络上另一个设备进行初始化申请。从站只响应来自主站的申请，它不初始化本身的申请。

MPI 协议实现 PLC 到 PLC 之间通信有三种方式：全局数据包通信方式、无组态连接通信方式和组态连接通信方式。在建立的 MPI 网络中，分别设置各位的地址和通信速率，并在 GD（Global data）对话框中设置发送区和接收区，就可实现 S7-300 PLC 之间的相互通信。S7-300 与 S7-200 之间通信需要调用 SFC 来实现，S7-200 作为服务器，S7-300 作为客户机，通过调用 SFC67（X _ GET）用来将服务器指定数据区中的数据读回并存放到本地的数据区中，调用 SFC68（X _ PUT）用来将本地数据区中的数据写到服务器中指定的数据区。

触摸屏 TD200 要通过 MPI 协议与 PLC 通信时，要在 ProTool 组态软件设定通信参数，设置 MPI 地址、槽号以及其他参数。WinCC 与 S7 PLC 通过 MPI 协议通信时，同样只需在 WinCC S7-300 的站地址和槽号及连接方式进行设置。

为了提高仓储系统得管理和运行效率，系统采用 MPI 网络。当有货物进入系统时，通过传感器信号条形码将货物的品种、型号、数量等信息进行编码，存储在 1 # 主站（码盘堆垛系统单元）中，同时堆垛机、输送带、托盘供给机等系统的运行状态都以标志位的形式存储在状态列表中，通过 MPI 网络传将 1 # 主站的信息写入到 2 # 主站（自动化立体仓库）中；同时 2 # 主站通过循环扫描的方式统计各个库位现有货物信息，当将其写入在本身的存储器中，这样主站之间就可以交换信息，完成了整个系统的统一调度工作。

参考文献

[1] 耿文学，华熔. 微机可编程序控制器原理、使用及应用实例［M］. 北京：电子工业出版社，1990.

[2] 朱善君，等. 可编程序控制系统［M］. 北京：清华大学出版社，1992.

[3] 汪晓光，等. 可编程序控制器原理及应用［M］. 北京：机械工业出版社，1994.

[4] 常斗南，李全利. 可编程序控制器原理及工程应用［M］. 北京：电子工业出版社，2006.